综合性行业标准汇编

（2025）

中国农业出版社　编

中国农业出版社
农村读物出版社
北　京

出 版 说 明

近年来，我们陆续出版了多部中国农业标准汇编，已将 2004—2022 年由我社出版的 5 000 多项标准单行本汇编成册，得到了广大读者的一致好评。无论从阅读方式还是从参考使用上，都给读者带来了很大方便。

为了加大农业标准的宣贯力度，扩大标准汇编本的影响，满足和方便读者的需要，我们在总结以往出版经验的基础上策划了《综合性行业标准汇编（2025）》。本书收录了 2023 年发布的绿色食品、土壤肥料、农机、农产品加工、能源、设施建设等方面的农业标准 78 项，并在书后附有 2023 年发布的 3 个标准公告供参考。

特别声明：

1. 汇编本着尊重原著的原则，除明显差错外，对标准中所涉及的有关量、符号、单位和编写体例均未做统一改动。

2. 从印制工艺的角度考虑，原标准中的彩色部分在此只给出黑白图片。

本书可供农业生产人员、标准管理干部和科研人员使用，也可供有关农业院校师生参考。

中国农业出版社

2024 年 10 月

目 录

出版说明

第一部分 绿色食品标准

NY/T 274—2023 绿色食品 葡萄酒 ··· 3
NY/T 392—2023 绿色食品 食品添加剂使用准则 ··· 11
NY/T 394—2023 绿色食品 肥料使用准则 ·· 17
NY/T 418—2023 绿色食品 玉米及其制品 ·· 23
NY/T 437—2023 绿色食品 酱腌菜 ·· 31
NY/T 471—2023 绿色食品 饲料及饲料添加剂使用准则 ······························· 39
NY/T 749—2023 绿色食品 食用菌 ·· 51
NY/T 895—2023 绿色食品 高粱及高粱米 ·· 59
NY/T 1049—2023 绿色食品 薯芋类蔬菜 ··· 65
NY/T 1324—2023 绿色食品 芥菜类蔬菜 ··· 73
NY/T 1325—2023 绿色食品 芽苗类蔬菜 ··· 79
NY/T 1326—2023 绿色食品 多年生蔬菜 ··· 85
NY/T 1405—2023 绿色食品 水生蔬菜 ··· 91
NY/T 2109—2023 绿色食品 鱼类休闲食品 ·· 99
NY/T 2799—2023 绿色食品 畜肉 ·· 107
NY/T 2984—2023 绿色食品 淀粉类蔬菜粉 ·· 115
NY/T 4268—2023 绿色食品 冲调类方便食品 ··· 121

第二部分 土壤肥料标准

NY/T 1121.9—2023 土壤检测 第9部分：土壤有效钼的测定 ······················· 131
NY/T 1121.14—2023 土壤检测 第14部分：土壤有效硫的测定 ···················· 143
NY/T 4312—2023 保护地连作障碍土壤治理 强还原处理法 ··························· 153
NY/T 4313—2023 沼液中砷、镉、铅、铬、铜、锌元素含量的测定 微波消解-电感耦合
等离子体质谱法 ··· 159
NY/T 4349—2023 耕地投入品安全性监测评价通则 ······································ 167
NY/T 4428—2023 肥料增效剂 氢醌（HQ）含量的测定 ······························· 181
NY/T 4429—2023 肥料增效剂 苯基磷酰二胺（PPD）含量的测定 ················· 187
NY/T 4433—2023 农田土壤中镉的测定 固体进样电热蒸发原子吸收光谱法 ······ 193
NY/T 4434—2023 土壤调理剂中汞的测定 催化热解-金汞齐富集原子吸收光谱法 ··· 199
NY/T 4435—2023 土壤中铜、锌、铅、铬和砷含量的测定 能量色散X射线荧光光谱法 ····· 205
NY/T 4442—2023 肥料和土壤调理剂 分类与编码 ··· 215

第三部分 农机标准

NY/T 3213—2023 植保无人驾驶航空器 质量评价技术规范 ··························· 229
NY/T 4365—2023 蓖麻收获机 作业质量 ··· 247

1

NY/T 4366—2023　撒肥机　作业质量 ……………………………………………………… 253

NY/T 4367—2023　自走式植保机械　封闭驾驶室　质量评价技术规范 …………………… 259

NY/T 4368—2023　设施种植园区　水肥一体化灌溉系统设计规范 ………………………… 277

NY/T 4369—2023　水肥一体机性能测试方法 ………………………………………………… 285

NY/T 4374—2023　农业机械远程服务与管理平台技术要求 ………………………………… 293

NY/T 4375—2023　一体化土壤水分自动监测仪技术要求 …………………………………… 307

NY/T 4421—2023　秸秆还田联合整地机　作业质量 ……………………………………… 321

第四部分　农产品加工标准

NY/T 1676—2023　食用菌中粗多糖的测定　分光光度法 …………………………………… 329

NY/T 4275—2023　糌粑生产技术规范 ………………………………………………………… 335

NY/T 4276—2023　留胚米加工技术规范 ……………………………………………………… 339

NY/T 4277—2023　剁椒加工技术规程 ………………………………………………………… 347

NY/T 4278—2023　马铃薯馒头加工技术规范 ………………………………………………… 353

NY/T 4279—2023　洁蛋生产技术规程 ………………………………………………………… 357

NY/T 4280—2023　食用蛋粉生产加工技术规程 ……………………………………………… 363

NY/T 4281—2023　畜禽骨肽加工技术规程 …………………………………………………… 369

NY/T 4282—2023　腊肠加工技术规范 ………………………………………………………… 375

NY/T 4305—2023　植物油中 2,6-二甲氧基-4-乙烯基苯酚的测定　高效液相色谱法 …… 381

NY/T 4306—2023　木瓜、菠萝蛋白酶活性的测定　紫外分光光度法 …………………… 387

NY/T 4307—2023　葛根中黄酮类化合物的测定　高效液相色谱-串联质谱法 …………… 393

NY/T 4311—2023　动物骨中多糖含量的测定　液相色谱法 ……………………………… 403

NY/T 4332—2023　木薯粉加工技术规范 ……………………………………………………… 411

NY/T 4333—2023　脱水黄花菜加工技术规范 ………………………………………………… 417

NY/T 4334—2023　速冻西蓝花加工技术规程 ………………………………………………… 423

NY/T 4335—2023　根茎类蔬菜加工预处理技术规范 ……………………………………… 427

NY/T 4336—2023　脱水双孢蘑菇产品分级与检验规程 …………………………………… 433

NY/T 4337—2023　果蔬汁（浆）及其饮料超高压加工技术规范 ………………………… 441

NY/T 4350—2023　大米中 2-乙酰基-1-吡咯啉的测定　气相色谱-串联质谱法 ………… 445

NY/T 4351—2023　大蒜及其制品中水溶性有机硫化合物的测定　液相色谱-串联质谱法 … 451

NY/T 4352—2023　浆果类水果中花青苷的测定　高效液相色谱法 ……………………… 459

NY/T 4353—2023　蔬菜中甲基硒代半胱氨酸、硒代蛋氨酸和硒代半胱氨酸的测定
　　　　　　　　　液相色谱-串联质谱法 …………………………………………………… 467

NY/T 4354—2023　禽蛋中卵磷脂的测定　高效液相色谱法 ……………………………… 475

NY/T 4355—2023　农产品及其制品中嘌呤的测定　高效液相色谱法 …………………… 481

NY/T 4356—2023　植物源性食品中甜菜碱的测定　高效液相色谱法 …………………… 487

NY/T 4357—2023　植物源性食品中叶绿素的测定　高效液相色谱法 …………………… 493

NY/T 4358—2023　植物源性食品中抗性淀粉的测定　分光光度法 ……………………… 499

NY/T 4431—2023　薏苡仁中多种酯类物质的测定　高效液相色谱法 …………………… 505

NY/T 4437—2023　畜肉中龙胆紫的测定　液相色谱-串联质谱法 ……………………… 513

NY/T 4438—2023　畜禽肉中 9 种生物胺的测定　液相色谱-串联质谱法 ……………… 523

NY/T 4439—2023　奶及奶制品中乳铁蛋白的测定　高效液相色谱法 …………………… 533

NY/T 4446—2023　鲜切农产品包装标识技术要求 ………………………………………… 539

第五部分　能源、设施建设、其他类标准

NY/T 4314—2023　设施农业用地遥感监测技术规范 ……………………………………… 545

NY/T 4315—2023　秸秆捆烧锅炉清洁供暖工程设计规范 ··· 555

NY/T 4316—2023　分体式温室太阳能储放热利用设施设计规范 ····························· 565

NY/T 4317—2023　温室热气联供系统设计规范 ··· 575

NY/T 4320—2023　水产品产地批发市场建设规范 ··· 603

NY/T 4322—2023　县域年度耕地质量等级变更调查评价技术规程 ························· 613

NY/T 4323—2023　闲置宅基地复垦技术规范 ·· 643

NY/T 4325—2023　农业农村地理信息服务接口要求 ··· 649

附录

中华人民共和国农业农村部公告　第651号 ·· 665

中华人民共和国农业农村部公告　第664号 ·· 669

中华人民共和国农业农村部公告　第738号 ·· 672

第一部分
绿色食品标准

第一部分

ICS 67.160.10
CCS X 62

中华人民共和国农业行业标准

NY/T 274—2023
代替 NY/T 274—2014

绿色食品　葡萄酒

Green food—Wine

2023-02-17 发布

2023-06-01 实施

中华人民共和国农业农村部 发布

前　言

本文件按照 GB/T 1.1—2020《标准化工作导则　第 1 部分:标准化文件的结构和起草规则》的规定起草。

本文件代替 NY/T 274—2014《绿色食品　葡萄酒》,与 NY/T 274—2014 相比,除结构调整和编辑性改动外,主要技术变化如下:

a) 更改了产品分类和感官要求(见第 4 章、表 1,2014 年版的第 4 章、表 1);

b) 增加了加工用水要求(见 5.1,2014 年版的 5.1);

c) 更改了酒精度、起泡葡萄酒总糖、桃红葡萄酒干浸出物的理化指标(见表 2,2014 年版的表 2);

d) 增加了葡萄汽酒的二氧化碳的指标(见表 2,2014 年版的表 2);

e) 更改了酒精度、甲醇、苯甲酸、糖精钠、总二氧化硫、赤藓红的检验方法(见表 2、表 3、表 A.1,2014 年版的表 2、表 3、表 A.1);

f) 更改了苯甲酸、总二氧化硫的限量指标(见表 2、表 3,2014 年版的表 3、表 A.1);

g) 更改了糖精钠、环己基氨基磺酸钙、乙酰磺胺酸钾的表述方式和限量值(见 5.5 表 3,2014 年版的表 3);

h) 删除了多菌灵、甲霜灵、呋喃丹、氧化乐果、山梨酸、菌落总数项目(见 2014 年版的表 3、表 4);

i) 增加了其他要求(见 5.8);

j) 更改了包装条款(见 8.1,2014 年版的 8.1);

k) 更改了鲜红为赤藓红(见表 A.1,2014 年版的表 A.1);

l) 增加了赭曲霉毒素 A 限量值(见表 A.1)。

本文件由农业农村部农产品质量安全监管司提出。

本文件由中国绿色食品发展中心归口。

本文件起草单位:山东省农业科学院农业质量标准与检测技术研究所、农业农村部食品质量监督检验测试中心(济南)、济南市农业技术推广服务中心、中国绿色食品发展中心、山东省绿色食品发展中心、中国农业大学食品科学与营养工程学院、山东省葡萄研究院、国家葡萄酒及白酒、露酒产品质量监督检验中心、青岛谱尼测试技术有限公司、山东省标准化研究院、齐鲁工业大学(山东省科学院)、烟台张裕葡萄酒股份有限公司、中粮长城酒业有限公司、宁夏西鸽酒庄有限公司、山东标准检测技术有限公司、山东裕农健康产业有限公司。

本文件主要起草人:范丽霞、赵善仓、蔡达、赵领军、张宪、王磊、张志华、李倩、张丙春、战吉宬、管雪强、张书文、嵇春波、甄爱华、苏家永、徐薇、赵煜琨、杨丽萍、董燕婕、任显凤、张志然、孙建平、王小玲、韩同凯、傅锦超。

本文件及其所代替文件的历次版本发布情况为:

——2004 年首次发布为 NY/T 274—2004,2014 年第一次修订;

——本次为第二次修订。

绿色食品　葡萄酒

1　范围

本文件规定了绿色食品葡萄酒的术语和定义,产品分类,要求,检验规则,标签,包装、运输和储存。

本文件适用于绿色食品葡萄酒。

2　规范性引用文件

下列文件中的内容通过文中的规范性引用而构成本文件必不可少的条款。其中,注日期的引用文件,仅该日期对应的版本适用于本文件;不注日期的引用文件,其最新版本(包括所有的修改单)适用于本文件。

　　GB/T 191　包装储运图示标志

　　GB 2758　食品安全国家标准　发酵酒及其配制酒

　　GB 4789.1　食品安全国家标准　食品微生物学检验　总则

　　GB 4789.3　食品安全国家标准　食品微生物学检验　大肠菌群计数

　　GB 4789.4　食品安全国家标准　食品微生物学检验　沙门氏菌检验

　　GB 4789.10　食品安全国家标准　食品微生物学检验　金黄色葡萄球菌检验

　　GB 5009.12　食品安全国家标准　食品中铅的测定

　　GB 5009.28　食品安全国家标准　食品中苯甲酸、山梨酸和糖精钠的测定

　　GB 5009.34　食品安全国家标准　食品中二氧化硫的测定

　　GB 5009.35　食品安全国家标准　食品中合成着色剂的测定

　　GB 5009.96　食品安全国家标准　食品中赭曲霉毒素 A 的测定

　　GB 5009.97　食品安全国家标准　食品中环己基氨基磺酸钠的测定

　　GB/T 5009.140　饮料中乙酰磺胺酸钾的测定

　　GB 5009.225　食品安全国家标准　酒中乙醇浓度的测定

　　GB 5009.266　食品安全国家标准　食品中甲醇的测定

　　GB 7718　食品安全国家标准　预包装食品标签通则

　　GB 12696　食品安全国家标准　发酵酒及其配制酒生产卫生规范

　　GB/T 15037　葡萄酒

　　GB/T 15038　葡萄酒、果酒通用分析方法(含第 1 号修改单)

　　GB/T 17204　饮料酒术语和分类

　　GB/T 23778　酒类及其他食品包装用软木塞

　　JJF 1070　定量包装商品净含量计量检验规则

　　NY/T 391　绿色食品　产地环境质量

　　NY/T 392　绿色食品　食品添加剂使用准则

　　NY/T 658　绿色食品　包装通用准则

　　NY/T 1055　绿色食品　产品检验规则

　　NY/T 1056　绿色食品　储藏运输准则

　　SN/T 1743　食品中诱惑红、酸性红、亮蓝、日落黄的含量检测　高效液相色谱法

　　国家市场监督管理总局令 2023 年第 70 号　定量包装商品计量监督管理办法

3　术语和定义

GB/T 15037 和 GB/T 17204 界定的术语和定义适用于本文件。

4 产品分类

4.1 按色泽分类

4.1.1 白葡萄酒。

4.1.2 桃红葡萄酒。

4.1.3 红葡萄酒。

4.2 按二氧化碳含量(以压力表示)分类

4.2.1 平静葡萄酒。

4.2.2 含气葡萄酒。

4.2.2.1 起泡葡萄酒。

4.2.2.2 低起泡葡萄酒。

4.2.2.3 葡萄汽酒。

4.3 按酒中含糖量分类

4.3.1 干葡萄酒。

4.3.2 半干葡萄酒。

4.3.3 半甜葡萄酒。

4.3.4 甜葡萄酒。

4.3.5 自然起泡葡萄酒。

4.3.6 超天然起泡葡萄酒。

4.3.7 天然起泡葡萄酒。

4.3.8 绝干起泡葡萄酒。

4.3.9 干起泡葡萄酒。

4.3.10 半干起泡葡萄酒。

4.3.11 甜起泡葡萄酒。

4.4 按酒精度分类

4.4.1 葡萄酒。

4.4.2 低度葡萄酒。

4.5 特种葡萄酒(按产品特性分类)

4.5.1 冰葡萄酒。

4.5.2 低度葡萄酒。

4.5.3 贵腐葡萄酒。

4.5.4 产膜葡萄酒。

4.5.5 利口葡萄酒。

4.5.6 加香葡萄酒。

4.5.7 脱醇葡萄酒。

4.5.8 原生葡萄酒。

5 要求

5.1 原料和辅料

5.1.1 原料应符合绿色食品相关标准要求。

5.1.2 加工用水应符合 NY/T 391 的要求。

5.1.3 食品添加剂应符合 NY/T 392 的要求。

5.2 生产过程

应符合 GB 12696 的要求。

5.3 感官

应符合表 1 的要求。

表 1 感官要求

项目	品 种	要 求	检验方法
色泽	白葡萄酒	近似无色,微黄带绿、浅黄、禾秆黄、金黄色	
	红葡萄酒	紫红、深红、宝石红、红微带棕色、棕红色	
	桃红葡萄酒	桃红、淡玫瑰红、浅红色	
澄清程度		澄清、有光泽,无明显悬浮物(使用软木塞封口的酒允许有 3 个以下不大于 1 mm 的软木渣,允许有少量沉淀)	
起泡程度		含气葡萄酒注入杯中时,应有串珠状气泡升起	GB/T 15038
香气		具有纯正、自然的果香、芳香与酒香,陈酿型的葡萄酒还应具有陈酿香	
滋味	干、半干葡萄酒	具有纯正、自然的口味和悦人的果香味,平衡,酒体完整、丰满	
	甜、半甜葡萄酒	具有醇厚的口感和酒香味,平衡,酒体完整、丰满	
	起泡葡萄酒	具有纯正、自然的口味和含气葡萄酒特有的香味,有杀口力	
典型性		具有标示的葡萄品种及产品类型应有的特征和风格	

5.4 理化指标

应符合表 2 的规定。

表 2 理化指标

项 目		指 标	检验方法
酒精度[a](20 ℃),%vol		≥8.5	GB 5009.225
总糖[d](以葡萄糖计),g/L	干葡萄酒[b]	≤4.0	GB/T 15038
	半干葡萄酒[c]	4.1～12.0	
	半甜葡萄酒	12.1～45.0	
	甜葡萄酒	≥45.1	
	自然起泡葡萄酒	≤3.0	
	超天然起泡葡萄酒	3.1～6.0	
	天然起泡葡萄酒	6.1～12.0	
	绝干起泡葡萄酒	12.1～17.0	
	干起泡葡萄酒	17.1～32.0	
	半干起泡葡萄酒	32.1～50.0	
	甜起泡葡萄酒	≥50.1	
干浸出物,g/L	白、桃红葡萄酒	≥16.0	
	红葡萄酒	≥18.0	
二氧化碳(20 ℃),MPa	起泡葡萄酒 ＜250 mL/瓶	≥0.30	
	起泡葡萄酒 ≥250 mL/瓶	≥0.35	
	低起泡葡萄酒 ＜250 mL/瓶	0.05～0.29	
	低起泡葡萄酒 ≥250 mL/瓶	0.05～0.34	
	葡萄汽酒	≥0.05	
柠檬酸,g/L	干、半干、半甜葡萄酒	≤1.0	
	甜葡萄酒	≤2.0	
挥发酸(以乙酸计),g/L		≤1.0	
铁(以 Fe 计),mg/L		≤8.0	
铜(以 Cu 计),mg/L		≤0.5	
甲醇,mg/L	白、桃红葡萄酒	≤250	GB 5009.266
	红葡萄酒	≤400	

表2（续）

项 目	指标	检验方法
苯甲酸,g/L	≤0.05	GB 5009.28

注:总酸(以酒石酸计,g/L)不作要求,以实测值表示;检测方法按 GB/T 15038 的规定执行。

[a] 酒精度标签标示值与实测值不应超过±1.0%vol,低度葡萄酒、脱醇葡萄酒按照标签标示值执行。

[b] 当总糖与总酸(以酒石酸计)的差值≤2.0 g/L 时,含糖量≤9.0 g/L。

[c] 当总糖与总酸(以酒石酸计)的差值≤10.0 g/L 时,含糖量≤18.0 g/L。

[d] 低起泡葡萄酒和葡萄汽酒总糖的要求同平静葡萄酒。

5.5 食品添加剂、污染物限量和真菌毒素限量

应符合食品安全国家标准及相关要求,同时应符合表3的要求。

表3 食品添加剂限量

项 目		指 标	检验方法
糖精钠(以糖精计),g/L		不得检出(<0.005)	GB 5009.28
乙酰磺胺酸钾(安赛蜜),mg/L		不得检出(<4)	GB/T 5009.140
环己基氨基磺酸钠(又名甜蜜素),环己基氨基磺酸钙(以环己基氨基磺酸计),mg/kg		不得检出(<0.03)	GB 5009.97 第三法
二氧化硫,mg/L	干红葡萄酒	≤150	GB 5009.34
	白、桃红葡萄酒	≤200	
	其他类型葡萄酒	≤250	

注:检验方法明确检出限的,"不得检出"后括号中内容为检出限;检验方法只明确定量限的,"不得检出"后括号中内容为定量限。

5.6 微生物限量

应符合表4的要求。

表4 微生物限量

项目	指标	检测方法
大肠菌群,MPN/mL	<3.0	GB 4789.3 MPN 计数法

5.7 净含量

应符合国家市场监督管理总局令 2023 年第 70 号的要求。检测方法按 JJF 1070 的规定执行。

5.8 其他要求

除上述要求外,还应符合附录 A 的要求。

6 检验规则

绿色食品申报检验应按照本文件中 5.3～5.8 及附录 A 确定的项目进行检验。每批产品交收(出厂)前,应进行交收(出厂)检验,包括包装、标签、净含量、感官、理化指标和微生物指标。其他要求应符合 NY/T 1055 的要求。

7 标签

应符合 GB 2758、GB 7718 的要求。储运图示标志按 GB/T 191 的规定执行。

8 包装、运输和储存

8.1 包装

应符合 NY/T 658 的要求及相关食品卫生要求。使用的软木塞应符合 GB/T 23778 的要求。

8.2 运输和储存

按照 NY/T 1056 的规定执行。葡萄酒储存地点应阴凉、干燥、通风良好；严防日晒、雨淋；严禁火种。成品不应与潮湿地面直接接触；不应与有毒、有害、有异味、有腐蚀性物品同储同运。运输和储存时应保持清洁，避免强烈振荡、日晒、雨淋，防止冰冻，装卸时应轻拿轻放。用软木塞（或替代品）封装的葡萄酒，在储运时宜"倒放"或"卧放"。运输温度宜保持在 5 ℃～35 ℃；储存温度宜保持在 5 ℃～25 ℃。

附 录 A

（规范性）

绿色食品葡萄酒产品申报检验项目

表 A.1 和表 A.2 除 5.3～5.8 所列项目外,依据食品安全国家标准和绿色食品生产实际,绿色食品葡萄酒申报检验应检项目见表 A.1、表 A.2。

表 A.1 食品添加剂、重金属和真菌毒素项目

项目	指标	检验方法
新红,mg/kg	不得检出(<0.5)	GB 5009.35
柠檬黄,mg/kg	不得检出(<0.5)	
苋菜红,mg/kg	不得检出(<0.5)	
胭脂红,mg/kg	不得检出(<0.5)	
日落黄,mg/kg	不得检出(<0.5)	
赤藓红,mg/kg	不得检出(<0.2)	
亮蓝,mg/kg	不得检出(<0.2)	
诱惑红,mg/kg	不得检出(<2.5)	SN/T 1743
铅(以 Pb 计),mg/L	≤0.2	GB 5009.12
赭曲霉毒素 A,μg/kg	≤2.0	GB 5009.96

注1:食品添加剂检测项目视产品色泽而定。

注2:检验方法明确检出限的,"不得检出"后括号中内容为检出限;检验方法只明确定量限的,"不得检出"后括号中内容为定量限。

表 A.2 微生物项目

项目	采样方案[a] 及限量(若非指定,均以/25 mL 表示)			检验方法
	n	c	m	
沙门氏菌	5	0	0/25 mL	GB 4789.4
金黄色葡萄球菌	5	0	0/25 mL	GB 4789.10 第一法

注:n 为同一批次产品采集的样品件数;c 为最大可允许超出 m 值的样品数;m 为微生物指标的可接受水平限量值。

[a] 样品的采样及处理按 GB 4789.1 的规定执行。

ICS 67.220
CCS X 40

中华人民共和国农业行业标准

NY/T 392—2023

代替 NY/T 392—2013

绿色食品　食品添加剂使用准则

Green food—Guideline for application of food additive

2023-02-17 发布

2023-06-01 实施

中华人民共和国农业农村部 发布

前　言

本文件按照 GB/T 1.1—2020《标准化工作导则　第 1 部分:标准化文件的结构和起草规则》的规定起草。

本文件代替 NY/T 392—2013《绿色食品　食品添加剂使用准则》,与 NY/T 392—2013 相比,除结构调整和编辑性改动外,主要技术变化如下:

a) 增加了规范性引用文件(见第 2 章,2013 年版的第 2 章);

b) 修改了术语和定义中天然食品添加剂和人工合成食品添加剂的表述(见 3.3、3.4,2013 年版的 3.3、3.4);

c) 修改了食品添加剂使用原则中部分表述(见 4.1、4.3、4.4、4.5,2013 年版的 4.1、4.3、4.4、4.5);

d) 修改了食品添加剂使用规定中部分表述(见 5.1、5.2、5.5,2013 年版的 5.1、5.2、5.5);

e) 删除了"表 1　生产绿色食品不应使用的食品添加剂",增加了"附录 A　生产绿色食品不应使用的食品添加剂";

f) 修改了 4 种生产绿色食品不应使用的食品添加剂的名称,将"苯甲酸、苯甲酸钠"修改为"苯甲酸及其钠盐"、将"桂醛"修改为"肉桂醛"、将"环己基氨基磺酸钠(又名甜蜜素)及环己基氨基磺酸钙"修改为"环己基氨基磺酸钠(又名甜蜜素),环己基氨基磺酸钙"(见附录 A,2013 年版的表 1);

g) 删除了 5 种生产绿色食品不应使用的食品添加剂,包括仲丁胺、噻苯咪唑、乙萘酚、2-苯基苯酚钠盐、4-苯基苯酚(见 2013 年版的表 1);

h) 增加了 3 种生产绿色食品不应使用的食品添加剂功能类别,包括面粉处理剂、被膜剂、稳定剂和凝固剂,并增加了相应食品添加剂(见附录 A);

i) 增加了 11 种生产绿色食品不应使用的食品添加剂,包括植物炭黑、山梨醇酐单硬脂酸酯(又名司盘 60)、山梨醇酐三硬脂酸酯(又名司盘 65)、木糖醇酐单硬脂酸酯、聚氧乙烯(20)山梨醇酐单硬脂酸酯(又名吐温-60)、聚氧乙烯木糖醇酐单硬脂酸酯、偶氮甲酰胺、吗啉脂肪酸盐(又名果蜡)、松香季戊四醇酯、柠檬酸亚锡二钠、硫酸亚铁(见附录 A);

j) 修改了生产绿色食品不应使用的食品添加剂中注的表述(见附录 A,2013 年版的表 1)。

本文件由农业农村部农产品质量安全监管司提出。

本文件由中国绿色食品发展中心归口。

本文件起草单位:农业农村部乳品质量监督检验测试中心、天津市食品安全检测技术研究院、中国绿色食品发展中心、天津市农业发展服务中心、内蒙古自治区农畜产品质量安全中心、山东省农业生态与资源保护总站(山东省绿色食品发展中心)、甘肃华羚乳品股份有限公司、福州大世界橄榄有限公司、陕西省安康市农产品质量安全检验监测中心、陕西省汉中市农产品质量安全监测检验中心。

本文件主要起草人:李婧、庞泉、金一尘、张金环、林霖雨、张志华、张宪、马文宏、高文瑞、郝贵宾、纪祥龙、宋礼、刘清培、朱欢、曲建伟、徐津、李刚、陈潇、熊茂林。

本文件及其所代替文件的历次版本发布情况为:

——2000 年首次发布为 NY/T 392—2000,2013 年第一次修订;

——本次为第二次修订。

引　言

　　绿色食品是指产自优良生态环境、按照绿色食品标准生产、实行全程质量控制并获得绿色食品标志使用权的安全、优质食用农产品及相关产品。本文件按照绿色食品要求,遵循食品安全国家标准,并参照发达国家和国际组织相关标准编制。除天然食品添加剂外,禁止在绿色食品中使用未通过国家卫生健康部门风险评估的食品添加剂。

　　我国现有的食品添加剂,广泛用于各类食品,包括部分食用农产品。GB 2760 规定了食品添加剂的品种和使用规定。NY/T 392—2013《绿色食品　食品添加剂使用准则》除列出的品种不应在绿色食品中使用外,其余均按 GB 2760—2011 的规定执行。随着国家标准的修订及我国食品添加剂品种的增减,原标准已不适应绿色食品生产需要。

　　本次修订主要根据国家最新标准及相关法律法规,结合实际食品添加剂使用情况,重新评估并选定了生产绿色食品不应使用的食品添加剂,同时对文本框架及有关内容进行了部分修改。修订后的 NY/T 392 对绿色食品生产中食品添加剂的使用和管理更具指导性和可操作性。本文件的实施更有利于规范绿色食品的生产,满足绿色食品安全优质的要求。

绿色食品　食品添加剂使用准则

1　范围

本文件规定了绿色食品生产中食品添加剂使用的术语和定义、使用原则和使用规定。

本文件适用于绿色食品生产过程中食品添加剂的使用和管理。

2　规范性引用文件

下列文件中的内容通过文中的规范性引用而构成本文件必不可少的条款。其中，注日期的引用文件，仅该日期对应的版本适用于本文件；不注日期的引用文件，其最新版本（包括所有的修改单）适用于本文件。

GB 2760　食品安全国家标准　食品添加剂使用标准

GB/T 19630　有机产品生产、加工、标识与管理体系要求

GB 26687　食品安全国家标准　复配食品添加剂通则

NY/T 391　绿色食品　产地环境质量

3　术语和定义

GB 2760 界定的以及下列术语和定义适用于本文件。

3.1

AA 级绿色食品　AA grade green food

产地环境质量符合 NY/T 391 的要求，遵照绿色食品标准生产，生产过程遵循自然规律和生态学原理，协调种植业和养殖业的平衡，不使用化学合成的肥料、农药、兽药、渔药、添加剂等物质，产品质量符合绿色食品产品标准，经专门机构许可使用绿色食品标志的产品。

3.2

A 级绿色食品　A grade green food

产地环境质量符合 NY/T 391 的要求，遵照绿色食品标准生产，生产过程遵循自然规律和生态学原理，协调种植业和养殖业的平衡，限量使用限定的化学合成生产资料，产品质量符合绿色食品产品标准，经专门机构许可使用绿色食品标志的产品。

3.3

天然食品添加剂　natural food additive

从天然物质中分离出来，经过毒理学评价确认其食用安全的食品添加剂。

3.4

人工合成食品添加剂　synthetic food additive

通过人工合成，经毒理学评价确认其食用安全的食品添加剂。

4　使用原则

4.1　食品添加剂使用时应符合以下基本要求：

    a)　不应对人体产生任何健康危害；

    b)　不应掩盖食品腐败变质；

    c)　不应掩盖食品本身或加工过程中的质量缺陷或以掺杂、掺假、伪造为目的而使用食品添加剂；

    d)　不应降低食品本身的营养价值；

    e)　在达到预期效果的前提下尽可能降低在食品中的使用量。

4.2 在下列情况下可使用食品添加剂：

    a) 保持或提高食品本身的营养价值；

    b) 作为某些特殊膳食用食品的必要配料或成分；

    c) 提高食品的质量和稳定性，改进其感官特性；

    d) 便于食品的生产、加工、包装、运输或者储藏。

4.3 食品添加剂质量标准

按照本文件使用的食品添加剂应当符合相应的质量规格要求。

4.4 带入原则

4.4.1 在下列情况下食品添加剂可以通过食品配料（含食品添加剂）带入食品中：

    a) 根据本文件，食品配料中允许使用该食品添加剂；

    b) 食品配料中该添加剂的用量不应超过允许的最大使用量；

    c) 应在正常生产工艺条件下使用这些配料，并且食品中该添加剂的含量不应超过由配料带入的水平；

    d) 由配料带入食品中的该添加剂的含量应明显低于直接将其添加到该食品中通常所需要的水平。

4.4.2 当某食品配料作为特定终产品的原料时，批准用于上述特定终产品的添加剂允许添加到这些食品配料中，同时该添加剂在终产品中的量应符合本文件的要求。在所述特定食品配料的标签上应明确标示该食品配料用于上述特定食品的生产。

4.5 用于界定食品添加剂使用范围的食品分类系统按照 GB 2760 的规定执行。

5 使用规定

5.1 生产 AA 级绿色食品的食品添加剂使用应符合 GB/T 19630 的要求。

5.2 生产 A 级绿色食品首选使用天然食品添加剂。在使用天然食品添加剂不能满足生产需要的情况下，可使用 5.5 以外的人工合成食品添加剂。使用的食品添加剂应符合 GB 2760 的要求。

5.3 同一功能食品添加剂（相同色泽着色剂、甜味剂、防腐剂或抗氧化剂）混合使用时，各自用量占其最大使用量的比例之和不应超过 1。

5.4 复配食品添加剂的使用应符合 GB 26687 的要求。

5.5 在任何情况下，绿色食品生产不应使用附录 A 中的食品添加剂。

附 录 A

（规范性）

生产绿色食品不应使用的食品添加剂

生产绿色食品不应使用的食品添加剂见表 A.1。

表 A.1 生产绿色食品不应使用的食品添加剂

食品添加剂功能类别	食品添加剂名称（中国编码系统 CNS 号）
酸度调节剂	富马酸一钠(01.311)
抗结剂	亚铁氰化钾(02.001)、亚铁氰化钠(02.008)
抗氧化剂	硫代二丙酸二月桂酯(04.012)、4-己基间苯二酚(04.013)
漂白剂	硫黄(05.007)
膨松剂	硫酸铝钾（又名钾明矾）(06.004)、硫酸铝铵（又名铵明矾）(06.005)
着色剂	赤藓红及其铝色淀(08.003)、新红及其铝色淀(08.004)、二氧化钛(08.011)、焦糖色（亚硫酸铵法）(08.109)、焦糖色（加氨生产）(08.110)、植物炭黑(08.138)
护色剂	硝酸钠(09.001)、亚硝酸钠(09.002)、硝酸钾(09.003)、亚硝酸钾(09.004)
乳化剂	山梨醇酐单硬脂酸酯（又名司盘 60）(10.003)、山梨醇酐三硬脂酸酯（又名司盘 65）(10.004)、山梨醇酐单油酸酯（又名司盘 80）(10.005)、木糖醇酐单硬脂酸酯(10.007)、山梨醇酐单棕榈酸酯（又名司盘 40）(10.008)、聚氧乙烯(20)山梨醇酐单硬脂酸酯（又名吐温 60）(10.015)、聚氧乙烯(20)山梨醇酐单油酸酯（又名吐温 80）(10.016)、聚氧乙烯木糖醇酐单硬脂酸酯(10.017)、山梨醇酐单月桂酸酯（又名司盘 20）(10.024)、聚氧乙烯(20)山梨醇酐单月桂酸酯（又名吐温 20）(10.025)、聚氧乙烯(20)山梨醇酐单棕榈酸酯（又名吐温-40）(10.026)
面粉处理剂	偶氮甲酰胺(13.004)
被膜剂	吗啉脂肪酸盐（又名果蜡）(14.004)、松香季戊四醇酯(14.005)
防腐剂	苯甲酸及其钠盐(17.001,17.002)、乙氧基喹(17.010)、肉桂醛(17.012)、联苯醚（又名二苯醚）(17.022)、2,4-二氯苯氧乙酸(17.027)
稳定剂和凝固剂	柠檬酸亚锡二钠(18.006)
甜味剂	糖精钠(19.001)、环己基氨基磺酸钠（又名甜蜜素），环己基氨基磺酸钙(19.002)、L-α-天冬氨酰-N-(2,2,4,4-四甲基-3-硫化三亚甲基)-D-丙氨酰胺（又名阿力甜）(19.013)
增稠剂	海萝胶(20.040)
其他	硫酸亚铁(00.022)
胶基糖果中基础剂物质	胶基糖果中基础剂物质
注：多功能食品添加剂，表中功能类别为其主要功能。	

ICS 65.080
CCS B 10

中华人民共和国农业行业标准

NY/T 394—2023
代替 NY/T 394—2021

绿色食品　肥料使用准则

Green food—Fertilizer application guideline

2023-12-22 发布

2024-05-01 实施

中华人民共和国农业农村部 发布

前　言

本文件按照 GB/T 1.1—2020《标准化工作导则　第 1 部分：标准化文件的结构和起草规则》的规定起草。

本文件代替 NY/T 394—2021《绿色食品　肥料使用准则》。与 NY/T 394—2021 相比，除结构调整和编辑性改动外，主要技术变化如下：

    a)　更改了肥料使用原则，体现了绿色安全、减施化肥、生态发展的理念（见 4.1、4.2、4.3、4.4，2021 年版的 4.1、4.2、4.3、4.4、4.5）；

    b)　更改了禁止使用的肥料种类（见 2021 年版的 6.6）。

请注意本文件的某些内容可能涉及专利。本文件的发布机构不承担识别专利的责任。

本文件由农业农村部农产品质量安全监管司提出。

本文件由中国绿色食品发展中心归口。

本文件起草单位：中国农业大学、中国绿色食品发展中心、中国农业科学院农业资源与农业区划研究所、青岛市华测检测技术有限公司、北京市农产品质量安全中心、浙江省农产品绿色发展中心、石河子大学、河南菡香生态农业专业合作社、江西璞实生态农业有限公司。

本文件主要起草人：李学贤、徐玖亮、张宪、袁亮、赵秉强、孙凯、王崇霖、李浩、冯晓晓、滕玲、李季、危常州、张福锁。

本文件及其所代替文件的历次版本发布情况为：

    ——2000 年首次发布为 NY/T 394—2000，2013 年第一次修订，2021 年第二次修订。

    ——2013 年第一次修订时，增加了引言、肥料使用原则、不应使用的肥料品种、可使用的肥料品种；修改了使用规定。

    ——2021 年第二次修订时，增加了补充中微量养分原则，肥料中重金属、有害微生物和抗生素等 3 种有毒有害物质的限量指标；修改了肥料使用规定。

    ——本次为第三次修订。

引　言

合理使用肥料是保障绿色食品生产的重要环节,也是减少化学肥料投入、降低环境代价、保障土壤健康、提高养分利用效率和作物品质的重要措施。绿色食品的发展对生产用肥提出了新的要求,现有标准已经不能满足新的生产发展形势和需求。

本文件遵循农业绿色发展与养分高效循环、食品安全与优质生产的原理,推荐使用有机肥料,合理减控化学肥料,禁止使用可能含有安全隐患的肥料。本文件的实施将对绿色食品生产中的肥料使用发挥重要指导作用。

绿色食品　肥料使用准则

1　范围

本文件规定了绿色食品种植过程中肥料使用原则、肥料种类及使用规定。

本文件适用于绿色食品种植过程中肥料的使用和管理。

2　规范性引用文件

下列文件中的内容通过文中的规范性引用而构成本文件必不可少的条款。其中，注日期的引用文件，仅该日期对应的版本适用于本文件；不注日期的引用文件，其最新版本（包括所有的修改单）适用于本文件。

GB/T 15063　复合肥料

GB/T 17419　含有机质叶面肥料

GB/T 18877　有机无机复混肥料

GB 20287　农用微生物菌剂

GB/T 23348　缓释肥料

GB/T 34763　脲醛缓释肥料

GB/T 35113　稳定性肥料

GB 38400　肥料中有毒有害物质的限量要求

HG/T 5045　含腐植酸尿素

HG/T 5046　腐植酸复合肥料

HG/T 5049　含海藻酸尿素

HG/T 5514　含腐植酸磷酸一铵、磷酸二铵

HG/T 5515　含海藻酸磷酸一铵、磷酸二铵

NY/T 391　绿色食品　产地环境质量

NY/T 525　有机肥料

NY/T 798　复合微生物肥料

NY 884　生物有机肥

NY/T 1107　大量元素水溶肥料

NY/T 1113—2006　微生物肥料术语

NY/T 1868　肥料合理使用准则　有机肥料

NY/T 3442　畜禽粪便堆肥技术规范

3　术语和定义

下列术语和定义适用于本文件。

3.1

AA 级绿色食品　AA grade green food

产地环境质量符合 NY/T 391 的要求，遵照绿色食品标准生产，生产过程中遵循自然规律和生态学原理，协调种植业和养殖业的平衡，不使用化学合成的肥料、农药、兽药、渔药、添加剂等物质，产品质量符合绿色食品产品标准，经专门机构许可使用绿色食品标志的产品。

3.2

A 级绿色食品　A grade green food

产地环境质量符合 NY/T 391 的要求，遵照绿色食品标准生产，生产过程中遵循自然规律和生态学原

理,协调种植业和养殖业的平衡,限量使用限定的化学合成生产资料,产品质量符合绿色食品产品标准,经专门机构许可使用绿色食品标志的产品。

3.3

农家肥 farmyard manure

在农业生产过程中就地取材,利用各种植物残茬、动物粪便等有机物料堆沤腐熟而成的肥料。

3.4

有机肥料 organic fertilizer

主要来源于植物和/或动物,经过发酵腐熟的含碳有机物料,其功能是改善土壤肥力、提供植物养分、提高作物品质。

[来源:NY/T 525—2020,3.1]

3.5

无机肥料 inorganic fertilizer

由提取、物理和/或化学工业方法制成的,标明养分呈无机盐形式的肥料。

[来源:NY/T 6274—2016,2.1.6]

3.6

有机无机复混肥料 organic inorganic compound fertilizer

含有一定量有机肥料的复混肥料。

[来源:GB/T 18877—2020,3.1]

3.7

微生物肥料 microbial fertilizer

含有特定微生物活体的制品,应用于农业生产,通过其中所含微生物的生命活动,增加植物养分的供应量或促进植物生长,提高产量,改善农产品品质及农业生态环境。

[来源:NY/T 1113—2006,2.1]

3.8

水溶肥料 water-soluble fertilizer

经水溶解或稀释,用于灌溉施肥、叶面施肥、无土栽培、浸种蘸根等用途的液体或固体肥料。

[来源:NY/T 1107—2020,3.1]

4 使用原则

4.1 土壤健康原则。坚持有机与无机养分相结合,提高作物秸秆、畜禽粪便循环利用比例,通过增施有机肥料或农家肥改善土壤物理、化学与生物学性质,提高农田土壤有机质含量,对存在障碍因素的土壤合理施用土壤调理剂,构建健康土壤。

4.2 化肥减控原则。在保障养分充足供给的基础上,无机氮素和磷素用量不得高于当季作物需求量的一半,根据有机肥料或农家肥钾素投入量相应减少无机钾肥施用量,因地制宜地补充中微量元素。推荐使用作物专用肥,结合水肥一体化、侧深施肥和机械一次性施肥等技术措施,提高肥料利用效率,合理减少化肥使用量。

4.3 有机肥施用原则。根据土壤性质、作物需肥规律、肥料特征,合理施用有机肥料或农家肥,保障作物产量和品质。

4.4 安全优质原则。使用安全、优质的肥料产品,肥料的使用不应对作物感官、安全和营养等品质以及环境造成不良影响。

4.5 生态绿色原则。增加轮作、填闲作物、生草覆盖,重视绿肥特别是豆科绿肥栽培,增加生物多样性与生物固氮,阻遏养分损失。

5 可使用的肥料种类

5.1 AA 级绿色食品生产可使用的肥料种类

可使用农家肥、有机肥料、微生物肥料。

5.2 A级绿色食品生产可使用的肥料种类

除5.1规定的肥料外,还可以使用有机无机复混肥料、无机肥料。

6 禁止使用的肥料种类

6.1 未经发酵腐熟的人畜粪尿。

6.2 生活垃圾、污泥和含有害物质(如病原微生物、重金属、有害气体等)的垃圾。

6.3 成分不明确或含有安全隐患成分的肥料。

6.4 添加有稀土元素的肥料。

6.5 国家法律法规规定禁用的肥料。

7 使用规定

7.1 AA级绿色食品肥料使用规定

7.1.1 应选用农家肥、有机肥料、微生物肥料,不应使用化学合成肥料。

7.1.2 农家肥和堆肥应该符合 NY/T 3442 的要求,宜利用秸秆和绿肥,配合施用具有生物固氮、腐熟秸秆、促进生长等有益功效的微生物肥料。肥料的重金属限量指标、粪大肠菌群数、蛔虫卵死亡率应符合38400 的要求。

7.1.3 有机肥料应符合 NY/T 525 或 GB/T 17419 的要求,按照 NY/T 1868 的规定合理使用。根据肥料性质(养分含量、碳氮比、腐熟程度)、作物种类、土壤肥力水平和理化性质、气候条件等选择肥料品种,可配合施用腐熟农家肥和微生物肥料。

7.1.4 微生物肥料应符合 GB 20287、NY 884 或 NY/T 798 的要求,可与农家肥、有机肥料和微生物肥料配合施用,用于拌种、基肥或追肥。

7.1.5 无土栽培可将农家肥、商品有机肥料和微生物肥料掺混在基质中使用。

7.2 A级绿色食品肥料使用规定

7.2.1 应选用农家肥、有机肥料、微生物肥料、有机无机复混肥和无机肥料。

7.2.2 农家肥的使用按7.1.2 的规定执行。

7.2.3 有机肥料的使用按7.1.3 的规定执行,可配施农家肥、有机肥料、微生物肥料、有机无机复混肥和无机肥料。

7.2.4 微生物肥料的使用按7.1.4 的规定执行,可配施农家肥、有机肥料、微生物肥料、有机无机复混肥和无机肥料。

7.2.5 无机肥料、有机无机复混肥料、水溶肥料应符合 GB/T 15063、GB/T 18877、GB/T 23348、GB/T 34763、GB/T 35113、HG/T 5045、HG/T 5046、HG/T 5049、HG/T 5514、HG/T 5515、NY/T 1107 等的要求。

———————————————

ICS 67.060
CCS X 11

中华人民共和国农业行业标准

NY/T 418—2023
代替 NY/T 418—2014

绿色食品　玉米及其制品

Green food—Maize and its products

2023-02-17 发布

2023-06-01 实施

中华人民共和国农业农村部 发布

前　言

本文件按照 GB/T 1.1—2020《标准化工作导则　第 1 部分:标准化文件的结构和起草规则》的规定起草。

本文件代替 NY/T 418—2014《绿色食品　玉米及玉米粉》,与 NY/T 418—2014 相比,除结构调整和编辑性改动外,主要技术变化如下:

a) 更改了文件名称,改为《绿色食品　玉米及其制品》;

b) 更改了适用范围,对具体类别进行了细化,将玉米碴子改为玉米糁(见第 1 章,2014 年版的第 1 章);

c) 更改了术语和定义(见第 3 章,2014 年版的第 3 章);

d) 增加了高油玉米中脂肪、高淀粉玉米中淀粉、高蛋白玉米中蛋白、糯玉米中直链淀粉、甜加糯玉米中直链淀粉、甜玉米中可溶性糖理化指标(见表 2、表 4);

e) 更改了水分理化指标检验方法(见表 2、表 3,2014 年版的表 2);

f) 增加了玉米脂肪酸值理化指标(见表 2);

g) 增加了毒死蜱、氟虫腈、噻虫嗪、甲拌磷、苯醚甲环唑、吡虫啉 6 项农药残留限量(见表 5、表 A.1);

h) 更改了铅、汞、砷、镉的检验方法(见表 5 和表 A.1,2014 年版的表 3 和表 A.1);

i) 更改了马拉硫磷、乙酰甲胺磷、敌敌畏、溴氰菊酯、三唑酮、辛硫磷 6 项农药残留检验方法(见表 5 和表 A.1,2014 年版表 3 和表 A.1);

j) 更改了黄曲霉毒素 B_1、脱氧雪腐镰刀菌烯醇、玉米赤霉烯酮、赭曲霉毒素 A 4 项真菌毒素检验方法(见表 5 和表 A.1,2014 年版的表 3 和表 A.1);

k) 删除了磷化物、氯氰菊酯限量(见 2014 年版的表 3 和表 A.1);

l) 删除了志贺氏菌致病菌限量(见 2014 年版的表 5);

m) 增加了其他要求(见 4.7)。

本文件由农业农村部农产品质量安全监管司提出。

本文件由中国绿色食品发展中心归口。

本文件起草单位:农业农村部谷物及制品质量监督检验测试中心(哈尔滨)、中国绿色食品发展中心、黑龙江省农业科学院农产品质量安全研究所、哈尔滨海关技术中心、黑龙江省绿色食品发展中心、黑龙江红兴隆农垦林源食品速冻有限公司、四川省旌晶食品有限公司、北京双塔绿谷农业有限公司。

本文件主要起草人:马文琼、任红波、张志华、张宪、杜敏、程爱华、滕娇琴、贺显书、陈国峰、杜英秋、金海涛、王剑平、单宏、王翠玲、李宛、孙向东、赵琳、陈国友、廖辉、史冬梅、孙丽容、梁溪桐、戴常军、刘峰、闫洪霞、刘琳。

本文件及其所代替文件的历次版本发布情况为:

——2000 年首次发布为 NY/T 418—2000,2007 年第一次修订,2014 年为第二次修订;

——本次为第三次修订。

绿色食品 玉米及其制品

1 范围

本文件规定了绿色食品玉米及其制品的术语和定义,要求,检验规则,标签,包装、运输和储存。

本文件适用于绿色食品玉米及其制品,包括玉米(普通玉米、高淀粉玉米、高蛋白玉米、高油玉米)、鲜食玉米(糯玉米、甜玉米、甜加糯玉米)、速冻玉米(糯玉米、甜玉米、甜加糯玉米)、玉米粉(脱胚玉米粉、全玉米粉)、玉米糁。

2 规范性引用文件

下列文件中的内容通过文中的规范性引用而构成本文件必不可少的条款。其中,注日期的引用文件,仅该日期对应的版本适用于本文件;不注日期的引用文件,其最新版本(包括所有的修改单)适用于本文件。

GB/T 191　包装储运图示标志

GB 1353　玉米

GB 4789.2　食品安全国家标准　食品微生物学检验　菌落总数测定

GB 4789.3　食品安全国家标准　食品微生物学检验　大肠菌群测定

GB 4789.4　食品安全国家标准　食品微生物学检验　沙门氏菌检验

GB 4789.10　食品安全国家标准　食品微生物学检验　金黄色葡萄球菌检验

GB 5009.3　食品安全国家标准　食品中水分的测定

GB 5009.5　食品安全国家标准　食品中蛋白质的测定

GB 5009.6　食品安全国家标准　食品中脂肪的测定

GB 5009.9　食品安全国家标准　食品中淀粉的测定

GB 5009.11　食品安全国家标准　食品中总砷及无机砷的测定

GB 5009.12　食品安全国家标准　食品中铅的测定

GB 5009.15　食品安全国家标准　食品中镉的测定

GB 5009.17　食品安全国家标准　食品中总汞及有机汞的测定

GB 5009.22　食品安全国家标准　食品中黄曲霉毒素B族和G族的测定

GB/T 5009.36　粮食卫生标准的分析方法

GB 5009.96　食品安全国家标准　食品中赭曲霉毒素A的测定

GB 5009.111　食品安全国家标准　食品中脱氧雪腐镰刀菌烯醇及其乙酰化衍生物的测定

GB/T 5009.145　植物性食品中有机磷和氨基甲酸酯类农药多种残留的测定

GB 5009.209　食品安全国家标准　食品中玉米赤霉烯酮的测定

GB/T 5492　粮油检验　粮食、油料的色泽、气味、口味鉴定

GB/T 5494　粮油检验　粮食、油料的杂质、不完善粒检验

GB/T 5498　粮油检验　容重测定

GB/T 5508　粮油检验　粉类粮食含砂量测定

GB/T 5509　粮油检验　粉类磁性金属物测定

GB/T 5510　粮油检验　粮食、油料脂肪酸值测定

GB 5749　生活饮用水卫生标准

GB 7718　食品安全国家标准　预包装食品标签通则

GB 14881　食品安全国家标准　食品生产通用卫生规范

GB/T 22515　粮油名词术语　粮食、油料及其加工产品

GB 23200.113 食品安全国家标准 植物源性食品中 208 种农药及其代谢物残留量的测定 气相色谱-质谱联用法

GB 23200.121 食品安全国家标准 植物源性食品中 331 种农药及其代谢物残留量的测定 液相色谱-质谱联用法

GB 28050 食品安全国家标准 预包装食品营养标签通则

JJF 1070 定量包装商品净含量计量检验规则

NY/T 55 水稻、玉米、谷子籽粒直链淀粉测定法

NY/T 391 绿色食品 产地环境质量

NY/T 392 绿色食品 食品添加剂使用准则

NY/T 393 绿色食品 农药使用准则

NY/T 394 绿色食品 肥料使用准则

NY/T 658 绿色食品 包装通用准则

NY/T 1055 绿色食品 产品检验规则

NY/T 1056 绿色食品 储藏运输准则

NY/T 1278 蔬菜及其制品中可溶性糖的测定铜还原碘量法

国家市场监督管理总局令 2023 年第 70 号 定量包装商品计量监督管理办法

3 术语和定义

GB 1353、GB/T 22515 界定的以及下列术语和定义适用于本文件。

3.1

玉米糁 maize grits

玉米粒经除杂、脱胚、研磨、筛分等系列工序加工而成的颗粒状产品。

3.2

脱胚玉米粉 degermed maize flour

玉米粒经除杂、去皮、脱胚、研磨等工序加工而成的产品,也可由玉米糁(碴)研磨加工而成。

3.3

全玉米粉 whole maize flour

玉米粒经清理除杂后直接研磨而成的产品。

3.4

鲜食玉米 fresh corn

在乳熟后期至蜡熟初期收获的适用于鲜食或鲜果穗加工的玉米。

4 要求

4.1 产地环境

应符合 NY/T 391 的要求。

4.2 生产加工过程

4.2.1 玉米生产过程中农药和肥料的使用应分别符合 NY/T 393 和 NY/T 394 的要求。

4.2.2 玉米制品的加工环境、加工过程和加工用水应分别符合 GB 14881、NY/T 392 和 GB 5749 的要求。

4.3 感官

应符合表 1 的要求。

表 1　感官要求

项目	要求				检验方法
	玉米	玉米糁	玉米粉	鲜食玉米、速冻玉米	
外观	粒状、大小均匀、籽粒饱满，无病虫害	颗粒物状、大小均匀，无病虫害	粉状均匀，无结块	穗状、短棒状、粒状，籽粒饱满，成熟度适宜，无病虫害	将被测样品置于白色洁净的瓷盘中，在自然光线下目测外观
色泽	具有本品固有色泽，无明显霉变	具有本品固有色泽，无霉变	具有本品固有色泽，无霉变	具有本品固有色泽，无霉变、无腐烂	GB/T 5492
滋气味	具有本品固有气味，无异味	具有本品固有气味，无异味	具有本品固有气味，无异味	具有本品固有滋气味，无异味	GB/T 5492

4.4 理化指标

4.4.1 玉米应符合表 2 的要求。

表 2　玉米理化指标

项目	指标				检验方法
	玉米				
	普通玉米	高淀粉玉米	高蛋白玉米	高油玉米	
容重，g/L	≥720				GB/T 5498
水分，%	≤14.0				GB 5009.3
脂肪酸值（干基）（以 KOH 计），mg/100 g	≤40				GB/T 5510
杂质，%	≤1.0				GB/T 5494
不完善粒 总量，%	≤4.0				GB/T 5494
不完善粒 其中：霉变粒，%	≤2.0				GB/T 5494
粗蛋白（干基），%	—	—	≥12.00	—	GB 5009.5
粗脂肪（干基），%	—	—	—	≥7.5	GB 5009.6
粗淀粉（干基），%	—	≥75.0	—	—	GB 5009.9

4.4.2 玉米糁、玉米粉应符合表 3 的要求。

表 3　玉米糁、玉米粉理化指标

项目	指标			检验方法
	玉米糁	玉米粉		
		脱胚玉米粉	全玉米粉	
水分，%	≤14.0	≤14.0		GB 5009.3
含沙量，%	—	≤0.02		GB/T 5508
磁性金属物，g/kg	—	≤0.003		GB/T 5509
脂肪酸值（干基）（以 KOH 计），mg/100 g	≤80	≤60	≤80	GB/T 5510
杂质，%	≤1.0	—	—	GB/T 5494

4.4.3 鲜食玉米、速冻玉米应符合表 4 的要求。

表 4　鲜食玉米、速冻玉米理化指标

项目	指标			检验方法
	糯玉米	甜玉米	甜加糯玉米	
直链淀粉（占淀粉总量），%	≤0.50	≤10.00		NY/T 55
可溶性糖（鲜基），%	—	≥6.00	—	NY/T 1278

4.5 污染物限量、农药残留限量和真菌毒素限量

应符合食品安全国家标准及相关规定，同时应符合表 5 的要求。

表5 污染物限量、农药残留限量和真菌毒素限量

序号	项目	指标			检验方法
		玉米	玉米楂 玉米粉	鲜食玉米 速冻玉米	
1	总汞(以 Hg 计),mg/kg	≤0.01			GB 5009.17
2	马拉硫磷,mg/kg	≤0.01			GB/T 5009.145
3	乙酰甲胺磷,mg/kg	≤0.01			GB/T 5009.145
4	敌敌畏,mg/kg	≤0.01			GB/T 5009.145
5	溴氰菊酯,mg/kg	≤0.01			GB 23200.113
6	三唑酮,mg/kg	≤0.5		≤0.1	GB 23200.113
7	辛硫磷,mg/kg	≤0.05			GB 23200.121
8	氟虫腈,mg/kg	≤0.01			GB 23200.121
9	毒死蜱,mg/kg	≤0.01			GB/T 5009.145
10	甲拌磷,mg/kg	≤0.01			GB/T 5009.145
11	吡虫啉,mg/kg	≤0.05		≤0.02	GB 23200.121
12	黄曲霉毒素 B_1,μg/kg	≤10	≤5	≤20	GB 5009.22

4.6 微生物限量

熟制预包装鲜食玉米、速冻玉米的微生物限量应符合表6的要求。

表6 微生物限量

项目	指标		检验方法
	鲜食玉米	速冻玉米	
菌落总数,CFU/g	≤10 000		GB 4789.2
大肠菌群,MPN/g	<3.0		GB 4789.3

4.7 其他要求

除上述要求外,还应符合附录 A 的要求。

4.8 净含量

应符合国家市场监督管理总局令 2023 年第 70 号的要求,检验方法按 JJF 1070 的规定执行。

5 检验规则

申报绿色食品的产品应按照本文件中 4.3~4.7 以及附录 A 所确定的项目进行检验,其他要求应符合 NY/T 1055 的要求。本文件规定的农药残留限量检测方法,如有其他国家标准、行业标准以及部文公告的检测方法,且其检出限和定量限能满足限量值要求时,在检测时可采用。

6 标签

标签按 GB 7718 及 GB 28050 的规定执行。

7 包装、运输和储存

7.1 包装

按 GB/T 191 和 NY/T 658 的规定执行。

7.2 运输和储存

按 NY/T 1056 的规定执行。

附 录 A
（规范性）
绿色食品玉米及其制品类产品申报检验项目

表 A.1 和表 A.2 规定了除 4.3～4.7 所列项目外，依据食品安全国家标准和绿色食品生产实际情况，绿色食品玉米及其制品类产品申报检验时还应检验的项目。

表 A.1 污染物限量、农药残留限量和真菌毒素限量

序号	项目	指标			检验方法
		玉米	玉米糁 玉米粉	鲜食玉米 速冻玉米	
1	总砷（以 As 计），mg/kg	≤0.5			GB 5009.11
2	铅（以 Pb 计），mg/kg	≤0.2			GB 5009.12
3	镉（以 Cd 计），mg/kg	≤0.1			GB 5009.15
4	噻虫嗪，mg/kg	≤0.05			GB 23200.121
5	苯醚甲环唑，mg/kg	≤0.1			GB 23200.113
6	脱氧雪腐镰刀菌烯醇，μg/kg	≤1 000		—	GB 5009.111
7	玉米赤霉烯酮，μg/kg	≤60		—	GB 5009.209
8	赭曲霉毒素 A，μg/kg	≤5.0		—	GB 5009.96

表 A.2 鲜食玉米、速冻玉米的致病菌限量

项目	采样方案及限量				检验方法
	n	c	m	M	
1	沙门氏菌	5	0	0/25 g	—	GB 4789.4
2	金黄色葡萄球菌	5	1	100 CFU/g	1 000 CFU/g	GB 4789.10

注 1：表中"m＝0/25 g"代表"不得检出每 25 g"。
注 2：n 为同一批产品应采集的样品件数；c 为最大可允许超出 m 值的样品数；m 为微生物指标可接受水平的限量值；M 为微生物指标的最高安全限量值。

ICS 67.080.20
CCS X 26

中华人民共和国农业行业标准

NY/T 437—2023

代替 NY/T 437—2012

绿色食品　酱腌菜

Green food—Pickled vegetable

2023-02-17 发布
2023-06-01 实施

中华人民共和国农业农村部 发布

前　言

本文件按照 GB/T 1.1—2020《标准化工作导则　第 1 部分：标准化文件的结构和起草规则》的规定起草。

本文件代替 NY/T 437—2012《绿色食品　酱腌菜》，与 NY/T 437—2012 相比，除结构调整和编辑性改动外，主要技术变化如下：

a)　更改了食盐的检测方法（见表 2、表 3，2012 年版表 2、表 3）；

b)　更改了氨基酸态氮限量值及检测方法（见表 3，2012 年版表 3）；

c)　更改了倍硫磷、杀螟硫磷、敌敌畏、马拉硫磷、对硫磷、甲拌磷、糖精钠、环己基氨基磺酸钠、新红、赤藓红的限量值（见表 4，2012 年版表 4）；

d)　更改了脱氢乙酸名称，改为脱氧乙酸及其钠盐（见表 4，2012 年版附录 A 表 A.1）；

e)　更改了苯甲酸名称，改为苯甲酸及其钠盐，更改了其限量值和检测方法（见表 4，2012 年版表 4）；

f)　更改了山梨酸名称，改为山梨酸及其钾盐，更改了其检测方法（见表 4，2012 年版表 4）；

g)　更改了沙门氏菌、金黄色葡萄球菌的限量值（见附录 A 表 A.2，2012 年版表 5）；

h)　增加了锡、柠檬黄、三氯蔗糖、天门冬酰苯丙氨酸甲酯（又名阿斯巴甜）、N-[N-(3,3-二甲基丁基)]-L-α 天门冬氨-L-苯丙氨酸 1-甲酯（又名纽甜）的限量及检测方法（见附录 A 表 A.1）；

i)　删除了氟、六六六、滴滴涕、乐果、志贺氏菌、溶血性链球菌的限量值（见 2012 年版 4.6 表 4）。

本文件由农业农村部农产品质量安全监管司提出。

本文件由中国绿色食品发展中心归口。

本文件起草单位：唐山海都水产食品有限公司、唐山市农产品质量安全检验检测中心、上海市农产品质量安全中心、四川省绿色食品发展中心、中国绿色食品发展中心、乐山市牛华芽菜食品有限公司、四川省味聚特食品有限公司。

本文件主要起草人：张贺凤、史海涛、段晓然、庞学良、李艺、张丽娜、闫志农、马雪、马迎春、张亚莉、丰东升、郭健、李卫东、鲍永碧、刘彬。

本文件及其所代替文件的历次版本发布情况为：

——2000 年首次发布为 NY/T 437—2000，2012 年第一次修订；

——本次为第二次修订。

绿色食品　酱腌菜

1　范围

本文件规定了绿色食品酱腌菜的术语和定义、分类、要求、检验规则、标签、包装、运输和储存。

本文件适用于绿色食品预包装的酱腌菜产品。不适用于散装的酱腌菜产品。

2　规范性引用文件

下列文件中的内容通过文中的规范性引用而构成本文件必不可少的条款。其中,注日期的引用文件,仅该日期对应的版本适用于本文件;不注日期的引用文件,其最新版本(包括所有的修改单)适用于本文件。

GB/T 191　包装储运图示标志

GB 2714　食品安全国家标准　酱腌菜

GB 4789.1　食品安全国家标准　食品微生物学检验　总则

GB 4789.3　食品安全国家标准　食品微生物学检验　大肠菌群计数

GB 4789.4　食品安全国家标准　食品微生物学检验　沙门氏菌检验

GB 4789.10　食品安全国家标准　食品微生物学检验　金黄色葡萄球菌检验

GB 4789.26　食品安全国家标准　食品微生物学检验　商业无菌检验

GB 5009.3　食品安全国家标准　食品中水分的测定

GB 5009.7　食品安全国家标准　食品中还原糖的测定

GB 5009.11　食品安全国家标准　食品中总砷及无机砷的测定

GB 5009.12　食品安全国家标准　食品中铅的测定

GB 5009.15　食品安全国家标准　食品中镉的测定

GB 5009.16　食品安全国家标准　食品中锡的测定

GB 5009.17　食品安全国家标准　食品中总汞及有机汞的测定

GB/T 5009.20　食品中有机磷农药残留量的测定

GB 5009.22　食品安全国家标准　食品中黄曲霉毒素 B 族和 G 族的测定

GB 5009.28　食品安全国家标准　食品中苯甲酸、山梨酸和糖精钠的测定

GB 5009.33　食品安全国家标准　食品中亚硝酸盐与硝酸盐的测定

GB 5009.35　食品安全国家标准　食品中合成着色剂的测定

GB 5009.97　食品安全国家标准　食品中环己基氨基磺酸钠的测定

GB 5009.121　食品安全国家标准　食品中脱氢乙酸的测定

GB/T 5009.140　饮料中乙酰磺胺酸钾的测定

GB 5009.235　食品安全国家标准　食品中氨基酸态氮的测定

GB 5009.247　食品安全国家标准　食品中纽甜的测定

GB 5009.263　食品安全国家标准　食品中阿斯巴甜和阿力甜的测定

GB 7718　食品安全国家标准　预包装食品标签通则

GB 12456　食品安全国家标准　食品中总酸的测定

GB 14881　食品安全国家标准　食品生产通用卫生规范

GB 22255　食品安全国家标准　食品中三氯蔗糖(蔗糖素)的测定

JJF 1070　定量包装商品净含量计量检验规则

NY/T 391　绿色食品　产地环境质量

NY/T 422　绿色食品　食用糖

NY/T 658 绿色食品 包装通用准则

NY/T 1040 绿色食品 食用盐

NY/T 1055 绿色食品 产品检验规则

NY/T 1056 绿色食品 储藏运输准则

SB/T 10213 中华人民共和国商业行业标准 酱腌菜理化检验方法

国家市场监督管理总局令 2023 年第 70 号 定量包装商品计量监督管理办法

3 术语和定义

GB 2714 界定的术语和定义适用于本文件。

4 分类

4.1 按工艺分类

4.1.1 非发酵蔬菜制品

以新鲜蔬菜为主要原料,经醋、盐、油或酱油等腌渍加工而成的制品。

4.1.2 发酵蔬菜制品

以新鲜蔬菜为主要原料,加入盐和(或)其他调味料,经微生物发酵而成的制品。

4.2 按产品分类

4.2.1 酱腌菜(pickled vegetable)

以新鲜蔬菜为主要原料,经腌渍或酱渍加工而成的各种蔬菜制品的总称。

4.2.2 酱渍菜(pickled vegetable with soy paste)

蔬菜咸坯经脱盐脱水后,再经甜酱、黄酱渍而成的制品,如扬州酱菜、镇江酱菜等。

4.2.3 糖醋渍菜(sugared and vinegared vegetable)

蔬菜咸坯经脱盐脱水后,再用糖渍、醋渍或糖醋渍制作而成的制品,如糖蒜、蜂蜜蒜米、甜酸薹头、糖醋萝卜等。

4.2.4 酱油渍菜(pickled vegetable with soy sauce)

蔬菜咸坯经脱盐脱水后,用酱油与调味料、香辛料混合浸渍而成的制品,如五香大头菜、榨菜萝卜、辣油萝卜丝、酱海带丝等。

4.2.5 虾油渍菜(pickled vegetable with shrimp oil)

新鲜蔬菜先经盐渍或不经盐渍,再用新鲜虾油浸渍而成的制品,如锦州虾油小菜、虾油小黄瓜等。

4.2.6 盐水渍菜(salt solution vegetable)

以新鲜蔬菜为原料,用盐水及香辛料混合腌制,经发酵或非发酵而成的制品,如泡菜、酸黄瓜、盐水笋等。

4.2.7 盐渍菜(salted vegetable)

以新鲜蔬菜为原料,用食盐腌渍而成的湿态、半干态、干态制品,如咸大头菜、榨菜、萝卜干等。

4.2.8 糟渍菜(pickled vegetable with lee)

蔬菜咸坯用酒糟或醪糟糟渍而成的制品,如糟瓜等。

4.2.9 其他类(the other pickled vegetable)

除了以上分类以外,其他以蔬菜为原料制作而成的制品,如糖冰姜、藕脯、酸甘蓝、米糠萝卜等。

5 要求

5.1 原料

原料符合绿色食品要求,应为新鲜洁净、成熟适度、无病虫害及霉变的非叶菜类蔬菜。食用糖应符合 NY/T 422 的要求,食用盐应符合 NY/T 1040 的要求,其他辅料应符合相应绿色食品标准的要求。

5.2 加工用水

应符合 NY/T 391 的规定。

5.3 生产过程

应符合 GB 14881 的规定。

5.4 感官

应符合表 1 的规定。

表 1 感官要求

项 目	要 求								检验方法
	酱渍菜	糖醋渍菜	酱油渍菜	虾油渍菜	盐水渍菜	盐渍菜	糟渍菜	其他类	
色泽	红褐色，有光泽	乳白、金黄色或红褐色，有光泽	红褐色，有光泽	具有该产品应有的色泽					取适量试样置于白色瓷盘中，在自然光下观察色泽和状态。闻其气味，用温开水漱口后品其滋味
滋味、气味	无异味、无异嗅								
状态	无霉变、无霉斑白膜、无正常视力可见的外来异物								

5.5 理化指标

5.5.1 酱渍菜、糖醋渍菜、酱油渍菜、糟渍菜

应符合表 2 的规定。

表 2 酱渍菜、糖醋渍菜、酱油渍菜、糟渍菜的理化指标

单位为克每百克

项 目	指 标				检测方法
	酱渍菜	糖醋渍菜	酱油渍菜	糟渍菜	
水分	≤85.0	≤80.0	≤85.0	≤75.0	GB 5009.3
食盐（以 NaCl 计）	≥3.0	≤4.0	≥3.0		SB/T 10213
还原糖（以葡萄糖计）	≥1.0	—	—	≥10.0	GB 5009.7
总酸（以乳酸计）	≤2.0	≤3.0	≤2.0		GB 12456
氨基酸态氮（以 N 计）	≥0.15	—	≥0.15		GB 5009.235

5.5.2 虾油渍菜、盐水渍菜、盐渍菜、其他类

应符合表 3 的规定。

表 3 虾油渍菜、盐水渍菜、盐渍菜、其他类的理化指标

单位为克每百克

项 目	指 标				检测方法
	虾油渍菜	盐水渍菜	盐渍菜	其他类	
水分	≤75.0	≤90.0		≤75.0	GB 5009.3
食盐（以 NaCl 计）	≤20.0	≤6.0	≤15.0	≥3.0	SB/T 10213
总酸（以乳酸计）	≤2.0				GB 12456
氨基酸态氮（以 N 计）	≥0.3	—			GB 5009.235

5.6 污染物、农药残留、食品添加剂和真菌毒素限量

应符合食品安全国家标准及相关规定，同时应符合表 4 的规定。

表 4 污染物、农药残留、食品添加剂和真菌毒素限量

项 目	指 标		检测方法
	非发酵型蔬菜制品	发酵型蔬菜制品	
无机砷（以 As 计），mg/kg	≤0.05		NY 5009.11
铅（Pb），mg/kg	≤0.2		GB 5009.12
镉（Cd），mg/kg	≤0.05		GB 5009.15

表 4（续）

项 目	指 标		检测方法
	非发酵型蔬菜制品	发酵型蔬菜制品	
总汞（Hg），mg/kg	≤0.01		GB 5009.17
亚硝酸盐（以 NaNO$_2$ 计），mg/kg	≤4.0		GB 5009.33
倍硫磷，mg/kg	≤0.01		GB/T 5009.20
杀螟硫磷，mg/kg	≤0.01		GB/T 5009.20
敌敌畏，mg/kg	≤0.01		GB/T 5009.20
马拉硫磷，mg/kg	≤0.01		GB/T 5009.20
对硫磷，mg/kg	≤0.01		GB/T 5009.20
甲拌磷，mg/kg	≤0.01		GB/T 5009.20
苯甲酸及其钠盐（以苯甲酸计），g/kg	不得检出（<0.005）		GB 5009.28
山梨酸及其钾盐（以山梨酸计），g/kg	≤0.25	不得检出（<0.005）	GB 5009.28
糖精钠（以糖精计），g/kg	不得检出（<0.005）		GB 5009.28
环己基氨基磺酸钠（又名甜蜜素）环己基氨基磺酸钙（以环己基氨基磺酸计），g/kg	不得检出（<0.010）		GB 5009.97
新红，mg/kg	不得检出（<0.5）		GB 5009.35
赤藓红，mg/kg	不得检出（<0.2）		GB 5009.35
脱氢乙酸及其钠盐（以脱氢乙酸计），g/kg	≤0.3	不得检出（<0.000 3）	GB 5009.121
黄曲霉毒素 B$_1$，μg/kg	≤5.0		GB 5009.22

注：检验方法明确检出限的，"不得检出"后括号中内容为检出限；检验方法只明确定量限的，"不得检出"后括号中内容为定量限。

5.7 净含量

应符合国家市场监督管理总局令 2023 年第 70 号规定，检验方法按 JJF 1070 的规定执行。

5.8 其他要求

除上述要求外，还应符合附录 A 的规定。

6 检验规则

申请绿色食品认证的产品应按照本文件中 5.4～5.8 以及附录 A 中表 A.1 和 A.2 所确定的项目进行检验。除应符合 NY/T 1055 的规定外，增加交收（出厂）检验项目水分与大肠菌群。本文件规定的农药残留限量检测方法，如有其他国家标准、行业标准以及部文公告的检测方法，且其检出限和定量限能满足限量值要求时，在检测时可采用。

7 标签

储运图示应符合 GB/T 191 的规定，标签应符合 GB 7718 的规定。

8 包装、运输和储存

8.1 包装

应符合 NY/T 658 的规定。

8.2 运输和储存

应符合 NY/T 1056 的规定。

附　录　A

（规范性）

绿色食品酱腌菜申报检验项目

表 A.1 和表 A.2 规定了除 5.4～5.7 所列项目外,依据食品安全国家标准和绿色食品酱腌菜生产实际情况,绿色食品申报检验还应检验的项目。

表 A.1　食品添加剂项目

指　标	项　目		检测方法
	非发酵型蔬菜制品	发酵型蔬菜制品	
锡[a],mg/kg	≤250		GB 5009.16
乙酰磺胺酸钾,g/kg	≤0.3	不得检出(<0.004)	GB/T 5009.140
柠檬黄(以柠檬黄计),g/kg	≤0.1	不得检出(<0.000 5)	GB 5009.35
三氯蔗糖,g/kg	≤0.25	不得检出(<0.002 5)	GB 22255
天门冬酰苯丙氨酸甲酯(又名阿斯巴甜),g/kg	≤0.30	≤2.5	GB 5009.263
N-[N-(3,3-二甲基丁基)]-L-α 天门冬氨-L-苯丙氨酸 1-甲酯(又名纽甜),g/kg	≤0.01	不得检出(<0.000 2)	GB 5009.247

注:检验方法明确检出限的,"不得检出"后括号中内容为检出限;检验方法只明确定量限的,"不得检出"后括号中内容为定量限。

[a]　仅适用于镀锡薄板容器包装的产品。

表 A.2　微生物项目

项　目	采样方案[a]及限量（若非指定,均以/25 g 或 25 mL 表示)				检验方法
	n	c	m	M	
大肠菌群[b],CFU/g	5	2	10	1 000	GB 4789.3 平板计数法
沙门氏菌	5	0	0	—	GB 4789.4
金黄色葡萄球菌,CFU/g	5	1	100	1 000	GB 4789.10

注 1:n 为同一批次产品应采集的样品件数,c 为最大可允许超出 m 值的样品数,m 为致病菌指标可接受水平限量值,M 为致病菌指标的最高安全限量值。

注 2:罐头杀菌工艺的产品的微生物限量应符合商业无菌的规定,检验方法按 GB 4789.26 的规定执行。

[a]　样品的分析及处理按 GB 4789.1 的规定执行。M 为微生物指标的最高安全限量值。

[b]　不适用于非灭菌发酵型产品。

ICS 65.220
CCS X 40

中华人民共和国农业行业标准

NY/T 471—2023
代替 NY/T 471—2018

绿色食品　饲料及饲料添加剂使用准则

Green food—Guideline for application of feed and feed additives

2023-02-17 发布

2023-06-01 实施

中华人民共和国农业农村部 发布

前 言

本文件按照 GB/T 1.1—2020《标准化工作导则 第 1 部分:标准化文件的结构和起草规则》的规定起草。

本文件代替 NY/T 471—2018《绿色食品 饲料及饲料添加剂使用准则》,与 NY/T 471—2018 相比,除结构调整和编辑性改动外,主要技术变化如下:

  a) 增加了引言(见引言);

  b) 增加了 AA 级绿色食品、A 级绿色食品的定义(见 3.1、3.2);

  c) 更改了使用原则的部分表述(见 4.1、4.2、4.3,2018 年版的 4.1、4.2、4.3);

  d) 更改了基本要求的表述(见 5.1.1、5.1.2、5.1.3、5.1.4、5.1.5、5.1.7,2018 年版的 5.1.1、5.1.2、5.1.3、5.1.4、5.1.5、5.1.7);

  e) 更改了卫生要求(见 5.2,2018 年版的 5.2);

  f) 增加了生产 A 级和 AA 级绿色食品的饲料及饲料添加剂使用规定(见 6.1、6.2、6.3,2018 年版的 6.1、6.2);

  g) 更改了对饲料原料的要求(见 6.2.2、6.2.3、6.2.4,2018 年版的 6.1.2、6.1.4、6.1.5);

  h) 更改了对饲料添加剂的规定(见 6.3.1、6.3.2、6.3.3、6.3.4,2018 年版的 6.2.1、6.2.2、6.2.3、6.2.4);

  i) 增加了对微生物发酵产物来源的规定(见 6.3.6);

  j) 更改并增加了绿色食品饲料和饲料添加剂的加工要求(见 7.1、7.2、7.3,2018 年版的 6.3.1、6.3.2);

  k) 增加了氨基酸锌络合物(氨基酸为 L-赖氨酸和谷氨酸)、L-硒代蛋氨酸、苏氨酸锌螯合物、碱式氯化锰及其适用范围(见表 A.1);

  l) 增加了蛋氨酸羟基类似物异丙酯,适用范围增加了鸭(见表 A.3);

  m) 增加了 L-抗坏血酸钠、姜黄素及其适用范围(见表 A.5);

  n) 增加了乙基纤维素、聚乙烯醇、紫胶、羟丙基甲基纤维素(见表 A.7);

  o) 增加了植物炭黑、胆汁酸、水飞蓟宾、吡咯并喹啉醌二钠、鞣酸蛋白、三丁酸甘油酯、槲皮万寿菊素、枯草三十七肽、腺苷七肽及其适用范围(见表 A.8)。

请注意本文件的某些内容可能涉及专利。本文件的发布机构不承担识别专利的责任。

本文件由农业农村部农产品质量安全监管司提出。

本文件由中国绿色食品发展中心归口。

本文件起草单位:中国农业科学院饲料研究所、中国绿色食品发展中心、北京昕大洋科技发展有限公司、北京精准动物营养研究中心有限公司、长沙兴嘉生物工程股份有限公司。

本文件主要起草人:屠焰、刁其玉、张志华、张宪、哈丽代·热合木江、刘云龙、孔路欣、李光智、黄逸强、刘杰。

本文件及其所代替文件的历次版本发布情况为:

  ——NY/T 471—2001《绿色食品 饲料及饲料添加剂使用准则》、NY/T 471—2010《绿色食品 畜禽饲料及饲料添加剂使用准则》、NY/T 2112—2011《绿色食品 渔业饲料及饲料添加剂使用准则》、NY/T 471—2018《绿色食品 饲料及饲料添加剂使用准则》;

  ——2001 年首次发布为 NY/T 471—2001,2010 年第一次修订;

  ——2018 年第二次修订时,并入了 NY/T 2112—2011《绿色食品 渔业饲料及饲料添加剂使用准则》的内容;

  ——本次为第三次修订。

引　言

绿色食品是指产自优良生态环境、按照绿色食品标准生产、实行全程质量控制并获得绿色食品标志使用权的安全、优质食用农产品及相关产品。本文件按照绿色食品要求,规范绿色食品畜牧业、渔业养殖过程中的饲料及饲料添加剂的使用行为。

我国农业农村部针对饲料原料品种、饲料添加剂品种均发布了允许使用的目录,在此基础上,NY/T 471—2018《绿色食品　饲料及饲料添加剂使用准则》列出了可以在绿色食品畜禽、水产动物养殖中应使用的饲料原料和饲料添加剂及相关要求。随着我国国家和行业标准的修订,以及饲料原料品种、饲料添加剂品种的修订和增补,原文件已不适应绿色食品生产需要。

本次修订主要根据国家、行业最新标准及相关法律法规,结合饲料原料和饲料添加剂实际使用情况,重新评估并选定了生产绿色食品的养殖过程中应使用的饲料和饲料添加剂,同时增加了对 AA 级绿色食品生产的要求。修订后的 NY/T 471 对绿色食品生产中饲料和饲料添加剂的使用与管理更具指导性及可操作性。本文件的实施更有利于规范绿色食品的生产,满足绿色食品生态环保、安全优质的要求。

绿色食品 饲料及饲料添加剂使用准则

1 范围

本文件规定了绿色食品畜牧业、渔业养殖过程允许使用的饲料和饲料添加剂的术语和定义,使用原则,要求,使用规定,加工、包装、储存和运输。

本文件适用于绿色食品畜牧业、渔业的养殖。

2 规范性引用文件

下列文件中的内容通过文中的规范性引用而构成本文件必不可少的条款。其中,注日期的引用文件,仅该日期对应的版本适用于本文件;不注日期的引用文件,其最新版本(包括所有的修改单)适用于本文件。

GB/T 10647　饲料工业术语

GB 13078　饲料卫生标准

GB/T 19164　饲料原料　鱼粉

GB/T 19424　天然植物饲料原料通用要求

GB/T 19630　有机产品生产加工标识与管理体系要求

NY/T 391　绿色食品　产地环境质量

NY/T 393　绿色食品　农药使用准则

NY/T 394　绿色食品　肥料使用准则

NY/T 658　绿色食品　包装通用准则

NY/T 1056　绿色食品　储藏运输准则

中华人民共和国农业农村部公告第 2625 号　饲料添加剂安全使用规范

3 术语和定义

GB/T 10647 界定的以及以下术语和定义适用于本文件。

3.1

AA 级绿色食品　AA grade green food

产地环境质量符合 NY/T 391 的要求,遵照绿色食品标准生产,生产过程遵循自然规律和生态学原理,协调种植业和养殖业的平衡,不使用化学合成的肥料、农药、兽药、渔药、添加剂等物质,产品质量符合绿色食品产品标准,经专门机构许可使用绿色食品标志的产品。

3.2

A 级绿色食品　A grade green food

产地环境质量符合 NY/T 391 的要求,遵照绿色食品标准生产,生产过程遵循自然规律和生态学原理,协调种植业和养殖业的平衡,限量使用限定的化学合成生产资料,产品质量符合绿色食品产品标准,经专门机构许可使用绿色食品标志的产品。

3.3

天然植物饲料添加剂　natural plant feed additive

以一种或多种天然植物全株或其部分为原料,经物理、化学或生物等方法加工的具有营养、促生长、提高饲料利用率和改善动物产品品质等功效的饲料添加剂。

3.4

有机微量元素 organic trace element

微量元素的无机盐与有机物及其分解产物通过络(螯)合形成的化合物或通过发酵形成的产物。

4 使用原则

4.1 安全优质原则

生产过程中,饲料和饲料添加剂的使用应对养殖动物机体健康无不良影响,所生产的动物产品安全、优质、营养,有利于消费者健康且无不良影响。

4.2 绿色环保原则

绿色食品生产中所使用的饲料和饲料添加剂及其代谢产物,应对环境无不良影响,且在畜牧业、渔业产品及排泄物中存留量对环境也无不良影响,有利于生态环境保护和养殖业可持续健康发展。

4.3 以天然饲料原料为主原则

提倡优先使用天然饲料原料、天然植物饲料添加剂、微生物制剂、酶制剂和有机微量元素,限制使用通过化学合成的饲料和饲料添加剂。

5 要求

5.1 基本要求

5.1.1 饲料原料的产地环境应符合 NY/T 391 的要求,植物源性饲料原料种植过程中肥料和农药的使用应符合 NY/T 394 和 NY/T 393 的要求,天然植物饲料原料应符合 GB/T 19424 的要求。

5.1.2 饲料和饲料添加剂,应是国务院农业农村主管部门公布的《饲料原料目录》《饲料添加剂品种目录》中的品种;不在目录内的饲料原料和饲料添加剂应是国务院农业农村主管部门批准使用的品种,或是允许进口的饲料和饲料添加剂品种,且使用范围和用量应符合相关规定;本文件颁布实施后,国务院农业农村主管部门公布的不再允许使用的品种,本文件也不再允许使用。

5.1.3 使用的饲料原料、饲料添加剂、混合型饲料添加剂、配合饲料、浓缩饲料及添加剂预混合饲料应符合其产品质量标准的规定。

5.1.4 根据养殖动物不同生理阶段和营养需求配制饲料,原料组成宜多样化,营养全面,各营养素间相互平衡,饲料的配制应当符合营养、健康、节约、环保的理念。

5.1.5 保证草食动物每天都能得到满足其营养需要的粗饲料。在其日粮中,粗饲料、鲜草、青干草或青贮饲料等所占的比例不应低于 60%(以干物质计);对于育肥期肉用畜和泌乳期前 3 个月的乳用畜,此比例可降低为 50%(以干物质计)。

5.1.6 购买的商品饲料,其原料来源和生产过程应符合本文件的要求。

5.1.7 绿色食品生产单位和饲料企业,应做好饲料及饲料添加剂的相关记录,确保可查证。

5.2 卫生要求

饲料的卫生指标应符合 GB 13078 的要求,饲料添加剂应符合相应卫生标准的要求。

6 使用规定

6.1 生产 AA 级绿色食品的饲料及饲料添加剂

除符合 6.2、6.3 的要求外,还应按 GB/T 19630 的相关规定执行。

6.2 生产 A 级绿色食品的饲料原料

6.2.1 植物源性饲料原料,应是通过认定的绿色食品及其副产品;或来源于绿色食品原料标准化生产基地的产品及其副产品;或是按照绿色食品生产方式生产并经认定的原料基地生产的产品及其副产品。

6.2.2 动物源性饲料原料,应只使用乳及乳制品、鱼粉和其他海洋水产动物产品及副产品,其他动物源性饲料不可使用;鱼粉和其他海洋水产动物产品及副产品,应来自经国务院农业农村主管部门认可的产地或加工厂,并有证据证明符合规定要求,其中鱼粉应符合 GB/T 19164 的要求。进口的鱼粉和其他海洋水产动物产品及副产品,应有国家检验检疫部门提供的相关证明和质量报告,并符合相关规定。

6.2.3 宜使用国务院农业农村主管部门公布的饲料原料目录中可饲用天然植物。

6.2.4 不应使用:

    a) 畜禽及餐厨废弃物;

    b) 畜禽屠宰场副产品及其加工产品;

    c) 非蛋白氮;

    d) 鱼及其他海洋水产动物产品及副产品(限反刍动物)。

6.3 生产 A 级绿色食品的饲料添加剂、混合型饲料添加剂和添加剂预混合饲料

6.3.1 饲料添加剂、混合型饲料添加剂和添加剂预混合饲料,应选自取得生产许可证的厂家,并具符合规定的产品标准,且饲料添加剂应取得产品批准文号,混合型饲料添加剂和添加剂预混合饲料应按要求在农业农村主管部门指定的备案系统进行备案。进口饲料添加剂,应具有进口产品许可证及质量标准和检验方法,并经出入境部门检验检疫合格。

6.3.2 饲料添加剂的使用,应根据养殖动物的营养需求,按照中华人民共和国农业农村部第 2625 号公告的推荐量合理添加和使用,严防对环境造成污染。

6.3.3 不应使用制药工业副产品(包括生产抗生素、抗寄生虫药、激素等药物的残渣)。

6.3.4 饲料添加剂的使用,应按照附录 A 的规定;附录 A 的添加剂中来源于动物蹄角及毛发生产的氨基酸不可使用。

6.3.5 矿物质饲料添加剂中应有不少于 60% 的种类来源于天然矿物质饲料或有机微量元素产品。

6.3.6 微生物发酵产物来源的饲料添加剂,应符合表 A.4 的要求。

7 加工、包装、储存和运输

7.1 饲料加工厂房内应有足够的加工场地和充足的光照,以保证生产正常运转,并留有对设备进行日常维修和清理的通道及进出口。

7.2 生产绿色食品的饲料和饲料添加剂,应有专门的加工生产车间、专车运输、专库储存、专人管理、专门台账,避免批次之间发生交叉污染。

7.3 原料或成品存放地、生产车间、包装车间等场所的地面应具有良好的防潮性能,并实时进行日常保洁,确保地面无残存废水、垃圾、废弃物及杂乱的设备等。

7.4 包装应符合 NY/T 658 的要求。

7.5 储存和运输应符合 NY/T 1056 的要求。

附 录 A
（规范性）
生产 A 级绿色食品允许使用的饲料添加剂种类

A.1 可用于生产 A 级绿色食品畜牧业、渔业养殖允许使用的矿物质饲料添加剂种类

见表 A.1。

表 A.1 生产 A 级绿色食品畜牧业、渔业养殖允许使用的矿物质饲料添加剂种类

类 别	通用名称	适用范围
矿物元素及其络（螯）合物	氯化钠、硫酸钠、磷酸二氢钠、磷酸氢二钠、磷酸二氢钾、磷酸氢二钾、轻质碳酸钙、氯化钙、磷酸氢钙、磷酸二氢钙、磷酸三钙、乳酸钙、葡萄糖酸钙、硫酸镁、氧化镁、氯化镁、柠檬酸亚铁、富马酸亚铁、乳酸亚铁、硫酸亚铁、氯化亚铁、氯化铁、碳酸亚铁、氯化铜、硫酸铜、碱式氯化铜、氧化锌、氯化锌、碳酸锌、硫酸锌、乙酸锌、碱式氯化锌、氯化锰、氧化锰、硫酸锰、碳酸锰、磷酸氢锰、碘化钾、碘化钠、碘酸钾、碘酸钙、氯化钴、乙酸钴、硫酸钴、亚硒酸钠、钼酸钠、蛋氨酸铜络（螯）合物、蛋氨酸铁络（螯）合物、蛋氨酸锰络（螯）合物、蛋氨酸锌络（螯）合物、赖氨酸铜络（螯）合物、赖氨酸锌络（螯）合物、甘氨酸铜络（螯）合物、甘氨酸铁络（螯）合物、酵母铜、酵母铁、酵母锰、酵母硒、氨基酸铜络合物（氨基酸来源于水解植物蛋白）、氨基酸铁络合物（氨基酸来源于水解植物蛋白）、氨基酸锰络合物（氨基酸来源于水解植物蛋白）、氨基酸锌络合物（氨基酸来源于水解植物蛋白）、氨基酸锌络合物（氨基酸为 L-赖氨酸和谷氨酸）	养殖动物
	蛋白铜、蛋白铁、蛋白锌、蛋白锰	养殖动物（反刍动物除外）
	羟基蛋氨酸类似物络（螯）合锌、羟基蛋氨酸类似物络（螯）合锰、羟基蛋氨酸类似物络（螯）合铜	奶牛、肉牛、家禽和猪
	L-硒代蛋氨酸	断奶仔猪、产蛋鸡
	烟酸铬、酵母铬、蛋氨酸铬、吡啶甲酸铬	猪
	丙酸铬	猪、肉仔鸡
	甘氨酸锌	猪
	丙酸锌	猪、牛和家禽
	硫酸钾、三氧化二铁、氧化铜	反刍动物
	碳酸钴	反刍动物
	乳酸锌（α-羟基丙酸锌）	生长育肥猪、家禽
	苏氨酸锌螯合物	猪
	碱式氯化锰	肉仔鸡
注：所列物质包括无水和结晶水形态。		

A.2 生产 A 级绿色食品畜牧业、渔业养殖允许使用的维生素种类

见表 A.2。

表 A.2 生产 A 级绿色食品畜牧业、渔业养殖允许使用的维生素种类

类别	通用名称	适用范围
维生素及类维生素	维生素 A、维生素 A 乙酸酯、维生素 A 棕榈酸酯、β-胡萝卜素、盐酸硫胺(维生素 B$_1$)、硝酸硫胺(维生素 B$_1$)、核黄素(维生素 B$_2$)、盐酸吡哆醇(维生素 B$_6$)、氰钴胺(维生素 B$_{12}$)、L-抗坏血酸(维生素 C)、L-抗坏血酸钙、L-抗坏血酸钠、L-抗坏血酸-2-磷酸酯、L-抗坏血酸-6-棕榈酸酯、维生素 D$_2$、维生素 D$_3$、天然维生素 E、dl-α-生育酚、dl-α-生育酚乙酸酯、亚硫酸氢钠甲萘醌(维生素 K$_3$)、二甲基嘧啶醇亚硫酸甲萘醌、亚硫酸氢烟酰胺甲萘醌、烟酸、烟酰胺、D-泛醇、D-泛酸钙、DL-泛酸钙、叶酸、D-生物素、氯化胆碱、肌醇、L-肉碱、L-肉碱盐酸盐、甜菜碱、甜菜碱盐酸盐	养殖动物
	25-羟基胆钙化醇(25-羟基维生素 D$_3$)	猪、家禽

A.3 生产 A 级绿色食品畜牧业、渔业养殖允许使用的氨基酸种类

见表 A.3。

表 A.3 生产 A 级绿色食品允许使用的氨基酸种类

类别	通用名称	适用范围
氨基酸、氨基酸盐及其类似物	L-赖氨酸、液体 L-赖氨酸(L-赖氨酸含量不低于 50%)、L-赖氨酸盐酸盐、L-赖氨酸硫酸盐及其发酵副产物(产自谷氨酸棒杆菌、乳糖发酵短杆菌,L-赖氨酸含量不低于 51%)、DL-蛋氨酸、L-苏氨酸、L-色氨酸、L-精氨酸、L-精氨酸盐酸盐、甘氨酸、L-酪氨酸、L-丙氨酸、天(门)冬氨酸、L-亮氨酸、异亮氨酸、L-脯氨酸、苯丙氨酸、丝氨酸、L-半胱氨酸、L-组氨酸、谷氨酸、谷氨酰胺、缬氨酸、胱氨酸、牛磺酸	养殖动物
	半胱胺盐酸盐	畜禽
	蛋氨酸羟基类似物、蛋氨酸羟基类似物钙盐	猪、鸡、鸭、牛和水产养殖动物
	N-羟甲基蛋氨酸钙、蛋氨酸羟基类似物异丙酯	反刍动物
	α-坏丙氨酸	鸡

A.4 生产 A 级绿色食品畜牧业、渔业养殖允许使用的酶制剂、微生物、多糖和寡糖种类

见表 A.4。

表 A.4 生产 A 级绿色食品畜牧业、渔业养殖允许使用的酶制剂、微生物、多糖和寡糖的种类

类别	通用名称	适用范围
酶制剂	淀粉酶(产自黑曲霉、解淀粉芽孢杆菌、地衣芽孢杆菌、枯草芽孢杆菌、长柄木霉、米曲霉、大麦芽、酸解支链淀粉芽孢杆菌)	青贮玉米、玉米、玉米蛋白粉、豆粕、小麦、次粉、大麦、高粱、燕麦、豌豆、木薯、小米、大米
	α-半乳糖苷酶(产自黑曲霉)	豆粕
	纤维素酶(产自长柄木霉、黑曲霉、孤独腐质霉、绳状青霉)	玉米、大麦、小麦、麦麸、黑麦、高粱
	β-葡聚糖酶(产自黑曲霉、枯草芽孢杆菌、长柄木霉、绳状青霉、解淀粉芽孢杆菌、棘孢曲霉)	小麦、大麦、菜籽粕、小麦副产物、去壳燕麦、黑麦、黑小麦、高粱
	葡萄糖氧化酶(产自特异青霉、黑曲霉)	葡萄糖
	脂肪酶(产自黑曲霉、米曲霉)	动物或植物源性油脂或脂肪
	麦芽糖酶(产自枯草芽孢杆菌)	麦芽糖
	β-甘露聚糖酶(产自迟缓芽孢杆菌、黑曲霉、长柄木霉)	玉米、豆粕、椰子粕
	果胶酶(产自黑曲霉、棘孢曲霉)	玉米、小麦

表 A.4（续）

类别	通用名称	适用范围
酶制剂	植酸酶（产自黑曲霉、米曲霉、长柄木霉、毕赤酵母）	玉米、豆粕等含有植酸的植物籽实及其加工副产品类饲料原料
	蛋白酶（产自黑曲霉、米曲霉、枯草芽孢杆菌、长柄木霉）	植物和动物蛋白
	角蛋白酶（产自地衣芽孢杆菌）	植物和动物蛋白
	木聚糖酶（产自米曲霉、孤独腐质霉、长柄木霉、枯草芽孢杆菌、绳状青霉、黑曲霉、毕赤酵母）	玉米、大麦、黑麦、小麦、高粱、黑小麦、燕麦
	饲用黄曲霉毒素 B_1 分解酶（产自发光假蜜环菌）	肉鸡、仔猪
	溶菌酶	仔猪、肉鸡
微生物	地衣芽孢杆菌、枯草芽孢杆菌、两歧双歧杆菌、粪肠球菌、屎肠球菌、乳酸肠球菌、嗜酸乳杆菌、干酪乳杆菌、德式乳杆菌乳酸亚种（原名：乳酸乳杆菌）、植物乳杆菌、乳酸片球菌、戊糖片球菌、产朊假丝酵母、酿酒酵母、沼泽红假单胞菌、婴儿双歧杆菌、长双歧杆菌、短双歧杆菌、青春双歧杆菌、嗜热链球菌、罗伊氏乳杆菌、动物双歧杆菌、黑曲霉、米曲霉、迟缓芽孢杆菌、短小芽孢杆菌、纤维二糖乳杆菌、发酵乳杆菌、德氏乳杆菌保加利亚种（原名：保加利亚乳杆菌）	养殖动物
	产丙酸丙酸杆菌、布氏乳杆菌	青贮饲料、牛饲料
	副干酪乳杆菌	青贮饲料
	凝结芽孢杆菌	肉鸡、生长育肥猪和水产养殖动物
	侧孢短芽孢杆菌（原名：侧孢芽孢杆菌）	肉鸡、肉鸭、猪、虾
	丁酸梭菌	断奶仔猪、肉仔鸡
多糖和寡糖	低聚木糖（木寡糖）	鸡、猪、水产养殖动物
	低聚壳聚糖	猪、鸡和水产养殖动物
	半乳甘露寡糖	猪、肉鸡、兔和水产养殖动物
	果寡糖、甘露寡糖、低聚半乳糖	养殖动物
	壳寡糖[寡聚 β-(1-4)-2-氨基-2-脱氧-D-葡萄糖]（$n=2\sim10$）	猪、鸡、肉鸭、虹鳟鱼
	β-1,3-D-葡聚糖（源自酿酒酵母）	水产养殖动物
	N,O-羧甲基壳聚糖	猪、鸡
	低聚异麦芽糖	蛋鸡、断奶仔猪
	褐藻酸寡糖	肉鸡、蛋鸡

注 1：酶制剂的适用范围为典型底物，仅作为推荐，并不包括所有可用底物。
注 2：目录中所列长柄木霉亦可称为长枝木霉或李氏木霉。

A.5 生产 A 级绿色食品畜牧业、渔业养殖允许使用的抗氧化剂种类

见表 A.5。

表 A.5 生产 A 级绿色食品畜牧业、渔业养殖允许使用的抗氧化剂种类

类别	通用名称	适用范围
抗氧化剂	乙氧基喹啉、丁基羟基茴香醚（BHA）、二丁基羟基甲苯（BHT）、没食子酸丙酯、特丁基对苯二酚（TBHQ）、茶多酚、维生素 E、L-抗坏血酸-6-棕榈酸酯、L-抗坏血酸钠	养殖动物
	姜黄素	淡水鱼类

A.6 生产 A 级绿色食品畜牧业、渔业养殖允许使用的防腐剂、防霉剂和酸度调节剂种类

见表 A.6。

表 A.6　生产 A 级绿色食品畜牧业、渔业养殖允许使用的防腐剂、防霉剂和酸度调节剂种类

类　别	通用名称	适用范围
防腐剂、防霉剂和酸度调节剂	甲酸、甲酸铵、甲酸钙、乙酸、双乙酸钠、丙酸、丙酸铵、丙酸钠、丙酸钙、丁酸、丁酸钠、乳酸、山梨酸、山梨酸钠、山梨酸钾、富马酸、柠檬酸、柠檬酸钾、柠檬酸钠、柠檬酸钙、酒石酸、苹果酸、磷酸、氢氧化钠、碳酸氢钠、氯化钾、碳酸钠	养殖动物
	乙酸钙	畜禽
	二甲酸钾	猪
	氯化铵	反刍动物
	亚硫酸钠	青贮饲料

A.7　生产 A 级绿色食品畜牧业、渔业养殖允许使用的黏结剂、抗结块剂、稳定剂和乳化剂种类

见表 A.7。

表 A.7　生产 A 级绿色食品畜牧业、渔业养殖允许使用的黏结剂、抗结块剂、稳定剂和乳化剂种类

类　别	通用名称	适用范围
黏结剂、抗结块剂、稳定剂和乳化剂	α-淀粉、三氧化二铝、可食脂肪酸钙盐、可食用脂肪酸单/双甘油酯、硅酸钙、硅铝酸钠、硫酸钙、硬脂酸钙、甘油脂肪酸酯、聚丙烯酸树脂Ⅱ、山梨醇酐单硬脂酸酯、丙二醇、二氧化硅(沉淀并经干燥的硅酸)、卵磷脂、海藻酸钠、海藻酸钾、海藻酸铵、琼脂、瓜尔胶、阿拉伯树胶、黄原胶、甘露糖醇、木质素磺酸盐、羧甲基纤维素钠、聚丙烯酸钠、山梨醇酐脂肪酸酯、蔗糖脂肪酸酯、焦磷酸二钠、单硬脂酸甘油酯、聚乙二醇 400、磷脂、聚乙二醇甘油蓖麻酸酯、辛烯基琥珀酸淀粉钠、乙基纤维素、聚乙烯醇、紫胶、羟丙基甲基纤维素	养殖动物
	丙三醇	猪、鸡和鱼
	硬脂酸	猪、牛和家禽

A.8　生产 A 级绿色食品畜牧业、渔业养殖允许使用的其他类饲料添加剂

见表 A.8。

表 A.8　生产 A 级绿色食品畜牧业、渔业养殖允许使用的其他类饲料添加剂

类　别	通用名称	适用范围
其他	天然类固醇萨洒皂角苷(源自丝兰)、天然三萜烯皂角苷(源自可来雅皂角树)、二十二碳六烯酸(DHA)	养殖动物
	糖萜素(源自山茶籽饼)	猪和家禽
	乙酰氧肟酸	反刍动物
	苜蓿提取物(有效成分为苜蓿多糖、苜蓿黄酮、苜蓿皂苷)	仔猪、生长育肥猪、肉鸡
	杜仲叶提取物(有效成分为绿原酸、杜仲多糖、杜仲黄酮)	生长育肥猪、鱼、虾
	淫羊藿提取物(有效成分为淫羊藿苷)	鸡、猪、绵羊、奶牛
	共轭亚油酸	仔猪、蛋鸡
	4,7-二羟基异黄酮(大豆黄酮)	猪、产蛋家禽
	地顶孢霉培养物	猪、鸡、泌乳奶牛
	紫苏籽提取物(有效成分为 α-亚油酸、亚麻酸、黄酮)	猪、肉鸡和鱼
	植物甾醇(源于大豆油/菜籽油,有效成分为 β-谷甾醇、菜油甾醇、豆甾醇)	家禽、生长育肥猪
	藤茶黄酮	鸡
	植物炭黑	养殖动物
	胆汁酸	产蛋鸡、肉仔鸡、断奶仔猪、淡水鱼
	水飞蓟宾	淡水鱼
	吡咯并喹啉醌二钠	肉仔鸡
	鞣酸蛋白	断奶仔猪
	三丁酸甘油酯	肉仔鸡

表 A.8（续）

类 别	通用名称	适用范围
其他	槲皮万寿菊素	肉仔鸡
	枯草三十七肽	肉鸡
	腺苷七肽	断奶仔猪

ICS 67.080.20
CCS B 39

中华人民共和国农业行业标准

NY/T 749—2023

代替 NY/T 749—2018

绿色食品 食用菌

Green food—Edible mushroom

2023-02-17 发布

2023-06-01 实施

中华人民共和国农业农村部 发布

前　言

本文件按照 GB/T 1.1—2020《标准化工作导则　第 1 部分:标准化文件的结构和起草规则》的规定起草。

本文件代替 NY/T 749—2018《绿色食品　食用菌》,与 NY/T 749—2018 相比,除结构调整和编辑性改动外,主要技术变化如下:

a) 更改了标准适用范围(见第 1 章,2018 年版第 1 章);

b) 更改了术语和定义中食用菌鲜品、食用菌干品、杂质(见 3.1、3.2、3.3,2018 年版 3.1、3.2、3.4);

c) 删除了术语和定义中食用菌粉(2018 年版 3.3);

d) 删除了部分食用菌感官指标中第二等级及以上等级的规定(2018 年版 4.2.1);

e) 更改了感官指标中检测方法的描述(见 4.2 表 1,2018 年版 4.2.2 表 1);

f) 删除了食用菌粉相应的指标(2018 年版 4.2.2 表 1,4.3 表 2,4.4 表 3,附录 A 表 A.1);

g) 删除了理化指标中干湿比(2018 年版 4.3 表 2);

h) 增加了理化指标中粗蛋白(见 4.3 表 2);

i) 更改了铅、镉的限量要求,增加了无机砷、甲基汞的限量要求,删除了总砷、总汞的限量要求(见 4.4 表 3,2018 版 4.4 表 3,附录 A 表 A.1);

j) 更改了吡虫啉、甲氨基阿维菌素苯甲酸盐、氯氰菊酯、氯氟氰菊酯、除虫脲的限量要求(见 4.4 表 3,2018 年版 4.4 表 3);

k) 删除了马拉硫磷、乐果、溴氰菊酯、氟氰戊菊酯、氯菊酯、氰戊菊酯和 S-氰戊菊酯、代森锰锌的限量要求(2018 年版 4.4 表 3,附录 A 表 A.1);

l) 增加了毒死蜱、克百威、灭蝇胺、甲拌磷的限量要求(见 4.4 表 3);

m) 删除了荧光增白剂的指标(2018 年版附录 A 表 A.1);

n) 删除了微生物项目(2018 年版附录 A 表 A.2);

o) 增加了常见食用菌中文、拉丁文名称对照表(见附录 B)。

本文件由农业农村部农产品质量安全监管司提出。

本文件由中国绿色食品发展中心归口。

本文件起草单位:农业农村部农产品质量监督检验测试中心(昆明)、云南省农业科学院质量标准与检测技术研究所、中国绿色食品发展中心、农业农村部食用菌产品质量监督检验测试中心(上海)、昭通学院农学与生命科学学院、河南龙丰食用菌产业研究院有限公司、文山市滇珍菌业有限公司、陆良爨乡绿圆菇业有限公司、昆明旭日丰华有限公司、丽江中源绿色食品有限公司。

本文件主要起草人:杜丽娟、林涛、叶艳萍、黎其万、唐伟、赵晓燕、陈静、赵孔发、唐玉凤、姬利强、汪祥飞、袁绍保。

本文件及其所代替文件的历次版本发布情况为:

——2003 年首次发布为 NY/T 749—2003,2012 年第一次修订,2018 年第二次修订;

——本次为第三次修订。

绿色食品 食用菌

1 范围

本文件规定了绿色食品食用菌的术语和定义、要求、检验规则、标签、包装、运输和储藏。

本文件适用于人工培养的绿色食品食用菌的鲜品和干品,不适用于野生食用菌,以及食用菌罐头、腌渍食用菌、水煮食用菌、油炸食用菌等食用菌制品。常见食用菌中文、拉丁文名称对照表见附录B。

2 规范性引用文件

下列文件中的内容通过文中的规范性引用而构成本文件必不可少的条款。其中,注日期的引用文件,仅该日期对应的版本适用于本文件;不注日期的引用文件,其最新版本(包括所有的修改单)适用于本文件。

GB/T 191 包装储运图示标志

GB 5009.3 食品安全国家标准 食品中水分的测定

GB 5009.4 食品安全国家标准 食品中灰分的测定

GB 5009.5 食品安全国家标准 食品中蛋白质的测定

GB 5009.11 食品安全国家标准 食品中总砷及无机砷的测定

GB 5009.12 食品安全国家标准 食品中铅的测定

GB 5009.15 食品安全国家标准 食品中镉的测定

GB 5009.17 食品安全国家标准 食品中总汞和有机汞的测定

GB 5009.34 食品安全国家标准 食品中二氧化硫的测定

GB 5009.189 食品安全国家标准 食品中米酵菌酸的测定

GB 7718 食品安全国家标准 预包装食品标签通则

GB 14881 食品安全国家标准 食品生产通用卫生规范

GB/T 20769 水果和蔬菜中 450 种农药及相关化学品残留量的测定 液相色谱-串联质谱法

GB 23200.113 食品安全国家标准 植物源食品中 208 种农药及其代谢物残留量的测定 气相色谱-质谱联用法

GB 23200.121 食品安全国家标准 植物源性食品中 331 种农药及其代谢物残留量的测定 液相色谱-质谱联用法

JJF 1070 定量包装商品净含量计量检验规则

NY/T 391 绿色食品 产地环境质量

NY/T 392 绿色食品 食品添加剂使用准则

NY/T 393 绿色食品 农药使用准则

NY/T 658 绿色食品 包装通用准则

NY/T 761 蔬菜和水果中有机磷、有机氯、拟除虫菊酯和氨基甲酸酯类农药多残留的测定

NY/T 1055 绿色食品 产品检验规则

NY/T 1056 绿色食品 储藏运输准则

国家市场监督管理总局令 2023 年第 70 号 定量包装商品计量监督管理办法

3 术语和定义

下列术语和定义适用于本文件。

3.1

食用菌鲜品 fresh edible mushroom

食用菌采收后,经过挑选或预冷的新鲜食用菌产品。

3.2

食用菌干品 dried edible mushroom

以食用菌鲜品为原料,经自然干燥或人工干燥等工艺加工而成的食用菌干制品。

3.3

杂质 extraneous matter

除食用菌以外的一切有机物和无机物,本文件所称杂质包括标称食用菌产品以外的其他杂菌。

4 要求

4.1 产地环境及生产过程

食用菌人工培养产地土壤、基质、水质应符合 NY/T 391 的要求,农药使用应符合 NY/T 393 的要求,食品添加剂应符合 NY/T 392 的要求,加工过程应符合 GB 14881 的要求。

4.2 感官

应符合表1的规定。

表1 感官要求

项目	要求		检验方法
	食用菌鲜品	食用菌干品	
外观形状	外形正常,饱满有弹性,整齐度好	外形正常,菌体均匀,整齐度好	随机取样 500 g 鲜品或 200 g 干品(精确至 0.1 g),目测法观察外观(形状、大小、整齐度等)、杂质和色泽,嗅鼻法检验滋气味,手捏法检验弹性,分别拣出虫蛀菌、霉烂菌和破损菌,用台秤称量,计算破损菌的质量百分比
色泽、滋气味	具有该食用菌产品的固有色泽和滋气味,无酸、臭、霉变、焦煳等异味		
杂质	无肉眼可见外来异物		
虫蛀菌	无		
霉烂菌	无		
破损菌	≤5.0%	≤10%	

4.3 理化指标

应符合表2的规定。

表2 理化指标

单位为百分号

项目	指标						检验方法
	黑木耳	香菇	银耳	草菇	竹荪	其他食用菌	
粗蛋白(以干基计)	≥7.00(干品)	≥20.0(干品)	≥6.00(干品)	≥18.0(干品)	≥14.0(干品)	—	GB 5009.5
水分	≤13.0(干品)	≤90.0(鲜品) ≤13.0(干品)	≤15.0(干品)	≤90.0(鲜品) ≤12.0(干品)	≤90.0(鲜品) ≤12.0(干品)	≤90.0(鲜品) ≤12.0(干品)	GB 5009.3
灰分	≤8.0(以干基计)						GB 5009.4

4.4 污染物限量、农药残留限量和食品添加剂限量

应符合食品安全国家标准、NY/T 393 及相关规定,同时符合表3的规定。

表3 污染物限量、农药残留限量和食品添加剂限量

单位为毫克每千克

项目	指标		检验方法
	食用菌鲜品	食用菌干品	
铅(以 Pb 计)	≤0.5(双孢菇、平菇、香菇、榛蘑≤0.3)	≤2.0(木耳、银耳≤1.0)	GB 5009.12
镉(以 Cd 计)	≤0.2(香菇≤0.5,姬松茸≤1.0)	≤1.0(香菇≤2.0,姬松茸≤5.0,木耳、银耳≤0.5)	GB 5009.15

表 3（续）

项目	指标		检验方法
	食用菌鲜品	食用菌干品	
甲基汞	≤0.1	≤0.2（木耳、银耳≤0.1）	GB 5009.17
无机砷	≤0.5	≤1.0（木耳、银耳≤0.5）	GB 5009.11
氯氰菊酯	≤0.01		GB 23200.113
氟氯氰菊酯	≤0.01		GB 23200.113
氯氟氰菊酯	≤0.01		GB 23200.113
咪鲜胺	≤0.01		GB 23200.121
百菌清	≤0.01		NY/T 761
毒死蜱	≤0.01		GB 23200.113
克百威	≤0.01		GB 23200.121
除虫脲	≤0.01		GB 23200.121
吡虫啉	≤0.01		GB 23200.121
多菌灵	≤1.0		GB 23200.121
灭蝇胺	≤0.01		GB/T 20769
二氧化硫残留（以 SO_2 计）	≤10	≤50	GB 5009.34
注：木耳、银耳以干品计。			

4.5 净含量

应符合国家市场监督管理总局令 2023 第 70 号的规定，检验方法按 JJF 1070 的规定执行。

4.6 其他要求

除上述要求外，还应符合附录 A 的规定。

5 检验规则

绿色食品食用菌申报检验应按照本文件中 4.2～4.6 所确定的项目进行检验。其他要求应符合 NY/T 1055 的规定。每批产品出厂前，都应进行出厂检验，出厂检验项目为包装、标签、净含量、感官、水分。本文件规定的农药残留限量检测方法，如有其他国家标准、行业标准以及部文公告的检测方法，且其检出限和定量限能满足限量值要求时，在检测时可采用。

6 标签

6.1 储运图示应符合 GB/T 191 的规定。

6.2 标签应符合 GB 7718 的规定。

7 包装、运输和储藏

7.1 包装应符合 NY/T 658 的规定。

7.2 运输和储藏应符合 NY/T 1056 的规定。

附 录 A

（规范性）

绿色食品食用菌产品申报检验项目

表 A.1 规定了除 4.2～4.5 所列项目外，依据食品安全国家标准和绿色食品生产实际情况，绿色食品
食用菌产品申报检验时还应检验的项目。

表 A.1 污染物限量和农药残留限量

单位为毫克每千克

项目	指标		检验方法
	食用菌鲜品	食用菌干品	
米酵菌酸	—	≤0.25（银耳）	GB 5009.189
甲氨基阿维菌素苯甲酸盐	≤0.05		GB 23200.121
腐霉利	≤5.0		GB 23200.113
噻菌灵	≤5.0		GB 23200.121
甲拌磷	≤0.01		GB 23200.113

附 录 B
（资料性）
常见食用菌中文、拉丁文名称对照表

常见食用菌中文、拉丁文名称对照表，见表 B.1。

表 B.1 常见食用菌中文、拉丁文名称对照表

分类	中文名称	商品名称或俗称	拉丁文名称
伞菌	香菇	香菇、花菇、香蕈	*Lentinula edodes*（Berk.）Pegler
	金针菇	冬菇、朴菇、朴菰	*Flammulina velutipes*（Curtis）Singer
	双孢蘑菇	双孢菇、白蘑菇、洋蘑菇	*Agaricus bisporus*（J. E. Lange）Imbach
	柱状田头菇	杨树菇、茶树菇、柳松菇、杨树菇、柳环菌	*Agrocybe cylindracea*（DC.）Maire
	草菇	麻菇、兰花菇、稻草菇、中华蘑菇、美味苞脚菇	*Volvariella volvacea*（Bull.）Singer
	长根小奥德蘑	黑皮鸡枞、长根小奥德蘑、长根金钱菌、长根干蘑	*Oudemansiella radicata*（Relhan）Singer
	皱环球盖菇	大球盖菇、赤松茸、酒红球盖菇	*Stropharia rugosoannulata* Farlow ex Murrill
	巴西蘑菇	姬松茸、巴氏蘑菇	*Agaricus blazei* Murrill
	亚侧耳	元蘑、冻蘑、冬蘑、美味扇菇	*Panellus serotinus*（Pers.）Kühner
	斑玉蕈	真姬菇、海鲜菇、蟹味菇、来福蘑	*Hypsizygus marmoreus*（Peck）H. E. Bigelow
	糙皮侧耳	平菇、侧耳、北风菌	*Pleurotus ostreatus*（Jacq.）P. Kumm.
	佛州侧耳	佛罗里达侧耳、白平菇、平菇	*Pleurotus floridanus* Singer
	白黄侧耳	姬菇、小平菇、紫孢侧耳、黄白侧耳	*Pleurotus cornucopiae*（Paulet）Rolland
	肺形侧耳	小平菇、凤尾菇、秀珍菇、印度鲍鱼菇	*Pleurotus pulmonarius*（Fr.）Quél.
	刺芹侧耳	杏鲍菇、刺芹菇	*Pleurotus eryngii*（DC.）Quél.
	白灵侧耳	白灵菇、刺芹侧耳托里变种	*Pleurotus eryngii* var. *tuoliensis* C. J. Mou
	金顶侧耳	榆黄蘑、榆黄菇、金顶蘑、玉皇菇	*Pleurotus citrinopileatus* Singer
	桃红侧耳	淡红平菇、桃红平菇、红平菇、淡红侧耳	*Pleurotus djamor*（Rumph. ex Fr.）Boedjin
	盖囊侧耳	泡囊侧耳、鲍鱼菇、鲍鱼侧耳	*Pleurotus cystidiosus* O. K. Miller
	菌核侧耳	虎奶菇、核侧耳、茯苓侧耳	*Lentinus tuber-regium*（Fr.）Fr.
	阿魏侧耳	阿魏蘑	*Pleurotus ferulae* Lanzi
	花脸香蘑	花脸蘑、紫晶蘑、紫花脸蘑、紫花脸、紫晶口蘑	*Lepista sordida*（Schumach.）Singer
	大白口蘑	金福菇、洛巴口蘑、巨大口蘑	*Macrocybe lobayensis*（R. Heim）Pegler & Lodge
	蒙古口蘑	白蘑、口蘑、珍珠蘑	*Tricholoma mongolicum* S. Imai
	长裙竹荪	竹荪	*Dictyophora indusiata*（Vent.）Desv.
	短裙竹荪	竹荪、面纱菌、仙人伞、竹笙	*Dictyophora duplicate*（Bosc）E. Fisch.
	红托竹荪	小仙菌、竹参、清香竹荪	*Dictyophora rubrovolvata* M. Zhang et al.
	冬荪	白鬼笔、竹下菌、无裙荪、竹菌	*Phallus impudicus* L.
	光滑环锈伞	滑菇、珍珠菇、滑子蘑、小孢鳞伞	*Pholiota nameko*（T. Itô）S. Ito & S. Imai
	毛头鬼伞	鸡腿菇、鬼盖	*Coprinus comatus*（O. F. Müll.）Pers.
	榆干离褶伞	榆干侧耳、大榆蘑、对子蘑	*Hypsizygus ulmarius*（Bull.）Redhead
	荷叶离褶	鹿茸菇、一窝羊、荷叶菇、冷香菇、北风菌	*Lyophyllum decastes*（Fr. ex Fr.）Singer
	裂褶菌	白参、白蕈、树花	*Schizophyllum commune* Fr.
	蜜环菌	榛蘑、蜜环蕈、栎蘑	*Armillaria mellea*（Vahl.）P. Kumm.

表 B.1（续）

分类	中文名称	商品名称或俗称	拉丁文名称
牛肝菌	暗褐脉柄牛肝菌	暗褐网柄牛肝菌、盖氏牛肝菌	*Phlebopus portentosus*（Berk. & Broome）Boedijn
胶质菌	黑木耳	木耳、云耳、光木耳、耳子	*Auricularia heimuer* F. Wu, B. K. Cui & Y. C. Dai
	毛木耳	黄背木耳、白背木耳、牛背木耳、紫木耳	*Auricularia polytricha*（Mont.）Sacc.
	银耳	白木耳、雪耳	*Tremella fuciformis* Berk.
	金耳	金木耳、黄耳、黄木耳、黄白银耳	*Tremella aurantia* Bandoni & M. Zang
子囊菌	蛹虫草	北冬虫夏草、北虫草、虫草花	*Cordyceps militaris*（L.）Link
	蝉花	蝉茸、冠蝉、胡蝉、蟪蛄、唐蛃、蝉茸金蝉花	*Cordyceps cicadae* X. Q. Shing
	广东虫草	广东虫草	*Cordyceps guangdongensis* T. H. Li et al.
	羊肚菌	羊肚蘑、羊肚菜、蜂窝菌	*Morchella esculenta*（L.）Pers.
多孔菌	猴头菌	猴头、猴头蘑、猴菇、猴头菇、刺猬菇	*Hericium erinaceus*（Bull.）Pers.
	绣球菌	绣球花、绣球蕈	*Sparassis crispa*（Wulfen）Fr.
	灰树花孔菌	灰树花、舞菇	*Grifola frondose*（Dicks.）Gray

ICS 67.060
CCS X 11

中华人民共和国农业行业标准

NY/T 895—2023

代替 NY/T 895—2015

绿色食品　高粱及高粱米

Green food—Sorghum and sorghum grains

2023-02-17 发布

2023-06-01 实施

中华人民共和国农业农村部　发布

前　言

本文件按照 GB/T 1.1—2020《标准化工作导则　第 1 部分:标准化文件的结构和起草规则》的规定起草。

本文件代替 NY/T 895—2015《绿色食品　高粱》,与 NY/T 895—2015 相比,除结构调整和编辑性改动外,主要技术变化如下:

a)　更改了文件名称,改为《绿色食品　高粱及高粱米》;

b)　更改了术语和定义(见 3.1,2015 年版的 3.1);

c)　更改了感官要求(见表 1,2015 年版的表 1);

d)　更改了水分、镉、总砷、铬、黄曲霉毒素 B_1、赭曲霉毒素 A 项目的检测方法(见表 2、表 A.1,2015 年版的表 2、表 A.1);

e)　更改了高粱容重、高粱米不完善粒的理化要求(见表 2,2015 年版的表 2);

f)　删除了带壳粒、矿物质、高粱壳、加工精度等理化要求(见表 2,2015 年版的表 2);

g)　增加了戊唑醇、异丙甲草胺、莠去津、氯吡嘧磺隆、2 甲 4 氯(钠)、毒死蜱等农药残留限量要求(见表 3 和附录 A);

h)　删除了甲拌磷、乐果、吡虫啉、抗蚜威、溴氰菊酯、氯氰菊酯和磷化物的限量(2015 年版的表 3);

i)　增加了其他要求(见 4.7)。

本文件由农业农村部农产品质量安全监管司提出。

本文件由中国绿色食品发展中心归口。

本文件起草单位:黑龙江省农业科学院农产品质量安全研究所、中国绿色食品发展中心、农业农村部谷物及制品质量监督检验测试中心(哈尔滨)、黑龙江省绿色食品发展中心、黑龙江易真细致农业发展有限公司、黑龙江古龙农业股份有限公司。

本文件主要起草人:任红波、马文琼、曹慧慧、张宪、杜敏、张志华、程爱华、陈国峰、李宛、杜英秋、戴常军、王翠玲、兰静、刘峰、孙丽容、梁溪桐、廖辉、王剑平、金海涛、潘博、黄翠、张晓磊、郭炜、黄文功、董见南、依桂华、贺显书、张晓冲、赵光华、常春苗。

本文件及其所代替文件的历次版本发布情况为:

——2004 年首次发布为 NY/T 895—2004《绿色食品　高粱》,2015 年第一次修订;

——本次为第二次修订。

绿色食品 高粱及高粱米

1 范围

本文件规定了绿色食品高粱及高粱米的术语和定义,要求,检验规则,标签,包装、运输和储存。

本文件适用于绿色食品高粱及高粱米。

2 规范性引用文件

下列文件中的内容通过文中的规范性引用而构成本文件必不可少的条款。其中,注日期的引用文件,仅该日期对应的版本适用于本文件;不注日期的引用文件,其最新版本(包括所有的修改单)适用于本文件。

GB/T 191 包装储运图示标志

GB 5009.3 食品安全国家标准 食品中水分的测定

GB 5009.11 食品安全国家标准 食品中总砷及无机砷的测定

GB 5009.12 食品安全国家标准 食品中铅的测定

GB 5009.15 食品安全国家标准 食品中镉的测定

GB 5009.22 食品安全国家标准 食品中黄曲霉毒素 B 族和 G 族的测定

GB 5009.96 食品安全国家标准 食品中赭曲霉毒素 A 的测定

GB 5009.123 食品安全国家标准 食品中铬的测定

GB/T 5009.145 植物性食品中有机磷和氨基甲酸酯类农药多种残留的测定

GB/T 5492 粮油检验 粮食、油料的色泽、气味、口味鉴定

GB/T 5494 粮油检验 粮食、油料的杂质、不完善粒检验

GB/T 5498 粮油检验 容重测定

GB/T 5503 粮油检验 碎米检验法

GB 7718 食品安全国家标准 预包装食品标签通则

GB/T 8231 高粱

GB/T 15686 高粱 单宁含量的测定

GB/T 20770 粮谷中 486 种农药及相关化学品残留量的测定 液相色谱-串联质谱法

GB/T 22515 粮油名词术语 粮食、油料及其加工产品

GB 23200.24 食品安全国家标准 粮谷和大豆中 11 种除草剂残留量的测定 气相色谱-质谱法

GB 23200.112 食品安全国家标准 植物源性食品中 9 种氨基甲酸酯类农药及其代谢物残留量的测定 液相色谱-柱后衍生法

JJF 1070 定量包装商品净含量计量检验规则

LS/T 3215 高粱米

NY/T 391 绿色食品 产地环境质量

NY/T 393 绿色食品 农药使用准则

NY/T394 绿色食品 肥料使用准则

NY/T 658 绿色食品 包装通用准则

NY/T 1055 绿色食品 产品检验规则

NY/T 1056 绿色食品 储藏运输准则

NY/T 1434 蔬菜中 2,4-D 等 13 种除草剂多残留的测定 液相色谱质谱法

SN/T 1605 进出口植物性产品中氰草津、氟草隆、莠去津、敌稗、利谷隆残留量检验方法 液相色谱-质谱/质谱法

SN/T 2325 进出口食品中四唑嘧磺隆、甲基苯苏呋安、醚磺隆等 45 种农药残留量的检测方法 高效

液相色谱-质谱/质谱法

国家市场监督管理总局令 2023 年第 70 号　定量包装商品计量监督管理办法

3　术语和定义

GB/T 22515、GB/T 8231 和 LS/T 3215 界定的以及下列术语和定义适用于本文件。

3.1

乳白粒　under millde kernel

种皮基本去净,脱掉种皮后达粒面 2/3 以上的颗粒。

4　要求

4.1　产地环境

应符合 NY/T 391 的要求。

4.2　生产过程

生产过程中农药和肥料的使用应分别符合 NY/T 393 和 NY/T 394 的要求。

4.3　感官要求

应符合表 1 的规定。

表 1　感官要求

项目	要求	检验方法
色泽	具有产品固有的颜色和光泽	GB/T 5492
气味	具有产品固有的气味	GB/T 5492

4.4　理化要求

应符合表 2 的规定。

表 2　理化要求

项　　目	指标		检验方法
	高粱	高粱米	
不完善粒,%	≤3.0	≤2.0	GB/T 5494
杂质总量,%	≤1.0	≤0.30	GB/T 5494
容重,g/L	≥740	—	GB/T 5498
碎米,%	—	≤3.0	GB/T 5503
水分,%	≤14.0	≤14.5	GB 5009.3
单宁ᵃ(以干基计),%	≤0.5	≤0.3	GB/T 15686

ᵃ　适用于食用高粱和高粱米,不适用于酿酒用高粱和高粱米。

4.5　农药残留限量

应符合食品安全国家标准及相关规定,同时应符合表 3 的要求。

表 3　农药残留限量

单位为毫克每千克

序号	项目	指标	检验方法
1	马拉硫磷	≤0.01	GB/T 5009.145
2	异丙甲草胺	≤0.01	GB 23200.24
3	莠去津	≤0.01	SN/T 1605
4	氯吡嘧磺隆	≤0.01	SN/T 2325
5	克百威	≤0.01	GB 23200.112
6	毒死蜱	≤0.01	GB/T 5009.145

4.6 净含量

应符合国家市场监督管理总局令 2023 年第 70 号的规定。检验方法按 JJF 1070 的规定执行。

4.7 其他要求

除上述要求外,还应符合附录 A 的要求。

5 检验规则

绿色食品申报检验应按照本文件 4.3~4.6 以及附录 A 所确定的项目进行检验。其他要求应符合 NY/T 1055 的要求。本文件规定的农药残留限量检测方法,如有其他国家标准、行业标准以及部文公告的检测方法,且其检出限和定量限能满足限量值要求时,在检测时可采用。

6 标签

包装储运图示标志按 GB/T 191 的规定执行,标签按 GB 7718 的规定执行。

7 包装、运输和储存

7.1 包装

按 NY/T 658 的规定执行。

7.2 运输和储存

按 NY/T 1056 的规定执行。

附 录 A

（规范性）

绿色食品高粱和高粱米产品申报检验项目

表 A.1 规定了除 4.3～4.6 所列项目外，依据食品安全国家标准和绿色食品生产实际情况，绿色食品高粱和高粱米产品申报检验时还应检验的项目。

表 A.1 污染物、真菌毒素和农药残留限量

序号	检验项目	指标	检验方法
1	铅（以 Pb 计），mg/kg	≤0.2	GB 5009.12
2	镉（以 Cd 计），mg/kg	≤0.1	GB 5009.15
3	总砷（以 As 计），mg/kg	≤0.5	GB 5009.11
4	铬（以 Cr 计），mg/kg	≤1.0	GB 5009.123
5	黄曲霉毒素 B_1，μg/kg	≤5.0	GB 5009.22
6	赭曲霉毒素 A，μg/kg	≤5.0	GB 5009.96
7	戊唑醇，mg/kg	≤0.05	GB/T 20770
8	2 甲 4 氯（钠），mg/kg	≤0.05	NY/T 1434

ICS 67.080.20
CCS X 26

中华人民共和国农业行业标准

NY/T 1049—2023

代替 NY/T 1049—2015

绿色食品　薯芋类蔬菜

Green food—Yam and taro vegetable

2023-02-17 发布

2023-06-01 实施

中华人民共和国农业农村部 发布

前　言

本文件按照 GB/T 1.1—2020《标准化工作导则　第 1 部分:标准化文件的结构和起草规则》的规定起草。

本文件代替 NY/T 1049—2015《绿色食品　薯芋类蔬菜》,与 NY/T 1049—2015 相比,除结构调整和编辑性改动外,主要技术变化如下:

a) 更改了适用范围和名称,删除了魔芋,增加了芋,更改了生姜、甘露(草食蚕)、香芋的名称(见第 1 章,2015 年版的第 1 章);

b) 更改了感官要求(见 4.3,2015 年版的 3.3);

c) 删除了六六六、涕灭威、甲胺磷、克百威、敌百虫、氧乐果、三唑酮、抗蚜威、嘧菌酯、甲拌磷、氯氰菊酯的限量(见 2015 年版的 3.4);

d) 增加了噻虫嗪、嘧霉胺、咪鲜胺、联苯菊酯的限量(见 4.4);

e) 更改了毒死蜱、辛硫磷和吡虫啉的限量(见 4.4,2015 年版的 3.4);

f) 更改了硫丹、敌敌畏、乐果、溴氰菊酯、氰戊菊酯、毒死蜱、辛硫磷、多菌灵、吡虫啉的检验方法(见 4.4,2015 年版的 3.4);

g) 增加了铬的限量(见附录 A);

h) 更改了铅、镉的限量,更改了镉的检验方法(见 4.4,2015 年版的附录 B);

i) 增加了其他要求(见 4.5);

j) 增加了净含量的要求(见 4.6)。

本文件由农业农村部农产品质量安全监管司提出。

本文件由中国绿色食品发展中心归口。

本文件起草单位:广东省农业科学院农业质量标准与监测技术研究所、广东省农业标准化协会、北京工业大学环境与生命学部、中国绿色食品发展中心、农业农村部农产品及加工品监督检验测试中心(广州)、广东农科监测科技有限公司、广东省农业科学院植物保护研究所、怀集县农业技术推广中心、内蒙古民丰种业有限公司、山东省万兴食品有限公司。

本文件主要起草人:耿安静、杨慧、张芳、王旭、张志华、张宪、陈岩、廖永林、邓作茂、张静、尚培芬、柳建增、门大伟、王富华。

本文件及其所代替文件的历次版本发布情况为:

——2006 年首次发布为 NY/T 1049—2006,2015 年第一次修订;

——本次为第二次修订。

绿色食品　薯芋类蔬菜

1　范围

本文件规定了绿色食品薯芋类蔬菜的术语和定义、要求、检验规则、标签、包装、运输和储藏。

本文件适用于绿色食品薯芋类蔬菜，包括马铃薯、姜、山药、豆薯、菊芋、甘露子、蕉芋、菜用土圞儿、葛、甘薯、木薯、菊薯、芋等的新鲜产品。各薯芋类蔬菜学名、俗名见附录 B。本文件不适用于魔芋。

2　规范性引用文件

下列文件中的内容通过文中的规范性引用而构成本文件必不可少的条款。其中，注日期的引用文件，仅该日期对应的版本适用于本文件；不注日期的引用文件，其最新版本（包括所有的修改单）适用于本文件。

GB 5009.12　食品安全国家标准　食品中铅的测定

GB 5009.15　食品安全国家标准　食品中镉的测定

GB 5009.123　食品安全国家标准　食品中铬的测定

GB 23200.113　食品安全国家标准　植物源性食品中 208 种农药及其代谢物残留量的测定　气相色谱-质谱联用法

GB 23200.121　食品安全国家标准　植物源性食品中 331 种农药及其代谢物残留量的测定　液相色谱-质谱联用法

GB/T 32950　鲜活农产品标签标识

JJF 1070　定量包装商品净含量计量检验规则

NY/T 391　绿色食品　产地环境质量

NY/T 393　绿色食品　农药使用准则

NY/T 394　绿色食品　肥料使用准则

NY/T 658　绿色食品　包装通用准则

NY/T 1055　绿色食品　产品检验规则

NY/T 1056　绿色食品　储藏运输准则

国家市场监督管理总局令 2023 年第 70 号　定量包装商品计量监督管理办法

3　术语和定义

本文件没有需要界定的术语和定义。

4　要求

4.1　产地环境

应符合 NY/T 391 的规定。

4.2　生产过程

生产过程中农药和肥料的使用应分别符合 NY/T 393 和 NY/T 394 的规定。

4.3　感官

应符合表 1 的规定。

表 1 感官要求

要求	检验方法
同一品种或相似品种,固有色泽,形态正常、完整(切断除外),无裂痕、无腐烂、无机械伤、无硬伤、无冻伤、无病虫害及其造成的损伤(如黑心、空心、黑斑、黑圈、坏死、霉斑、虫蛀等)、无明显斑痕、无发芽、无异常的外来水分,气味和滋味正常	形态、色泽、新鲜度等外观特性用目测法鉴定,内部特征剖开观察 气味用嗅的方法鉴定 滋味用品尝法,必要时应熟制

4.4 污染物限量、农药残留限量

污染物、农药残留限量应符合食品安全国家标准及相关规定,同时应符合表2的规定。

表 2 污染物和农药残留限量

单位为毫克每千克

序号	项目	指标	检验方法
1	铅(以 Pb 计)	≤0.1	GB 5009.12
2	镉(以 Cd 计)	芋≤0.05 其他≤0.1	GB 5009.15
3	毒死蜱	≤0.01	GB 23200.113
4	硫丹	≤0.01	GB 23200.113
5	乐果	≤0.01	GB 23200.113
6	敌敌畏	≤0.01	GB 23200.113
7	联苯菊酯	≤0.01	GB 23200.113
8	溴氰菊酯	≤0.01	GB 23200.113
9	氰戊菊酯	≤0.01	GB 23200.113
10	咪鲜胺	≤0.01	GB 23200.121
11	多菌灵	甘薯≤0.1 其他≤0.01	GB 23200.121
12	噻虫嗪	马铃薯≤0.2 其他≤0.01	GB 23200.121
13	吡虫啉	马铃薯≤0.5 其他≤0.01	GB 23200.121
14	辛硫磷	山药、甘薯≤0.05 其他≤0.01	GB 23200.121
15	嘧霉胺	马铃薯≤0.05 其他≤0.01	GB 23200.121

4.5 其他要求

除上述要求外,还应符合附录 A 的规定。

4.6 净含量

应符合国家市场监督管理总局令 2023 第 70 号的要求,检验方法按 JJF 1070 的规定执行。

5 检验规则

绿色食品申报检验应按照本文件4.3～4.4及附录A所确定的项目进行检验。其他要求应符合NY/T 1055 的规定。本文件规定的农药残留限量检测方法,如有其他国家标准、行业标准以及部文公告的检测方法,且其检出限和定量限能满足限量值要求时,在检测时可采用。

6 标签

应符合 GB/T 32950 的规定。

7 包装、运输和储藏

7.1 包装

应符合 NY/T 658 的规定。

7.2 运输和储藏

应符合 NY/T 1056 的规定。

附 录 A

（规范性）

绿色食品薯芋类蔬菜产品申报检验项目

表 A.1 规定了除 4.3、4.4 所列项目外,依据食品安全国家标准和绿色食品薯芋类蔬菜生产实际情况,绿色食品申报检验时还应检验的项目。

表 A.1 污染物项目

单位为毫克每千克

序号	项目	指标	检验方法
1	铬(以 Cr 计)	≤0.5	GB 5009.123

附 录 B

（资料性）

薯芋类蔬菜学名、俗名对照表

薯芋类蔬菜学名、俗名对照见表 B.1。

表 B.1 薯芋类蔬菜学名、俗名对照表

蔬菜名称	学名	俗名
马铃薯	*Solanun tuberosun* L.	土豆、山药蛋、洋芋、地蛋、荷兰薯、瓜哇薯、洋山芋
姜	*Zingiber officinale* Rosc.	生姜、黄姜、姜根、鲜姜、百辣云、勾装指、因地辛、炎凉小子
山药	*Dioscorea batatas* Decne.	大薯、薯蓣、佛掌薯、白苕、脚板苕、野山药、怀山、淮山、怀山药、山藷
豆薯	*Pachyrhizu erozus*（L.）Urban.	沙葛、凉薯、新罗葛、地瓜、土瓜
菊芋	*Helianthus tuberosus* L.	洋姜、鬼子姜
甘露子	*Stachys sieboldii* Miq.	草食蚕、螺丝菜、宝塔菜、甘露儿、地蚕、罗汉
蕉芋	*Canna edulis* Ker.	蕉藕、姜芋、食用美人蕉、芭蕉芋
菜用土圞儿	*Colocasia esculenta*（L.）Schoot	土圞儿、香芋、地栗子、香参、黄栗芋
葛	*Pueraria thomsonii* Benth.	粉葛、葛根、甘葛藤
甘薯	*Ipomoea batatas*（L.）Lam	山芋、地瓜、番芋、红苕、红薯、白薯、香薯、蜜薯、番薯、甜薯、普薯
木薯	*Manihot esculenta* Crantz.	木番薯、树薯
菊薯	*Smallanthus sonchifolius*（Poepp.）H. Rob.	雪莲果、雪莲薯、地参果
芋	*Colocasia esculenta*（L）. Schott	芋艿、芋头、水芋、芋芨、毛艿、毛芋、青皮叶、接骨草、独皮叶

ICS 67.080.20
CCS X 26

中华人民共和国农业行业标准

NY/T 1324—2023

代替 NY/T 1324—2015

绿色食品 芥菜类蔬菜

Green food—Mustard vegetable

2023-02-17 发布   2023-06-01 实施

中华人民共和国农业农村部 发布

前　言

本文件按照 GB/T 1.1—2020《标准化工作导则　第 1 部分:标准化文件的结构和起草规则》的规定起草。

本文件代替 NY/T 1324—2015《绿色食品　芥菜类蔬菜》,与 NY/T 1324—2015 相比,除结构调整和编辑性改动外,主要技术变化如下:

a)　更改了农药残留指标:删除了水胺硫磷、百菌清、联苯菊酯;增加了虫螨腈、灭蝇胺、烯酰吗啉、腐霉利;修订了氯氰菊酯和氯氟氰菊酯的限量值;调整了检测方法(见 4.4 表 2,2015 年版 3.4 表 2);

b)　增加了其他要求(见 4.5);

c)　增加了净含量的要求(见 4.6)。

请注意本文件的某些内容可能涉及专利。本文件的发布机构不承担识别专利的责任。

本文件由农业农村部农产品质量安全监管司提出。

本文件由中国绿色食品发展中心归口。

本文件起草单位:农业农村部蔬菜品质监督检验测试中心(北京)、中国农业科学院蔬菜花卉研究所、四川省绿色食品发展中心、中国绿色食品发展中心、吉香居食品股份有限公司、四川省味聚特食品有限公司、重庆市农产品质量安全中心。

本文件主要起草人:钱洪、刘中笑、闫志农、粘昊菲、林桓、徐东辉、吕军、许彦阳、余志刚、鲍永碧、黄晓冬、刘广洋、戴亨林。

本文件及其所代替文件的历次版本发布情况为:

——2007 年首次发布为 NY/T 1324—2007,2015 年第一次修订;

——本次为第二次修订。

绿色食品 芥菜类蔬菜

1 范围

本文件规定了绿色食品芥菜类蔬菜的术语和定义、要求、检验规则、标志和标签、包装、运输和储藏。

本文件适用于绿色食品芥菜类蔬菜,包括鲜食和加工用茎芥、叶芥、根芥和薹芥。各芥菜类蔬菜分类、学名和俗名见附录 B。

2 规范性引用文件

下列文件中的内容通过文中的规范性引用而构成本文件必不可少的条款。其中,注日期的引用文件,仅该日期对应的版本适用于本文件;不注日期的引用文件,其最新版本(包括所有的修改单)适用于本文件。

GB/T 191　包装储运图示标志

GB 2762　食品安全国家标准　食品中污染物限量

GB 2763　食品安全国家标准　食品中农药最大残留限量

GB 5009.12　食品安全国家标准　食品中铅的测定

GB 5009.15　食品安全国家标准　食品中镉的测定

GB/T 20769　水果和蔬菜中 450 种农药及相关化学品残留量的测定　液相色谱-串联质谱法

GB 23200.113　食品安全国家标准　植物源性食品中 208 种农药及其代谢物残留量的测定　气相色谱-质谱联用法

GB 23200.121　食品安全国家标准　植物源性食品中 331 种农药及其代谢物残留量的测定　液相色谱-质谱联用法

GB/T 32950　鲜活农产品标签标识

JJF 1070　定量包装商品净含量计量检验规则

NY/T 391　绿色食品　产地环境质量

NY/T 393　绿色食品　农药使用准则

NY/T 394　绿色食品　肥料使用准则

NY/T 658　绿色食品　包装通用准则

NY/T 1055　绿色食品　产品检验规则

NY/T 1056　绿色食品　储藏运输准则

NY/T 1379　蔬菜中 334 种农药多残留的测定　气相色谱质谱法和液相色谱质谱法

国家市场监督管理总局令 2023 年第 70 号　定量包装商品计量监督管理办法

3 术语和定义

本文件没有需要界定的术语和定义。

4 要求

4.1 产地环境

应符合 NY/T 391 的规定。

4.2 生产过程

生产过程中农药使用应符合 NY/T 393 的规定。肥料使用应符合 NY/T 394 的规定。

4.3 感官

应符合表 1 的规定。

表 1 感官要求

品质	检验方法
具有该产品的固有形状,色泽正常,新鲜、清洁,无腐烂、畸形、冷冻害损伤、病虫害、肉眼可见杂质,无异味,无严重机械伤 同一包装内应为同一品种或相似品种,且等级规格基本一致	品种特征、色泽、新鲜、清洁、腐烂、冻害、病虫害及机械伤等外观特征,用目测法鉴定 异味用嗅的方法鉴定 病虫害症状不明显而有怀疑者,应用刀剖开目测

4.4 农药残留限量

应符合食品安全国家标准、NY/T 393 及相关规定,同时符合表 2 中的规定。

表 2 农药残留限量

单位为毫克每千克

序号	项目	指标	检测方法
1	克百威	≤0.01	GB 23200.121
2	氧乐果	≤0.01	GB 23200.121
3	毒死蜱	≤0.01	GB 23200.121
4	氟虫腈	≤0.01	GB 23200.121
5	氯氰菊酯	≤0.01	GB 23200.113
6	氯氟氰菊酯	≤0.01	GB 23200.113
7	啶虫脒	≤0.01	GB 23200.121
8	吡虫啉	≤0.3	GB 23200.121
9	哒螨灵	≤0.01	GB 23200.121
10	阿维菌素	≤0.01	GB 23200.121
11	多菌灵	≤0.01	GB 23200.121
12	虫螨腈	≤0.01	NY/T 1379
13	灭蝇胺	≤0.01	GB/T 20769
14	烯酰吗啉	≤0.01	GB 23200.121
15	腐霉利	≤0.01	GB 23200.113

4.5 其他要求

除上述要求外,还应符合 GB 2762 和附录 A 的规定。

4.6 净含量

按国家市场监督管理总局令 2023 年第 70 号的规定执行,检验方法按 JJF 1070 的规定执行。

5 检验规则

绿色食品申报检验应按照本文件中 4.3、4.4 及附录 A 所确定的项目进行检验。其他要求应符合 NY/T 1055 的规定。农药残留检测取样部位应符合 GB 2763 的规定。本文件规定的检测方法,如有其他国家标准、行业标准以及部文公告的检测方法,且其检出限和定量限能满足限量值要求时,在检测时可采用。

6 标志和标签

6.1 标志

应有绿色食品标志,储运图示按 GB/T 191 的规定执行。

6.2 标签

按 GB/T 32950 的规定执行。

7 包装、运输和储藏

7.1 包装

按 NY/T 658 的规定执行。

7.2 运输和储藏

应符合 NY/T 1056 的规定。

附　录　A

（规范性）

绿色食品芥菜类蔬菜产品申报检验项目

表 A.1 规定了除 4.3、4.4 所列项目外，绿色食品申报检验还应检验的项目。

表 A.1　绿色食品芥菜类蔬菜产品申报检验必检项目

单位为毫克每千克

序号	项目	限量	检验方法
1	铅（以 Pb 计）	≤0.3	GB 5009.12
2	镉（以 Cd 计）	叶芥、薹芥≤0.2 根芥、茎芥≤0.1	GB 5009.15
3	抗蚜威	叶芥、薹芥、茎芥≤0.5 根芥≤0.05	GB 23200.121

附 录 B

（资料性）

芥菜类蔬菜分类及学名、俗名对照表

芥菜类蔬菜学名、俗名对照表见表B.1。

表 B.1 芥菜类蔬菜分类及学名、俗名对照表

分类	变种	学名	俗名（别名）
茎芥	茎瘤芥	*Brassica juncea* var. *tumida* Tsen et Lee	青菜头、羊角菜、榨菜、菱角菜
	抱子芥	*Brassica juncea* var. *gemmifera* Lee et Lin	儿菜、娃娃菜
	笋子芥	*Brassica juncea* var. *crassicaulis* Chen et Yang	棒菜
叶芥	大叶芥	*Brassica juncea* var. *rugosa* Bailey	大叶青菜
	小叶芥	*Brassica juncea* var. *foliosa* Bailey	小叶青菜
	宽柄芥	*Brassica juncea* var. *latipa* Li	
	叶瘤芥	*Brassica juncea* var. *strumata* Tsen et Lee	
	长柄芥	*Brassica juncea* var. *longepetiolata* Yang et Chen	
	花叶芥	*Brassica juncea* var. *multisecta* Bailey	
	凤尾芥	*Brassica juncea* var. *linearifolia* Sun	
	白花芥	*Brassica juncea* var. *leucanthus* Chen et Yang	
	卷心芥	*Brassica juncea* var. *involuta* Yang et Chen	
	结球芥	*Brassica juncea* var. *capitata* Hort ex Li	
	分蘖芥	*Brassica juncea* var. *multiceps* Tsen et Lee	
根芥	大头芥	*Brassica juncea* var. *megarrhiza* Tsen et Lee	辣疙瘩、冲菜、芥头、大头菜
薹芥		*Brassica juncea* var. *utilis* Li	

ICS 67.080.20
CCS X 26

中华人民共和国农业行业标准

NY/T 1325—2023
代替 NY/T 1325—2015

绿色食品 芽苗类蔬菜

Green food—Sprouting vegetable

2023-02-17 发布

2023-06-01 实施

中华人民共和国农业农村部 发布

前　言

本文件按照 GB/T 1.1—2020《标准化工作导则　第 1 部分:标准化文件的结构和起草规则》的规定起草。

本文件代替 NY/T 1325—2015《绿色食品　芽苗类蔬菜》,与 NY/T 1325—2015 相比,除结构调整和编辑性改动外,主要技术变化如下:

    a)　更改了农药残留指标:增加了 4-氯苯氧乙酸、氯吡脲和多效唑;修订了 6-苄基腺嘌呤的限量值;调整了检测方法(见 4.5 表 2,2015 年版 4.5 表 2);

    b)　增加了其他要求(见 4.6);

    c)　增加了净含量的要求(见 4.7)。

本文件由农业农村部农产品质量安全监管司提出。

本文件由中国绿色食品发展中心归口。

本文件起草单位:农业农村部蔬菜品质监督检验测试中心(北京)、中国农业科学院蔬菜花卉研究所、北京市绿色食品办公室、中国绿色食品发展中心、北京二商希杰食品有限责任公司、洛阳豆芝芽农业科技有限公司、河南省洛阳市园艺工作站、安徽省农业科学院园艺研究所。

本文件主要起草人:钱洪、刘中笑、徐东辉、周绪宝、马雪、温雅君、黄晓冬、许彦阳、王玉民、刘玉伟、王永波、王艳、王明霞、张延国。

本文件及其所代替文件的历次版本发布情况为:

    ——2007 年首次发布为 NY/T 1325—2007,2015 年第一次修订;

    ——本次为第二次修订。

绿色食品 芽苗类蔬菜

1 范围

本文件规定了绿色食品芽苗类蔬菜的术语和定义、要求、检验规则、标志和标签、包装、运输和储藏。

本文件适用于绿色食品种芽类芽苗菜,包括绿豆芽、黄豆芽、黑豆芽、青豆芽、红豆芽、蚕豆芽、红小豆芽、豌豆苗、花生芽、苜蓿芽、小扁豆芽、萝卜芽、菘蓝芽、沙芥芽、芥菜芽、芥蓝芽、白菜芽、独行菜芽、种芽香椿、向日葵芽、荞麦芽、胡椒芽、紫苏芽、水芹芽、小麦苗、胡麻芽、蕹菜芽、芝麻芽、黄秋葵芽等。

2 规范性引用文件

下列文件中的内容通过文中的规范性引用而构成本文件必不可少的条款。其中,注日期的引用文件,仅该日期对应的版本适用于本文件;不注日期的引用文件,其最新版本(包括所有的修改单)适用于本文件。

GB/T 191 包装储运图示标志

GB 2762 食品安全国家标准 食品中污染物限量

GB 4789.4 食品安全国家标准 食品微生物学检验 沙门氏菌检验

GB 4789.5 食品安全国家标准 食品微生物学检验 志贺氏菌检验

GB 4789.10 食品安全国家标准 食品微生物学检验 金黄色葡萄球菌检验

GB 5009.12 食品安全国家标准 食品中铅的测定

GB 5009.34 食品安全国家标准 食品中二氧化硫的测定

GB 14881 食品安全国家标准 食品生产通用卫生规范

GB 23200.121 食品安全国家标准 植物源性食品中 331 种农药及其代谢物残留量的测定 液相色谱-质谱联用法

GB/T 32950 鲜活农产品标签标识

BJS 201703 豆芽中植物生长调节剂的测定

JJF 1070 定量包装商品净含量计量检验规则

NY/T 391 绿色食品 产地环境质量

NY/T 393 绿色食品 农药使用准则

NY/T 394 绿色食品 肥料使用准则

NY/T 658 绿色食品 包装通用准则

NY/T 761 蔬菜和水果中有机磷、有机氯、拟除虫菊酯和氨基甲酸酯类农药多残留的测定

NY/T 1055 绿色食品 产品检验规则

NY/T 1056 绿色食品 储藏运输准则

国家市场监督管理总局令 2023 年第 70 号 定量包装商品计量监督管理办法

3 术语和定义

下列术语和定义适用于本文件。

3.1

种芽类芽苗菜 sprouting vegetable

利用植物种子在黑暗或光照(遮光或不遮光)条件下直接生长出可供食用的嫩芽、芽苗。

注:种芽类芽苗菜简称芽苗菜。

4 要求

4.1 生产环境

应符合 NY/T 391 的规定。

4.2 原料

芽苗类蔬菜加工原料应符合绿色食品质量安全要求。

4.3 生产过程

生产过程中农药使用应符合 NY/T 393 的规定。肥料使用应符合 NY/T 394 的规定。不得使用未经登记的化学物质。工厂化生产企业的卫生管理应符合 GB 14881 的规定。

4.4 感官

应符合表 1 的规定。

表 1 感官要求

品质	检验方法
新鲜、脆嫩、洁净、色泽正常、长短、粗细基本整齐一致。无异味和杂质，无腐烂、冷冻害和病虫害	色泽、新鲜、清洁、腐烂、冻害、病虫害等外观特征，用目测法鉴定 异味用嗅的方法鉴定

4.5 农药残留和污染物限量

应符合食品安全国家标准、NY/T 393 及相关规定，同时符合表 2 中的规定。

表 2 农药残留、污染物限量

单位为毫克每千克

序号	项目	限量	检测方法
1	百菌清	≤0.01	NY/T 761
2	多菌灵	≤0.01	GB 23200.121
3	2,4-滴(2,4-二氯苯氧乙酸)	≤0.01	BJS 201703
4	亚硫酸盐(以 SO_2 计)	豆芽≤15	GB 5009.34
5	6-苄基腺嘌呤	≤0.01	BJS 201703
6	4-氯苯氧乙酸	≤0.01	BJS 201703
7	氯吡脲	≤0.01	BJS 201703
8	多效唑	≤0.01	BJS 201703

4.6 其他要求

除上述要求外，还应符合 GB 2762 和附录 A 的规定。

4.7 净含量

按国家市场监督管理总局令 2023 年第 70 号的规定执行，检验方法按 JJF 1070 的规定执行。

5 检验规则

绿色食品申报检验应按照本文件中 4.4、4.5 及附录 A 所确定的项目进行检验。其他要求应符合 NY/T 1055 的规定。本文件规定的检测方法，如有其他国家标准、行业标准以及部文公告的检测方法，且其检出限和定量限能满足限量值要求时，在检测时可采用。

6 标志和标签

6.1 标志

应有绿色食品标志，储运图示按 GB/T 191 的规定执行。

6.2 标签

按 GB/T 32950 的规定执行。

7 包装、运输和储藏

7.1 包装

按 NY/T 658 的规定执行。

7.2　运输和储藏

应符合 NY/T 1056 的规定。

附 录 A

（规范性）

绿色食品芽苗类蔬菜产品申报检验项目

表 A.1 规定了除 4.4、4.5 所列项目外,绿色食品申报检验还应检验的项目。

表 A.1 绿色食品芽苗类蔬菜产品申报检验必检项目

序号	项目	指标	检验方法
1	铅(以 Pb 计)	≤0.1 mg/kg	GB 5009.12
2	沙门氏菌	0/25 g	GB 4789.4
3	志贺氏菌	0/25 g	GB 4789.5
4	金黄色葡萄球菌	0/25 g	GB 4789.10

ICS 67.080.20
CCS X 26

中华人民共和国农业行业标准

NY/T 1326—2023

代替 NY/T 1326—2015

绿色食品　多年生蔬菜

Green food—Perennial vegetable

2023-02-17 发布

2023-06-01 实施

中华人民共和国农业农村部 发布

前　言

本文件按照 GB/T 1.1—2020《标准化工作导则　第 1 部分:标准化文件的结构和起草规则》的规定起草。

本文件代替 NY/T 1326—2015《绿色食品　多年生蔬菜》,与 NY/T 1326—2015 相比,除结构调整和编辑性改动外,主要技术变化如下:

a) 更改了适用范围,增加了桔梗(见 1,2015 年版的 1);

b) 更改了农药残留指标:删除了水胺硫磷、三唑磷、百菌清、三唑酮、甲基硫菌灵;增加了阿维菌素、虫螨腈、噻虫嗪、腐霉利;修订了多菌灵的限量值;调整了检测方法(见 4.4 表 2,2015 年版 3.4 表 2);

c) 增加了其他要求(见 4.5);

d) 增加了净含量的要求(见 4.6)。

本文件由农业农村部农产品质量安全监管司提出。

本文件由中国绿色食品发展中心归口。

本文件起草单位:农业农村部蔬菜品质监督检验测试中心(北京)、中国农业科学院蔬菜花卉研究所、山东省绿色食品发展中心、中国绿色食品发展中心、齐鲁工业大学(山东省科学院)、山东鑫诚现代农业科技有限责任公司、山东亚投农业有限公司、安徽省农业科学院园艺研究所。

本文件主要起草人:钱洪、徐东辉、杨丽萍、刘学锋、刘艳辉、李凌云、赵永红、刘维柱、吕军、黄晓冬、王艳、王明霞、方凌。

本文件及其所代替文件的历次版本发布情况为:

——2007 年首次发布为 NY/T 1326—2007,2015 年第一次修订;

——本次为第二次修订。

绿色食品 多年生蔬菜

1 范围

本文件规定了绿色食品多年生蔬菜的术语和定义、要求、检验规则、标志和标签、包装、运输和储藏。

本文件适用于绿色食品多年生蔬菜，包括芦笋、百合、菜用枸杞、黄秋葵、襄荷、菜蓟、辣根、食用大黄、桔梗等的新鲜产品。各多年生蔬菜的学名、俗名见附录B。

2 规范性引用文件

下列文件中的内容通过文中的规范性引用而构成本文件必不可少的条款。其中，注日期的引用文件，仅该日期对应的版本适用于本文件；不注日期的引用文件，其最新版本（包括所有的修改单）适用于本文件。

GB/T 191 包装储运图示标志

GB 2762 食品安全国家标准 食品中污染物限量

GB 2763 食品安全国家标准 食品中农药最大残留限量

GB 5009.12 食品安全国家标准 食品中铅的测定

GB 5009.15 食品安全国家标准 食品中镉的测定

GB 23200.113 食品安全国家标准 植物源性食品中208种农药及其代谢物残留量的测定 气相色谱-质谱联用法

GB 23200.121 食品安全国家标准 植物源性食品中331种农药及其代谢物残留量的测定 液相色谱-质谱联用法

GB/T 32950 鲜活农产品标签标识

JJF 1070 定量包装商品净含量计量检验规则

NY/T 391 绿色食品 产地环境质量

NY/T 393 绿色食品 农药使用准则

NY/T 394 绿色食品 肥料使用准则

NY/T 658 绿色食品 包装通用准则

NY/T 1055 绿色食品 产品检验规则

NY/T 1056 绿色食品 储藏运输准则

NY/T 1379 蔬菜中334种农药多残留的测定 气相色谱质谱法和液相色谱质谱法

NY/T 3570 多年生蔬菜储藏保鲜技术规程

国家市场监督管理总局令2023年第70号 定量包装商品计量监督管理办法

3 术语和定义

本文件没有需要界定的术语和定义。

4 要求

4.1 产地环境

应符合NY/T 391的规定。

4.2 生产过程

生产过程中农药使用应符合NY/T 393的规定，肥料使用应符合NY/T 394的规定。

4.3 感官

应符合表1的规定。

表 1　感官要求

要求	检验方法
产品成熟适度、色泽正常,新鲜、清洁,无腐烂、畸形、冷害、冻害、病虫害及机械伤,无异味、无明显杂质 同一包装内应为同一品种或相似品种,且等级规格基本一致	品种特征、色泽、新鲜、清洁、腐烂、冻害、病虫害及机械伤等外观特征,用目测法鉴定 异味用嗅的方法鉴定 病虫害症状不明显而有怀疑者,应用刀剖开目测

4.4　农药残留限量

应符合食品安全国家标准、NY/T 393 及相关规定,同时符合表 2 中的规定。

表 2　农药残留限量

单位为毫克每千克

序号	项目	指标	检测方法
1	克百威	≤0.01	GB 23200.121
2	氧乐果	≤0.01	GB 23200.121
3	毒死蜱	≤0.01	GB 23200.121
4	氯氰菊酯	≤0.01	GB 23200.113
5	氯氟氰菊酯	≤0.01	GB 23200.113
6	吡虫啉	≤0.01	GB 23200.121
7	啶虫脒	≤0.01	GB 23200.121
8	多菌灵	芦笋≤0.5 其他≤0.01	GB 23200.121
9	苯醚甲环唑	芦笋≤0.03 其他≤0.01	GB 23200.121
10	阿维菌素	≤0.01	GB 23200.121
11	虫螨腈	≤0.01	NY/T 1379
12	噻虫嗪	≤0.01	GB 23200.121
13	腐霉利	≤0.01	GB 23200.113

4.5　其他要求

除上述要求外,还应符合 GB 2762 和附录 A 的规定。

4.6　净含量

按国家市场监督管理总局令 2023 年第 70 号的规定执行,检验方法按 JJF 1070 的规定执行。

5　检验规则

绿色食品申报检验应按照本文件中 4.3、4.4 及附录 A 所确定的项目进行检验。其他要求应符合 NY/T 1055 的规定。农药残留检测取样部位应符合 GB 2763 的规定。本文件规定的检测方法,如有其他国家标准、行业标准以及部文公告的检测方法,且其检出限和定量限能满足限量值要求时,在检测时可采用。

6　标志和标签

6.1　标志

应有绿色食品标志,储运图示按 GB/T 191 的规定执行。

6.2　标签

按 GB/T 32950 的规定执行。

7　包装、运输和储藏

7.1　包装

应符合 NY/T 658 的规定。

7.2　运输和储藏

应符合 NY/T 3570 和 NY/T 1056 的规定。

附 录 A

（规范性）

绿色食品多年生蔬菜产品申报检验项目

表 A.1 规定了除 4.3、4.4 所列项目外，绿色食品申报检验还应检验的项目。

表 A.1 绿色食品多年生蔬菜产品申报检验必检项目

单位为毫克每千克

序号	项目	限量	检验方法
1	铅（以 Pb 计）	≤0.1	GB 5009.12
2	镉（以 Cd 计）	≤0.05	GB 5009.15

附 录 B

（资料性）

多年生蔬菜学名、俗名对照表

多年生蔬菜学名、俗名对照表见表 B.1。

表 B.1　多年生蔬菜学名、俗名对照表

序号	蔬菜名称	学名	俗名、别名
1	芦笋	*Asparagus officinalis* L.	石刁柏、龙须菜等
2	百合	*Lilium* spp.	夜合、中篷花等
3	黄秋葵	*Abelmoschus esculentus*（L.）Moench［＝*Hibiscus esculentus* Linn.］	秋葵、羊角豆等
4	菜用枸杞	*Lycium chinense* Mill.	枸杞头、枸杞菜等
5	襄荷	*Zingiber mioga*（Thunb.）Rosc.	阳藿、野姜、襄草、茗荷等
6	菜蓟	*Cynara scolymus* L.	朝鲜蓟、洋蓟、荷兰百合、法国百合等
7	辣根	*Armoracia rusticana*（Lam.）Gaertn	西洋山葵菜、山葵萝卜等
8	食用大黄	*Rheum rhaponticum* L.	圆叶大黄等
9	桔梗	*Platycodon grandiflorus*（Jacq.）A. DC.	地参、四叶菜、绿花根、铃铛花、沙油菜、梗草、道拉基（朝鲜语）等

ICS 67.080.20
CCS X 26

中华人民共和国农业行业标准

NY/T 1405—2023
代替 NY/T 1405—2015

绿色食品　水生蔬菜

Green food—Aquatic vegetable

2023-02-17 发布

2023-06-01 实施

中华人民共和国农业农村部 发布

前　言

本文件按照 GB/T 1.1—2020《标准化工作导则　第 1 部分:标准化文件的结构和起草规则》的规定起草。

本文件代替 NY/T 1405—2015《绿色食品　水生蔬菜》,与 NY/T 1405—2015 相比,除结构调整和编辑性改动外,主要技术变化如下:

    a)　更改了文件名称"绿色食品 水生蔬菜"的英文译名(见封面名称英文译名);

    b)　更改了水生蔬菜产品的适用范围,删除了水芋、水蕹菜,将"莲子米"改为"莲子(鲜)"(见第 1 章);

    c)　增加了芡实、慈姑、豆瓣菜、莼菜、水芹、蒲菜、菱、莲子(鲜)的感官要求以及检验方法,更改了荸荠、茭白的感官要求内容以及检验方法(见 4.3 表 1);

    d)　增加了苯醚甲环唑、啶虫脒、三唑磷、氧乐果、吡虫啉 5 项农药残留检测项目和检测方法(见 4.4 表 2);

    e)　更改了乐果、敌敌畏、氯氰菊酯、阿维菌素、毒死蜱、三唑酮、多菌灵、辛硫磷的检测方法(见 4.4 表 2,2015 年版的 3.4 表 2);

    f)　删除了溴氰菊酯、氰戊菊酯、氟限量(见 2015 年版的 3.4 表 2);

    g)　删除了"注"的内容(见 2015 年版的 3.4 表 2);

    h)　增加了有关"净含量"的要求(见第 4.6);

    i)　更改了有关"检验规则"的要求(见第 5 章);

    j)　更改了荸荠、慈姑、茭白、豆瓣菜、莼菜、水芹、蒲菜学名,增加了水生蔬菜对应的英文名(见附录 B 表 B.1,2015 年版的附录 A 表 A.1)。

本文件由农业农村部农产品质量安全监管司提出。

本文件由中国绿色食品发展中心归口。

本文件起草单位:广东省农业科学院农业质量标准与监测技术研究所、广东省农业标准化协会、中国绿色食品发展中心、农业农村部农产品及加工品监督检验测试中心(广州)、广东农科监测科技有限公司、青岛市华测检测技术有限公司、南平市享通生态农业开发有限公司、郴州市栖汉生态农业科技有限公司。

本文件主要起草人:杨慧、耿安静、陈岩、曾坤宏、王旭、张志华、张宪、刘雯雯、朱娜、唐伟、粘昊菲、廖若昕、刘香香、赵波、李洪、王富华。

本文件及其所代替文件的历次版本发布情况为:

    ——2007 年首次发布为 NY/T 1405—2007,2015 年第一次修订;

    ——本次为第二次修订。

绿色食品　水生蔬菜

1　范围

本文件规定了绿色食品水生蔬菜的术语和定义、要求、检验规则、标签、包装、运输和储藏。

本文件适用于绿色食品水生蔬菜,包括芡实、荸荠、慈姑、茭白、豆瓣菜、莼菜、水芹、蒲菜、菱、莲子(鲜)等的新鲜产品,各水生蔬菜的学名、英文名及俗名见附录 B。本文件不适用于莲藕、水芋、水蕹菜、蒌蒿。

2　规范性引用文件

下列文件中的内容通过文中的规范性引用而构成本文件必不可少的条款。其中,注日期的引用文件,仅该日期对应的版本适用于本文件;不注日期的引用文件,其最新版本(包括所有的修改单)适用于本文件。

GB 2762　食品安全国家标准　食品中污染物限量

GB 2763　食品安全国家标准　食品中农药最大残留限量

GB 5009.11　食品安全国家标准　食品中总砷及无机砷的测定

GB 5009.12　食品安全国家标准　食品中铅的测定

GB 5009.15　食品安全国家标准　食品中镉的测定

GB 5009.17　食品安全国家标准　食品中总汞及有机汞的测定

GB 5009.123　食品安全国家标准　食品中铬的测定

GB 23200.113　食品安全国家标准　植物源性食品中 208 种农药及其代谢物残留量的测定　气相色谱-质谱联用法

GB 23200.121　食品安全国家标准　植物源性食品中 331 种农药及其代谢物残留量的测定　液相色谱-质谱联用法

GB/T 32950　鲜活农产品标签标识

JJF 1070　定量包装商品净含量计量检验规则

NY/T 391　绿色食品　产地环境质量

NY/T 393　绿色食品　农药使用准则

NY/T 394　绿色食品　肥料使用准则

NY/T 658　绿色食品　包装通用准则

NY/T 761　蔬菜和水果中有机磷、有机氯、拟除虫菊酯和氨基甲酸酯类农药多残留的测定

NY/T 1055　绿色食品　产品检验规则

NY/T 1056　绿色食品　储藏运输准则

国家市场监督管理总局令 2023 年第 70 号　定量包装商品计量监督管理办法

3　术语和定义

本文件没有需要界定的术语和定义。

4　要求

4.1　产地环境

应符合 NY/T 391 的规定。

4.2　生产过程

生产过程中农药和肥料使用应分别符合 NY/T 393 和 NY/T 394 的规定。

4.3　感官

应符合表 1 的规定。

表 1 感官要求

项目	要求	检验方法
芡实	具有同一品种或相似品种的基本特征和色泽,有粉红色、暗红色或棕红色内种皮,一端呈现黄白色,约占全体1/3,有凹点状的种脐痕,除去内种皮显白色,剖面呈圆形或者椭圆形,质较硬,粉性,气微,味淡,无霉变和虫蛀	将芡实置于白底器皿中,肉眼观察其形状、色泽、有无虫蛀,鼻嗅气味
荸荠	具有同一品种或相似品种的基本特征和色泽,形状为扁球形或近球形,饱满圆整,芽群紧凑,无侧芽膨大,表皮为红褐色或深褐色,色泽一致,皮薄肉嫩,肉质洁白、新鲜、有光泽,无腐烂,无霉变,无异味,清甜多汁,清脆可口,入口无渣	将荸荠置于白底器皿中,形态、色泽、新鲜度、斑点等外部特征用目测法鉴定,病虫害剖开观察,风味用品尝法
慈姑	具有同一品种或相似品种的基本特征和色泽,球茎扁圆形,肉质较坚实,皮和肉均呈黄白色或青紫色,稍有苦味,无病虫害,无损伤,无黑心,无黑斑,无腐烂,无杂质,无霉变	将慈姑置于白底器皿中,形态、色泽、新鲜度、机械伤等外部特征用目测法鉴定,病虫害可剖开观察,鼻嗅气味
茭白	具有同一品种或相似品种的基本特征和色泽,外观新鲜,茭壳表皮鲜嫩洁白,不变绿、变黄,茭形丰满,茭壳包紧,无损伤,中间膨大部分均匀,无病虫害危害斑点,基部切口及肉质茎表面无锈斑,茭肉横切面洁白,有光泽,无脱水,无色差	将茭白置于白底器皿中,用目测法检测形态、新鲜度、病虫害、斑点等,用手握法检测茭肉硬实;虫害症状明显或症状不明显而又怀疑者,可剖开检验
豆瓣菜	具有同一品种或相似品种的基本特征和色泽,叶片呈碧绿色,植株大小基本均匀,脆嫩或较脆嫩,新鲜,清洁,无黄叶,无虫体,无虫排泄物,无虫卵,无糜烂,无异味	将豆瓣菜置于白底器皿上,肉眼观察其特征、色泽、新鲜度、机械伤、病虫害等,鼻嗅气味
莼菜	具有同一品种或相似品种的基本特征和色泽,呈茶黄色或绿色,具有莼菜特有的滋味,无异味,组织滑嫩,无粗纤维,无黑节、老梗、单梗及其他杂质,无黑斑,无腐烂,无杂质,无霉变	将莼菜平于白色底器皿上,肉眼观察其总体色泽、均匀度、形状、新鲜度、机械伤、病虫害等,鼻嗅气味
水芹	具有同一品种或相似品种的基本特征和色泽,茎梗光滑,茎叶柔嫩,下部呈青白色,为斜方形或菱形,大小整齐,不带老梗、黄叶和泥土,叶柄无锈斑和虫伤,色泽鲜绿或洁白,叶柄充实肥嫩,无腐烂,无杂质	将水芹平摊于白色底器皿上,肉眼观察其形态、色泽、新鲜度、机械伤、病虫害、杂质等,嗅其气味
蒲菜	具有同一品种或相似品种的基本特征和色泽,整体呈条索状,长短、粗细基本一致,呈乳白色或淡黄色,色泽均匀,具有蒲菜特有的清香味,无异味,无病斑,无腐烂,无杂质,无霉变,无病虫害,无机械损伤	将蒲菜置于白色底器皿上,肉眼观察其色泽、形态、新鲜度、杂质、机械伤、病虫害、斑点等,鼻嗅气味,品尝滋味
菱	具有同一品种或相似品种的基本特征和色泽,整体无腐烂,无霉变,无病虫害,无病斑,无异味,无机械损伤和硬伤	将菱置于白色底器皿上,肉眼观察其形态、色泽、新鲜度、机械伤、病虫害、斑点等,鼻嗅气味
莲子(鲜)	具有同一品种或相似品种的基本特征和色泽,颗粒卵圆,均匀一致,表皮粉红透白或微带乳黄色,色泽一致,有新鲜莲子固有的清香,无异味,无病斑,无腐烂,无杂质,无霉变,无病虫害	将新鲜的莲子置于白色底器皿上,肉眼观察其形态、色泽、新鲜度、机械伤、病虫害、斑点等,鼻嗅气味

4.4 农药残留限量

应符合食品安全国家标准、NY/T 393 及相关规定,同时符合表 2 中的规定。

表 2 农药残留限量

单位为毫克每千克

序号	项目	指标	检验方法
1	毒死蜱	≤0.01	GB 23200.121
2	氧乐果	≤0.01	GB 23200.121
3	三唑磷	≤0.01	GB 23200.121
4	阿维菌素	≤0.01	GB 23200.121
5	敌敌畏	≤0.01	GB 23200.121
6	啶虫脒	≤0.01	GB 23200.121
7	多菌灵	≤0.01	GB 23200.121
8	苯醚甲环唑	≤0.01	GB 23200.121

表 2（续）

序号	项目	指标	检验方法
9	吡虫啉	≤0.01	GB 23200.121
10	辛硫磷	≤0.01	GB 23200.121
11	三唑酮	≤0.01	GB 23200.121
12	百菌清	≤0.01	NY/T 761
13	氯氰菊酯	≤0.01	GB 23200.113

4.5 其他要求

除上述要求外,还应符合 GB 2762 及附录 A 的规定。

4.6 净含量

按国家市场监督管理总局令 2023 年第 70 号的规定执行,检验方法按 JJF 1070 的规定执行。

5 检验规则

绿色食品申报检验应按照 4.3、4.4 以及附录 A 所确定的项目进行检验。其他要求应符合 NY/T 1055 的规定。农药残留检测取样部位应符合 GB 2763 的规定。本文件规定的农药残留限量检测方法,如有其他国家标准、行业标准以及部文公告的检测方法,且其检出限和定量限能满足限量值要求时,在检测时可采用。

6 标签

应符合 GB/T 32950 的规定。

7 包装、运输和储藏

7.1 包装

7.1.1 应符合 NY/T 658 的规定。

7.1.2 按产品的品种、规格分别包装,同一件包装内的产品应摆放整齐、紧密。

7.1.3 每批产品所用的包装、单位质量应一致。

7.2 运输和储藏

7.2.1 应符合 NY/T 1056 的规定。

7.2.2 运输前应根据品种、运输方式、路程等确定是否预冷。运输过程中应防冻、防雨淋、防晒,通风散热。

7.2.3 储藏时应按品种、规格分别储藏,库内堆码应保证气流均匀流通。

附 录 A

（规范性）

绿色食品水生蔬菜产品申报检验项目

表 A.1 规定了除本文件 4.3、4.4 所列项目外，依据食品安全国家标准和绿色食品水生蔬菜生产实际情况，绿色食品产品申报检验时还应检验的项目。

表 A.1 污染物和农药残留项目

单位为毫克每千克

序号	项目	指标	检验方法
1	铅(以 Pb 计)	≤0.1	GB 5009.12
2	总汞(以 Hg 计)	≤0.01	GB 5009.17
3	镉(以 Cd 计)	≤0.05	GB 5009.15
4	总砷(以 As 计)	≤0.5	GB 5009.11
5	铬(以 Cr 计)	≤0.5	GB 5009.123
6	乐果	≤0.01	GB 23200.121

附 录 B

（资料性）

水生蔬菜学名、英文名及俗名对照表

水生蔬菜学名、英文名及俗名对照见表 B.1。

表 B.1　水生蔬菜学名、英文名及俗名对照表

蔬菜名称	学名	英文名	俗名（别名）
芡实	*Euryale ferox* Salisb.	gordon euryale	鸡头米、鸡头、鸡头莲、鸡头苞、鸡头荷、刺莲藕、芡、水底黄蜂、卵菱
荸荠	*Eleocharis dulcis*（N. L. Burman）Trinius ex Henschel	Chinese water chestnut	田芥、田藕、马蹄、水栗、乌芋、菩荠、凫茈
慈姑	*Sagittaria sagittifolia* L.	Chinese arrowhead	茨菰、慈菰、华夏慈姑、燕尾草、剪刀草、白地栗、驴耳朵草
茭白	*Zizania latifolia*（Griseb.）Stapf	water bamboo	高瓜、菰笋、菰首、茭笋、高笋、茭瓜
豆瓣菜	*Nasturtium officinale* R. Br.	water cress	西洋菜、水田芥、凉菜、耐生菜、水芥、水薸菜、水生菜
莼菜	*Brasenia schreberi* J. F. Gmel.	water shield	水案板、蓴菜、马蹄菜、马蹄草、水荷叶、水葵、露葵、湖菜、名茆、凫葵
水芹	*Oenanthe javanica*（Bl.）DC.	water dropwort	水芹菜、野芹、菜刀芹、蕲、楚葵、蜀芹、紫堇
蒲菜	*Typha latifolia* L.	common cattail	香蒲、深蒲、蒲荔久、蒲笋、蒲芽、蒲白、蒲儿根、蒲儿菜、草芽
菱	*Trapa bispinosa* Roxb.	water caltrop	芰、芰实、菱实、薢茩、水菱、蕨攗、风菱、乌菱、菱角、水栗
莲子（鲜）	*Semen Nelumbinis*	lotus seed	白莲、莲实、莲米、莲肉

ICS 67.120.30
CCS X 20

中华人民共和国农业行业标准

NY/T 2109—2023

代替 NY/T 2109—2011

绿色食品　鱼类休闲食品

Green food—Fish snack food

2023-02-17 发布

2023-06-01 实施

中华人民共和国农业农村部　发布

前　言

本文件按照 GB/T 1.1—2020《标准化工作导则　第 1 部分:标准化文件的结构和起草规则》的规定起草。

本文件代替 NY/T 2109—2011《绿色食品　鱼类休闲食品》,与 NY/T 2109—2011 相比,除结构调整和编辑性改动外,主要技术变化如下:

 a) 更改了范围、术语和定义、加工辅料要求、加工用水要求(见第 1 章、3.1、4.2、4.3,2011 年版的第 1 章、3.1、4.2、4.4);

 b) 更改了感官指标(见 4.5 表 1,2011 年版的表 1);

 c) 增加了组胺指标(见 4.6 表 2);

 d) 删除了酸价、过氧化值指标(见 2011 年版的表 3);

 e) 更改了铅的限量值(见 4.7 表 3,2011 年版的表 3);

 f) 增加了 L-α-天冬氨酰-N-(2,2,4,4-四甲基-3-硫化三亚甲基)-D-丙氨酰胺(又名阿力甜)、天门冬酰苯丙氨酸甲酯(又名阿斯巴甜)、双乙酸钠(又名二醋酸钠)指标(见表 3,表 A.1);

 g) 增加了锡、铬、N-二甲基亚硝胺、多氯联苯指标(见表 A.1);

 h) 增加了磺胺类、喹诺酮类、新霉素、孔雀石绿、硝基呋喃类代谢物、氯霉素、阿苯达唑、多西环素、氟苯尼考指标(见表 3,表 A.1);

 i) 更改了微生物指标(见表 4、表 A.2、表 A.3,2011 年版的表 4)。

请注意本文件的某些内容可能涉及专利。本文件的发布机构不承担识别专利的责任。

本文件由农业农村部农产品质量安全监管司提出。

本文件由中国绿色食品发展中心归口。

本文件起草单位:唐山海都水产食品有限公司、中国水产科学研究院黄海水产研究所、农业农村部农产品质量安全风险评估实验站(唐山)、唐山市农产品质量安全检验检测中心、黑龙江省原生食品有限公司、中国绿色食品发展中心、农业农村部渔业环境及水产品质量监督检验测试中心(西安)。

本文件主要起草人:张丽芳、段晓然、史海涛、庞学良、李艺、张贵杰、周德庆、刘艳辉、杨元昊、葛凯、李梁、盛勇、高英、李卫东、曹欣宇。

本文件及其所代替文件的历次版本发布情况为:

 ——2011 年首次发布为 NY/T 2109—2011;

 ——本次为第一次修订。

绿色食品 鱼类休闲食品

1 范围

本文件规定了绿色食品鱼类休闲食品的术语和定义、要求、检验规则、标签、包装、运输和储存。

本文件适用于绿色食品鱼类休闲食品,包括以鲜、冻鱼和鱼肉为主要原料熟制而成的可直接食用的调味鱼干、鱼脯、鱼松、鱼粒、鱼块、鱼片等,不适用于即食生制鱼类制品、鱼类罐头食品、鱼糜制品、鱼骨制品、熏烤鱼类制品、明火烤制鱼类制品、油炸鱼类制品等。

2 规范性引用文件

下列文件中的内容通过文中的规范性引用而构成本文件必不可少的条款。其中,注日期的引用文件,仅该日期对应的版本适用于本文件;不注日期的引用文件,其最新版本(包括所有的修改单)适用于本文件。

GB/T 191 包装储运图示标志

GB 4789.2 食品安全国家标准 食品微生物学检验 菌落总数测定

GB 4789.3 食品安全国家标准 食品微生物学检验 大肠菌群计数

GB 4789.4 食品安全国家标准 食品微生物学检验 沙门氏菌检验

GB 4789.10 食品安全国家标准 食品微生物学检验 金黄色葡萄球菌检验

GB 4789.30 食品安全国家标准 食品微生物学检验 单核细胞增生李斯特氏菌检验

GB 5009.3 食品安全国家标准 食品中水分的测定

GB 5009.11 食品安全国家标准 食品中总砷及无机砷的测定

GB 5009.12 食品安全国家标准 食品中铅的测定

GB 5009.15 食品安全国家标准 食品中镉的测定

GB 5009.16 食品安全国家标准 食品中锡的测定

GB 5009.17 食品安全国家标准 食品中总汞及有机汞的测定

GB 5009.26 食品安全国家标准 食品中N-亚硝胺类化合物的测定

GB 5009.27 食品安全国家标准 食品中苯并(a)芘的测定

GB 5009.28 食品安全国家标准 食品中苯甲酸、山梨酸和糖精钠的测定

GB 5009.34 食品安全国家标准 食品中二氧化硫的测定

GB 5009.97 食品安全国家标准 食品中环己基氨基磺酸钠的测定

GB 5009.123 食品安全国家标准 食品中铬的测定

GB 5009.190 食品安全国家标准 食品中指示性多氯联苯含量的测定

GB 5009.208 食品安全国家标准 食品中生物胺的测定

GB 5009.263 食品安全国家标准 食品中阿斯巴甜和阿力甜的测定

GB 5009.277 食品安全国家标准 食品中双乙酸钠的测定

GB 7718 食品安全国家标准 预包装食品标签通则

GB/T 19857 水产品中孔雀石绿和结晶紫残留量的测定

GB/T 20756 可食动物肌肉、肝脏和水产品中氯霉素、甲砜霉素和氟苯尼考残留量的测定 液相色谱-串联质谱法

GB 20941 食品安全国家标准 水产制品生产卫生规范

GB/T 21311 动物源性食品中硝基呋喃类药物代谢物残留量检测方法 高效液相色谱/串联质谱法

GB/T 21317 动物源性食品中四环素类兽药残留量检测方法 液相色谱-质谱/质谱法与高效液相色谱法

GB/T 21323 动物组织中氨基糖苷类药物残留量的测定 高效液相色谱-质谱/质谱法

GB 28050 食品安全国家标准 预包装食品营养标签通则

GB 29687 食品安全国家标准 水产品中阿苯达唑及其代谢物多残留的测定 高效液相色谱法

农业部 1077 号公告—1—2008 水产品中 17 种磺胺类及 15 种喹诺酮类药物残留量的测定 液相色谱-串联质谱法

JJF 1070 定量包装商品净含量计量检验规则

NY/T 391 绿色食品 产地环境质量

NY/T 658 绿色食品 包装通用准则

NY/T 842 绿色食品 鱼

NY/T 1055 绿色食品 产品检验规则

NY/T 1056 绿色食品 储藏运输准则

SC/T 3009 水产品加工质量管理规范

SC/T 3011 水产品中盐分的测定

SC/T 3025 水产品中甲醛的测定

国家市场监督管理总局令 2023 年第 70 号 定量包装商品计量监督管理办法

3 术语和定义

下列术语和定义适用于本文件。

3.1

鱼类休闲食品 fish snack food

以鲜、冻鱼和鱼肉为主要原料,添加或不添加辅料,经烹调或干制等工艺熟制而成的可直接食用的鱼类制品。

4 要求

4.1 原料要求

应符合 NY/T 842 的要求。

4.2 辅料要求

应符合相应绿色食品标准及食品安全国家标准的要求。

4.3 加工用水

应符合 NY/T 391 的要求。

4.4 生产过程

生产过程中的卫生要求应符合 GB 20941 的要求,企业质量管理应符合 SC/T 3009 的要求。

4.5 感官

应符合表 1 的要求。

表 1 感官要求

项 目	要 求	检验方法
色泽	具有该产品应有的色泽	取适量样品置于白色瓷盘上,在自然光下观察色泽和状态。嗅其气味,用温开水漱口,品其滋味
滋味、气味	具有该产品应有的正常滋味、气味,无油脂酸败及其他异味	
状态	具有该产品正常的形状和组织状态,无正常视力可见的外来杂质,无霉变、无虫蛀	

4.6 理化要求

应符合表 2 的要求。

表 2 理化要求

项目	指标	检验方法
水分,g/100 g	≤40(真空包装食品)	GB 5009.3 直接干燥法
	≤22(其他包装食品)	
盐分(以 NaCl 计),%	≤6	SC/T 3011
组胺,mg/100 g	≤40(高组胺鱼类ª)	GB 5009.208 液相色谱法
	≤20(不含高组胺鱼类)	
ª 高组胺鱼类:指鲐鱼、鲹鱼、竹荚鱼、鲭鱼、鲣鱼、金枪鱼、秋刀鱼、马鲛鱼、青占鱼、沙丁鱼等青皮红肉海水鱼。		

4.7 污染物限量、食品添加剂限量和兽药残留限量

应符合相关绿色食品标准及食品安全国家标准的要求,同时应符合表 3 的要求。

表 3 污染物、食品添加剂及兽药残留限量

项目	指标	检验方法
铅(以 Pb 计),mg/kg	≤0.3	GB 5009.12
二氧化硫残留量(以 SO_2 计),mg/kg	≤30.0	GB 5009.34
甲醛,mg/kg	≤10.0	SC/T 3025
苯甲酸及其钠盐(以苯甲酸计),g/kg	不得检出(<0.005)	GB 5009.28 液相色谱法
糖精钠(以糖精计),g/kg	不得检出(<0.005)	GB 5009.28 液相色谱法
环己基氨基磺酸钠和环己基氨基磺酸钙(以环己基氨基磺酸计),g/kg	不得检出(<0.010)	GB 5009.97 液相色谱法
L-α-天冬氨酰-N-(2,2,4,4-四甲基-3-硫化三亚甲基)-D-丙氨酰胺(又名阿力甜),mg/kg	不得检出(<5.0)	GB 5009.263
磺胺类,μg/kg	不得检出(<1.0)	农业部 1077 号公告—1—2008
喹诺酮类,μg/kg	不得检出(<1.0)	农业部 1077 号公告—1—2008
新霉素,μg/kg	不得检出(<100)	GB/T 21323
注 1:检验方法明确检出限的,"不得检出"后括号中内容为检出限;检验方法只明确定量限的,"不得检出"后括号中内容为定量限。		
注 2:环己基氨基磺酸钠和环己基氨基磺酸钙(以环己基氨基磺酸计)的测定参考 GB 5009.97 液相色谱法。		

4.8 微生物限量

应符合相关绿色食品标准及食品安全国家标准的规定,同时应符合表 4 的规定。

表 4 微生物限量

项目	指标	检验方法
菌落总数,CFU/g	≤30 000	GB 4789.2
大肠菌群,MPN/g	<3.0	GB 4789.3
注:样品的采样及处理以最新国家标准为准。		

4.9 净含量

应符合国家市场监督管理总局令 2023 年第 70 号的要求,检验方法按 JJF 1070 的规定执行。

4.10 其他要求

除上述要求外,还应符合附录 A 的要求。

5 检验规则

申报绿色食品应按照本文件中 4.5～4.9 以及附录 A 所确定的项目进行检验。其他要求应符合 NY/T 1055 的要求,出厂检验内容应包括组胺、水分、盐分、菌落总数、大肠菌群。

6 标签

应符合 GB 7718 和 GB 28050 的要求。储运图示应符合 GB/T 191 的要求。

7 包装、运输和储存

7.1 包装

应符合 NY/T 658 的要求。

7.2 运输和储存

应符合 NY/T 1056 的要求。

附　录　A

（规范性）

绿色食品鱼类休闲食品申报检验项目

表 A.1～表 A.3 规定了除 4.5～4.9 所列项目外，依据食品安全国家标准和绿色食品鱼类休闲食品生产实际情况，绿色食品鱼类休闲食品申报检验时还应检验的项目。

表 A.1　污染物、食品添加剂及兽药残留项目

项目	指标	检验方法
镉（以 Cd 计），mg/kg	≤0.1	GB 5009.15
甲基汞（以 Hg 计），mg/kg	≤0.5（鱼类制品，肉食性鱼类制品除外） ≤1.0（肉食性鱼类制品）	GB 5009.17
无机砷（以 As 计），mg/kg	≤0.1	GB 5009.11
锡ª（以 Sn 计），mg/kg	≤250	GB 5009.16
铬（以 Cr 计），mg/kg	≤2.0	GB 5009.123
苯并(a)芘ᵇ（限于熏、烤水产品），µg/kg	≤5.0	GB 5009.27
N-二甲基亚硝胺，µg/kg	≤4.0	GB 5009.26
多氯联苯ᶜ，µg/kg	≤20	GB 5009.190
山梨酸及其钾盐（以山梨酸计），g/kg	≤1.0	GB 5009.28 液相色谱法
双乙酸钠（又名二醋酸钠），g/kg	≤1.0	GB 5009.277
天门冬酰苯丙氨酸甲酯（阿斯巴甜）ᵈ，g/kg	≤0.3	GB 5009.263
孔雀石绿，µg/kg	不得检出（<0.5）	GB/T 19857
硝基呋喃类代谢物ᵉ，µg/kg	不得检出（<0.5）	GB/T 21311
氯霉素，µg/kg	不得检出（<0.1）	GB/T 20756
阿苯达唑，µg/kg	≤100	GB 29687
多西环素，µg/kg	≤100	GB/T 21317
氟苯尼考，µg/kg	≤1 000	GB/T 20756

注：检验方法明确检出限的，"不得检出"后括号中内容为检出限；检验方法只明确定量限的，"不得检出"后括号中内容为定量限。

ª　仅限于采用镀锡薄板容器包装的食品。

ᵇ　仅适用于烘烤水产品。

ᶜ　多氯联苯以 PCB28、PCB52、PCB101、PCB118、PCB138、PCB153 和 PCB180 总和计。

ᵈ　添加阿斯巴甜的食品应标明："阿斯巴甜（含苯丙氨酸）"。

ᵉ　硝基呋喃类代谢物包括 3-氨基-2-噁唑烷酮（AOZ）、5-甲基吗啉-3-氨基-2-氨基-2-噁唑烷基酮（AMOZ）、1-氨基-乙内酰脲（AHD）和氨基脲（SEM）。

表 A.2　预包装鱼类制品中致病菌项目

项目	采样方案及限量				检验方法
	n	c	m	M	
沙门氏菌	5	0	0	—	GB 4789.4

注 1：样品的采样及处理以最新国家标准为准。

注 2：计量称重鱼类产品参考预包装鱼类制品中致病菌项目。

注 3：n 为同一批次产品应采集的样品件数；c 为最大可允许超出 m 值的样品数；m 为微生物指标可接受水平限量值（三级采样方案）或最安全限量值（二级采样方案）；M 为微生物指标的最高安全限量值。

表 A.3　散装即食鱼类制品中致病菌项目

散装即食鱼类制品类别	项目	指标	检验方法
热处理散装鱼类制品	沙门氏菌	0/25 g	GB 4789.4
	金黄色葡萄球菌	≤1 000 CFU/g	GB 4789.10
部分或未经热处理散装即食鱼类制品	沙门氏菌	0/25 g	GB 4789.4
	金黄色葡萄球菌	≤1 000 CFU/g	GB 4789.10
	单核细胞增生李斯特氏菌	0/25 g	GB 4789.30
其他散装即食鱼类制品	沙门氏菌	0/25 g	GB 4789.4
	金黄色葡萄球菌	≤1 000 CFU/g	GB 4789.10
注:样品的采样及处理以最新国家标准为准。			

ICS 67.120
CCS B 45

中华人民共和国农业行业标准

NY/T 2799—2023

代替 NY/T 2799—2015

绿色食品　畜肉

Green food—Livestock meat

2023-02-17 发布

2023-06-01 实施

中华人民共和国农业农村部 发布

前　言

本文件按照 GB/T 1.1—2020《标准化工作导则　第 1 部分:标准化文件的结构和起草规则》的规定起草。

本文件代替 NY/T 2799—2015《绿色食品　畜肉》,与 NY/T 2799—2015 相比,除结构调整和编辑性改动外,主要技术变化如下:

a) 更改了水分的指标(见表 2,2015 年版 4.4 的表 2);

b) 更改了挥发性盐基氮的检验方法(见表 2,2015 年版 4.4 的表 2);

c) 更改了氟苯尼考的表述方法和检测方法(见表 3,2015 年版 4.5 的表 3);

d) 更改了磺胺类的检测限及检测方法(见表 3,2015 年版 4.5 的表 3);

e) 更改了喹诺酮类的限量要求,分别表示为恩诺沙星、环丙沙星、氧氟沙星、诺氟沙星、培氟沙星、洛美沙星的各自限量要求(见表 3,2015 年版 4.5 的表 3);

f) 更改了泰乐菌素的限量值(见表 3,2015 年版 4.5 的表 3),增加了氯丙那林、妥布特罗、氯丙嗪、林可霉素、替米考星药物残留项目(见表 3);

g) 更改了致泻大肠埃希氏菌的检验方法(见表 4,2015 年版 4.6 的表 4);

h) 更改了总砷、镉、总汞、铬的检验方法(见表 A.1,2015 年版附录 A 的表 A.1);

i) 增加了志贺氏菌、金黄色葡萄球菌、β 型溶血性链球菌限量要求(见表 A.2)。

本文件由农业农村部农产品质量安全监管司提出。

本文件由中国绿色食品发展中心归口。

本文件起草单位:农业农村部肉及肉制品质量监督检验测试中心(江西省农业科学院农产品质量安全与标准研究所)、中国动物卫生与流行病学中心、井冈山市新盛农产品开发有限公司、中国绿色食品发展中心、江苏华测品标检测认证技术有限公司、江西兴旺生态农业综合开发有限公司。

本文件主要起草人:李伟红、魏益华、王玉东、戴廷灿、宋翠平、张宪、王冬根、张志华、昌晓宇、万伟杰、肖勇、魏爱花、涂田华、杨桂玲、张瑜、朱娜、童碧瑾、邹国科。

本文件及其所代替文件的历次版本发布情况为:

——2015 年首次发布为 NY/T 2799—2015;

——本次为第一次修订。

绿色食品　畜肉

1 范围

本文件规定了绿色食品畜肉的术语和定义、要求、检验规则、标签、包装、运输和储存。

本文件适用于绿色食品畜肉(包括猪肉、牛肉、羊肉、马肉、驴肉、兔肉等)的鲜肉、冷却肉及冷冻肉;不适用于畜内脏、混合畜肉及辐照畜肉。

2 规范性引用文件

下列文件中的内容通过文中的规范性引用而构成本文件必不可少的条款。其中,注日期的引用文件,仅该日期对应的版本适用于本文件;不注日期的引用文件,其最新版本(包括所有的修改单)适用于本文件。

GB/T 191　包装储运图示标志

GB 4789.2　食品安全国家标准　食品微生物学检验　菌落总数测定

GB 4789.3　食品安全国家标准　食品微生物学检验　大肠菌群计数

GB 4789.4　食品安全国家标准　食品微生物学检验　沙门氏菌检验

GB 4789.5　食品安全国家标准　食品微生物学检验　志贺氏菌检验

GB 4789.6　食品安全国家标准　食品微生物学检验　致泻大肠埃希氏菌检验

GB 4789.10　食品安全国家标准　食品微生物学检验　金黄色葡萄球菌检验

GB 4789.11　食品安全国家标准　食品微生物学检验　β型溶血性链球菌检验

GB 5009.11　食品安全国家标准　食品中总砷及无机砷的测定

GB 5009.12　食品安全国家标准　食品中铅的测定

GB 5009.15　食品安全国家标准　食品中镉的测定

GB 5009.17　食品安全国家标准　食品中总汞及有机汞的测定

GB 5009.123　食品安全国家标准　食品中铬的测定

GB 5009.228　食品安全国家标准　食品中挥发性盐基氮的测定

GB 5749　生活饮用水卫生标准

GB 7718　食品安全国家标准　预包装食品标签通则

GB 12694　食品安全国家标准　畜禽屠宰加工卫生规范

GB 18394　畜禽肉水分限量

GB/T 19480　肉与肉制品术语

GB/T 20746　牛、猪肝脏和肌肉中卡巴氧、喹乙醇及代谢物残留量的测定　液相色谱-串联质谱法

GB/T 20756　可食动物肌肉、肝脏和水产品中氯霉素、甲砜霉素和氟苯尼考残留量的测定　液相色谱-串联质谱法

GB/T 20762　畜禽肉中林可霉素、竹桃霉素、红霉素、替米考星、泰乐菌素、克林霉素、螺旋霉素、吉它霉素、交沙霉素残留量的测定　液相色谱-串联质谱法

GB/T 20763　猪肾和肌肉组织中乙酰丙嗪、氯丙嗪、氟哌啶醇、丙酰二甲氨基丙吩噻嗪、甲苯噻嗪、阿扎哌隆、阿扎哌醇、咔唑心安残留量的测定　液相色谱-串联质谱法

GB/T 21312　动物源性食品中14种喹喏酮类药物残留量的测定　液相色谱-质谱/质谱法

GB/T 21317　动物源性食品中四环素类兽药残留量检测方法　液相色谱-质谱/质谱法与高效液相色谱法

GB/T 21320　动物源食品中阿维菌素类药物残留量的测定　液相色谱-串联质谱法

农业部781号公告—4—2006　动物源性食品中硝基呋喃类代谢物残留量的测定　高效液相色谱-串联质谱法

农业部 1025 号公告—18—2008 动物源性食品中 β-受体激动剂残留检测 液相色谱-串联质谱法

农业部 1025 号公告—23—2008 动物源食品中磺胺类药物残留检测 液相色谱-串联质谱法

JJF 1070 定量包装商品净含量计量检验规则

NY/T 391 绿色食品 产地环境质量

NY/T 471 绿色食品 饲料及饲料添加剂使用准则

NY/T 472 绿色食品 兽药使用准则

NY/T 473 绿色食品 畜禽卫生防疫准则

NY/T 658 绿色食品 包装通用准则

NY/T 1055 绿色食品 产品检验规则

NY/T 1056 绿色食品 储藏运输准则

NY/T 1892 绿色食品 畜禽饲养防疫准则

SN/T 1865 出口动物源食品中甲砜霉素、氟甲砜霉素和氟苯尼考胺残留量的测定 液相色谱-质谱/质谱法

国家市场监督管理总局令 2023 年第 70 号 定量包装商品计量监督管理办法

3 术语和定义

GB/T 19480 界定的以及下列术语和定义适用于本文件。

3.1

肉眼可见异物 visible foreign matter

肉品上不能食用的病变组织、胆汁、瘀血、浮毛、血污、金属、肠道内容物等。

4 要求

4.1 产地及原料要求

产地环境、活畜养殖管理,应符合 NY/T 391、NY/T 471、NY/T 472、NY/T 473、NY/T 1892 的规定。

4.2 屠宰加工要求

4.2.1 屠宰加工用水

应符合 GB 5749 的规定。

4.2.2 屠宰及加工卫生

活畜应按 NY/T 473 和 NY/T 1892 的要求,经检疫、检验合格后,方可进行屠宰。屠宰加工卫生应符合 GB 12694 的规定。

4.2.3 预冷却

活畜屠宰后 24 h 内,肉的中心温度应降到 4 ℃以下。

4.2.4 分割

预冷却后的畜胴体分割时,环境温度应控制在 12 ℃以下。

4.2.5 冻结

需冷冻的产品,应保存在－28 ℃以下环境中,其中心温度应在 24 h～36 h 内降到－15 ℃以下。

4.3 感官

应符合表 1 的规定。

表 1 感官要求

项 目	鲜畜肉(冷却畜肉)	冻畜肉(解冻后)	检验方法
组织状态	肌肉有弹性,经指压后凹陷部位立即恢复原位	肌肉经指压后凹陷部位恢复慢,不能完全恢复原状	将样品置于洁净白色托盘中,在自然光下,目视检查组织状态、色泽、肉眼可见异物,用鼻嗅其气味
色泽	表皮和肌肉切面有光泽,具有该畜类品种固有的色泽		
气味	具有畜类品种固有的气味,无异味		
肉眼可见异物	无正常视力可见外来异物		

4.4 理化指标

应符合表 2 的规定。

表 2 理化指标

项 目		指标	检验方法
水分,%	猪肉	≤76	GB 18394
	羊肉	≤78	
	其他畜肉	≤77	
挥发性盐基氮,mg/100g		≤15	GB 5009.228

4.5 兽药残留限量

应符合相关食品安全国家标准及相关规定,同时应符合表 3 的规定。

表 3 兽药残留限量

单位为微克每千克

项 目	指标	检验方法
氟苯尼考(以氟苯尼考与氟苯尼考胺之和计)	≤100	SN/T 1865
甲砜霉素	≤50	GB/T 20756
氯霉素	不得检出(<0.1)	GB/T 20756
四环素/土霉素/金霉素(单个或复合物)	≤100	GB/T 21317
多西环素	≤100	GB/T 21317
磺胺类(以总量计)	不得检出(<0.5)	农业部 1025 号公告—23—2008
恩诺沙星(以恩诺沙星与环丙沙星之和计)	≤100	GB/T 21312
氧氟沙星	不得检出(<1.0)	GB/T 21312
诺氟沙星	不得检出(<2.0)	GB/T 21312
培氟沙星	不得检出(<2.0)	GB/T 21312
洛美沙星	不得检出(<1.0)	GB/T 21312
呋喃唑酮代谢物(AOZ)	不得检出(<0.25)	农业部 781 号公告—4—2006
呋喃它酮代谢物(AMOZ)	不得检出(<0.25)	农业部 781 号公告—4—2006
呋喃妥因代谢物(AHD)	不得检出(<0.25)	农业部 781 号公告—4—2006
呋喃西林代谢物(SEM)	不得检出(<0.25)	农业部 781 号公告—4—2006
氯丙嗪	不得检出(<0.5)	GB/T 20763
林可霉素	≤100	GB/T 20762
替米考星	≤50	GB/T 20762
泰乐菌素	≤100	GB/T 20762
喹乙醇代谢物(以 3 甲基喹噁啉-2-羧酸计)	不得检出(<0.5)	GB/T 20746
伊维菌素	≤10	GB/T 21320
盐酸克伦特罗[a]	不得检出(<0.25)	农业部 1025 号公告—18—2008
莱克多巴胺[a]	不得检出(<0.25)	农业部 1025 号公告—18—2008
沙丁胺醇[a]	不得检出(<0.25)	农业部 1025 号公告—18—2008
西马特罗[a]	不得检出(<0.25)	农业部 1025 号公告—18—2008
氯丙那林[a]	不得检出(<0.25)	农业部 1025 号公告—18—2008
妥布特罗[a]	不得检出(<0.25)	农业部 1025 号公告—18—2008

注:检验方法明确检出限的,"不得检出"后括号中内容为检出限;检验方法只明确定量限的,"不得检出"后括号中内容为定量限。

[a] 兔肉不检测此项。

4.6 微生物限量

应符合表 4 的规定。

表 4 微生物指标

项 目	指标	检验方法
菌落总数,CFU/g	≤1×10[5]	GB 4789.2
大肠菌群,MPN/g	<100	GB 4789.3
沙门氏菌	0/25 g	GB 4789.4
致泻大肠埃希氏菌	0/25 g	GB 4789.6

4.7 净含量

应符合国家市场监督管理总局令 2023 年第 70 号的规定,检验方法按 JJF 1070 的规定执行。

4.8 其他要求

应符合附录 A 的规定。

5 检验规则

绿色食品申报检验应按照本文件中 4.3~4.7 以及附录 A 所确定的项目进行检验。其他要求应符合 NY/T 1055 的规定。

6 标签

应符合 GB 7718 的规定。

7 包装、运输和储存

7.1 包装

应符合 NY/T 658 的规定。包装储运图示标志按照 GB/T 191 的规定执行。

7.2 运输和储存

7.2.1 运输应符合 NY/T 1056 的规定。应使用卫生并具有防雨、防晒、防尘设施的专用冷藏车船运输。运输过程中应控制运输温度,鲜肉和冷却肉为 0 ℃~4 ℃,冷冻肉应低于−18 ℃,温度允许变化幅度为±1 ℃。

7.2.2 鲜肉和冷却肉应储存在−2 ℃~4 ℃、相对湿度 85%~90% 的冷却间。

7.2.3 冻肉储存于−18 ℃以下的冷冻库内,库温昼夜变化幅度不超过 1 ℃。

附 录 A

（规范性）

绿色食品 畜肉产品申报检验项目

表 A.1、表 A.2 规定了除 4.3～4.7 所列项目外,依据食品安全国家标准和绿色食品生产实际情况,绿色食品畜肉产品申报检验还应检验的项目。

表 A.1 污染物项目

单位为毫克每千克

项目	指标	检验方法
总砷(以 As 计)	≤0.5	GB 5009.11
铅(以 Pb 计)	≤0.2	GB 5009.12
镉(以 Cd 计)	≤0.1	GB 5009.15
总汞(以 Hg 计)	≤0.05	GB 5009.17
铬(以 Cr 计)	≤1.0	GB 5009.123

表 A.2 微生物项目

项目	指标	检验方法
志贺氏菌	0/25 g	GB 4789.5
金黄色葡萄球菌	0/25 g	GB 4789.10
溶血性链球菌	0/25 g	GB 4789.11
注:牛肉、兔肉不检此三项。		

ICS 67.080.20
CCS B 31

中华人民共和国农业行业标准

NY/T 2984—2023

代替 NY/T 2984—2016

绿色食品　淀粉类蔬菜粉

Green food—Starchy vegetable powder

2023-02-17 发布

2023-06-01 实施

中华人民共和国农业农村部　发布

前　言

本文件按照 GB/T 1.1—2020《标准化工作导则　第 1 部分:标准化文件的结构和起草规则》的规定起草。

本文件代替 NY/T 2984—2016《绿色食品　淀粉类蔬菜粉》,与 NY/T 2984—2016 相比,除结构调整和编辑性改动外,主要技术变化如下:

a)　更改了淀粉类蔬菜粉适用范围,删除了马蹄粉,增加了芋头全粉,将"红薯全粉"改为"甘薯全粉"(见第 1 章,2016 年版的第 1 章);

b)　更改了葛根全粉、甘薯全粉和山药全粉的水分和灰分指标(见 4.4 表 2,2016 年版的 4.4 表 2);

c)　增加了淀粉指标,删除了酸度指标(见 4.4 表 2,2016 年版的 4.4 表 2);

d)　更改了重金属铅、镉的限量指标(见 4.5 表 3,2016 年版的 4.5 表 3);

e)　更改了农药残留指标,增加了乐果、氧乐果,删除了甲基异柳磷、苯醚甲环唑、吡虫啉、辛硫磷(见 4.5 表 3,2016 年版的 4.5 表 3);

f)　更改了微生物限量指标(见 4.6 表 4,2016 年版的 4.6 表 4 和附录 A 表 A.1);

g)　增加标签的相关内容(见第 6 章);

h)　删除了大肠埃希氏菌 O157:H7 指标(见 2016 年版的附录 A 表 A.1)。

本文件由农业农村部农产品质量安全监管司提出。

本文件由中国绿色食品发展中心归口。

本文件起草单位:广东省农业科学院农业质量标准与监测技术研究所、广东省农业标准化协会、中国绿色食品发展中心、农业农村部农产品及加工品监督检验测试中心(广州)、广东省农业科学院蚕业与农产品加工研究所、广东农科监测科技有限公司、甘肃省绿色食品办公室、青岛市华测检测技术有限公司、随州市二月风食品有限公司、怀山堂生物科技股份有限公司、焦作市农产品质量安全检测中心。

本文件主要起草人:陈岩、赵沛华、杨慧、赵洁、唐伟、刘雯雯、吴继军、孙凯、梁水连、耿安静、廖若昕、程红兵、赵今月、宋金义、宋娟娟、康明轩、王富华。

本文件及其所代替文件的历次版本发布情况为:

——2016 年首次发布为 NY/T 2984—2016;

——本次为第一次修订。

绿色食品 淀粉类蔬菜粉

1 范围

本文件规定了绿色食品淀粉类蔬菜粉的术语和定义、要求、检验规则、标签、包装、运输和储藏。

本文件适用于绿色食品淀粉类蔬菜粉,包括马铃薯全粉、甘薯全粉、木薯全粉、葛根全粉、山药全粉和芋头全粉等,不适用于其他淀粉及淀粉制品。

2 规范性引用文件

下列文件中的内容通过文中的规范性引用而构成本文件必不可少的条款。其中,注日期的引用文件,仅该日期对应的版本适用于本文件;不注日期的引用文件,其最新版本(包括所有的修改单)适用于本文件。

GB/T 191 包装储运图示标志

GB 4789.1 食品安全国家标准 食品微生物学检验 总则

GB 4789.2 食品安全国家标准 食品微生物学检验 菌落总数测定

GB 4789.3 食品安全国家标准 食品微生物学检验 大肠菌群计数

GB 4789.4 食品安全国家标准 食品微生物学检验 沙门氏菌检验

GB 4789.10 食品安全国家标准 食品微生物学检验 金黄色葡萄球菌检验

GB 4789.15 食品安全国家标准 食品微生物学检验 霉菌和酵母计数

GB 5009.3 食品安全国家标准 食品中水分的测定

GB 5009.4 食品安全国家标准 食品中灰分的测定

GB 5009.9 食品安全国家标准 食品中淀粉的测定

GB 5009.11 食品安全国家标准 食品中总砷及无机砷的测定

GB 5009.12 食品安全国家标准 食品中铅的测定

GB 5009.15 食品安全国家标准 食品中镉的测定

GB 5009.22 食品安全国家标准 食品中黄曲霉毒素 B 族和 G 族的测定

GB 5009.34 食品安全国家标准 食品中二氧化硫的测定

GB 7718 食品安全国家标准 预包装食品标签通则

GB 14881 食品安全国家标准 食品生产通用卫生规范

GB 23200.113 食品安全国家标准 植物源性食品中 208 种农药及其代谢物残留量的测定 气相色谱-质谱联用法

GB 28050 食品安全国家标准 预包装食品营养标签通则

JJF 1070 定量包装商品净含量计量检验规则

NY/T 391 绿色食品 产地环境质量

NY/T 392 绿色食品 食品添加剂使用准则

NY/T 658 绿色食品 包装通用准则

NY/T 1055 绿色食品 产品检验规则

NY/T 1056 绿色食品 储藏运输准则

国家市场监督管理总局令 2023 年第 70 号 定量包装商品计量监督管理办法

3 术语和定义

下列术语和定义适用于本文件。

3.1

淀粉类蔬菜粉 starchy vegetable powder

以淀粉含量较高的蔬菜为原料,经挑拣、清洗、去皮、切片、漂洗、熟化或不熟化、粉碎或研磨、干燥等工艺,使用或不使用食品添加剂,加工而制成的雪花片状、颗粒状或粉状制品。

4 要求

4.1 原料和辅料

4.1.1 原料应符合相应的绿色食品标准的规定。

4.1.2 加工用水应符合 NY/T 391 的规定。

4.1.3 食品添加剂应符合 NY/T 392 的规定。

4.2 生产过程

应符合 GB 14881 的规定。

4.3 感官

应符合表 1 的规定。

表 1 感官要求

项目	要求	检验方法
色泽	具有本品固有的颜色,色泽均匀	取适量样品置于洁净、干燥的白色瓷盘内,在自然光线条件下,用肉眼观察其色泽、形态及有无杂质,嗅其气味,尝其滋味
滋味和气味	具有本品固有的气味及滋味,无异味,无砂齿	
组织形态	呈干燥、疏松的雪花片状、颗粒状或粉状,大小、粗细均匀,无结块,无霉变	
杂质	无肉眼可见的外来杂质	

4.4 理化指标

应符合表 2 的规定。

表 2 理化指标

单位为克每百克

项目	指标					检验方法
	马铃薯全粉	葛根全粉	甘薯全粉	山药全粉	木薯全粉芋头全粉	
水分	≤9.0	≤13.0	≤8.0	≤8.0	≤13.0	GB 5009.3
灰分	≤4.0	≤4.0	≤2.5	≤4.0	≤3.0	GB 5009.4
淀粉	≥60.0	≥40.0	≥55.0	≥60.0	≥65.0	GB 5009.9

4.5 污染物限量、农药残留限量、食品添加剂限量和真菌毒素限量

应符合食品安全国家标准及相关规定,同时应符合表 3 的规定。

表 3 污染物、农药残留、食品添加剂和真菌毒素限量

项目	指标	检验方法
铅(以 Pb 计),mg/kg	≤0.5	GB 5009.12
镉(以 Cd 计),mg/kg	≤0.3	GB 5009.15
总砷(以 As 计),mg/kg	≤0.5	GB 5009.11
乐果,mg/kg	≤0.01	GB 23200.113
氧乐果,mg/kg	≤0.01	GB 23200.113
毒死蜱,mg/kg	≤0.01	GB 23200.113
氯氰菊酯,mg/kg	≤0.01	GB 23200.113
氯氟氰菊酯,mg/kg	≤0.01	GB 23200.113
二氧化硫残留量(以 SO_2 计),mg/kg	≤30	GB 5009.34
黄曲霉毒素 B_1,μg/kg	≤5.0	GB 5009.22

4.6 微生物限量

应符合表 4 的规定。

表 4　微生物限量

项目	采样方案[a]及限量				检验方法
	n	c	m	M	
菌落总数	5	2	10 000 CFU/g	20 000 CFU/g	GB 4789.2
大肠菌群	5	2	20 CFU/g	100 CFU/g	GB 4789.3
霉菌和酵母	≤500 CFU/g				GB 4789.15
注:n 为同一批次产品应采集的样品件数;c 为最大可允许超出 m 值的样品数;m 为致病菌指标可接受水平的限量值;M 为致病菌指标的最高安全限量值。					
[a]　样品的采样及处理按 GB 4789.1 的规定执行。					

4.7　其他要求

除上述要求外,还应符合附录 A 的规定。

4.8　净含量

应符合国家市场监督管理总局令 2023 年第 70 号的规定,检验方法按 JJF 1070 的规定执行。

5　检验规则

申报绿色食品应按照本文件 4.3～4.7 以及附录 A 所确定的项目进行检验。每批产品交收(出厂)前,都应进行交收(出厂)检验,交收检验内容包括感官要求、理化指标要求、微生物限量要求、净含量、标签,检验合格并附合格证方可交收。其他要求应符合 NY/T 1055 的规定。本文件规定的农药残留限量检测方法,如有其他国家标准、行业标准以及部文公告的检测方法,且其检出限和定量限能满足限量值要求时,在检测时可采用。

6　标签

应符合 GB 7718 和 GB 28050 的规定。

7　包装、运输和储藏

7.1　包装

应符合 NY/T 658 的规定,包装储运图示标志按 GB/T 191 的规定执行。

7.2　运输和储藏

应符合 NY/T 1056 的规定。

附 录 A
（规范性）
绿色食品淀粉类蔬菜粉申报检验项目

表 A.1 规定了除 4.3～4.7 所列项目外，依据食品安全国家标准和绿色食品淀粉类蔬菜粉生产实际情况，绿色食品申报检验还应检验的项目。

表 A.1 致病菌项目

项目	采样方案[a] 及限量				检验方法
	n	c	m	M	
沙门氏菌[b]	5	0	0/25 g	—	GB 4789.4
金黄色葡萄球菌[b]	5	1	100 CFU/g	1 000 CFU/g	GB 4789.10
注：n 为同一批次产品应采集的样品件数；c 为最大可允许超出 m 值的样品数；m 为致病菌指标可接受水平的限量值；M 为致病菌指标的最高安全限量值。					
[a] 样品的采样及处理按 GB 4789.1 的规定执行。					
[b] 仅适用于即食淀粉类蔬菜粉。					

ICS 67.080.10
CCS X 24

中华人民共和国农业行业标准

NY/T 4268—2023

绿色食品　冲调类方便食品

Green food—Steeped instant food

2023-02-17 发布　　　　　　　　　　　2023-06-01 实施

中华人民共和国农业农村部　发布

前　言

本文件按照 GB/T 1.1—2020《标准化工作导则　第 1 部分：标准化文件的结构和起草规则》的规定起草。

本文件由农业农村部农产品质量安全监管司提出。

本文件由中国绿色食品发展中心归口。

本文件起草单位：农业农村部乳品质量监督检验测试中心、中国绿色食品发展中心、好想你健康食品股份有限公司、新疆唱歌的果食品股份有限公司。

本文件主要起草人：张进、张宪、赵亚鑫、程艳宇、张传胜、薛刚、张宗城、王永斌、刘伟娟、王强、袁雨、刘亚兵、张均媚、李洋。

绿色食品　冲调类方便食品

1　范围

本文件规定了绿色食品冲调类方便食品的术语和定义，要求，检验规则，标签，包装、运输和储存。

本文件适用于绿色食品冲调类果羹方便食品、冲调类菜羹方便食品和冲调类荤羹方便食品。

2　规范性引用文件

下列文件中的内容通过文中的规范性引用而构成本文件必不可少的条款。其中，注日期的引用文件，仅该日期对应的版本适用于本文件；不注日期的引用文件，其最新版本（包括所有的修改单）适用于本文件。

GB/T 191　包装储运图示标志

GB 4789.1　食品安全国家标准　食品微生物学检验　总则

GB 4789.2　食品安全国家标准　食品微生物学检验　菌落总数测定

GB 4789.3　食品安全国家标准　食品微生物学检验　大肠菌群计数

GB 4789.4　食品安全国家标准　食品微生物学检验　沙门氏菌检验

GB 4789.7　食品安全国家标准　食品微生物学检验　副溶血性弧菌检验

GB 4789.10　食品安全国家标准　食品微生物学检验　金黄色葡萄球菌检验

GB 4789.15　食品安全国家标准　食品微生物学检验　霉菌和酵母计数

GB 4789.36　食品安全国家标准　食品微生物学检验　大肠埃希氏菌 O157：H7/NM 检验

GB 5009.3　食品安全国家标准　食品中水分的测定

GB 5009.4　食品安全国家标准　食品中灰分的测定

GB 5009.11　食品安全国家标准　食品中总砷和无机砷的测定

GB 5009.12　食品安全国家标准　食品中铅的测定

GB 5009.15　食品安全国家标准　食品中镉的测定

GB 5009.17　食品安全国家标准　食品中总汞和甲基汞的测定

GB 5009.26　食品安全国家标准　食品中 N-二甲基亚硝胺的测定

GB 5009.28　食品安全国家标准　食品中苯甲酸、山梨酸和糖精钠的测定

GB 5009.44　食品安全国家标准　食品中氯化物的测定

GB 5009.97　食品安全国家标准　食品中环己基氨基磺酸钠的测定

GB 5009.123　食品安全国家标准　食品中铬的测定

GB 5009.190　食品安全国家标准　食品中指示性多氯联苯含量的测定

GB/T 5009.218　水果和蔬菜中多种农药残留量的测定

GB 5009.263　食品安全国家标准　食品中阿斯巴甜和阿力甜的测定

GB 7718　食品安全国家标准　预包装食品标签通则

GB 14881　食品安全国家标准　食品生产通用卫生规范

GB/T 20769　水果和蔬菜中 450 种农药和相关化学品残留量的测定　液相色谱-串联质谱法

GB 28050　食品安全国家标准　预包装食品营养标签通则

JJF 1070　定量包装商品净含量计量检验规则

NY/T 391　绿色食品　产地环境质量

NY/T 392　绿色食品　食品添加剂使用准则

NY/T 658　绿色食品　包装通用准则

NY/T 1055　绿色食品　产品检验规则

NY/T 1056　绿色食品　储藏运输准则

CCAA 0019　食品安全管理体系　方便食品生产企业要求

国家市场监督管理总局令 2023 年第 70 号　定量包装商品计量监督管理办法

3　术语和定义

下列术语和定义适用于本文件。

3.1

冲调类果羹方便食品　steeped sweet soup instant food

以大枣、桂圆、莲子、枸杞等果实为主要原料,添加辅料、调味料,添加或不添加食品添加剂,经部分或完全熟制、杀菌,干燥、包装而成的冲调即可食用的汤羹。

3.2

冲调类菜羹方便食品　steeped vegetable soup instant food

以蔬菜及其制品中的一种或多种为主要原料,添加调味料等辅料,添加或不添加水产品及其制品、畜禽产品及其制品,添加或不添加食品添加剂,经部分或完全熟制、杀菌,干燥、包装而成的,冲调即可食用的汤羹。

3.3

冲调类荤羹方便食品　steeped meat soup instant food

以水产品及其制品、畜禽产品及其制品中的一种或多种为主要原料,添加蔬菜及其制品和调味料等辅料,添加或不添加食品添加剂,经部分或完全熟制、杀菌,干燥、包装而成的,冲调即可食用的羹。

4　要求

4.1　原料要求

4.1.1　主原料应符合相应的绿色食品标准要求。

4.1.2　辅料和食用盐等调味料应符合相应绿色食品标准要求。

4.1.3　食品添加剂应符合 NY/T 392 的要求。

4.1.4　加工用水应符合 NY/T 391 的要求。

4.2　生产过程

应符合 GB 14881 和 CCAA 0019 的要求。

4.3　感官

应符合表 1 的要求。

表 1　感官要求

项目	要求	检验方法
性状	呈块状或颗粒状,允许有少量碎粒和粉末,无霉变	随机取出一个样品,置于洁净白瓷盘中,自然光下观察性状、色泽和杂质。将样品转移至洁净烧杯中,按产品标签明示的加水量及水温加入热水,盖紧,静置 3 min～5 min 后,搅拌均匀,闻其气味,尝其滋味
色泽	具有产品应有色泽	
滋味和气味	具有产品应有滋味和气味,无异味	
杂质	无肉眼可见外来杂质	

4.4　理化要求

应符合表 2 的要求。

表 2 理化要求

单位为克每百克

项目	指标			检验方法
	果羹类	菜羹类	荤羹类	
水分		≤12		GB 5009.3
氯化物(以 Cl⁻ 计)	—	≤7.0		GB 5009.44
灰分	≤10	≤12		GB 5009.4

4.5 污染物限量、农药残留限量、食品添加剂限量

4.5.1 污染物限量

应符合食品安全国家标准及相关规定,同时应符合表 3 的要求。

表 3 污染物限量

单位为毫克每千克

项目	指标			检验方法
	果羹类	菜羹类	荤羹类	
铅(以 Pb 计)	≤0.1	≤0.3	≤0.3	GB 5009.12
镉(以 Cd 计)	—	≤0.20	≤0.05	GB 5009.15

4.5.2 农药残留限量

应符合食品安全国家标准及相关要求,同时应符合表 4 的要求。

表 4 农药残留限量

单位为毫克每千克

项目	指标		检验方法
	果羹类	菜羹类	
灭多威	≤0.01	—	GB/T 20769
三氯杀螨醇	≤0.01	—	GB/T 20769
杀扑磷	≤0.01	—	GB/T 20769
氯菊酯	≤0.01	—	GB/T 20769
杀螟硫磷	≤0.01	—	GB/T 20769
克百威	—	≤0.01	GB/T 20769
丙溴磷	—	≤0.01	GB/T 20769
三唑磷	—	≤0.01	GB/T 20769
涕灭威	—	≤0.01	GB/T 20769
甲拌磷	—	≤0.01	GB/T 20769
甲霜灵	—	≤0.01	GB/T 20769
甲胺磷	—	≤0.01	GB/T 20769
六六六	—	≤0.01	GB/T 5009.218
三唑酮	—	≤0.01	GB/T 20769

4.5.3 食品添加剂限量

应符合食品安全国家标准及相关要求,同时应符合表 5 的要求。

表 5 食品添加剂限量

项目	指标			检验方法
	果羹类	菜羹类	荤羹类	
苯甲酸及其钠盐(以苯甲酸计),g/kg	不得检出(<0.005)			GB 5009.28 第一法
糖精钠(以糖精计),g/kg	不得检出(<0.005)		—	GB 5009.28 第一法
环己基氨基磺酸钠及环己基氨基磺酸钙(以环己基氨基磺酸计),g/kg	不得检出(<0.010)			GB 5009.97 第一法
阿力甜,mg/kg	不得检出(<5.0)			GB 5009.263

4.6 微生物限量

应符合食品安全国家标准及相关要求,同时应符合表 6 的要求。

表 6 微生物限量

项目	采样方案及限量				检验方法
	n	c	m	M	
菌落总数,CFU/g	5	2	10^3	10^4	GB 4789.2
大肠菌群,MPN/g	5	2	3	30	GB 4789.3
霉菌,CFU/g	5	2	10	100	GB 4789.15

注 1:n 为同一批次产品应采集的样品件数;c 为最大可允许超出 m 值的样品数;m 为微生物指标可接受水平的限量值;M 为微生物指标的最高安全限量值。

注 2:样品的采集与处理按 GB 4789.1 的规定执行。

4.7 净含量

应符合国家市场监督管理总局令 2023 第 70 号的要求,检验方法按 JJF 1070 的规定执行。

4.8 其他要求

除上述要求外,还应符合附录 A 的要求。

5 检验规则

申报绿色食品应按照本文件中 4.3～4.7 以及附录 A 所确定的项目进行检验。其他要求应符合 NY/T 1055 的要求,出厂检验还应增加水分、氯化钠、菌落总数、大肠菌群和霉菌。

6 标签

按 GB 7718 及 GB 28050 的规定执行。储运图示按 GB/T 191 的规定执行。

7 包装、运输和储存

7.1 包装

按 NY/T 658 的规定执行。

7.2 运输和储存

按 NY/T 1056 的规定执行。

附　录　A

（规范性）

绿色食品冲调类方便食品申报检验项目

表 A.1、表 A.2 规定了除 4.3～4.7 所列项目外，依据食品安全国家标准和绿色食品生产实际情况，绿色食品申报检验还应检验的项目。

表 A.1　污染物限量

单位为毫克每千克

序号	检验项目	指标			检验方法
		果羹类	菜羹类	荤羹类	
1	甲基汞[a]（以 Hg 计）	—		0.5	GB 5009.17
2	无机砷[b]（以 As 计）	—		0.1	GB 5009.11
3	总砷[c]（以 As 计）	—		0.5	GB 5009.11
4	铬[d]（以 Cr 计）	—		2.0	GB 5009.123
5	N-二甲基亚硝胺[e]	—		0.004	GB 5009.26
6	多氯联苯[f]	—		0.5	GB 5009.190

注：多氯联苯以 PCB28、PCB52、PCB101、PCB118、PCB138、PCB153 和 PCB180 总和计。

[a]　仅适用于含水产品。

[b]　仅适用于含鱼类制品，其他含水产品≤0.5。

[c]　仅是用于含肉制品。

[d]　仅适用于含水产品，含肉制品≤1.0。

[e]　仅适用于含水产品，含肉制品≤0.003。

[f]　仅适用于含水产品。

表 A.2　致病菌限量

序号	检验项目	采样方案及限量（若非指定，均以/25 g 表示）				检验方法
		n	c	m	M	
1	沙门氏菌	5	0	0	—	GB 4789.4
2	副溶血性弧菌[a]	5	1	100 MPN/g	1 000 MPN/g	GB 4789.7
3	金黄色葡萄球菌[b]	5	1	100 CFU/g	1 000 CFU/g	GB 4789.10
4	致泻大肠埃希氏菌[b]	5	0	0	—	GB 4789.36

注 1：n 为同一批次产品应采集的样品件数；c 为最大可允许超出 m 值的样品数；m 为微生物指标可接受水平的限量值；M 为微生物指标的最高安全限量值。

注 2：样品的采集与处理按 GB 4789.1 的规定执行。

[a]　仅适用于荤羹类（含水产品）。

[b]　仅适用于果羹类、菜羹类和荤羹类（含肉制品）。

第二部分
土壤肥料标准

ICS 13.080.05
CCS B 11

中华人民共和国农业行业标准

NY/T 1121.9—2023
代替 NY/T 1121.9—2012

土壤检测
第9部分：土壤有效钼的测定

Soil testing—
Part 9: Method for determination of soil available molybdenum

2023-02-17 发布

2023-06-01 实施

中华人民共和国农业农村部 发布

前　言

本文件按照 GB/T 1.1—2020《标准化工作导则　第 1 部分：标准化文件的结构和起草规则》和 GB/T 20001.4—2015《标准编写规则　第 4 部分：试验方法标准》的规定起草。

本文件是 NY/T 1121《土壤检测》的第 9 部分。NY/T 1121 已经发布了以下部分：

——第 1 部分：土壤样品的采集、处理和储存；

——第 2 部分：土壤 pH 的测定；

——第 3 部分：土壤机械组成的测定；

——第 4 部分：土壤容重的测定；

——第 5 部分：石灰性土壤阳离子交换量的测定；

——第 6 部分：土壤有机质的测定；

——第 7 部分：土壤有效磷的测定；

——第 8 部分：土壤有效硼的测定；

——第 9 部分：土壤有效钼的测定；

——第 10 部分：土壤总汞的测定；

——第 11 部分：土壤总砷的测定；

——第 12 部分：土壤总铬的测定；

——第 13 部分：土壤交换性钙和镁的测定；

——第 14 部分：土壤有效硫的测定；

——第 15 部分：土壤有效硅的测定；

——第 16 部分：土壤水溶性盐总量的测定；

——第 17 部分：土壤氯离子含量的测定；

——第 18 部分：土壤硫酸根离子含量的测定；

——第 19 部分：土壤水稳性大团聚体组成的测定；

——第 20 部分：土壤微团聚体组成的测定；

——第 21 部分：土壤最大吸湿量的测定；

——第 22 部分：土壤田间持水量的测定　环刀法；

——第 23 部分：土粒密度的测定；

——第 24 部分：土壤全氮的测定　自动定氮仪法；

——第 25 部分：土壤有效磷的测定　连续流动分析仪法。

本文件代替 NY/T 1121.9—2012《土壤检测　第 9 部分：土壤有效钼的测定》，与 NY/T 1121.9—2012 相比，除结构调整和编辑性改动外，主要变化如下：

a) 增加了术语和定义、样品的采集、保存和制备；

b) 增加了电感耦合等离子体发射光谱法和电感耦合等离子体质谱法；

c) 依据 GB/T 6379.2—2004 的要求给出了重复性限和再现性限；

d) 增加了质量保证和控制；

e) 增加了相关附录。

请注意本文件的某些内容可能涉及专利。本文件的发布机构不承担识别专利的责任。

本文件由农业农村部农田建设管理司提出并归口。

本文件起草单位：农业农村部耕地质量监测保护中心、河南广电计量检测有限公司、农业农村部肥料质量监督检验测试中心（成都）、农业农村部肥料质量监督检验测试中心（杭州）。

本文件主要起草人：李建兵、张闪烁、曲潇琳、郑磊、王红叶、邓峤、王小琳、蓝家田、陈思力、于子坤、郭玉明、崔萌、薛思远、陈素贤、马振海、刘新、王琴琴。

本文件及其所代替文件的历次版本发布情况为：
——NY/T 1121.9—2006、NY/T 1121.9—2012；
——本次为第二次修订。

土壤检测
第9部分:土壤有效钼的测定

警示——使用本文件的人员应有正规实验室的实践经验。本文件并未指出所有可能的安全问题。使用者有责任采取适当的安全和健康措施,并保证符合国家有关法规规定的条件。

1 范围

本文件规定了土壤中有效钼的3种测定方法:示波极谱法(POL)、电感耦合等离子体质谱法(ICP-MS)和电感耦合等离子体发射光谱法(ICP-OES)。

本文件适用于土壤有效钼含量的测定。

当称样量为5.00 g、浸提剂草酸-草酸铵溶液为50 mL时:示波极谱法检出限为0.01 mg/kg,测定下限为0.04 mg/kg;电感耦合等离子体质谱法检出限为0.002 mg/kg,测定下限为0.008 mg/kg;电感耦合等离子体发射光谱法检出限为0.02 mg/kg,测定下限为0.08 mg/kg。

2 规范性引用文件

下列文件中的内容通过文中的规范性引用而构成本文件必不可少的条款。其中,注日期的引用文件,仅该日期对应的版本适用于本文件;不注日期的引用文件,其最新版本(包括所有的修改单)适用于本文件。

GB/T 6682 分析实验室用水规格和试验方法

NY/T 1121.1 土壤检测 第1部分:土壤样品的采集、处理和储存

3 术语和定义

下列术语和定义适用于本文件。

3.1

土壤有效钼 soil available molybdenum

土壤中能够被植物吸收的钼。在本文件规定的条件下能够被草酸-草酸铵缓冲溶液浸提出来的钼。

4 样品

4.1 样品采集与保存

土壤样品的采集和保存按照NY/T 1121.1规定的方法进行。样品采集、运输和保存过程应避免沾污和待测元素损失。

4.2 样品的制备

按NY/T 1121.1的规定制备通过2 mm孔径尼龙筛风干土壤样品,处理好的样品保存备用。

5 示波极谱法

5.1 原理

样品经草酸-草酸铵溶液浸提,加入硝酸-高氯酸-硫酸破坏草酸盐,消除铁的干扰,采用极谱仪测定样品溶液波峰电流值,通过溶液中钼含量与波峰电流值的标准曲线计算样品中有效钼的含量。

5.2 试剂和材料

本试验方法所用试剂和水,除特殊注明外,均指分析纯试剂和GB/T 6682中规定的二级水。所述溶液如未指明溶剂,均系水溶液。

5.2.1 高氯酸 $\rho = 1.66$ g/mL,优级纯。

5.2.2　硝酸 $\rho=1.42$ g/mL,优级纯。

5.2.3　硫酸 $\rho=1.84$ g/mL,优级纯。

5.2.4　盐酸 $\rho=1.19$ g/mL,优级纯。

5.2.5　草酸铵[$(NH_4)_2C_2O_4 \cdot H_2O$],优级纯。

5.2.6　草酸($H_2C_2O_4 \cdot 2H_2O$),优级纯。

5.2.7　氨水,优级纯。

5.2.8　苯羟乙酸(苦杏仁酸)[$C_6H_5CH(OH)COOH$],优级纯。

5.2.9　氯酸钾($KClO_3$),优级纯。

5.2.10　钼酸钠($Na_2MoO_4 \cdot 2H_2O$),优级纯。

5.2.11　草酸-草酸铵浸提剂:称取 24.9 g 草酸铵(5.2.5)和 12.6 g 草酸(5.2.6)溶于水,定容至 1 L。溶液 pH 为 3.3,定容前用 pH 计校准,必要时用草酸(5.2.6)和氨水(5.2.7)调整酸碱度。

5.2.12　苯羟乙酸(苦杏仁酸)溶液(0.5 mol/L):称取 7.6 g 苯羟乙酸(5.2.8)溶于水中,定容至 100 mL,现用现配。

5.2.13　硫酸溶液[$c(1/2H_2SO_4)=2.5$ mol/L]:量取 136 mL 的硫酸(5.2.3),缓缓注入 800 mL 水中,冷却后定容至 1 L。

5.2.14　饱和氯酸钾溶液($KClO_3$):称取 6.70 g 氯酸钾(5.2.9)溶于水中,定容至 100 mL。

5.2.15　钼标准储备溶液[$\rho(Mo)=100$ mg/L]:称取 0.252 2 g 钼酸钠(5.2.10)溶于水中,加入 1 mL 盐酸(5.2.4),移入 1 L 容量瓶中,定容。或可购买市售有证标准物质。

5.2.16　钼标准工作溶液[$\rho(Mo)=1$ mg/L]:吸取钼标准储备溶液(5.2.15)5.00 mL 于 500 mL 容量瓶中,用水定容。

5.3　仪器设备

5.3.1　示波极谱仪。

5.3.2　恒温往复式振荡器。

5.3.3　分析天平:感量为 0.000 1 g。

5.3.4　分析天平:感量为 0.01 g。

5.3.5　电热板。

5.3.6　pH 计:分度为 0.01 pH。

5.3.7　聚乙烯塑料瓶:200 mL。

5.3.8　高型烧杯:50 mL。

5.3.9　尼龙筛:2 mm 孔径。

5.4　试验步骤

5.4.1　样品溶液制备

称取土壤样品 5 g(精确至 0.01 g)于 200 mL 聚乙烯塑料瓶中,加入 50.00 mL 草酸-草酸铵浸提剂(5.2.11),盖紧瓶塞,在温度(25±3)℃条件下,振荡 30 min[振荡频率(180±20) r/min]后,放置 10 h,干过滤,弃去最初滤液,待测。

5.4.2　校准曲线的绘制

分别吸取钼标准工作溶液(5.2.16)0 mL、0.5 mL、1.0 mL、2.0 mL、3.0 mL、4.0 mL 于 100 mL 容量瓶中,用水定容。即为含钼 0 mg/L、0.005 mg/L、0.010 mg/L、0.020 mg/L、0.030 mg/L、0.040 mg/L 的系列标准溶液。分别吸取 1.00 mL 上述系列标准溶液于 6 个预先盛有 1.00 mL 草酸-草酸铵浸提剂(5.2.11)的高型烧杯中,于通风橱内电热板上低温(温度约 150 ℃)蒸发至干。其他步骤按 5.4.3 操作。加入硫酸、苯羟乙酸、饱和氯酸钾的试液,应在 3.5 h 内完成测定。

以钼质量(μg)为横坐标、相应的波峰电流值为纵坐标,绘制标准曲线。

135

5.4.3 测定

吸取 1.00 mL 滤液(5.4.1)于高型烧杯中,通风橱内电热板上(温度约 150 ℃)蒸发至干。取下烧杯,向蒸干的残渣中依次加入 2 mL 硝酸(5.2.2)、4 滴高氯酸(5.2.1)和 2 滴硫酸(5.2.3),然后置于通风橱内已预热的电热板(温度约 250 ℃)上,加热至白烟消失,取下烧杯冷却。依次加入 1 mL 硫酸溶液(5.2.13)、1 mL 苯羟乙酸溶液(5.2.12)、8 mL 饱和氯酸钾溶液(5.2.14)摇匀,30 min 后用极谱仪测定。

5.4.4 空白试验

除不加试样外,其他步骤按 5.4.3 操作。

5.5 试验数据处理

土壤有效钼含量以质量分数 w 计,单位为毫克每千克(mg/kg),按公式(1)计算。

$$w = \frac{(m_1 - m_0) \times D}{m \times 10^3} \times 1000 \quad\cdots\cdots\cdots\cdots\cdots\cdots\cdots\cdots\cdots\cdots\cdots (1)$$

式中:

m_1 ——从标准曲线上查得样品溶液含钼量的数值,单位为微克(μg);

m_0 ——从标准曲线上查得空白溶液含钼量的数值,单位为微克(μg);

D ——分取倍数,本试验为 50/1;

m ——称取风干样品质量的数值,单位为克(g);

10^3 和 1 000 ——换算系数。

平行测定结果用算术平均值表示,保留 2 位小数。

5.6 精密度

重复性限(r)和再现性限(R)统计分析结果见附录 A 中的表 A.1。

在重复性条件下获得的 2 次独立测试结果的测定值,在表 1 给出的水平范围内,其绝对差值不超过重复性限(r),超过重复性限(r)的情况不超过 5%,重复性限(r)按表 1 所列方程式计算。

表 1 示波极谱仪法测定土壤中有效钼含量的精密度

单位为毫克每千克

项目	范围或水平(m)	重复性限(r)	再现性限(R)
有效钼	0.069 5~0.241 6	$r = 0.173\,8m + 0.011\,9$	$R = 0.220\,0m + 0.027\,3$

在再现性条件下获得的 2 次独立测试结果的测定值,在表 1 给出的水平范围内,其绝对差值不超过再现性限(R),超过再现性限(R)的情况不超过 5%,再现性限(R)按表 1 所列方程式计算。

6 电感耦合等离子体质谱法

6.1 原理

土壤样品用草酸-草酸铵缓冲溶液浸提过滤后,滤液直接用电感耦合等离子体质谱仪检测。

试样由载气带入雾化系统进行雾化后,目标元素以气溶胶形式进入等离子体的轴向通道,在高温和惰性气体中被充分蒸发、解离、原子化和电离,转化成带电荷的正离子经离子采集系统进入质谱仪,质谱仪根据离子的质荷比进行分离并定性、定量分析。在一定浓度范围内,离子的质荷比所对应的响应值与其浓度成正比。

6.2 试剂和材料

本试验方法所用试剂和水,除特殊注明外,均指分析纯试剂和 GB/T 6682 中规定的二级水。所述溶液如未指明溶剂,均系水溶液。

6.2.1 硝酸溶液(1+99):用硝酸(5.2.2)配置成体积比为 1:99 的硝酸溶液。

6.2.2 硝酸溶液(2+98):用硝酸(5.2.2)配置成体积比为 2:98 的硝酸溶液。

6.2.3 内标储备液[ρ(Rh)=100 mg/L]:宜选用 ^{103}Rh 为内标元素。

6.2.4 内标使用液[ρ(Rh)=1 mg/L]:用硝酸溶液(6.2.1)稀释内标储备液(6.2.3)配制成内标标准使

用液。由于不同仪器使用的蠕动泵管管径不同,在线加入内标时,加入的浓度也不同,因此在配制内标标准使用液时应使内标元素在试样中的浓度为 10 μg/L~50 μg/L。

6.2.5 调谐液($\rho=1$ μg/L):推荐选用含有 Li、Co 和 Bi 等元素的溶液为质谱仪的调谐溶液。

6.2.6 氩气,纯度≥99.999%。

6.2.7 氦气,纯度≥99.999%。

6.2.8 其他试剂和材料同 5.2。

6.3 仪器设备

6.3.1 电感耦合等离子体质谱仪(ICP-MS):能够扫描的质量范围为 5 amu~250 amu,分辨率在 10%峰高处的峰宽应介于 0.6 amu~0.8 amu。

6.3.2 其他仪器设备同 5.3.2~5.3.9。

6.4 试验步骤

6.4.1 样品溶液制备

同 5.4.1。

6.4.2 校准曲线的绘制

分别吸取钼标准工作溶液(5.2.16)0 mL、0.5 mL、1.0 mL、2.0 mL、4.0 mL、6.0 mL、8.0 mL、10.0 mL 于 100 mL 容量瓶中,用草酸-草酸铵浸提剂(5.2.11)定容,即为含钼 0 μg/L、5.00 μg/L、10.0 μg/L、20.0 μg/L、40.0 μg/L、60.0 μg/L、80.0 μg/L 和 100.0 μg/L 的系列标准溶液。

以钼的质量浓度为横坐标、以响应值和内标响应值的比值为纵坐标,建立校准曲线。电感耦合等离子体质谱仪器参考工作条件见附录 B。

6.4.3 测定

样品溶液测定前,用硝酸溶液(6.2.2)冲洗系统直至信号降至最低,待分析信号稳定后才可开始测定。样品溶液测定时,应加入内标溶液(6.2.4)。若样品溶液中待测目标元素浓度超出标准曲线范围,须经稀释后重新测定,稀释液使用草酸-草酸铵浸提剂(5.2.11)。

6.4.4 空白试验

除不加试样外,其他步骤同 6.4.3 操作。

6.5 试验数据处理

土壤有效钼含量以质量分数 w 计,单位为毫克每千克(mg/kg),按公式(2)计算。

$$w=\frac{(\rho-\rho_0)\times V\times D}{m}\times 10^{-3} \quad\cdots\cdots (2)$$

式中:

ρ ——从标准曲线上查得样品溶液含钼量的数值,单位为微克每升(μg/L);

ρ_0 ——从标准曲线上查得空白溶液含钼量的数值,单位为微克每升(μg/L);

V ——样品浸提体积的数值,本试验为 50 mL;

D ——样品溶液的稀释倍数;

m ——称取风干样品质量的数值,单位为克(g)。

平行测定结果用算术平均值表示,保留 2 位小数。

6.6 精密度

重复性限和再现性限见表 2,结果处理同 5.6。统计分析结果见表 A.2。

表 2 电感耦合等离子体质谱法测定土壤中有效钼含量的精密度

单位为毫克每千克

项目	范围或水平(m)	重复性限(r)	再现性限(R)
有效钼	0.067 9~0.241 2	$r=0.109\ 9m+0.004\ 3$	$R=0.276\ 3m-0.002\ 6$

7 电感耦合等离子体发射光谱法

7.1 原理

样品用草酸-草酸铵缓冲溶液浸提,滤液经过酸加热消解破坏草酸盐的影响后,进一步浓缩消解液,溶液进入等离子体发射光谱仪的雾化器中被雾化,由氩载气带入等离子体火炬中,目标元素在等离子体火炬中被气化、电离、激发并辐射出特征谱线。特征谱线的强度与样品溶液中待测元素的含量在一定范围内成正比。

7.2 试剂和材料

7.2.1 高氯酸 $\rho = 1.66$ g/mL,优级纯。

7.2.2 其他试剂和材料同5.2。

7.3 仪器设备

7.3.1 电感耦合等离子体发射光谱仪(ICP-OES):波长测定范围170 nm～785 nm,可自动校正波长。

7.3.2 其他仪器设备同5.3.2～5.3.9。

7.4 试验步骤

7.4.1 样品溶液制备

准确移取滤液(5.4.1)25.00 mL于50 mL高型烧杯中,在电热板上(温度约150 ℃)加热至剩余5 mL左右,加入3 mL硝酸(5.2.2)、1 mL高氯酸(7.2.1),继续加热(温度约180 ℃)至近干,待有机物分解完全后,趁热加入5 mL硝酸溶液(6.2.2)冲洗杯壁,微热至溶液清亮,将溶液无损移入10 mL比色管中,用水定容后摇匀,干过滤,待测。

7.4.2 校准曲线的绘制

标准溶液配制同6.4.2。

以钼的质量浓度为横坐标、以发射强度值为纵坐标,建立校准曲线。电感耦合等离子体发射光谱仪器参考工作条件见附录C。

7.4.3 测定

待仪器稳定至最佳工作条件,按照与建立标准曲线(7.4.2)相同的仪器条件和操作步骤进行样品溶液的测定。

7.4.4 空白试验

除不加试样外,其他步骤按7.4.3操作。

7.5 试验数据处理

土壤有效钼含量以质量分数 w 计,单位为毫克每千克(mg/kg),按公式(3)计算。

$$w = \frac{(\rho - \rho_0) \times V_1 \times V_2}{m \times V_3} \times 10^{-3} \quad\quad\cdots\cdots\cdots\cdots\cdots\cdots\cdots\cdots (3)$$

式中:

ρ ——从标准曲线上查得样品溶液含钼量的数值,单位为微克每升($\mu g/L$);

ρ_0 ——从标准曲线上查得空白溶液含钼量的数值,单位为微克每升($\mu g/L$);

V_1 ——样品滤液体积的数值,本试验为50 mL;

V_2 ——消解后定容体积的数值,本试验为10 mL;

m ——称取风干样品质量的数值,单位为克(g);

V_3 ——消解取样体积的数值,本试验为25 mL。

平行测定结果用算术平均值表示,保留2位小数。

7.6 精密度

重复性限和再现性限见表3,结果处理同5.6。统计分析结果见表A.3。

表3 电感耦合等离子体光谱法测定土壤中有效钼含量的精密度

项目	范围或水平(m)	重复性限(r)	再现性限(R)
有效钼	0.060 8～0.231 4	$r = 0.159\ 4m + 0.002\ 8$	$R = 0.243\ 9m - 0.011\ 7$

8 质量保证和控制

8.1 空白

每批样品至少做2个空白试验,空白值应低于方法检出限。

8.2 校准曲线

每次分析应建立校准曲线,其相关系数应＞0.999。每20个样品或每批次(少于20个样品/批)样品,应分析1个校准曲线中间浓度点,其测定结果与实际浓度值相对偏差应≤10%,否则应查找原因或重新建立校准曲线。

8.3 平行样

每20个样品或每批样品至少测定5%平行双样,样品数量少于20个时,应至少测定1个平行双样,2次平行测定结果允许相对相差应≤15%。

8.4 准确度

每20个样品或每批次样品至少分析1个土壤有证标准物质或实验室质控样品,标准物质测定值需要落在可控制范围内。

附　录　A
（资料性）
从实验室间试验结果得到的统计数据和其他数据

精密度协作试验方法重复性限、再现性限统计结果见表 A.1～表 A.3。

表 A.1　示波极谱法测定土壤中有效钼含量重复性限和再现性限统计分析结果

标准物质或协作试验样品	GBW07416a （ASA-5a）	GBW07412a （ASA-1a）	GBW07461 （ASA-10）	实际样品1 SAS-9(CZR)	实际样品2 SAS-6(CT)
参加实验室数	8	8	8	8	8
可接受结果的实验室数	8	8	8	6	7
测试结果总平均值,mg/kg	0.20	0.24	0.07	0.14	0.16
标准物质认定值,mg/kg	0.20±0.04	0.24+0.05	0.069±0.024	—	—
重复性标准差(s_r),mg/kg	0.02	0.02	0.01	0.02	0.01
重复性变异系数,%	8.3	7.9	11.7	11.6	9.2
重复性限(r),mg/kg	0.05	0.05	0.02	0.05	0.04
再现性标准差(s_R),mg/kg	0.02	0.03	0.01	0.02	0.02
再现性变异系数,%	11.8	11.8	20.6	16.3	14.1
再现性限(R),mg/kg	0.07	0.08	0.04	0.07	0.06
正确度(RE),%	0.4	0.7	0.7	—	—

表 A.2　电感耦合等离子体质谱法测定土壤中有效钼含量重复性限和再现性限统计分析结果

标准物质或协作试验样品	GBW07416a （ASA-5a）	GBW07412a （ASA-1a）	GBW07461 （ASA-10）	实际样品1 SAS-9(CZR)	实际样品2 SAS-6(CT)
参加实验室数	8	8	8	8	8
可接受结果的实验室数	8	7	8	8	8
测试结果总平均值,mg/kg	0.20	0.24	0.07	0.16	0.13
标准物质认定值,mg/kg	0.20±0.04	0.24±0.05	0.069±0.024	—	—
重复性标准差(s_r),mg/kg	0.01	0.01	0.01	0.01	0.01
重复性变异系数,%	4.5	5.2	6.9	4.6	4.9
重复性限(r),mg/kg	0.03	0.04	0.01	0.02	0.02
再现性标准差(s_R),mg/kg	0.02	0.02	0.01	0.02	0.01
再现性变异系数,%	11.0	9.8	8.8	11.4	11.3
再现性限(R),mg/kg	0.06	0.07	0.02	0.05	0.04
正确度(RE),%	2.4	0.5	1.6	—	—

表 A.3　电感耦合等离子体发射光谱法测定土壤中有效钼含量重复性限和再现性限统计分析结果

标准物质或协作试验样品	GBW07416a （ASA-5a）	GBW07412a （ASA-1a）	GBW07461 （ASA-10）	实际样品1 SAS-9(CZR)	实际样品2 SAS-6(CT)
参加实验室数	8	8	8	8	8
可接受结果的实验室数	8	8	8	8	8
测试结果总平均值,mg/kg	0.20	0.23	0.06	0.17	0.13
标准物质认定值,mg/kg	0.20±0.04	0.24±0.05	0.069±0.024	—	—
重复性标准差(s_r),mg/kg	0.01	0.01	0.01	0.01	0.01
重复性变异系数,%	5.8	6.4	8.7	6.8	5.1
重复性限(r),mg/kg	0.03	0.04	0.02	0.03	0.02
再现性标准差(s_R),mg/kg	0.02	0.02	0.01	0.02	0.02
再现性变异系数,%	10.5	10.7	14.5	10.4	13.6
再现性限(R),mg/kg	0.06	0.07	0.02	0.05	0.05
正确度(RE),%	0.3	3.6	11.9	—	—

附 录 B

（资料性）

电感耦合等离子体质谱仪器参考工作条件

不同型号的仪器最佳测试条件不同，根据仪器说明书上要求优化仪器测试条件。仪器参考条件及推荐使用内标物见表 B.1。

表 B.1 ICP-MS 仪器参考工作条件参数表

仪器参数	参数设置
功率，W	1 250
反馈功率，W	15
雾化器	同心雾化器
采样锥和截取锥	镍
载气流速，L/min	0.80
等离子体气气流量，L/min	15.0
采样深度，mm	13.0
内标	铑（^{103}Rh）
内标加入方式	在线加入
检测方式	自动测定 3 次
氦气流量，L/min	3.5
质量数	95,98

附 录 C

（资料性）

电感耦合等离子体发射光谱仪器参考工作条件

不同型号的仪器最佳测试条件不同,根据仪器说明书上要求优化仪器测试条件。仪器参考测量条件见表 C.1。

表 C.1 ICP-OES 仪器参考工作条件参数表

仪器参数	参数设置
测定波长,nm	202.032
RF 功率,W	1 200
观察高度,mm	8.00
雾化气流量,L/min	0.70
等离子体气流量,L/min	12.0
辅助气流量,L/min	1.00

ICS 13.080.05
CCS B 11

中华人民共和国农业行业标准

NY/T 1121.14—2023
代替 NY/T 1121.14—2006

土壤检测
第14部分：土壤有效硫的测定

Soil testing—
Part 14: Method for determination of soil available sulphur

2023-02-17 发布
2023-06-01 实施

中华人民共和国农业农村部 发布

前　言

本文件按照 GB/T 1.1—2020《标准化工作导则　第 1 部分：标准化文件的结构和起草规则》和 GB/T 20001.4—2015《标准编写规则　第 4 部分：试验方法标准》的规定起草。

本文件是 NY/T 1121《土壤检测》的第 14 部分。NY/T 1121 已经发布了以下部分：

——第 1 部分：土壤样品的采集、处理和储存；

——第 2 部分：土壤 pH 的测定；

——第 3 部分：土壤机械组成的测定；

——第 4 部分：土壤容重的测定；

——第 5 部分：石灰性土壤阳离子交换量的测定；

——第 6 部分：土壤有机质的测定；

——第 7 部分：土壤有效磷的测定；

——第 8 部分：土壤有效硼的测定；

——第 9 部分：土壤有效钼的测定；

——第 10 部分：土壤总汞的测定；

——第 11 部分：土壤总砷的测定；

——第 12 部分：土壤总铬的测定；

——第 13 部分：土壤交换性钙和镁的测定；

——第 14 部分：土壤有效硫的测定；

——第 15 部分：土壤有效硅的测定；

——第 16 部分：土壤水溶性盐总量的测定；

——第 17 部分：土壤氯离子含量的测定；

——第 18 部分：土壤硫酸根离子含量的测定；

——第 19 部分：土壤水稳性大团聚体组成的测定；

——第 20 部分：土壤微团聚体组成的测定；

——第 21 部分：土壤最大吸湿量的测定；

——第 22 部分：土壤田间持水量的测定　环刀法；

——第 23 部分：土粒密度的测定；

——第 24 部分：土壤全氮的测定　自动定氮仪法；

——第 25 部分：土壤有效磷的测定　连续流动分析仪法。

本文件代替 NY/T 1121.14—2006《土壤检测　第 14 部分：土壤有效硫的测定》，与 NY/T 1121.14—2006 相比，除结构调整和编辑性改动外，主要变化如下：

a)　增加了规范性引用文件、增加了术语和定义；

b)　增加了电感耦合等离子体发射光谱法；

c)　依据 GB/T 6379.2—2004 的要求给出了重复性限和再现性限；

d)　增加了质量保证和控制；

e)　增加了相关附录；

f)　对比浊法进行了优化。

请注意本文件的某些内容可能涉及专利。本文件的发布机构不承担识别专利的责任。

本文件由农业农村部农田建设管理司提出并归口。

本文件起草单位：农业农村部耕地质量监测保护中心、广电计量检测（湖南）有限公司、农业农村部肥料质量监督检验测试中心（成都）、农业农村部肥料质量监督检验测试中心（杭州）。

本文件主要起草人:李建兵、曲潇琳、郑磊、向勇、张骏达、陈宏、沈月、谢莉蓉、田耘、王慧颖、郭玉明、崔萌、薛思远、高飞、刘亚男、邓聂。

本文件及其所代替文件的历次版本发布情况为:

——NY/T 1121.14—2006;

——本次为第一次修订。

土壤检测
第 14 部分：土壤有效硫的测定

警示——使用本文件的人员应有正规实验室的实践经验。本文件并未指出所有可能的安全问题。使用者有责任采取适当的安全和健康措施，并保证符合国家有关法规规定的条件。

1 范围

本文件规定了采用比浊法和电感耦合等离子体发射光谱法测定土壤有效硫。

本文件适用于土壤中有效硫含量的测定。

当称样量为 10.0 g、浸提剂为 50 mL 时：比浊法检出限为 2.0 mg/kg，测定下限为 8.0 mg/kg；电感耦合等离子体发射光谱法检出限为 1.5 mg/kg，测定下限为 6.0 mg/kg。

2 规范性引用文件

下列文件中的内容通过文中的规范性引用而构成本文件必不可少的条款。其中，注日期的引用文件，仅该日期对应的版本适用于本文件；不注日期的引用文件，其最新版本（包括所有的修改单）适用于本文件。

GB/T 6682 分析实验室用水规格和试验方法

NY/T 1121.1 土壤检测 第 1 部分：土壤样品的采集、处理和储存

3 术语和定义

下列术语和定义适用于本文件。

3.1

土壤有效硫 soil available sulphur

土壤中能被植物直接吸收利用的硫。在本文件规定的条件下能够被磷酸盐-乙酸溶液或氯化钙溶液浸提出来的硫。

4 样品采集与保存

4.1 样品采集与保存

土壤样品的采集和保存按照 NY/T 1121.1 规定的方法进行。样品采集、运输和保存过程应避免沾污和待测元素损失。

4.2 试样的制备

除去土壤样品中的枝棒、叶片、石子等异物，按照 NY/T 1121.1 的要求，将采集的土壤样品进行风干后，研磨至全部通过 2 mm 孔径尼龙筛。样品的制备过程应避免沾污和待测元素损失。

5 比浊法

5.1 原理

酸性和中性土壤样品用磷酸盐-乙酸溶液浸提，石灰性土壤（pH≥7.5）用氯化钙溶液浸提。浸提液中的少数有机质用过氧化氢消除。用硫酸钡比浊分光光度法测定浸提液中硫的含量。

5.2 试剂

除非另有说明，在分析中仅使用确认为分析纯的试剂，水为 GB/T 6682 规定的二级水。所述溶液如若未指明溶剂，均系水溶液。

5.2.1 磷酸二氢钙[$Ca(H_2PO_4)_2 \cdot H_2O$]。

5.2.2 过氧化氢(30%)(H_2O_2)。

5.2.3 氯化钡晶粒($BaCl_2 \cdot 2H_2O$)。

5.2.4 甘油($C_3H_8O_3$)。

5.2.5 乙醇(C_2H_6O)。

5.2.6 盐酸[$\rho(HCl)=1.19$ g/mL]。

5.2.7 氯化钙($CaCl_2$)。

5.2.8 乙酸(CH_3COOH)。

5.2.9 甘油-乙醇-水溶液(1:2:47):量取 1 mL 甘油(5.2.4)和 2 mL 乙醇(5.2.5),加到 47 mL 水中,混匀。

5.2.10 盐酸溶液(1+4):量取 10 mL 的盐酸(5.2.6)加到 40 mL 的水中,混匀。

5.2.11 氯化钡溶液($\rho=200$ g/L):称取 200 g 氯化钡(5.2.3)溶于水,稀释至 1 L,混匀。

5.2.12 磷酸盐-乙酸浸提剂:取 115 mL 的乙酸(5.2.8)于 1 L 容量瓶,用水定容至刻度,即为 2 mol/L 乙酸溶液。称取 2.04 g 磷酸二氢钙(5.2.1)溶于 1 L 乙酸溶液中,混匀。

5.2.13 氯化钙浸提剂:称取 1.50 g 氯化钙(5.2.7)溶于水,稀释至 1 L,混匀。

5.2.14 硫酸钾(K_2SO_4),优级纯及以上。

5.2.15 硫标准储备溶液($\rho=1\ 000$ mg/L):称取 0.543 6 g 在 100 ℃~105 ℃ 干燥 2 h 的硫酸钾 (5.2.14)溶于水,定容至 100 mL 容量瓶中,即为硫(S)1 000 mg/L 的标准储备溶液。也可购买市售有证标准溶液。

5.2.16 硫标准工作溶液($\rho=20$ mg/L):准确吸取 2.00 mL 硫标准储备溶液(5.2.15)于 100 mL 容量瓶中,混匀,备用。

5.3 仪器设备

5.3.1 分光光度计:具 3 cm 比色皿。

5.3.2 分析天平:感量为 0.01 g 和 0.000 1 g。

5.3.3 恒温振荡器。

5.3.4 电磁搅拌器。

5.3.5 温控电热板。

5.3.6 电砂浴。

5.4 试验步骤

5.4.1 样品溶液制备

5.4.1.1 称取 10 g 样品(4.2)(精确至 0.01 g),于 100 mL 三角瓶或 250 mL 塑料瓶中,加入 50 mL 磷酸盐-乙酸浸提剂(5.2.12),在温度 20 ℃~25 ℃、振荡频率(180±20)r/min 的条件下,振荡 1 h 后,干过滤,弃去最初滤液待测。

5.4.1.2 石灰性土壤用氯化钙浸提剂(5.2.13)浸提,其土液比、振荡时间、浸提温度及其他操作同磷酸盐-乙酸提取相同。

5.4.2 校准曲线的绘制

准确吸取硫标准工作溶液(5.2.16)0 mL、2.0 mL、4.0 mL、6.0 mL、8.0 mL、10.0 mL 和 12.0 mL 于 50 mL 容量瓶中,加 2 mL 盐酸溶液(5.2.10)和 5 mL 甘油-乙醇-水溶液(5.2.9),用水定容,即为 0 mg/L、0.80 mg/L、1.60 mg/L、2.40 mg/L、3.20 mg/L、4.00 mg/L、4.80 mg/L 硫标准系列溶液。将溶液转入烧杯中,加 10 mL 氯化钡溶液(5.2.11),用电磁搅拌器(5.3.4)充分搅拌 1 min,5 min~10 min 内在分光光度计(5.3.1)上波长 440 nm 处,用 3 cm 光径比色皿比浊,用标准系列溶液的零浓度调节仪器零点,读取吸光度,绘制校准曲线或求出回归方程。

5.4.3 测量

吸取滤液 25 mL 于三角瓶中,在电热板或电砂浴上于 180 ℃~20 ℃加热,加 3 滴~5 滴过氧化氢 (5.2.2)氧化有机物。加热 15 min~20 min,使有机物完全分解,并除尽过剩的过氧化氢。加 2 mL 盐酸溶液(5.2.10),得到清亮的溶液。将溶液全部转移入 50 mL 比色管中,加 5 mL 甘油-乙醇-水溶液 (5.2.9),用水定容后转入烧杯中,与标准溶液同条件比浊。

5.4.4 空白试验

除不加试样外,其他同 5.4.1 和 5.4.3。

5.5 试验数据处理

土壤有效硫含量以质量分数 ω 计,单位为毫克每千克(mg/kg),按公式(1)计算。

$$\omega = \frac{(\rho - \rho_0) \times V \times D}{m} \quad\cdots\cdots\cdots\cdots\cdots\cdots\cdots\cdots\cdots\cdots\cdots\cdots\cdots (1)$$

式中:

ρ ——从校准曲线上查得测定液中硫质量浓度的数值,单位为毫克每升(mg/L);

ρ_0 ——实验室空白试样中对应硫元素质量浓度的数值,单位为毫克每升(mg/L);

V ——测定溶液体积的数值,单位为毫升(mL);

D ——分取倍数;

m ——试样质量的数值,单位为克(g)。

平行测试结果用算术平均值表示,保留 1 位小数。

5.6 精密度

重复性限(r)和再现性限(R)统计分析结果见附录 A 中的表 A.1。

在重复性条件下获得的 2 次独立测试结果的测定值,在表 1 给出的水平范围内,其绝对差值不超过重复性限(r),超过重复性限(r)的情况不超过 5%,重复性限(r)按表 1 所列方程式计算。

表 1 分光光度法测定土壤中有效硫含量的精密度

单位为毫克每千克

土壤有效态元素	范围和水平(m)	重复性限(r)	再现性限(R)
硫	20.0~110.0	$r = 0.38 + 0.12 m$	$R = 3.72 + 0.15 m$

在再现性条件下获得的 2 次独立测试结果的测定值,在表 1 给出的水平范围内,其绝对差值不超过再现性限(R),超过再现性限(R)的情况不超过 5%,再现性限(R)按表 1 所列方程式计算。

6 电感耦合等离子体发射光谱法

6.1 原理

酸性和中性土壤样品用磷酸盐-乙酸溶液浸提,石灰性土壤(pH≥7.5)用氯化钙溶液浸提。溶液进入等离子体发射光谱仪的雾化器中被雾化,由氩载气带入等离子体火炬中,目标元素在等离子体火炬中被气化、电离、激发并辐射出特征谱线。特征谱线的强度与样品溶液中待测元素的含量在一定范围内成正比。

6.2 试剂或材料

除非另有说明,在分析中仅使用确认为分析纯的试剂,水为 GB/T 6682 规定的二级水。所述溶液如若未指明溶剂,均系水溶液。

6.2.1 硝酸[$\rho(HNO_3) = 1.42$ g/mL]。

6.2.2 磷酸盐-乙酸浸提剂,同 5.2.12。

6.2.3 氯化钙浸提剂,同 5.2.13。

6.2.4 硝酸溶液(1+99):将硝酸(6.2.1)和水配制成体积比为 1+99 的硝酸溶液。

6.2.5 硫标准储备溶液,同 5.2.15。

6.2.6 硫标准工作溶液($\rho = 200$ mg/L):准确吸取 20.00 mL 硫标准储备溶液(6.2.5)于 100 mL 容量瓶

中,混匀,备用。

6.2.7 载气:氩气,纯度≥99.999%。

6.3 仪器设备

6.3.1 电感耦合等离子体发射光谱仪:波长测定范围170 nm~785 nm,可自动波长校正。

6.3.2 其他设备同5.3。

6.4 试验步骤

6.4.1 样品溶液制备

同5.4.1。

6.4.2 校准曲线的绘制

准确吸取硫标准工作溶液(6.2.6)0 mL、1.0 mL、3.0 mL、5.0 mL、7.0 mL、15.0 mL于100 mL容量瓶中,用相应的浸提剂定容至刻度,即为含硫(S)0 mg/L、2.00 mg/L、6.00 mg/L、10.0 mg/L、14.0 mg/L、30.0 mg/L的标准系列溶液。在181.975 nm波长下,以硫的质量浓度为横坐标、以发射强度值为纵坐标,建立校准曲线。电感耦合等离子体发射光谱仪参考工作条件见附录B。

6.4.3 测量

分析前,用硝酸溶液(6.2.4)冲洗系统直到空白强度值降至最低,待分析信号稳定后,在与建立校准曲线相同条件下分析试样。

6.4.4 空白试验

除不加试样外,其他同6.4.1和6.4.3。

6.5 试验数据处理

土壤有效硫含量以质量分数 ω 计,单位为毫克每千克(mg/kg),按公式(2)计算。

$$\omega = \frac{(\rho - \rho_0) \times V \times D}{m} \quad\cdots\cdots\cdots\cdots\cdots\cdots\cdots\cdots\cdots\cdots\cdots\cdots (2)$$

式中:

ρ ——由标准曲线计算所得试样中硫元素质量浓度的数值,单位为毫克每升(mg/L);

ρ_0 ——实验室空白试样中对应硫元素质量浓度的数值,单位为毫克每升(mg/L);

V ——样品所使用浸提液体积的数值,单位为毫升(mL);

D ——稀释倍数;

m ——试样质量的数值,单位为克(g)。

平行测试结果用算术平均值表示,保留1位小数。

6.6 精密度

重复性限和再现性限见表2,结果处理同5.6。统计分析结果见表A.2。

表2 电感耦合等离子体发射光谱法测定土壤中有效硫含量的精密度

单位为毫克每千克

土壤有效态元素	范围和水平(m)	重复性限(r)	再现性限(R)
硫	20.0~110.0	$r=1.03+0.07\ m$	$R=1.06+0.15\ m$

7 质量保证和控制

7.1 空白

每批样品至少做2个空白试样,其测定结果均应低于方法检出限。

7.2 校准曲线

每次分析应建立标准曲线,比浊法相关系数应≥0.995,电感耦合等离子体发射光谱法相关系数应大于0.999。每测试完20个样品,应分析一个标准曲线中间质量浓度点,其测定结果与实际质量浓度值的相对偏差应≤10%,否则应重新建立标准曲线。

7.3 平行样

每批样品至少测定 5% 平行双样,样品数量少于 20 个时,应至少测定 1 个平行双样,2 次平行测定结果允许相对相差应≤10%。

7.4 准确度

每 20 个样品或每批次样品至少分析 1 个土壤有证标准物质或实验室质控样品,标准物质测定值需要落在可控制范围内。

附　录　A

（资料性）

从实验室间试验结果得到的统计数据和其他数据

精密度协作试验方法重复性限、再现性限数据统计结果见表 A.1 和表 A.2。

表 A.1　分光光度法测定土壤中有效硫重复性限和再现性限统计分析结果

标准物质或协作试验样品	GBW07416a （ASA-5a）	GBW07412a （ASA-1a）	GBW07461 （ASA-10）	SAS-9 （CHR）	SAS-6 （CT）
参加实验室数	8	8	8	8	8
可接受结果的实验室数	6	8	8	8	8
测试结果总平均值,mg/kg	105.0	22.0	30.7	76.3	75.0
标准物质认定值,mg/kg	104±13	22±5	31±3	—	—
重复性标准差(S_r),mg/kg	5.9	1.5	1.8	2.6	2.6
重复性变异系数,%	5.6	6.7	5.8	3.4	3.5
重复性限(r),mg/kg	16.5	4.1	5.0	7.3	7.4
再现性标准差(S_R),mg/kg	5.6	2.4	2.3	8.3	4.9
再现性变异系数,%	5.6	11.0	7.7	12.0	6.5
再现性限(R),mg/kg	15.7	6.7	6.3	23.2	13.6

表 A.2　电感耦合等离子体发射光谱法测定土壤中有效硫重复性限和再现性限统计分析结果

标准物质或协作试验样品	GBW07416a （ASA-5a）	GBW07412a （ASA-1a）	GBW07461 （ASA-10）	SAS-9 （CHR）	SAS-6 （CT）
参加实验室数	8	8	8	8	8
可接受结果的实验室数	8	8	8	8	8
测试结果总平均值,mg/kg	108.0	22.0	31.5	77.2	75.2
标准物质认定值,mg/kg	104±13	22±5	31±3	—	—
重复性标准差(S_r),mg/kg	3.7	1.3	1.1	1.4	2.1
重复性变异系数,%	3.4	5.9	3.5	1.8	2.8
重复性限(r),mg/kg	10.3	3.6	3.2	3.8	6.0
再现性标准差(S_R),mg/kg	5.8	1.9	1.5	6.5	3.3
再现性变异系数,%	5.4	8.6	4.3	8.4	4.4
再现性限(R),mg/kg	16.3	5.2	4.2	18.3	9.3

附　录　B

（资料性）

电感耦合等离子体发射光谱仪参考工作条件

不同型号的仪器最佳测试条件不同，根据仪器说明书上要求优化仪器测试条件。仪器参考测量条件见表 B.1。

表 B.1　电感耦合等离子体发射光谱仪参考工作条件

仪器参数	参数设置
测定波长,nm	181.975
RF功率,W	1 500
观察高度,mm	8.00
雾化气流量,L/min	0.70
等离子体气流量,L/min	12.0
辅助气流量,L/min	0.3

ICS 65.020.01
CCS B 04

中华人民共和国农业行业标准

NY/T 4312—2023

保护地连作障碍土壤治理
强还原处理法

Continuously cropping obstacle management in protected field—
Intensively reductive soil treatment

2023-02-17 发布　　　　　　　　　　　　　　2023-06-01 实施

中华人民共和国农业农村部 发布

前　言

本文件按照 GB/T 1.1—2020《标准化工作导则　第 1 部分：标准化文件的结构和起草规则》的规定起草。

请注意本文件的某些内容可能涉及专利。本文件的发布机构不承担识别专利的责任。

本文件由农业农村部农田建设管理司提出并归口。

本文件起草单位：农业农村部耕地质量监测保护中心、南京师范大学。

本文件主要起草人：蔡祖聪、杨帆、黄新琦、赵军、姚燕来、薛智勇、胡炎、谢建华、段智锸、崔勇、贾伟、杨宁。

保护地连作障碍土壤治理　强还原处理法

1　范围

本文件规定了保护地栽培中连作障碍土壤治理的强还原处理方法。

本文件适用于出现连作障碍的种植黄瓜、番茄、青椒、洋桔梗、非洲菊、三七等园艺及经济作物的保护地土壤的治理。种植其他作物、出现连作障碍的保护地土壤治理也可参照使用本方法。

2　规范性引用文件

下列文件中的内容通过文中的规范性引用而构成本文件必不可少的条款。其中,注日期的引用文件,仅该日期对应的版本适用于本文件;不注日期的引用文件,其最新版本(包括所有的修改单)适用于本文件。

GB/T 4455　农业用聚乙烯吹塑棚膜

GB 5084　农田灌溉水质标准

GB/T 8321(所有部分)　农药合理施用准则

HJ 746　土壤　氧化还原电位的测定　电位法

HJ 802　土壤　电导率的测定　电极法

HJ 962　土壤　pH 值的测定　电位法

NY/T 496　肥料合理施用准则　通则

NY/T 1121.1　土壤检测　第 1 部分:土壤样品的采集、处理和储存

NY/T 2911　测土配方施肥技术规程

NY/T 3623—2020　马铃薯抗南方根结线虫病的鉴定技术规程

3　术语和定义

下列术语和定义适用于本文件。

3.1

保护地栽培　protected cultivation

在人工保护设施所形成的小气候条件下进行的植物栽培,又称设施栽培。

3.2

连作障碍　continuously cropping obstacle

高强度集约化种植下土壤物理、化学和生物学特性退化,导致作物大幅度减产甚至绝收的现象。

3.3

土传病害　soil-borne diseases

生活在土壤中的微生物病原体,条件适宜时从作物根部或茎部侵害作物而引起的病害。

3.4

有机物料　organic materials

富含易分解有机碳源的有机材料。

3.5

土壤强还原处理　intensively reductive soil treatment

通过在土壤中施用易分解有机物料、灌溉土壤至田间持水量、覆膜 3 周～5 周,快速创造土壤强还原环境,消减连作障碍因子的方法。

4 操作方法

4.1 适宜时期

宜在设施环境内最高气温≥25 ℃、最低气温≥15 ℃时进行处理,夏季高温季节处理效果最佳。

4.2 施用有机物料

4.2.1 物料的种类

有机物料分为固体型和水溶型。固体型包含水稻、玉米等大宗作物秸秆,米糠、麦麸等农产品加工产生的副产品,以及绿肥、杂草等新鲜植物组织;水溶型包括糖蜜等农产品加工业中产生的水溶性副产品。

4.2.2 物料的选择

有机质含量低、板结的土壤,宜采用固体型有机物料;有机质含量高、团聚体结构发育良好的土壤,采用固体型或水溶型有机物料均可。有机肥、畜禽粪便不宜单独使用。避免使用与计划种植作物相同的作物秸秆。

4.2.3 物料的施用方法

4.2.3.1 固体型有机物料

作物秸秆使用前需风干、粉碎至≤4 mm;新鲜植物组织无须风干,需切碎至≤5 cm。将有机物料均匀摊撒于土壤表面,用旋耕机将有机物料与耕层土壤充分、均匀混合。混匀后平整土地,剔除土壤表面可能损坏薄膜的秸秆、石块等尖锐物体。作物秸秆推荐施用量为 15 t/hm²;新鲜植物组织推荐施用量为 30 t/hm²。

4.2.3.2 水溶型有机物料

将水溶型有机物料溶解于灌溉水,灌溉于已预先翻耕和平整的田块。水溶型有机物料施用推荐量为 3 t/hm²～6 t/hm²。

4.3 灌水

固体型有机物料的处理,用水灌溉;水溶型有机物料的处理,用溶解有机物料的水灌溉。采用喷灌方式,保持灌溉速度与水分入渗率一致。在无水分侧渗和径流的情况下,灌溉量需达到耕层深度的 1/2 以上。灌溉水应符合 GB 5084 的要求。

4.4 覆膜

灌水结束后立即覆膜。在处理田块四周筑埂,埂外留沟,将薄膜平摊于土面,薄膜四周用土压实(如图1所示)。宜采用厚度≥0.04 mm 白色农用薄膜。农膜应符合 GB/T 4455 的要求,不得破损、漏气。

注:埂宽以达到防止水分侧渗目的为宜,高度与土面平齐。沟深与耕作层深度一致,沟宽不小于 10 cm。
图 1　土壤强还原处理覆膜示意图

4.5 揭膜

处理期间若设施环境内最高气温≥35 ℃且最低气温≥25 ℃,则覆膜时间以 3 周为宜;若设施环境内最高气温≥25 ℃且最低气温≥15 ℃,则覆膜时间以 5 周为宜,覆膜达到规定时间后即可揭膜。揭膜后,若土壤通透性好,水分适宜,稍做翻耕即可用于种植;若土壤黏重,水分含量仍较高,须待土壤水分降低至适宜耕作时,再耕翻(深度至整个处理层)、晾晒约 1 周后再种植。

4.6 其他注意事项

4.6.1 后期肥料使用管理

对于氮肥而言,若土壤强还原处理的有机物料碳氮比≥40,处理后需适当增加氮肥施用量;若有机物料碳氮比≤25,处理后可适当减少氮肥施用量;若碳氮比在 25～40,则可按正常氮肥施用量施肥。对于其他种类肥料,依据所种植作物需肥特点及土壤本底养分含量,按照 NY/T 496 和 NY/T 2911 等标准制定科学施肥计划。在后续生产过程中,建议增施有机物、生物有机肥等,以减缓连作障碍的再次发生速度。

4.6.2 后期农药使用管理

若土壤强还原处理到位,一般不再需要使用防控土传病害的农药,如防枯萎病、根腐病、青枯病、黄萎病等的农药。防治作物气传病害(多为叶面病害)和虫害的农药按照 GB/T 8321 的规定正常使用。

5 治理效果评价

见附录 A。

附 录 A

（资料性）

土壤强还原治理效果评价

经处理后，基本消除保护地栽培土壤的连作障碍因子，即酸化、次生盐渍化和致病微生物。按 NY/T
1121.1 规定的方法采集土壤样品，测定如下指标，评估障碍因子消除效果（见表 A.1）。

表 A.1 土壤强还原治理效果评价指标

指标	参考值	检测方法
土壤氧化还原电位	处理 3 d 内降至−80 mV 以下	按照 HJ 746
土壤 pH	pH≤5.0 的酸化土壤 pH 提高 0.5 个单位以上	按照 HJ 962
土壤电导率	降至≤250 μS/cm 或降低 50%	按照 HJ 802
土传病原菌	灭菌率≥90% 或基因拷贝数降至≤10^6/g 土	平板稀释涂布法或荧光定量 PCR 法
根结线虫	杀灭率≥80%	按照 NY/T 3623—2020 附录 C
土传病害	防控效率≥60%	防控效率=（未处理对照发病率−强还原处理后发病率）/未处理对照发病率

ICS 65.080
CCS B 10

中华人民共和国农业行业标准

NY/T 4313—2023

沼液中砷、镉、铅、铬、铜、锌元素含量的测定 微波消解-电感耦合等离子体质谱法

Determination of arsenic, cadmium, lead, chromium, copper,and zinc contents in biogas slurry—Microwave digestion inductively coupled plasma mass spectrometry (ICP–MS)

2023-02-17 发布

2023-06-01 实施

中华人民共和国农业农村部 发布

前　言

本文件按照 GB/T 1.1—2020《标准化工作导则　第 1 部分：标准化文件的结构和起草规则》和 GB/T 20001.4—2015《标准编写规则　第 4 部分：试验方法标准》的规定起草。

本文件由农业农村部科技教育司提出。

本文件由全国沼气标准化技术委员会(SAC/TC 515)归口。

本文件起草单位：浙江科技学院、农业农村部肥料质量监督检验测试中心(杭州)、农业农村部农业生态与资源保护总站、中国沼气学会、农业农村部沼气产品及设备质量监督检验测试中心、浙江省农业农村生态与能源总站、河北省科学院生物研究所、嘉兴职业技术学院。

本文件主要起草人：单胜道、虞轶俊、李景明、李章涛、孟俊、平立凤、董保成、黄武、边武英、龙玲、向天勇、王志荣、成忠、张昌爱、程辉彩、柴彦君、庄海峰、张敏、袁小利。

沼液中砷、镉、铅、铬、铜、锌元素含量的测定
微波消解-电感耦合等离子体质谱法

1 范围

本文件规定了沼液中砷(As)、镉(Cd)、铅(Pb)、铬(Cr)、铜(Cu)、锌(Zn)元素含量的微波消解-电感耦合等离子体质谱测定方法。

本文件适用于以畜禽粪污、农作物秸秆等农业有机废弃物为主要原料的沼气工程所产生的沼液中As、Cd、Pb、Cr、Cu、Zn 6 种元素含量的测定。

2 规范性引用文件

下列文件中的内容通过文中的规范性引用而构成本文件必不可少的条款。其中,注日期的引用文件,仅该日期对应的版本适用于本文件;不注日期的引用文件,其最新版本(包括所有的修改单)适用于本文件。

GB/T 8170 数值修约规则与极限数值的表示和判定

GB/T 33087 仪器分析用高纯水规格及试验方法

HJ 700—2014 水质 65 种元素的测定 电感耦合等离子体质谱法

3 术语和定义

下列术语和定义适用于本文件。

3.1

农用沼液 biogas slurry for agricultural use

以畜禽粪污、农作物秸秆等农业有机废弃物为主要原料,通过沼气工程充分厌氧发酵产生,经无害化和稳定化处理,以有机液肥、水肥和灌溉水等方式用于农田生产的液态发酵残余物。

[来源:GB/T 40750—2021,3.1]

4 原理

利用微波消解在高温高压条件下快速无损溶解沼液试样,经定容、过滤等前处理后制备成待测溶液,采用电感耦合等离子体质谱仪(ICP-MS)测定。通过 ICP-MS 进样系统使待测溶液转化为气溶胶,在等离子体炬焰中将待测元素离子化,进入质谱仪并根据质荷比进行分离检测。对于一定的质荷比,质谱的信号强度与进入质谱仪的离子数成正比,即以样品浓度与质谱信号强度成正比进行定量分析。

5 干扰及消除

按照 HJ 700—2014 中第 5 章的规定采用碰撞反应池技术、内标法和优化仪器条件消除质谱型和非质谱型干扰,见附录 A 中的表 A.1。

6 试剂和材料

除非另有说明,分析时均使用优级纯或优级纯以上的试剂,实验用水应符合 GB/T 33087 中规定的高纯水要求。

6.1 试剂

6.1.1 硝酸:$\rho(HNO_3)=1.42$ g/mL。

6.1.2 氢氟酸:$\rho(HF)=1.16$ g/mL。

6.1.3 过氧化氢:$\omega(H_2O_2)=30\%$。

6.2 溶液配制

6.2.1 硝酸溶液(2%,体积分数):准确量取 20 mL 硝酸(6.1.1),缓慢加入 980 mL 水中,混匀。

6.2.2 消解液:将硝酸(6.1.1)与氢氟酸(6.1.2)以体积比 4∶1 混匀,现用现配。

6.3 标准储备溶液

6.3.1 As、Cd、Pb、Cr、Cu、Zn 混合标准储备溶液(100 mg/L):使用具备标准物质证书,且包含 As、Cd、Pb、Cr、Cu、Zn 的多元素标准储备液。

6.3.2 钪(Sc)、锗(Ge)、铑(Rh)、铼(Re)混合内标储备溶液(10 mg/L):使用具备标准物质证书,且包含 Sc、Ge、Rh、Re 的多元素标准储备液。

6.4 标准工作溶液配制

6.4.1 As、Cd、Pb、Cr、Cu、Zn 混合标准工作溶液(4.00 mg/L):移取 2.00 mL 元素混合标准储备溶液 (6.3.1)于 50 mL 容量瓶,用硝酸溶液(6.2.1)稀释至刻度,摇匀。

6.4.2 Sc、Ge、Rh、Re 混合内标工作溶液:由混合内标储备溶液(6.3.2)通过硝酸溶液(6.2.1)逐级稀释配制,使内标元素的上机浓度为 5 μg/L~50 μg/L。

6.5 材料

6.5.1 0.45 μm 水系滤膜。

6.5.2 氩气:纯度≥99.99%。

6.5.3 氦气:纯度≥99.99%。

7 仪器设备

7.1 水平旋转摇床:转速 30 r/min~300 r/min,温控范围 4 ℃~60 ℃(精度±1 ℃)。

7.2 微波消解仪:功率 400 W~1 600 W,温控范围 0 ℃~300 ℃(精度±0.5 ℃),配备聚四氟乙烯消解罐。

7.3 石墨赶酸器:温控范围室温至 260 ℃(精度±1 ℃)。

7.4 电感耦合等离子体质谱仪(ICP-MS):配备碰撞反应池,仪器分析的质量范围 5 amu~250 amu,分辨率为 10% 峰高处对应的峰宽优于 0.8 amu,以四极杆 ICP-MS 为例的工作参数见表 A.1。

8 试样制备

8.1 样品要求

沼液需来源于正常运行 3 个月以上的沼气工程,水不溶物含量不超过 50 g/L。

8.2 样品预处理

由于沼液内含一定的悬浮物,需同时从沼气池取 3 份及以上沼液样品,混合后经振荡摇匀,立刻量取 (100±0.5) mL,置于洁净、干燥的塑料容器中,4 ℃保存,7 d 内完成测定。

9 试验步骤

本文件中技术指标的数字修约,应符合 GB/T 8170 的规定。

9.1 试样消解

沼液试样(8.2)在(250±5) r/min、(25±1) ℃下经水平旋转摇床振荡 15 min 后,立即从中准确移取 5.00 mL(精确至 0.001 mL)于聚四氟乙烯消解罐,在(90±5) ℃下烘干,加入 5.00 mL 消解液(6.2.2),盖上管盖静置 30 min 以上,放入微波消解仪进行程序升温消解,工作条件见表 A.2。消解完成后,取出消解罐置于通风橱中冷却至室温,加入 1.00 mL 过氧化氢(6.1.3),在石墨赶酸器中赶酸至近干[(130±5) ℃],趁热加水荡洗消解罐内壁,溶液全部转移至 50 mL 容量瓶中,待冷却后加硝酸溶液(6.2.1)定容至刻度,摇匀、静置,用注射器取部分溶液并通过 0.45 μm 水系滤膜过滤,获得试样溶液供 ICP-MS 测定。

9.2 空白试验

用水代替沼液试样，随同样品进行 3 份空白试验，所有试剂和步骤同 9.1。

9.3 测定参考条件

ICP-MS 启动后至少稳定 30 min，对仪器测定条件进行优化(见表 A.1)，编辑测定方法，根据待测元素的性质选择相应的内标元素，待测元素推荐选择的同位素和内标元素见表 A.3。

9.4 标准曲线的绘制

移取适量 As、Cd、Pb、Cr、Cu、Zn 混合标准工作溶液(6.4.1)，用硝酸溶液(6.2.1)逐级稀释至标准系列各元素浓度线性梯度为 0 μg/L、5 μg/L、10 μg/L、20 μg/L、50 μg/L、100 μg/L、150 μg/L、200 μg/L、250 μg/L(可根据试样浓度在此标准系列中选择配制至少 6 个浓度点且包含零点浓度)。混合内标工作溶液(6.4.2)通过蠕动泵自动加入。用 ICP-MS 测定混合标准工作溶液系列，按从低到高的顺序进样，以待测元素的质量浓度(μg/L)为横坐标、待测元素与内标元素信号强度比值为纵坐标，建立标准工作曲线。用线性回归分析方法求得回归方程用于试样含量计算。

9.5 试样的测定

试样测定时，应加入与绘制校准曲线时相同浓度的混合内标工作溶液(6.4.2)。按设定条件直接测得空白溶液和试样溶液中 As、Cd、Pb、Cr、Cu、Zn 元素的浓度(μg/L)。试样溶液中待测元素的响应值均应在标准曲线的线性范围之内，超出线性范围的试样溶液可用硝酸溶液(6.2.1)稀释后进行测定。每测 1 个样品，要用硝酸溶液(6.2.1)清洗进样管 30 s，样品复杂时，适当延长清洗时间。

10 试验数据处理

试样中各元素含量 C 以质量浓度表示，单位为微克每升或毫克每升(μg/L 或 mg/L)，按公式(1)计算。

$$C = \frac{(C_i - C_0) \times f \times V_d}{V} \quad \cdots\cdots\cdots\cdots\cdots\cdots\cdots\cdots\cdots\cdots\cdots\cdots\cdots \quad (1)$$

式中：

C_i ——由标准曲线计算出的试样溶液中被测元素浓度的数值，单位为微克每升或毫克每升(μg/L 或 mg/L)；

C_0 ——由标准曲线计算出的空白溶液中被测元素浓度的数值，单位为微克每升或毫克每升(μg/L 或 mg/L)；

f ——测定时试样溶液的稀释倍数；

V_d ——试样溶液定容体积的数值，单位为毫升(mL)；

V ——试样体积的数值，单位为毫升(mL)。

计算结果保留 3 位有效数字，方法检出限及定量限见附录 B 中的表 B.1。

11 精密度

同一实验室内，在重复性条件下获得的 2 次独立测试结果的相对标准偏差不大于 30%，以大于 30%的情况不超过 5%为前提；不同实验室间，按相同的测试方法，由同一被测对象获得的 2 次独立测试结果的相对标准偏差不大于 50%，以大于 50%的情况不超过 5%为前提。具体各元素要求见表 1 和表 2。

表 1 实验室内测定结果的相对标准偏差

序号	元素	浓度范围	相对标准偏差,%
1	As,μg/L	$0.5 \leqslant C < 5.0$	≤30
		$5.0 \leqslant C < 10.0$	≤10
		$C \geqslant 10.0$	≤5
2	Cd,μg/L	$0.5 \leqslant C < 5.0$	≤30
		$5.0 \leqslant C < 10.0$	≤10
		$C \geqslant 10.0$	≤5

表1（续）

序号	元素	浓度范围	相对标准偏差，%
3	Pb，μg/L	0.5≤C＜5.0	≤30
		5.0≤C＜10.0	≤10
		C≥10.0	≤5
4	Cr，μg/L	5.0≤C＜20.0	≤30
		20.0≤C＜40.0	≤10
		C≥40.0	≤5
5	Cu，mg/L	0.5≤C＜5.0	≤30
		5.0≤C＜10.0	≤10
		C≥10.0	≤5
6	Zn，mg/L	1.0≤C＜10.0	≤30
		10.0≤C＜20.0	≤10
		C≥20.0	≤5

表2 不同实验室间测定结果的相对标准偏差

序号	元素	浓度范围	相对标准偏差，%
1	As，μg/L	0.5≤C＜5.0	≤50
		5.0≤C＜10.0	≤30
		C≥10.0	≤10
2	Cd，μg/L	0.5≤C＜5.0	≤50
		5.0≤C＜10.0	≤30
		C≥10.0	≤10
3	Pb，μg/L	0.5≤C＜5.0	≤50
		5.0≤C＜10.0	≤30
		C≥10.0	≤10
4	Cr，μg/L	5.0≤C＜20.0	≤50
		20.0≤C＜40.0	≤30
		C≥40.0	≤10
5	Cu，mg/L	0.5≤C＜5.0	≤50
		5.0≤C＜10.0	≤30
		C≥10.0	≤10
6	Zn，mg/L	1.0≤C＜10.0	≤50
		10.0≤C＜20.0	≤30
		C≥20.0	≤10

12 质量保证和控制

12.1 标准曲线相关系数 R 应大于 0.999 5。

12.2 空白、内标和样品加标回收率应在 85%～110%，相对标准偏差小于 10%。

附 录 A
（资料性）
仪器工作条件

A.1 ICP-MS 工作参数

以四极杆 ICP-MS 为例的工作参数见表 A.1。

表 A.1 四极杆 ICP-MS 工作参数

参数名称	参数	参数名称	参数
射频功率,kW	2 000	采样深度,mm	5.0
雾化器流速,L/min	1.0	分析模式	KED
冷却气流量,L/min	9.0	扫描方式	跳峰
氩气分压表,MPa	0.7	每峰测量点数	3
氦气分压表,MPa	0.15	积分时间,s	10

A.2 微波消解参数与升温程序

消解罐需对称放置于转盘上,为减少多模微波场的影响,每批消解罐数应≥8罐,输出功率与消解罐数匹配,一般原则为 8 罐~16 罐(1 200 W),16 罐~40 罐(1 600 W)。微波消解升温程序见表 A.2。

表 A.2 微波消解升温程序

程序	温度,℃	升温时间,min	恒温时间,min
1	室温至120	10	5
2	120~180	10	35

A.3 待测元素推荐选择的同位素和内标元素

待测元素推荐选择的同位素和内标元素见表 A.3。

表 A.3 待测元素推荐选择的同位素和内标元素

序号	待测元素	m/z	内标元素
1	Cr	52	^{45}Sc
2	Cu	65	^{72}Ge
3	Zn	66	^{72}Ge
4	As	75	^{72}Ge
5	Cd	111	^{103}Rh
6	Pb	208	^{186}Re

附 录 B

（资料性）

方法检出限及定量限

方法检出限及定量限见表 B.1。

表 B.1 方法检出限及定量限

序号	元素	检出限，μg/L	定量限，μg/L
1	As	0.7	2
2	Cd	0.3	1
3	Pb	0.7	2
4	Cr	1.5	5
5	Cu	1.5	5
6	Zn	20	50

ICS 65.020.01
CCS B 00

中华人民共和国农业行业标准

NY/T 4349—2023

耕地投入品安全性监测评价通则

General rules for monitoring and evaluating safety of
cultivated land inputs

2023-04-11 发布　　　　　　　　　2023-08-01 实施

中华人民共和国农业农村部 发布

前　言

本文件按照 GB/T 1.1—2020《标准化工作导则　第 1 部分:标准化文件的结构和起草规则》的规定起草。

本文件由农业农村部农田建设管理司提出并归口。

本文件起草单位:农业农村部耕地质量监测保护中心、华南农业大学资源环境学院、中国农业科学院农业资源和农业区划研究所、甘肃省农业科学院土壤肥料与节水农业研究所、黑龙江省农业科学院土壤肥料与环境资源研究所。

本文件主要起草人:李建兵、胡峥、李永涛、崔萌、曲潇琳、郭玉明、李菊梅、车宗贤、李玉梅、高阳、张玉龙、王进进、薛思远、李文彦、于兆国。

耕地投入品安全性监测评价通则

1 范围

本文件规定了耕地投入品安全性监测评价的术语和定义、评价原则、评价流程、试验要求、结果评价分析及评价报告编制。

本文件适用于中华人民共和国境内生产、销售、使用的耕地投入品安全性的监测与评价。经过无害化处理后投入耕地的废液、废渣、废料或残余物等工农业废弃资源的安全性监测评价参照本文件执行。

2 规范性引用文件

下列文件中的内容通过文中的规范性引用而构成本文件必不可少的条款。其中,注日期的引用文件,仅该日期对应的版本适用于本文件;不注日期的引用文件,其最新版本(包括所有的修改单)适用于本文件。

GB 2762 食品安全国家标准 食品中污染物限量

GB 2763 食品安全国家标准 食品中农药最大残留限量

GB 5084 农田灌溉水质标准

GB/T 22047 土壤中塑料材料最终需氧生物分解能力的测定 采用测定密闭呼吸中需氧量或测定释放二氧化碳的方法

GB/T 31270 化学农药环境安全评价试验准则

GB 38400 肥料中有毒有害物质的限量要求

GB/T 40750 农用沼液

NY/T 395 农田土壤环境质量监测技术规范

NY/T 396 农用水源环境质量监测技术规范

NY/T 2544 肥料效果试验和评价通用要求

NY/T 3304 农产品检测样品管理技术规范

3 术语和定义

下列术语和定义适用于本文件。

3.1

耕地 cultivated land

用于农作物种植的土地。

[来源:GB/T 33469—2016,3.1]

3.2

耕地投入品 cultivated land inputs

一切投入耕地使用过程中的各种已获登记(备案)许可生产的商品化物料。

注:主要包括肥料、农药、农膜、土壤调理剂等。

3.3

耕地投入品安全性 safety of cultivated land inputs

耕地投入品使用对耕地和农产品质量以及生态环境不产生危害的属性。

3.4

耕地投入品安全性监测 safety monitoring of cultivated land inputs

依据相关标准规范和试验方法,获取投入品安全性各个指标的过程。

3.5

耕地投入品安全性评价 safety evaluation of cultivated land inputs

在耕地投入品安全性监测的基础上,依据相关标准和方法,对耕地投入品适用范围、适用作物、使用总量和使用方法等进行安全性评估的过程。

4 评价原则

4.1 科学性

基于资料调查和数据分析,综合考虑耕地质量的等级和障碍因素,科学合理选择关键指标开展耕地投入品安全性影响评价工作。

4.2 可行性

选用测试技术成熟、成本经济可行、便于基层使用的参数开展投入品安全性监测评价工作,其过程中选用的监测/评价方法宜按照国家已有的相关标准执行,没有相关标准的采用专家论证的方式评价。

4.3 独立性

耕地投入品安全性影响评价方案应由有资质的第三方评价机构编制,并负责组织实施,确保评价工作的独立性和客观性。

4.4 公正性

评价机构应秉持良好的职业操守,依据相关法律、法规和标准,公平、公正、客观、规范地开展耕地质量安全性影响评价工作,科学、正确地评价投入品对耕地质量安全性影响。

5 评价流程

耕地投入品安全性评价总体流程如图 1 所示,包括试验方案制定与实施、采样及检测分析、耕地投入品安全性评价 3 个阶段。

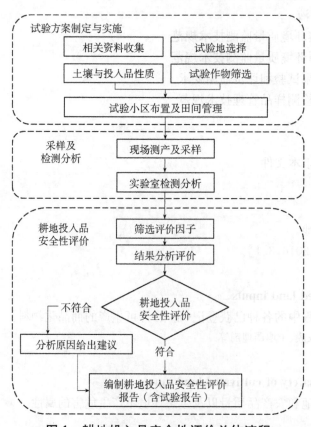

图 1 耕地投入品安全性评价总体流程

6 试验要求

6.1 试验内容

耕地投入品安全性监测评价试验应基于耕地投入品的特性、使用量和使用方法，有针对性地选择至少3个适宜的土壤类型或区域，对2种以上供试作物的生物学性状、耕地质量、农产品质量安全性进行分析评价。每个试验应进行至少连续3个生长季。

注：供试作物的选择可参照 GB 38400 的规定执行。

6.1.1 试验处理设置

试验应至少设置以下3个处理：

a) 空白对照（不施用耕地投入品）；

b) 耕地投入品的推荐施用量；

c) 耕地投入品最大施用量（推荐施用量的2倍~4倍，农膜除外）。

必要时，可增设其他试验处理。

除空白对照以外，其他试验处理均应明确施用量和施用方法。

注：当需要进行推荐使用量、最大使用量、使用方法等试验条件的确定时，应在田间定位试验实施前进行盆栽试验，按照 NY/T 2544 的规定执行。

6.1.2 试验处理方式

小区试验各处理应采用随机区组排列方式，重复次数不少于3次。

6.2 试验地选择

a) 选择地势平坦、形状整齐、耕地质量等级一致的试验地，优先选用当地农业主产区的地块；

b) 满足供试作物生长发育所需的条件；

c) 避开居民区、道路等存在人为活动影响的特殊地块；

d) 远离工矿企业，确定无污染源排放的地块；

e) 避免周边农田农事活动对试验的干扰。

6.3 试验小区设置

a) 试验小区面积一致，宜为 20 m² ~ 200 m²。密植作物（水稻、小麦等）小区面积宜为 20 m² ~ 30 m²；中耕作物（玉米、高粱等）小区面积宜为 40 m² ~ 50 m²。

b) 试验小区形状宜为长方形，长宽比以（2~3）:1 为宜。

c) 大田验证试验田，面积不小于 667 m²，长宽比以（2~3）:1 为宜。

d) 试验小区设置保护行或保护区，划分时尽可能降低小区误差，需要灌溉的试验小区，小区应筑田埂，沟渠应单排单灌，避免串水串肥。

6.4 试验管理

除试验区域处理要求不同外，其他管理措施一致，并符合生产要求。

6.5 试验记录

按照附录 A 的规定执行，耕地投入品产品信息按照附录 B 的规定执行。

6.6 试验样品采集与检测分析

6.6.1 试验样品采集与测定

a) 土壤：在试验前，采集试验地土壤样品作为基础样品，试验地土壤基本性状分析以及试验后土壤样品的采集与测定根据试验需要进行，按照 NY/T 395 的规定执行。

b) 投入品：供试耕地投入品样品按照产品相关标准要求进行测试分析。

c) 水样：在试验区主干渠入水口、出水口分别布点采样，每一生长季采集灌溉水样雨水样品和径流水样。采样监测按 NY/T 396 的规定执行，灌溉水水质应符合 GB 5084 的要求。

d) 农产品：试验收获后，农产品的采样按照 NY/T 3304 的规定执行。污染物指标测定按照 GB 2762 的规定执行，农药检测根据 GB 2763 的规定执行。

6.6.2 数据统计分析

试验结果统计学检验根据试验设计选择执行 F 检验,如差异显著,采用 LSR 检验、SSR 检验和 PLSD 检验中的一种或几种方法进行多重比较。当不同方法的结果产生冲突时,宜采用最保守的安全性分析结果。

7 结果评价分析

7.1 安全性评价

7.1.1 总体要求

根据供试耕地投入品特点和使用效果,对不同处理土壤性状、作物产量及增产率、耕地质量等级等评价指标进行评价。必要时,还应对试验作物的其他生物学性状(生长性状、品质、抗逆性等)等进行评价。安全性评价应基于耕地投入品产品的毒理风险,试验周期内使用耕地投入品对土壤物理性状、土壤养分指标、土壤环境质量、土壤微生物状况、作物产量及安全质量等方面的指标进行评价。

评价指标体系包括通用指标和专项指标,通用指标包括耕地投入品 pH、全盐量;土壤 pH、有机质、全氮、有效磷、速效钾、缓效钾;农产品产量。专项指标包括耕地投入品质量风险、土壤生态风险、环境扩散风险、农产品质量安全风险 4 个系列。不同类型耕地投入品应选用相关的安全性评价指标。

7.1.2 耕地投入品质量风险评价指标

投入品安全性指标:pH、重金属、有机污染物、全盐量、病原菌、抗生素、人体或动物激素,具体按投入品主要组分而定。不同耕地投入品安全性指标执行标准对照表见附录 C。

7.1.3 土壤生态风险评价指标

a) 理化性状:盐分、耕层土壤容重、孔隙度、阳离子交换量(CEC)等;

b) 速效养分:硝态氮、铵态氮等;

c) 目标污染物:重金属(砷、镉、铅、铬、汞)、农药、病原菌、抗生素、人体或动物激素、酞酸酯等;

d) 土壤生物性状:土壤微生物生物量、总酶活性、微生物量碳/氮、生物多样性等。

7.1.4 环境扩散风险评价指标

面源径流:总氮、硝态氮、氨氮、活性磷、农药、酞酸酯等。

7.1.5 农产品质量与安全风险评价指标

作物指标:品质(根据作物种类选择)、重金属(砷、镉、铅、铬、汞)、农药残留(根据投入品性质选择)等。

8 评价报告编制要求

按附录 D 格式要求编写。

附 录 A

（规范性）

耕地投入品安全性监测评价试验记录表

A.1 试验点基本情况

见表 A.1。

表 A.1 试验点基本情况

基本情况	省（自治区、直辖市）			市（州、盟）			
	县（市、区、旗）			乡（镇）			
	行政村			农户（地块）			
	县代码			经度			
	常年降水量 mm			纬度			
	灌溉能力	满足□	一般□	不满足□	排水能力	满足□ 一般□	不满足□
	生物多样性	丰富□	一般□	不丰富□	农田林网化率	高□ 中□	低□
	作物品种			产量水平			kg/亩
	常年施肥量	化肥 kg/亩	N %		P₂O₅ %	K₂O %	
		有机肥 kg/亩	有机质 %		N+P₂O₅+K₂O %		
	常年农药使用情况						
	耕地质量等级	（1~10）等地		土壤健康状况	清洁□	尚清洁□	
	土壤代码			土类：	亚类：		
	耕层质地			质地类型			
	试验面积			障碍因素			
试验地照片：							

注："土壤代码、土类、亚类"参照 GB/T 17296 的规定执行；"灌溉能力、排水能力、生物多样性、农田林网化率"参照 GB/T 33469 的规定执行。

A.2 田间试验记录表

见表 A.2。

表 A.2 田间试验记录表

试验地点： 省(自治区、直辖市) 市 县(区) 镇(乡) 村	
户 名：	布置日期： 年 月 日
供试作物：	种植密度：
品种名称：	种源地：
小区面积： m× m= m²	试验地总面积：
播种日期： 年 月 日	移植日期： 年 月 日
收获日期： 年 月 日 至 年 月 日 共 次	

投入品的施用方式(方法)：

施用记录			
施用次序	施用日期	投入品名称、用量	备注
投入品 第1次施用	月 日		
投入品 第2次施用	月 日		
投入品 第3次施用	月 日		
投入品 第4次施用	月 日		
投入品 第5次施用	月 日		
……			
日期	田间管理 [播种、移植、施肥(土壤调理剂)、灌溉、打药、收获等]		备注 (天气、其他事项)
月 日			
月 日			
月 日			
月 日			
月 日			
月 日			
……			

A.3 产量记录表

见表 A.3。

表 A.3 产量记录表

处　理	1			2			3			4		
重　复	Ⅰ	Ⅱ	Ⅲ	Ⅰ	Ⅱ	Ⅲ	Ⅰ	Ⅱ	Ⅲ	Ⅰ	Ⅱ	Ⅲ
月　　日												
月　　日												
月　　日												
月　　日												
月　　日												
月　　日												
月　　日												

记录人：　　　　　　　　　　　　　　　审核人：

附　录　B

（规范性）

耕地投入品产品信息登记表

耕地投入品产品信息登记表见表 B.1。

表 B.1　耕地投入品产品信息登记表

投入品名称及编号			
生产商（委托单位）		联系人	
地址		电话	
产品执行标准		批号	
产品质量指标			
包装		有效期	
状态		试样数量	
使用说明			
注意事项			
产品照片			

附 录 C

（规范性）

不同耕地投入品安全性指标执行标准对照表

不同耕地投入品安全性指标执行标准对照表见表 C.1。

表 C.1 不同耕地投入品安全性指标执行标准对照表

投入品类型	执行标准
肥料、土壤调理剂	GB 38400
农药	GB/T 31270
农膜	GB/T 22047
农用沼液	GB/T 40750
其他允许利用的工农业废弃物资源	相应国家标准或行业标准

附 录 D

（规范性）

评价报告编制要求

D.1 评价报告的撰写

主要内容包括试验背景、试验目的、试验地点和时间、试验区背景分析、试验材料和设计、试验条件和管理措施、过程记录台账、数据结果统计、安全性评价分析（论述不同情境下的安全性风险和不良反应，提出禁止使用情形、注意事项）、结论及对投入品产品质量改进建议、试验主持人签字、承担单位盖章等。

D.2 试验区背景分析

应涉及（不限于）以下内容：

a) 区域自然环境特征：气候条件、地质地貌、水文、土壤类型等；

b) 当地农作物种类、常规产量、农作物区域特性、耕作制度等；

c) 土壤环境状况、土壤质量状况等。

D.3 安全性评价分析

应涉及（不限于）以下内容：

a) 不同处理对土壤物理、化学和生物学性状的影响效果评价；

b) 不同处理对作物产量、增产率、品质的影响效果评价；

c) 耕地质量综合指数的计算分析；

d) 投入品产品安全性风险指标分析；

e) 土壤生态风险评价；

f) 环境扩散风险评价；

g) 农产品质量与安全风险评价；

h) 结论及对投入品产品质量改进建议等。

参 考 文 献

[1]　GB/T 17296　中国土壤分类与代码
[2]　GB/T 33469　耕地质量等级

————————

ICS 65.080
CCS G 20

中华人民共和国农业行业标准

NY/T 4428—2023

肥料增效剂　氢醌(HQ)含量的测定

Fertilizer synergists—Determination of P-hydroquinone content

2023-12-22 发布　　　　　　　　　　　　　　　2024-05-01 实施

中华人民共和国农业农村部 发布

前　言

本文件按照 GB/T 1.1—2020《标准化工作导则　第 1 部分：标准化文件的结构和起草规则》的规定起草。

请注意本文件的某些内容可能涉及专利。本文件的发布机构不承担识别专利的责任。

本文件由农业农村部种植业管理司提出。

本文件由农业农村部肥料标准化技术委员会归口。

本文件起草单位：中国农业科学院农业资源与农业区划研究所、中国农学会、中国植物营养与肥料学会、土壤肥料产业联盟。

本文件主要起草人：刘红芳、韩岩松、黄均明、保万魁、王旭。

肥料增效剂 氢醌(HQ)含量的测定

1 范围

本文件规定了肥料增效剂氢醌的高效液相色谱测定方法。

本文件适用于固体或液体氢醌及肥料中氢醌的测定。

2 规范性引用文件

下列文件中的内容通过文中的规范性引用而构成本文件必不可少的条款。其中,注日期的引用文件,仅该日期对应的版本适用于本文件;不注日期的引用文件,其最新版本(包括所有的修改单)适用于本文件。

GB/T 6682 分析实验室用水规格和试验方法

NY/T 887 液体肥料 密度的测定

NY/T 3505 肥料增效剂及使用规程

3 术语和定义

NY/T 3505 界定的术语和定义适用于本文件。

4 原理

试样中的氢醌用水提取,经液相色谱分离后,用紫外检测器或二极管阵列检测器在 280 nm 处检测,外标法定量。

5 试剂和材料

5.1 除另有说明外,本文件中所用试剂为色谱纯,水符合 GB/T 6682 中一级水要求。

5.2 甲醇(CH_3OH,CAS 号:67-56-1)。

5.3 氢醌标准品,纯度≥99.5%:在−20 ℃条件下储存。

5.4 氢醌标准溶液:$\rho(HQ)=1\,000$ mg/L。准确称取 0.1 g(精确至 0.000 1 g)氢醌标准品(5.3),置于 100 mL 容量瓶中,加入 50 mL 水并振荡至完全溶解后,用水定容。现用现配。

6 仪器和设备

6.1 高效液相色谱仪:配紫外检测器或二极管阵列检测器。

6.2 恒温振荡器:温度可控制在(25±5)℃,振荡频率可控制在(180±20)r/min。

6.3 电子天平:感量为 0.01 g 和 0.000 1 g。

6.4 微孔滤膜:0.45 μm,水系。

7 分析步骤

7.1 试样制备

7.1.1 固体试样制备

固体样品缩分至约 100 g,将其迅速研磨至全部通过 0.50 mm 孔径试验筛(如样品潮湿,可通过 1.00 mm 试验筛),混合均匀,置于洁净、干燥容器中。

7.1.2 液体试样制备

液体样品经摇动均匀后,迅速取出约 100 mL,置于洁净、干燥容器中。

7.2 试样溶液制备

称取 0.1 g~3 g(精确至 0.000 1 g)混合均匀的试样于 250 mL 容量瓶中,加水 200 mL,塞紧瓶塞,摇动容量瓶使试料分散,置于(25±5)℃振荡器内,在(180±20)r/min 频率下振荡 30 min,取出,用水定容并摇匀,过微孔滤膜(6.4)后待测。

7.3 仪器参考条件

——色谱柱:C_{18},粒径 5 μm,250 mm×4.6 mm,或相当者。

——流动相:甲醇与水按体积比 40:60 混合。

——流速:1.0 mL/min。

——柱温:(25±5)℃。

——进样量:10 μL。

——检测波长:280 nm。

——标准品液相色谱图见附录 A 中图 A.1。

7.4 标准曲线绘制

分别吸取氢醌标准溶液(5.4)0 mL、0.20 mL、0.50 mL、1.00 mL、2.00 mL、3.00 mL 于 6 个 10 mL 容量瓶中,用水定容,摇匀。该标准系列溶液质量浓度分别为 0 mg/L、20 mg/L、50 mg/L、100 mg/L、200 mg/L、300 mg/L。过微孔滤膜后,按浓度由低到高进样,按 7.3 条件测定,以标准系列溶液质量浓度(mg/L)为横坐标、以峰面积为纵坐标,绘制标准曲线。

注:可根据不同仪器灵敏度或样品含量调整标准系列溶液的质量浓度。

7.5 试样溶液测定

将试样溶液或经稀释一定倍数后,按 7.3 条件测定,在标准曲线上查出相应的质量浓度(mg/L)。

8 分析结果表述

氢醌含量以质量分数 ω 计,数值以百分率表示,按公式(1)计算。

$$\omega = \frac{\rho V D \times 10^{-3}}{m \times 10^3} \times 100\% \quad\cdots\cdots\cdots\cdots\cdots\cdots\cdots\cdots\cdots\cdots\cdots\cdots\cdots (1)$$

式中:

ρ ——由标准曲线查出的试样溶液氢醌质量浓度的数值,单位为毫克每升(mg/L);

V ——试样溶液总体积的数值,单位为毫升(mL);

D ——测定时试样溶液的稀释倍数;

10^{-3} ——将毫升换算成升的系数,以升每毫升(L/mL)表示;

m ——试料质量的数值,单位为克(g);

10^3 ——将克换算成毫克的系数,以毫克每克(mg/g)表示。

取 2 次平行测定结果的算术平均值为测定结果,结果保留到小数点后 2 位。

9 允许差

平行测定结果和不同实验室测定结果允许差应符合表 1 的要求。

表 1 测定结果允许差

氢醌质量分数,%	平行测定结果的绝对差值,%	不同实验室结果的绝对差值,%
<1.00	≤0.20	≤0.40
1.00≤ω<10.0	≤0.50	≤1.00
10.0≤ω<50.0	≤1.0	≤2.0
≥50.0	≤2.0	≤3.0

10 质量浓度的换算

液体试样氢醌含量以质量浓度 ρ_1 计,单位为克每升(g/L),按公式(2)计算。

$$\rho_1 = 1000\omega\rho \cdots\cdots\cdots\cdots\cdots\cdots\cdots\cdots\cdots\cdots\cdots\cdots\cdots\cdots\cdots \quad(2)$$

式中：

1 000 ——将克每毫升换算为克每升的系数，以毫升每升(mL/L)表示；

ω ——试样中氢醌的质量分数；

ρ ——液体试样密度的数值，单位为克每毫升(g/mL)。

结果保留到小数点后 1 位。

液体试样密度的测定按 NY/T 887 的规定执行。

11 方法检出限和定量限

称样量为 3 g、定容体积为 250 mL 时，方法的检出限为 0.002%，定量限为 0.007%。

附 录 A

（资料性）

氢醌标准品液相色谱图

100 mg/L 氢醌标准品液相色谱图见图 A.1。

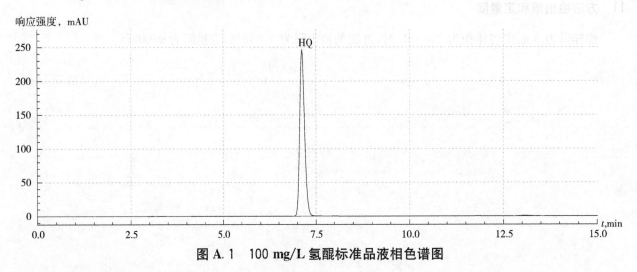

图 A.1　100 mg/L 氢醌标准品液相色谱图

ICS 65.080
CCS G 20

中华人民共和国农业行业标准

NY/T 4429—2023

肥料增效剂　苯基磷酰二胺(PPD)含量的测定

Fertilizer synergists—Determination of phenyl phosphonic diamide content

2023-12-22 发布

2024-05-01 实施

中华人民共和国农业农村部　发布

前　言

本文件按照 GB/T 1.1—2020《标准化工作导则　第 1 部分:标准化文件的结构和起草规则》的规定起草。

请注意本文件的某些内容可能涉及专利。本文件的发布机构不承担识别专利的责任。

本文件由农业农村部种植业管理司提出。

本文件由农业农村部肥料标准化技术委员会归口。

本文件起草单位:中国农业科学院农业资源与农业区划研究所、中国农学会、中国植物营养与肥料学会、土壤肥料产业联盟。

本文件主要起草人:保万魁、黄均明、韩岩松、刘红芳、王旭。

肥料增效剂 苯基磷酰二胺(PPD)含量的测定

1 范围

本文件规定了肥料增效剂苯基磷酰二胺的高效液相色谱测定方法。

本文件适用于固体或液体苯基磷酰二胺及肥料中苯基磷酰二胺的测定。

2 规范性引用文件

下列文件中的内容通过文中的规范性引用而构成本文件必不可少的条款。其中,注日期的引用文件,仅该日期对应的版本适用于本文件;不注日期的引用文件,其最新版本(包括所有的修改单)适用于本文件。

GB/T 6682 分析实验室用水规格和试验方法

NY/T 887 液体肥料 密度的测定

NY/T 3505 肥料增效剂及使用规程

3 术语和定义

NY/T 3505 界定的术语和定义适用于本文件。

4 原理

试样中的苯基磷酰二胺用水提取,经液相色谱分离后,用紫外检测器或二极管阵列检测器在 224 nm 处检测,外标法定量。

5 试剂和材料

5.1 除另有说明外,本文件中所用试剂为色谱纯,水符合 GB/T 6682 中一级水要求。

5.2 乙腈(C_2H_3N,CAS 号:614-16-4)。

5.3 苯基磷酰二胺标准品,纯度≥99.5%:在−20 ℃条件下储存。

5.4 苯基磷酰二胺标准溶液:ρ(PPD) = 1 000 mg/L。准确称取 0.1 g(精确至 0.000 1 g)苯基磷酰二胺标准品(5.3),置于 100 mL 容量瓶中,加入 50 mL 水并振荡至完全溶解后,用水定容。现用现配。

6 仪器和设备

6.1 高效液相色谱仪:配紫外检测器或二极管阵列检测器。

6.2 超声波提取仪:温度可控制在(25±5)℃。

6.3 电子天平:感量为 0.01 g 和 0.000 1 g。

6.4 微孔滤膜:0.45 μm,水系。

7 分析步骤

7.1 试样制备

7.1.1 固体试样制备

固体样品缩分至约 100 g,将其迅速研磨至全部通过 0.50 mm 孔径试验筛(如样品潮湿,可通过 1.00 mm 试验筛),混合均匀,置于洁净、干燥容器中。

7.1.2 液体试样制备

液体样品经摇动均匀后,迅速取出约 100 mL,置于洁净、干燥容器中。

7.2 试样溶液制备

称取 0.1 g～3 g(精确至 0.000 1 g)混合均匀的试样于 250 mL 容量瓶中,加水 200 mL,塞紧瓶塞,摇动容量瓶使试料分散,置于(25±5)℃超声波提取仪内,超声提取 5 min,取出,用水定容并摇匀,过微孔滤膜(6.4)后待测。

7.3 仪器参考条件

——色谱柱:C_{18},粒径 5 μm,150 mm×4.6 mm,或相当者。

——流动相:甲醇与水按体积比 40∶60 混合。

——流速:1.5 mL/min。

——柱温:(25±5)℃。

——进样量:10 μL;

——检测波长:224 nm;

——标准品液相色谱图见图 A.1。

7.4 标准曲线的绘制

分别吸取苯基磷酰二胺标准溶液(5.4)0 mL、0.20 mL、0.50 mL、1.00 mL、2.00 mL、3.00 mL 于 6 个 10 mL 容量瓶中,用水定容,摇匀。该标准系列溶液质量浓度分别为 0 mg/L、20 mg/L、50 mg/L、100 mg/L、200 mg/L、300 mg/L。过微孔滤膜后,按浓度由低到高进样,按 7.3 条件测定,以标准系列溶液质量浓度(mg/L)为横坐标、以峰面积为纵坐标,绘制标准曲线。

注:可根据不同仪器灵敏度或样品含量调整标准系列溶液的质量浓度。

7.5 试样溶液的测定

将试样溶液或经稀释一定倍数后,按 7.3 条件测定,在标准曲线上查出相应的质量浓度(mg/L)。

8 分析结果的表述

苯基磷酰二胺含量以质量分数 ω 计,数值以百分率表示,按公式(1)计算。

$$\omega = \frac{\rho V D \times 10^{-3}}{m \times 10^{3}} \times 100 \% \quad\quad\quad\quad\quad\quad\quad (1)$$

式中:

ρ ——由标准曲线查出的试样溶液苯基磷酰二胺质量浓度的数值,单位为毫克每升(mg/L);

V ——试样溶液总体积的数值,单位为毫升(mL);

D ——测定时试样溶液的稀释倍数;

10^{-3} ——将毫升换算成升的系数,以升每毫升(L/mL)表示;

m ——试料质量的数值,单位为克(g);

10^{3} ——将克换算成毫克的系数,以毫克每克(mg/g)表示。

取 2 次平行测定结果的算术平均值为测定结果,结果保留到小数点后 2 位。

9 允许差

平行测定结果和不同实验室测定结果允许差应符合表 1 的要求。

表 1 测定结果允许差

苯基磷酰二胺质量分数,%	平行测定结果的绝对差值,%	不同实验室结果的绝对差值,%
<1.00	≤0.20	≤0.40
1.00≤ω<10.0	≤0.50	≤1.00
10.0≤ω<50.0	≤1.0	≤2.0
≥50.0	≤2.0	≤3.0

10 质量浓度的换算

液体试样苯基磷酰二胺含量以质量浓度 ρ_1 计,单位为克每升(g/L),按公式(2)计算。

$$\rho_1 = 1000\omega\rho \quad\cdots\cdots\cdots\cdots\cdots\cdots\cdots\cdots\cdots\cdots\cdots\cdots\cdots\cdots\cdots\cdots\cdots\cdots \quad (2)$$

式中：

1 000——将克每毫升换算为克每升的系数，以毫升每升(mL/L)表示；

ω ——试样中苯基磷酰二胺的质量分数；

ρ ——液体试样密度的数值，单位为克每毫升(g/mL)。

结果保留到小数点后 1 位。

液体试样密度的测定按 NY/T 887 的规定执行。

11 方法检出限和定量限

称样量为 3 g、定容体积为 250 mL 时，方法的检出限为 0.004%，定量限为 0.012%。

附 录 A

（资料性）

苯基磷酰二胺标准品液相色谱图

100 mg/L 苯基磷酰二胺标准品液相色谱图见图 A.1。

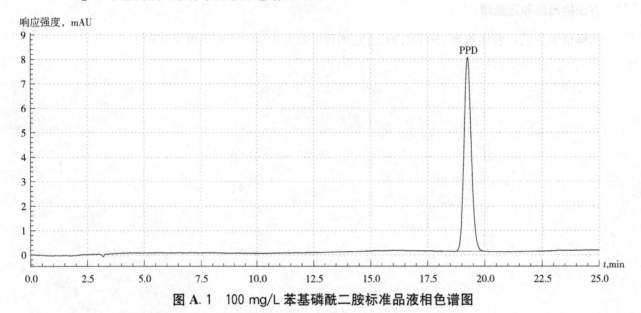

图 A.1 100 mg/L 苯基磷酰二胺标准品液相色谱图

ICS 65.020.01
CCS B 10

中华人民共和国农业行业标准

NY/T 4433—2023

农田土壤中镉的测定
固体进样电热蒸发原子吸收光谱法

Determination of cadmium in farmland soil—Solid sampling electrothermal
vaporization atomic absorption spectrometry

2023-12-22 发布

2024-05-01 实施

中华人民共和国农业农村部 发布

前　言

本文件按照 GB/T 1.1—2020《标准化工作导则　第 1 部分:标准化文件的结构和起草规则》的规定起草。

请注意本文件的某些内容可能涉及专利。本文件的发布机构不承担识别专利的责任。

本文件由农业农村部科技教育司提出。

本文件由农业农村部农业资源环境标准化技术委员会归口。

本文件起草单位:农业农村部环境保护科研监测所、中国农业科学院农业质量标准与检测技术研究所、南开大学环境科学与工程学院、湖南省微生物研究所、浙江省生态环境监测中心。

本文件主要起草人:穆莉、刘潇威、胡献刚、毛雪飞、孙翔宇、季海冰、师荣光、赵玉杰、戴礼洪、肖笛、胡浩、李军幸、朱璇。

农田土壤中镉的测定　固体进样电热蒸发原子吸收光谱法

1　范围

本文件规定了农田土壤中镉含量的固体进样电热蒸发原子吸收光谱测定方法。

本文件适用于农田土壤中镉含量的测定。

2　规范性引用文件

下列文件中的内容通过文中的规范性引用而构成本文件必不可少的条款。其中，注日期的引用文件，仅该日期对应的版本适用于本文件；不注日期的引用文件，其最新版本（包括所有的修改单）适用于本文件。

GB/T 6682　分析实验室用水规格和试验方法

HJ 613　土壤　干物质和水分的测定　重量法

NY/T 395　农田土壤环境质量监测技术规范

3　术语和定义

本文件没有需要界定的术语和定义。

4　原理

土壤样品导入电热蒸发器后，在空气氛围中经干燥、灰化，去除水分和有机质，在氮氢混合气体氛围中热解释放出镉，经氮氢扩散火焰原子化后，检测 228.8 nm 波长处的吸光度值，外标法定量。

5　试剂和材料

5.1　除非另有说明，在分析中仅使用确认为优级纯的试剂。实验室用水为符合 GB/T 6682 规定的二级水。

5.2　硝酸（HNO_3，CAS 号：7697-37-2）：$\rho=1.42$ g/mL。

5.3　硝酸溶液：准确量取 5 mL 的硝酸（5.2）至 100 mL 容量瓶中，用水定容至刻度并混匀。

5.4　镉标准储备液（100.0 mg/L）：经国家认证并授予证书的标准物质。

5.5　镉标准中间液（1.00 mg/L）：准确吸取 1.00 mL 镉标准储备液（5.4），用硝酸溶液（5.3）定容至100 mL，4 ℃冷藏备用。

5.6　石英砂：75 μm～150 μm 粒径的石英砂经 850 ℃灼烧 2 h，冷却后装入具塞磨口玻璃瓶中密封保存备用。

5.7　氯化钠（NaCl，CAS 号：7647-14-5）：分析纯。

5.8　柠檬酸（$C_6H_8O_7$，CAS 号：77-92-9）：分析纯。

5.9　工作气体：空气，经 2.5 μm 滤膜过滤；氢气，纯度不低于 99.99%（$V:V$）。

6　仪器和设备

6.1　固体直接进样测镉仪：由直接进样单元和检测单元两部分构成。直接进样单元具有电热蒸发器和催化热解炉，配备镍或石英等材质进样舟；检测单元为原子吸收光谱仪，配备镉空心阴极灯和光电倍增管。

6.2　分析天平：感量为 0.000 1 g。

7 样品

7.1 水分的测定

土壤样品干物质测定按照 HJ 613 的规定执行。

7.2 试样制备

除去样品中的枝棒、叶片、石子等异物,按照 NY/T 395 的规定对土壤样品进行缩分、干燥,研磨至全部通过 0.149 mm(100 目)尼龙筛,混合均匀,置于洁净、干燥的容器中。样品的制备过程应避免沾污和待测元素损失。

8 试验步骤

8.1 测试条件

固体直接进样测镉仪运行参考条件见附录 A。每次测定前需对所用的进样舟进行空白测定,进样舟的空白值应低于方法检出限,宜选用仪器自带的高温净化程序。

8.2 校准曲线

8.2.1 标准系列工作溶液的配制

准确吸取镉标准中间液(5.5)0 mL、1.00 mL、2.00 mL、4.00 mL、6.00 mL、8.00 mL、10.00 mL,用硝酸溶液(5.3)分别定容至 10 mL,制成质量浓度分别为 0 mg/L、0.10 mg/L、0.20 mg/L、0.40 mg/L、0.60 mg/L、0.80 mg/L、1.00 mg/L 的镉标准系列工作溶液。当进样量为 100 μL,镉的质量分别为 0 ng、10.0 ng、20.0 ng、40.0 ng、60.0 ng、80.0 ng、100.0 ng。

8.2.2 校准曲线的建立

由低浓度到高浓度顺次对镉标准系列工作溶液进行测定,以各标准系列工作溶液中镉的质量(ng)为横坐标,以其吸光度值为纵坐标,绘制镉校准曲线,线性回归系数(R^2)≥0.995。

8.3 样品测定

测试前在进样舟中平铺一层与待测试样进样量相同的热释试剂,之后在进样舟中准确称取不少于 0.03 g(精确至 0.000 1 g)试样,按照 8.1 的要求进行测定,获得相应的吸光度值,通过校准曲线计算镉的质量。每次开机后,首先测定校准曲线浓度范围内的 1 个有证标准物质的镉含量,测量值应在证书标准值范围内;否则,应重新建立校准曲线。若测定结果超出校准曲线范围上限,应减少进样量,或者重新制定线性范围更宽的校准曲线再进行测定。同时,使用石英砂(5.6)替代试样做空白试验,每 20 个样品或每批次(少于 20 个样品/批时)至少做 1 个空白实验。

注:热释试剂为充分混匀的氯化钠(5.7)与柠檬酸(5.8),二者质量比为 7:3。

9 试验数据处理

试样中镉元素的含量 ω,以质量分数计,单位为毫克每千克(mg/kg),按公式(1)计算。

$$\omega = \frac{m_1 - m_0}{m \times m_{dm} \times 1000} \quad \cdots\cdots\cdots\cdots\cdots\cdots\cdots\cdots\cdots\cdots\cdots\cdots \quad (1)$$

式中:

ω ——样品中镉含量的数值,单位为毫克每千克(mg/kg);

m_1 ——根据校准曲线计算出试样中镉质量的数值,单位为纳克(ng);

m_0 ——空白中镉质量的数值,单位为纳克(ng);

m ——称取试样质量的数值,单位为克(g);

m_{dm} ——样品中干物质含量的数值,单位为百分号(%);

1 000 ——单位换算系数。

当测定结果大于或等于 0.100 mg/kg 时,保留 3 位有效数字;当测定结果小于 0.100 mg/kg 时,保留至小数点后第 3 位。

10 精密度

每 20 个样品或每批次(少于 20 个样品/批时)应测定至少 1 个平行样,平行样品测定结果的精密度应符合表 1 的要求。

表 1 方法的精密度要求

序号	试样中镉元素的含量	在重复性条件下获得的 2 次独立测定结果的绝对差值与算术平均值的比值
1	$\omega > 0.100$ mg/kg	$\leqslant 15\%$
2	0.010 mg/kg$< \omega \leqslant 0.100$ mg/kg	$\leqslant 20\%$
3	$\omega \leqslant 0.010$ mg/kg	$\leqslant 30\%$

11 检出限和定量限

当进样量为 0.1 g 时,方法检出限为 0.001 mg/kg,定量限为 0.003 mg/kg。

12 环境与安全要求

12.1 含镉废气应有收集系统,严禁直接排入实验室和大气环境。

12.2 对于实验过程中使用的氢气等危险工作气体,应注意检查气体钢瓶或发生器没有气体泄漏。

附 录 A

（资料性）

固体直接进样测镉仪运行参考条件

A.1 直接进样单元运行参考条件

见表 A.1。

表 A.1 直接进样单元运行参考条件

序号	仪器程序	时间 s	起始温度 ℃	升温速度 ℃/s	目标温度 ℃	数据采集	气体种类	气体流量 mL/min
1	干燥	5	450	0	450	否	空气	500
2	热解	80	450	6	800	否	空气	400
3	催化/检测	90	800	0	850	是	空气	400
4	催化/检测	90	800	0	850	是	氢气	450
5	冷却	5	850	0	450	否	空气	500

A.2 检测单元运行参考条件

见表 A.2。

表 A.2 检测单元运行参考条件

仪器参数	指标值
分析波长,nm	228.8
灯电流,mA	5.0
光电倍增管负高压,V	260
原子化器	氮氢扩散火焰

ICS 65.080
CCS B 13

中华人民共和国农业行业标准

NY/T 4434—2023

土壤调理剂中汞的测定 催化热解-金汞齐富集原子吸收光谱法

Determination of mercury in soil conditioner—Catalytic pyrolysis gold amalgamation preconcentration atomic absorption spectrometry

2023-12-22 发布

2024-05-01 实施

中华人民共和国农业农村部 发布

前　言

本文件按照 GB/T 1.1—2020《标准化工作导则　第 1 部分:标准化文件的结构和起草规则》的规定起草。

请注意本文件的某些内容可能涉及专利。本文件的发布机构不承担识别专利的责任。

本文件由农业农村部科技教育司提出。

本文件由农业农村部农业资源环境标准化技术委员会归口。

本文件起草单位:中国农业科学院农业质量标准与检测技术研究所、广东省农业科学院农业质量标准与监测技术研究所、长沙开元弘盛科技有限公司、江苏华测品标检测认证技术有限公司、云南省农业科学院质量标准与检测技术研究所、农业农村部环境保护科研监测所、华中师范大学、广东省科学院测试分析研究所(中国广州分析测试中心)、农业农村部农产品质量安全监督检验测试中心。

本文件主要起草人:毛雪飞、王旭、穆莉、李雪、冯礼、文典、米艳华、张海华、郭彦炳、郭鹏然、陈璐、贾鸿宇、柴玮玮、常国良、刘腾鹏、雷雅杰。

土壤调理剂中汞的测定 催化热解-金汞齐富集原子吸收光谱法

1 范围

本文件规定了土壤调理剂中汞含量的催化热解-金汞齐富集原子吸收光谱测定方法。

本文件适用于土壤调理剂中汞含量的测定。

2 规范性引用文件

下列文件中的内容通过文中的规范性引用而构成本文件必不可少的条款。其中,注日期的引用文件,仅该日期对应的版本适用于本文件;不注日期的引用文件,其最新版本(包括所有的修改单)适用于本文件。

GB/T 6274 肥料和土壤调理剂 术语

GB/T 6682 分析实验室用水规格和试验方法

NY/T 3034 土壤调理剂 通用要求

3 术语和定义

GB/T 6274 和 NY/T 3034 界定的以及下列术语和定义适用于本文件。

3.1

土壤调理剂 soil conditioner

加入障碍土壤中以改善土壤物理、化学和/或生物性状的物料,适用于改良土壤结构、降低土壤盐碱危害、调节土壤酸碱度、改善土壤水分状况或修复污染土壤等。按照原料的类型,土壤调理剂可以分为无机类、天然有机类、合成有机类、混合类等。

［来源:NY/T 3034—2016,3.1,有修改］

4 原理

试样中的汞经电热蒸发及催化热解被还原成汞原子,用金汞齐富集后再释放进入原子吸收光谱检测单元,检测汞在 253.7 nm 波长条件下的吸光度值,外标法定量。

5 试剂和材料

5.1 除非另有说明,在分析中仅使用确认为优级纯的试剂。实验室用水为符合 GB/T 6682 规定的二级水。

5.2 重铬酸钾($K_2Cr_2O_7$,CAS 号:7778-50-9)。

5.3 硝酸(HNO_3,CAS 号:7697-37-2):$\rho = 1.42$ g/mL。

5.4 固定液(0.05％重铬酸钾＋5％硝酸):将 0.5 g 重铬酸钾(5.2)溶于 950 mL 水中,再加 50 mL 硝酸(5.3),混匀备用。

5.5 汞标准储备液(1 000 mg/L):经国家认证并授予证书的标准物质。

5.6 汞标准中间液(10.0 mg/L):准确吸取 1.00 mL 汞标准储备液(5.5)至 100 mL 容量瓶,用固定液(5.4)定容,4 ℃冷藏可存放 1 年。

5.7 汞标准中间液(1.00 mg/L):准确吸取 10.00 mL 汞标准中间液(5.6)至 100 mL 容量瓶,用固定液(5.4)定容,4 ℃冷藏可存放 100 d。

5.8 工作气体:氧气,纯度不低于 99.99％($V:V$),或洁净空气。

6 仪器和设备

6.1 直接进样测汞仪:由直接进样单元和检测单元两部分构成。直接进样单元具有电热蒸发器、催化热解炉和金汞齐富集装置,配备镍或石英等材质进样舟;检测单元为原子吸收光谱仪,配备光源为汞空心阴极灯或低压汞灯、检测器为光电倍增管或光电二极管。

6.2 分析天平:感量为 0.000 1 g 和 0.01 g。

7 试样制备

固体样品经混匀缩分后,取出约 100 g,迅速研磨至全部通过 0.50 mm 孔径筛(如样品潮湿,可通过 1.00 mm 孔径筛),混合均匀,置于洁净、干燥的容器中;液体样品摇匀后,迅速取出约 100 mL,置于洁净、干燥的容器中,封盖。

8 试验步骤

8.1 测试条件

直接进样单元运行参考条件见附录 A 的要求;按照仪器说明书的要求,调试好原子吸收光谱检测单元的运行条件。每次测定前应对所用的进样舟进行空白测定,进样舟的空白值应低于方法检出限,宜选用仪器自带的高温净化程序。

8.2 校准曲线

8.2.1 标准系列工作溶液的配制

8.2.1.1 低浓度标准系列工作溶液

准确吸取汞标准中间液(1.00 mg/L)(5.7)0 mL、0.05 mL、0.20 mL、0.50 mL、1.00 mL、2.00 mL,用固定液(5.4)分别定容至 10 mL,制成质量浓度分别为 0 mg/L、0.005 mg/L、0.020 mg/L、0.050 mg/L、0.100 mg/L、0.200 mg/L 的汞标准系列工作溶液。进样 100 μL 时,汞的质量分别为 0 ng、0.5 ng、2.0 ng、5.0 ng、10.0 ng、20.0 ng。

8.2.1.2 高浓度标准系列工作溶液

准确吸取汞标准中间液(10.0 mg/L)(5.6)0 mL、0.10 mL、0.50 mL、2.00 mL、5.00 mL、10.00 mL,用固定液(5.4)分别定容至 10 mL,制成质量浓度分别为 0 mg/L、0.10 mg/L、0.50 mg/L、2.00 mg/L、5.00 mg/L、10.00 mg/L 的汞标准系列工作溶液。进样 100 μL 时,汞的质量分别为 0 ng、10.0 ng、50.0 ng、200.0 ng、500.0 ng、1 000.0 ng。

8.2.2 校准曲线的建立

由低浓度到高浓度顺次对汞标准系列工作溶液进行测定,以各标准系列工作溶液中汞的质量(ng)为横坐标,以其吸光度值为纵坐标,绘制汞校准曲线,一次或二次曲线的线性相关系数(r)≥0.995。

注:根据试样含量可选择建立不同浓度范围的校准曲线。

8.3 测定

在进样舟中准确称取不少于 0.05 g 试样(液体称样前应充分摇匀),按照 8.1 的要求进行测定,获得相应的吸光度值,通过校准曲线计算汞的质量。若测定结果超出校准曲线范围上限,可减少进样量(液体试样可适当稀释),或者重新制定线性范围更宽的校准曲线再进行测定。

9 试验数据处理

试样中汞的含量 ω,以质量分数计,单位为毫克每千克(mg/kg),按公式(1)计算。

$$\omega = \frac{m_1}{m \times 1000} \quad\cdots\cdots (1)$$

式中:

m_1 ——根据校准曲线计算出试样中汞质量的数值,单位为纳克(ng);

m ——称取试样质量的数值,单位为克(g);

1 000 ——单位换算系数。

当测定结果大于或等于 0.100 mg/kg 时,保留 3 位有效数字;当测定结果小于 0.100 mg/kg 时,保留至小数点后第 3 位。

10 精密度

每 20 个样品或每批次(少于 20 个样品/批时)应测定至少 1 个平行样,平行样品测定结果的精密度应符合表 1 的要求。

表 1 方法的精密度要求

序号	试样中汞元素的含量	在重复性条件下获得的 2 次独立测定结果的绝对差值与算术平均值的比值
1	$\omega>1.00$ mg/kg	≤20%
2	0.100 mg/kg$<\omega\leqslant$1.00 mg/kg	≤30%
3	0.010 mg/kg$<\omega\leqslant$0.100 mg/kg	≤40%
4	$\omega\leqslant$0.010 mg/kg	≤50%

11 检出限和定量限

当进样量为 0.1 g 时,本方法的检出限为 0.001 mg/kg,定量限为 0.003 mg/kg。

12 环境与安全要求

12.1 含汞废气应有收集系统,严禁直接排入实验室和大气环境。

12.2 对于实验过程中使用的氧气等**危险工作气体**,应注意检查气体钢瓶或发生器没有气体泄漏。

12.3 当测定含有易燃易爆成分的样品时,可与适量惰性分散介质(氧化镁或等效物质)混匀处理。

附 录 A

（资料性）

直接进样单元运行参考条件

直接进样单元运行参考条件见表 A.1。

表 A.1 直接进样单元运行参考条件

步骤	仪器参数	指标值	备注
1	灰化温度,℃	200～300	
	灰化时间,s	30～70	
2	完全分解温度,℃	650～800	
	完全分解时间,s	60～180	
3	催化热解温度,℃	550～950	
4	金汞齐分解温度,℃	600～1 000	
	金汞齐分解时间,s	12～60	
5	氧气流速,mL/min	200～350	空气替代氧气时,按氧气流速折算,或以实际检测效果为准

ICS 65.080
CCS B 10

中华人民共和国农业行业标准

NY/T 4435—2023

土壤中铜、锌、铅、铬和砷含量的测定
能量色散X射线荧光光谱法

Determination of Cu, Zn, Pb, Cr and As in soil—
Energy dispersive X–ray fluorescence spectrometry (EDXRF)

2023-12-22 发布

2024-05-01 实施

中华人民共和国农业农村部 发布

前　言

本文件按照 GB/T 1.1—2020《标准化工作导则　第 1 部分：标准化文件的结构和起草规则》和 GB/T 20001.4—2015《标准编写规则　第 4 部分：试验方法标准》的规定起草。

本文件由农业农村部科技教育司提出并归口。

本文件起草单位：北京市农林科学院、农业农村部环境保护科研监测所、农业农村部农业生态与资源保护总站、三峡大学、江苏天瑞仪器股份有限公司、中国农业科学院农业质量标准与检测技术研究所。

本文件主要起草人：陆安祥、李芳、秦向阳、安毅、郑顺安、任东、倪润祥、毛雪飞、吴敏、李强、张辉、裴立军、刘永清。

土壤中铜、锌、铅、铬和砷含量的测定 能量色散 X 射线荧光光谱法

1 范围

本文件规定了测定土壤中铜(Cu)、锌(Zn)、铅(Pb)、铬(Cr)和砷(As)5 种重金属元素的能量色散 X 射线荧光光谱法。

本文件适用于对土壤样品中铜(Cu)、锌(Zn)、铅(Pb)、铬(Cr)和砷(As)含量的快速定量分析。

2 规范性引用文件

下列文件中的内容通过文中的规范性引用而构成本文件必不可少的条款。其中,注日期的引用文件,仅该日期对应的版本适用于本文件;不注日期的引用文件,其最新版本(包括所有的修改单)适用于本文件。

HJ/T 166　土壤环境监测技术规范

NY/T 395　农田土壤环境质量监测技术规范

3 方法原理

3.1 原理

X 射线管产生的初级 X 射线照射到土壤表面,被测元素受激发释放出特征 X 射线荧光直接进入检测器,检测器将未色散的 X 射线荧光按光子能量分离出元素特征 X 射线光谱线,根据各元素特征光谱线的强度来测定各元素的量。

3.2 元素含量获取

采用全谱图拟合或特定峰面积积分的方式获取待测元素的特征 X 射线荧光强度,强度经校正后与元素含量成正比。通过测量特征 X 射线强度来定量分析试样中各元素的含量。

3.3 结果计算

土壤样品中待测元素的质量分数(mg/kg),按照公式(1)计算。

$$\omega_i = m \times (I_i + \beta_{ik} \times I_k) \times (1 + \sum \alpha_{ij} \times I_j) + b \quad \cdots\cdots\cdots\cdots (1)$$

式中:

ω_i　——待测元素 i 质量分数的数值,单位为毫克每千克(mg/kg);

m　——校准曲线的斜率;

I_i　——待测元素 i 的 X 射线荧光强度,单位为千计数每秒(kc/s);

β_{ik}　——谱线重叠校正系数;

I_k　——干扰元素 k 在待测元素 i 分析谱线处重叠的 X 射线荧光强度;

α_{ij}　——基体元素对待测元素的影响校正系数;

I_j　——参与基体效应校正的元素 X 射线荧光强度,单位为千计数每秒(kc/s);

b　——校准曲线的截距。

4 试剂和材料

4.1　土壤样品标准物质:证书上含铜、锌、铅、铬和砷 5 种元素的市售土壤样品标准物质。

4.2　硼酸(H_3BO_3):分析纯。

4.3　高密度低压聚乙烯粉:分析纯。

4.4　能量色散 X 射线荧光光谱专用聚丙烯膜。

5 仪器和设备

5.1 粉末压片机:最大压力 40 t。

5.2 能量色散 X 射线荧光光谱仪。

5.3 分析天平:精度 0.1 mg。

5.4 土壤筛:非金属制品,孔径为 0.075 mm(200 目)。

5.5 玛瑙研钵。

5.6 塑料样品杯。

6 样品采集和制备

土壤样品的采集、保存和风干或烘干按照 HJ/T 166 或 NY/T 395 的相关规定进行操作,样品研磨后过 0.075 mm 孔径筛,存放于塑料样品瓶中并置于盛有硅胶的干燥器中避光保存,备用。

7 分析步骤

7.1 样品的压片

称取一定量的过筛样品(6)置于压片机上,压片条件:压力:30 t,停留时间:30 s,压片厚度:≥7 mm。

当采用塑料样品杯(5.6)辅助压片时,可用硼酸(4.2)或高密度低压聚乙烯粉(4.3)垫底。但是,需注意保持压片后土壤样品的厚度≥7 mm。

7.2 仪器测定

7.2.1 仪器条件

根据不同测定仪器设备及厂家提供的操作手册,选择合适的测量条件建立方法。需要优化的主要测量参数:特征谱线及测量时间、滤光片型号、X 光管电压及电流、干扰元素及其干扰系数的测定等。仪器测量参考条件见附录 A。

7.2.2 校准曲线的绘制

按照与样品的压片(7.1)相同操作步骤,将至少 20 个不同质量分数的土壤样品标准物质(4.1)压制成片,5 种元素的质量分数范围见附录 B。然后,根据(7.2.1)所设定的条件,依次上机测定分析,以 X 射线荧光强度(kc/s)为纵坐标,以各元素的质量分数(mg/kg)为横坐标进行回归分析,建立校准曲线。

当样品基体明显与绘制土壤校准曲线时所采用土壤标准物质基体不一致,或当土壤样品中元素质量分数超出线性范围时,应重新绘制校准曲线或者使用其他标准方法进行测定。

用校准曲线测量 SiO_2 空白基体 11 次,以 3 倍空白基体测量结果的标准偏差为仪器的方法检出限,以 4 倍方法检出限为仪器的方法定量限即测定下限,方法检出限及测定下限应符合附录 C 的规定。

7.2.3 样品测量

试样在检测前充分混匀。按照与土壤样品标准物质相同的条件(7.2.2)测量样品压片,记录 X 射线荧光强度,根据样品中目标元素的强度和校准曲线的斜率计算目标元素含量。

8 结果表示

记录仪器检测元素强度值,读取仪器测定结果。

各元素测定结果单位为 mg/kg。测定结果保留 3 位有效数字,小数点后保留 1 位。

9 准确度

9.1 精密度

分别对国家有证标准土壤样品和实际样品进行分析测定,实验室内相对标准偏差为 0.2%～15.9%。

9.2 正确度

分别对国家有证标准样品和实际样品进行分析测定,对有证标准样品分析的相对误差为 0.0%～

22.5%。

10 质量保证和质量控制

10.1 每次开机测试样品之前对测量仪器进行漂移校正,如环境温湿度变化较大、仪器关机时间较长后开机等。用于漂移校正样品的物理性质和化学性质需保持稳定,漂移量超过仪器测量允许的范围,应进行校正并重新建立校准曲线。

10.2 建立分析方法时的校准曲线可长期使用。每批样品测定前应至少测定一个与待测样品基体相同或接近的土壤样品标准物质或者实验室内控样品进行分析确认,其准确度应满足表1的要求;否则,应重新建立校准曲线。

表 1 质控样品中各元素实验室内测试准确度要求

含量范围	准确度 $\Delta \lg C_{REF} = |\lg C_i - \lg C_s|$
测定下限3倍以内(含3倍)	≤0.12
测定下限3倍以外	≤0.10
注:C_i 是每个验证样品的测量值,C_s 为验证样品的参考值。	

10.3 每批样品应该进行平行样测定,平行样测定结果相对偏差应满足表2的要求。

表 2 各元素平行样测定精密度要求

含量范围	最大允许相对偏差
>100 mg/kg	±5%
≤100 mg/kg 且≥3倍测定下限	±10%
<3倍测定下限	±20%

11 干扰消除

11.1 元素含量较低且无干扰时,选择特定谱峰净面积获取强度。存在干扰时,采用全谱图拟合方法对重叠谱峰进行解析,扣除干扰峰影响,得到目标元素特征谱峰强度。谱线重叠干扰情况见附录 D。

11.2 基体效应是指样品的化学组成和物理、化学状态的变化对待测元素的特征 X 荧光强度所造成的影响,包括元素间吸收增强效应和物理、化学效应,可通过基本参数法、影响系数法或两者相结合的方法(即经验系数法)消除。基体效应校正元素见附录 D。

附　录　A
（资料性）
仪器测量参考条件

表A.1给出了本文件测定的5种元素的仪器测量参考条件。

表A.1　仪器测量参考条件

序号	元素	X光管电压及电流		滤光片	介质	探测器	分析时间，s
		kV	μA				
1	Cu	15～50	100～500	Al、Ti、Ag、Mo	空气	Si-Pin/SDD	100～300
2	Zn	15～50	100～500	Al、Ti、Ag、Mo	空气	Si-Pin/SDD	100～300
3	Pb	15～50	100～500	Al、Ti、Ag、Mo	空气	Si-Pin/SDD	100～300
4	Cr	15～50	100～500	Al、Ti、Ag、Mo	空气	Si-Pin/SDD	100～300
5	As	15～50	100～500	Al、Ti、Ag、Mo	空气	Si-Pin/SDD	100～300

附 录 B

（资料性）

测定元素校准曲线建议范围

表 B.1 给出了本文件测定的 5 种元素的校准曲线建议范围。

表 B.1 测定元素校准曲线建议范围

序号	元素	质量分数范围，mg/kg
1	Cu	2.8～390
2	Zn	22.0～680
3	Pb	13.4～552
4	Cr	25.0～410
5	As	2.9～1 960

附 录 C
（规范性）
测定元素特征谱线、方法检出限和测定下限

表 C.1 给出了本文件测定的 5 种元素的测定元素特征谱线、方法检出限和测定下限。

表 C.1 测定元素特征谱线、方法检出限和测定下限

序号	元素	分析谱线	土壤，mg/kg	
			检出限	测定下限
1	Cu	K_α	3.4	13.5
2	Zn	K_α	3.1	12.4
3	Pb	$L_{\beta 1}$	1.6	6.3
4	Cr	K_α	2.6	10.5
5	As	K_α 或 K_β	2.2	9.0

附　录　D

（资料性）

基体效应校正和谱线重叠干扰情况

表 D.1 给出了本文件测定的 5 种元素的基体效应、谱线重叠情况的参考，不同分析谱线干扰情况不同。

表 D.1　基体效应校正和谱线重叠干扰情况

序号	元素	分析谱线	参与基体校正元素	谱线重叠干扰线	谱线重叠干扰校正元素线
1	Cu	K_α	Fe、Ca	Sr、Zr	Sr、Zr、Ni
2	Zn	K_α	Fe、Ca	Zr	—
3	Pb	L_β	Fe、Ca、Ti	Sn、Nb	—
4	Cr	K_α	Si、Fe、Ca	V、Ni	V
5	As	K_α	Fe、Ca	PbL_α	PbL_β

ICS 65.080
CCS B 10

中华人民共和国农业行业标准

NY/T 4442—2023

肥料和土壤调理剂 分类与编码

Classification and codes for fertilizer & soil conditioner/soil improver

2023-12-22 发布

2024-05-01 实施

中华人民共和国农业农村部 发布

前　言

本文件按照 GB/T 1.1—2020《标准化工作导则　第 1 部分：标准化文件的结构和起草规则》的规定起草。

请注意本文件的某些内容可能涉及专利。本文件的发布机构不承担识别专利的责任。

本文件由农业农村部种植业管理司提出并归口。

本文件起草单位：全国农业技术推广服务中心、中国农业科学院农业区划与农业资源研究所、河南省土壤肥料站、北京市耕地建设保护中心、江苏省耕地质量与农业环境保护站、农业农村部肥料质量监督检验测试中心（南宁）。

本文件主要起草人：田有国、汪洪、赵英杰、韦东普、孟远夺、孔令娥、栾桂云、高飞、吴优、孙钊、李艳萍、张丽、余焘。

肥料和土壤调理剂 分类与编码

1 范围

本文件界定了肥料和土壤调理剂的分类原则与方法、编码规则和分类体系与代码。

本文件适用于中华人民共和国境内生产、销售的主要肥料和土壤调理剂分类与信息处理交换。

2 规范性引用文件

下列文件中的内容通过文中的规范性引用而构成本文件必不可少的条款。其中，注日期的文件，仅该日期对应的版本适用于本文件；不注日期的引用文件，其最新版本（包括所有的修改单）适用于本文件。

GB/T 6274—2016 肥料和土壤调理剂 术语

GB/T 7027 信息分类和编码的基本原则与方法

GB/T 10113—2003 分类与编码通用术语

GB/T 15063 复合肥料

GB/T 32741—2016 肥料和土壤调理剂 分类

NY/T 525 有机肥料

NY/T 797 硅肥

NY/T 798 复合微生物肥料

NY 884 生物有机肥

NY/T 3034—2016 土壤调理剂 通用要求

NY/T 3505 肥料增效剂 脲酶抑制剂及使用规程

3 术语和定义

下列术语和定义适用于本文件。

3.1

肥料 fertilizer

以提供植物养分为主要功效的物料。

[来源：GB/T 6274—2016，2.1.2]

3.2

土壤调理剂 soil conditioner/soil improver

施入土壤，用于保持或改善土壤物理和/或化学性能，和/或土壤生物活性的物料。

[来源：NY/T 3034—2016，3.1]

3.3

无机肥料 inorganic fertilizer

由提取、物理和/或化学工业方法制成的，标明养分呈无机盐形式的肥料

注：硫黄、氰氨化钙、尿素及其缩缩合产物，习惯上归为无机肥料。

[来源：GB/T 6274—2016，2.1.6]

3.4

商品有机肥料 commercial organic fertilizer

主要来源于植物和（或）动物，经过发酵腐熟的含碳有机物料，其功能是改善土壤肥力、提供植物营养、提高作物品质。

3.5

微生物肥料　microbial fertilizer

含有特定微生物活体的制品,应用于农业生产,通过其中所含微生物的生命活动,增加植物养分的供应量或促进植物生长,提高产量,改善农产品品质及农业生态环境。微生物活体主要有根瘤菌剂、固氮菌剂、磷细菌剂、抗生菌剂、复合菌剂等。

［来源:GB/T 32741—2016,4.1.4］

3.6

肥料增效剂　fertilizer synergist

一类单独使用或添加到肥料产品中,以增加肥料养分有效性、提高肥料利用率为目的的物料。

3.7

线分类法　methods of linear classification

将分类对象按选定的若干属性(或特征)逐次地分为若干层级,每个层级又分为若干类目。同一分支的同层级类目之间构成并列关系,不同层级类目之间构成隶属关系。

［来源:GB/T 10113—2003,2.1.5］

3.8

代码　code

表示特定事物或概念的一个或一组字符。

［来源:GB/T 10113—2003,2.2.5］

注:这些字符可以是阿拉伯数字、拉丁字母或便于人和机器识别与处理的其他符号。

4　分类原则与方法

4.1　分类原则

符合 GB/T 7027 的规定,具备科学性、系统性、可扩延性、兼容性和综合实用性。

4.2　分类方法

采用 GB/T 7027 规定的线分类法,划分为 4 个层次:大类、中类、小类、细类。但不是所有的小类都需要进行细分。

肥料大类主要按照养分来源特征,分为无机肥料、有机肥料、有机无机复混肥料、微生物肥料和肥料增效剂等大类;中类按照产品主要养分种类分类,涉及多养分时,按照养分含量高低顺序进行分类,含硫酸盐和氯化物的肥料,以所含阳离子养分进行分类;小类按照具体产品名称进行分类;细类按照产品辅助成分及衍生物进行分类。

肥料增效剂和土壤调理剂优先按照功能特征进行分类。

5　编码规则

5.1　编码原则

编码应符合唯一性、合理性、可扩展性、简明性、适用性和规范性的原则,具体要求符合 GB/T 7027 的规定。

5.2　编码设计

采用层次编码,分为 4 层 8 位定长码,其中:第一层用英文字母编码,肥料分别用 WJ、YJ、YW、WS、ZX 分别代表无机肥料、有机肥料、有机无机复混肥料、微生物肥料和肥料增效剂。土壤调理剂用"YT"表示。

后 3 层都采用 2 位数字的定长编码,用数字 01~99 表示,各码位代表对应的类目;每一层的代码采用阿拉伯数字顺序编码,动态递增产生系列顺序代码号,随着编码的增加而产生新的类目代码和通用名代码。

5.3　代码结构

肥料和土壤调理剂分类代码结构如图 1 所示。

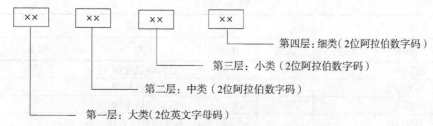

图 1 肥料和土壤调理剂分类代码结构

6 分类体系与代码

6.1 肥料分类与代码

见表1。

表 1 肥料分类与代码

代码				分类名称				备注说明
大类	中类	小类	细类	大类	中类	小类	细类	
WJ				无机肥料				
	WJ01				氮肥			
		WJ0101				液体无水氨		
		WJ0102				氨水		
		WJ0103				尿素		
			WJ010301				硫包衣尿素	
			WJ010302				聚合物硫包衣尿素	
			WJ010303				含腐植酸尿素	
			WJ010304				含海藻酸尿素	
			WJ010305				脲醛缓释肥料	
			WJ010306				其他	
		WJ0104				肥料级硫酸铵		
		WJ0105				氯化铵		
		WJ0106				农业用碳酸氢铵		
		WJ0107				农业用改性硝酸铵		
		WJ0108				尿素硝酸铵溶液		
		WJ0109				农业用硝酸钙		
			WJ010901				氨化硝酸钙	
			WJ010902				硫硝酸铵	
			WJ010903				其他	
		WJ0110				硝酸镁		
		WJ0111				农业用硝酸铵钙		
		WJ0112				硝酸铵镁		
		WJ0113				氰化钙		
		WJ0114				氰氨化钙		
		WJ0115				硫代硫酸铵		
		WJ0116				其他		
	WJ02				磷肥			
		WJ0201				重过磷酸钙		
		WJ0202				过磷酸钙		
		WJ0203				钙镁磷肥		
		WJ0204				磷矿粉		
		WJ0205				肥料级磷酸氢钙		
		WJ0206				其他		
	WJ03				钾肥			

表1（续）

代码				分类名称				备注说明
大类	中类	小类	细类	大类	中类	小类	细类	
WJ	WJ03	WJ0301				肥料级氯化钾		
		WJ0302				农业用硫酸钾		
		WJ0303				农业用碳酸钾		
		WJ0304				农业用硫酸钾镁		
		WJ0305				氯化钾镁		
		WJ0306				硫酸钾钙镁		
		WJ0307				硫代硫酸钾		
		WJ0308				其他		
	WJ04				中量元素肥料			
		WJ0401				氯化钙		
		WJ0402				硫酸钙		
		WJ0403				碳酸钙		
		WJ0404				氧化钙		
		WJ0405				硫代硫酸钙		
		WJ0406				氯化镁		
		WJ0407				七水硫酸镁		
		WJ0408				一水硫酸镁		
		WJ0409				碳酸镁		
		WJ0410				氧化镁		
		WJ0411				白云石		
		WJ0412				硫代硫酸镁		
		WJ0413				硫黄		
		WJ0414				混合中量元素肥料		
		WJ0415				非水溶中量元素肥料		
		WJ0416				中量元素水溶肥料		
		WJ0417				其他		
	WJ05				微量元素肥料			
		WJ0501				硝酸铁		
		WJ0502				硫酸亚铁		
		WJ0503				硫酸铁		
		WJ0504				硫酸铵铁		
		WJ0505				磷酸铵铁		
		WJ0506				螯合铁		
			WJ050601				乙二胺四乙酸铁 Fe-EDTA	
			WJ050602				乙二胺二邻羟苯基乙酸铁 Fe-EDDHA	
			WJ050603				亚氨基二琥珀酸铁 Fe-IDHA	
			WJ050604				乙二胺二琥珀酸铁 Fe-EDDS	
			WJ050605				二乙三胺五乙酸铁 Fe-DTPA	
			WJ050606				羟乙基乙二胺三乙酸铁 Fe-HEDTA	
			WJ050607				乙二胺二(2-羟基-4-甲酰-苯基)乙酸铁 Fe-EDDHMA	

表1（续）

代码				分类名称				备注说明
大类	中类	小类	细类	大类	中类	小类	细类	
WJ	WJ05		WJ050608				乙二胺二（2-羟基-4-磺基-苯基）乙酸 Fe-EDDHSA	
		WJ0507				硝酸铜		
		WJ0508				硫酸铜		
		WJ0509				碳酸铜		
		WJ0510				氧化铜		
		WJ0511				氧化亚铜		
		WJ0512				磷酸铵铜		
		WJ0513				螯合铜		
		WJ0514				硫酸锌		
		WJ0515				硝酸锌		
		WJ0516				碳酸锌		
		WJ0517				氯化锌		
		WJ0518				氧化锌		
		WJ0519				螯合锌		
		WJ0520				农业用硫酸锰		
		WJ0521				硝酸锰		
		WJ0522				碳酸锰		
		WJ0523				氯化锰		
		WJ0524				氧化锰		
		WJ0525				螯合锰		
		WJ0526				钼酸铵		
		WJ0527				钼酸钠		
		WJ0528				钼酸钙		
		WJ0529				三氧化钼		
		WJ0530				含钼玻璃肥料		
		WJ0531				硼酸		
		WJ0532				硼砂		
		WJ0533				硼镁肥料		
		WJ0534				含硼玻璃肥料		
		WJ0535				混合微量元素肥料		
		WJ0536				微量元素水溶肥料		
		WJ0537				其他		
	WJ06				有益元素肥料			
		WJ0601				硅肥		以提供硅养分的肥料产品，满足 NY/T 797 的要求
		WJ0602				含硅水溶肥料		
		WJ0603				其他		
	WJ07				复合肥料			
		WJ0701				复混（复合）肥料		满足 GB/T 15063 的要求
			WJ070101				大量元素水溶肥料	
			WJ070102				其他	
		WJ0702				磷酸二氢钾		
		WJ0703				磷酸一铵		
		WJ0704				磷酸二铵		

表1（续）

代码				分类名称				备注说明
大类	中类	小类	细类	大类	中类	小类	细类	
WJ	WJ07	WJ0705				肥料级聚磷酸铵		
		WJ0706				农业用硝酸钾		
		WJ0707				硝酸磷肥		
		WJ0708				农业用硝酸铵钾		
		WJ0709				硝酸磷钾肥		
		WJ0710				钙镁磷钾肥		
		WJ0711				其他		
	WJ08				掺混肥料			
	WJ09				缓控释肥料			
	WJ10				其他			
YJ				有机肥料				
	YJ01				商品有机肥料			以市场流通的商品有机肥料符合NY/T 525的要求
	YJ02				有机水溶肥料			
	YJ03				其他			
YW				有机无机复混肥料				
WS				微生物肥料				
	WS01				农用微生物菌剂			
		WS0101				细菌菌剂		
			WS010101				光合细菌菌剂	
			WS010102				固氮菌菌剂	
			WS010103				根瘤菌菌剂	
			WS010104				硅酸盐细菌菌剂	
			WS010105				其他	
		WS0102				放线菌菌剂		
		WS0103				真菌菌剂		
			WS010301				菌根菌剂	
			WS010302				其他	
		WS0104				复合菌剂		
			WS010401				固氮菌菌剂	
			WS010402				解磷类微生物菌剂	
			WS010403				有机物料腐熟剂	
			WS010404				促生菌剂	
			WS010405				生物修复菌剂	
			WS010406				其他	
		WS0105				其他		
	WS02				复合微生物肥料			符合NY/T 798的要求
	WS03				生物有机肥			符合NY 884的要求
	WS04				其他			
ZX				肥料增效剂				

表 1（续）

代码				分类名称				备注说明
大类	中类	小类	细类	大类	中类	小类	细类	
ZX	ZX01				氮肥抑制剂			
		ZX0101				脲酶抑制剂		符合 NY/T 3505 的要求
			ZX010101				氢醌	
			ZX010102				P-苯醌	
			ZX010103				苯基磷酰二胺	
			ZX010104				磷酰三胺	
			ZX010105				硫代磷酰三胺	
			ZX010106				正丁基硫代磷酰三胺（NBPT）	
			ZX010107				正丙基硫代磷酰三胺（NPPT）	
			ZX010108				其他	
		ZX0102				硝化抑制剂		
			ZX010201				硫脲	
			ZX010202				2-磺胺噻唑	
			ZX010203				2-巯基-苯并噻唑	
			ZX010204				2-氨基-4-氯-9-甲基吡啶	
			ZX010205				4-氨基-1,2,4-三唑盐酸盐	
			ZX010206				2-氯-6-三氯甲基吡啶、西砒、硝基吡啶	
			ZX010207				1-甲基吡唑-1-羧酰胺	
			ZX010208				双氰胺	
			ZX010209				3-甲基吡唑	
			ZX010210				3,5-二甲基吡唑	
			ZX010211				3,4-二甲基吡唑磷酸盐（DMPP）	
			ZX010212				其他	
		ZX0103				反硝化抑制剂		
		ZX0104				其他		
	ZX02				磷肥增效剂			
	ZX03				钾肥增效剂			
	ZX04				肥料助剂			
		ZX0401				腐植酸类		
			ZX040101				黄腐酸	
			ZX040102				腐植酸钾	
			ZX040103				腐植酸铵	
			ZX040104				腐植酸钠	
			ZX040105				其他	
		ZX0402				氨基酸类		
			ZX040201				聚谷氨酸	
			ZX040202				聚天门冬氨酸	

6.2 土壤调理剂分类与代码

见表 2。

表2 土壤调理剂分类与代码

代码				分类名称				备注说明
大类	中类	小类	细类	大类	中类	小类	细类	
TL				土壤调理剂				
	TL01				酸性土壤调理剂			
		TL0101				石灰		
		TL0102				碳酸钙		
		TL0103				白云石		
		TL0104				其他		
	TL02				碱化土壤调理剂			
	TL03				结构障碍土壤调理剂			
	TL04				盐碱/盐化土壤调理剂			
	TL05				污染土壤调理剂			
	TL06				保水剂			
		TL0601				农林保水剂		
		TL0602				其他		
	TL07				水稻苗床调理剂			
	TL08				其他			

参 考 文 献

[1]　陆景陵. 植物营养学:上册[M]. 北京:中国农业大学出版社,2003
[2]　胡霭堂,周立祥. 植物营养学:下册[M]. 北京:中国农业大学出版社,2003
[3]　https://en. wikipedia. org/wiki/Fertilizer♯Classification
[4]　陈娉婷,邓丹丹,罗治情,等. 基于农业信息化应用的肥料分类与编码[J]. 湖北农业科学,2016,55
(22):5949-5953,5957

第三部分
农机标准

ICS 65.060.40
CCS B 91

中华人民共和国农业行业标准

NY/T 3213—2023
代替 NY/T 3213—2018

植保无人驾驶航空器
质量评价技术规范

Technical specification of quality evaluation for crop protection UAS

2023-12-22 发布

2024-05-01 实施

中华人民共和国农业农村部 发布

前　言

本文件按照 GB/T 1.1—2020《标准化工作导则　第 1 部分:标准化文件的结构和起草规则》的规定起草。

本文件代替 NY/T 3213—2018《植保无人飞机　质量评价技术规范》。与 NY/T 3213—2018 相比,除结构调整和编辑性改动外,主要技术变化如下:

 a) 更改了型号编制规则(见第 4 章,2018 年版的第 4 章);

 b) 更改了主要技术参数核测表(见表 1,2018 年版的表 1);

 c) 更改了主要仪器设备测量范围和准确度要求(见表 2,2018 年版的表 2);

 d) 增加了防水性能要求及其检测方法(见 6.1.3、7.2.3);

 e) 更改了药液箱要求(见 6.1.9,2018 年版的 6.1.10);

 f) 删除了手动控制模式飞行性能要求及其检测方法(见 2018 年版的表 3、7.3.1);

 g) 更改了自动控制模式飞行精度要求(见 6.2.2,2018 年版的表 3);

 h) 更改了续航能力要求(见 6.2.4,2018 年版的表 3);

 i) 更改了防滴性能要求(见 6.2.7,2018 年版的表 3);

 j) 更改了喷雾性能的喷雾量分布均匀性变异系数要求(见 6.2.8,2018 年版的表 3);

 k) 增加了喷雾自适应控制功能要求及试验方法(见 6.2.9、7.3.9);

 l) 增加了断点续喷功能要求及其检测方法(见 6.2.12、7.3.12);

 m) 增加了仿地飞行功能要求及其检测方法(见 6.2.13、7.3.13);

 n) 删除了最大起飞重量限制要求及其检测方法(见 2018 年版的 6.3.3、7.4.3);

 o) 更改了避障功能要求及其检测方法(见 6.3.7、7.4.7,2018 年版的 6.3.7、7.4.7);

 p) 增加了锂电池要求及其检测方法(见 6.3.9、7.4.9);

 q) 更改了可靠性要求(见 6.6,2018 年版的 6.6);

 r) 更改了作业幅宽测试方法(见 7.3.10,2018 年版的 7.3.8);

 s) 更改了地理围栏检测方法(见 7.4.5,2018 年版的 7.4.5);

 t) 更改了电磁兼容性检测方法(见 7.4.8,2018 年版的 7.4.8);

 u) 更改了检验项目及不合格分类(见表 7,2018 年版的表 7)。

请注意本文件的某些内容可能涉及专利。本文件的发布机构不承担识别专利的责任。

本文件由农业农村部农业机械化管理司提出。

本文件由全国农业机械标准化技术委员会农业机械化分技术委员会(SAC/TC 201/SC 2)归口。

本文件起草单位:农业农村部南京农业机械化研究所、中国农业机械化协会、华南农业大学、中国农业机械化科学研究院集团有限公司、中国农业科学院植物保护研究所、广州极飞科技股份有限公司、深圳市大疆创新科技有限公司、南京南机智农农机科技研究院有限公司、苏州极目机器人科技有限公司、安阳全丰航空植保科技股份有限公司、无锡汉和航空技术有限公司。

本文件主要起草人:薛新宇、顾伟、杨林、兰玉彬、刘燕、杨学军、袁会珠、孙竹、彭斌、陈海雄、张毅、王新宇、王志国、孙向东、徐阳。

本文件及其所代替文件的历次版本发布情况为:

 ——2018 年首次发布为 NY/T 3213—2018;

 ——本次为第一次修订。

植保无人驾驶航空器　质量评价技术规范

1　范围

本文件规定了植保无人驾驶航空器的型号编制规则、基本要求、质量要求、试验方法和检验规则。

本文件适用于植保无人驾驶航空器的质量评定。

注：植保无人驾驶航空器也称为植保无人飞机或遥控飞行喷雾机。

2　规范性引用文件

下列文件中的内容通过文中的规范性引用而构成本文件必不可少的条款。其中，注日期的引用文件，仅该日期对应的版本适用于本文件；不注日期的引用文件，其最新版本（包括所有的修改单）适用于本文件。

GB/T 2828.11—2008　计数抽样检验程序　第 11 部分：小总体声称质量水平的评定程序

GB/T 4208　外壳防护等级（IP 代码）

GB/T 5262　农业机械试验条件　测定方法的一般规定

GB/T 9254.1　信息技术设备、多媒体设备和接收机电磁兼容　第 1 部分：发射要求

GB/T 9480　农林拖拉机和机械、草坪和园艺动力机械　使用说明书编写规则

GB 10396　农林拖拉机和机械、草坪和园艺动力机械　安全标志和危险图形　总则

GB/T 13306　标牌

GB/T 20085　植物保护机械　词汇

GB/T 38058—2019　民用多旋翼无人机系统试验方法

GB/T 38152　无人驾驶航空器系统术语

GB/T 38909　民用轻小型无人机系统电磁兼容性要求与试验方法

JB/T 9782—2014　植物保护机械　通用试验方法

3　术语和定义

GB/T 20085、GB/T 38152 界定的以及下列术语和定义适用于本文件。

3.1

飞行控制系统　flight control system

对植保无人驾驶航空器的航迹、姿态、速度等飞行参数进行单项或多项控制的系统。

3.2

地面控制系统　ground control system

由中央处理器、通讯系统地面端、监测显示终端、遥控器、控制软件等组成，能对接收到的植保无人驾驶航空器的各种参数进行分析处理，并能对植保无人驾驶航空器的航迹进行修改和操控的系统。简称地面站。

3.3

作业模式　application mode

植保无人驾驶航空器进行作业所采取的飞行控制方式。作业模式分为手动控制模式和自动控制模式两种。

3.4

手动控制模式　manual control mode

通过人工操作完成对植保无人驾驶航空器控制的模式，包括辅助人工模式。

3.5

自动控制模式 autonomous control mode

根据预先设定的飞行参数、路径坐标及作业任务等进行自动作业的模式。

3.6

空机重量 net weight

不包含药液、燃料和地面设备的植保无人驾驶航空器整机重量,包含电池、药液箱、燃料箱等固态装置的重量。

3.7

(药液箱)额定容量 nominal tank capacity

制造商明示的且能正常作业的药液箱载液容积值。

3.8

作业高度 application altitude

植保无人驾驶航空器作业时喷头与靶标顶端的竖直距离。

3.9

作业幅宽 application width

植保无人驾驶航空器航向的垂直方向上,雾滴覆盖密度不小于 20 滴/cm² 的两侧边界之间的距离。

3.10

单架次 single flight for pesticide application

自起飞至返航降落的一次完整作业过程。

3.11

连续喷雾作业时间 continuous application time

植保无人驾驶航空器装载额定容量药液,单架次内自开始喷雾至喷完所有药液的时间。

3.12

续航时间 endurance time

植保无人驾驶航空器装载额定容量药液,单架次内自起飞至喷完所有药液后,直至其发出燃油(电量)不足报警返航降落,能维持的最长飞行时间。

3.13

地理围栏 geo fence

为限制植保无人驾驶航空器飞入特定区域(包含机场禁空区、重点区、人口稠密区等),在相应电子地理范围中划出特定区域,并配合飞行控制系统、保障区域安全的软硬件系统。

4 型号编制规则

植保无人驾驶航空器产品型号由分类代号、特征代号和主参数代号等组成,表示方法为:

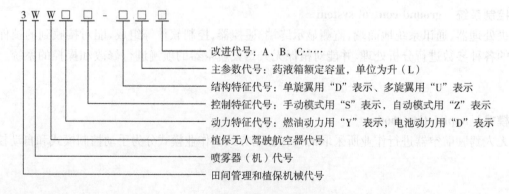

注:同时具备两种作业控制模式的植保无人驾驶航空器,以自动控制模式代号表示。

示例:3WWDZ-U20B 表示电动多旋翼自动型植保无人驾驶航空器,药液箱额定容量为 20 L,第二次改进型。

5 基本要求

5.1 质量评价所需的文件资料

所需文件资料应包括：

a) 产品规格表(如附录 A 所示)；

b) 产品执行标准或产品制造验收技术条件；

c) 产品使用说明书；

d) 三包凭证；

e) 样机照片 4 张(正前方、正侧方、正前上方 45°、俯视各 1 张,产品铭牌照片 1 张)；

f) 其他所需的文件资料。

5.2 主要技术参数核对与测量

依据产品使用说明书、铭牌和其他技术文件,对样机的主要技术参数按表 1 的要求进行核对或测量。

表 1 主要技术参数核对与测量项目及方法

序号	项目			单位	方法
1	型号名称			/	核对
2	飞行控制系统			/	核对
3	空机重量			kg	测量
4	整机额定工作压力			MPa	核对
5	工作状态下的外形尺寸(长×宽×高)			mm	测量(不含旋翼、喷杆,含天线)
6	旋翼		材质	/	核对
			主旋翼数量	个	核对
			直径	mm	核对
7	药液箱		材质	/	核对
			额定容量	L	核对
			数量	个	核对
8	喷头		型式	/	核对
			数量	个	核对
9	喷杆长度			mm	测量(喷幅方向最远喷头之间的距离)
10	液泵		型式	/	核对
			额定流量	L/min	核对
			数量	个	核对
11	配套动力	发动机	额定功率/转速	kW/(r/min)	核对
		电动机	KV 值	(r/min)/V	核对
			额定功率	W	核对
12	电池		型号名称	/	核对
			型式	/	核对
			电压	V	核对
			容量	mAh	核对
			数量	个	核对
13	充电器		型号名称	/	核对
			型式	/	核对
			输入电压	V	核对
			输出电压	V	核对
			输出电流	A	核对

5.3 试验条件

5.3.1 试验介质

试验介质为不含固体杂质的常温清水。

5.3.2 试验环境

除特殊要求外,室内外试验环境的温度应为 5 ℃～45 ℃,相对湿度应为 20％～95％;室外试验环境的海拔高度应为 0 m～800 m,环境平均风速应不大于 3 m/s,最大风速应不大于 5.4 m/s。室外试验应选取空旷的露天场地,场地表面有植被覆盖。

5.3.3 试验样机

试验样机应按使用说明书的规定,进行安装和调试,达到正常状态后,方可进行试验。

5.3.4 主要仪器设备

试验用仪器设备应经过计量检定或校准且在有效期内。仪器设备的测量范围和准确度/最大允许误差应不低于表 2 的规定。

表 2　主要仪器设备测量范围和准确度/最大允许误差要求

序号	测量参数	测量范围	准确度/最大允许误差
1	长度	0 m～5 m	1 mm
		5 m～200 m	1 cm
2	转速	0 r/min～10 000 r/min	0.5％
3	时间	0 h～24 h	1 s/d
4	质量	0 kg～200 kg	0.05 kg
5	体积(容积)	0 mL～100 mL	1 mL
		0 L～100 L	0.2 L
6	压力	0 MPa～1.6 MPa	0.4 级
7	风速	0 m/s～10 m/s	3％ FS
8	温度	−20 ℃～50 ℃	1 ℃
9	湿度	10％ RH～95％ RH	5％ RH
10	水平定位	0 m～200 m	0.05 m
11	高度定位	0 m～50 m	0.05 m

6 质量要求

6.1 一般要求

6.1.1 植保无人驾驶航空器在(60±2) ℃,相对湿度 95％±2％的环境下静置 4 h 后,应能正常工作。

6.1.2 植保无人驾驶航空器应具有良好的抗风性能,可在(6±0.5) m/s 风速的环境中正常工作。

6.1.3 植保无人驾驶航空器的防水性能应不低于 GB/T 4208 规定的防水等级 IPX5,防水性能试验后,植保无人驾驶航空器应能正常工作。

6.1.4 植保无人驾驶航空器应具有药液和燃料(或电量)剩余量显示功能,且应便于操作者观察。

6.1.5 植保无人驾驶航空器应配备飞行信息存储系统,实时记录并保存飞行作业信息。信息至少应包括植保无人驾驶航空器的位置、海拔、速度信息,以及制造商、产品型号、产品编号信息。

6.1.6 植保无人驾驶航空器应具备远程通信功能,发送飞行作业信息至远程管理系统。信息至少应包括植保无人驾驶航空器的位置、海拔、速度信息,以及操控员身份、制造商、产品型号、产品编号信息。

6.1.7 燃油动力植保无人驾驶航空器按使用说明书规定的操作方法起动 3 次,其中成功次数应不少于 2 次。

6.1.8 承压管路系统,包括仪表、压力计管路和所有承压软管,应能承受不小于规定最高工作压力 1.5 倍的压力而无泄漏。承压软管上应有永久性标志,标明制造商和最高允许工作压力。

6.1.9 药液箱总容量与其额定容量之比应不小于 1.05 且不大于 1.1。加液口直径应不小于 10 cm。配置多个药液箱的,各药液箱应能互相连通。

6.2 性能要求

6.2.1 自动控制模式的植保无人驾驶航空器应具有手动控制模式功能,飞行过程中两种模式应能自由切换,且切换时飞行状态应无明显变化。

6.2.2 植保无人驾驶航空器在自动控制模式下飞行,水平匀速运动的速度误差应不大于 0.4 m/s;百米水平飞行航迹误差在水平和竖直方向上均应不大于 0.4 m。

6.2.3 植保无人驾驶航空器空载和满载悬停时,不应出现掉高或坠落等现象。

6.2.4 植保无人驾驶航空器连续喷雾作业时间应满足表 3 的要求。植保无人驾驶航空器续航时间与连续喷雾作业时间之比应不小于 1.2。

表 3 连续喷雾作业时间要求

药液箱额定容量 V,L	连续喷雾作业时间,min
V<10	≥5
10≤V≤15	≥7
V>15	≥9

6.2.5 植保无人驾驶航空器作业后,药液箱内药液残留量应不大于 30 mL。

6.2.6 植保无人驾驶航空器加液口应设置过滤网,应保证加液畅通、无液体溢出。植保无人驾驶航空器至少应具有二级过滤装置,过滤装置应便于清洗。加液口过滤网网孔尺寸应不大于 1 mm,末级过滤网网孔尺寸应不大于 0.7 mm。

6.2.7 植保无人驾驶航空器喷雾系统应具有良好的防滴性能,停止喷雾 5 s 后,出现漏滴现象的喷头不应超过 1 个,且其漏滴的液滴数应不大于 2 滴/min。

6.2.8 植保无人驾驶航空器喷雾量偏差不应超过设定值的±5%,沿喷幅方向上喷雾量分布均匀性变异系数应不大于 35%。

6.2.9 植保无人驾驶航空器在自动控制模式下作业,转弯、掉头、悬停时不得喷雾。

6.2.10 植保无人驾驶航空器作业幅宽应符合使用说明书中明示值。

6.2.11 植保无人驾驶航空器纯作业小时生产率应符合使用说明书中明示值。

6.2.12 具有断点续喷功能的植保无人驾驶航空器,结束喷雾作业的断药点与续喷点之间水平距离应不大于 1 m,且植保无人驾驶航空器到达续喷点后,应能立刻开始喷雾作业。

6.2.13 具有仿地飞行功能的植保无人驾驶航空器,仿地飞行作业时应避免与不大于 20°坡道发生碰撞,且竖直方向与坡道的实际距离和设定作业高度之间的偏差应不大于 0.6 m。

6.3 安全要求

6.3.1 可产生高温的外露部件(包括发动机、排气管等)对人员易产生伤害的部位,应设置防护装置,避免人手或身体触碰。

6.3.2 存在潜在风险的部位附近应固定永久性的符合 GB 10396 规定的安全标志,在机体的明显位置还应有警示操作者使用安全防护用具的安全标识。

6.3.3 植保无人驾驶航空器应具有良好的密封性能,各零部件及连接处应密封可靠,除喷头外,不应出现药液或其他液体渗漏现象。

6.3.4 植保无人驾驶航空器应具有限高、限速、限距功能。限高值、限速值、限距值均应不大于制造商的明示值。

6.3.5 植保无人驾驶航空器在地理围栏外飞行,不得触碰围栏边界;在地理围栏内,不得启动。

6.3.6 植保无人驾驶航空器对通信链路中断、燃料或电量不足、全球导航卫星系统信号丢失等异常情形应具有报警和失效保护功能。

6.3.7 植保无人驾驶航空器应具有避障功能。在制造商明示的最大作业速度下不得与垂直于地面的直径(2±0.5)cm 的管状障碍物碰撞。植保无人驾驶航空器离开障碍物,应能重新可控。

6.3.8 植保无人驾驶航空器的射频电场辐射抗扰度应不低于表 4 的 B 级要求。通信与控制系统辐射骚扰限值应满足表5要求。

表4 电磁兼容-射频电场辐射抗扰度

等级	试验样品功能丧失或性能降级程度	试验样品功能丧失或性能降低现象
A	各项功能和性能正常	①测控信号传输中断或丢失; ②对操控信号无响应或飞行控制性能降低; ③喷洒设备对操控信号无响应; ④其他功能的丧失或性能的降低
B	未出现现象①或②。出现现象③或④,且在干扰停止后2 min(含)内自行恢复,无需操作者干预	
C	未出现现象①或②。出现现象③或④,且在干扰停止2 min后仍不能自行恢复,在操作者对其进行复位或重新起动操作后可恢复	
D	出现现象①或②;或未出现现象①或②,但出现现象③或④,且因硬件或软件损坏、数据丢失等原因不能恢复	

表5 电磁兼容-辐射骚扰限值

频率 f	测量值	限值,$dB(\mu V/m)$
30 MHz≤f<230 MHz	准峰值	40
230 MHz≤f<1 GHz	准峰值	47
1 GHz≤f<3 GHz	平均值/峰值	56/76
3 GHz≤f<6 GHz	平均值/峰值	60/80

6.3.9 锂离子电池或电池组应有过放电、过充电保护功能和短路保护功能;跌落至水泥地面上,应不起火、不爆炸。

6.4 装配和外观质量

6.4.1 装配应牢固可靠,旋翼应有紧固措施。

6.4.2 外观应整洁,不应有毛刺和明显的伤痕、变形等缺陷。

6.5 操作方便性

6.5.1 保养点设计应合理,便于操作,过滤装置应便于清洗。

6.5.2 药液箱设计应合理,加液方便。外表面应有容量刻度标记,操作者应能方便清晰观察到液位。在不使用工具情况下能方便、安全排空,不污染操作者。

6.5.3 电池、旋翼和喷头等零部件应便于更换。

6.6 可靠性

植保无人驾驶航空器首次故障前平均作业时间应不小于60 h。

6.7 使用信息

6.7.1 使用说明书

植保无人驾驶航空器的制造商或供应商应随机提供使用说明书,使用说明书的编制应符合GB/T 9480的规定。使用说明书应规定操作和维修保养的安全注意事项,至少应包括以下内容:

    a) 适用范围;

    b) 型号规格;

    c) 安装、调整、校准及相关安全功能使用调试;

    d) 起动和停止步骤;

    e) 整机装配示意图;

    f) 地面控制站介绍;

    g) 运输状态布置;

    h) 安全停放步骤;

    i) 维护和保养要求;

    j) 有关安全使用规则的要求;

    k) 故障处理说明;

    l) 制造商名称、地址和电话。

6.7.2 三包凭证

植保无人驾驶航空器应有三包凭证,至少应包括以下内容:

a) 产品名称、型号规格、产品编号;

b) 制造商名称、地址、电话和邮编;

c) 销售者和修理者的名称、地址、电话和邮编;

d) 三包项目;

e) 三包有效期(包括整机三包有效期、主要部件质量保证期,以及易损件和其他零部件的质量保证期,其中整机三包有效期和主要部件质量保证期不得少于1年);

f) 主要部件清单;

g) 销售记录(包括销售日期、购机发票号码);

h) 修理记录(包括送修时间、送修故障、修理情况、退换货证明);

i) 不承担三包责任的情况说明。

6.7.3 铭牌

植保无人驾驶航空器上应安装牢固的产品铭牌。铭牌应符合GB/T 13306的规定,内容至少应包括:

——型号、名称;

——空机重量、整机药液箱额定容量;

——发动机功率或电机功率和电池容量等主要技术参数;

——产品执行标准编号;

——生产日期和出厂编号;

——制造商名称、地址。

7 试验方法

7.1 试验条件测定

按照GB/T 5262的规定测定温度、湿度、大气压力、海拔、风速等气象条件。

7.2 一般要求试验

7.2.1 环境适应性试验

将植保无人驾驶航空器安装成工作状态,放置在温度(6±2)℃、相对湿度95%±2%的试验箱内,机体任意点与试验箱壁(除底面)距离不小于0.3 m,静置4 h后取出,在室温下再静置1 h。然后,加注额定容量试验介质,按照使用说明书规定进行飞行作业,观察植保无人驾驶航空器工作是否正常。

7.2.2 抗风性能试验

植保无人驾驶航空器加注额定容量试验介质,置于风向稳定、风速为(6±0.5)m/s的自然风或人工模拟风场中,手动操控其起飞、前飞、后飞、侧飞、转向、悬停、着陆,观察其是否正常工作。

7.2.3 防水性能试验

按照GB/T 4208的IPX5防水试验方法对整机进行试验。试验时,植保无人驾驶航空器应处于通电状态,试验结束后,静置30 min,加注额定容量的试验介质进行喷雾作业,观察其是否能正常工作。

7.2.4 药液和燃料(或电量)剩余量显示功能检查

检查植保无人驾驶航空器的地面控制系统是否能实时显示药液箱药液剩余量、燃料或电量剩余量、地面控制系统电量剩余量。

7.2.5 飞行信息存储系统检查

操控植保无人驾驶航空器在测量场地内模拟田间作业5 min以上。待返航着陆后,检查其是否将本次飞行数据进行了加密存储。读取本次飞行作业过程的记录数据。检查加密存储数据内容是否包括本次飞行的位置、海拔、速度信息,是否包括制造商、产品型号、产品编号信息。

7.2.6 远程监管通信功能检查

按7.2.5试验结束后,检查远程监管系统中是否有本次飞行的位置、海拔、速度信息和操控员信息,是否包括制造商、产品型号、产品编号信息。

7.2.7 起动性能试验(适用燃油动力机型)

试验前,燃油动力植保无人驾驶航空器在室温下静置 1 h。按使用说明书规定的操作方法起动,试验进行 3 次,每次间隔 2 min。

7.2.8 承压性能试验

目测检查承压软管标志。承压管路系统耐压试验按 JB/T 9782—2014 中 4.10.2 规定的方法进行。

7.2.9 药液箱检查

向药液箱加注试验介质至溢出,测量箱内试验介质体积,记录总容量。计算药液箱总容量与额定容量之比。

测量药液箱加液孔直径,若配有漏斗等转接装置,则测量转接装置的加液口直径。

7.3 性能要求试验

7.3.1 作业控制模式切换稳定性试验

植保无人驾驶航空器在正常飞行状态下,控制其在手动控制模式和自动控制模式间进行自由切换,观察切换过程中植保无人驾驶航空器的飞行姿态是否平滑,是否出现偏飞、掉高或坠落等失控现象。

7.3.2 自动控制模式飞行精度测试

在试验场地内预设飞行航线,航线长度不小于 120 m,飞行高度不大于 5 m,飞行速度为 3 m/s~5 m/s。

植保无人驾驶航空器加注额定容量试验介质,以自动控制模式沿航线飞行,同时以不大于 0.1 s 的时间间隔对植保无人驾驶航空器空间位置进行连续测量和记录,如图 1 所示。试验重复 3 次。

将记录的航迹经纬度坐标按 CGCS2000 或 WGS84 的格式进行直角坐标转换;植保无人驾驶航空器的空间位置坐标记为 (x_i, y_i, z_i),$i=0,1,2,\cdots,n$;其中,$i=0$ 时为飞行过程中剔除加速区间段的稳定区开始位置,$i=n$ 时为飞行过程中剔除减速区间段的稳定区终止位置。整条航线的平面位置坐标记为 $ax+by+c=0$,a、b、c 系数依据航线方向和位置而定,按公式(1)~公式(3)分别计算偏航距(水平)L_i、偏航距(高度)H_i 和速度偏差 V_i,测量值应为测量区间内计算的最大值。

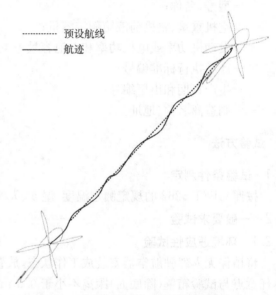

-------- 预设航线
——— 航迹

图 1 自动控制模式飞行精度测试

$$L_i = \frac{ax_i + by_i + c}{\sqrt{a^2 + b^2}} \quad (i=0,1,2,\cdots,n) \cdots\cdots\cdots\cdots (1)$$

式中:

L_i——偏航距(水平)的数值,单位为米(m);

x_i——采集航迹点位置的东西方向坐标值的数值,单位为米(m);

y_i——采集航迹点位置的南北方向坐标值的数值,单位为米(m)。

$$H_i = |z_i - z_{set}| \quad (i=0,1,2,\cdots,n) \cdots\cdots\cdots\cdots (2)$$

式中:

H_i——偏航距(高度)的数值,单位为米(m);

z_i——采集航迹点位置的高度坐标值的数值,单位为米(m);

z_{set}——预设航线的高度坐标值的数值,单位为米(m)。

$$V_i = |v_i - v_{set}| \quad (i=0,1,2,\cdots,n) \cdots\cdots\cdots\cdots (3)$$

式中:

V_i——速度偏差的数值,单位为米每秒(m/s);

v_i——采集航迹点位置的飞行速度的数值,单位为米每秒(m/s);

v_{set}——预设的飞行速度的数值,单位为米每秒(m/s)。

7.3.3 悬停性能试验

注满燃油(使用满电电池),分别在空载和满载条件下,操控植保无人驾驶航空器在一定飞行高度保持悬停,直至其发出燃油(电量)不足报警后立即(不超过 10 s)着陆,观察其飞行状态是否正常。

7.3.4 续航能力测试

注满燃油(使用满电电池),加注额定容量的试验介质。操控植保无人驾驶航空器在测试场地内以 4 m/s 飞行速度、2 m～3 m 飞行高度及合理的喷雾流量模拟田间施药,在其发出药液耗尽的提示信息后,保持机具继续飞行或悬停,直至其发出燃油(电量)不足报警后立即(不超过 10 s)着陆。记录续航时间与连续喷雾作业时间。

7.3.5 残留液量测试

按 7.3.4 试验结束后,将药液箱内残留液体倒入量杯或其他量具中,计量其容积。

7.3.6 过滤装置测试

检查过滤装置设置情况,并用显微镜或专用量具测出过滤网的网孔尺寸,圆孔测量直径,方形孔测量最大边长。

7.3.7 防滴性能试验

植保无人驾驶航空器在额定工况下喷雾,停止喷雾 5 s 后计时,观察出现滴漏现象的喷头数,记录各喷头 1 min 内滴漏的液滴数。

7.3.8 喷雾性能试验

7.3.8.1 喷雾量偏差试验。在额定工况下喷雾,用容器收集雾液,每次测量时间 1 min～3 min,重复 3 次,计算每分钟平均喷雾量,再根据额定喷雾量计算实际喷雾量偏差。

7.3.8.2 喷雾均匀性试验。试验宜在室内进行,如在室外进行,环境风速应不大于 2 m/s。将植保无人驾驶航空器以正常作业姿态固定于集雾槽上方,集雾槽的承接雾流面作为受药面应覆盖整个雾流区域,植保无人驾驶航空器机头应与集雾槽排列方向垂直。以制造商明示的作业高度进行喷雾,若制造商未给出作业高度,则在 2 m 作业高度喷雾。使用量筒收集集雾槽内沉积的试验介质,当其中任一量筒收集的喷雾量达到量筒标称容量的 90% 时或喷完所有试验介质时,停止喷雾。记录喷幅范围内每个量筒收集的喷雾量,并按公式(4)～公式(6)计算喷雾量分布均匀性变异系数。

$$\bar{q} = \frac{\sum_{i=1}^{n} q_i}{n} \quad \cdots\cdots\cdots\cdots\cdots\cdots\cdots\cdots\cdots\cdots\cdots\cdots\cdots\cdots (4)$$

式中:

$\bar{q}$——喷雾量平均值的数值,单位为毫升(mL);

q_i——各量筒收集的喷雾量的数值,单位为毫升(mL);

n——喷幅范围内的量筒总数。

$$s = \sqrt{\frac{\sum_{i=1}^{n} (q_i - \bar{q})^2}{n-1}} \quad \cdots\cdots\cdots\cdots\cdots\cdots\cdots\cdots\cdots (5)$$

式中:

s——喷雾量标准差的数值,单位为毫升(mL)。

$$V = \frac{s}{\bar{q}} \times 100\% \quad \cdots\cdots\cdots\cdots\cdots\cdots\cdots\cdots\cdots\cdots\cdots (6)$$

式中:

V——喷雾量分布均匀性变异系数,单位为百分号(%)。

7.3.9 喷雾自适应控制功能测试

在试验场地内预设往返飞行航线,单程航线长度不小于 120 m。植保无人驾驶航空器加注额定容量试验介质,以制造商明示的作业参数进行自动控制模式喷雾作业;若制造商未给出作业参数,则设置 2 m 作业高度、3 m/s 飞行速度。在航线起点、往返航线切换点和航线终点观察,分别记录在 3 个位置的转弯、掉头、悬停状况及是否喷雾。

7.3.10 作业幅宽测试

将尺寸为(75±5)mm×(25±5)mm 的采样卡(水敏纸或卡罗米特纸等)水平夹持在 0.5 m 高的支架上,在植保无人驾驶航空器预设飞行航线的垂直方向(即沿喷幅方向),间隔不大于 0.2 m 或连续排列布置。试验介质应为清水,必要时可加染色剂。

植保无人驾驶航空器加注额定容量试验介质,以制造商明示的作业参数进行自动控制模式喷雾作业;若制造商未给出作业参数,则设置 2 m 作业高度、3 m/s 飞行速度。在采样区前 50 m 开始喷雾,后 50 m 停止喷雾。

计数各测点采样卡收集的雾滴数,计算各测点的单位面积雾滴数,从采样区两端逐个测点进行检查,两端首个单位面积雾滴数不小于 20 滴/cm² 的测点位置作为作业喷幅两个边界。作业喷幅边界间的距离为作业幅宽。试验至少重复 3 次,取平均值,同时记录作业参数。一次试验中可布置 3 行采样卡代替 3 次重复试验,采样卡行距不小于 5 m。

7.3.11 纯作业小时生产率测试

计算纯作业小时生产率应确保植保无人驾驶航空器在额定每公顷施药量下测定,按公式(7)计算。

$$W_s = \frac{U}{T_s} \quad \cdots\cdots\cdots\cdots\cdots\cdots\cdots\cdots\cdots\cdots\cdots\cdots\cdots\cdots\cdots (7)$$

式中:

W_s——纯喷药小时生产率的数值,单位为公顷每小时(hm²/h);

U ——班次作业面积的数值,单位为公顷(hm²);

T_s——纯喷药时间的数值,单位为小时(h)。

7.3.12 断点续喷试验(若适用)

植保无人驾驶航空器加注额定容量的试验介质,以制造商明示的作业参数进行自动控制模式喷雾作业,若制造商未给出作业参数,则设置 2 m 作业高度、3 m/s 飞行速度。当植保无人驾驶航空器喷完药液或燃料(电量)不足悬停时,记录断药点位置坐标。操控植保无人驾驶航空器返回,重新加燃料(更换电池)、加入额定容量的试验介质,继续喷雾作业。当植保无人驾驶航空器回到断药点附近悬停时,记录续喷点位置坐标。观察植保无人驾驶航空器到达续喷点后是否立刻喷雾。计算断药点与续喷点之间的水平距离。

7.3.13 仿地飞行试验(若适用)

在试验场地设置标准坡道台面,坡道角度为 20°±1°,长度不少于 15 m。植保无人驾驶航空器加注额定容量的试验介质,操控植保无人驾驶航空器以仿地飞行模式沿坡道台面中轴线飞行,设定仿地飞行高度不大于 5 m、飞行速度不低于 2 m/s。观察植保无人驾驶航空器是否能避免与坡道发生碰撞,测量植保无人驾驶航空器与坡道台面在竖直方向上的距离,按公式(8)计算仿地飞行偏差。

$$\Delta H_i = |H_i - H| \quad (i = 0, 1, 2, \cdots, n) \quad \cdots\cdots\cdots\cdots\cdots\cdots\cdots (8)$$

式中:

ΔH_i——仿地飞行偏差的数值,单位为米(m);

H_i ——植保无人驾驶航空器与坡道台面在竖直方向上距离的数值,单位为米(m);

H ——植保无人驾驶航空器仿地飞行设置高度的数值,单位为米(m)。

7.4 安全要求试验

7.4.1 安全防护装置检查

目测检查发动机、排气管的安装位置是否处于人体易触碰的区域。目测检查机体上其他对人员易产生伤害的部位是否设置了防护装置。

7.4.2 安全标志和标识检查

目测检查植保无人驾驶航空器的旋翼、发动机、药液箱、排气管、电池等对操作者有风险的部位附近是否有永久性安全标志。

目测检查植保无人驾驶航空器机身明显位置是否具有警示操作者使用安全防护用具的安全标识。

7.4.3 整机密封性能试验

植保无人驾驶航空器加注额定容量试验介质,在最高压力下喷雾,直至耗尽试验介质,检查零部件及连接处、各密封部位有无松动,是否有试验介质和其他液体泄漏现象。

7.4.4 限高、限速和限距功能测试

7.4.4.1 限高测试

在手动控制模式下操控植保无人驾驶航空器持续提升飞行高度,直至其无法继续向上飞行,并保持该状态5 s以上,测量此时植保无人驾驶航空器相对起飞点的飞行高度,即为限高值。

7.4.4.2 限速测试

在手动控制模式下操控植保无人驾驶航空器平飞,逐渐增加飞行速度,直至其无法继续加速,并保持该速度5 s以上,测量此时植保无人驾驶航空器飞行速度,即为限速值。

7.4.4.3 限距测试

在手动控制模式下操控植保无人驾驶航空器平飞,逐渐远离起飞点,直至其无法继续前进,测量此时植保无人驾驶航空器相对于起飞点的飞行距离,即为限距值。

7.4.5 地理围栏测试

在试验场地内设置30 m×30 m×20 m的空间区域为地理围栏的禁飞区。

操控植保无人驾驶航空器以2 m/s飞行速度、5 m飞行高度接近直至触碰地理围栏,如图2所示。目测植保无人驾驶航空器与地理围栏发生接触前后采取的措施,具体包括报警提示、自动悬停、自动返航、自动着陆等。

将植保无人驾驶航空器搬运进地理围栏区域,目测其是否有报警提示且无法启动。

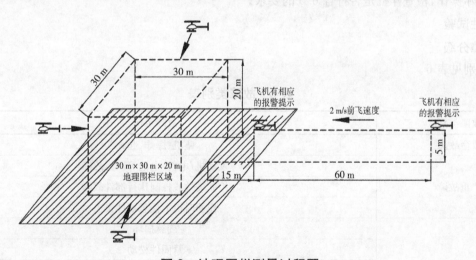

图2 地理围栏测量过程图

7.4.6 报警和失效保护功能测试

7.4.6.1 链路中断的失效保护试验

正常飞行状态下,操控植保无人驾驶航空器持续飞行,过程中适时中断通信链路,目测其是否悬停、自动返航或自动着陆。

7.4.6.2 低燃油(低电量)失效保护试验

正常飞行状态下,操控植保无人驾驶航空器持续飞行,目测其电池电量过低时,是否具有制造商声明的失效保护功能。

7.4.6.3 失效报警功能检查

目测检查植保无人驾驶航空器在触发失效保护时，是否能发出声、光或振动的报警提示。

7.4.7 避障功能测试

植保无人驾驶航空器加注额定容量试验介质，在自动控制模式下，以 2 m 的飞行高度，制造商明示的最大作业速度飞向直径(2 ± 0.5)cm、高度 4 m 的镀锌管（垂直于地面），目测是否能自动避免与障碍物碰撞。操作植保无人驾驶航空器离开障碍物，目测是否重新可控。

7.4.8 电磁兼容性试验

7.4.8.1 射频电场辐射抗骚扰度试验

按照 GB/T 38909 的规定对植保无人驾驶航空器整机的射频电场辐射抗骚扰度能力进行评估，试验结果根据试验样品的功能丧失或性能降级程度分为 A、B、C、D 4 个等级，见表 4。

7.4.8.2 辐射骚扰限值试验

按照 GB/T 9254.1 的规定对植保无人驾驶航空器整机的辐射电磁骚扰水平进行评估。

7.4.9 锂电池试验

7.4.9.1 过充电、过放电试验

按照 GB/T 38058—2019 中 6.5.5 和 6.5.6 规定的方法进行试验。

7.4.9.2 短路试验

按照 GB/T 38058—2019 中 6.5.7 规定的方法进行试验。

7.4.9.3 跌落试验

按照 GB/T 38058—2019 中 6.5.9 规定的方法进行试验。

7.5 装配和外观质量检查

目测检查是否符合 6.4 的要求。

7.6 操作方便性检查

通过实际操作，检查样机是否符合 6.5 的要求。

7.7 可靠性试验

7.7.1 故障分级

故障类别见表 6。

表 6 故障类别表

故障类别	故障示例
致命故障	坠机、爆炸、起火
严重故障	发动机/电机/电池等动力故障
	控制失效或控制执行部件故障
	作业时机上任意部件飞出
一般故障	旋翼损坏
	紧固件松动
	施药控制设备故障
	无线电通信设备故障
	地面控制系统设备故障
轻微故障	罩壳松动
	喷头或管路堵塞

7.7.2 首次故障前平均作业时间考核

按累计 80 h 定时截尾进行考核，记录植保无人驾驶航空器发生首次严重故障和一般故障（轻微故障不计）前的作业时间，计算首次故障前平均工作时间。

在全部性能试验和可靠性试验过程中,出现致命故障时,判定可靠性不合格。

7.8 使用信息检查

7.8.1 使用说明书检查

按照 6.7.1 的要求逐项检查。

7.8.2 三包凭证检查

按照 6.7.2 的要求逐项检查。

7.8.3 铭牌检查

按照 6.7.3 的要求逐项检查。

8 检验规则

8.1 不合格项目分类

检验项目按其对产品质量的影响程度,分为 A、B 两类。不合格项目分类见表 7。

表 7 检验项目及不合格分类

项目分类	序号	项目名称	对应的质量要求条款号	对应的试验方法条款号
A	1	安全防护装置	6.3.1	7.4.1
	2	安全标志和标识	6.3.2	7.4.2
	3	整机密封性能	6.3.3	7.4.3
	4	限高、限速、限距功能	6.3.4	7.4.4
	5	地理围栏	6.3.5	7.4.5
	6	报警和失效保护功能	6.3.6	7.4.6
	7	避障功能	6.3.7	7.4.7
	8	电磁兼容性	6.3.8	7.4.8
	9	锂电池	6.3.9	7.4.9
B	1	环境适应性	6.1.1	7.2.1
	2	抗风性能	6.1.2	7.2.2
	3	防水性能	6.1.3	7.2.3
	4	药液和燃料(电量)剩余量显示功能	6.1.4	7.2.4
	5	飞行信息存储系统	6.1.5	7.2.5
	6	远程通信功能	6.1.6	7.2.6
	7	起动性能	6.1.7	7.2.7
	8	承压性能	6.1.8	7.2.8
	9	药液箱	6.1.9	7.2.9
	10	作业模式切换稳定性	6.2.1	7.3.1
	11	自动控制模式飞行精度	6.2.2	7.3.2
	12	悬停性能	6.2.3	7.3.3
	13	续航能力	6.2.4	7.3.4
	14	残留液量	6.2.5	7.3.5
	15	过滤装置	6.2.6	7.3.6
	16	防滴性能	6.2.7	7.3.7
	17	喷雾性能	6.2.8	7.3.8
	18	喷雾自适应控制功能	6.2.9	7.3.9
	19	作业幅宽	6.2.10	7.3.10
	20	纯作业小时生产率	6.2.11	7.3.11
	21	断点续航功能	6.2.12	7.3.12
	22	仿地飞行功能	6.2.13	7.3.13
	23	装配和外观质量	6.4	7.5
	24	操作方便性	6.5	7.6
	25	可靠性	6.6	7.7
	26	使用信息	6.7	7.8

8.2 抽样方案

8.2.1 抽样方案按 GB/T 2828.11—2008 中附录 B 表 B.1 的规定制订,见表8。

表8 抽样方案

检验水平	0
声称质量水平(DQL)	1
检查总体(N)	10
样本量(n)	1
不合格品限定数(L)	0

8.2.2 采用随机抽样,在制造单位6个月内生产的合格产品中或正销售的产品中随机抽取2台,其中1台用于检验,另1台备用。由于非质量原因造成试验无法继续进行时,启用备用样机。抽样基数应不少于10台,市场或使用现场抽样不受此限。

8.3 判定规则

8.3.1 样机合格判定

对样机的A、B类检验项目逐项进行考核和判定。当A类不合格项目数为0(即A=0)、B类不合格项目数不超过1(即B≤1)时,判定样机为合格品;否则,判定样机为不合格品。

8.3.2 综合判定

若样机为合格品(即样本的不合格品数不大于不合格品限定数),则判定通过;若样机为不合格品(即样本的不合格品数大于不合格品限定数),则判定不通过。

附 录 A
（规范性）
产品规格表

产品规格表见表 A.1。

表 A.1 产品规格表

序号	项目			单位	设计值
1	型号名称			/	
2	飞行控制系统			/	□无 RTK □单基站 RTK（整机销售配套基站） □网络 RTK □其他 □前避障 □前后避障 □绕障 □其他
3	空机重量			kg	
4	整机额定工作压力			MPa	
5	工作状态下的外形尺寸（长×宽×高）			mm	
6	旋翼		材质	/	
			主旋翼数量	个	
			直径	mm	
7	药液箱		材质	/	
			额定容量	L	
			数量	个	
8	喷头		型式	/	□液力式 □离心式 □其他
			数量	个	
9	喷杆长度			mm	
10	液泵		型式	/	□蠕动泵 □隔膜泵 □其他
			额定流量	L/min	
			数量	个	
11	配套动力	发动机	额定功率/转速	kW/(r/min)	
		电动机	KV 值	(r/min)/V	
			额定功率	W	
12	电池		型号名称	/	
			型式	/	□智能电池 □非智能电池
			电压	V	
			容量	mAh	
			数量	个	
13	充电器		型号名称	/	
			型式	/	□智能充电器 □非智能充电器
			输入电压	V	
			输出电压	V	
			输出电流	A	
注：RTK 的全称是 real time kinematic，指利用载波相位差分技术实现实时动态定位。					

ICS 65.060.50
CCS B 91

中华人民共和国农业行业标准

NY/T 4365—2023

蓖麻收获机　作业质量

Operating quality for castor harvester

2023-04-11 发布

2023-08-01 实施

中华人民共和国农业农村部 发布

前　言

本文件按照 GB/T 1.1—2020《标准化工作导则　第 1 部分：标准化文件的结构和起草规则》的规定起草。

请注意本文件的某些内容可能涉及专利。本文件的发布机构不承担识别专利的责任。

本文件由农业农村部农业机械化管理司提出。

本文件由全国农业机械标准化技术委员会农业机械化分技术委员会（SAC/TC 201/SC 2）归口。

本文件起草单位：农业农村部南京农业机械化研究所、内蒙古通瑞达生物科技有限公司、内蒙古民族大学。

本文件主要起草人：石磊、吴腾、仇鸿翔、孙勇飞、孔凡婷、陈长林、谢庆、韩世忠、赵华洋、李理。

蓖麻收获机　作业质量

1 范围

本文件规定了蓖麻收获机作业的术语和定义、作业质量要求、检测方法和评定规则。

本文件适用于辊刷式和切割式蓖麻收获机作业质量的评定，其他型式蓖麻收获机可参照执行。

2 规范性引用文件

下列文件中的内容通过文中的规范性引用而构成本文件必不可少的条款。其中，注日期的引用文件，仅该日期对应的版本适用于本文件；不注日期的引用文件，其最新版本（包括所有的修改单）适用于本文件。

GB/T 5262—2008　农业机械试验条件　测定方法的一般规定。

3 术语和定义

下列术语和定义适用于本文件。

3.1

蓖麻收获机　castor harvester

一次完成蓖麻蒴果与植株分离、输送、收集等作业的机械。

3.2

蓖麻蒴果　castor fruit

蓖麻植株上近球形果实。

3.3

蓖麻籽粒　castor seed

蓖麻蒴果内包裹的种子。

3.4

脱叶率　percentage of fallen leaves

作业前，自然脱落叶数占蓖麻植株总叶片数的百分比。

3.5

自然落地果　naturally fallen castor fruit

作业前，自然脱落在地表的蓖麻蒴果。

3.6

挂枝果　hanging castor fruit

作业后，仍留在植株上的蓖麻蒴果。

3.7

损失率　percentage of total loss

作业后，落地果和挂枝果质量占应收蓖麻蒴果总质量的百分比。

3.8

含杂率　percentage of impurities

作业后，收获物料中杂质的质量占总质量的百分比。

3.9

破损率　percentage of breakage

作业后，破碎籽粒的质量占蓖麻籽粒总质量的百分比。

4 作业质量要求

4.1 作业条件

4.1.1 蓖麻种植行距应适应蓖麻收获机的作业行距,蓖麻种植行距偏差小于 5 cm;地表平坦,无沟壑、较大田埂,便于机具通过。

4.1.2 蓖麻植株脱叶率不少于 85%。

4.1.3 蓖麻植株生长高度不高于 160 cm,最低穗位不低于 20 cm,株型紧凑、无倒伏。

4.2 作业质量

在 4.1 规定的作业条件下,蓖麻收获机的作业质量应符合表 1 的规定。

表 1 蓖麻收获机作业质量指标

序 号	项 目	指标		检测方法对应的条款号
		辊刷式蓖麻收获机	切割式蓖麻收获机	
1	损失率	≤7%	≤6%	5.3.1
2	含杂率	≤7%	≤6%	5.3.2
3	破损率	≤2%	≤3%	5.3.3

5 检测方法

5.1 测区和测点的确定

5.1.1 测区应符合 4.1 的规定,测区宽度不小于蓖麻收获机作业幅宽的 8 倍,测区长度不少于 50 m。

5.1.2 测区内按照 GB/T 5262—2008 第 4.2 条规定的五点法选取作业质量的测点。

5.2 作业条件测定

5.2.1 蓖麻植株生长情况

在测区内避开作业质量测点随机选取 10 株蓖麻植株,测定植株的高度和最低穗位,计算植株平均高度和平均最低穗位。

5.2.2 自然落地果测定

在测区内避开作业质量测点选取 3 个测点,每个测点长度为 1 m、宽度为 1 个作业幅宽,收集自然落地果并称重,计算单位面积平均自然落地果质量。

5.2.3 脱叶率测定

在测定自然落地果 3 个测点内,每个测点连续测 3 株蓖麻植株已脱落叶片数、总叶片数,计算脱叶率。

5.2.4 蓖麻蒴果产量测定

在测定自然落地果 3 个测点内,分别收集各测点植株上的蓖麻蒴果,去除杂质并称重,计算蓖麻蒴果平均产量,换算为单位面积应收蓖麻蒴果质量。

5.2.5 种植行距偏差测定

在测区内避开作业质量测点选取 3 个测点,每个测点分别测取相邻两行长度不小于 5 m 的中心线前、中、后 3 处的间距,计算最大值与最小值的差值。

5.3 作业质量检测

5.3.1 损失率

蓖麻收获机采收后,在机器稳定作业的区域内选定 5 个测点,每个测点沿作业方向取 2 m 长度,宽度为 1 个作业幅宽,分别收集落地果和挂枝果,去除杂质并称重,计算各测点的单位面积落地果质量和挂枝果质量;按公式(1)计算损失率,结果取 5 次的算术平均值。

$$Y=\frac{G_1+G_2-G_3}{G}\times100 \quad\cdots\cdots\cdots\cdots\cdots\cdots\cdots\cdots\cdots\cdots\cdots (1)$$

式中:

Y ——损失率的数值,单位为百分号(%);

G_1 ——单位面积落地果质量的数值,单位为克每平方米(g/m²);

G_2 ——单位面积挂枝果质量的数值,单位为克每平方米(g/m²);

G_3 ——蓖麻收获机作业前单位面积自然落地果质量的数值,单位为克每平方米(g/m²);

G ——单位面积应收蓖麻蒴果平均质量的数值,单位为克每平方米(g/m²)。

5.3.2 含杂率

从蓖麻收获机物料箱分层分区随机取样 5 份,每份不少于 2 000 g,集中并充分混合;从中取出样品 3 份,每份 500 g,拣出杂质,称重。按公式(2)计算含杂率,结果取 3 次的算术平均值。

$$T = \frac{W_T}{500} \times 100 \quad \cdots\cdots\cdots\cdots\cdots\cdots\cdots\cdots\cdots\cdots\cdots\cdots (2)$$

式中:

T ——含杂率的数值,单位为百分号(%);

W_T ——样品中杂质的质量的数值,单位为克(g)。

5.3.3 破损率

将测定含杂率后的 3 份样品分别去壳,获取籽粒后称重,拣出破损籽粒并称重。按公式(3)计算破损率,结果取 3 次的算术平均值。

$$Z = \frac{W_z}{W} \times 100 \quad \cdots\cdots\cdots\cdots\cdots\cdots\cdots\cdots\cdots\cdots\cdots\cdots (3)$$

式中:

Z ——破损率的数值,单位为百分号(%);

W_z ——样品中破损籽粒的质量的数值,单位为克(g);

W ——样品中籽粒总质量的数值,单位为克(g)。

6 评定规则

6.1 考核项目

作业质量考核项目见表2。

表 2 作业质量考核项目

序　号	项目名称
1	损失率
2	含杂率
3	破损率

6.2 评定规则

对确定的考核项目进行逐项考核。考核项目全部合格时,判定蓖麻收获机的作业质量为合格,否则为不合格。

ICS 65.060.25
CCS B 92

中华人民共和国农业行业标准

NY/T 4366—2023

撒肥机 作业质量

Operating quality of fertilizer spreader

2023-04-11 发布
2023-08-01 实施

中华人民共和国农业农村部 发布

前　言

本文件按照 GB/T 1.1—2020《标准化工作导则　第 1 部分:标准化文件的结构和起草规则》的规定起草。

请注意本文件的某些内容可能涉及专利。本文件的发布机构不承担识别专利的责任。

本文件由农业农村部农业机械化管理司提出。

本文件由全国农业机械标准化技术委员会农业机械化分技术委员会(SAC/TC 201/SC 2)归口。

本文件起草单位:中国农业机械化协会、农业农村部农业机械化总站、山东省农业机械技术推广站、福林格(青岛)农业机械有限公司。

本文件主要起草人:仪坤秀、王明磊、金红伟、管延华、刘荣国、马小非、栾涛、朱珠、相姝楠、王京宇。

撒肥机　作业质量

1　范围

本文件规定了撒肥机作业质量指标、检测方法和检验规则。

本文件适用于固态肥抛撒机和液态肥撒施机作业质量评定，不适用于颗粒肥抛撒机作业质量评定。

2　规范性引用文件

下列文件中的内容通过文中的规范性引用而构成本文件必不可少的条款。其中，注日期的引用文件，仅该日期对应的版本适用于本文件；不注日期的引用文件，其最新版本（包括所有的修改单）适用于本文件。

GB/T 5262—2008　农业机械试验条件　测定方法的一般规定

3　术语和定义

下列术语和定义适用于本文件。

3.1

固态肥抛撒机　solid fertilizer spreader

抛撒厩肥、发酵肥、泥肥或类似性状肥料的机械。

3.2

液态肥撒施机　liquid fertilizer spreader

将液态肥撒于地表或施于地表以下的机械。

4　作业质量

4.1　作业条件

4.1.1　试验地应平坦、无障碍物，地表不陷脚、无积水。

4.1.2　固态肥抛撒机（以下简称抛撒机）选用松散、无明显结块的固态有机肥作为试验物料。试验时，装填肥料上表面应与肥箱上边缘平齐，不压实。试验前应测定试验物料容重。

4.1.3　液态肥撒施机（以下简称撒施机）选用水作为试验物料，水的容重按 1 000 kg/m³ 计算。

4.1.4　悬挂式或牵引式撒肥机配套动力应符合产品使用说明书规定。

4.1.5　抛撒机以最大抛撒量作业，撒施机以最大排肥量作业。

4.2　在4.1规定的作业条件下，抛撒机和撒施机作业质量应分别符合表1和表2的规定。

表 1　抛撒机作业质量

序号	检测项目	单位	质量要求	检测方法
1	撒肥量	m³/hm²	符合当地农艺要求	5.3.3
2	抛撒宽度	m	达到企业明示值	5.3.1
3	撒肥均匀性变异系数	—	≤30%	5.3.4

表 2　撒施机作业质量

序号	检测项目	单位	质量要求	检测方法
1	撒肥量	m³/hm²	符合当地农艺要求	5.3.3
2	喷洒宽度	m	达到企业明示值	5.3.2

表 2 （续）

序号	检测项目	单位	质量要求	检测方法
3	液态肥施肥深度（H）	cm	$H \geq 12$（深施）	5.3.5
			$5 \leq H < 12$（浅施）	

5 检测方法

5.1 测区确定

测区应符合 4.1.1 规定，长度不小于 30 m，宽度不小于 5 个作业幅宽。

5.2 作业条件测定

5.2.1 试验物料容重测定

在抛撒机装填肥料的前、中、后 3 个时间段分别测定试验物料容重。选用容积不小于 10 L 的容器装满清水，称其质量。倒出容器中的水，待容器干燥后备用。随机选取试验物料装满干燥容器，试验物料上表面与容器上边缘平齐，不压实，称其质量，按公式（1）计算试验物料容重。前、中、后 3 个时间段各测 3 次，结果取 9 次试验物料容重的平均值。

$$\rho = \frac{G_2 - g}{G_1 - g} \times 1000 \quad \cdots\cdots\cdots\cdots\cdots\cdots\cdots\cdots\cdots\cdots\cdots\cdots\cdots\cdots （1）$$

式中：

ρ ——试验物料容重的数值，单位为千克每立方米（kg/m³）；

G_2——容器装满肥料后质量的数值，单位为千克（kg）；

g ——容器质量的数值，单位为千克（kg）；

G_1——容器装满水后质量的数值，单位为千克（kg）。

5.2.2 作业速度测定

撒肥机以正常作业挡位，在最大油门状态下抛撒作业，测定通过测区的时间，按公式（2）计算作业速度。重复试验 3 次，结果取平均值。

$$C = \frac{l}{t} \quad \cdots\cdots\cdots\cdots\cdots\cdots\cdots\cdots\cdots\cdots\cdots\cdots\cdots\cdots\cdots\cdots\cdots\cdots\cdots\cdots\cdots\cdots （2）$$

式中：

C ——作业速度的数值，单位为米每秒（m/s）；

l ——测区长度的数值，单位为米（m）；

t ——通过测区时间的数值，单位为秒（s）。

5.3 作业质量检测

5.3.1 抛撒宽度测定

样机停驶，在最大油门状态下抛撒作业，直至抛撒的肥料形成一条界线明显的肥料带。在肥料带两端，分别选取肥量不小于 1/3 平均肥量的位置为端点，测量两端点之间距离。重复作业 3 次，结果取平均值。

5.3.2 喷洒宽度测定

样机停驶，在最大油门状态下撒施作业，标记物料最外两侧落地点，测量两点之间距离。重复作业 3 次，结果取平均值。

5.3.3 撒肥量测定

试验前称量装满物料的撒肥机质量。从物料开始抛撒（喷洒）计时，物料抛撒（喷洒）结束为止，测定试验物料全部抛撒（喷洒）完毕所用时间（不计地头转弯时间）。物料抛撒（喷洒）完毕后称量撒肥机质量，按公式（3）计算撒肥量。

$$M = \frac{10000 \times (m_1 - m_2)}{C \times T \times E \times \rho} \quad \cdots\cdots\cdots\cdots\cdots\cdots\cdots\cdots\cdots\cdots\cdots\cdots\cdots （3）$$

式中：

M ——撒肥量的数值，单位为立方米每公顷（m^3/hm^2）；

m_1 ——试验前装满物料的撒肥机质量的数值，单位为千克（kg）；

m_2 ——试验后撒肥机质量的数值，单位为千克（kg）；

T ——试验物料全部抛撒（喷洒）完毕所用时间的数值，单位为秒（s）；

E ——抛撒宽度、喷洒宽度、深施或浅施幅宽的数值，单位为米（m）。

5.3.4 撒肥均匀性变异系数测定

在测区内按照 GB/T 5262—2008 中 4.2 规定的方法确定 5 个区，每个区面积为 5 m×5 m；在每个区内按照同样方法确定 5 个测点，每个测点面积 0.5 m×0.5 m。撒肥机在每个测点位置作业完毕后，立即收集测点的肥料并称其质量。分别按公式（4）～公式（6）计算撒肥均匀性变异系数。

$$\overline{X} = \frac{\sum\limits_{i=1}^{n} X_i}{n} \quad\cdots\cdots\cdots\cdots\cdots\cdots\cdots\cdots\cdots\cdots\cdots\cdots\cdots\cdots\cdots\cdots\cdots\cdots \quad (4)$$

式中：

$\overline{X}$ ——各测点肥料质量平均值的数值，单位为千克（kg）；

X_i ——第 i 个测点的肥料质量的数值，单位为千克（kg）；

n ——测点数。

$$S = \sqrt{\frac{\sum\limits_{i=1}^{n} (X_i - \overline{X})^2}{n-1}} \quad\cdots\cdots\cdots\cdots\cdots\cdots\cdots\cdots\cdots\cdots\cdots\cdots\cdots\cdots\cdots \quad (5)$$

式中：

S ——撒肥均匀性标准差的数值，单位为千克（kg）。

$$V = \frac{S}{\overline{X}} \times 100 \quad\cdots\cdots\cdots\cdots\cdots\cdots\cdots\cdots\cdots\cdots\cdots\cdots\cdots\cdots\cdots\cdots\cdots \quad (6)$$

式中：

V ——撒肥均匀性变异系数的数值，单位为百分号。

5.3.5 液态肥施肥深度测定

关闭撒施机的排肥装置后开始作业，破土装置入土，匀速通过测区。在测区内，沿机组前进方向，每隔3 m 测量最外两侧破土装置的入土深度（即液态肥施肥深度）。按公式（7）计算液态肥施肥深度。

$$H = \frac{\sum\limits_{i=1}^{N} h_i}{N} \quad\cdots\cdots\cdots\cdots\cdots\cdots\cdots\cdots\cdots\cdots\cdots\cdots\cdots\cdots\cdots\cdots\cdots\cdots \quad (7)$$

式中：

H ——液态肥施肥深度的数值，单位为厘米（cm）；

h_i ——第 i 点的破土装置入土深度的数值，单位为厘米（cm）；

N ——测点数，$N=22$。

6 检验规则

6.1 作业质量考核项目

作业质量考核项目见表3。

表3 作业质量考核项目

序号	项目名称	抛撒机	撒施机		
			深施	浅施	喷洒
1	撒肥量	√	√	√	√

表3（续）

序号	项目名称	抛撒机	撒施机		
			深施	浅施	喷洒
2	抛撒宽度	√	/	/	/
3	喷洒宽度	/		/	√
4	撒肥均匀性变异系数	√	/	/	/
5	液态肥施肥深度	/	√	√	/

6.2 判定规则

作业质量考核项目应逐项考核。所有项目全部合格,则判定撒肥机作业质量为合格;否则为不合格。

ICS 65.060.40
CCS B 91

中华人民共和国农业行业标准

NY/T 4367—2023

自走式植保机械
封闭驾驶室　质量评价技术规范

Self-propelled plant protection machinery—
Operator Enclosure—Technical specifications of quality evaluation

2023-04-11 发布　　　　　　　　　　　　　2023-08-01 实施

中华人民共和国农业农村部 发布

前　言

本文件按照 GB/T 1.1—2020《标准化工作导则　第 1 部分：标准化文件的结构和起草规则》的规定起草。

请注意本文件的某些内容可能涉及专利。本文件的发布机构不承担识别专利的责任。

本文件由农业农村部农业机械化管理司提出。

本文件由全国农业机械标准化技术委员会农业机械化分技术委员会(SAC/TC 201/SC 2)归口。

本文件起草单位：中国农业机械学会、合肥邦立电子股份有限公司、农业农村部农业机械化总站、艺轩科技有限责任公司、江苏沿海农业机械检测有限公司、河南科技大学、洛阳西苑车辆与动力检验所有限公司。

本文件主要起草人：张咸胜、宋英、方锡邦、杨茵、廖汉平、冀保峰、高宏峰、张鹏、锁景坤、王建军、尚项绳。

自走式植保机械
封闭驾驶室　质量评价技术规范

1　范围

本文件规定了自走式植保机械封闭驾驶室的术语和定义、基本要求、质量要求、检测方法和检验规则。

本文件适用于自走式植保机械封闭驾驶室(以下简称"驾驶室")的质量评定。

2　规范性引用文件

下列文件中的内容通过文中的规范性引用而构成本文件必不可少的条款。其中，注日期的引用文件，仅该日期对应的版本适用于本文件；不注日期的引用文件，其最新版本(包括所有的修改单)适用于本文件。

GB/T 6238—2004　农业拖拉机驾驶室门道、紧急出口与驾驶员的工作位置尺寸

GB/T 6960.7—2007　拖拉机术语　第7部分:驾驶室、驾驶座和覆盖件

GB 9656　汽车安全玻璃

GB 10395.1　农林机械　安全　第1部分:总则

GB 10396　农林拖拉机和机械、草坪和园艺动力机械　安全标志和危险图形　总则

GB/T 13877.4—2003　农林拖拉机和自走式机械封闭驾驶室　第4部分:空气滤清器试验方法

GB/T 13877.5　农林拖拉机和自走式机械封闭驾驶室　第5部分:空气压力调节系统试验方法

GB/T 20953　农林拖拉机和机械　驾驶室内饰材料燃烧特性的测定

GB/T 23821　机械安全　防止上下肢触及危险区的安全距离

JB/T 5673—2015　农林拖拉机及机具涂漆　通用技术条件

JB/T 9832.2—1999　农林拖拉机及机具　漆膜　附着性能测定方法　压切法

3　术语和定义

下列术语和定义适用于本文件。

3.1

有害物　hazardous substance

施用农药和化肥时,除熏蒸剂外的粉尘、气溶胶和蒸汽对驾驶员造成伤害风险的物料。

3.2

粉尘　dust

悬浮于空气中分散的细微固体颗粒。

3.3

气溶胶　aerosol

液体、固体微粒分散在大气中形成的相对稳定的悬浮体系。

3.4

蒸气　vapour

在温度为20 ℃、绝对大气压为0.1 MPa条件下,与液体或固体状态相同的气相状态的物质。

注:蒸气来源于某些液体或者固体因蒸发、沸腾、升华而变成的气体。水蒸气是其中的一种。

3.5

滤清装置　filter

减少进入驾驶室的空气中有害物含量的装置。

注:滤清装置由一个或多个滤清器、吸附剂、催化剂或上述几种元件联合组成,或其他能满足同样功能的技术措施。

3.6

封闭驾驶室 cab

将驾驶员完全包围起来的机器的一部分,用以防止外部空气、灰尘和其他东西进入驾驶员周围的空间。

[来源:GB/T 6960.7—2007,3.1.2]

注:驾驶室配备供气系统,含通风装置、制冷装置、采暖装置、进气装置、过滤装置等。

4 基本要求

4.1 质量评价所需的文件资料

对驾驶室进行质量评价所需文件资料应包括:

——产品规格表(应符合附录 A 的规定),并加盖企业公章;

——企业产品执行标准或产品制造验收技术条件;

——产品使用说明书;

——样机照片(彩色照片 4 张,左前方 45°、右前方 45°、正后方、产品铭牌各 1 张);

——产品与主机安装连接总成示意图。

4.2 主要技术参数核对与测量

依据产品使用说明书、铭牌和企业提供的其他技术文件,对样机的主要技术参数按表1进行核对或测量。外形尺寸测量时,样品放置在硬化场地上,机架调至水平。

表 1 一致性检查项目、限制范围及检查方法

序号	项目	单位	限制范围	检查方法
1	型号名称	—	一致	核对
2	类别	—	一致	核对
3	结构型式	—	一致	核对
4	整机外形尺寸(长×宽×高)	mm	±5%	测量
5	质量	kg	±5%	测量
6	门窗及其他逃生出口数量	—	一致	核对
7	驾驶室正压值	Pa	±5%	测量
8	过滤过的新鲜空气流量	m³/h	±5%	测量
9	进气系统构成	—	一致	核对
10	进气系统过滤方式	—	一致	核对
11	配套主机的型号、名称	—	一致	核对

4.3 试验样机条件

试验样机应与制造商提供的使用说明书信息相符,且有检验合格证,按使用说明书要求调整到正常工作状态。

4.4 主要仪器设备

试验用仪器设备应经过计量检定合格或校准且在有效期内。仪器设备的测量范围和测量准确度应符合表 2 的要求。

表 2 主要仪器设备测量范围和准确度要求

序号	被测参数名称	测量范围	准确度要求
1	时间	0 h～24 h	1 s/d
2	长度	0 m～5 m	1 mm
3	风速	0 m/s～30 m/s	2%
4	温度	0 ℃～100 ℃	1%
5	湿度	10% RH～90% RH	5% RH
6	粒径挡	1 μm～5 μm	—
7	压力	0 Pa～200 Pa	2%

5 质量要求

5.1 驾驶室的分类

驾驶室按照对有害物防护作用的级别分为 A、B 两类。分类情况见表3。

表3 驾驶室的分类

类别	要求
A	对粉尘、气溶胶和蒸汽具有防护作用
B	对粉尘和气溶胶具有防护作用

5.2 性能要求

5.2.1 A类驾驶室的性能

5.2.1.1 A类驾驶室应安装能减少驾驶室内空气中粉尘、气溶胶和蒸汽含量的供气系统(含滤清装置)。

5.2.1.2 驾驶室的供气系统应能使舱内气压与外部环境气压的压差不低于 20 Pa。当压差低于 20 Pa 时,应有低压报警装置。

5.2.1.3 供气系统向驾驶室内提供的过滤后的新鲜空气的最低供气流量为 30 m^3/h。

5.2.1.4 滤清装置的泄漏量应小于2%。

5.2.1.5 粒径挡为 1 μm～5 μm 时,平均隔绝效能应大于98%。

5.2.2 B类驾驶室的性能

5.2.2.1 B类驾驶室应安装能减少驾驶室内空气中粉尘和气溶胶含量的供气系统(含滤清装置)。

5.2.2.2 驾驶室供气系统应能使驾驶室内气压比外部环境气压高 20 Pa。当压差低于 20 Pa 时,应有低压报警装置。

5.2.2.3 供气系统向驾驶室内提供的过滤后的新鲜空气的最低供气流量为 30 m^3/h。

5.2.2.4 滤清装置的泄漏量应小于2%。

5.2.2.5 粒径挡为 1 μm～5 μm 时,平均隔绝效能应大于98%。

5.2.3 防阻塞

滤清装置应有减小阻塞的措施。

5.3 安全要求

5.3.1 驾驶室设计和结构应合理,保证操作者按制造商使用说明书操作和保养时没有危险。

5.3.2 驾驶室内操纵者工作位置应按照 GB 10395.1 的规定执行;人体上下肢触及危险区的安全距离应符合 GB/T 23821 的规定;至少应在紧急出口、供气系统操作面板等部件附近设置符合 GB 10396 规定的安全标志。

5.3.3 驾驶室的强度应符合配套主机制造商的要求。

5.3.4 驾驶室的内饰材料阻燃特性应符合 GB/T 20953 的规定。

5.3.5 驾驶室门窗玻璃应使用安全玻璃,并符合 GB 9656 的要求。

5.3.6 驾驶室的视野应满足正常操作要求。

5.4 装配、外观及涂漆质量

5.4.1 驾驶室装配完成后各连接件、紧固件不应有松动现象。

5.4.2 外观质量应无色差、锈蚀现象。

5.4.3 涂漆质量应符合 JB/T 5673—2015 中 3.2 规定的 TQ-1-1-DM 的要求;漆膜附着力应达到 JB/T 9832.2—1999 表1 规定的Ⅱ级;涂膜外观应色泽均匀,平整光滑,不应有露底、花脸、流痕、起皮和起皱及剥落缺陷,漆膜厚度应不小于 35 μm。

5.5 操作方便性

5.5.1 驾驶室门窗的开启、闭合应可靠、灵活，不应有异常响声、卡滞或锁紧缺陷。

5.5.2 驾驶室门道、紧急出口与操作员的工作位置尺寸应符合 GB/T 6238—2004 中第 4 章、第 5 章的规定；驾驶室内部空间应不妨碍操作员的操纵，并满足设计图样的要求。

5.6 驾驶室门启闭可靠性

驾驶室门启闭 20 000 个循环后，仍应可靠、灵活启闭。

5.7 使用说明书

5.7.1 通用要求

使用说明书中应指明驾驶室的类别，使用说明书还应至少包含下列内容。

——正确的滤清装置安装方法。

——供气系统、过滤和再循环滤清装置，以及压力指示装置的调整、维护和保养。

——驾驶室上为操作远程挂接和牵引农具而使用的孔洞密封指南。

——如何降低暴露在有害物环境中风险的方法举例：

· 使用个人防护设备；

· 培训和教育；

· 用过的个人防护设备和农药包装物不应进入驾驶室内；

· 被污染的手套、鞋子和衣服不应进入驾驶室内部；

· 保持驾驶室内清洁；

· 处理和废弃用过的滤芯；

· 遵守农药、个人防护设备、供气系统（含滤清装置）及植保机械制造商提供的使用指南，以及劳动者健康与卫生指南；

· 当压力指示装置显示未达到要求的最低压力时，正确的处理方式；

· 安装正确的滤芯；

· 开始喷施作业前，操作者应检查滤清装置是否正确安装，安装是否正确，驾驶室的门、窗是否密闭；

· 植保机械定期保养的信息；

· 检查驾驶室门、窗的密封性；

· 如果施用农药，滤清装置应否完好无损；

· 滤清装置制造商和植保机整机产品制造商提供的滤清装置使用、保养和更换操作指南。

5.7.2 A 类驾驶室

应遵守植保机械制造商的使用说明。除 5.7.1 的要求外，使用说明书中还应包含下列内容：

——驾驶室能对粉尘、气溶胶和蒸汽起到防护作用。

5.7.3 B 类驾驶室

应遵守植保机械制造商的使用说明。除 5.7.1 的要求外，使用说明书中还应包含下列内容：

——驾驶室仅能对粉尘和气溶胶起到防护作用，不能对蒸汽起到防护作用；

——安装本驾驶室的植保机械不能用于要求对蒸汽有防护作用的场合。

5.8 铭牌

在驾驶室明显位置上应设置可以永久保持的产品铭牌，铭牌内容至少包括下列内容：

——驾驶室类别；

——出厂编号；

——制造日期；

——制造商名称；

——执行标准。

6 检测方法

6.1 驾驶室性能试验

6.1.1 按照 GB/T 13877.5 规定的试验程序试验,测定驾驶室舱内气压与外部环境气压的压差值。

6.1.2 按照 GB/T 13877.5 规定的试验程序试验,测定供气系统向驾驶室内提供的过滤后的新鲜空气的最低供气流量。

6.1.3 按照附录 B 中试验规程试验,测定滤清装置泄漏量。

6.1.4 按照附录 C 中试验规程试验,测定滤清装置的平均隔绝效能。

6.2 防阻塞检查

滤清装置通过目测、实际操作检查确定满足防阻塞要求。

6.3 安全性检查

6.3.1 按照 5.3.1、5.3.2 的规定采用目测、手感和(或)常规量具测量方式逐项进行检查、测定。

6.3.2 由驾驶室制造商与配套主机制造商协商确定驾驶室强度试验方法。

6.3.3 驾驶室的内饰材料阻燃特性按 GB/T 20953 的规定进行检测。

6.3.4 采用检查标志、采购合同与检测报告方式,确定驾驶室门窗玻璃是否符合 GB 9656 的规定。

6.3.5 驾驶室视野通过实际操作检查来确定满足整机视野要求。

6.4 装配、外观及涂漆质量检查

6.4.1 按照 5.4.1、5.4.2 的规定采用目测、手感和(或)常规测量方式逐项进行检查、测定。

6.4.2 采用目测方式检查驾驶室涂层外观质量。漆膜附着力按 JB/T 9832.2—1999 中第 5 章的规定测定。漆膜厚度按照 JB/T 5673—2019 中第 5 章的规定进行测定,选取主要涂漆部件,每个部件测 3 点,取平均值。

6.5 操纵方便性检查

6.5.1 将驾驶室安装在主机上,启、闭门窗,按照使用说明书的要求更换滤清器,检查操作的方便性。

6.5.2 按照 5.5 的规定,采用目测、手感和(或)常规量具测量方式逐项进行检查、测定。

6.6 驾驶室门启闭可靠性测定

将驾驶室模拟主机上的安装位置固定牢靠,开启、关闭驾驶室门 20 000 个循环后,检查玻璃、铰链、门锁是否损坏,驾驶室门启闭是否可靠、灵活。每个启闭循环时间控制在(10±2)s。

6.7 使用说明书

按照 5.7 的规定,采用目测方法逐项检查。

6.8 铭牌

按照 5.8 的规定,采用目测方法逐项检查。

7 检验规则

7.1 不合格分类

检验项目按其对产品质量的影响程度分为 A、B、C 3 类,不合格项目分类见表 4。

表 4 检验项目及不合格分类表

不合格分类		检验项目	对应的质量要求的条款号
类别	序号		
A	1	驾驶室正压值	5.2.1.2、5.2.2.2
	2	供气系统最低供气流量	5.2.1.3、5.2.2.3
	3	滤清装置泄漏量	5.2.1.4、5.2.2.4
	4	供气系统平均隔绝效能	5.2.1.5、5.2.2.5
	5	安全要求	5.3
	6	驾驶室门启闭可靠性	5.6

表4（续）

不合格分类		检验项目	对应的质量要求的条款号
类别	序号		
B	1	防阻塞	5.2.3
	2	操作方便性	5.5
C	1	装配、外观及涂漆质量	5.4
	2	使用说明书	5.7
	3	铭牌	5.8

7.2 抽样方案

采取随机抽样，在制造商工厂抽样时，应在驾驶室制造商近半年内生产的合格产品中随机抽取，抽样基数不少于10个。在用户和市场抽样时不受此限，抽取样品2个，1个用于检验，另1个备用。由于非质量原因造成试验无法继续进行时，启用备用样品。

7.3 判定规则

7.3.1 样品合格判定

对样机中A、B、C各类检验项目逐项检验和判定，当A类不合格项目数为0、B类不合格项目数不大于1、C类不合格项目数不大于2时，判定样机为合格品，否则判定样机为不合格品。

7.3.2 综合判定

若样机为合格品（即样本的不合格数不大于不合格品数限定数），则判定通过；若样机为不合格品（即样本的不合格数大于不合格品限定数），则判定不通过。

附 录 A

（规范性）

产 品 规 格 表

产品规格表见表A.1。

表A.1 产品规格表

序号	项目	单位	设计值
1	型号名称	—	
2	类别	—	
3	结构型式	—	
4	整机外形尺寸(长×宽×高)	mm	
5	质量	kg	
6	门窗及其他逃生出口数量	—	
7	驾驶室正压值	Pa	
8	过滤过的新鲜空气流量	m³/h	
9	进气系统构成	—	
10	进气系统过滤方式	—	
11	配套主机的型号、名称	—	

附 录 B

（规范性）

驾驶室供气系统的滤清装置泄漏量测定

B.1 通则

本试验为滤清器遮蔽试验,其结果是测量穿过滤清器额定气流量的泄漏量。

B.2 试验条件

B.2.1 样机条件

供气系统在模拟实际布置和调节方式的条件下,保证驾驶室正确安装滤清装置。在驾驶室供气系统的进气口处设置试验罩,其上方的开口用来测量空气流量。

试验用的滤清器是将滤清器表面遮蔽,防止气流通过滤清器。遮蔽滤清器和普通滤清器的支架的结构相同。

B.2.2 环境条件

环境条件符合以下要求：

a) 最低干球温度:(25 ± 10)℃;

b) 相对湿度:(60 ± 10)%;

c) 最大风速:5 m/s。

B.2.3 检测条件

驾驶室内过滤后的新鲜空气流量达到 30 m³/h 时进行测试。

B.3 检测方法

B.3.1 按照 5.2.1 的规定运行安装符合规定的驾驶室滤清装置,直至风速读数值稳定不变。

B.3.2 用风速仪在试验罩进气口处测量并记录空气流速(Q_1)。

B.3.3 用遮蔽滤清器代替上述滤清器。

B.3.4 按照 5.2.3 的规定运行供气和滤清装置。

B.3.5 用风速仪在试验罩进气口处测量并记录空气流速(Q_2)。

B.4 试验结果

按公式(B.1)计算相对泄漏量。

$$L_R = \frac{Q_2}{Q_1} \times 100 \quad\cdots\cdots\cdots\cdots\cdots\cdots\cdots\cdots\cdots\cdots\cdots\cdots\cdots\cdots\cdots \text{(B.1)}$$

式中：

L_R——相对泄漏量的数值,单位为百分号(%);

Q_2——安装遮蔽滤清器下风速仪在试验罩进气口处测量的空气流速的数值,单位为米每秒(m/s);

Q_1——安装符合规定滤清器下风速仪在试验罩进气口处测量的空气流速的数值,单位为米每秒(m/s)。

附　录　C

（规范性）

驾驶室供气系统的滤清装置隔绝效能测定

C.1　气溶胶试验室试验方法

C.1.1　原理与定义

C.1.1.1　原理

被测驾驶室放置在密闭的、能生成气溶胶的大房间内,通过光电计数器测定驾驶室内外气溶胶浓度的方法确定隔绝效果。

C.1.1.2　光电计数器

基于测量单个颗粒散射的光量,实时测量气溶胶颗粒数量和大小的装置。基于散射的光量和颗粒尺寸之间的关系,按颗粒的大小计算颗粒数量。

C.1.1.3　颗粒直径(dp)

等效的光学粒子直径作为校准计数器的标准颗粒的直径。该颗粒对光的扩散量和被分析颗粒对光的扩散量相同。

C.2　试验规程

C.2.1　驾驶室条件

试验时驾驶室安装在主机上,驾驶室所带设备能为加压系统、供气系统提供充足的电能。试验期间,主机发动机处于熄火状态。

当单独测试驾驶室时,应连接所有附件,使加压系统、供气和滤清装置正常运转。

通过自带设备供给供气和滤清装置的电能应充足,驾驶室的气密性与安装在主机上的气密性相同。

C.2.2　空气动态特性的测量

C.2.2.1　正压量

驾驶室正压量由驾驶室内外静态压差确定。应对每个供气系统的滤清装置的设定值进行正压测量。应使用制造商推荐的滤清装置(设定值)。每一种滤清装置(设定值)都应进行试验。

C.2.2.2　新鲜空气流量

如果空气不是循环使用,进入驾驶室的空气流量(Q)即为新鲜空气流量(Q_n)。把空气输送到升压器中,通过用风速测定法测量排气速度来测量新鲜空气流量。

如果空气是循环使用,新鲜空气流量采用空气跟踪技术或风速测定法进行测量。

循环空气流量(Q_r)按公式(C.1)计算。

$$Q_r = Q - Q_n \quad\cdots\cdots\cdots\cdots\cdots\cdots\cdots\cdots\cdots\cdots\cdots\cdots\cdots\cdots (C.1)$$

式中:

Q_r——循环空气流量的数值,单位为立方米每小时(m^3/h);

Q——进入驾驶室的总流量的数值,单位为立方米每小时(m^3/h);

Q_n——新鲜空气流量的数值,单位为立方米每小时(m^3/h)。

该测量是针对不同驾驶室的通风系统设备进行的。

测量空气流量的方法按 C.3 的规定执行。

C.2.3　试验室

试验时驾驶室放置在一个密闭房间内,气溶胶源被限制在最大允许范围内。试验室的气溶胶源要确保以下要求：

——表面清洁；

——房间密闭；

——仅允许试验人员在试验室内。

如果不产生气溶胶，试验室浓度（C_e）应不超过 10^4 颗粒数/L。同样，在供气和滤清装置工作时，封闭驾驶室内的气体浓度不得明显超过外部浓度值，以限制与内部颗粒源有关的问题。

C.2.4 气溶胶的生成

试验用气溶胶通过喷洒 NaCl 或 KCl 和蒸馏水的混合比例为 1‰的盐溶液获取，试验室内气溶胶的浓度均匀程度通过利用如螺旋叶片风扇产生 4 000 m^3/h～5 000 m^3/h 的气流量来保证。气溶胶的浓度介于 $7×10^4$ 颗粒数（颗粒直径≥0.5 μm）与对应于使用的光电计数器饱和极限时的最大浓度之间。该数值由制造商提供，其符合率为 10%。

气溶胶发生器生成的雾滴直径为 10 μm～15 μm。

C.2.5 浓度测量

C.2.5.1 光度计

测量气溶胶浓度所用的光度计应能测量 1 μm～5 μm 的颗粒。光度计每年至少应校准一次，以检验不同通道检验的颗粒直径的正确性和采样率。

C.2.5.2 试验方法

C.2.5.2.1 气溶胶样品

气溶胶样品用两根内径为 8 mm 的抗静电硅管子进行采取。用于驾驶室内、外取样的两根管子的长度相同，且都与光度计相连。驾驶室内采样点为驾驶员呼吸区，驾驶室外部采样点为驾驶室通风系统进气口附近区域。

由 PLC（可编程逻辑控制器）控制的两个电磁阀用于完成四个驾驶室内外进行采样的循环，每次采样持续时间为 2 min，总采样时长为 16 min。当气溶胶生成后，开始取样时间为 3τ，其中 τ 为驾驶室时间常数。驾驶室的时间常数按公式（C.2）确定。

$$\tau = \frac{V}{Q_n} \quad\quad\quad\quad\quad\quad (C.2)$$

式中：

τ ——驾驶室时间常数；

V ——驾驶室空间的数值，单位为立方米（m^3）；

Q_n ——新鲜空气的流量的数值，单位为立方米每小时（m^3/h）。

C.2.5.2.2 隔绝效能的确定

图 C.1 为 4 次驾驶室内外浓度测量循环示意图，隔绝效果（E）为图中第 2、3 和 4 次测量循环浓度的平均值，各循环隔绝效能 E_k（k=2、3、4）由公式（C.3）确定。

$$E_k = 1 - \frac{\frac{1}{2} \times (\overline{C_{ik-1}} + \overline{C_{ik}})}{\overline{C_{ek}}} \quad\quad\quad\quad (C.3)$$

式中：

E_k ——循环隔绝效能；

$\overline{C_{ik}}$ ——k 次测量循环驾驶室内部浓度平均值；

$\overline{C_{ek}}$ ——k 次测量循环驾驶室外部浓度平均值。

平均隔绝效能为 3 次隔绝效能的平均值，按公式（C.4）计算。

$$\overline{E} = \frac{1}{3} \times \sum_{k=2}^{4} E_k \quad\quad\quad\quad\quad (C.4)$$

式中：

$\overline{E}$——平均隔绝效能。

根据光度计的每种粒度级计算隔绝效能，颗粒直径可能影响隔绝效果曲线。

如果需要测量超过粒度级测定范围的隔绝效能，可以把计数器的级别分为 $1~\mu m\sim5~\mu m$。

C.2.5.2.3 测量隔绝效能的不确定度

隔绝效能的测量不确定度 (I) 由 t 分布（t 分布属于小样本的样本分配）95%的置信区间确定，可信度按公式（C.5）确定。

$$I=t_{1-\frac{a}{2}}\times\frac{\sigma}{\sqrt{n}}\quad\cdots\cdots\cdots\cdots\cdots\cdots\cdots\cdots\cdots\cdots\cdots\cdots\cdots\cdots\cdots\cdots\cdots\quad(C.5)$$

式中：

I——隔绝效能的测量不确定度；

t——分布属于小样本的样本分配；

σ——标准偏差；

n——隔绝效能测量次数，$n=3$。

对于 95% 的置信水平（$a=0.05$），当自由度 $\upsilon=n-1=2$ 时，$t_{1-\frac{a}{2}}$ 等于 4.3。

σ 为标准偏差，按公式（C.6）确定。

$$\sigma=\sqrt{\frac{\sum\limits_{k=2}^{4}(E_k-\overline{E})^2}{\upsilon}}\quad\cdots\cdots\cdots\cdots\cdots\cdots\cdots\cdots\cdots\cdots\cdots\cdots\cdots\cdots\quad(C.6)$$

在驾驶员防护方面，无偏评估隔绝效能时，无需考虑不确定度 I 的测量结果的 2 类系统误差。

系统误差包括巧合现象（几种颗粒物同时存在于计数器的光学体积内）和气溶胶源可能存在于驾驶室内[附着（落）于驾驶室内表面上的颗粒由于空气的运动而再次悬浮于空气中，吹风机电机散射的碳离子]。

第一种误差导致外部浓度的评估结果低于实际水平，第二种误差导致内部浓度的评估结果高于实际水平。

C.2.6 验收标准和试验报告

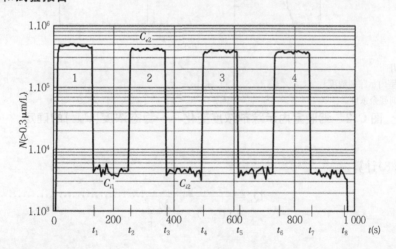

标引序号说明：

C_{ix}——第 x 次测定的驾驶室内部浓度；

C_{ex}——第 x 次测定的驾驶室外部浓度。

图 C.1 驾驶室内外浓度的 4 次测量循环 2、3 和 4 次测量平均浓度的确定

C.3 新鲜空气流量测量方法

C.3.1 出风口气流的测量

在出风口处的空气流量 (Q) 可以通过传送的空气和用标定的风速仪测量空气排出的速度来测量。鼓风机的开口可用圆形截面的风道进行导流，风道长度为直径 (D) 的 10 倍。

通过出口 i 的空气流量按公式（C.7）确定：

$$Q_i = \frac{\pi \times D^2}{4} \overline{V}_i \quad \cdots\cdots\cdots\cdots\cdots\cdots\cdots\cdots\cdots\cdots\cdots\cdots\cdots\cdots\cdots\cdots \text{(C.7)}$$

式中：

Q_i——出口 i 的空气流量的数值，单位为每小时立方（m³/h）；

D ——风道直径的数值，单位为米（m）；

$\overline{V}_i$——在距离管壁 $0.242 \times \dfrac{D}{2}$ 处测得的平均风速的数值，单位为米每秒（m/s）。

总的空气流量是各个出风口空气流量之和：$Q = \sum\limits_i Q_i$。

本测量方法的不足之处是，使用测量管道处的压力损失可能存在流量不均衡。因此，建议设计一个集气管道，将鼓风机各个出口的气流聚集成一个扩散管道出口，通过测量集气管道出口处的扩散空气流速来确定空气流量。

C.3.2 新鲜空气流量的测量——气体示踪法

新鲜空气流量可以使用气体示踪技术进行测量。该测量方法为将空气示踪剂以恒定的已知质量流速注入驾驶室的进气口，测量驾驶室内稳态的空气示踪剂的浓度（$C_{it\infty}$）。

图 C.2 为典型的驾驶室内示踪剂浓度变化示意图。

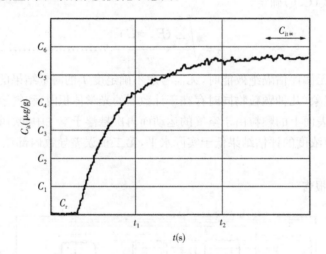

标引序号说明：

C_{it}——驾驶室内示踪剂浓度；

C_r——示踪剂残余浓度。

图 C.2 驾驶室内示踪剂浓度变化——稳态浓度（$C_{it\infty}$）的确定

流量按公式（C.8）计算。

$$Q_n = \frac{q}{(C_{it\infty}) \times \dfrac{M}{V_n \times \varepsilon}} \quad \cdots\cdots\cdots\cdots\cdots\cdots\cdots\cdots\cdots\cdots\cdots \text{(C.8)}$$

式中：

Q_n ——流量的数值，单位为立方米每小时（m³/h）；

q ——示踪剂的质量流速的数值，单位为千克每秒（kg/s）；

$C_{it\infty}$——稳态浓度的数值，单位为千克每秒（kg/s）；

M ——示踪剂的摩尔质量的数值，单位为千克（kg）；

V_n ——常态条件（温度 $T = 0\ ℃$，大气压力 $P = 101\ kPa$）下的摩尔体积的数值，单位为立方米（m³）；

ε ——修正系数。

修正系数按公式（C.9）确定：

$$\varepsilon = \frac{T \times 1013 \times 10^5}{273 \times P} \quad \cdots\cdots\cdots\cdots\cdots\cdots\cdots\cdots\cdots\cdots\cdots\cdots \text{(C.9)}$$

式中：

T——温度的数值，单位为开尔文(K)；

P——压力的数值，单位为帕斯卡(Pa)。

C.3.3 新鲜空气流量的测量——热力风速仪法

C.3.3.1 测量仪器

C.3.3.1.1 一般要求

用最大直径为 8 mm、读数精度为±3%的热力风速仪测量空气流量。

C.3.3.1.2 试验条件

——测量范围：0 m/s～30 m/s；

——分辨率：0.01 m/s～3 m/s；

——工作温度：0 ℃～50 ℃；

——精度：测量值的±3%。

C.3.3.2 测量点

在供气和滤清装置的前端处测量空气流速，见图 C.3。

测量线分为供气和滤清装置开口区域的横坐标和纵坐标。

开口区域边缘的测量线距离对应于供气和滤清装置支架的封闭区域的边缘 15 mm，同一轴线上的测量线等距离分布，间隔距离至少为 30 mm，不超过 50 mm。

注：本测量方法部分采用 ISO 3966:2008 中的第 10 章，是以切贝切夫(Log-Tchebycheff)法的采样点布点法为基础。

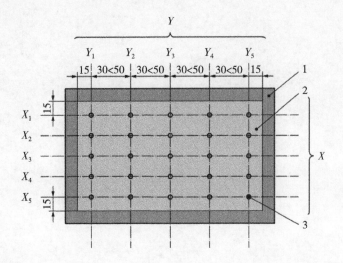

标引序号说明：

X——测量的横坐标；

Y——测量的纵坐标；

1——封闭区域；

2——开口区域；

3——测量点。

图 C.3 测量点

C.3.3.3 测量条件

C.3.3.3.1 供气和滤清装置

测量时，保持供气和滤清装置的原有结构，并使进气前和出气后的附件，如罩壳、风道、格栅、垂帘和盖保持在工作时位置。

C.3.3.3.2 探测器定位

测量装置上探头的传感元件与供气和滤清装置开口区域前部的最小距离应不超过 15 mm。探测器的安装角度应能使其探测到产生的最大速度。

C.3.3.4 新鲜空气流量的测定

C.3.3.4.1 测量结果的记录

记录表中记录的测量结果应包括各个提到的测量点的不同速度值(见表 C.1)。

表 C.1 不同测量点的速度

单位为米每秒

序号	A	B	C	D	E
1	1.320	1.350	1.380	1.440	1.340
2	1.330	1.330	1.350	1.420	1.360
3	1.320	1.350	1.370	1.440	1.340
4	1.340	1.340	1.380	1.420	1.330
5	1.310	1.350	1.360	1.450	1.360

C.3.3.4.2 新鲜空气流速的计算

新鲜空气流量(Q_n)按公式(C.10)计算。

$$Q_n = S \times \bar{V} \times 3600 \quad\cdots\cdots\cdots\cdots\cdots\cdots\cdots\cdots\cdots\cdots\cdots\cdots\cdots\cdots\cdots\cdots\cdots \quad (C.10)$$

式中：

Q_n——新鲜空气流量的数值,单位为立方米每小时(m^3/h);

S ——供气和滤清装置开口前方的面积的数值,单位为平方米(m^2);

$\bar{V}$ ——不同测量点计算的平均风速的数值,单位为米每秒(m/s)。

参 考 文 献

［1］ EN 143　Respiratory protective devices-Particle filters-Requirements，testing，marking

［2］ EN 12941　Respiratory protective devices-Powered filtering devices incorporating a helmet or a hood-Requirements，testing，marking（includes A1：2003 and Amendment A2：2008）；English version of DIN EN 12941：2009-02

［3］ EN 14387　Respiratory protective devices-Gas filter(s) and combined filter(s)-Requirements，testing，marking(includes Amendment A1：2008；English version of DIN EN 14387：2008-05)

ICS 65.060.35
CCS B 91

中华人民共和国农业行业标准

NY/T 4368—2023

设施种植园区 水肥一体化灌溉系统设计规范

Protected planting park—Specification for fertigation system design

2023-04-11 发布

2023-08-01 实施

中华人民共和国农业农村部 发布

NY/T 4368—2023

前　言

本文件按照 GB/T 1.1—2020《标准化工作导则　第 1 部分:标准化文件的结构和起草规则》的规定起草。

请注意本文件的某些内容可能涉及专利。本文件的发布机构不承担识别专利的责任。

本文件由农业农村部农业机械化管理司提出。

本文件由全国农业机械标准化技术委员会农业机械化分技术委员会(SAC/TC 201/SC 2)归口。

本文件起草单位:农业农村部规划设计研究院、上海农抬头农业发展有限公司、西安航天自动化股份公司、江苏绿港现代农业发展有限公司、大禹节水集团股份有限公司、北京兴业华农农业设备有限公司、河北省农林科学院农业信息与经济研究所、山西省农业机械发展中心、海淀区农业技术综合服务中心。

本文件主要起草人:张月红、尹义蕾、李恺、张学军、侯永、丁小明、王春辉、张凌风、李思博、吴小李、于谦、蔡高贺、战国隆、朱登平、杨会甲、姜逸非、刘坡、牛少卿、范凤翠、李红波、薛平、刘胜尧。

设施种植园区　水肥一体化灌溉系统设计规范

1　范围

本文件规定了设施种植园区水肥一体化灌溉系统设计的总体原则和要求、设计参数、工程设计、设施设备配套要求、自动控制等。

本文件适用于统一经营管理用地规模大于 2 hm² 的设施种植园区水肥一体化灌溉系统的设计。

2　规范性引用文件

下列文件中的内容通过文中的规范性引用而构成本文件必不可少的条款。其中,注日期的引用文件,仅该日期对应的版本适用于本文件;不注日期的引用文件,其最新版本(包括所有的修改单)适用于本文件。

GB/T 4208　外壳防护等级(IP 代码)

GB 5084　农田灌溉水质标准

GB/T 23393　设施园艺工程术语

GB/T 33474—2016　物联网　参考体系结构

GB 50288—2018　灌溉与排水工程设计标准

GB/T 50485—2020　微灌工程技术标准

GB/T 50596—2010　雨水集蓄利用工程技术规范

NY/T 2132—2012　温室灌溉系统设计规范

NY/T 3244　设施蔬菜灌溉施肥技术通则

3　术语和定义

GB/T 23393、GB/T 50485—2020 界定的以及下列术语和定义适用于本文件。

3.1

灌溉保证率　irrigation reliability

在多年期间,灌溉用水量能够得到保证的概率。

[来源:GB 50288—2018,2.0.4]

3.2

水肥一体机　fertigation　machine

根据作物需求,对水分和养分进行综合调控和一体化管理的设备。一般主要由机架、水泵、控制器、母液罐等组成。

4　总体原则和要求

4.1　应收集当地的水源、气象、地形、土壤、作物等基本资料。

4.2　应充分利用已有水利工程、田间道路、输配电、信息化等基础设施。

4.3　设计输出应绘制在比例不小于 1∶2 000 的地形图上,并给出设计说明。

4.4　灌溉水质应符合 GB 5084 的规定。

4.5　有条件的地区应集蓄雨水作为灌溉水源,按照 GB/T 50596—2010 的规定将集雨工程作为水源工程统筹设计。

4.6　按照 GB/T 50485—2020 的规定进行水量平衡计算。

4.7 肥料的选择与施用应符合 NY/T 3244 的规定。

5 设计参数

5.1 灌溉保证率应不低于 90%。

5.2 灌溉水利用系数,滴灌应不低于 0.9,其他灌溉方式应不低于 0.85。

5.3 作物设计耗水强度根据当地灌溉试验资料确定,无灌溉试验资料时按表 1 选取。

表 1 设计耗水强度

作物种类	设计耗水强度参考值,mm/d
果菜、花卉、果树	3~6
叶菜、育苗	3~4
盆栽植物	2~4

5.4 灌溉系统设计日工作小时数不应超过 16 h。

5.5 各轮灌组的设计流量应尽可能一致或相近,各轮灌组之间的设计流量偏差率不宜大于 30%,按公式 (1)计算。一个灌水小区内灌水器设计允许流量偏差率不应大于 20%,按公式(2)计算。

$$Q_{zv}=\frac{Q_{zmax}-Q_{zmin}}{Q_{zmax}}\times100 \quad\cdots\cdots\cdots\cdots\cdots\cdots\cdots\cdots\cdots\cdots\cdots\cdots\cdots\cdots\cdots (1)$$

式中:

Q_{zv} ——不同轮灌组的设计流量偏差率的数值,单位为百分号(%);

Q_{zmax} ——最大轮灌组设计流量的数值,单位为立方米每小时(m³/h);

Q_{zmin} ——最小轮灌组设计流量的数值,单位为立方米每小时(m³/h)。

$$q_{v}=\frac{q_{max}-q_{min}}{q_{d}}\times100 \quad\cdots\cdots\cdots\cdots\cdots\cdots\cdots\cdots\cdots\cdots\cdots\cdots\cdots\cdots\cdots (2)$$

式中:

q_{v} ——灌水器设计流量偏差率,单位为百分号(%);

q_{max} ——灌水器最大流量的数值,单位为升每小时(L/h);

q_{min} ——灌水器最小流量的数值,单位为升每小时(L/h);

q_{d} ——灌水器设计流量的数值,单位为升每小时(L/h)。

6 工程设计

6.1 总体布置

6.1.1 应综合考虑水源位置、面积大小、作物栽培模式、管理维护等因素,按技术可行、投资经济、供水供肥均匀、使用安全、管理方便的原则进行灌溉首部和管网布置。

6.1.2 河水、渠道、泉水等作为水源时,应设前池或蓄水装置。

6.1.3 收集雨水作为水源时,应优先收集温室屋面雨水。雨水蓄水装置的布置宜方便利用其他水源作为补充水源。

6.1.4 灌溉首部按下列规定进行布置:

    a) 加压装置及泵房宜布置在靠近其控制灌溉范围中心;

    b) 施肥装置根据园区规模和使用要求等设置一套或多套;

    c) 采用水肥一体机作为灌溉施肥装置时,一套装置控制的最大面积不宜大于 25 hm²。

6.1.5 管道布置应短而直,并避开地下电力、通信、燃气等设施。

6.1.6 管道分级由毛管开始依次向上分为支管、分干管和干管,上下级管道应垂直布置,减少折点。

6.1.7 管道的覆土深度,应根据土壤冰冻深度、地面荷载、机耕深度、管道材质及管道交叉等条件确定。管顶最小覆土深度应不小于冻土深度,行车道下的管道覆土深度应不小于 0.70 m。

6.2 轮灌制度

6.2.1 灌溉系统允许的最大轮灌组数按公式(3)和公式(4)计算。

$$N_{max} = \frac{t_d \eta n q_d}{I_a S_r S_t} \quad \text{………………………………………} (3)$$

$$n = \frac{S_t}{S_e \times S_n} \quad \text{………………………………………} (4)$$

式中：

N_{max}——允许的最大轮灌组数的数值，单位为个；

t_d ——日运行小时数的数值，单位为小时(h)；

η ——灌溉水利用系数；

n ——每株植物的灌水器个数的数值，单位为个；

q_d ——灌水器设计流量的数值，单位为升每小时(L/h)；

I_a ——设计供水强度的数值，等于设计耗水强度，单位为毫米(mm)；

S_r ——植物的行距的数值，单位为米(m)；

S_t ——植物的株距的数值，单位为米(m)；

S_e ——灌水器间距的数值，单位为米(m)；

S_n ——一条毛管灌溉的作物行数。

6.2.2 设计轮灌组数应不大于允许的最大轮灌组数,并结合管道布置和运行管理要求,划分轮灌组。

6.3 水力计算

6.3.1 设计流量和管径

6.3.1.1 单个温室设计流量按公式(5)计算。

$$Q_d = \frac{S n q_d}{1000 S_r S_t} \quad \text{………………………………………} (5)$$

式中：

Q_d——单个温室设计流量的数值，单位为立方米每小时(m³/h)；

S ——单个温室同时灌溉的面积的数值，单位为平方米(m²)。

6.3.1.2 分干管设计流量为其控制范围内同时灌溉的温室设计流量之和,按公式(6)计算。

$$Q_f = \sum Q_d \quad \text{………………………………………} (6)$$

式中：

Q_f——分干管设计流量的数值，单位为立方米每小时(m³/h)。

6.3.1.3 干管流量等于同时工作的分干管流量之和,按公式(7)计算。

$$Q_g = \sum Q_f \quad \text{………………………………………} (7)$$

式中：

Q_g——干管设计流量的数值，单位为立方米每小时(m³/h)。

6.3.1.4 分干管、干管管径按公式(8)估算内径,再根据管材规格确定合适的管径。

$$d = 18.8 \times \sqrt{\frac{Q_x}{v}} \quad \text{………………………………………} (8)$$

式中：

d ——管内径的数值，单位为毫米(mm)；

Q_x——计算管段设计流量的数值，单位为立方米每小时(m³/h)，分干管$Q_x = Q_f$，干管$Q_x = Q_g$；

v ——管内流速的数值，单位为米每秒(m/s)，可取0.9 m/s～1.5 m/s。

6.3.2 设计压力

6.3.2.1 分干管、干管沿程水头损失按公式(9)计算。常用管材的沿程水头损失系数、流量指数和管径指数按表2选用。

$$h_f = f \frac{Q^m}{d^b} L \quad\cdots\cdots\cdots\cdots\cdots\cdots\cdots\cdots\cdots\cdots\cdots\cdots\cdots\cdots\cdots (9)$$

式中：

h_f——管道沿程水头损失的数值，单位为米（m）；

f——沿程水头损失系数；

Q——管道设计流量的数值，单位为升每小时（L/h）；

m——流量指数；

b——管径指数；

L——管道长度的数值，单位为米（m）。

表 2 常用管材的沿程水头损失系数、流量指数和管径指数

管材类别	沿程水头损失系数（f）	流量指数（m）	管径指数（b）
聚氯乙烯管	0.464	1.770	4.770
聚乙烯管	0.505	1.750	4.750

6.3.2.2 管道局部水头损失按公式（10）计算。局部阻力系数按表 3 选用。当参数缺乏时，可按沿程水头损失的一定比例估算，干管、支管宜取对应管道沿程水头损失的 0.05～0.1，毛管宜取对应管道沿程水头损失的 0.1～0.2。

$$h_j = \xi \frac{v^2}{2g} \quad\cdots\cdots\cdots\cdots\cdots\cdots\cdots\cdots\cdots\cdots\cdots\cdots\cdots (10)$$

式中：

h_j——局部水头损失的数值，单位为米（m）；

ξ——局部阻力系数；

g——重力加速度的数值，单位为米每秒方（m/s²），取 9.8 m/s²。

表 3 局部阻力系数（ξ）

局部阻力设施	ζ						
90°弯头	0.9						
45°弯头	0.4						
三通转弯	1.5						
三通直流	0.1						
截止阀	3.0～5.5						
全开蝶阀	0.1～0.3						
全开闸阀	d,mm	15	20～50	80	100	150	200～250	300～450
	ζ	1.5	0.5	0.4	0.2	0.1	0.08	0.07

6.3.2.3 灌溉系统设计压力应在最不利轮灌组条件下按公式（11）计算。其中，沿程水头损失为系统取水点至最不利轮灌组进口的所有管段沿程水头损失（含灌溉首部沿程水头损失），局部水头损失为系统取水点至最不利轮灌组进口的所有管段局部水头损失（含灌溉首部局部水头损失）。

$$H = Z_p - Z_b + h_0 + \sum h_f + \sum h_j \quad\cdots\cdots\cdots\cdots\cdots\cdots\cdots\cdots (11)$$

式中：

H——灌溉系统设计水头，单位为米（m）；

Z_p——最不利轮灌组管网进口的高程的数值，单位为米（m）；

Z_b——系统取水点的设计水位高度的数值，单位为米（m）；

h_0——最不利轮灌组进口设计水头，单位为米（m）。

6.3.2.4 按 GB/T 50485—2020 中 5.4 和 5.5 的规定，进行节点压力均衡、水锤压力验算与防护的设计。

7 设施设备配套要求

7.1 蓄水装置

7.1.1 需要进行水量调蓄时,应设置蓄水装置。

7.1.2 应综合考虑便捷性、经济性、使用时间等因素选择蓄水装置的类型。场地条件允许时,宜采用开挖覆盖土工膜的水池;场地条件有限制时,可采用装配式蓄水罐。

7.1.3 干旱、半干旱地区的蓄水装置宜采用封闭式,寒冷地区的蓄水装置应采取保温防冻措施。

7.1.4 蓄水装置容积可按 1 d～3 d 的需水量确定。

7.1.5 收集温室屋面雨水作为灌溉水源时,蓄水装置容积按公式(12)计算;收集其他集流面雨水时,蓄水容积按 GB/T 50596—2010 中 5.4 的规定计算。

$$V_y = \frac{S_w k_w P K}{1000} \quad\text{...}\quad (12)$$

式中:

V_y ——雨水蓄水容积的数值,单位为立方米(m³);

S_w ——收集雨水的温室屋面面积的数值,单位为平方米(m²);

k_w ——温室屋面的年集流效率,取 0.8～0.9;

P ——多年平均降水量的数值,单位为毫米(mm),由气象资料确定;

K ——容积系数,按表 4 取值。

表 4 雨水蓄水工程容积系数(K)

多年平均降水量,mm	≤500 mm	>500 mm～800 mm	>800 mm
容积系数	0.55～0.6	0.4～0.5	0.35～0.45

7.2 加压装置

7.2.1 地形高差不超过 50 m 的园区,可采用集中加压装置供水方式;地形高差超过 50 m 的园区,可采用自压或分级加压装置供水方式。

7.2.2 加压装置宜采用变频恒压供水设备,供水流量应不小于各轮灌组的最大设计流量,供水压力应不小于轮灌组设计压力的要求。

7.2.3 变频恒压供水设备的出水压力波动不大于 0.02 MPa。

7.2.4 变频恒压供水设备应设 1 台备用泵,备用泵的供水能力不小于最大一台工作泵的供水能力。

7.3 水质净化设施及过滤装置

7.3.1 从江河、湖泊、水库、山溪、塘坝等取水时,取水口处应设置拦污栅;含沙量较大的水源,需修建沉淀池进行预处理。

7.3.2 过滤器应根据水源水质状况和灌水器的要求进行选择。过滤器类型及组合方式按 NY/T 2132—2012 中 4.2 的规定选取。

7.3.3 施肥装置下游应设置过滤精度不低于 100 目的筛网过滤器或叠片过滤器。

7.3.4 灌溉首部中的过滤器公称流量应不小于最大设计流量,管道上的过滤器公称流量应与该处管道设计流量相一致。

7.3.5 过滤器公称压力应不低于最大设计压力。

7.4 施肥装置

7.4.1 施肥装置宜选用水动比例注肥器或水肥一体机。

7.4.2 选用的水肥一体机应符合下列规定:

    a) 吸肥能力、输出流量和公称压力满足其控制范围内最大压力轮灌组及最大流量轮灌组的相应要求;

b) 通道数量满足园区种植作物所需肥料的种类和调节 pH 功能的要求;

c) 输出营养液稳定后的电导率(EC)调控准确度不小于 85%、酸碱度(pH)波动不大于±0.2;

d) 母液罐的材质应耐腐蚀、不透光,其容积按一个灌溉周期母液用量确定,不宜低于 200 L;容积大于 500 L 时应设搅拌装置。

7.5 管道及附件

7.5.1 管材和管件及连接方式的公称压力应不低于设计压力。

7.5.2 管材宜采用聚氯乙烯、聚乙烯塑料管。

7.5.3 应按下列要求配置管道附件:

a) 需计量的管段上设置水量计量装置;

b) 与城镇生活给水管道直接连接的引水管上设置防倒流装置;

c) 干支管的首端宜设控制阀,干支管的末端、管网低点设冲洗排水阀,埋地管道的阀门处设置阀门井或阀门箱;

d) 水泵出水管上设置压力表、检修阀门、止回阀或水泵多功能控制阀;

e) 在灌溉首部最高处、管道起伏段的高处、顺坡管道节制阀下游侧、逆坡管道节制阀上游侧及可能出现负压的管段,设置进排气阀。

7.6 灌水器

7.6.1 灌水器应根据土壤、作物及种植模式、灌水器水力特性等因素选择滴灌管(带)、滴箭、滴头或微喷头。

7.6.2 灌水器的制造偏差系数应不大于 0.07。

7.6.3 倒挂式微喷头应具备防滴漏功能。

8 自动控制

8.1 自动控制系统应能在设定的时间、流量等参数下自动运行完成分区轮灌,也可通过人工发送指令或操作控制界面切换为人工控制模式完成指定分区灌溉,并支持本地及远程进行灌溉轮灌组的编制、修改、查询。

8.2 自动控制系统一般包括控制箱、分区电磁(动)阀及阀门控制器及通信系统。

8.3 控制箱应符合下列规定:

a) 密封并符合 GB/T 4208 规定的 IP55 及以上防护等级;

b) 能在温度-40 ℃~70 ℃,湿度不大于 95%(无凝露)的工作环境下运行及保存;

c) 有浪涌保护器及接地装置;

d) 采用线槽或金属管与外部传感器、电磁阀等设备连接,不得直接使用电缆。

8.4 控制箱与最远分区电磁阀距离不大于 200 m 且分区电磁阀数量小于 20 个时,应采用有线控制方式,直接供电驱动分区电磁阀,并使用外部 24 V 继电器对分区电磁阀进行隔离保护。

8.5 采用带有物联网功能的自动控制系统,应符合 GB/T 33474—2016 中表 2、表 4 及表 6 对物联网系统、通信和信息的规定。

8.6 自动控制系统应具备对灌溉首部设备(水泵、施肥装置、过滤器等)、灌溉执行机构(灌溉电磁阀、电动阀等)的通信状态及运行状态进行监测的功能,能够准确反映灌溉执行的运行状态及通信状态。

8.7 自动控制系统应具备数据存储功能,存储所采集的阀位状态、传感器参数等实时数据和历史数据,存储时间不少于 90 d。存储单元应具备断电保护功能。

ICS 65.040.30
CCS B 90

中华人民共和国农业行业标准

NY/T 4369—2023

水肥一体机性能测试方法

Test method for performance of fertigation machine

2023-04-11 发布　　　　　　　　　　　　2023-08-01 实施

中华人民共和国农业农村部 发布

前　言

本文件按照 GB/T 1.1—2020《标准化工作导则　第 1 部分：标准化文件的结构和起草规则》的规定起草。

请注意本文件的某些内容可能涉及专利。本文件的发布机构不承担识别专利的责任。

本文件由农业农村部农业机械化管理司提出。

本文件由全国农业机械标准化技术委员会农业机械化分技术委员会(SAC/TC 201/SC 2)归口。

本文件起草单位：农业农村部规划设计研究院、大禹节水集团股份有限公司、华维节水科技集团股份有限公司、山东圣大节水科技有限公司、河北润农节水科技股份有限公司、中国农业科学院农田灌溉研究所、成都智棚农业科技有限公司、山西中威建元科技有限公司、河北省农林科学院农业信息与经济研究所、新疆农业科学院农业机械化研究所、银川市农业技术推广服务中心、河北农业大学、山西省农业机械发展中心、北京兴业华农农业机械设备有限公司。

本文件主要起草人：尹义蕾、李恺、张月红、丁小明、侯永、王柳、王春辉、张凌风、何芬、薛平、韩启彪、范凤翠、战国隆、吕名礼、薛宝松、孙玉坤、那巍、王婧、孙浩、刘成、刘胜尧、赵智明、王会强、张秀花、肖林刚、王进新、吕名华、王乐、安胜鑫、夏鸽飞、张中华、王晓丽、黄波、王莉、张学军、田婧、鲁少尉、贾爱平、刘毅、杜肖鹏、韦继业、段震。

水肥一体机性能测试方法

1 范围

本文件规定了水肥一体机性能测试方法。

本文件适用于水肥一体机的最大工作流量、额定出口压力、最大吸肥流量、电导率(EC)控制均匀度及准确度、酸碱度(pH)控制均匀度及准确度的性能测试。

2 规范性引用文件

本文件没有规范性引用文件。

3 术语和定义

下列术语和定义适用于本文件。

3.1

水肥一体机 fertigation machine

根据作物需求,对水分和养分进行综合调控和一体化管理的设备。水肥一体机一般主要由机架、水泵、控制器、母液罐等组成。

注:按照工作原理水肥一体机一般分为主路式与旁路式。主路式水肥一体机指与灌溉主管路串联,可直接输出作物所需水肥混合液的灌溉施肥设备;旁路式水肥一体机指与灌溉主管路并联,输出的肥液与主管路清水再混合后满足作物所需的水肥混合液的灌溉施肥设备。

4 测试方法

4.1 试验条件

4.1.1 电源电压波动不大于±5%。

4.1.2 测试用水为城镇供水。

4.1.3 环境温度:5 ℃～40 ℃;相对湿度:20%～80%。

4.1.4 肥料母液配置量不低于测试用量的2倍,母液电导率(EC)为(60±0.5) mS/cm。

4.1.5 酸母液配置量不低于测试用量的2倍,母液酸碱度(pH)为3.0±0.1。

4.1.6 主路式水肥一体机额定工况指最大工作流量下的工作状态,旁路式水肥一体机额定工况指额定出口压力下的工作状态。

4.1.7 压力表、流量计等仪表设备安装见附录A、附录B。

4.2 测试用仪器

测试用仪器应经过计量检定或校准且在有效期内,准确度应不低于表1的规定。

表 1 主要测试用仪器

序号	仪器名称	量程	准确度
1	流量计	—	0.5 级
2	压力表	0 MPa～1.6 MPa	0.4 级
3	电导率(EC)计	0 mS/cm～200 mS/cm	0.1 级
4	酸碱度(pH)计	2～12	0.1 级

4.3 最大工作流量(适用于主路式水肥一体机)

依次开启恒压水源和水肥一体机,调整进出水阀门的开合度,当出水压力为(0.2±0.01) MPa,稳定3 min后,每隔1 min记录1次,记录5次,取5次测试结果平均值为最大工作流量。

4.4 额定出口压力(适用于旁路式水肥一体机)

依次开启恒压水源和水肥一体机,调整主管路进出水阀门使主管路输出压力为(0.3±0.01)MPa,调节水肥一体机进水管路和出水管路的阀门,当出水流量达到旁路式水肥一体机主泵的额定流量且偏差不大于±2%,稳定3 min后,每隔1 min同时记录进水管路压力和出水管路压力,记录5次,按公式(1)计算。

$$P = \frac{\sum_{j=1}^{5}(P_{oj} - P_{ij})}{5} \quad\cdots\cdots\cdots\cdots\cdots\cdots\cdots (1)$$

式中:

P ——水肥一体机的额定出口压力的数值,单位为兆帕(MPa);

P_{oj}——第j次测试的出水管路压力的数值,单位为兆帕(MPa);

P_{ij}——第j次测试的进水管路压力的数值,单位为兆帕(MPa)。

4.5 最大吸肥流量

依次开启恒压水源和水肥一体机,把供肥管路阀门调至最大开度,额定工况下稳定3 min后开始测量,每隔1 min记录1次,记录5次,按公式(2)、公式(3)计算。

$$M_j = \sum_{i=1}^{n} T_i \quad\cdots\cdots\cdots\cdots\cdots\cdots\cdots\cdots\cdots (2)$$

式中:

M_j——第j次测试水肥一体机最大吸肥流量的数值,单位为升每小时(L/h);

n ——吸肥通道数量;

T_i——第i个吸肥通道的吸肥量的数值,单位为升每小时(L/h)。

$$M = \frac{\sum_{j=1}^{5} M_j}{5} \quad\cdots\cdots\cdots\cdots\cdots\cdots\cdots\cdots (3)$$

式中:

M——最大吸肥流量的数值,单位为升每小时(L/h)。

4.6 电导率(EC)控制均匀度及准确度

4.6.1 依次开启恒压水源和水肥一体机,设定电导率(EC)目标测试值为2.0 mS/cm,额定工况下运行3 min后开始测量,每隔1 min在取样阀处接取肥水混合液1次,连续5次,用电导率(EC)计测量样品电导率(EC)。

4.6.2 电导率(EC)控制均匀度及准确度按公式(4)、公式(5)、公式(6)、公式(7)计算。

$$\bar{x} = \frac{\sum_{j=1}^{5} x_j}{5} \quad\cdots\cdots\cdots\cdots\cdots\cdots\cdots\cdots (4)$$

式中:

$\bar{x}$ ——电导率(EC)平均值的数值,单位为毫西门子每厘米(mS/cm);

x_j——第j次测量电导率(EC)的数值,单位为毫西门子每厘米(mS/cm)。

$$s_d = \sqrt{\frac{\sum_{j=1}^{5}(x_j - \bar{x})^2}{5-1}} \quad\cdots\cdots\cdots\cdots\cdots\cdots (5)$$

式中:

s_d——电导率(EC)标准差的数值,单位为毫西门子每厘米(mS/cm)。

$$v = \left(1 - \frac{s_d}{\bar{x}}\right) \times 100 \quad\cdots\cdots\cdots\cdots\cdots\cdots (6)$$

式中:

v——电导率(EC)控制均匀度的数值,单位为百分号(%)。

$$P_e = \left(1 - \left|\frac{\bar{x} - x_r}{x_r}\right|\right) \times 100 \quad\cdots\cdots\cdots\cdots\cdots\cdots\cdots\cdots\cdots\cdots\cdots\cdots\cdots \quad (7)$$

式中：

P_e——电导率（EC）控制准确度的数值，单位为百分号（%）；

x_r——电导率（EC）目标测试值的数值，单位为毫西门子每厘米（mS/cm）。

4.7 酸碱度（pH）控制均匀度及准确度

4.7.1 依次开启恒压水源和水肥一体机，设定酸碱度（pH）目标测试值为 6.0，额定工况下运行 3 min 后开始测量，每隔 1 min 在取样阀处接取肥水混合液 1 次，连续 5 次，用酸碱度（pH）计测量样品酸碱度（pH）。

4.7.2 酸碱度（pH）控制均匀度及准确度按公式（8）、公式（9）、公式（10）和公式（11）计算。

$$\bar{z} = \frac{\sum\limits_{j=1}^{5} z_j}{5} \quad\cdots\cdots\cdots\cdots\cdots\cdots\cdots\cdots\cdots\cdots\cdots\cdots\cdots \quad (8)$$

式中：

$\bar{z}$——酸碱度（pH）平均值；

z_j——第 j 次测量酸碱度（pH）。

$$s_z = \sqrt{\frac{\sum\limits_{j=1}^{5}(z_j - \bar{z})^2}{5-1}} \quad\cdots\cdots\cdots\cdots\cdots\cdots\cdots\cdots\cdots\cdots\cdots \quad (9)$$

式中：

s_z——酸碱度（pH）标准差。

$$v_z = \left(1 - \frac{s_z}{\bar{z}}\right) \times 100 \quad\cdots\cdots\cdots\cdots\cdots\cdots\cdots\cdots\cdots\cdots\cdots \quad (10)$$

式中：

v_z——酸碱度（pH）控制均匀度的数值，单位为百分号（%）。

$$P_h = \left(1 - \left|\frac{\bar{z} - z_r}{z_r}\right|\right) \times 100 \quad\cdots\cdots\cdots\cdots\cdots\cdots\cdots\cdots\cdots\cdots\cdots \quad (11)$$

式中：

P_h——酸碱度（pH）控制准确度；

z_r——酸碱度（pH）目标测试值的数值，单位为百分号（%）。

附 录 A
（资料性）
主路式水肥一体机性能测试系统原理图

主路式水肥一体机性能测试系统原理图见图 A.1。

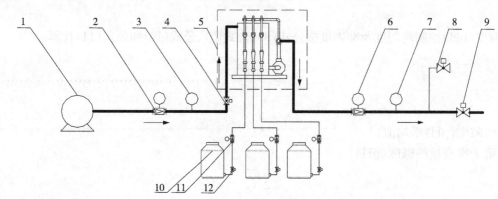

标引序号说明：
1——恒压水源；
2——水源流量计；
3——水源压力表；
4——进水管路阀门；
5——主路式水肥一体机；
6——出水流量计；
7——出水压力表；
8——取样阀；
9——出水阀门；
10——肥料桶；
11——吸肥流量计；
12——供肥管路阀门。
图中各装置安装应满足以下要求：
——流量计安装距离恒压水源不小于 5 倍管路直径，并按照说明书要求正确安装；
——测试时，主路式水肥一体机输入与输出管路长度在 1 m～2 m；
——取样阀与水肥一体机底座尽量保持水平，两者直线距离在 2 m 以内；
——肥料桶容积不小于 50 L。

图 A.1 主路式水肥一体机性能测试系统原理图

附 录 B

（资料性）

旁路式水肥一体机性能测试系统原理图

旁路式水肥一体机性能测试系统原理图见图 B.1。

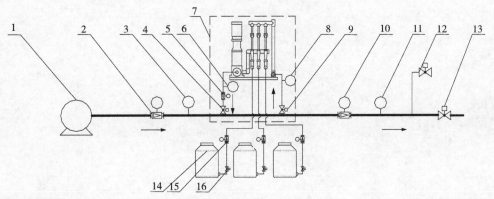

标引序号说明：

1——恒压水源；

2——水源流量计；

3——水源压力表；

4——出水管路阀门；

5——出水管路流量计；

6——出水管路压力表；

7——旁路式水肥一体机；

8——进水管路压力表；

9——减压阀；

10——主管路输出流量计；

11——主管路输出压力表；

12——取样阀；

13——主管路阀门；

14——肥料桶；

15——吸肥流量计；

16——供肥管路阀门。

图中各装置安装应满足以下要求：

——恒压水源最大工作流量不低于的旁路式水肥一体机主泵额定流量3倍；

——水肥一体机的进水与出水管路管径应和水肥一体机本身的进、出口管径一致；

——流量计安装距离恒压水源不小于5倍管路直径，并按照说明书要求正确安装；

——旁路式水肥一体机输入与输出管路长度在1 m～2 m；

——取样阀与水肥一体机底座尽量保持水平，两者直线距离在2 m以内；

——肥料桶容积不小于50 L。

图 B.1 旁路式水肥一体机性能测试系统原理图

ICS 35.240.68
CCS L 67

中华人民共和国农业行业标准

NY/T 4374—2023

农业机械远程服务与管理
平台技术要求

Technical requirements of remote service and management
platform for agricultural machinery

2023-04-11 发布

2023-08-01 实施

中华人民共和国农业农村部 发布

前　言

本文件按照 GB/T 1.1—2020《标准化工作导则　第 1 部分：标准化文件的结构和起草规则》的规定起草。

请注意本文件的某些内容可能涉及专利。本文件的发布机构不承担识别专利的责任。

本文件由农业农村部农产品质量安全监管司提出。

本文件由农业信息化标准化技术委员会归口。

本文件起草单位：中国农业大学、农业农村部规划设计研究院、中国农业工程学会、农业农村部农业机械化总站、北京博创联动科技有限公司、北京市农林科学院智能装备技术研究中心、潍柴雷沃智慧农业科技股份有限公司、中联农业机械股份有限公司、中国一拖集团有限公司、千寻位置网络有限公司、福建工程学院。

本文件主要起草人：杨丽丽、土应宽、陶伟、潘嗣南、毛振强、吴才聪、梅成建、孟志军、姜斌、贡军、苏春华、车宇、梅鹤波、叶聪、刘伟、王辉、马曰鑫、胡冰冰、王志民、王培、王鹏、冯云鹤、王勇、吴紫晗。

农业机械远程服务与管理平台技术要求

1 范围

本文件规定了农业机械远程服务与管理平台的组成、功能要求、性能要求和安全要求。

本文件适用于农业机械化行政管理部门、农业机械生产企业、农业机械服务组织、科研院所等有关单位的农业机械远程服务与管理平台(以下简称"平台")的建设和运行维护。

2 规范性引用文件

下列文件中的内容通过文中的规范性引用而构成本文件必不可少的条款。其中,注日期的引用文件,仅该日期对应的版本适用于本文件;不注日期的引用文件,其最新版本(包括所有的修改单)适用于本文件。

GB/T 2260　中华人民共和国行政区划代码

NY/T 1640　农业机械分类

NY/T 3892　农机作业远程监测管理平台数据交换技术规范

3 术语和定义

NY/T 1640 和 NY/T 3892 界定的以及下列术语和定义适用于本文件。

3.1

农业机械远程服务与管理平台　remote service and management platform for agricultural machinery

实现农业机械(以下简称"农机")数据接入、处理、管理和服务的一种信息系统,通过不同通信协议和开放接口,为行业应用提供数据与服务的支撑能力。

3.2

第三方物联网平台　third-party internet of things platform

除农业机械远程服务与管理平台和数据源之外的其他物联网平台。

3.3

农机物联网终端　internet of things terminal for agricultural machinery

安装在农业机械上具有数据采集、数据暂存、数据传输功能的物联网设备。

3.4

农机基础信息　agricultural machinery general information

农业机械主要性能参数和农业机械物联网终端的相关信息,包括整机编号、型号、终端编号、农业机械主要功能参数(如功率、喂入量)等。

3.5

农机作业状态　agricultural machinery operation status

农业机械在田间作业时的不同状态,包括作业、转移、待机、停机等。

3.6

农机作业类型　agricultural machinery operation type

农业机械在田间进行的作业类型,包括耕整地、播种、中耕、植保、收获、运输等。

3.7

农机作业量　agricultural machinery quantity

农业机械在田间的作业面积、作业时长等工作完成数量。

3.8

农机作业质量　agricultural machinery operation quality

农业机械作业符合相关质量标准要求的程度。

3.9

农机工况信息 agricultural machinery working conditions

农业机械运行数据(如位置、速度)及其关键部件状态(如压力、转速、燃油量)的信息,以及农业机械运行事件(如故障、报警、预警)的信息。

3.10

冷存储 cold storage

用来存储访问频率较低或不再使用的数据的存储媒介。

3.11

热存储 hot storage

用来存储频繁访问数据的存储媒介。

4 缩略语

下列缩略语适用于本文件。

API:应用程序接口(Application Programming Interface)

IP:网际互连协议(Internet Protocol)

JSON:JS对象简谱(JavaScript Object Notation)

TCP:传输控制协议(Transmission Control Protocol)

UDP:用户数据报协议(User Datagram Protocol)

XML:可扩展标记语言(Extensible Markup Language)

5 平台组成

平台应由数据接入层、数据服务层、业务应用层构成,平台架构见图1。

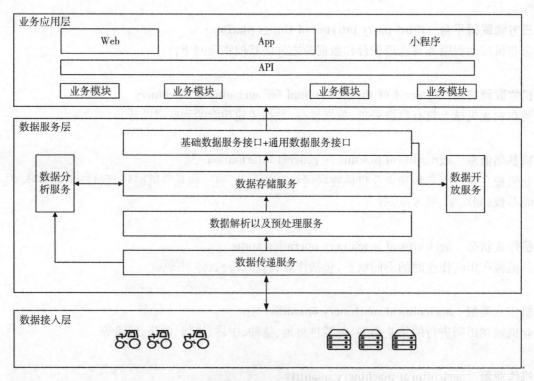

图 1 平台架构图

数据接入层规定了平台的数据来源,主要来源于农机物联网终端回传及与第三方物联网平台交换。

数据服务层规定了数据处理流程及相应的必备功能,对接入层接收的数据按需进行数据服务层内各项服务的数据分发、数据解析和预处理服务,并根据业务需求提供数据分析服务;数据服务层通过数据接口,向业务系统或者第三方提供服务。

业务应用层规定了基本业务组成。业务模块是服务平台提供业务分析功能的最小单元,通过 API 等形式,提供不同访问方式的业务服务,分为 Web、App、小程序。

6 平台功能要求

6.1 数据接入

6.1.1 数据接入要求

6.1.1.1 平台接入数据应至少包括农机基础信息、农机工况信息和农机位置信息。数据内容见附录 A(以主要粮食作物播种和收获为例),未在附录中描述的数据可自行定义。字段属性命名方法可遵循"驼峰法"命名方式。

注:"驼峰法"命名指混合使用大小写字母来构成变量名字的方法,变量名字中每一个逻辑断点都有一个大写字母来标记。

6.1.1.2 可采用农机物联网终端直连或第三方物联网平台转发方式。

6.1.1.3 平台应提供接入 IP 地址或域名、端口号。

6.1.1.4 通信链路应定时发送链路保持数据包检测链路连接状态,确认链路连接可靠性。

6.1.2 终端直连接入

接入协议:

a) 传输层:使用 TCP 或 UDP 协议;

b) 应用层:包括二进制、HTTP/HTTPS 等;

c) 数据编码:包括基于私有或公开规则进行二进制编码的编码协议、基于私有或公开数据结构编码的字符协议、基于 JSON 或 XML 等常用格式编码的结构化数据协议。

6.1.3 第三方物联网平台转发接入

接入协议:

a) 采用(6.1.2)终端直连接入协议;

b) 采用 HTTP/HTTPS Web API,按照 NY/T 3892 的规定或自行定义。

6.2 数据服务

6.2.1 数据传递

数据传递要求支持异步处理、应用解耦、流量控制、数据分流及送达模式的管理。

6.2.2 数据预处理

要求如下:

a) 应对数据进行解析及完整性校验等处理;

b) 应对数据进行清洗,保证数据值处于合理范围。

6.2.3 数据存储

要求如下:

a) 数据热存储至少 3 年,冷存储至少 5 年;

b) 数据存储技术方案应综合考虑接入设备量、数据量、数据保留年限、查询延时、平行扩展性等方面的需求;

c) 对于常用高频访问数据应引入高速缓存服务。

6.2.4 数据分析

数据分析服务分为实时分析与离线分析,应根据数据分析的特性、业务要求和数据展现的及时性进行技术方案的选型。

6.2.5 数据接口

数据服务层向业务应用层提供数据的服务接口,包括基础数据服务接口和通用数据服务接口。基础数据服务接口指提供查询农机基础信息的服务接口。通用数据服务接口指提供农机定位信息、车辆工况信息等物联网动态数据的数据服务接口。

另外,可针对业务需求进行优化将业务应用中常用的接口,下放至数据服务层,提高模块的可重用性。

6.2.6 数据开放

平台应能向外部系统在不进行二次开发的前提下提供受控的基本数据共享能力,以满足数据分享、合规监控、业务系统对接等数据使用需求。平台对外接口要求如下:

a) 应支持常用的数据格式;

b) 应支持 Web Service 等标准的数据访问服务;

c) 应具备接口调用的文档和示例程序;

d) 应支持服务调用日志功能;

e) 应实现服务的高可用功能;

f) 应支持实时和历史数据的查询。

6.3 业务应用

6.3.1 一般要求

根据数据特性与业务要求,应包括实时应用和离线应用。

6.3.2 农机监管

针对某一台农机进行管理,实现该农机相关数据的可视化表达。一般功能包括:

a) 位置展示:在电子地图上显示农机的实时位置。管理十万数量级终端的位置动态更新频率不超过 1 次/h。

b) 数据回放:在电子地图上展示选定时间段内的农机轨迹信息。

c) 数据查询:检索查看农机基础信息、农机位置信息、农机轨迹信息、农机作业信息等。

6.3.3 统计分析

对平台中数据进行统计分析处理,可视化表达分析结果。一般功能包括:

a) 农机数量统计分析

    1) 从农机主要参数(如功率、喂入量)统计平台管理的农机情况;

    2) 从农机类别的角度,对平台中的农机保有量的分布进行统计汇总,农机分类应符合 NY/T 1640 要求;

    3) 从行政区划的角度,按省级、市级、县级 3 个层级对平台中的农机保有量的分布进行统计汇总,行政区划代码划分应符合 GB/T 2260 的要求。

b) 农机作业量统计分析

    1) 针对单台农机的农机作业量进行统计分析,可包括农机作业量的统计汇总、趋势变化等。

示例 1:A 农机在春季的总播种面积。

示例 2:A 农机在春季的日播种面积趋势变化。

    2) 针对平台内按机型、作业类别的农机作业量进行统计分析,可包括农机作业量的统计汇总、趋势变化等,农业机械分类按照 NY/T 1640 的规定执行。

示例 3:播种机在春季的总作业面积。

示例 4:80 马力段与 120 马力段拖拉机进行深松的平均效率对比。

c) 农机作业质量统计分析

    1) 针对单台农机的作业质量进行统计分析,可包括农机作业质量的统计汇总、趋势变化、对特定项目农机作业质量判定是否合格等;

    2) 针对平台内某作业类别的农机作业质量进行统计分析,可包括农机作业质量的统计汇总、趋势变化等。

d) 农机故障统计分析

    1) 针对单台农机的故障进行统计分析,可包括农机故障的统计汇总、趋势变化等;

2) 针对平台中各马力段的农机故障进行统计分析,可包括农机故障的统计汇总、趋势变化等。

e) 农机作业的空间分布分析

针对平台内不同农机作业类型,进行数据分析,通过热力图的形式进行表达。农机作业类型见附录 A。

6.3.4 基础信息管理

实现平台业务数据的基本管理和维护。

6.3.5 平台管理

针对平台组织结构、用户、权限等进行管理和维护。

6.3.6 其他功能

指根据业务需求,可自行研发相应的功能模块。

7 平台性能要求

7.1 整体性能

要求如下:

a) 网关服务:从网关接收到实时数据至在平台端能够点击该终端最新点位的时间之差应小于 10 s;

b) 数据读写:平台加载展示 5 000 个轨迹点总时间应小于 10 s;当轨迹点数量大于 5 000 个时,则加载时间应小于轨迹点数量/500 s;

c) 数据转发:实时转发物联网终端设备数据时系统内延迟应小于 5 s;

d) 并发能力:针对平台设计容量,24 h 持续数据处理,无丢包。

7.2 服务高可用性

要求如下:

a) 平台在发生单点故障下应具备持续服务的能力;

b) 业务系统的可用时间应高于 97%;

c) 网关的可用时间应高于 99%。

注:升级时间记入服务不可用时间。

7.3 数据高可用性

要求如下:

a) 平台持久存储的数据不应因硬盘、服务器或者数据中心的不可用而导致丢失;

b) 对于存储介质,可使用冗余磁盘配置来防止单块磁盘失效;

c) 对于服务器,可使用主从结构或者分布式冗余存储的大数据或者数据库方案;

d) 对于数据中心,可采用远程数据中心备份或者远程数据备份。

注:远程数据中心备份指在异地在与本地完全一致的数据中心,用于数据备份。

7.4 可拓展性

7.4.1 平台应该符合开闭原则要求,对原有系统不宜进行修改。

7.4.2 对新的业务功能,宜按照如下方式进行扩展:

a) 架构分层:将整个业务分为展示层、业务逻辑层和数据持久层,通过分层,实现系统内部解耦;

b) 消息队列:通过消息传递的方式,实现系统之间解耦,在模块之间传输事件消息,达到模块之间低耦合;

c) 远程调用:对可复用的业务进行拆分,独立开发部署为分布式服务,后期新增的业务只需要远程调用这些分布式服务。

8 平台安全要求

8.1 数据交换安全

对物联网终端接入、第三方物联网平台接入、API调用等,平台应采取一种或一种以上的安全防护手段,包括登录鉴权与数据传输加密等。常用的数据交换安全策略见附录 A。

8.2 数据存储安全

重要数据应加密存储,包括:

a) 字段、表加密;

b) 数据存储系统加密;

c) 文件系统加密;

d) 磁盘、服务器等物理层加密。

8.3 数据反爬

平台应具有反爬策略。

8.4 数据应用安全

应在设计系统时根据使用场景和角色自行定义。

附 录 A

（资料性）

平台采集数据内容

A.1 农机作业类型

见表 A.1。

表 A.1 农机作业类型

序号	名称	代码
1	深松作业	deepPineWork
2	深翻作业	deepTurnWork
3	旋耕作业	rotaryFarmingWork
4	播种作业	sowingWork
5	插秧作业	transplantingWork
6	谷物收获作业	grainHarvestWork
7	方捆打捆机作业	squareBundleMachineWork
8	圆捆打捆机作业	roundBundleMachineWork
9	秸秆还田作业	strawReturnWork
10	喷洒作业	sprayingWork

A.2 农机基础数据

见表 A.2。

表 A.2 农机基础数据

序号	名称	代码	单位
1	农机编号	licensePlateNumber	—
2	VIN 码	vinCode	—
3	终端编号	terminalNumber	—
4	SIM 卡号	simCardNumber	—
5	农机类型	vehicleType	—
6	农机型号	vehicleModel	—
7	品牌	brand	—
8	产品编号	productNumber	—
9	出厂编号	serialNumber	—
10	出厂日期	dateOfProduction	—
11	发动机编号	engineNumber	—
12	标准功率	standardPower	kW
13	外观颜色	exteriorColor	—
14	宽幅	wide	cm

A.3 自走式农机共性数据

见表 A.3。

表 A.3　自走式农机共性数据

序号	类型	名称	代码	单位
1	整机	工作小时	vehicleWorkHour	h
2		总里程 LL	totalMileage	km
3		系统电压 L	systemVoltage	V
4		行驶速度 L	runningSpeed	km/h
5		燃油位百分比	fuelLevelPercentage	%
6	发动机工况	主离合状态	mainClutchState	—
7		实际发动机扭矩百分比	actualEngineTorquePercentage	%
8		发动机转速	engineSpeed	r/min
9		冷却水温度	coolingWaterTemperature	℃
10	燃油	机油压力	engineOilPressure	Mpa
11		当前故障码(单包)	currentFaultCode(singlePackage)	—
12		单次油耗	singleFuelConsumption	L
13		累计油耗	cumulativeFuelConsumption	L
14		发动机燃油率	engineFuelRate	L/h
15		摩擦扭矩百分比	frictionTorquePercentage	%
16		发动机工作时长	engineWorkingHours	h
17		排放因子	emission Factor	g/s
18	作业	行驶总里程	totalMileageDriven	km
19		作业时长	workingHour	h
20		作业幅宽	workingWidth	cm
21		作业类型	workingType	—
22	位置	经度	longitude	°
23		纬度	latitude	°
24		水平精度	horizontalAccuracy	m
25		海拔	altitude	m
26		方向	direction	°

A.4　谷物联合收割机数据

见表 A.4。

表 A.4　谷物联合收割机数据

序号	名称	代码	单位
1	粮满报警	grainFullAlarm	—
2	轴流滚筒转速	rotateSpeedOfAxialFlowDrum	r/min
3	复脱器转速	rotateSpeedOfRecoiler	r/min
4	籽粒升运器转速	grainElevatorSpeed	r/min
5	清选风扇转速	rotateSpeedOfCleanTheFan	r/min
6	切流滚筒转速	rotateSpeedOfTangentialFlowRoller	r/min
7	喂入搅龙转速	rotateSpeedOfFeedingAuger	r/min
8	过桥转速	rotateSpeedOfCrossTheBridge	r/min
9	清选损失率	selectLossRate	%
10	割茬高度	stubbleHeight	cm
11	驾驶室温度	cabTemperature	℃
12	上筛开度	upperScreenOpening	度
13	下筛开度	lowerScreenOpening	度
14	尾筛开度	tailScreenOpening	度
15	谷物损失率	LossRatio	%
16	谷仓含杂率	ImpurityContentInBarn	%
17	杂余转速	redundantSpeed	r/min
18	剥皮机转速	peelingMachineSpeed	r/min
19	割台高度	headerHeight	cm

A.5 花生收获机数据

见表 A.5。

表 A.5 花生收获机数据

序号	名称	代码	单位
1	滚筒转速	rollerSpeed	r/min
2	复脱器转速	rotateSpeedOfRecoiler	r/min
3	升运器转速	elevatorSpeed	r/min
4	风机转速	fanSpeed	r/min
5	油量报警	fuelAlarm	—
6	电压报警	voltageAlarm	—
7	油水分离报警	oilWaterSeparationAlarm	—
8	空滤堵塞报警	airFilterBlockageAlarm	—
9	滚筒转速报警	rollerSpeedAlarm	—
10	复脱器报警	detachAlarm	—
11	升运器报警	elevatorAlarm	—
12	撒粮报警	sprinkleGrainAlarm	—
13	震动报警	shockAlarm	—

A.6 谷物干燥机数据

见表 A.6。

表 A.6 谷物干燥机数据

序号	名称	代码	单位
1	实际热风温度	actualHotAirTemperature	℃
2	实际粮食温度	actualGrainTemperature	℃
3	水分值	moistureValue	%
4	工作模式	workMode	—
5	提升机故障	hoistFailure	—
6	下搅龙电机故障	downAugerMotorFailure	—
7	拨粮轮电机故障	motorFailureOfGrainWheel	—
8	抽风机 1 故障	exhaustFan1Failure	—
9	抽风机 2 故障	exhaustFan2Failure	—
10	除尘	dustRemoval	—
11	温度传感器故障	temperatureSensorFailure	—

A.7 打捆机数据

见表 A.7。

表 A.7 打捆机数据

序号	名称	代码	单位
1	累计打捆数	cumulativeBales	g
2	打捆压力	balingPressure	bar
3	实时亩数	realTimeAcres	亩
4	幅宽	width	cm

A.8 单粒(精密)播种机数据

见表 A.8。

表 A.8 单粒(精密)播种机数据

序号	名称	代码	单位
1	第 n 行播种粒数	seedNumberInRowN	g
2	第 n 行窄粒数	numberOfNarrowGrainsInLineN	g
3	第 n 行宽粒数	numberOfWideGrainsInLineN	g
4	种子报警状态	seedAlarmStatus	—
5	底肥报警状态	baseFertilizerAlarmStatus	—
6	当前播种面积	currentPlantingArea	亩
7	当前播种粒数	currentSeedingNumber	g
8	行驶速度	drivingSpeed	km/h
9	车速报警状态	speedAlarmStatus	—
10	总播种面积	totalSownArea	亩

A.9 条播机数据

见表 A.9。

表 A.9 条播机数据

序号	名称	代码	单位
1	平均播种量	averageSeedingRate	g
2	总地块播种量	sownAmountOfTotalPlot	g
3	当前速度	currentSpeed	km/h
4	实时播种速度	realTimeSeedingSpeed	km/h
5	实时亩数	realTimeAcres	亩
6	地块播种量	sownAmountOfPlot	g
7	幅宽	width	cm

A.10 常用的数据交换安全策略

见表 A.10。

表 A.10 常用的数据交换安全策略

序号	环节	应对策略
1		能够确定接入方 IP 地址或 IP 段时,设置白名单
2		通过硬件加密芯片与内嵌密钥或证书进行认证
3	注册/登录	通过硬件生产时烧录的一次性不可擦写密钥
4		通过随机密钥与硬件特征结合的软件算法进行登录验证
5		通过纯软件的密钥、用户名密码等方式
6		使用私有的编码方案
7		使用 https 方式
8	数据传输	使用自定义加密方式对协议 Payload 进行加密
9		使用 checksum 的方式
10		使用数字签名的方式

参 考 文 献

[1]　GB/T 5271.8　信息技术　词汇　第 8 部分:安全

[2]　GB/T 17547—1998　信息技术开放系统互连数据链路服务定义

[3]　GB/T 20157—2006　信息技术软件维护

[4]　GB/T 20269　信息系统安全管理要求

[5]　GB/T 20271　信息系统通用安全技术要求

[6]　GB/T 29262　信息技术　面向服务的体系结构(SOA)术语

[7]　GB/T 32960.1—2016　电动汽车远程服务与管理系统技术规范　第 1 部分:总则

[8]　GB/T 32960.2—2016　电动汽车远程服务与管理系统技术规范　第 2 部分:车载终端

[9]　GB/T 32960.3—2016　电动汽车远程服务与管理系统技术规范　第 3 部分:通信协议及数据格式

[10]　JT/T 808—2019　道路运输车辆卫星定位系统　终端通信协议及数据格式

[11]　JT/T 809　道路运输车辆卫星定位系统　平台数据交换

ICS 65.020.01
CCS N 63

中华人民共和国农业行业标准

NY/T 4375—2023

一体化土壤水分自动监测仪技术要求

Technical requirements for automatic soil moisture-monitoring
instruments with integrated design

2023-04-11 发布

2023-08-01 实施

中华人民共和国农业农村部 发布

前　言

本文件按照 GB/T 1.1—2020《标准化工作导则　第 1 部分：标准化文件的结构和起草规则》的规定起草。

请注意本文件的某些内容可能涉及专利。本文件的发布机构不承担识别专利的责任。

本文件由农业农村部市场与信息化司提出。

本文件由农业农村部农业信息化标准化技术委员会归口。

本文件起草单位：中国农业大学、全国农业技术推广服务中心、北京市农林科学院智能装备技术研究中心、爱迪斯新技术有限责任公司、河南瑞通水利工程建设集团有限公司、四川长虹电器股份有限公司、河南黄河水文勘测设计院。

本文件主要起草人：石庆兰、杜森、吴勇、钟永红、张钟莉莉、沈欣、陈广锋、李道亮、凌毅立、杨佩中、孙龙清、郑文刚、曹春燕、王科、阳丹。

一体化土壤水分自动监测仪技术要求

1 范围

本文件规定了一体化土壤水分自动监测仪的组成、技术要求和试验方法。

本文件适用于一体化土壤水分自动监测仪(以下简称"监测仪")的研发、设计制造、检测和使用。

2 规范性引用文件

下列文件中的内容通过文中的规范性引用而构成本文件必不可少的条款。其中,注日期的引用文件,仅该日期对应的版本适用于本文件;不注日期的引用文件,其最新版本(包括所有的修改单)适用于本文件。

GB/T 2423.18 环境试验 第2部分:试验方法 试验Kb:盐雾,交变(氯化钠溶液)

GB/T 4208 外壳防护等级(IP代码)

GB/T 9359 水文仪器基本环境试验条件及方法

HJ 613 土壤 干物质和水分的测定 重量法

NY/T 1121.4 土壤检测 第4部分:土壤容重的测定

NY/T 1782 农田土壤墒情监测技术规范

NY/T 3180 土壤墒情监测数据采集规范

SL/T 364 土壤墒情监测规范

SL/T 810—2021 土壤水分监测仪器检验测试规程

3 术语和定义

HJ 613、NY/T 1121.4、NY/T 1782、SL/T 364界定的以及下列术语和定义适用于本文件。

3.1

一体化土壤水分自动监测仪 automatic soil moisture-monitoring instruments with integrated design

一种将模拟传感器、数字终端及供电单元等功能模块高度集成并进行一体化设计,用于土壤含水量自动监测的测量装置。

3.2

率定公式 calibration formula

在不同含水量条件下,对被测土壤采用人工取土烘干法测得土壤含水量与监测仪输出电信号参量进行最小二乘法回归分析,所拟合出的函数关系式。

[来源:SL/T 364—2015,3.14,有修改]

4 结构、组成和可靠性

4.1 结构

监测仪的结构主要包括太阳能板、电池、数字终端电路板、传感器检测电路板、感知探头等,其结构示意图见图1。

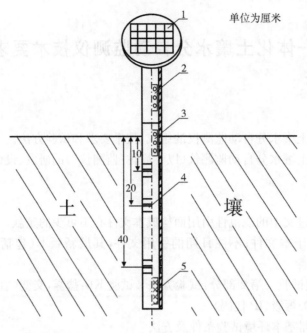

标引序号说明：
1——太阳能板；
2——数字终端电路板；
3——传感器检测电路板；
4——感知探头；
5——电池。

图 1　监测仪结构示意图

4.2　组成

监测仪由传感器、数字终端及电源等单元组成,其组成框图见图 2。

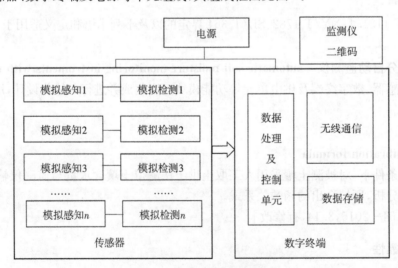

图 2　监测仪组成框图

4.3　可靠性

监测仪平均无故障工作时间(MTBF)应不小于 16 000 h。

5　实验室要求

5.1　通用要求

5.1.1　外观

监测仪的接插件及线缆(供电线缆及通信线缆等)都应合理布置在设备机壳内部,不应裸露在机壳外,安装时不宜有现场布线。

5.1.2 环境适应性

监测仪应能适用下列工作环境：

a) 温度：-30 ℃～60 ℃；

b) 相对湿度：不低于95%（40 ℃时，无凝露）。

5.1.3 电源适应性

5.1.3.1 工作电压

监测仪应采用直流供电；电压：4.0 V，5.0 V，允许偏差-10%～10%。

5.1.3.2 功耗

监测仪静态值守电流应不大于1 mA；工作电流应不大于300 mA。

5.1.4 防腐蚀

监测仪应能在下列盐雾测试条件下，外观无色变、破损并正常工作：

a) 温度：(35±2) ℃；

b) pH：6.5～7.2；

c) 盐雾溶液浓度：5%±0.1%；

d) 沉降量：1 mL/h～2 mL/h；

e) 喷雾时长不少于48 h。

5.1.5 外壳防护等级(IP 等级)

监测仪外壳防护等级应达到IP68。

5.1.6 水密性

监测仪最高点浸入水下应低于水面1 m，浸水压力不低于0.01 MPa，浸入水中时间不少于48 h，各部件连接处应保持良好的密封且能正常工作。

5.2 传感器

5.2.1 测量范围

监测仪传感器测量范围为0%～60%（体积含水量）。

5.2.2 分辨力

监测仪传感器分辨力为0.1%（体积含水量）。

5.2.3 测量准确度

实验室条件下测量值与烘干法相比较的绝对误差应符合下列要求：

a) 体积含水量在不大于15%时，误差范围为-1.5%～1.5%；

b) 体积含水量在大于15%时，误差范围为-2.5%～2.5%。

5.3 数字终端

5.3.1 无线通信

监测仪的无线通信应采用广域物联网通信技术，通信信道应在4G、5G中选用。

5.3.2 数据采集与传输

监测仪数据采集与传输应符合NY/T 3180的规定。

5.3.3 数据存储

监测仪在通信中断情况下应存储数据，固态存储芯片容量不应低于8 MB，通信恢复后应自动补发数据。

5.3.4 联机调试功能

5.3.4.1 移动终端自查

监测仪应配置包含服务器地址及设备ID号的二维码。可通过移动终端微信扫码或App软件自行检查传感器、数字终端及数据平台联机工作情况，土壤水分与土壤温度大于0为正常工作状态。

自查包括但不限于各感知探头、电量、网络信号等内容。

5.3.4.2 远程控制

监测仪应具备远程接收并执行下列控制命令的功能:

a) 修改采集频次:修改数据采集频次(默认 1 次/h),最小频次为 1 次/5 min;

b) 参数设置:可远程设置监测仪率定公式系数;

c) 远程升级:可通过服务器对监测仪软件程序进行远程在线升级。

6 试验方法

6.1 试验要求

6.1.1 试验前可对受检监测仪进行常规性能检查测试,试验过程中不应对监测仪进行调整。

6.1.2 试验使用的仪器仪表或试验装置,有计量要求的应经过定期检定或校准,并取得合格证书且在有效期内使用。

6.1.3 自制试验装置,应进行自校准或检验合格后方可使用。

6.1.4 试验用的仪器仪表或装置,其准确度指标应高于监测仪相关参数指标的准确度指标。

6.2 试验方法的内容

6.2.1 通用要求

6.2.1.1 外观

通过实际操作和目测检查,记录测试情况。

6.2.1.2 环境适应性

按 GB/T 9359 规定的相关试验方法进行试验,检查并记录监测仪的工作情况。

6.2.1.3 电源适应性

6.2.1.3.1 工作电压

用数字万用表测量电源电压。联机测试,在电压拉偏时,检查并记录监测仪的工作情况。

6.2.1.3.2 功耗

用数字万用表分别测量数字终端休眠时静态值守电流、数据发送时的工作电流,记录测试结果。

6.2.1.4 防腐蚀

按 GB/T 2423.18 中规定的试验方法进行检测,检查并记录监测仪工作情况。

6.2.1.5 外壳防护等级(IP 等级)

按照 GB/T 4208 规定的试验方法进行检测,检查并记录监测仪工作情况。

6.2.1.6 水密性

将监测仪进行浸水试验,检查并记录监测仪工作情况。

6.2.2 传感器

6.2.2.1 测量范围

将监测仪分别插入饱和黏质土壤样本中和纯水中测得 2 次土壤体积含水量,测量最大值按公式(1)进行估算,记录测试情况。

$$\theta_{max} = \theta_s + (\theta_w - \theta_s) \times 20\% \quad\cdots\cdots\cdots\cdots\cdots\cdots\cdots\cdots\cdots \quad (1)$$

式中:

θ_{max} ——测量值的最大值,单位为百分号(%);

θ_s ——饱和黏质土壤样本中所测得的土壤体积含水量,单位为百分号(%);

θ_w ——纯水中所测得的土壤体积含水量,单位为百分号(%)。

注:测量最小值:空气中的值为 0。

6.2.2.2 分辨力

检查监测仪测量值,查验并记录数值。

6.2.2.3 测量准确度

监测仪测量准确度按下列步骤进行：

a) 按 SL/T 810—2021 中 6.3 规定的标准土样制备要求与步骤,分别制备体积含水量为 7%±3%、15%±3%、25%±3% 的土壤样本,高饱和含水量的土壤可适当增加样本数量;

b) 采用容积为 100 cm³ 的环刀对上述样本取样,并按 HJ 613 描述的方法进行测定,测定结果数值上等于被测样本的体积含水量;

c) 将监测仪分别插入上述被测样本中查看测量值,并与烘干法测定值相减即为测量绝对误差;

d) 记录测试情况。

6.2.3 数字终端

6.2.3.1 无线通信

开机后通过移动终端扫二维码或 App 软件查看通信组网方式,记录测试情况。

6.2.3.2 数据采集与传输

按 NY/T 3180 规定进行数据采集与传输功能测试,记录测试情况。

6.2.3.3 数据存储

屏蔽数字终端使之无法发送数据,将监测仪复位并重新发送,反复 2 次~3 次,解除屏蔽后检查接收端数据补发情况,记录测试情况。

6.2.3.4 联机调试功能

6.2.3.4.1 移动终端自查

通过移动终端扫二维码或 App 软件检查监测功能,开机后用手紧握感知探头直到数据发送为止,依次轮流手握其他探头逐个检查,按表 1 的规定,填写功能检查结果。

表 1 功能检查记录

功能检测项	土壤水分	土壤温度	电量	网络信号	采集时间
第 1 感知探头					
第 2 感知探头					当前时间(年、月、日、时、分、秒)
第 3 感知探头					
……					
第 n 感知探头					
备注	检查项正常:√;不正常:×				

6.2.3.4.2 远程控制

在数据平台软件中按下述方法对监测仪进行远程控制功能测试,记录测试情况:

a) 修改采集频次:在用户终端软件中将默认的采集频次修改为 1 次/5 min,查看接收数据间隔是否正确,查看后设置为期望的采集频次;

b) 参数设置:打开用户终端软件中的公式参数设置,公式的系数是否可置数;

c) 远程升级:通过通信软件对监测仪嵌入式微处理器程序发布升级命令,并将新程序上传至监测仪,自动重启后远程查看监测仪软件版本号是否更新。

7 现场使用

7.1 田间检验要求

7.1.1 田间校准

监测仪在田间首次应用或重新更换监测位置时,需要在被测点重新取土对率定公式进行田间校准。

7.1.2 干容重的测定

在待测土壤监测点旁边,分层取土测定土壤干容重,土层深度应与监测层深度相一致。按 NY/T 1121.4 规定的方法测定。

7.1.3 土壤含水量的公式转换

采用人工取土烘干法与监测仪测量值相比较时,应采用相同的含水量表示法(体积含水量或质量含水量)。如果不相同,应按公式(2)进行转换。

$$\theta_v = \theta_m \rho_s \quad\cdots\cdots\cdots\cdots\cdots\cdots\cdots\cdots\cdots\cdots\cdots\cdots\cdots\cdots\cdots\cdots (2)$$

式中:

θ_v ——被测土壤体积含水量,用百分数表示(%);

θ_m ——被测土壤质量水量,用百分数表示(%);

ρ_s ——土壤容重。

7.1.4 工具、材料准备

准备烘箱、电子天平(0.01 g)、盛土样铝盒、环刀、环刀柄、削土刀、锤子、米尺、铁锹、对比观测记载簿、专用取土钻(筒钻)、计算机等。

7.2 田间试验

7.2.1 监测仪的安装

监测仪在田间使用按下述步骤安装:

a) 按照监测仪探头管径及深度用取土钻在被测点位置钻孔,并在各监测深度位置取样土各 40 g~50 g 以备计算容重;

b) 取出的其余土壤去除根系、砾石等杂质,用水调和成黏稠状泥浆并回填进钻孔中,将监测仪插入钻孔泥浆中,上下插拔几次排出其中的空气;

c) 开机并通过移动终端查看数据平台是否正常。

7.2.2 人工采样

田间公式率定及测量准确度分析都需要通过人工采样、烘干后的测定值与监测仪的测量值相比较,人工采样按下述步骤进行:

a) 以监测仪为圆心做一个半径为 75 cm 的围堰并拍实,以备灌水用,见图 3。

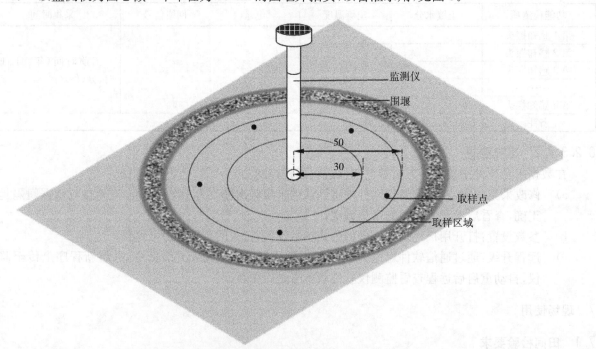

图 3　野外检测现场示意图

b) 向围堰内缓慢均匀地灌水,当水淹到围堰处暂停灌水,待水下去一些后继续灌水,在平台读取灌水数据直至 40 cm 深度的水分饱和(含水量不增加)。

c) 以监测仪为圆心,半径为 30 cm 和 50 cm 的弧线内,每次需在 5 条垂线上各取 3 个深度 10 cm、20 cm、40 cm 一共采集 15 个土样(各 50 g 左右),土样采集即刻称重。

d) 剩余土柱不要丢弃,要按结构装回原来的土层中并用筒钻压实。如果钻孔尚未填满,需另外取土将其填平、压实,并用小木棍做上标记,下次取样应避开这些采样点。

e) 每次取完土样后定量向监测仪周围注水,8 h~10 h 后再取样、再注水,直到土壤饱和。一般注水 3 次~4 次后能满足 40 cm 层也能达到饱和。

f) 在对比观测期间,实时观察监测仪含水量变化的过程线及测量值的变化,确定土壤水分有较大变化时再取样(体积含水量变化百分数不小于3)。在每次取样的同时,现场填写田间相对误差原始记载簿,现场记录人工采样时刻的监测仪测量值,记录表格可参照附录 A 中的表 A.2。

7.2.3 率定公式的田间校准

田间校准后的率定公式按公式(3)计算。

$$y' = mf(x) + n \quad\cdots\cdots\cdots\cdots\cdots\cdots\cdots\cdots (3)$$

式中:

m、n ——待测土壤中校准后率定公式平移系数,可参照 A.1 的方法计算;

x ——率定公式中的自变量、监测仪的输出电信号参量;

$f(x)$ ——监测仪校准前的率定公式。

7.2.4 田间测量准确度

7.2.4.1 要求

田间测量准确度应符合下列要求:

a) 体积含水量不大于 15% 时,测量绝对误差范围为 −1.5%~1.5%;

b) 体积含水量在 15%~30% 时,测量绝对误差范围为 −3%~3%;

c) 体积含水量在大于 30% 时,测量绝对误差范围为 −4%~4%;

d) 田间测量准确度按公式(4)、公式(5)计算。

$$\delta_A = \theta_{v烘} - \theta_{v仪} \quad\cdots\cdots\cdots\cdots\cdots\cdots\cdots\cdots (4)$$

$$\delta_R = \frac{\theta_{v烘} - \theta_{v仪}}{\theta_{v烘}} \times 100 \quad\cdots\cdots\cdots\cdots\cdots\cdots\cdots (5)$$

式中:

δ_A ——绝对误差的数值,单位为百分号(%);

δ_R ——相对误差的数值,单位为百分号(%);

$\theta_{v烘}$ ——烘干法测量土壤体积含水量的数值,单位为百分号(%);

$\theta_{v仪}$ ——监测仪测量土壤体积含水量的数值,单位为百分号(%)。

7.2.4.2 原始记录

将监测仪田间测量准确度原始记录填入表 A.2 中,然后与烘干法测定值进行比较,计算田间测量准确度。

7.2.4.3 检验

田间测量误差检测结果按表 A.3 统计,判定监测仪的田间测量准确度是否满足要求。

7.3 考核验收

7.3.1 考核

7.3.1.1 安装调试好的监测仪应进行运行考核,考核按供需双方约定的书面方案进行。

7.3.1.2 监测仪的考核应包括但不限于下列内容:

a) 实验室抽检情况;

b) 监测仪现场安装的规范性;

c) 现场安装所需时长;

d) 率定公式的田间校准及验证报告;

e) 田间测量准确度检验结果;

f) 监测仪试运行期间的数据曲线图;

g) 考核周期内的故障发生率;

h) 备品备件的库存和质量验收情况。

7.3.2 验收

7.3.2.1 监测仪完成安装调试和考核并通过验收后,方可正式投入运行。

7.3.2.2 监测仪建设项目应根据国家或工业工程建设项目验收的相关规定,以及供需双方约定的验收方案进行验收。

附　录　A

（资料性）

田间测量准确度试验

A.1　率定公式

由于质地不同、容重不同而导致实验室初始的率定公式在田间发生"偏移"，偏移关系见图 A.1。图中实曲线是实验室率定公式，虚曲线是待测土壤平移校准后的率定公式。

监测仪初始率定公式符合公式（A.1），经待测土壤校准后的监测仪率定公式符合公式（A.2）。

$$y = f(x) \quad\cdots\cdots\cdots\cdots\cdots\cdots\cdots\cdots\cdots\cdots\cdots\cdots\cdots\cdots \text{(A.1)}$$

$$y' = my + n \quad\cdots\cdots\cdots\cdots\cdots\cdots\cdots\cdots\cdots\cdots\cdots\cdots\cdots \text{(A.2)}$$

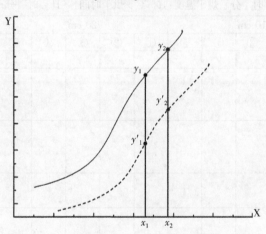

图 A.1　监测仪在不同土壤中的偏移关系

A.2　率定公式演算

分别在土壤较干和较湿时各取 1 次土，按公式（A.3）、（A.4）、（A.5）计算 m、n 的值，演算过程中的测量公式及平移系数计算，填入表 A.1。

$$\begin{cases} y'_1 = my_1 + n \\ y'_2 = my_2 + n \end{cases} \quad\cdots\cdots\cdots\cdots\cdots\cdots\cdots\cdots\cdots\cdots \text{(A.3)}$$

$$m = \frac{y'_1 - y'_2}{y_1 - y_2} \quad\cdots\cdots\cdots\cdots\cdots\cdots\cdots\cdots\cdots\cdots \text{(A.4)}$$

$$n = \frac{y_1 y'_2 - y_2 y'_1}{y_1 - y_2} \quad\cdots\cdots\cdots\cdots\cdots\cdots\cdots\cdots\cdots\cdots \text{(A.5)}$$

式中：

m、n ——待测土壤中校准后率定公式平移系数；

x_1 ——第一次取土时监测仪的电压值；

y_1 ——第一次取土时采用初始公式计算的土壤含水量；

x_2 ——第二次取土时监测仪的电压值；

y_2 ——第二次取土时采用初始公式计算的土壤含水量；

y'_1 ——第一次取土时刻采用烘干法获得的待测土壤实际含水量；

y'_2 ——第二次取土时刻采用烘干法获得的待测土壤实际含水量。

表 A.1　测量方程的田间率定系数表

设备 ID	取土时刻	取土深度 cm	初始公式				烘干法		平移系数	
			x_1	$y_1 = f(x_1)$	x_2	$y_2 = f(x_2)$	y'_1	y'_2	$m = \dfrac{y'_1 - y'_2}{y_1 - y_2}$	$n = \dfrac{y_1 y'_2 - y_2 y'_1}{y_1 - y_2}$
		10								
		20								
		40								
田间校准后的率定公式为：$y' = mf(x) + n$										

A.3　田间测量准确度原始记录表

田间测量准确度原始记录按表 A.2 格式填写，田间测量误差检测结果统计按表 A.3 格式填写。

表 A.2　田间测量准确度原始记录表

监测仪型号：		监测地点：　　市(县)　　乡(镇)　　村(屯)														
测次：观测时间：　年　月　日　时　分　烘干温度：105 ℃　烘干时间：　日　时　分～　日　时　分																
	监测深度	10 cm					20 cm					40 cm				
	垂线号	①	②	③	④	⑤	①	②	③	④	⑤	①	②	③	④	⑤
烘干法	铝盒编号															
	盒重＋湿土重量 g															
	盒重＋干土重量 g															
	铝盒重量 g															
	干土重量 g															
	水分重量 g															
	土壤质量含水量 %															
	平均土壤质量含水量 %															
	平均土壤体积含水量 %															
	土壤干容重 g/cm³															
监测仪法	土壤体积含水量 %															
	绝对误差 %															
	相对误差 %															
	土壤质地															
备注：如果监测仪的测量方程是体积含水量，烘干法需要乘以干容重换算为体积含水量，再与监测仪比较。																

表 A.3 田间测量误差检测结果统计表

监测仪型号： 监测地点： 市(县) 乡(镇) 村(屯)

序号	检测时间	深度 cm	土壤体积含水量百分数（%）		相对误差 %	合格否
			烘干法	监测仪法		
1	年/月/日/时/分	10				
		20				
		40				
		……				
2	年/月/日/时/分	10				
		20				
		40				
		……				
3	年/月/日/时/分	10				
		20				
		40				
		……				
……	……	10				
		20				
		40				
		……				
备注	对比观测次数要求：一般不少于3组数据，相邻2次观测点的含水量变化百分数不小于3。					

参 考 文 献

[1] GB/T 28418 土壤水分(墒情)监测仪基本技术条件

———————

ICS 65.060.20
CCS B 91

中华人民共和国农业行业标准

NY/T 4421—2023

秸秆还田联合整地机　作业质量

Operating quality for straw returning combined soil preparation machine

2023-12-22 发布
2024-05-01 实施

中华人民共和国农业农村部 发布

前　言

本文件按照 GB/T 1.1—2020《标准化工作导则　第 1 部分:标准化文件的结构和起草规则》的规定起草。

请注意本文件的某些内容可能涉及专利。本文件的发布机构不承担识别专利的责任。

本文件由农业农村部农业机械化管理司提出。

本文件由全国农业机械标准化技术委员会农业机械化分技术委员会(SAC/TC 201/SC 2)归口。

本文件起草单位:黑龙江八一农垦大学、黑龙江省农业机械试验鉴定站、齐齐哈尔市农业技术推广中心、黑龙江丰沃非凡农业科技发展有限公司、内蒙古农牧业机械工业协会。

本文件主要起草人:胡军、孙德超、郭春艳、郭雪峰、于江龙、李艳杰、刘萍、徐琳琳、宋元萍、冯源、刘玉冉。

秸秆还田联合整地机　作业质量

1　范围

本文件规定了秸秆还田联合整地机的术语和定义、作业条件、作业质量、检测方法和检验规则。

本文件适用于玉米秸秆还田联合整地机的作业质量评定。

2　规范性引用文件

下列文件中的内容通过文中的规范性引用而构成本文件必不可少的条款。其中，注日期的引用文件，仅该日期对应的版本适用于本文件；不注日期的引用文件，其最新版本（包括所有的修改单）适用于本文件。

GB/T 5262　农业机械试验条件　测定方法的一般规定

3　术语和定义

下列术语和定义适用于本文件。

3.1

秸秆还田联合整地机　straw returning combined soil preparation machine

一次作业可完成秸秆和根茬粉碎、均匀混埋、镇压等功能的联合作业机械。

4　作业条件

4.1　作业地

应为收获后未经耕整的秸秆覆盖地，土壤绝对含水率应不大于25%。

4.2　机具和人员

秸秆还田联合整地机应按产品使用说明书要求及时进行调整和保养，保持其技术状态良好。机手应能够熟练操作秸秆还田联合整地机。

5　作业质量

在满足规定的作业条件下，秸秆还田联合整地机的作业质量指标应符合表1的规定。

表1　作业质量指标

序号	项目	质量指标要求	检测方法对应的条款号
1	耕作深度,cm	≥18	6.2.1
2	秸秆(根茬)粉碎合格率[a]	≥80%	6.2.2
3	秸秆(根茬)碎混均匀度	≥80%	6.2.3
4	碎土率	≥60%	6.2.4

[a]　粉碎后长度不大于10 cm的秸秆和根茬为合格秸秆和根茬。

6　检测方法

6.1　作业条件测定

按GB/T 5262的规定测量0 cm～10 cm、10 cm～20 cm、20 cm～30 cm土壤层的土壤绝对含水率。

6.2　作业质量测定

6.2.1　耕作深度

机具作业后，随机选取机具的一个作业行程，沿机组前进方向每隔2 m选1个测定点，共选11个点，剖开已耕地横断面,测量耕作沟底至某一水平基准线的垂直距离,减去该点地表至水平基准线的垂直距离,即为耕作深度,按公式(1)计算。

$$a = \frac{\sum_{i=1}^{11} a_i}{11} \quad\cdots\cdots\cdots\cdots\cdots\cdots\cdots\cdots\cdots\cdots\cdots\cdots\cdots\cdots\cdots\cdots\cdots\cdots \quad (1)$$

式中:

a——耕作深度的数值,单位为厘米(cm);

a_i——第 i 个点的耕作深度的数值,单位为厘米(cm)。

6.2.2 秸秆(根茬)粉碎合格率

机具作业后,随机选取 6 个测点,每点取 0.5 m×作业幅宽的面积,分别测定每点地表和耕层内的秸秆和根茬质量,挑出不合格的秸秆和根茬(长度大于 10 cm)并测定其质量,按公式(2)、公式(3)计算粉碎合格率。

$$F_{ni} = \frac{M_{di} + M_{gi} - M_{bi}}{M_{di} + M_{gi}} \times 100 \quad\cdots\cdots\cdots\cdots\cdots\cdots\cdots\cdots\cdots\cdots\cdots\cdots \quad (2)$$

式中:

F_{ni}——第 i 点秸秆(根茬)粉碎合格率的数值,单位为百分号(%);

M_{di}——第 i 点地表秸秆和根茬质量的数值,单位为克(g);

M_{gi}——第 i 点耕层内秸秆和根茬质量的数值,单位为克(g);

M_{bi}——第 i 点不合格秸秆和根茬质量的数值,单位为克(g)。

$$\overline{F}_n = \frac{\sum_{i=1}^{6} F_{ni}}{6} \quad\cdots\cdots\cdots\cdots\cdots\cdots\cdots\cdots\cdots\cdots\cdots\cdots\cdots\cdots\cdots\cdots\cdots \quad (3)$$

式中:

$\overline{F}_n$——秸秆(根茬)粉碎合格率。

6.2.3 秸秆(根茬)碎混均匀度

秸秆(根茬)碎混均匀度按公式(4)、公式(5)计算。

$$\overline{M} = \frac{\sum_{i=1}^{6} M_{gi}}{6} \quad\cdots\cdots\cdots\cdots\cdots\cdots\cdots\cdots\cdots\cdots\cdots\cdots\cdots\cdots\cdots\cdots\cdots \quad (4)$$

式中:

$\overline{M}$——各点耕层内秸秆和根茬质量平均值,单位为克(g)。

$$H_S = 1 - \frac{1}{\overline{M}} \sqrt{\frac{\sum_{i=1}^{6} (M_{gi} - \overline{M})^2}{5}} \times 100 \quad\cdots\cdots\cdots\cdots\cdots\cdots\cdots\cdots \quad (5)$$

式中:

H_S——秸秆(根茬)碎混均匀度的数值,单位为百分号(%)。

6.2.4 碎土率

机具作业后,随机选取 3 个测点,每点取 0.5 m×0.5 m 的面积,分别测定测点内全耕层土壤总质量和最长边尺寸大于 5 cm 的土块质量,按公式(6)计算。

$$C = \frac{\sum_{i=1}^{3} (G_i - G_{di})}{\sum_{i=1}^{3} G_i} \times 100 \quad\cdots\cdots\cdots\cdots\cdots\cdots\cdots\cdots\cdots\cdots\cdots\cdots \quad (6)$$

式中:

C——碎土率的数值,单位为百分号(%);

G_i——第 i 点全耕层内土壤总质量的数值,单位为千克(kg);

G_{di}——第 i 点全耕层内最长边大于 5 cm 的土块质量的数值,单位为千克(kg)。

7 检验规则

7.1 作业质量考核项目

作业质量考核项目见表2。

表 2 作业质量考核项目

序号	检测项目名称
1	耕作深度
2	秸秆(根茬)粉碎合格率
3	秸秆(根茬)碎混均匀度
4	碎土率

7.2 判定规则

对所有考核项目进行逐项检测。所有项目全部合格,则判定秸秆还田联合整地机作业质量为合格;否则,为不合格。

第四部分
农产品加工标准

第四部分

农产品加工技术

ICS 65.020.01
CCS B 04

中华人民共和国农业行业标准

NY/T 1676—2023
代替 NY/T 1676—2008

食用菌中粗多糖的测定 分光光度法

Determination of crude polysaccharides in edible mushroom—
Spectrophotometric method

2023-04-11 发布

2023-08-01 实施

中华人民共和国农业农村部 发布

前　言

本文件按照 GB/T 1.1—2020《标准化工作导则　第 1 部分:标准化文件的结构和起草规则》的规定起草。

本文件代替 NY/T 1676—2008《食用菌中粗多糖含量的测定》,与 NY/T 1676—2008 相比,除结构调整和编辑性改动外,主要变化如下:

a) 更改了"范围"中适用范围的表述,将"食用菌制品"明确为"片菇、碎菇、干菇、菇粉等初加工制品"(见第 1 章,2008 年版第 1 章);

b) 增加了规范性引用文件"GB/T 12728　食用菌术语"(见第 2 章,2008 年版第 2 章);

c) 多糖提取方法由沸水提取法改为微波提取法(见 7.3);

d) 样品前处理步骤由先去除单(二)糖再提取多糖改为先提取多糖再去除单(二)糖(见 7.4)。

请注意本文件的某些内容可能涉及专利。本文件的发布机构不承担识别专利的责任。

本文件由农业农村部农产品质量安全监管司提出。

本文件由农业农村部农产品营养标准专家委员会归口。

本文件起草单位:上海市农业科学院、农业农村部食用菌产品质量监督检验测试中心(上海)、江苏安惠生物科技有限公司、上海沛元农业发展有限公司、上海科立特农产品检测技术服务有限公司。

本文件主要起草人:赵晓燕、雷萍、周昌艳、张艳梅、陈惠、庞小博、刘海燕、门殿英、吴伟杰、陈磊、赵志勇、鄂恒超、李晓贝、范婷婷、董慧、白冰、何香伟、李健英、黄柳娟、黄甜甜。

本文件及其所代替文件的历次版本发布情况为:

——2008 年首次发布为 NY/T 1676—2008;

——本次为首次修订。

食用菌中粗多糖的测定 分光光度法

1 范围

本文件规定了食用菌中粗多糖含量的分光光度测定方法。

本文件适用于各种食用菌鲜品及干菇、片菇、碎菇、菇粉等初加工制品中粗多糖含量的测定;不适用于添加淀粉、糊精组分的食用菌产品,以及食用菌液体发酵或固体发酵等产品的测定。

本文件粗多糖线性含量范围为 1.0 g/100 g~50 g/100 g。当含量超范围时,可酌情减少称样量或加大提取液定容体积。

2 规范性引用文件

下列文件中的内容通过文中的规范性引用而构成本文件必不可少的条款。其中,注日期的引用文件,仅该日期对应的版本适用于本文件;不注日期的引用文件,其最新版本(包括所有的修改单)适用于本文件。

GB/T 6682 分析实验室用水规格和试验方法

GB/T 12728 食用菌术语

NY/T 3304 农产品检测样品管理技术规范

3 术语和定义

GB/T 12728 界定的以及下列术语和定义适用于本文件。

3.1

粗多糖 crude polysaccharides

以 β-D-葡聚糖或 α-D-葡聚糖或其他碳糖为主链的一系列高分子化合物。

4 原理

多糖经微波加热提取后,醇沉去除单(二)糖。多糖在硫酸作用下,先水解成单糖,并迅速脱水生成糖醛衍生物,与苯酚反应生成橙黄色物质,该物质在 490 nm 处有特征吸收,与标准曲线比较定量。

5 试剂与材料

5.1 除非另有说明,本方法所用试剂均为分析纯试剂,实验室用水符合 GB/T 6682 中三级水的规定。

5.2 试剂

5.2.1 硫酸(H_2SO_4,CAS 号:7664-93-9),$\rho=1.84$ g/mL。

5.2.2 无水乙醇(C_2H_6O,CAS 号:64-14-5)。

5.2.3 苯酚(C_6H_6O,CAS 号:108-95-2),重蒸馏。

5.3 溶液配制

5.3.1 80%苯酚溶液:称取 80 g 苯酚(5.2.3)于 100 mL 烧杯中,加水溶解,定容至 100 mL 后转至棕色瓶中,置于 4 ℃冰箱中避光储存。

5.3.2 5%苯酚:吸取 1 mL 苯酚溶液(5.3.1),加 15 mL 水摇匀,现用现配。

5.4 标准品

葡萄糖($C_6H_{12}O_6$,CAS 号:58367-01-4),使用前应于 103 ℃恒温烘干至恒重。

5.5 标准溶液配制

葡萄糖标准溶液(100 mg/L):称取 0.100 00 g 葡萄糖(5.4)于 100 mL 烧杯中,加水溶解,定容至

1 000 mL,置于 4 ℃冰箱中储存,有效期 60 d。

6 仪器和设备

6.1 可见分光光度计。

6.2 电子天平,感量 0.000 1 g 和 0.000 01 g。

6.3 微波消解仪,配置不小于 50 mL 的聚四氟乙烯消解内罐。

6.4 离心机,转速不低于 5 000 r/min。

6.5 控温电热板。

6.6 恒温水浴锅。

6.7 均质机。

6.8 粉碎机。

6.9 标准筛:425 μm(40 目)。

6.10 涡旋混合器。

6.11 快速滤纸。

7 分析步骤

7.1 菇粉样品中有无淀粉、糊精的判定

按附录 A 进行判定。若菇粉样品中含有淀粉、糊精,则本方法不适用于该样品的测定。若不含淀粉、糊精,则进行下一个测定步骤。

7.2 试样制备

7.2.1 鲜样

按照 NY/T 3304 进行制备。取不少于 1 000 g 食用菌鲜样,用干净纱布轻轻擦去表面附着物,切碎后,放置于均质机(6.7)中粉碎,于密封容器中−18 ℃保存备用,试样有效期为 20 d。使用前置于室温解冻后重新使用均质机(6.7)匀浆。

7.2.2 干样

按照 NY/T 3304 进行制备。取不少于 200 g 食用菌干样,先取部分放置于粉碎机(6.8)中粉碎,弃去,剩余部分再放置于粉碎机(6.8)中粉碎,全部过 425 μm 标准筛(6.9),制成待测样,于密封容器中常温保存备用。

7.3 提取

7.3.1 鲜样

称取 2 g~5 g(精确至 0.001 g)试样于微波消解仪(6.3)底部,加入 15 mL 水,涡旋混合器(6.10)混合均匀后,140 ℃微波提取 2 h。

7.3.2 干样

称取 0.2 g~0.5 g(精确至 0.000 1 g)试样于微波消解仪(6.3)底部,加入 20 mL 水,涡旋混合器(6.10)混合均匀,4 ℃冷藏过夜后,涡旋混合器(6.10)再次混合均匀,140 ℃微波提取 2 h。

7.4 去除单(二)糖

将微波提取液趁热转移至 250 mL 烧杯,微波管内加水加塞振摇洗涤 3 次~4 次,每次加水 20 mL~30 mL,洗涤液并入烧杯。在烧杯内放置一根玻璃搅拌棒以防止溶液在加热过程中飞溅,将烧杯置于电热板上加热至微沸并保持,直至烧杯内无液体流动(防止烧干烧焦),立即取下,加 5 mL 水,搅拌至均匀分散状态。溶液冷却至室温后缓慢加入 75 mL 无水乙醇,边加边轻轻搅拌 30 s。将烧杯覆膜后置于 4 ℃冰箱放置 12 h。将烧杯内容物转移至离心管,5 000 r/min 条件下离心 10 min,弃去上清液,沉淀物转移至原烧杯,洗涤离心管,洗涤液并入烧杯内。将烧杯置于电热板上加热搅拌至沉淀物分散均匀,转移至 250 mL 容量瓶中,冷却后加水定容,摇匀,快速滤纸过滤,弃去初始的 10 mL~15 mL 滤液,收集 20 mL~30 mL

滤液,待测。

7.5 标准曲线

分别吸取 0 mL、0.2 mL、0.4 mL、0.6 mL、0.8 mL、1.0 mL 葡萄糖标准溶液(5.5)置于 25 mL 试管中,加水至 1.0 mL,再加入 1 mL 5%苯酚溶液(5.3.2)摇匀,用移液器准确快速加入 5 mL 硫酸(5.2.1)(与液面垂直加入,勿接触试管壁,以便与反应液充分混合),静置 10 min 后,涡旋均匀,置于 30 ℃水浴中 20 min 后,490 nm 测定吸光度。以吸光度为纵坐标,以葡萄糖质量(μg)为横坐标,绘制标准曲线。

7.6 测定

吸取 0.2 mL~1.0 mL 待测液,测定同 7.5。同时做试剂空白(不称取样品,步骤同 7.3、7.4),并根据样品提取液的吸光度(扣除试剂空白吸光度)计算粗多糖含量。

8 结果计算

样品中粗多糖含量按公式(1)计算。

$$X = \frac{m_1 \times V_1}{m_2 \times V_2} \times 0.9 \times \frac{1}{10^6} \times 100 \quad\cdots\cdots\cdots\cdots\cdots\cdots\cdots\cdots\cdots\cdots\cdots (1)$$

式中:

X ——试样中粗多糖含量的数值,单位为克每百克(g/100 g);

m_1 ——标准曲线对应样品测定液中含糖量的数值,单位为微克(μg);

V_1 ——样品定容体积的数值,单位为毫升(mL);

m_2 ——样品质量的数值,单位为克(g);

V_2 ——比色测定时所移取样品测定液体积的数值,单位为毫升(mL);

0.9——葡萄糖换算成葡聚糖的校正系数;

10^6 ——换算系数。

计算结果以重复性条件下获得的 2 次独立测定结果的算术平均值表示,结果保留 3 位有效数字。

9 精密度

粗多糖含量小于或等于 15%时,在重复性条件下获得的 2 次独立测试结果的绝对差值不得超过算术平均值的 18%。

粗多糖含量大于 15%时,在重复性条件下获得的 2 次独立测试结果的绝对差值不得超过算术平均值的 10%。

附 录 A

（规范性）

菇粉样品中淀粉、糊精的定性鉴别

A.1 碘溶液的配制

称取 3.6 g 碘化钾溶于 20 mL 水中，加入 1.3 g 碘，溶解后加水稀释至 100 mL。

A.2 样品的处理

A.2.1 称取 1.0 g 粉碎过 20 mm 孔径筛的样品，置于 20 mL 具塞离心管内。

A.2.2 加入 25 mL 60 ℃～80 ℃水后，使用涡旋混合器(6.10)使样品充分混合或溶解，4 000 r/min 离心 10 min。

A.2.3 量取 10 mL 上清液至 20 mL 具塞玻璃试管内，加入 1 滴碘溶液，使用涡旋混合器(6.10)混合，观察是否有淀粉或糊精与碘溶液反应后呈现的蓝色或红色。

A.3 结果判定

若呈色反应为蓝色，则判定样品中含有淀粉；若呈色反应为红色，则判定样品中含有糊精。

ICS 67.060
CCS X 11

中华人民共和国农业行业标准

NY/T 4275—2023

糌粑生产技术规范

Technical specification for zanba

2023-02-17 发布
2023-06-01 实施

中华人民共和国农业农村部 发布

前　言

本文件按照 GB/T 1.1—2020《标准化工作导则　第 1 部分：标准化文件的结构和起草规则》的规定起草。

本文件由农业农村部乡村发展司提出。

本文件由农业农村部农产品加工标准化技术委员会归口。

本文件起草单位：西藏自治区农牧科学院农产品开发与食品科学研究所、西藏自治区农牧科学院农业质量标准与检测研究所、西藏索朗兴青稞实业有限公司、西藏白朗县康桑农产品发展有限公司、西藏山南乃东功德农产品开发有限公司。

本文件主要起草人：张玉红、张志薇、白婷、次顿、王姗姗、刘小娇、朱明霞、郭辉、扎西顿珠、边久。

糌粑生产技术规范

1 范围

本文件规定了糌粑生产中的术语和定义、技术要求、记录和文件管理等基本要求。

本文件适用于糌粑的生产加工。

2 规范性引用文件

下列文件中的内容通过文中的规范性引用而构成本文件必不可少的条款。其中,注日期的引用文件,仅该日期对应的版本适用于本文件;不注日期的引用文件,其最新版本(包括所有的修改单)适用于本文件。

GB 5083　生产设备安全卫生设计总则

GB 5491　粮食、油料检验扦样、分样法

GB 5749　生活饮用水卫生标准

GB/T 11760　青稞

GB 13122　食品安全国家标准　谷物加工卫生规范

GB 14881　食品企业通用卫生规范

3 术语和定义

下列术语和定义适用于本文件。

3.1

糌粑　zanba

青稞经过除杂、清洗、熟化、磨粉等工艺制作而成的粉状食物。

3.2

润麦　highland barley wetting

青稞原料清洗后,利用青稞籽粒表面附着的水分进行堆放、浸润,再晾干(阴处)或风干,使青稞籽粒表面水分充分晾干的过程。

3.3

熟化　curing

熟化设备加热到 220 ℃～240 ℃,内部青稞籽粒进行翻炒 2 min 左右,至其表面轻微裂开,将熟化的青稞籽粒分离进行风冷或摊晾,冷却至室温的过程。

4 技术要求

4.1 原料要求

4.1.1 青稞应符合 GB/T 11760 的规定。

4.1.2 每一批次原料均需经质检人员抽样检验,扦样方法按 GB 5491 的规定执行,检验合格方可收购。

4.2 加工用水

加工用水应符合 GB 5749 的规定。

4.3 加工设备

加工设备应符合 GB 5083 的规定。

4.4 加工环境卫生要求

加工场所、环境及加工过程应符合 GB 13122 和 GB 14881 的规定。

4.5 加工技术

4.5.1 加工流程

原料→清杂→润麦→熟化→冷却→磨粉。

4.5.2 清杂

在清杂工序中使用初步清理筛,清除青稞原料中的瘪麦粒、霉变粒、植物种子、石子、土块等杂质,留下饱满的青稞麦粒。除杂率应不低于97%。

4.5.3 润麦

原料利用常温水清洗后,进行堆放、浸润,再晾干(阴处)或风干,至其表面无残留水分,且水分含量达到14%~16%。

4.5.4 熟化

采用熟化设备,将着水润麦后的青稞在220℃~240℃的温度下炒制2 min左右至青稞籽粒均匀裂开,爆腰率达到75%以上。

4.5.5 冷却

将熟化后的青稞摊开在特制的储料仓内进行冷却处理,铺设厚度应≤5 cm,冷却至室温。

4.5.6 磨粉

本工序采用传统水力石磨或电动机械方式对熟化后的青稞进行磨粉加工。

5 记录和文件管理

5.1 制定和实施质量控制措施,关键工艺应有操作要求和检验方法,并记录执行情况。

5.2 建立原料采购、加工、储存、运输、入库、出库和销售的完整档案记录。

5.3 应建立文件管理制度,对文件进行有效管理并保证使用文件的有效性。

5.4 记录和文件的保存应不少于3个检查周期,保存期结束前,处理的记录和文件,应作出正当理由并做相应记录。

ICS 67.060
CCS B 22

中华人民共和国农业行业标准

NY/T 4276—2023

留胚米加工技术规范

Technical specification for embryo rice processing

2023-02-17 发布

2023-06-01 实施

中华人民共和国农业农村部 发布

前　言

本文件按照 GB/T 1.1—2020《标准化工作导则　第 1 部分：标准化文件的结构和起草规则》的规定起草。

本文件由农业农村部乡村产业发展司提出。

本文件由农业农村部农产品加工标准化技术委员会归口。

本文件起草单位：黑龙江省农业机械工程科学研究院、黑龙江省农业科学院食品加工研究所、哈尔滨工程北米科技有限公司、庆安东禾金谷粮食储备有限公司、黑龙江金芽粮机科技有限公司、哈尔滨工程大学、上海九穗农业科技有限公司。

本文件主要起草人：卢淑雯、任传英、赵忠良、李冰、崔新光、洪滨、张英蕾、管立军、姚鑫淼、周野、李波、李岩、王丽群、陈凯新、樊晶。

留胚米加工技术规范

1 范围

本文件规定了留胚米的加工场所安全卫生管理要求、原辅料要求、技术要求、检验。

本文件适用于以稻谷或糙米为原料加工且留胚率不小于 80% 的商品大米。

2 规范性引用文件

下列文件中的内容通过文中的规范性引用而构成本文件必不可少的条款。其中,注日期的引用文件,仅该日期对应的版本适用于本文件;不注日期的引用文件,其最新版本(包括所有的修改单)适用于本文件。

GB/T 191 包装储运图示标志

GB 1350 稻谷

GB/T 1354 大米

GB 2761 食品安全国家标准 食品中真菌毒素限量

GB 2762 食品安全国家标准 食品中污染物限量

GB 2763 食品安全国家标准 食品中农药最大残留限量

GB 5009.3 食品安全国家标准 食品中水分的测定

GB/T 5490 粮食、油料及植物油脂检验 一般规则

GB/T 5491 粮食、油料检验 扦样、分样法

GB/T 5492 粮食、油料检验 色泽、气味、口味鉴定法

GB/T 5493 粮食、油料检验 类型及互混检验法

GB/T 5494 粮食、油料检验 杂质、不完善粒检验法

GB/T 5496 粮食、油料检验 黄粒米及裂纹粒检验法

GB/T 5502 粮食、油料检验 米类加工精度检验法

GB/T 5503 粮食、油料检验 碎米检验法

GB 5749 生活饮用水卫生标准

GB 13122 食品安全国家标准 谷物加工卫生规范

GB 14881—2013 食品安全国家标准 食品生产通用卫生规范

GB/T 18810 糙米

GB/T 26630 大米加工企业良好操作规范

3 术语和定义

GB/T 1354 界定的以及下列术语和定义适用于本文件。

3.1

留胚米 embryo rice

胚芽米

保留全部或大部分米胚的大米。包括下列米粒:

全胚米:糙米经碾磨后,保留完整米胚的米粒,留胚度为 90%~100%,见图 1 中 a)。

平胚米:糙米经碾磨后,保留的米胚与米嘴切线相平的米粒,留胚度为 50%~90%,见图 1 中 b)。

半胚米:糙米经碾磨后,保留的米胚略低于米嘴切线,留胚度为 30%~50%,见图 1 中 c)。

3.2

留胚度 embryo-retaining milled degree

留胚米粒保留米胚的投影面积占完整米胚投影面积的百分率,以 % 计。

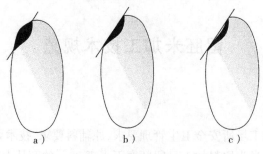

图 1 留胚米粒

3.3

留胚率　embryo-retaining milled rate

整米试样中全胚米、平胚米和半胚米粒数之和占整米试样米粒总数的百分率,以%计。

3.4

留胚米机　embryo-retaining milled equipment

将糙米碾磨成留胚米的设备,要求加工精度为适碾的条件下,留胚米产品留胚率达80.0%以上。

4　加工场所安全卫生管理要求

4.1　加工场所、生产设备及卫生条件

应符合GB 13122、GB 14881和GB/T 26630的规定。

4.2　质量安全管理程序文件

建立生产过程质量安全管理程序文件,文件中应包括生产设备的清洁。

5　原辅料要求

5.1　稻谷

应符合GB 1350的规定。

5.2　糙米

应符合GB/T 18810的规定。

5.3　生产用水

应符合GB 5749的规定。

5.4　食品添加剂

生产过程中不应使用食品添加剂。

6　技术要求

6.1　工艺流程

以稻谷为原料:稻谷→清理→砻谷→留胚碾磨→整理→计量包装。

以糙米为原料:糙米→留胚碾磨→整理→计量包装。

6.2　生产工艺要求

6.2.1　基本要求

在生产过程中,现场不得进行生产设备的维修。应加强设备的日常维护和保养,保持设备清洁、卫生。设备的维护必须严格执行正确的操作程序。设备出现故障应及时排除,防止影响产品质量、卫生。每次生产前应检查设备是否处于正常状态。所有生产设备应定期进行检修并做好保养维修记录。

　　a) 清理,包括筛选、风选、比重去石、磁选等工序。清理出来的各种下脚料,应分别设置下脚料整理工序。达到净谷中杂质总量≤0.5%。

　　b) 砻谷,以稻谷为原料加工留胚米的应设置砻谷工序。包括脱壳(砻谷)、谷壳分离、谷糙分离、厚

度分离、糙米清选等工序。达到净糙含稻谷率≤30 粒/kg，含未成熟粒≤40 粒/kg。

c) 留胚碾磨，采用留胚米机进行糙米的碾磨，应根据原料品种、品质以及产品品质的要求调整碾磨速度和碾磨压力，碾白道数宜为 3 道~5 道。留胚率≥80%，糙出白率≥90%，增碎率≤6.0%。

d) 整理，包括留胚米分级、精选、抛光、色选等工序。应根据原料品种与品质以及产品的要求设置具体工序组合。抛光工序需采用专用抛光机，宜保留胚芽部分，应分道收集分离出的糠粉，以便糠粉分类利用，抛光使用的水应符合 GB 5749 的规定。针对垩白粒、异色粒、有害杂质分别设置色选工序，以便分离的垩白粒、异色粒分类利用。总增碎率≤1.0%，留胚率降低≤5.0%。

e) 计量包装，包括计量、灌包、封口或缝口、金属检测等工序。产品包装宜小型化，宜充 CO_2 或 N_2 等惰性气体包装或真空包装。

包装上应有明显标识，内容包括产品名称、配料、净含量、产品执行标准编号、生产许可证号、产地、生产企业、地址、电话、保质期、生产日期、储存条件、条码等。包装及标识应符合 GB/T 191 的规定。

6.2.2 记录与文件管理

应符合 GB 14881—2013 中第 14 章的相关规定。质量检验记录应有原始记录，并按规定保存。

7 检验

7.1 基本要求

加工精度为适碾或等外。

7.2 质量指标

见表 1。

表 1 质量指标

项目		粳米	籼米
色泽、气味		无异常色泽和气味	
碎米	总量，%	≤20.0	≤30.0
	其中:小碎米，%	≤2.0	≤2.0
不完善粒，%		≤6.0	
水分含量，%		≤16.0	≤15.0
杂质	总量，%	≤0.25	
	其中:无机杂质含量，%	≤0.02	
黄粒米含量，%		≤1.0	
互混率，%		≤5.0	
留胚率，%		≥80.0	

7.3 检验方法

7.3.1 扦样、分样

按 GB/T 5491 的规定执行。

7.3.2 检验的一般规则

按 GB/T 5490 的规定执行。

7.3.3 加工精度

按 GB/T 5502 的规定执行。

7.3.4 留胚率

按附录 A 的规定执行。

7.3.5 色泽、气味

按 GB/T 5492 的规定执行。

7.3.6 碎米

按 GB/T 5503 的规定执行。

7.3.7 杂质、不完善粒

按 GB/T 5494 的规定执行。

7.3.8 水分含量

按 GB 5009.3 的规定执行。

7.3.9 黄粒米含量

按 GB/T 5496 的规定执行。

7.3.10 互混率

按 GB/T 5493 的规定执行。

7.3.11 真菌毒素限量、污染物限量和农药最大残留限量

按 GB 2761、GB 2762 和 GB 2763 的规定执行。

8 运输与储存

8.1 运输

运输设施应保持清洁卫生、无异味。产品不得与有毒、有害、有异味的物质一起运输。

8.2 储存

应储存在清洁、通风、干燥、防雨、防潮、防虫、防鼠、无异味的合格仓库内,不得与有毒有害物质或水分较高的物质混存。冷藏储存更利于延长保质期。

附　录　A

（规范性）

留胚率检验方法

A.1　感官检验法

A.1.1　用具

天平（感量 0.01 g）、分析盘、镊子。

A.1.2　操作方法

称取 12 g 留胚米试样，分拣出整粒米（粒数为 M），平铺于分析盘中，斜视观察，逐粒目测，用镊子从整粒米中分拣出半胚米、平胚米和全胚米，粒数之和为 M_1，平行测定 2 次。

A.1.3　结果计算

留胚率（P）按公式（A.1）计算，数值以百分号（%）计。

$$P = \frac{M_1}{M} \times 100 \quad\cdots\cdots\cdots\cdots\cdots\cdots\cdots\cdots\cdots\cdots\cdots\cdots\cdots\cdots\cdots\text{(A.1)}$$

式中：

P ——留胚率的数值，单位为百分号（%）；

M ——试样中整米总粒数，单位为粒；

M_1——试样中半胚米、平胚米和全胚米的粒数之和，单位为粒。

测定结果保留小数点后 1 位，取 2 次平行测定结果的算术平均数为测定结果，2 次测定结果的绝对差值应不大于 1%。

A.2　图像分析检验法

A.2.1　仪器和用具

分析天平、米粒外观品质分析仪（具有图像采集和分析功能，能对米胚的保留度准确测定）。

A.2.2　检验原理

利用数字图像采集装置采集被测样品的数字图像信息，包括米胚的保留程度（留胚度），通过图像分析和参数设定，软件自动计算得到样品中半胚米、平胚米和全胚米的粒数之和占完整米粒总粒数的百分比，即为样品留胚率的值。

A.2.3　操作方法

A.2.3.1　按照仪器说明书安装调试好仪器，分取 12 g（约 500 粒）的样品置于检测仪扫描板上，轻微晃动致米粒平摊散开而不重叠。

A.2.3.2　按照仪器说明书操作，采集样品图像，仪器自动进行图像信息分析判定，测定样品的留胚率。必要时可进行人工辅助判定。平行测定 2 次。

A.2.4　结果表示

测定结果以试验结果的平均值表示，保留小数点后 1 位。

A.2.5　重复性

在同一实验室，由同一操作者使用相同的设备，按相同的测试方法，并在短时间内对同一被测对象相互独立进行测试，获得的 2 次独立测试结果的绝对差值应不大于 1%。

ICS 67.080.20
CCS X 26

中华人民共和国农业行业标准

NY/T 4277—2023

剁椒加工技术规程

Technical code of practice for processing of fermented chopped pepper

2023-02-17 发布

2023-06-01 实施

中华人民共和国农业农村部 发布

前　言

本文件按照 GB/T 1.1—2020《标准化工作导则　第 1 部分：标准化文件的结构和起草规则》的规定起草。

请注意本文件的某些内容可能涉及专利。本文件的发布机构不承担识别专利的责任。

本文件由农业农村部乡村产业发展司提出。

本文件由农业农村部农产品加工标准化技术委员会归口。

本文件起草单位：湖南农业大学、中国农业大学、辣妹子食品股份有限公司、湖南坛坛香食品科技有限公司、湖南省火辣辣食品有限公司、贵三红食品有限公司。

本文件主要起草人：赵玲艳、邓放明、廖小军、王蓉蓉、蒋立文、秦丹、赵靓、廖明系、覃业优、胡德宜、胡广芬。

剁椒加工技术规程

1 范围

本文件规定了剁椒的术语和定义、原辅料要求、半成品包装材料要求、生产环境要求、剁椒加工工艺流程、剁椒加工技术要点。

本文件适用于剁椒产品的加工,也适用于剁椒半成品的加工。

2 规范性引用文件

下列文件中的内容通过文中的规范性引用而构成本文件必不可少的条款。其中,注日期的引用文件,仅该日期对应的版本适用于本文件;不注日期的引用文件,其最新版本(包括所有的修改单)适用于本文件。

GB 2721 食品安全国家标准 食用盐

GB 2760 食品安全国家标准 食品添加剂使用标准

GB 2762 食品安全国家标准 食品中污染物限量

GB 2763 食品安全国家标准 食品中农药最大残留限量

GB 4806.4 食品安全国家标准 陶瓷制品

GB 4806.5 食品安全国家标准 玻璃制品

GB 4806.7 食品安全国家标准 食品接触用塑料材料及制品

GB 4806.9 食品安全国家标准 食品接触用金属材料及制品

GB 5749 生活饮用水卫生标准

GB/T 6543 运输包装用单瓦楞纸箱和双瓦楞纸箱

GB 14881 食品安全国家标准 食品生产通用卫生规范

GB/T 21302 包装用复合膜、袋通则

JJF 1070 定量包装商品净含量计量检验规则

国家质量监督检验检疫总局令 2005 年第 75 号 定量包装商品计量监督管理方法

3 术语和定义

下列术语和定义适用于本文件。

3.1

剁椒半成品 semi-fermented chopped pepper

新鲜辣椒经去果柄和萼片、清洗、除表面水分、切分、筛分、盐渍、包装、密封、存放等工序加工而成的剁椒加工用原料。

3.2

剁椒 fermented chopped pepper

新鲜辣椒经去果柄和萼片、清洗、除表面水分、切分、筛分、拌料、发酵、调配、灌装、真空封口、杀菌、检验等工艺加工而成的产品;或者是以剁椒半成品为原料,经脱盐、发酵或不发酵、调配、灌装、真空封口、杀菌、检验等工艺加工而成的产品。

4 原辅料要求

4.1 新鲜辣椒

应有光泽、硬实、不萎蔫,无腐烂、无异味、无损伤,色泽一致,污染物限量应符合 GB 2762 的规定,农药最大残留限量应符合 GB 2763 的规定,品种以线椒和朝天椒等为宜。

4.2 食用盐

应符合 GB 2721 的规定。

4.3 加工用水

应符合 GB 5749 的规定。

4.4 其他原辅料

应符合相应食品安全国家标准及相关规定。

5 半成品包装材料要求

玻璃瓶应符合 GB 4806.5 的规定,塑料材料及制品应符合 GB 4806.7 的规定,复合膜、袋应符合 GB/T 21302 的规定,金属容器应符合 GB 4806.9 的规定,陶瓷制品应符合 GB 4806.4 的规定,外包装材料应符合 GB/T 6543 的规定。

6 生产环境要求

应符合 GB 14881 的规定。

7 剁椒加工工艺流程

见图 1。

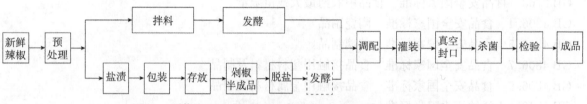

图 1 剁椒加工工艺流程(虚线框内为可选择工艺环节)

8 剁椒加工技术要点

8.1 预处理

8.1.1 去果柄和萼片

去除辣椒的果柄和萼片,避免损伤果肉。

8.1.2 去杂

去除辣椒中的杂物,如树枝树叶、纤维绳等。

8.1.3 清洗

采用气泡清洗、喷淋清洗等方法,去除辣椒表面的农药残留、泥沙、灰尘、石块、铁屑等杂质。

8.1.4 除表面水分

利用振动、离心、自然沥水等方法去除辣椒表面水分。

8.1.5 挑选

在辣椒输送中采用人工方式,去除不符合加工要求的辣椒和异物。

8.1.6 切分

将辣椒切成片状,大小为(6～10) mm×(6～10) mm,以 8 mm×8 mm 为宜。

8.1.7 筛分

将切分后的辣椒投入筛网直径为 10 mm～12 mm 的振动筛中筛分,不能过筛的大块辣椒由回料输送机收集,输送到切菜机再次切分。

8.2 拌料

在搅拌机中定量加入辣椒、食盐、乳酸菌发酵剂及食品添加剂,混匀。以辣椒重量计,食盐添加量宜为

5％～10％（W/W）；可辅以添加柠檬酸、亚硫酸及其盐类等食品添加剂，食品添加剂的使用应符合 GB 2760 的规定，添加剂使用前用水溶解，加水总量宜为辣椒重量的 1％～1.2％（W/W）。

8.3 盐渍

在搅拌机中定量加入辣椒、食盐及食品添加剂，混匀。以辣椒重量计，保坯时间为 3 个～9 个月的半成品，食盐添加量宜为 10％～15％（W/W）；保坯时间≥10 个月的半成品，食盐添加量宜为 16％～20％（W/W）；可辅以添加柠檬酸、亚硫酸及其盐类等食品添加剂，食品添加剂的使用应符合 GB 2760 的规定。食品添加剂使用前用水溶解，加水总量宜为辣椒重量的 1％～1.2％（W/W）。

8.4 剁椒半成品包装

将剁椒半成品装入包装容器中，密封，标注产品信息。包装容器可采用塑料袋、陶瓷坛、塑料桶等，塑料袋包装宜采用 4 层包装，自里而外分别是 2 层 0.02 mm～0.05 mm 厚的食品级塑料袋、1 层遮光塑料袋、1 层具有一定强度和韧性的编织袋。

8.5 剁椒半成品存放

食盐添加量为 10％～15％的剁椒半成品宜于 4 ℃～6 ℃存放；食盐添加量≥16％的剁椒半成品可常温存放。

8.6 脱盐

加水浸泡、过滤，将剁椒半成品的食盐含量降低到 5％～10％。

8.7 发酵

将拌料或脱盐后的辣椒直接或者使用乳酸菌发酵剂后放入发酵容器，密封，发酵，装量为发酵容器容积的 90％左右，乳酸发酵剂的使用参照产品的使用说明。

8.8 调配

在发酵或不发酵的剁椒半成品中加入辅料及食品添加剂，搅拌均匀。食品添加剂的使用应符合 GB 2760 的规定。

8.9 灌装与真空封口

根据产品要求，将调配后的辣椒进行定量灌装，立即真空封口。定量包装产品应符合国家质量监督检验检疫总局 2005 年令第 75 号的规定，检验方法按 JJF 1070 的规定执行。

8.10 杀菌与冷却

真空封口后的产品宜采用水浴杀菌，杀菌温度宜为 80 ℃～95 ℃，杀菌时间宜为 20 min～40 min。杀菌后产品应立即采用分段冷却，先从杀菌温度冷却到 60 ℃左右，再冷却到室温，并尽快干燥产品包装外表水分。冷却水应符合 GB 5749 的规定。

8.11 产品检验

每批产品应进行出厂检验，检验指标为食盐含量、总酸含量、感官指标、微生物指标、净含量等，检验合格后，方可出厂销售。

ICS 67.020
CCS X 11

中华人民共和国农业行业标准

NY/T 4278—2023

马铃薯馒头加工技术规范

Technical specification for the processing of potato steamed bread

2023-02-17 发布

2023-06-01 实施

中华人民共和国农业农村部 发布

前　言

本文件按照 GB/T 1.1—2020《标准化工作导则　第 1 部分：标准化文件的结构和起草规则》的规定起草。

本文件由农业农村部乡村产业发展司提出。

本文件由农业农村部农产品加工标准化技术委员会归口。

本文件起草单位：中国农业科学院农产品加工研究所、北京市海乐达食品有限公司、乐陵希森马铃薯产业集团有限公司、东台市食品机械厂有限公司、许昌市米格智能食品机器人有限公司。

本文件主要起草人：孙红男、木泰华、马梦梅、何海龙、梁希森、何贤用、贾许民。

马铃薯馒头加工技术规范

1 范围

本文件规定了马铃薯馒头的术语和定义、加工厂安全卫生管理要求、原辅料要求、加工工艺要求。

本文件适用于以马铃薯全粉（或马铃薯泥）等为原料制成的馒头的加工过程。

2 规范性引用文件

下列文件中的内容通过文中的规范性引用而构成本文件必不可少的条款。其中，注日期的引用文件，仅该日期对应的版本适用于本文件；不注日期的引用文件，其最新版本（包括所有的修改单）适用于本文件。

GB 2760 食品安全国家标准 食品添加剂使用标准

GB 5749 生活饮用水卫生标准

GB 14881 食品安全国家标准 食品生产通用卫生规范

LS/T 3106 马铃薯

SB/T 10752 马铃薯雪花全粉

3 术语和定义

下列术语和定义适用于本文件。

3.1

马铃薯馒头 potato steamed bread

以马铃薯全粉（或马铃薯泥）等为原料，添加或不添加小麦粉等谷物粉，以酵母菌、老面等为发酵剂，经和面、压面、成型、醒发、蒸制等工艺制成的马铃薯成分含量不低于15%（以干基计）的馒头产品。

4 加工厂安全卫生管理要求

应符合 GB 14881 的要求。

5 原辅料要求

5.1 马铃薯

应符合 LS/T 3106 的规定。

5.2 马铃薯全粉

应符合 SB/T 10752 的规定。

5.3 生产加工用水

应符合 GB 5749 的规定。

5.4 食品添加剂

应符合 GB 2760 的规定。

5.5 其他原辅料

应符合相应的食品标准和有关规定。

6 加工工艺要求

6.1 和面

将添加量不低于15%（以干基计）的马铃薯全粉（或马铃薯泥）、酵母菌或老面、其他原辅料倒入和面机中,加入适量水搅拌成软硬适中的面团。若采用老面发酵可在发酵结束后加入适量的食用碱来调节酸度。

6.2 压面

将和好的面团放入压面机中连续压面至面片表面光洁。可根据面团的软硬程度撒入适量面粉,防止粘辊。

6.3 成型

将压好的面片送入成型机,切制成规格统一、外形一致、重量误差±5%的生坯。

6.4 码盘

将成型的馒头生坯摆放入蒸盘中。

6.5 醒发

将蒸盘放入醒发室或醒蒸一体隧道中进行醒发,控制醒发温度35 ℃～38 ℃、湿度85%～95%、时间30 min～45 min。

6.6 蒸制

醒发好的生胚进入蒸制阶段,控制蒸制温度100 ℃～105 ℃、时间15 min～30 min。

6.7 冷却

将蒸制好的馒头送入洁净、配有灭菌设备的冷却车间,冷风冷却或自然冷却至室温。

ICS 67.120.20
CCS X 18

中华人民共和国农业行业标准

NY/T 4279—2023

洁蛋生产技术规程

Technical code of practice for cleaned egg production

2023-02-17 发布　　　　　　　　　　　　　2023-06-01 实施

中华人民共和国农业农村部 发布

前　言

本文件按照 GB/T 1.1—2020《标准化工作导则　第 1 部分:标准化文件的结构和起草规则》的规定起草。

本文件由农业农村部乡村产业发展司提出。

本文件由农业农村部农产品加工标准化技术委员会归口。

本文件起草单位:华中农业大学、农业农村部农产品质量安全监督检验检测中心(深圳)、荣达禽业股份有限公司、合肥工业大学、宣城九只鸭健康科技有限公司。

本文件主要起草人:马美湖、盛龙、金永国、罗燕、董世建、黄茜、祝志慧、李述刚、赵斌。

洁蛋生产技术规程

1 范围

本文件规定了洁蛋生产厂房和生产设施的要求,以及生产工艺流程和生产过程要求。

本文件适用于以鸡蛋、鸭蛋、鹅蛋、鹌鹑蛋、鸽蛋等鲜禽蛋生产的洁蛋。

2 规范性引用文件

下列文件中的内容通过文中的规范性引用而构成本文件必不可少的条款。其中,注日期的引用文件,仅该日期对应的版本适用于本文件;不注日期的引用文件,其最新版本(包括所有的修改单)适用于本文件。

GB 2749 食品安全国家标准 蛋与蛋制品

GB 2760 食品安全国家标准 食品添加剂使用标准

GB 4806.1 食品安全国家标准 食品接触材料及制品通用安全要求

GB 4806.7 食品安全国家标准 食品接触用塑料材料及制品

GB 4806.8 食品安全国家标准 食品接触用纸和纸板材料及制品

GB 5749 生活饮用水卫生标准

GB 14881 食品安全国家标准 食品生产通用卫生规范

GB 14930.1 食品安全国家标准 洗涤剂

GB 14930.2 食品安全国家标准 消毒剂

GB 21710 食品安全国家标准 蛋与蛋制品生产卫生规范

GB 26687 食品安全国家标准 复配食品添加剂通则

GB 31603 食品安全国家标准 食品接触材料及制品生产通用卫生规范

3 术语和定义

GB 2749 界定的以及下列术语和定义适用于本文件。

3.1

洁蛋 cleaned egg

清洁蛋

经过清洁除菌、干燥、紫外杀菌(可选)、分拣、涂膜、喷码、分级、包装(装托、装盒)、检验等工艺处理后的鲜蛋类产品。

3.2

清洁除菌 cleaning and degerming

清洗除菌

对禽蛋进行淋湿、刷洗、清洗或拭擦等程序,除去蛋壳表面微生物、禽粪与污垢,直到无肉眼可见污物,在清洗水中添加禽蛋清洗除菌剂或清洗消毒剂,以提高清洗除菌、脱垢的效果。

3.3

分拣 picking

采用光源、声波等物理方法对明暗、裂纹、血斑、肉斑、散黄和异形进行检测,及时剔除相应的次劣蛋的过程。

3.4

墨水 ink

用于蛋壳表面喷码的一种无毒、无害的食品级着色液。

3.5

喷码　marking

采用食品级墨水在蛋壳表面进行喷涂,包括分类、商标或企业名称(企业名称的缩写)和生产日期等标识。

3.6

涂膜　coating

在蛋壳表面均匀涂上一层起保鲜作用薄膜的过程。

3.7

涂膜剂　coating agent

被膜剂

一种覆盖在蛋壳表面,能形成薄膜、可阻止微生物入侵、抑制水分蒸发或吸收的物质。

4　厂房和生产设施

4.1　厂房设计和布局

应符合 GB 14881 和 GB 21710 的规定。

4.2　生产设施

应符合 GB 14881 的规定。

5　生产工艺流程

禽蛋→清洗除菌→干燥→紫外杀菌(可选)→分拣→涂膜→喷码→分级→装托(或装盒)→外包装→检验→储藏→出厂。

6　生产过程要求

6.1　加工生产过程的安全控制

6.1.1　洁蛋加工过程中产品污染风险控制(生物污染控制、化学污染控制和物理污染控制)应符合 GB 21710 的规定。

6.1.2　洁蛋生产设备应对禽蛋采取柔性处理,避免蛋壳破损。

6.1.3　禽蛋经过清洁除菌、干燥工艺后,应避免相互接触,防止交叉污染,直到所有过程结束。

6.2　禽蛋收集

禽蛋应符合 GB 2749 中鲜蛋的要求。核验所购入禽蛋生产场的动物防疫条件合格证、动物检疫合格证明和食用农产品合格证。

6.3　堆码

符合要求的禽蛋,应该按照不同的蛋禽养殖场、类别、产蛋日期等进行分别堆垛。

6.4　编码

为便于禽蛋的区分及生产的可追溯性,每垛应进行编码,编码内容包含禽蛋生产场、栋舍、类别、产蛋日期等。

6.5　清洁除菌

6.5.1　清洗用水应符合 GB 5749 的要求,洗蛋水温需较禽蛋温度高 7 ℃以上,水温应在 42 ℃以下。

6.5.2　鲜蛋清洗所选用的禽蛋清洁洗涤剂或消毒剂应符合 GB 14930.1 或 GB 14930.2 的要求。

6.5.3　制定相应的禽蛋清洁除菌的操作程序,做好清洗用水温度、清洁消毒剂浓度等内容的记录。

6.5.4　采用清洁洗涤剂或消毒剂清洗后,需用清水喷淋,结合软毛刷除去蛋壳表面残留污物与禽粪,直到蛋壳表面无肉眼可见的污物。该工艺也可以采用无交叉污染的拭擦法。

6.6 干燥

清洗后的蛋送入风箱或隧道快速干燥。应从不同角度(腰部、钝端、锐端)对禽蛋表面进行快速吹干,热风温度宜 60 ℃以下,干燥时间控制在 30 s 内。

6.7 分拣

禽蛋送入灯检段,剔除相应的次劣蛋,也可结合使用声学法检测裂纹蛋。

6.8 涂膜

6.8.1 根据生产线与设备不同,采用喷淋、雾化、浸涂、涂抹等方式进行涂膜,要求涂膜均匀、厚度适宜,蛋的圆周及两端均应涂到。

6.8.2 涂膜剂可以是乳化型、油溶型或符合要求的其他涂膜材料,应符合 GB 2760 和 GB 26687 的要求。

6.8.3 采用喷淋、雾化等方式涂膜的,需要有涂膜材料(如油雾)回收装置,避免浪费。

6.9 喷码

应采用符合 GB 4806.1 和 GB 31603 要求的食品级墨水对禽蛋进行喷码标识,须注明产品分类、商标或企业名称(企业名称的缩写)和生产日期等,标识要求清晰、均匀。

6.10 分级

6.10.1 蛋经输送进入重量分级装置,自动分级生产线一般按 4 个~6 个重量级别进行分级,并配置等数的通道,分级精度为±0.5 g。

6.10.2 应自动整列调整禽蛋气室或钝端朝向同一个方向。

6.10.3 生产线需配备等外级禽蛋收集系统,收集等级之外的禽蛋。

6.11 包装

6.11.1 内包装或装托。内包装蛋托或纸格的材料应符合 GB 4806.7、GB 4806.8 的要求。分级后的包装通道采用盒包装时宜具备吸塑盒包装功能,兼容不同规格吸塑盒包装,也可采用托盘包装。装盒或装托时应将蛋的钝端向上装入。

6.11.2 外包装箱应坚固、干燥、清洁、无霉、无异味、纸箱底面钉牢(或胶牢),适于储存、搬运、倒垛及运输。

6.12 检验

6.12.1 应通过自行检验或委托具备相应资质的食品检验机构对原料和产品进行检验,建立检验记录制度。

6.12.2 自行检验应具备检验项目所需的检验设备、设施和检验能力;由具有相应资质的检验人员按规定的检验方法检验;检验仪器设备应按期检定。

6.12.3 检验室应有完善的管理制度,妥善保存各项检验的原始记录和检验报告。应建立产品留样制度,按规定时限保存检验留存样品,并有留样记录。

6.12.4 应综合考虑产品特性、工艺特点、原料控制情况等因素合理确定检验项目和检验频次以有效验证生产过程中的控制措施。净含量、感官要求以及其他容易受生产过程影响而变化的检验项目的检验频次应大于其他检验项目。

6.12.5 同一品种不同包装的产品,不受包装规格和包装形式影响的检验项目可以一并检验。

6.13 储藏

包装后的洁蛋应储藏在阴凉、卫生、干燥、通风条件良好的场所,储存库房应有良好的防鼠防虫设施,不得与有毒、有害、有异味、易挥发、易腐蚀的物品混储。产品应放在垫板上,离墙面距离应等于或大于 30 cm。

应根据储藏的时间,选择不同储藏温度。10 d 内的储存可采用常温储藏,10 d~20 d 的可采用 10 ℃~15 ℃储藏,超过 20 d 以上的应在 0 ℃~4 ℃储藏。储藏期间应每隔 2 d 检查洁蛋品质的变化。

6.14 运输

运输工具应清洁、卫生、无异味、无污染。运输过程中应轻拿轻放,防止颠簸,不得与有毒、有害、有异味、有腐蚀性的货物混放、混装。运输中应防挤压、防晒、防雨、防潮。高温季节长途运输时宜采用冷藏运输。

ICS 67.140.10
CCS X 18

中华人民共和国农业行业标准

NY/T 4280—2023

食用蛋粉生产加工技术规程

Technical code of practice for edible egg powder production

2023-02-17 发布　　　　　　　　　　　　　　2023-06-01 实施

中华人民共和国农业农村部 发布

前　言

本文件按照 GB/T 1.1—2020《标准化工作导则　第 1 部分:标准化文件的结构和起草规则》的规定起草。

本文件由农业农村部乡村产业发展司提出。

本文件由农业农村部农产品加工标准化技术委员会归口。

本文件起草单位:华中农业大学、湖北神地农业科贸有限公司、安徽荣达食品有限公司、农业农村部农产品质量安全监督检验检测中心(深圳)、合肥工业大学。

本文件主要起草人:蔡朝霞、杨砚、董世建、马美湖、金永国、盛龙、罗燕、谢良、黄茜、李述刚、曾龙虎、付星。

食用蛋粉生产加工技术规程

1 范围

本文件规定了食用蛋粉的术语和定义、厂房和车间、生产工艺和生产过程(包括基本要求、禽蛋接收、储存及出库、清洗除菌、拣蛋、打蛋、过滤与均质、分离溶菌酶、脱糖、巴氏杀菌、喷雾干燥、筛粉除杂、干热巴氏杀菌、金属检测、检验以及设备清洗)。

本文件适用于食用蛋粉生产企业。

2 规范性引用文件

下列文件中的内容通过文中的规范性引用而构成本文件必不可少的条款。其中,注日期的引用文件,仅该日期对应的版本适用于本文件;不注日期的引用文件,其最新版本(包括所有的修改单)适用于本文件。

GB 2749 食品安全国家标准 蛋与蛋制品

GB 2760 食品安全国家标准 食品添加剂使用标准

GB 5749 食品安全国家标准 生活饮用水卫生标准

GB 14881 食品安全国家标准 食品生产通用卫生规范

GB 14930.1 食品安全国家标准 洗涤剂

GB 14930.2 食品安全国家标准 消毒剂

GB 21710 食品安全国家标准 蛋与蛋制品生产卫生规范

GB 31639 食品安全国家标准 食品加工用酵母

GB/T 34262 蛋与蛋制品术语与分类

3 术语和定义

GB 2749 和 GB/T 34262 界定的以及下列术语和定义适用于本文件。

3.1

食用蛋粉 edible egg powder

以禽蛋为原料,经清洗除菌、打蛋、蛋液收集、均质、杀菌、喷雾干燥等工艺制得的粉状蛋制品,包括食用全蛋粉、食用蛋黄粉和食用蛋清粉。

3.2

食用全蛋粉 edible whole egg powder

以禽蛋为原料,经清洗除菌、拣蛋、打蛋、过滤、冷却、均质、杀菌、干燥、过筛除杂、包装等工艺生产的粉状蛋制品。

3.3

食用蛋黄粉 edible egg yolk powder

以禽蛋为原料,经清洗除菌、拣蛋、打蛋、分离出蛋黄液、过滤、冷却、均质、杀菌、干燥、过筛除杂、包装等工艺生产的粉状蛋制品。

3.4

食用蛋清粉 edible egg white powder

以禽蛋为原料,经清洗除菌、拣蛋、打蛋、分离出蛋清液、过滤、冷却、分离(或不分离)溶菌酶、脱糖(或不脱糖)、干燥、过筛除杂、杀菌、包装等工艺生产的粉状蛋制品。

3.5

干热巴氏杀菌 dried pasteurization

包装后的食用蛋清粉置于一定温度的干热环境中,利用循环热空气灭菌的过程。

4 厂房和车间

4.1 厂房设计和布局

应符合 GB 14881、GB 21710 的规定。

4.2 车间设施

应符合 GB 14881 的规定。

5 生产工艺

5.1 食用全蛋粉

禽蛋清洗除菌、拣蛋→打蛋→全蛋液→过滤→冷却→暂存→均质→巴氏杀菌→喷雾干燥→过筛除杂→定量包装→金属检测→入库。

5.2 食用蛋黄粉

禽蛋清洗除菌、拣蛋→打蛋分离→蛋黄液→过滤→冷却→暂存→均质→巴氏杀菌→喷雾干燥→过筛除杂→定量包装→金属检测→入库。

5.3 食用蛋清粉

禽蛋清洗除菌、拣蛋→打蛋分离→蛋清液→过滤→冷却→暂存→搅拌→分离溶菌酶(可选)→脱糖(可选)→巴氏杀菌(可选)→喷雾干燥→过筛除杂→干热巴氏杀菌(可选)→定量包装→金属检测→入库。

注:至少选择一种杀菌工艺。

6 生产过程要求

6.1 基本要求

蛋粉加工过程中产品污染风险、生物污染、化学污染以及物理污染控制应符合 GB 21710 的规定。

6.2 禽蛋接收

原料禽蛋应符合 GB 2749 的要求,新鲜度要求哈夫单位值大于 55。

6.3 禽蛋储存及出库

6.3.1 常温储存时,温度不应高于 25 ℃,时间不超过 7 d。

6.3.2 低温储存时,应需预冷。可利用冷库的穿堂、过道进行预冷,也可利用预冷库,预冷温度 5 ℃~10 ℃,预冷 10 h 以上。蛋温降至 10 ℃以下转入冷藏库。冷藏温度 0 ℃~4 ℃,时间不超过 30 d。

6.3.3 出库,遵照先进先出的原则。

6.4 清洗除菌

6.4.1 清洗用水应符合 GB 5749 的要求,洗蛋水温需较鸡蛋温度高 7 ℃以上,水温应在 42 ℃以下。

6.4.2 清洗所用洗涤剂和消毒剂应分别符合 GB 14930.1 和 GB 14930.2 的要求。应对清洗和消毒做好记录。

6.5 拣蛋

禽蛋经人工或输送带进入灯检段,通过观察其颜色、明暗等情况,及时剔除散黄蛋、腐败蛋、裂纹蛋、血斑蛋等次劣蛋。

6.6 打蛋

应采用机械或生产线打蛋。

6.7 过滤与均质

6.7.1 蛋液收集后应过滤,除去蛋壳和膜等杂质。

6.7.2 过滤后蛋液要立刻冷却降温,输送至储存罐,暂存温度 0 ℃~7 ℃,不超过 24 h。

6.7.3 暂存后的蛋黄液和全蛋液应经均质处理。

6.8 分离溶菌酶

可根据商业需求对蛋清液中的溶菌酶进行分离提取。

6.9 脱糖

采用酶法或发酵法进行蛋清液脱糖，酶制剂应符合 GB 2760 的要求。

6.10 巴氏杀菌

符合 GB 21710 的规定，应每 3 个月对设备的杀菌效果进行核查。

6.11 喷雾干燥

蛋液巴氏杀菌后需及时进行喷雾干燥，通过控制喷雾压力和进出气口温度，确保蛋黄粉和全蛋粉水分含量低于 4.0%，蛋清粉低于 8.0%，应检测每批次蛋粉含水量。

6.12 筛粉除杂

6.12.1 通过筛网筛除杂质和粗大颗粒，使成品均匀一致。

6.12.2 过筛后蛋粉应经过磁选除铁设备进行金属除杂。

6.13 干热巴氏杀菌

此工艺适用于喷雾干燥前未经巴氏杀菌处理的蛋清粉。热室温度应控制在 55 ℃～80 ℃，根据杀菌时间科学选用。需定期校准温度计，校准频率为至少每半年 1 次。

6.14 金属检测

内包装后的蛋粉需再次通过金属检测器，无异物后进行外包装。

6.15 检验

6.15.1 应通过自行检验或委托具备相应资质的食品检验机构对原料和产品进行检验，建立检验记录制度。

6.15.2 自行检验应具备检验项目所需的检验设备、设施和检验能力；由具有相应资质的检验人员按规定的检验方法检验；检验仪器设备应按期检定。

6.15.3 检验室应有完善的管理制度，妥善保存各项检验的原始记录和检验报告。应建立产品留样制度，按规定时限保存检验留存样品，并有留样记录。

6.15.4 应综合考虑产品特性、工艺特点、原料控制情况等因素合理确定检验项目和检验频次以有效验证生产过程中的控制措施。感官要求以及其他容易受生产过程影响而变化的检验项目的检验频次应大于其他检验项目。

6.15.5 同一品种不同包装的产品，不受包装规格和包装形式影响的检验项目可以一并检验。

6.16 设备清洗

6.16.1 建立完善的清洗规程，每批次生产前与生产结束后对蛋液管道、储存罐、过滤设备、均质机、巴氏杀菌设备等进行 CIP 或 COP 清洗。

6.16.2 不同类型产品替换生产时，需根据产品品质要求对所有设备进行清洗。

ICS 67.120.10
CCS X 22

中华人民共和国农业行业标准

NY/T 4281—2023

畜禽骨肽加工技术规程

Technical code of practice for processing of edible bone peptides
from livestock and poultry

2023-02-17 发布
2023-06-01 实施

中华人民共和国农业农村部 发布

前　言

本文件按照 GB/T 1.1—2020《标准化工作导则　第 1 部分：标准化文件的结构和起草规则》的规定起草。

请注意本文件的某些内容可能涉及专利。本文件的发布机构不承担识别专利的责任。

本文件由农业农村部乡村产业发展司提出。

本文件由农业农村部农产品加工标准化技术委员会归口。

本文件起草单位：中国肉类食品综合研究中心、包头东宝生物技术股份有限公司、中国科学院理化技术研究所、中国农业科学院农产品加工研究所、安徽国肽生物科技有限公司、中国农业大学、北京工商大学、江苏省农业科学院、北京舜甫科技有限公司、科尔沁左翼中旗国家现代农业产业园服务中心。

本文件主要起草人：臧明伍、成晓瑜、王富荣、郭燕川、王乐、张春晖、张恒、罗永康、张玉玉、赵冰、王道营、张顺亮、李享、赵欣、刘怀高、丁旭初、郭玉杰。

畜禽骨肽加工技术规程

1 范围

本文件规定了畜禽骨肽的产品分类,加工企业卫生要求,原辅料、添加剂和加工用相关产品要求,加工技术要求,记录和文件管理。

本文件适用于畜禽骨肽的加工。

2 规范性引用文件

下列文件中的内容通过文中的规范性引用而构成本文件必不可少的条款。其中,注日期的引用文件,仅该日期对应的版本适用于本文件;不注日期的引用文件,其最新版本(包括所有的修改单)适用于本文件。

GB 1886.174 食品安全国家标准 食品添加剂 食品工业用酶制剂

GB 2707 食品安全国家标准 鲜(冻)畜、禽产品

GB 2760 食品安全国家标准 食品添加剂使用标准

GB 4806.1 食品安全国家标准 食品接触材料及制品通用安全要求

GB 5749 生活饮用水卫生标准

GB/T 9959.4 鲜、冻猪肉及猪副产品 第4部分:猪副产品

GB/T 9961 鲜、冻胴体羊肉

GB 14881 食品安全国家标准 食品生产通用卫生规范

GB 14930.1 食品安全国家标准 洗涤剂

GB 14930.2 食品安全国家标准 消毒剂

GB 16869 鲜、冻禽产品

GB/T 23527 蛋白酶制剂

GB 31645 食品安全国家标准 胶原蛋白肽

3 术语和定义

GB 31645 界定的以及下列术语和定义适用于本文件。

3.1

骨肽 bone peptides

以畜禽骨为原料,经过预处理、蛋白提取、酶解、精制、浓缩、杀菌、干燥等工艺制成的相对分子质量低于 10 000 的肽类产品。

4 产品分类

按原料来源,可分为牛骨肽、猪骨肽、鸡骨肽、羊骨肽、鸭骨肽等。

5 加工企业卫生要求

应符合 GB 14881 的规定。

6 原辅料、添加剂和加工用相关产品要求

6.1 一般要求

应建立原辅料、添加剂和加工用相关产品的采购、验收管理制度,每批次进行验收,验收合格方可使用,确保所使用的原辅料、添加剂和加工用相关产品符合相关国家标准、行业标准和其他有关规定。

6.2 原辅料

6.2.1 原料骨应为无污染、无腐败变质的畜禽鲜(冻)骨料或经加工的骨料;畜禽鲜(冻)骨料应有动物检疫证明,经加工的骨料应有产品合格证明,进口畜禽产品应有海关出具的检验检疫证明文件,且上述三类应符合 GB 2707、GB/T 9959.4、GB/T 9961、GB 16869 等规定;经有害物处理过或使用苯等有机溶剂进行脱脂的骨不得作为加工原料。

6.2.2 加工用水应符合 GB 5749 的规定。

6.3 添加剂

6.3.1 添加剂的使用应符合 GB 2760 的规定。

6.3.2 蛋白酶制剂应符合 GB 1886.174、GB/T 23527 的规定。

6.4 加工用相关产品

6.4.1 加工过程中物料接触材料及制品应符合 GB 4806.1 的规定。

6.4.2 加工过程中使用的洗涤剂应符合 GB 14930.1 的规定、消毒剂符合 GB 14930.2 的规定。

7 加工技术要求

7.1 工艺流程

工艺流程见图1。

原料骨 → 预处理 → 蛋白提取 → 酶解 → 精制 → 浓缩 → 杀菌 → 干燥 → 成品

图1 骨肽加工工艺流程

7.2 预处理

原料骨用于蛋白提取前应经除杂、破碎、清洗、沥水等工艺处理;需骨肉分离的,先进行骨肉分离处理;经加工的骨原料可根据预先加工的程度选择上述预处理工艺。

7.3 蛋白提取

7.3.1 采用热水浸提或其他辅助方法提取骨蛋白,提取温度不宜高于 140 ℃。

7.3.2 根据工艺需要,提取液可经除渣、脱脂等方式进行纯化。

7.4 酶解

7.4.1 根据工艺要求,选用适宜的蛋白酶制剂与反应条件,进行单一或组合酶解,酶制剂的反应温度宜控制在 25 ℃~70 ℃,反应时间宜控制在 6 h 内。

7.4.2 酶解后应对酶进行灭活处理,灭活温度不低于 85 ℃,灭活时间不宜少于 10 min。

7.5 精制

根据工艺要求,可对酶解液进行除杂、脱色、脱臭、脱盐、膜分离等处理;使终产品相对分子质量小于10 000 的肽组分占比应不小于 90%。

7.6 浓缩

精制后的料液应进行浓缩处理,可采用真空浓缩和(或)膜浓缩等方式,浓缩后固形物含量宜达到20%以上。

7.7 杀菌

浓缩液宜采用超高温瞬时杀菌(130 ℃~150 ℃、3 s~8 s)或巴氏杀菌(80 ℃~100 ℃、30 min~45 min)等方法进行杀菌处理。

7.8 干燥

浓缩液经喷雾干燥或其他方法干燥,终产品水分含量应不高于 7 g/100 g。

7.9 加工关键控制点

包括但不限于原辅料的验收、酶解、杀菌、干燥。

8 记录和文件管理

应符合 GB 14881 的规定。

———————————

ICS 67.120.10
CCS X 22

中华人民共和国农业行业标准

NY/T 4282—2023

腊肠加工技术规范

Technical specification for the production of dry-cured sausage

2023-02-17 发布　　　　　　　　　　　　　2023-06-01 实施

中华人民共和国农业农村部 发布

前　言

本文件按照 GB/T 1.1—2020《标准化工作导则　第 1 部分：标准化文件的结构和起草规则》的规定起草。

本文件由农业农村部乡村产业发展司提出。

本文件由农业农村部农产品加工标准化技术委员会归口。

本文件起草单位：中国肉类食品综合研究中心、湖南唐人神肉制品有限公司、广州皇上皇集团股份有限公司、合肥工业大学、金字火腿股份有限公司、中山市黄圃食品腊味商会、成都希望食品有限公司、科尔沁左翼中旗国家现代农业产业园服务中心、通辽市哈林肉业有限公司、东北农业大学。

本文件主要起草人：王守伟、宋忠祥、臧明伍、成晓瑜、池东、徐宝才、马晓钟、赵冰、刘文营、姜勇、付浩华、曲超、周辉、孔保华、王乐、李享。

腊肠加工技术规范

1 范围

本文件规定了腊肠加工技术规范的术语和定义、产品分类、加工企业基本条件要求、原辅料、添加剂和加工用相关产品要求、加工技术要求、记录和文件管理。

本文件适用于腊肠的生产。

2 规范性引用文件

下列文件中的内容通过文中的规范性引用而构成本文件必不可少的条款。其中，注日期的引用文件，仅该日期对应的版本适用于本文件；不注日期的引用文件，其最新版本（包括所有的修改单）适用于本文件。

GB 2707　食品安全国家标准　鲜（冻）畜、禽产品

GB 2760　食品安全国家标准　食品添加剂使用标准

GB 5749　生活饮用水卫生标准

GB/T 7740　天然肠衣

GB/T 9959.1　鲜、冻猪肉及猪副产品　第1部分：片猪肉

GB/T 9959.2　分割鲜冻猪瘦肉

GB/T 9959.4　鲜、冻猪肉及猪副产品　第4部分：猪副产品

GB/T 9961　鲜、冻胴体羊肉

GB 14881　食品安全国家标准　食品生产通用卫生规范

GB 14967　食品安全国家标准　胶原蛋白肠衣

GB 16869　鲜、冻禽产品

GB/T 17238　鲜、冻分割牛肉

GB/T 19480　肉与肉制品术语

GB/T 20809　肉制品生产HACCP应用规范

GB/T 20940　肉类制品企业良好操作规范

GB/T 23493　中式香肠

GB/T 29342　肉制品生产管理规范

NY/T 3524　冷冻肉解冻技术规范

3 术语和定义

GB/T 19480界定的以及下列术语和定义适用于本文件。

3.1

腊肠　dry-cured sausage

中式香肠　Chinese sausage

风干肠　air-dried sausage

以畜禽肉或其可食用副产物为主要原料，经切碎或绞碎后按照一定比例加入食用盐、香辛料等辅料混匀，腌制后（或不腌制）充填成型，经干制、熏制（或不熏制）等工艺制成的非即食干肠制品。

　［来源：GB/T 19480—2009，3.1.10，有修改］

3.2

干制　drying

通过烘焙、晾晒或风干等工艺使肉制品干燥失去部分水分的过程。

3.3

熏制　smoking

利用木材、茶叶、糖、稻壳等材料不完全燃烧而产生的熏烟使肉制品呈现烟熏风味，或者利用烟熏香味料经添加、喷涂或浸泡等工艺使肉制品呈现烟熏风味的加工过程。

3.4

直接烟熏法　direct-smoking

在特定空间内，利用木材、茶叶、稻壳等材料不完全燃烧产生的熏烟对肉制品直接进行熏制的方法。

3.5

间接烟熏法　indirect-smoking

利用单独的烟雾发生器发烟产生具有一定湿度和温度的熏烟，可经过滤后引入烟熏室，对肉制品进行熏制的方法。

3.6

液熏法　liquid-smoking

利用烟熏香味料经添加、喷涂或浸泡等工艺使肉制品呈现烟熏风味的方法。

4　产品分类

按照原料来源，可分为畜肉腊肠、禽肉腊肠、副产物腊肠和混合原料腊肠等。

5　加工企业基本条件要求

5.1　生产加工要求

应符合 GB 14881 的规定，同时宜符合 GB/T 20809、GB/T 20940、GB/T 29342 的规定。

5.2　生产用水要求

应符合 GB 5749 的规定。

6　原辅料、添加剂和加工用相关产品要求

6.1　一般要求

原料、辅料、添加剂、肠衣以及加工用相关产品应具备合格证明文件，并按其要求储存，每批次均应进行验收，验收合格方可使用。

6.2　原料

鲜、冻畜禽肉及其可食用副产物应符合 GB 2707 的规定，鲜、冻畜肉同时宜符合 GB/T 9959.1、GB/T 9959.2、GB/T 17238、GB/T 9961 的规定，鲜、冻禽肉及其可食用副产物同时应符合 GB 16869 的规定，猪副产品同时宜符合 GB/T 9959.4 的规定。

6.3　辅料

应符合相关国家标准、行业标准和有关规定。

6.4　添加剂

应符合相关国家标准、行业标准和有关规定。

6.5　肠衣

天然肠衣应符合 GB/T 7740 的规定，胶原蛋白肠衣应符合 GB 14967 的规定，其他肠衣或模具应符合相关标准和规定。

6.6　加工用相关产品

产品在加工过程中使用的洗涤剂、消毒剂以及加工工具、设备应符合 GB 14881 及相关标准的规定。

7　加工技术要求

7.1　工艺流程

应符合图1的规定。

配料 ↓

原料预处理 → 绞(切)丁 → 混拌 → 腌制或不腌制 → 成型 → 干制 → 熏制或不熏制 → 冷却 → 成品

图1 腊肠加工工艺流程

7.2 加工技术

7.2.1 原料预处理

7.2.1.1 加工前鲜原料肉中心温度应控制在−5 ℃～7 ℃,冷冻原料肉解冻环境温度最高不应超过21 ℃;解冻后中心温度宜控制在4 ℃以下,最高不应超过7 ℃;不同解冻方法与要求应符合NY/T 3524的规定。

7.2.1.2 原料肉修整应去掉碎骨、淤血块、污物、筋膜等,根据需要可进行清洗、沥干,修整车间温度不高于12 ℃。

7.2.2 绞(切)丁

将原料肉绞(切)成肉丁,脂肪需要漂洗的,水温不宜高于75 ℃,漂净浮油后应冷却、沥干。

7.2.3 配料

按照产品工艺要求进行配制,添加剂使用量应符合GB 2760的规定。

7.2.4 混拌

将配料按一定比例添加,并搅拌均匀。

7.2.5 腌制

若需要,可进行腌制处理,环境温度不高于4 ℃。

7.2.6 成型

根据产品的不同,可采用充填入肠衣或模具等方式使物料成型,充填入肠衣的按照需要长度进行分段,必要时扎针排气、漂洗。

7.2.7 干制

根据工艺需要选择烘焙、风干、晾晒等干制方法,高温烘焙(风干)干制温度应控制在25 ℃～70 ℃;低温风干干制温度应控制在0 ℃～25 ℃;自然晾晒或风干的香肠宜悬挂于有阳光或阴凉通风处;利用发酵用菌种发酵辅助干制工艺的,菌种必须符合国家有关标准或规定。根据不同干制方法控制干制时间,成品水分含量应符合GB/T 23493的规定。

7.2.8 熏制

若需要,熏制可选用直接烟熏法、间接烟熏法、液熏法等,熏制温度不宜高于70 ℃。

7.2.9 冷却

温度高于室温时,应置于干燥、洁净、低于室温环境,使产品降至室温。

7.3 加工关键点控制

应包括但不限于:

a) 原辅料的验收;

b) 干制的参数控制;

c) 熏制的参数控制。

8 记录和文件管理

应符合GB 14881的规定。

ICS 65.020.01
CCS B 04

中华人民共和国农业行业标准

NY/T 4305—2023

植物油中2,6-二甲氧基-4-乙烯基
苯酚的测定   高效液相色谱法

Determination of 2,6-dimethoxy-4-vinylphenol in vegetable oils—
High performance liquid chromatography

2023-02-17 发布

2023-06-01 实施

中华人民共和国农业农村部 发布

NY/T 4305—2023

前　言

本文件按照 GB/T 1.1—2020《标准化工作导则　第 1 部分：标准化文件的结构和起草规则》的规定起草。

本文件由农业农村部乡村产业发展司提出。

本文件由农业农村部农产品加工标准化技术委员会归口。

本文件起草单位：中国农业科学院油料作物研究所、天津市农业科学院、农业农村部农产品及加工品质量监督检验测试中心（天津）。

本文件主要起草人：黄凤洪、郑畅、李文林、刘昌盛、万楚筠、周琦、张强、魏芳、郑明明、刘征辉、陈秋生。

植物油中2,6-二甲氧基-4-乙烯基苯酚的测定
高效液相色谱法

1 范围

本文件规定了植物油、植物调和油中2,6-二甲氧基-4-乙烯基苯酚的高效液相色谱测定方法。

本文件适用于植物油、植物调和油中2,6-二甲氧基-4-乙烯基苯酚的测定。

本文件方法的检出限为1.10 mg/kg，定量限为3.20 mg/kg。

2 规范性引用文件

下列文件中的内容通过文中的规范性引用而构成本文件必不可少的条款。其中，注日期的引用文件，仅该日期对应的版本适用于本文件；不注日期的引用文件，其最新版本（包括所有的修改单）适用于本文件。

GB/T 603 化学试剂试验方法中所用制剂及制品的制备

GB/T 5524 动植物油脂 扦样

GB/T 6682 分析实验室用水规格和试验方法

3 原理

植物油中的2,6-二甲氧基-4-乙烯基苯酚经甲醇和正己烷混合溶液提取后，用配置有二极管阵列检测器高效液相色谱仪测定，保留时间定性，外标法定量。

4 试剂和材料

除另有说明外，所用试剂均为分析纯。所用水为GB/T 6682规定的一级水，使用前煮沸10 min后冷却。所用器皿用水洗净后在于100 ℃烘箱内烘1 h～2 h。

4.1 甲醇（色谱纯）。

4.2 正己烷。

4.3 乙酸。

4.4 1%乙酸水：准确吸取1.0 mL乙酸（4.3）加水至100 mL。

4.5 甲醇＋水（80＋20）：取80 mL甲醇（4.1）加20 mL水，混匀。

4.6 2,6-二甲氧基-4-乙烯基苯酚（$C_{10}H_{12}O_3$，CAS号：28343-22-8）：纯度≥98%。

4.7 2,6-二甲氧基-4-乙烯基苯酚标准溶液配制：

4.7.1 标准储备溶液：精密称取10.0 mg 2,6-二甲氧基-4-乙烯基苯酚（4.6）标准品，加甲醇（4.1）溶解，并定容于10 mL棕色容量瓶中，配制成浓度为1.0 mg/mL的标准储备液，−20 ℃以下避光保存。

4.7.2 标准工作溶液：分别吸取一定量的2,6-二甲氧基-4-乙烯基苯酚标准储备液（4.7.1），用甲醇溶液（4.5）稀释得到浓度分别为5.0 μg/mL、10.0 μg/mL、20.0 μg/mL、50.0 μg/mL、100.0 μg/mL、200.0 μg/mL和500.0 μg/mL的标准工作溶液。现用现配。

5 仪器和设备

5.1 高效液相色谱仪：配有二极管阵列检测器（PDA）或紫外检测器（UVD）。

5.2 分析天平：感量0.000 1 g。

5.3 离心机：转速不低于5 000 r/min。

5.4 涡旋振荡器。

5.5 微孔滤膜：0.22 μm，有机系。

6 取样和试样保存

6.1 取样

取样按照 GB/T 5524 的规定执行,实验室收到的样品应具有真实的代表性,且在运输和储藏过程中未受到损害或变质。

6.2 保存

试样于 4 ℃以下冰箱中避光保存。

7 测定步骤

7.1 试样的制备

称取约 1 g(精确至 0.001 g)试样于 10 mL 离心管中,加入 1.5 mL 正己烷(4.2)和 1.5 mL 甲醇溶液(4.5),涡旋提取 5 min,于 5 000 r/min 离心 5 min 保留下层萃取液,将上层溶液转移至另一 10 mL 离心管中,上层溶液继续加甲醇溶液(4.5),重复提取 3 次,合并下层萃取液,混匀,于 5 000 r/min 离心 5 min,吸取上层残留样液,将下层萃取液转移至 10 mL 容量瓶中,用甲醇溶液(4.5)定容至刻度,摇匀,过膜,在 4 ℃条件下储藏备用。

7.2 测定条件

7.2.1 液相色谱参考条件

色谱柱:C_{18}(内径 4.6 mm,粒径 5 μm,柱长 250 mm);

流动相:A 为甲醇(4.1),B 为 1%乙酸水(4.4);

流速:1.0 mL/min;

柱温:30 ℃;

进样量:10 μL;

检测波长:270 nm。

流动相梯度洗脱程序见表 1。

表 1 流动相梯度洗脱程序

时间,min	流动相 A,%	流动相 B,%
0	30	70
5	36	64
8	45	55
12	65	35
15	10	90
18	10	90
20	30	70
25	30	70

7.3 色谱测定

超出线性范围时应根据测定浓度进行适当倍数稀释后再进行分析,标准曲线溶液中 2,6-二甲氧基-4-乙烯基苯酚的响应值均应在仪器检测的适宜范围内。以含量响应值的峰面积为纵坐标、2,6-二甲氧基-4-乙烯基苯酚的含量为横坐标,绘制标准工作曲线。保留时间定性,外标法定量。

7.4 结果计算和表述

按公式(1)计算试样中 2,6-二甲氧基-4-乙烯基苯酚的含量或采用色谱数据处理系统计算。

$$X = \frac{C \times V}{m} \quad\text{……………………………………………………} (1)$$

式中:

X ——试样中 2,6-二甲氧基-4-乙烯基苯酚含量的数值,单位为毫克每千克(mg/kg);

C ——从标准工作曲线得到的样液对应的 2,6-二甲氧基-4-乙烯基苯酚浓度的数值,单位为微克每毫升（μg/mL）；

V ——样液最终定容体积的数值，单位为毫升（mL）；

m ——样液所代表的试样质量的数值，单位为克（g）。

计算结果用平行测定的算术平均值表示，结果保留到小数点后 2 位。

8 精密度

在重复性条件下获得的 2 次独立测定结果的绝对差值不得超过算术平均值的 10％。

附 录 A
（资料性）
2,6-二甲氧基-4-乙烯基苯酚标准溶液色谱图

2,6-二甲氧基-4-乙烯基苯酚标准溶液色谱图见图 A.1。

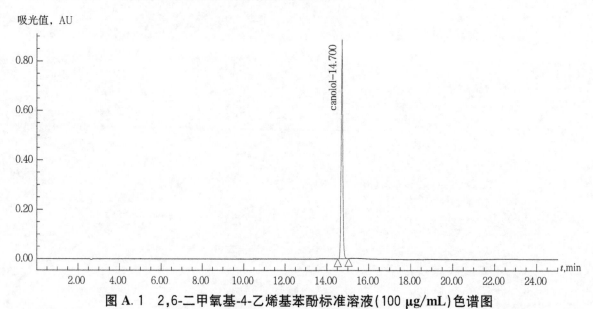

图 A.1　2,6-二甲氧基-4-乙烯基苯酚标准溶液（100 μg/mL）色谱图

ICS 67.080.01
CCS B 31

中华人民共和国农业行业标准

NY/T 4306—2023

木瓜、菠萝蛋白酶活性的测定
紫外分光光度法

Determination of activity of papain and bromelain—
Ultaraviolet spectrophotometry

2023-02-17 发布

2023-06-01 实施

中华人民共和国农业农村部 发布

前　言

本文件按照 GB/T 1.1—2020《标准化工作导则　第 1 部分：标准化文件的结构和起草规则》的规定起草。

请注意本文件的某些内容可能涉及专利。本文件的发布机构不承担识别专利的责任。

本文件由农业农村部农垦局提出。

本文件由农业农村部热带作物及制品标准化技术委员会归口。

本文件起草单位：中国热带农业科学院农产品加工研究所、农业农村部食品质量监督检验测试中心（湛江）、岭南师范学院。

本文件主要起草人：叶剑芝、韩志萍、潘晓威、李培、曾绍东、齐宁利、苏子鹏、刘元靖、马会芳、周伟、杨春亮、王标诗。

木瓜、菠萝蛋白酶活性的测定 紫外分光光度法

重要提示:使用本文件的人员应有正规实验室工作的实践经验。本文件并未指出所有可能的安全问题。使用者有责任采取适当的安全和健康措施,并保证符合国家有关法规规定的条件。

1 范围

本文件规定了木瓜、菠萝蛋白酶活性测定的紫外分光光度法。

本文件适用于木瓜、菠萝蛋白酶活性的测定。

2 规范性引用文件

下列文件中的内容通过文中的规范性引用而构成本文件必不可少的条款。其中,注日期的引用文件,仅该日期对应的版本适用于本文件;不注日期的引用文件,其最新版本(包括所有的修改单)适用于本文件。

GB/T 601 化学试剂 标准滴定溶液的制备

GB/T 6682 分析实验室用水规格和试验方法

3 术语和定义

本文件没有需要界定的术语和定义。

4 原理

酪蛋白在木瓜蛋白酶或菠萝蛋白酶的催化下,肽键发生断裂,生成的酪氨酸对 275 nm 的光具有吸收作用,吸收强度与蛋白酶的活性成正比,通过分光光度计测量吸光强度,转化为酪氨酸的含量,并据此计算酶活性。

5 试剂与材料

5.1 通用要求/试剂纯度等级

除非另有规定,仅使用分析纯试剂。

5.2 水

GB/T 6682,一级。

5.3 氢氧化钠溶液(1 mol/L)

按 GB/T 601 规定的方法配制与标定。

5.4 盐酸溶液(1 mol/L)

按 GB/T 601 规定的方法配制与标定。

5.5 盐酸溶液(0.1 mol/L)

按 GB/T 601 规定的方法配制与标定。

5.6 磷酸氢二钠溶液(0.05 mol/L)

称取磷酸氢二钠 7.098 g,精确至 0.001 g,加水溶解并定容至 1 000 mL。

5.7 盐酸半胱氨酸缓冲液(酶稀释液)

5.7.1 称取盐酸半胱氨酸 5.27 g,氯化钠 23.4 g,精确至 0.001 g,加水 500 mL 溶解。

5.7.2 称取乙二胺四乙酸二钠 2.23 g,精确至 0.001 g,加水 200 mL 溶解。

5.7.3 将 5.7.1 和 5.7.2 制备的溶液混合,再用 1 mol/L 氢氧化钠溶液(5.3)调节 pH 至 5.0~8.0,移到

1 000 mL 容量瓶中,加水定容至刻度并混匀。

5.8 酪蛋白溶液(底物溶液)

称取干燥至恒重的酪蛋白(NICPBP 国家药品标准物质)0.6 g,精确至 0.001 g,置于烧杯中,加 0.05 mol/L 磷酸氢二钠溶液(5.6)80 mL,水浴中加热溶解,放冷,用 1 mol/L 盐酸溶液(5.4)调节 pH 至 5.0～8.0,移到 100 mL 容量瓶中,加水至刻度并混匀,现用现配。

5.9 三氯乙酸溶液

称取三氯乙酸 1.8 g,无水醋酸钠 2.99 g,精确至 0.001 g,冰醋酸 1.9 mL,加水溶解并定容至 100 mL。

5.10 酪氨酸标准溶液(50 μg/mL)

称取 105 ℃干燥至恒重的酪氨酸 0.100 0 g,精确至 0.000 1 g,加入 1 mol/L 的盐酸溶液(5.4)定容 至 100 mL,制成 1 mg/mL 的酪氨酸溶液。吸取 1 mg/mL 酪氨酸溶液 5.0 mL,用 0.1 mol/L 盐酸溶液 (5.5)定容至 100 mL,制成 50 μg/mL(C_n)的酪氨酸标准溶液。

6 仪器设备

6.1 紫外分光光度计:波长 200 nm～400 nm,并配石英比色皿。

6.2 天平:感量 0.001 g 和 0.000 1 g。

6.3 移液器:1 mL、5 mL、10 mL。

6.4 恒温水浴锅:精度±0.2 ℃。

6.5 烘箱:精度±5 ℃。

6.6 pH 计:精度 0.01。

6.7 离心机:转速可达 4 000 r/min,并配备 10 mL、15 mL 聚丙烯离心管。

6.8 其他常规仪器设备。

7 试样制备与保存

7.1 木瓜/菠萝蛋白酶溶液(待测酶液)

称取蛋白酶试样约 0.1 g(W),精确至 0.000 1 g,置于烧杯中,用约 50 mL 酶稀释液(5.7)溶解,将酶 液转移至 100 mL 容量瓶中,加酶稀释液(5.7)至刻度,轻摇使均匀,转入广口瓶中保存待测。酶液配制完 成后应立即检测活性,如不能立即检测,应在 4 ℃保存,时间不应超过 24 h。使用前恢复至室温,充分 轻摇。

7.2 阳性对照试样溶液

使用已知活性的木瓜/菠萝蛋白酶试样制备阳性对照试样溶液,按 7.1 进行配制,配制完成后应立即 检测活性,如不能立即检测,应在 4 ℃保存,时间不应超过 24 h。使用前恢复至室温,充分轻摇。

7.3 阴性对照试样溶液

取待测酶液(7.1)10.0 mL 于 15 mL 聚丙烯离心管中,在(100±5)℃烘箱(6.5)中灭活 15 min,冷却 至室温,4 000 r/min 离心 15 min,取上层清液为阴性对照试样溶液,置于 10 mL 聚丙烯离心管,立即检测 活性,如不能立即检测,应在 4 ℃保存,时间不应超过 24 h。使用前恢复至室温,充分轻摇。

8 试验步骤

8.1 酪氨酸标准溶液测定

以 0.1 mol/L 盐酸溶液(5.5)为空白,于波长 275 nm 测定酪氨酸标准溶液(5.10)吸光度(A_n)。

8.2 试样测定

取待测酶液(7.1)和底物溶液(5.8)各 10 mL 分别置于不同 15 mL 聚丙烯离心管中,(37±0.5)℃恒 温水浴预热 5 min 后,精确量取预热待测酶液 1.0 mL 于 15 mL 聚丙烯离心管中,加入预热底物溶液 5.0 mL,轻摇混匀,(37±0.5)℃恒温水浴 10 min 后,加入三氯乙酸溶液(5.9)5.0 mL,振摇,于室温下静置 10 min,4 000 r/min 离心 15 min。取上层清液置于 10 mL 聚丙烯离心管中,2 h 内于波长 275 nm 处测定其吸光度(A)。

8.3 阳性/阴性对照试样测定

取阳性对照试样溶液(7.2)及阴性对照试样溶液(7.3)各 1.0 mL,按照 8.2 中的测定方法,检测 2 个对照试样的蛋白酶活性,检测结果的相对误差应小于 3%。

8.4 试验空白测定

精确量取待测酶液(7.1)1.0 mL,置于 15 mL 聚丙烯离心管中,加入三氯乙酸溶液(5.9)5.0 mL,轻摇,(37±0.5) ℃恒温水浴 10 min 后,加入底物溶液(5.8)5.0 mL,振摇,室温下静置 10 min 后,4 000 r/min离心 15 min。取上层清液置于 10 mL 聚丙烯离心管中,2 h 内于波长 275 nm 处测定其吸光度(A_0)。

9 结果计算

以 1 g 木瓜/菠萝蛋白酶 1 min 水解酪蛋白产生 1 μg 酪氨酸的酶量为 1 个酶活性单位,用 U/g 表示。试样中木瓜/菠萝蛋白酶的活性(X)按公式(1)计算。

$$X=\frac{A-A_0}{A_n}\times\frac{C_n}{W\times10}\times11\times N \quad\cdots\cdots\cdots\cdots\cdots (1)$$

式中:

X ——木瓜/菠萝蛋白酶活性的数值,单位为单位每克(U/g);

A ——待测酶液 275 nm 波长处吸光度;

A_0 ——空白 275 nm 波长处吸光度;

A_n ——标准溶液 275 nm 波长处吸光度;

C_n ——酪氨酸标准溶液浓度的数值,单位为微克每毫升(μg/mL);

W ——试样取样量的数值,单位为克(g);

10 ——反应时间的数值,单位为分(min);

11 ——测定总体积的数值,单位为毫升(mL);

N ——蛋白酶的稀释倍数。

试验结果以双份平行测定结果的平均值计,保留整数。

10 精密度

2 次重复测定结果的差值小于算术平均值的 3%。

11 试验报告

试验报告应包括如下内容:

a) 本报告编号;

b) 标识试样所需的细节;

c) 试验方法;

d) 实验室温度和湿度;

e) 所用仪器条件;

f) 本文件未规定的任何操作之详情;

g) 试验结果;

h) 试样数;

i) 试验过程任何异常现象;

j) 试验日期。

ICS 65.120
CCS B 04

中华人民共和国农业行业标准

NY/T 4307—2023

葛根中黄酮类化合物的测定
高效液相色谱-串联质谱法

Determination of flavonoids in the root of kudzu vine—
High performance liquid chromatography–mass spectrometry (HPLC–MS)

2023-02-17 发布
2023-06-01 实施

中华人民共和国农业农村部 发布

前　言

本文件按照 GB/T 1.1—2020《标准化工作导则　第 1 部分:标准化文件的结构和起草规则》的规定起草。

请注意本文件的某些内容可能涉及专利。本文件的发布机构不承担识别专利的责任。

本文件由农业农村部农产品质量安全监管司提出。

本文件由农业农村部农产品营养标准专家委员会归口。

本文件起草单位:北京工业大学、浙江省农业科学院、广西壮族自治区农业科学院。

本文件主要起草人:张芳、齐沛沛、王颖、王雨婷、智美丽、裴鹭羽、李宜珊、严华兵、尚小红。

葛根中黄酮类化合物的测定
高效液相色谱-串联质谱法

1 范围

本文件规定了葛根中黄酮类化合物的高效液相色谱-串联质谱的定量检测方法。

本文件适用于野葛和粉葛中葛根素、3'-羟基葛根素、3'-甲氧基葛根素、大豆苷、大豆苷元、染料木素、染料木苷、刺芒柄花苷、刺芒柄花黄素、异甘草素和鹰嘴豆芽素 A 等 11 种黄酮类化合物含量的测定。

2 规范性引用文件

下列文件中的内容通过文中的规范性引用而构成本文件必不可少的条款。其中,注日期的引用文件,仅该日期对应的版本适用于本文件;不注日期的引用文件,其最新版本(包括所有的修改单)适用于本文件。

GB/T 6682 分析实验室用水规格和试验方法

3 术语和定义

本文件没有需要界定的术语和定义。

4 原理

葛根样品中的黄酮类化合物用乙醇水溶液超声提取,采用高效液相色谱串联质谱仪测定,外标法定量。

5 试剂和材料

除非另有规定,所有试剂均为分析纯。

5.1 试剂

5.1.1 水:GB/T 6682,一级。

5.1.2 甲醇(CH_4O):色谱纯。

5.1.3 甲酸(CH_2O_2):色谱纯。

5.1.4 乙醇(C_2H_6O):分析纯。

5.2 试剂配制

5.2.1 10％甲醇溶液:取 10 mL 甲醇(5.1.2),加水(5.1.1)定容至 100 mL,混匀。

5.2.2 30％乙醇溶液:取 30 mL 乙醇(5.1.4),加水(5.1.1)定容至 100 mL,混匀。

5.3 标准

黄酮类化合物标准品:相关信息见表1,纯度不低于98％。

5.4 标准溶液配制

5.4.1 黄酮类化合物标准储备液:准确称取 11 种(表 1)待测物质的标准品,用甲醇(5.1.2)溶解后,加入10％甲醇溶液(5.2.1)定量稀释,制成高浓度单标准品储备液。分别移取一定量的 11 种单标准品储备液于 25 mL 容量瓶,10％甲醇溶液(5.2.1)定容,制成 10 mg/L 的母液作为标准品储备液。避光−18 ℃以下保存,备用。

5.4.2 黄酮类化合物混合标准溶液:用10％甲醇溶液(5.2.1)对 10 mg/L 的母液(5.4.1)稀释配成不同浓度的混合标准溶液用于绘制标准曲线。混合标准溶液应现用现配。

表 1 黄酮类化合物标准品基本信息表

序号	中文名称	英文名称	相对分子质量	CAS 号
1	大豆苷元	Daidzein	254.24	486-66-8
2	异甘草素	Isoliquiritin	256.25	961-29-5
3	刺芒柄花黄素	Formononetin	268.26	485-72-3
4	染料木素	Genistein	270.24	446-72-0
5	鹰嘴豆芽素 A	Biochanin A	284.26	491-80-5
6	大豆苷	Daidzin	416.38	552-66-9
7	葛根素	Puerarin	416.38	3681-99-0
8	刺芒柄花苷	Ononin	430.40	486-62-4
9	3'-羟基葛根素	3'-hydroxypuerarin	432.38	117060-54-5
10	染料木苷	Genistin	432.38	529-59-9
11	3'-甲氧基葛根素	3'-methoxypuerarin	446.40	117047-07-1

6 仪器设备

6.1 超高效液相色谱-串联质谱仪:配有电喷雾离子源(ESI)。

6.2 电热鼓风干燥箱:温度 50 ℃~330 ℃,功率 3.1 kW。

6.3 超声波清洗器:超声输入功率 200 W。

6.4 离心机:转速不低于 7 500 r/min。

6.5 超细水冷式粉碎机:细度 20 目~180 目(0.85 mm~0.09 mm),功率 2.5 kW。

6.6 天平:感量 0.001 g 和 0.000 1 g。

7 试样制备

7.1 试样制备

新鲜葛根经清洗去掉泥沙、去皮,用切片机切成 2 mm 薄片后,放置于托盘中,于 70 ℃烘箱中烘干至恒重。然后用分级超细水冷式粉碎机将葛根样品粉碎,全部装入洁净的容器中,立即检测。如果需要较长时间保存,将样品密封、标记后于—18 ℃以下保存。

7.2 试样提取

称取葛根粉末 0.5 g(精确至 0.000 1 g),置于 50 mL 离心管中,加入 25 mL 30％乙醇溶液(5.2.2),室温下超声提取 45 min。于 7 500 r/min 离心 5 min,将上清液转移至 50 mL 容量瓶中。沉淀物再用30％乙醇溶液(5.2.2)洗涤 2 次,每次用量约 5 mL。在相同条件下离心 5 min,合并上清液,30％乙醇溶液(5.2.2)定容至 50 mL。上样前,采用 0.22 μm 有机相滤膜过滤(5.5)。

8 测定

8.1 超高效液相色谱参考条件

8.1.1 色谱柱:ACE Excel C₁₈柱(100 mm×2.1 mm×1.7 μm)或性能相当者。

8.1.2 流动相 A:甲醇(5.1.2)。

8.1.3 流动相 B:0.1％甲酸水溶液,取 0.1 mL 甲酸(5.1.3)加水(5.1.1)定容至 100 mL,混匀。

8.1.4 柱温:40 ℃。

8.1.5 流速:0.3 mL/min。

8.1.6 进样量:10 μL。

8.1.7 流动相:梯度洗脱程序见表 2。

表 2　梯度洗脱程序

t,min	A,%	B,%
0	5	95
1	40	60
3	80	20
5	95	5
7	95	5
7.1	5	95
9	5	95

8.2　质谱参考条件

8.2.1　扫描方式:正负离子扫描。

8.2.2　离子化电压:4 000 V。

8.2.3　毛细管温度:250 ℃。

8.2.4　碰撞气体:氩气(纯度为 99.99%),压力为 270 kPa。

8.2.5　雾化气:氮气(纯度为 97%以上),流速为 3.0 L/min。

8.2.6　辅助气:氮气(纯度为 97%以上),流速为 10.0 L/min。

8.2.7　检测方式:多反应监测(MRM)。

8.2.8　黄酮类化合物保留时间和监测离子对信息见附录 A。

8.3　供试样品的测定

在仪器的最佳条件下,分别取黄酮类化合物混合标准溶液(5.4.2)与葛根素等 11 种黄酮类化合物样品(7.2)上机测定。混合标准溶液中 11 种黄酮类化合物总离子色谱图和各组分离子色谱图见附录 A。

8.4　定性测量

在相同试验条件下测定试样和混合标准溶液,若样品溶液中检出色谱峰的保留时间与基质标准溶液中目标物色谱峰的保留时间一致(变化范围在±2.5%),且样品溶液的质谱离子对相对丰度与浓度相当基质标准溶液的质谱离子对相对丰度相比较,相对离子丰度的相对偏差不超过表 3 规定的范围,则可判定样品中存在该组分。混合标准溶液中各黄酮类化合物离子色谱图见附录 B。

表 3　定性时相对离子丰度的最大允许偏差

单位为百分号

相对丰度(基峰)	50	20~50	10~20	≤10
允许的相对偏差	±20	±25	±30	±50

8.5　定量测量

以不同浓度混合标准溶液的浓度为横坐标,色谱峰面积(响应值)为纵坐标,绘制标准曲线,标准曲线的相关系数应不低于 0.99。试样溶液与标准溶液中待测物的响应值均应在仪器检测的线性范围内。如超出线性范围,应重新试验或将试样溶液和基质匹配混合标准系列溶液作相应稀释后重新测定。单点校准定量时,试样溶液中待测物的浓度与溶剂混合标准溶液的浓度相差不超过 30%。标准加入法则以添加的标准溶液浓度为横坐标、色谱峰面积(响应值)为纵坐标,绘制标准曲线,并外推至浓度坐标轴。

8.6　结果计算

用液相色谱-质谱数据处理软件或者按照公式计算试样中检测目标物量,按公式(1)计算。

$$\omega = \frac{A \times \rho_s \times V \times f}{A_s \times m} \quad\cdots\cdots\cdots\cdots\cdots\cdots (1)$$

式中:

ω　——试样中黄酮类化合物的含量的数值,单位为毫克每千克(mg/kg);

A　——样品中黄酮类化合物的峰面积;

ρ_s ——标准溶液浓度的数值,单位为毫克每升(mg/L);

V ——定容体积的数值,单位为毫升(mL);

f ——稀释倍数;

A_s ——标样中黄酮类化合物的峰面积;

m ——最终溶液所代表的试样质量的数值,单位为克(g)。

注:计算结果应扣除空白值,测定结果用平行测定的算术平均值表示,保留3位有效数字。

9 精密度

9.1 重复性

在重复性条件下获得的2次独立的测定结果的绝对差值不大于这2个测定值的算术平均值的15%。

9.2 再现性

在再现性条件下获得的2次独立的测试结果的绝对差值不大于2个测定值的算术平均值的15%。

10 检出限和定量限

葛根样品中大豆苷、葛根素、3-甲氧基葛根素和刺芒柄花黄素的检出限为 0.01 mg/kg,定量限为 0.03 mg/kg;刺芒柄花苷、3-甲氧基葛根素和异甘草素的检出量为 0.02 mg/kg,定量限为 0.07 mg/kg;大豆苷元、染料木素、染料木苷和鹰嘴豆芽素 A 的检出限为 0.03 mg/kg,定量限为 0.1 mg/kg。

附 录 A

（资料性）

黄酮类化合物保留时间、电离模式和监测离子对信息

黄酮类化合物保留时间、电离模式和监测离子对信息见表 A.1。

表 A.1 黄酮类化合物保留时间、电离模式和监测离子对信息

序号	中文名称	保留时间 min	前体离子 m/z	产物离子 m/z	Q1 偏差 V	碰撞电压 V	Q3 偏差 V	电离模式
1	葛根素	2.812	415.1	267.1*;295.1	50;13	32;22	19;21	ESI−
2	3'-甲氧基葛根素	2.847	445.2	282.1*;325.2	9;25	37;24	21;25	ESI−
3	大豆苷	3.030	417.1	255.1*;137.0	−12;−30	−21;−48	−26;−26	ESI+
4	3'-羟基葛根素	3.530	431.1	311.1*;283.1	13;23	24;33	15;19	ESI−
5	染料木苷	3.531	432.1	269.1*;240.1	23;13	31;45	19;11	ESI−
6	刺芒柄花苷	3.711	431.2	269.1*;227.0	−22;−14	−21;−16	−18;−26	ESI+
7	大豆苷元	3.860	253.1	224.0*;208.1	29;13	26;30	15;21	ESI−
8	染料木素	4.082	269.1	133.1*;159.1	33;15	29;28	50;15	ESI−
9	异甘草素	4.214	255.1	119.1*;135.0	31;15	22;14	45;47	ESI−
10	刺芒柄花黄素	4.398	267.1	252.1*;223.1	15;31	19;30	17;23	ESI−
11	鹰嘴豆芽素 A	4.693	283.1	268.1*;239.1	33;9	21;31	19;11	ESI−
* 为定量离子。								

附　录　B

（资料性）

11种黄酮类化合物总离子流图和各组分离子色谱图

B.1　混合标准溶液中11种黄酮类化合物总离子色谱图

见图B.1。

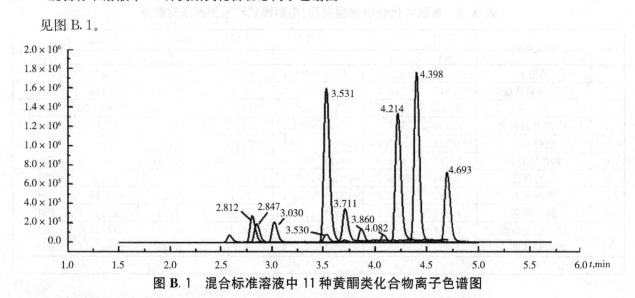

图 B.1　混合标准溶液中11种黄酮类化合物离子色谱图

B.2　混合标准溶液中11种黄酮类化合物各组分离子色谱图

见图B.2。

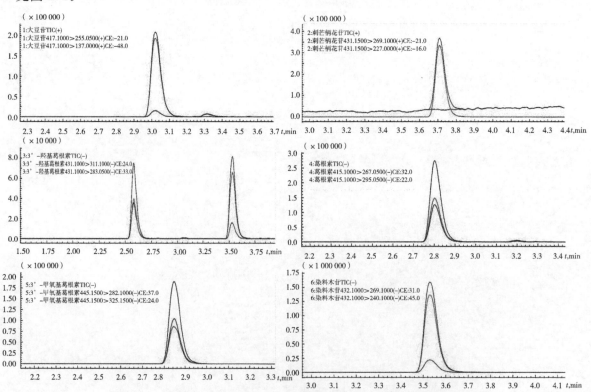

图 B.2　混合标准溶液中11种黄酮类化合物各组分离子色谱图

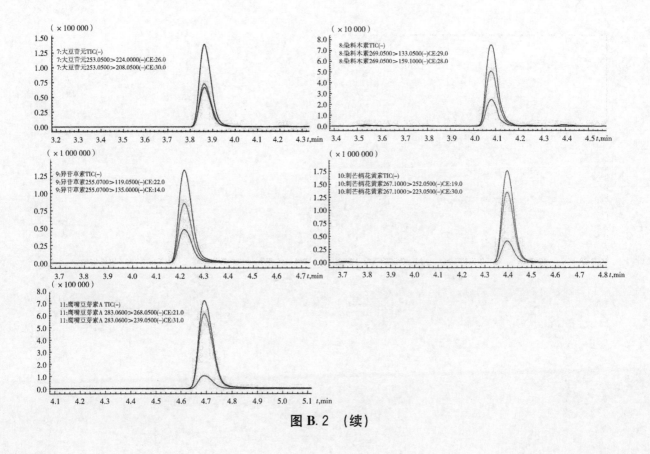

图 B.2 （续）

ICS 67.050
CCS X 04

中华人民共和国农业行业标准

NY/T 4311—2023

动物骨中多糖含量的测定
液相色谱法

Content determination of polysaccharide in animal bones—
Liquid chromatography method

2023-02-17 发布　　　　　　　　　　　　　　　2023-06-01 实施

中华人民共和国农业农村部 发布

前　言

本文件按照 GB/T 1.1—2020《标准化工作导则　第 1 部分：标准化文件的结构和起草规则》的规定起草。

请注意本文件的某些内容可能涉及专利。本文件的发布机构不承担识别专利的责任。

本文件由农业农村部乡村产业发展司提出。

本文件由农业农村部农产品加工标准化技术委员会归口。

本文件起草单位：中国农业科学院农产品加工研究所、山东海钰生物技术股份有限公司。

本文件主要起草人：张春晖、郭玉杰、张鸿儒、沈青山、李侠、韩东、许雄、刘成江、成晓瑜、张志强。

动物骨中多糖含量的测定 液相色谱法

1 范围

本文件规定了动物骨中多糖含量的液相色谱测定方法的原理、材料试剂、仪器设备、分析步骤、结果计算、精密度、检出限和定量限要求。

本文件适用于猪、牛、鸡等动物骨中多糖含量的测定。

2 规范性引用文件

下列文件中的内容通过文中的规范性引用而构成本文件必不可少的条款。其中,注日期的引用文件,仅该日期对应的版本适用于本文件;不注日期的引用文件,其最新版本(包括所有的修改单)适用于本文件。

GB/T 6682 分析实验室用水规格和试验方法

3 术语和定义

本文件没有需要界定的术语和定义。

4 原理

试样经热压液化、酶解和膜分离得到骨多糖样品。骨多糖样品经硫酸软骨素 ABC 酶解后液相色谱分离,232 nm 波长进行定性检测;骨多糖样品液相色谱分离,192 nm 波长检测,外标法定量。

5 材料和试剂

除另有规定外,所有试剂均为分析纯,水为符合 GB/T 6682 规定的一级水。

5.1 材料

5.1.1 纱布。

5.1.2 有机相微孔滤膜:0.22 μm。

5.2 试剂

5.2.1 盐酸-乙酸钠缓冲溶液(0.05 mol/L):称取 0.410 g 乙酸钠(CH_3COONa,CAS 号:127-09-3),溶于 50 mL 水中,用1‰盐酸溶液调节 pH 至 6.2,定容至 100 mL,摇匀。

5.2.2 10%乙腈溶液:量取 10 mL 乙腈(C_2H_3N,CAS 号:75-05-8,色谱纯)至 100 mL 容量瓶中,用水定容,摇匀。

5.2.3 硫酸软骨素 ABC 酶母液(20 U/mL):准确称取 10 g 硫酸软骨素 ABC 酶(纯度≥90%)用20 mL盐酸-乙酸钠缓冲溶液(5.2.1)溶解后,定容至 100 mL,摇匀。

5.2.4 戊烷磺酸钠溶液(10 mmol/L):称取 1.74 g 戊烷磺酸钠($C_5H_{11}NaO_3S$,CAS 号:22767-49-3,优级纯),溶于 100 mL 水中,定容至 1 000 mL,摇匀。

5.2.5 骨多糖标准储备溶液(0.5 mg/mL):准确称取 50.0 mg 的骨多糖标准品(纯度≥98%,其中 A 型硫酸软骨素含量>70%),溶解于 20.0 mL 乙腈溶液(5.2.2),用水定容至 100 mL,摇匀。

5.2.6 骨多糖标准工作溶液:分别量取 5.0 mL、10.0 mL、20.0 mL、50.0 mL 骨多糖标准储备溶液(5.2.5)于相应的 100 mL 容量瓶中,用 10 %乙腈溶液稀释定容,得到浓度为 0.025 mg/mL、0.050 mg/mL、0.100 mg/mL、0.250 mg/mL 的标准工作液,现用现配。

5.2.7 糖胺聚糖二糖标准品混合溶液(500 μg/mL):分别称取软骨素不饱和二糖(ΔDi0 S)、A 型硫酸软骨素不饱和二糖(ΔDi4 S)、B 型硫酸软骨素不饱和二糖(ΔDi2,4 diS)、C 型硫酸软骨素不饱和二糖(ΔDi6 S)、D 型硫酸软骨素不饱和二糖(ΔDi2,6 diS)、二硫酸基团酯化 E 型硫酸软骨素不饱和二糖(ΔDi4, 6 diS)、三硫酸基团酯化 E 型硫酸软骨素不饱和二糖(ΔDi2,4,6 triS)各 125.0 mg 于 25 mL 容量瓶中,混合均匀后加水定容,涡旋振荡充分溶解配制成 5 mg/mL 的母液;吸取 100 μL 母液加入 900 μL 水进行稀释,配成 500 μg/mL 的混合溶液。

6 仪器设备

6.1 高压灭菌锅。

6.2 高效液相色谱仪:配有紫外或二极管阵列检测器。

6.3 分析天平:感量 0.000 1 g 和 0.01 g。

6.4 离心机:转速≥5 000 r/min。

6.5 pH 计:感量 0.01。

6.6 糖度计。

6.7 涡旋振荡器。

6.8 抽滤装置。

6.9 高速均质机:转速≥1 500 r/min。

6.10 色谱柱:Spherisorb 5-SAX(150 mm×4.6 mm,5 μm),C₁₈色谱柱(250 mm×4.6 mm,5 μm)。
    注:非商业声明,此处列出的色谱柱仅供参考,不涉及商业目的,允许本文件使用者尝试不同厂家的色谱柱。

7 分析步骤

7.1 试样制备

对代表性动物骨(软骨)样品进行随机取样,剔除附着的肉及筋膜,分割成小于 2 cm×2 cm 小块,−20 ℃冻存。

7.2 试样处理

称取 50.0 g 试样(精确至 0.1 g)于 500 mL 玻璃烧杯中,加入 125 mL 水后搅拌均匀;120 ℃条件下热压处理 1.5 h,1 500 r/min 均质 20 s,用 6 层纱布过滤得到软骨液化液,加水稀释至 10 g/L。准确量取 50 mL 的软骨液化液(10 g/L),加入 45 mg 胰蛋白酶(≥250 U/mg),56 ℃酶解 2 h;再加入 5 mg 木瓜蛋白酶(≥800 U/mg)60 ℃继续酶解 2 h,煮沸 5 min 使酶失活,得到软骨酶解液。用 0.22 μm 滤膜抽滤后,经截留相对分子质量为 10 000 滤膜分离得到骨多糖待测溶液,4 ℃保存用于后续检测分析。

7.3 测定条件

7.3.1 定性测定

取 100 μL 骨多糖溶液加入 2.5 μL(20 U/mL)硫酸软骨素 ABC 酶,38 ℃孵育 8 h 充分酶解;待酶解结束后,沸水浴处理 2 min 使酶失活,5 000 r/min 离心 5 min 后取上清液,得到骨多糖酶解液;经高效液相色谱进行骨多糖定性测定。详细条件如下:
    a) 色谱柱:Spherisorb 5-SAX(150 mm×4.6 mm,5 μm)或相当者;
    b) 流动相:A 和 B 分别为 50 mmol/L 和 1 mol/L 的氯化钠溶液,梯度洗脱程序见表 1;
    c) 流速:1.0 mL/min;
    d) 柱温:30 ℃;
    e) 检测波长:232 nm;
    f) 进样量:10 μL。

表 1　流动相梯度洗脱程序

时间,min	流动相 A,%	流动相 B,%
0.0	100.0	0.0

表 1（续）

时间,min	流动相 A,%	流动相 B,%
5.0	100.0	0.0
20.0	0.0	100.0

7.3.2 定量测定

详细条件如下：

a) 色谱柱：C_{18}色谱柱（250 mm×4.6 mm，5 μm）；

b) 流动相：乙腈＋10 mmol/L 戊烷磺酸钠溶液，比例为 1：9（V/V）；

c) 流速：0.8 mL/min；

d) 柱温：30 ℃；

e) 检测波长：192 nm；

f) 进样量：10 μL。

7.4 高效液相色谱测定

7.4.1 定性测定

动物骨多糖水解物经高效液相色谱分离，记录骨多糖水解物样品中二糖分子的保留时间和峰面积，与糖胺聚糖二糖标准品混合溶液的色谱峰保留时间相比较，保留时间变化范围应在±2.5%，统计计算骨多糖水解物中二糖分子的组成和分布情况（见附录 A）。糖胺聚糖二糖标准品混合溶液色谱图见附录 B。

7.4.2 定量测定

以骨多糖标准工作溶液（5.2.6）中骨多糖浓度为横坐标、以峰面积（响应值）为纵坐标，绘制标准曲线，按照外标法进行定量。将试样溶液经高效液相色谱测定，保留时间 1.8 min 时得到相应的响应值，根据标准曲线计算试样中骨多糖浓度。待测试样溶液的响应值应在标准曲线范围内，超过线性范围则应重新分析。重新分析时，根据超出线性范围倍数估算稀释倍数，用 10%乙腈溶液（5.2.2）稀释使其浓度处于线性范围内。骨多糖特征色谱图见附录 C。

7.5 空白实验

除不加试样外，采用 7.2～7.4 的步骤进行平行操作。

8 结果计算

试样中骨多糖含量按公式（1）计算。

$$X = n \times \frac{c \times V}{m} \quad\text{………………………………… (1)}$$

式中：

X ——试样中骨多糖含量的数值，单位为毫克每克（mg/g）；

n ——待测试样溶液稀释倍数；

c ——根据标准曲线上计算得出的试样溶液中骨多糖浓度，单位为毫克每毫升（mg/mL）；

V ——试样溶液体积的数值，单位为毫升（mL）；

m ——试样质量的数值，单位为克（g）。

计算结果应减去空白值，测定结果用平行测定的算术平均值表示，计算结果保留 2 位有效数字。

9 精密度

在重复性条件下获得的 2 次独立测定结果的绝对差值不应超过算术平均值的 10%。

10 检出限和定量限

本方法检出限为 0.3 mg/g，定量限为 1.8 mg/g。

附 录 A

（资料性）

不同畜禽骨多糖中二糖组成与含量

不同畜禽骨多糖中二糖组成与含量参考值见表 A.1。

表 A.1 不同畜禽骨多糖中二糖组成与含量参考值

序号	来源	ΔDi0 S	ΔDi6 S	ΔDi4 S	ΔDi2,6 diS	ΔDi4,6 diS	ΔDi2,4 diS	ΔDi2,4,6 triS
1	猪骨	6.87±0.09	19.35±0.03	73.78±0.08	ND	ND	ND	ND
2	牛骨	8.13±0.11	19.93±0.42	71.94±0.27	ND	ND	ND	ND
3	鸡骨	10.55±0.35	22.68±1.00	66.56±0.61	ND	ND	0.21±0.09	ND
注:S 表示硫酸基团；ND 表示未检测到。表中结果表示为平均值±标准差（N＝3）。								

附 录 B

（资料性）

糖胺聚糖二糖标准品混合溶液色谱图

糖胺聚糖二糖标准品混合溶液色谱图见图 B.1。

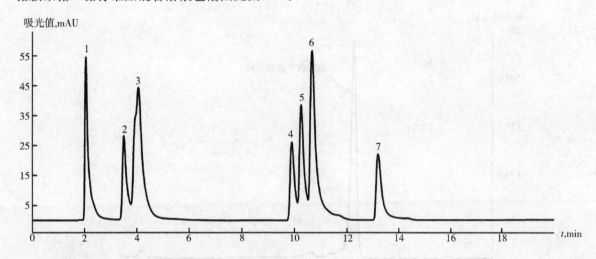

标引序号说明：

1——软骨素不饱和二糖（ΔDi0 S）吸收峰；

2——C 型硫酸软骨素不饱和二糖（ΔDi6 S）吸收峰；

3——A 型硫酸软骨素不饱和二糖（ΔDi4 S）吸收峰；

4——D 型硫酸软骨素不饱和二糖（ΔDi2,6 diS）吸收峰；

5——二硫酸基团酯化 E 型硫酸软骨素不饱和二糖（ΔDi4,6 diS）吸收峰；

6——B 型硫酸软骨素不饱和二糖（ΔDi2,4 diS）吸收峰；

7——三硫酸基团酯化 E 型硫酸软骨素不饱和二糖（ΔDi2,4,6 triS）吸收峰。

图 B.1 糖胺聚糖二糖标准品混合溶液色谱图

附　录　C
（资料性）
骨多糖(以硫酸软骨素计)标准工作溶液色谱图

骨多糖(以硫酸软骨素计)标准工作溶液(0.115 mg/mL)色谱图见图 C.1。

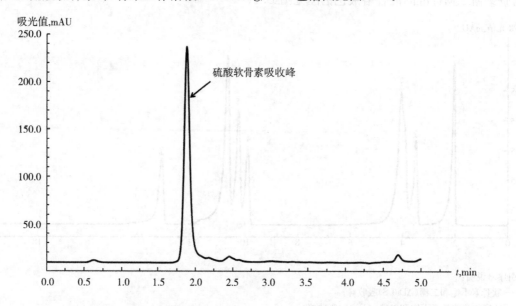

图 C.1　骨多糖(以硫酸软骨素计)标准工作溶液色谱图

ICS 67.020
CCS X 11

中华人民共和国农业行业标准

NY/T 4332—2023

木薯粉加工技术规范

Technical specification for cassava flour processing

2023-04-11 发布

2023-08-01 实施

中华人民共和国农业农村部 发布

前　言

本文件按照 GB/T 1.1—2020《标准化工作导则　第 1 部分：标准化文件的结构和起草规则》的规定起草。

本文件由农业农村部乡村产业发展司提出。

本文件由农业农村部农产品加工标准化技术委员会归口。

本文件起草单位：浙江大学、农业农村部农产品品质评价与营养健康重点实验室、农业农村部农产品贮藏保鲜质量安全风险评估实验室（杭州）、中国热带农业科学院热带作物品种资源研究所、广西壮族自治区亚热带作物研究所、湖南农业大学、海南大学、广西农垦明阳生化集团股份有限公司。

本文件主要起草人：陆柏益、季圣阳、李开绵、张振文、徐涛、李军、宋勇、陈银华、钟永恒、李也、王玮。

木薯粉加工技术规范

1 范围

本文件规定了木薯粉加工的术语和定义、原料要求、加工条件要求、加工工艺流程、加工技术、标签、包装、储存、运输和记录控制。

本文件适用于食用木薯粉和饲料用木薯粉的加工。

2 规范性引用文件

下列文件中的内容通过文中的规范性引用而构成本文件必不可少的条款。其中,注日期的引用文件,仅该日期对应的版本适用于本文件;不注日期的引用文件,其最新版本(包括所有的修改单)适用于本文件。

GB/T 191 包装储运图示标志

GB 2762 食品安全国家标准 食品中污染物限量

GB 4806.7 食品安全国家标准 食品接触用塑料材料及制品

GB 5009.3 食品安全国家标准 食品中水分的测定

GB 5009.4 食品安全国家标准 食品中灰分的测定

GB 5009.36 食品安全国家标准 食品中氰化物的测定

GB 5749 生活饮用水卫生标准

GB 7718 食品安全国家标准 预包装食品标签通则

GB 9683 复合食品包装袋卫生标准

GB 10648 饲料标签

GB 14881 食品安全国家标准 食品生产通用卫生规范

GB/T 22427.5 淀粉细度测定

GB 28050 食品安全国家标准 预包装食品营养标签通则

GB/T 30472 饲料加工成套设备技术规范

JJF 1070 定量包装商品净含量计量检验规则

NY/T 1520 木薯

3 术语和定义

下列术语和定义适用于本文件。

3.1

食用木薯 edible cassava

用于蒸、煮等烹饪处理后可食用的鲜木薯。

[NY/T 1520—2021,定义 3.1]

3.2

食用木薯粉 edible cassava flour

以食用木薯块根为原料经加工制成的,蒸煮和烘焙后即可食用或可直接加工成其他食品的粉状产品。

3.3

饲料用木薯 cassava for feed

用于加工饲料或用作饲料原料的鲜木薯。

[NY/T 1520—2021,定义 3.3]

3.4

饲料用木薯粉　cassava flour for feed

以木薯块根为原料经加工制成的,用于饲料加工的粉状产品。

4　原料要求

4.1　木薯

食用木薯和饲料用木薯应符合 NY/T 1520 的要求。

4.2　加工用水

应符合 GB 5749 的要求。

5　加工条件要求

食用木薯粉加工条件应符合 GB 14881 的要求。饲料用木薯粉加工设施与设备应符合 GB/T 30472 的要求。

6　加工工艺流程

6.1　食用木薯粉

食用木薯粉加工工艺流程见图 1。

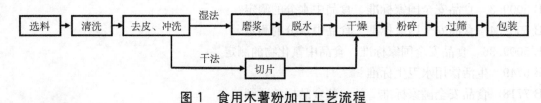

图 1　食用木薯粉加工工艺流程

6.2　饲料用木薯粉

饲料用木薯粉加工工艺流程见图 2。

图 2　饲料用木薯粉加工工艺流程

7　加工技术

7.1　选料

选择无腐败变质及无病虫害的新鲜木薯。

7.2　清洗

采用人工或清洗机去除木薯块根表面的泥土和杂质。

7.3　去皮、冲洗

采用人工或笼机去除内外两层皮,去皮后清水冲洗,最终产品达到附录 A 要求。

7.4　磨浆

去皮木薯经过切分机切成块状或片状,使用锉磨机重复磋磨破碎块状木薯,得到木薯浆液。

7.5　脱水

木薯浆可以使用板框压滤机、带式压滤机、立式压滤机或厢式压滤机进行脱水。

7.6　切片

采用切分机对木薯进行切片。

7.7　干燥

干燥方式可以使用热泵干燥、热风干燥、真空干燥及自然干燥。自然干燥宜置于阳光下晒干;热风干燥和热泵干燥的温度宜控制在 50 ℃～65 ℃；真空干燥温度宜控制在 40 ℃～60 ℃。木薯粉的最终水分含量达到附录 A 要求。

7.8 粉碎和过筛

将干燥后的木薯粉初产物置于粉碎机中粉碎，食用木薯粉用筛孔尺寸为 0.180 mm 振动筛筛分，饲料用木薯粉用筛孔尺寸为 0.075 mm～0.850 mm 振动筛筛分，取筛下物包装。

8 标签、包装、储存、运输

8.1 标签

产品包装储运图示标志应符合 GB/T 191 的要求，食用木薯粉标签应符合 GB 7718 和 GB 28050 的要求，饲料用木薯粉标签应符合 GB 10648 的要求。

8.2 包装

8.2.1 包装要牢固、防潮、整洁、美观、无异味，便于装卸、仓储和运输。

8.2.2 塑料材料及制品包装应符合 GB 4806.7 的要求，复合食品包装袋应符合 GB 9683 的要求。

8.2.3 定量包装商品的净含量应符合 JJF 1070 的要求。

8.3 储存

产品应储存于清洁、干燥、通风、阴凉、防虫、防鼠的仓库中，并应离地离墙，不应与有毒、有异味物品共存。

8.4 运输

运输工具应干净，不应与有毒、有害、有异味物品混运，运输中应避免受潮、受压、暴晒。

9 记录控制

原料、生产加工中的关键控制点和成品检验结果等应有记录。各项原始记录应按规定保存 2 年，按照 GB 14881 的规定执行。

附 录 A

（规范性）

木薯粉理化和安全指标要求

A.1 理化指标要求

见表 A.1。

表 A.1 木薯粉理化指标要求

项目	指标（食用木薯粉）	指标（饲料用木薯粉）	检验方法
水分,g/100 g	≤13.0	≤13.0	GB 5009.3
总灰分,g/100 g	≤3.0	≤8.0	GB 5009.4
细度(0.18 mm 钢筛通过率),%	≥99.0	—	GB/T 22427.5

A.2 安全指标要求

A.2.1 氰化物

食用木薯粉中氰化物（以 HCN 计）规定≤10.0 mg/kg，饲料用木薯粉中氰化物（以 HCN 计）规定≤100.0 mg/kg，按照 GB 5009.36 的规定执行。

A.2.2 污染物限量

应符合 GB 2762 的要求。

ICS 67.080.20
CCS X 26

中华人民共和国农业行业标准

NY/T 4333—2023

脱水黄花菜加工技术规范

Technical specification for dehydrated daylily processing

2023-04-11 发布

2023-08-01 实施

中华人民共和国农业农村部 发布

前　言

本文件按照 GB/T 1.1—2020《标准化工作导则　第 1 部分：标准化文件的结构和起草规则》的规定起草。

本文件由农业农村部乡村产业发展司提出。

本文件由农业农村部农产品加工标准化技术委员会归口。

本文件起草单位：中国农业科学院农产品加工研究所、湖南新发食品有限公司、甘肃省庆城县农业技术推广中心、湖南吉祥食品有限公司、大同市果蔬药茶发展中心、山西冰华食品科技有限公司、山西农业大学山西功能食品研究院、宁夏回族自治区吴忠市红寺堡区农业技术推广服务中心、贵州航天智慧农业有限公司。

本文件主要起草人：范蓓、王凤忠、李春梅、毕金峰、易建勇、卢嘉、卢聪、王艳、肖智雄、范学钧、谢富生、郭尚、于天富、倪育龙、王锐、宋大海。

脱水黄花菜加工技术规范

1 范围

本文件规定了脱水黄花菜加工的基本要求、技术要求、包装、标识、储存和运输。

本文件适用于脱水黄花菜的加工。

2 规范性引用文件

下列文件中的内容通过文中的规范性引用而构成本文件必不可少的条款。其中,注日期的引用文件,仅该日期对应的版本适用于本文件;不注日期的引用文件,其最新版本(包括所有的修改单)适用于本文件。

GB/T 191　包装储运图示标志

GB 4806.1　食品安全国家标准　食品接触材料及制品通用安全要求

GB 4806.7　食品安全国家标准　食品接触用塑料材料及制品

GB 4806.9　食品安全国家标准　食品接触用金属材料及制品

GB 5009.3　食品安全国家标准　食品中水分的测定

GB 5749　生活饮用水卫生标准

GB/T 6543　运输包装用单瓦楞纸箱和双瓦楞纸箱

GB 7718　食品安全国家标准　预包装食品标签通则

GB 9683　复合食品包装袋卫生标准

GB 14881—2013　食品安全国家标准　食品生产通用卫生规范

GB/T 17924　地理标志产品　标准通用要求

NY/T 1081—2006　脱水蔬菜原料通用技术规范

3 术语和定义

下列术语和定义适用于本文件。

3.1

脱水黄花菜　dehydrated daylily

以鲜黄花菜为原料,经拣选、杀青或不杀青预处理后,采用自然晾晒、烘干或真空冷冻干燥等工艺制成的干制品。

3.2

青条菜　green dehydrated daylily

因杀青不足而呈青绿色的脱水黄花菜。

3.3

油条菜　over-steaming dehydrated daylily

因杀青过熟而呈油浸状的脱水黄花菜。

3.4

开花菜　fully-flowering dehydrated daylily

花瓣开张、花蕊外露的脱水黄花菜。

3.5

松苞菜　slightly-flowering dehydrated daylily

花苞松动但尚未开放的脱水黄花菜。

3.6

霉条菜　moldy dehydrated daylily

发霉变质的脱水黄花菜。

4　基本要求

4.1　原料

未开放成熟花蕾,应符合 NY/T 1081—2006 中 5.3.1.4 的规定。

4.2　加工用水

应符合 GB 5749 的规定。

4.3　生产环境

生产加工过程的卫生要求应符合 GB 14881—2013 的规定。

4.4　设备和用具

食品接触材料及制品应符合 GB 4806.7 和 GB 4806.9 的规定。

4.5　人员

生产管理及加工人员应进行专业培训,熟练掌握加工技术规范和操作规程;加工人员卫生要求应符合 GB 14881—2013 中 6.3.2 的规定。

5　技术要求

5.1　加工流程

5.2　拣选

按 4.1 对鲜黄花菜进行拣选,挑出不符合要求的原料,除去杂质。

5.3　杀青

根据工艺需要,选择蒸汽杀青方法,自动化生产线加工,黄花菜摊铺厚度宜控制在 5 cm 以下;传统加工蒸笼内摊铺厚度宜控制在 10 cm 以下,物料温度宜控制在 70 ℃~80 ℃。根据不同厚度、温度范围控制杀青时间,杀青至菜条变软但有弹性,菜色由黄绿色变为淡黄色。冻干黄花菜不杀青。

5.4　干燥

根据工艺需要,选择自然晾晒、烘干或真空冷冻干燥等脱水干制方法。自然晾晒宜置于阳光下晒干;烘干温度宜控制在 70 ℃~80 ℃,根据不同温度范围控制烘干时间。产品含水量宜控制在 12.0 g/100 g~15.0 g/100 g。直条菜图例见附录 A 的图 A.1。真空冷冻干燥将鲜黄花置于−35 ℃以下预冻,在高真空状态下脱水干燥至含水量≤6.0 g/100 g。冻干黄花菜图例见图 A.2。水分按 GB 5009.3 测定。

5.5　拣剔

剔除青条菜、油条菜、开花菜、松苞菜、霉条菜及杂质等,其中青条菜、油条菜、开花菜、松苞菜比例≤4%,无霉条菜,杂质≤0.5%。青条菜、油条菜、开花菜、松苞菜、霉条菜图例见图 A.3。

6　包装、标识、储存和运输

6.1　包装

包装材料应符合 GB 4806.1、GB/T 6543 和 GB 9683 的规定。

6.2　标识

应符合 GB/T 191 和 GB 7718 的规定。地理标志产品标识还应符合 GB/T 17924 的规定。

6.3　储存和运输

应符合 GB 14881—2013 的规定。

附　录　A

（资料性）

脱水黄花菜参考图

A.1　直条菜

直条菜图例见图 A.1。

图 A.1　直条菜图例

A.2　冻干黄花菜

冻干黄花菜图例见图 A.2。

图 A.2　冻干黄花菜图例

A.3　缺陷菜

缺陷菜图例见图 A.3。

a）青条菜　　　　　　　　b）油条菜

c）开花菜　　　　　　　　d）松苞菜

e）霉条菜

图 A.3　缺陷菜图例

ICS 67.080.20
CCS X 26

中华人民共和国农业行业标准

NY/T 4334—2023

速冻西蓝花加工技术规程

Technical code of practice for processing of quick frozen broccoli

2023-04-11 发布

2023-08-01 实施

中华人民共和国农业农村部 发布

NY/T 4334—2023

前　言

本文件按照 GB/T 1.1—2020《标准化工作导则　第 1 部分:标准化文件的结构和起草规则》的规定起草。

请注意本文件的某些内容可能涉及专利。本文件的发布机构不承担识别专利的责任。

本文件由农业农村部乡村产业发展司提出。

本文件由农业农村部农产品加工标准化技术委员会归口。

本文件起草单位:江苏省农业科学院、江苏嘉安食品有限公司、江苏中宝食品有限公司、江苏省沿江地区农业科学研究所、南京农业大学。

本文件主要起草人:李大婧、肖亚冬、聂梅梅、刘春泉、刘春菊、牛丽影、宋江峰、袁春新、唐明霞、吴刚、姜丽、邱卫池。

速冻西蓝花加工技术规程

1 范围

本文件规定了西蓝花速冻加工的原料要求、生产环境与卫生、加工过程、包装、标识、金属检测、储藏及生产记录。

本文件适用于速冻西蓝花的加工。

2 规范性引用文件

下列文件中的内容通过文中的规范性引用而构成本文件必不可少的条款。其中,注日期的引用文件,仅该日期对应的版本适用于本文件;不注日期的引用文件,其最新版本(包括所有的修改单)适用于本文件。

GB/T 191　包装储运图示标志

GB 2762　食品安全国家标准　食品中污染物限量

GB 2763　食品安全国家标准　食品中农药最大残留限量

GB 4806.7　食品安全国家标准　食品接触用塑料材料及制品

GB 4806.9　食品安全国家标准　食品接触用金属材料及制品

GB 5749　生活饮用水卫生标准

GB/T 6543　运输包装用单瓦楞纸箱和双瓦楞纸箱

GB 9683　复合食品包装袋卫生标准

GB 14881　食品安全国家标准　食品生产通用卫生规范

GB/T 31273　速冻水果和速冻蔬菜生产管理规范

3 术语和定义

本文件没有需要界定的术语和定义。

4 原料要求

西蓝花应新鲜,无腐烂、发霉、冻害、病虫害及机械伤,花球紧实、不松散,花球茎高控制在 8 cm 以内;球面规整,花蕾细小、致密、未开放,花茎分支短;储藏温度宜不高于 5 ℃。西蓝花中污染物限量应符合GB 2762 的规定,农药最大残留限量应符合 GB 2763 的规定。

5 生产环境与卫生

应符合 GB/T 31273 的相关规定。

6 加工过程

6.1 整理、切分

去除西蓝花中夹带的异物和菜叶,切分成小花球,小号的花球半径 2.0 cm～3.5 cm,茎半径≤3.5 cm,大号的花球半径 3.5 cm～5.0 cm,茎半径≤5.0 cm。切分时,剔除异色、病虫害、松散、脱落、腐烂花球。

6.2 清洗

先把花球全部浸没在 1%～2% 的盐水中 3 min～5 min;然后送入清洗机中清洗,除去表面异物。清洗用水应符合 GB 5749 的规定,设备和用具应符合 GB 4806.7 和 GB 4806.9 的规定。

6.3 漂烫

将花球均匀地倒入漂烫机中漂烫,水温宜控制在 96 ℃～98 ℃,小号花球漂烫时间 60 s～70 s,大号花球 70 s~90 s。

6.4 冷却、去除表面水

先用 16 ℃~20 ℃ 的水冷却 5 min~10 min,再用 0 ℃~4 ℃ 的流动冰水冷却,使花球迅速冷却至中心温度 5 ℃ 以下,然后通过传送带,采用风干机吹风或震动除去花球表面水分。

6.5 速冻

将去除表面水的花球送至速冻机中,初始温度为 5 ℃ 左右,冷空气温度为 −40 ℃~−30 ℃,冷空气流速为 6 m/s~8 m/s,小号花球速冻时间 10 min~12 min、大号花球 12 min~15 min,使花球中心温度达到 −18 ℃ 以下。

6.6 其他

包装车间温度应≤10 ℃。

7 包装、标识

7.1 内包装

内包装选用食品级、透气性低、厚度为 0.06 mm~0.08 mm 的聚乙烯包装袋,包装规格视生产厂家实际销售需求而定。其他应符合 GB 9683 的规定。

7.2 外包装

外包装宜采用瓦楞纸箱,表面涂防潮油,并应符合 GB/T 6543 的规定。

7.3 标识

内包装标识应包括产品名称、规格等级、净含量、生产日期和保质期等。外包装标识应包括产品名称、规格等级、净含量、生产日期、保质期、储存条件、质量等级、食品生产许可证编号等。并应符合 GB/T 191 的规定。

8 金属检测

检测前应测试金属探测仪的灵敏度,确认正常后将包装好的产品先通过第一台金属检测仪,无警报则翻转 180°,连续通过第二台金属检测仪。未出现异常警报则产品合格;若出现异常警报则打开包装,挑出金属异物后重复上述检测,直至产品合格。

9 储藏

产品应储藏于不高于 −18 ℃ 的冻藏库中,宜设自动温度记录仪,并应符合 GB/T 31273 的相关规定。

10 生产记录

按 GB 14881 的规定执行。

————————————

ICS 67.080.20
CCS X 26

中华人民共和国农业行业标准

NY/T 4335—2023

根茎类蔬菜加工预处理技术规范

Technical specification for pretreatment of rootstalk vegetable

2023-04-11 发布
2023-08-01 实施

中华人民共和国农业农村部 发布

前 言

本文件按照 GB/T 1.1—2020《标准化工作导则 第 1 部分：标准化文件的结构和起草规则》的规定起草。

请注意本文件的某些内容可能涉及专利。本文件的发布机构不承担识别专利的责任。

本文件由农业农村部乡村产业发展司提出。

本文件由农业农村部农产品加工标准化技术委员会归口。

本文件起草单位：北京市农林科学院、蜀海（北京）供应链管理有限责任公司、山东龙大美食股份有限公司。

本文件主要起草人：赵晓燕、马越、王丹、王清、赵文婷、鲁榕榕、沈志强、吕香玉、宫俊杰、赵煜炜。

根茎类蔬菜加工预处理技术规范

1 范围

本文件规定了根茎类蔬菜的术语和定义,原辅料要求,预处理基本要求,过程操作规范,包装、标识和储存,记录和文件管理。

本文件适用于马铃薯、萝卜、山药、胡萝卜、莲藕、洋葱 6 类根茎类蔬菜加工预处理。

2 规范性引用文件

下列文件中的内容通过文中的规范性引用而构成本文件必不可少的条款。其中,注日期的引用文件,仅该日期对应的版本适用于本文件;不注日期的引用文件,其最新版本(包括所有的修改单)适用于本文件。

GB/T 191　包装储运图示标志

GB 2760　食品安全国家标准　食品添加剂使用标准

GB 2761　食品安全国家标准　食品中真菌毒素限量

GB 2762　食品安全国家标准　食品中污染物限量

GB 2763　食品安全国家标准　食品中农药最大残留限量

GB 4806.1　食品安全国家标准　食品接触材料及制品通用安全要求

GB 4806.9　食品安全国家标准　食品接触用金属材料及制品

GB 5749　生活饮用水卫生标准

GB/T 6543　运输包装用单瓦楞纸箱和双瓦楞纸箱

GB 9683　复合食品包装袋卫生标准

GB 14881　食品安全国家标准　食品生产通用卫生规范

GB 14930.1　食品安全国家标准　洗涤剂

GB 14930.2　食品安全国家标准　消毒剂

GB 31652　食品安全国家标准　即食鲜切果蔬加工卫生规范

GB/T 36783—2018　种植根茎类蔬菜的旱地土壤镉、铅、铬、汞、砷安全阈值

LS/T 3106　马铃薯

NY/T 493　胡萝卜

NY/T 1065　山药等级规格

NY/T 1071　洋葱

NY/T 1267　萝卜

NY/T 1529　鲜切蔬菜加工技术规范

NY/T 1583　莲藕

3 术语和定义

下列术语和定义适用于本文件。

3.1

根茎类蔬菜　**rootstalk vegetable**

由直根膨大而成为肉质根或地下变态器官(块茎、球茎、块根等)供食用蔬菜的总称。

[来源:GB/T 36783—2018,3.1]

3.2

加工预处理　**pretreatment**

蔬菜加工过程中原料整理、清洗、去皮、切分或不切分、减菌或不减菌、护色或不护色、漂烫或不漂烫、

去除表面水或不去除表面水等处理工序。

4 原辅料要求

4.1 原料

4.1.1 基本要求

原料感官要求应满足表1。马铃薯应符合 LS/T 3106 的规定,萝卜应符合 NY/T 1267 的规定,山药应符合 NY/T 1065 的规定,胡萝卜应符合 NY/T 493 的规定,莲藕应符合 NY/T 1583 的规定,洋葱应符合 NY/T 1071 的规定。

表 1 感官要求

项目	要求
外观	新鲜、干净,无明显机械损伤及病虫害
颜色	符合该品种固有颜色
质地	符合该品种固有质地,不萎蔫、无冻害、无腐烂
风味	符合该品种固有风味,无异味
杂质	无外来可见杂质

4.1.2 真菌毒素、污染物、农药最大残留限量及微生物限量

真菌毒素限量、污染物限量及农药最大残留限量应符合 GB 2761、GB 2762 和 GB 2763 的规定。微生物应符合相关标准和规定。

4.2 辅料

4.2.1 食品添加剂

应符合 GB 2760 的规定。

4.2.2 洗涤剂

应符合 GB 14930.1 的规定。

4.2.3 消毒剂

应符合 GB 14930.2 的规定。

4.3 生产用水

应符合 GB 5749 的规定。

5 预处理基本要求

5.1 操作人员

应遵守 GB 14881 的规定。

5.2 预处理场所

5.2.1 原料区和预处理作业区的环境要求应符合 GB 14881 的规定。

5.2.2 鲜切根茎类蔬菜加工卫生要求和温度要求应符合 GB 31652 和 NY/T 1529 的规定。

6 过程操作规范

6.1 原料整理

去除杂质、残次、根须、叶子等部位,莲藕在分节处切开以便于清洗。

6.2 清洗

在清洗槽中先进行浸泡或喷淋,然后通过鼓风式、毛刷式或振动喷淋式清洗机等设备清洗。清洗后,根茎类蔬菜表面应无泥土、杂质等附着物,莲藕空腔内无泥痕。

6.3 去皮

原料可采用机械、人工等方式去除表皮,必要时人工进行修整,剔除残留皮渣、芽眼等。使用的刀具应

保持锋利。

6.4 切分

采用人工或机械切分成片、块、条、丁、丝等形状,切分刀具应保持锋利。

6.5 减菌

物料减菌宜使用次氯酸钠、二氧化氯、电解水或臭氧水等。应定时监测水中消毒剂含量及 pH,确保在要求范围之内。

6.6 护色

去皮后用清水冲洗,采用护色剂进行护色。护色剂可使用抗坏血酸、柠檬酸等。

6.7 漂烫

切分后的物料在热水或常压蒸汽中进行漂烫处理,根据物料种类、形状、处理量及漂烫设备类型选择漂烫温度和时间。马铃薯、山药、胡萝卜和莲藕的漂烫温度宜为 80 ℃~100 ℃,萝卜漂烫温度不低于 50 ℃,洋葱漂烫温度不低于 60 ℃。漂烫后应迅速用冷水或冷风将物料冷却至室温。注意剔除破损或不合规格的物料,及时进入下段工序。

6.8 去除表面水

可选用离心机、振动筛或其他设备去除表面水。离心脱水宜采用 650 r/min 以上转速,依据产品类型、离心转速、处理量选择离心时间,确保表面无明显水珠、对蔬菜损伤小。

7 包装、标识和储存

7.1 包装

应按照生产规格要求装入包装容器中,避免机械损伤。与物料直接接触的包装材料应符合 GB 4806.1、GB 4806.9 和 GB 9683 的规定,外包装瓦楞纸箱应符合 GB/T 6543 的规定。

7.2 标识

周转箱、包装袋等加贴标签标识,应注明品名、重量、批次等信息。包装储运图示标志应符合 GB/T 191 的规定。

7.3 储存

预处理产品如需短期储存,包装完成后,应及时移入冷藏库或冷藏车(0 ℃~5 ℃)。储存区域内应保持清洁、卫生、无异味,遵循先入先出的原则。

8 记录和文件管理

应符合 GB 14881 的规定。

ICS 67.080.20
CCS X 26

中华人民共和国农业行业标准

NY/T 4336—2023

脱水双孢蘑菇产品分级与检验规程

Code of practice for grading and inspecting of dehydrated *Agaricus bisporus*

2023-04-11 发布

2023-08-01 实施

中华人民共和国农业农村部 发布

NY/T 4336—2023

前　言

本文件按照 GB/T 1.1—2020《标准化工作导则　第 1 部分：标准化文件的结构和起草规则》的规定起草。

请注意本文件的某些内容可能涉及专利。本文件的发布机构不承担识别专利的责任。

本文件由农业农村部农产品质量安全监管司提出。

本文件由农业农村部农产品加工标准化技术委员会归口。

本文件起草单位：江苏省农业科学院、兴化市联富食品有限公司、南京财经大学、河南大学。

本文件主要起草人：江宁、刘春菊、刘春泉、李大婧、杨文建、刘庆峥、宋展、康文艺、李昌勤。

脱水双孢蘑菇产品分级与检验规程

1 范围

本文件规定了脱水双孢蘑菇的术语和定义、产品等级、包装、标识、抽样、检验方法、检验规则。

本文件适用于片状和粉状脱水双孢蘑菇产品的分级与检验。

2 规范性引用文件

下列文件中的内容通过文中的规范性引用而构成本文件必不可少的条款。其中,注日期的引用文件,仅该日期对应的版本适用于本文件;不注日期的引用文件,其最新版本(包括所有的修改单)适用于本文件。

GB/T 191 包装储运图示标志

GB 4806.7 食品安全国家标准 食品接触用塑料材料及制品

GB 5009.5 食品安全国家标准 食品中蛋白质的测定

GB/T 6543 运输包装用单瓦楞纸箱和双瓦楞纸箱

GB 7096 食品安全国家标准 食用菌及其制品

GB 7718 食品安全国家标准 预包装食品标签通则

GB 28050 食品安全国家标准 预包装食品营养标签通则

JJF 1070 定量包装商品净含量计量检验规则

3 术语和定义

下列术语和定义适用于本文件。

3.1

完整菇片 whole mushroom slice

脱水加工后形态完整的菇片。

3.2

破损菇片 damaged mushroom slice

脱水加工过程中碎裂或部分缺失的菇片。

3.3

碎片 fragment

来自破损菇片的菇碎。

3.4

杂质 extraneous matters

产品中含有肉眼可见非正常组分的外来混入物。

4 产品等级

4.1 基本要求

脱水双孢蘑菇产品应符合 GB 7096 的规定。

4.2 等级

4.2.1 等级划分

在符合基本要求的前提下,脱水双孢蘑菇产品分为特级、一级和二级,各等级应符合表 1 的要求。

表 1 脱水双孢蘑菇产品等级要求

项目		等级标准		
		特级	一级	二级
色泽		白色或灰白色	深灰白	灰褐色
形态	片状干制品	要求片形完整,片厚均匀,基本无破损菇片	要求片形较完整,片厚较均匀,破损菇片较少	要求片形基本完整,允许有一定量碎片
	粉状干制品	要求粉体细腻,粒度均匀,不黏结	要求粉体细腻,粒度较均匀,不黏结	要求粉体粒度基本均匀,不黏结
气味		具有蘑菇应有的香气,无异味	具有蘑菇应有的香气,无异味	无异味
完整率		≥95%	≥90%	≥85%
杂质		不得检出	不得检出	不得检出
蛋白质		≥30%	≥16%	≥10%

4.2.2 等级容许度

按质量计:

a) 特级允许有 5%不符合该等级的要求,但应符合一级的要求;

b) 一级允许有 7%不符合该等级的要求,但应符合二级的要求;

c) 二级允许有 9%不符合该等级的要求,但应符合 4.1 基本要求。

5 包装

5.1 包装材料

包装材料应符合相关食品安全国家标准的规定。内包装材料按 GB 4806.7 的规定执行,外包装材料按 GB/T 6543 的规定执行。

5.2 包装要求

同一包装内的脱水双孢蘑菇产品规格等级应一致,包装时不应对脱水双孢蘑菇产品造成损伤。包装要牢固、防潮、整洁、无异味,便于装卸、仓储和运输。

5.3 净含量

参考国家市场监督管理总局令 2023 年第 70 号的规定执行。

6 标识

6.1 基本要求

标识应符合相关标准和规定。

6.2 内包装标识

应包括产品名称、规格等级、净含量、生产日期和产品生产许可证编号。

6.3 外包装标识

应包括产品名称、规格等级、净含量、生产日期、保质期、储存条件、质量等级及产品生产许可证编号,并符合 GB/T 191 的规定。

7 抽样

7.1 抽样批次

以同一投料、同一班次、同等级的产品为一个检验批次。按检验批次在堆垛各部位按规定随机抽取规定数量的样件。

7.2 抽样数量

每次随机抽取样品 2 000 g,其中 500 g 作为检样。型式检验应从接收检验合格的产品中抽取。对于预包装产品,每件小于 500 g 的,每箱取样数量不少于 1 000 g;每件大于 500 g 的,每箱取 2 件。

7.3 抽样方法

逐一开件(箱),用不锈钢手铲或乳胶手套在件(箱)内随机抽取样品。在整批货物中,包装产品以同类货物的小包装袋(盒、箱等)为基数,散装产品以同类货物的质量(kg)或件数为基数,按下列基数进行随机取样:

整批货物 50 件以下,抽样基数为 2 件;

整批货物 50 件～100 件,抽样基数为 4 件;

整批货物 101 件～200 件,抽样基数为 5 件;

整批货物 201 件及以上,以 6 件为最低限度,每增加 50 件加 1 件;

小包装质量不足检验所需质量时,适当加大抽样量。在抽样过程中,应注意观察产品的色泽、气味、形态、杂质等。

8 检验方法

8.1 检验流程

检验流程见图 1。

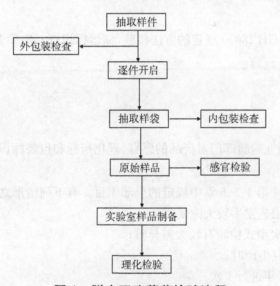

图 1 脱水双孢蘑菇检验流程

8.2 感官检验

8.2.1 环境

检验室内应清洁干燥、保持明亮,避免直射阳光,无异味,温度应控制在 15 ℃～25 ℃。

8.2.2 色泽、形态

称取样品不少于 200 g 置于白瓷盘内,在自然光下采用目测法观察其色泽、形态。

8.2.3 气味

打开样品容器或包装,采用嗅闻的方法检验。

8.2.4 完整率

将四分法缩分后的样品在感量 0.01 g 天平上称量不少于 200 g,置于白色搪瓷盘中,检出其中完整菇片、破损菇片和碎片,作详细记录,按公式(1)计算百分率。

$$X = \frac{m_a}{m_s} \times 100 \quad \cdots\cdots\cdots\cdots\cdots\cdots\cdots\cdots\cdots\cdots\cdots\cdots\cdots\cdots\cdots \quad (1)$$

式中:

X ——完整率的数值,单位为百分号(%);

m_a ——试样完整菇片质量的数值,单位为克(g);

m_s ——试样质量的数值,单位为克(g)。

8.3 理化检验

8.3.1 样品准备

将理化抽检样品全部倒在洁净的混样塑料布上,经充分混合,用四分法进行缩分,分取平均样品,样品数量应不少于 2 000 g。

8.3.2 蛋白质测定

按 GB 5009.5 规定的方法测定。

8.4 包装标识检验

8.4.1 外包装

检验包装使用性能,即检查外包装是否坚固、完整,是否清洁卫生,有无污染、破损、潮湿、发霉现象,封口是否牢固,适用于长途运输。

8.4.2 内包装

检验内包装有无破损、污染。

8.4.3 净含量检验

按 JJF 1070 规定的方法测定。

8.4.4 标识

包装标识按 GB 7718 和 GB 28050 规定的方法核验,储运标识按 GB/T 191 规定的方法核验。

9 检验规则

9.1 检验分类

9.1.1 出厂检验

每批产品出厂时,应由企业检验部门对产品的感官、理化指标和包装标识等进行检验。

9.1.2 型式检验

型式检验的项目为本文件第 4、5、6 章中规定的全部项目。有下列情形之一时,应进行型式检验:

a) 当原料、配料、生产工艺发生较大改变时;

b) 出厂检验结果与上次型式检验有较大差异时;

c) 停产半年以上又恢复生产时;

d) 正常生产情况下,每年进行 1 次;

e) 国家食品安全监督部门提出要求时。

9.2 判定规则

9.2.1 抽检样品的检测值符合表 1 中的检测指标,则判定为相应的级别。

9.2.2 其中任何一项及以上检测值达不到表 1 该等级质量要求的,逐级降至符合的等级。

9.2.3 达不到二级检测指标要求的产品为等外品。

参 考 文 献

[1] 国家市场监督管理总局令 2023 年第 70 号　定量包装商品计量监督管理办法

ICS 67.080.01
CCS X 50

中华人民共和国农业行业标准

NY/T 4337—2023

果蔬汁(浆)及其饮料超
高压加工技术规范

Technical specification for high pressure processing of fruit &
vegetable juice, puree and beverage

2023-04-11 发布　　　　　　　　　　　　　　2023-08-01 实施

中华人民共和国农业农村部　发布

前　言

本文件按照 GB/T 1.1—2020《标准化工作导则　第 1 部分：标准化文件的结构和起草规则》的规定起草。

请注意本文件的某些内容可能涉及专利。本文件的发布机构不承担识别专利的责任。

本文件由农业农村部乡村产业发展司提出。

本文件由农业农村部农产品加工标准化技术委员会归口。

本文件起草单位：中国农业大学、田野创新股份有限公司、山东唯可鲜食品科技有限公司、广西果天下食品科技有限公司、山西力德福科技有限公司、熙可食品科技（上海）有限公司、安徽中时生物科技有限公司、宜昌海通食品有限公司、华中农业大学、中国农业科学院农业质量标准与检测技术研究所。

本文件主要起草人：王永涛、徐贞贞、廖小军、单丹、肖志剑、曲昆生、李仁杰、杜凤麟、朱演铭、米璐、国维华、刘凤霞、唐征、欧阳思培、张彩珍、莫艳秋、张亚男、王央苗。

果蔬汁（浆）及其饮料超高压加工技术规范

1 范围

本文件规定了果蔬汁（浆）及其饮料超高压加工相关的术语和定义、加工要求、标识、运输与储存。

本文件适用于果蔬汁（浆）及其饮料的超高压加工。

2 规范性引用文件

下列文件中的内容通过文中的规范性引用而构成本文件必不可少的条款。其中，注日期的引用文件，仅该日期对应的版本适用于本文件；不注日期的引用文件，其最新版本（包括所有的修改单）适用于本文件。

GB 4806.1　食品安全国家标准　食品接触材料及制品通用安全要求

GB 4806.7　食品安全国家标准　食品接触用塑料材料及制品

GB 5749　生活饮用水卫生标准

GB/T 10468　水果和蔬菜产品 pH 值的测定方法

GB 12695　食品安全国家标准　饮料生产卫生规范

GB 14881　食品安全国家标准　食品生产通用卫生规范

GB/T 24616　冷藏、冷冻食品物流包装、标志、运输和储存

GB/T 31121　果蔬汁类及其饮料

GB/T 41645　超高压食品质量控制通用技术规范

NY/T 3907　非浓缩还原果蔬汁用原料

3 术语和定义

GB/T 31121、GB/T 41645 和 NY/T 3907 界定的以及下列术语和定义适用于本文件。

3.1

超高压加工　high pressure processing；HPP

将食品置于不小于 100 MPa 压强条件下进行加工的处理过程。

［来源：GB 41645—2022，3.1］

3.2

加工单循环　one cycle of high pressure processing

经升压、保压和卸压处理的一次完整超高压加工过程。

3.3

待加工产品　products prepared for high pressure processing

已完成预包装并进入超高压待加工区的产品。

3.4

酸性产品　acid products

pH 不大于 4.6 的果蔬汁（浆）及其饮料产品。

3.5

低酸性产品　low-acid products

pH 大于 4.6 的果蔬汁（浆）及其饮料产品。

3.6

终端型产品　products to customers

已预先定量包装并完成超高压加工,可进入市场销售供消费者饮用的果蔬汁(浆)及其饮料产品。

3.7

原料型产品 products as raw material

已预先定量包装并完成超高压加工,作为原料交付给食品企业用于生产的果蔬汁(浆)及其饮料产品。

4 加工要求

4.1 基本要求

4.1.1 工厂设计和生产过程应符合 GB 14881 和 GB 12695 的相关规定。

4.1.2 超高压安装场地及设备应符合 GB/T 41645 的相关规定。

4.1.3 超高压加工车间内应设计与生产规模相适应的面积和空间作为待加工区、超高压设备区和产品暂存区,并应防止交叉、混淆和污染。

4.1.4 待加工区、超高压设备区和产品暂存区的环境温度宜不高于 15 ℃,且保持相对稳定。

4.1.5 传压介质水应符合 GB 5749 和 GB/T 41645 的相关规定。

4.1.6 包装材料应符合 GB 4806.1、GB 4806.7 和 GB/T 41645 的相关规定。

4.1.7 应对生产过程实施控制,过程控制记录应符合 GB/T 41645 的相关规定。

4.2 待加工产品要求

4.2.1 加工前应进行 pH 检测,按 GB/T 10468 的规定执行。

4.2.2 加工前中心温度应不高于 10 ℃。

4.2.3 在待加工区存放时间应不超过 1 h。

4.2.4 在超高压设备高压舱内应紧凑码放。

4.3 加工参数要求

4.3.1 应根据产品 pH 和用途优化加工参数。

4.3.2 传压介质水进高压舱前温度应不高于 10 ℃。

4.3.3 处理压力宜为 500 MPa～600 MPa,保压过程中压力应保持平稳且始终不低于设定值。

4.3.4 升压和卸压过程应在最短时间内完成,升压时间应小于 4 min。

4.3.5 加工单循环时长应不大于 8 min。

4.4 加工后产品要求

4.4.1 应尽快去除包装外残留水,在产品暂存区存放时间应不超过 0.5 h。

4.4.2 酸性产品应在 2 h 内完成冷却,低酸性产品应在 1 h 内完成冷却;冷却后的产品可进一步冷冻处理。

4.4.3 冷藏产品中心温度应为 0 ℃～6 ℃,冷冻产品中心温度应不高于−18 ℃。

5 标识、运输与储存

5.1 原料型产品的外包装应标识产品名称、生产日期、保质期、储运条件、批次及重量,并注明"加工用原料"字样。

5.2 生产加工过程符合本文件规定的产品可标识"超高压××汁""超高压××浆""超高压××饮料",也可标识"HPP××汁""HPP××浆""HPP××饮料"。

5.3 终端型和原料型产品的运输储存均应符合 GB/T 24616 和相关食品安全国家标准的规定。

ICS 67.060
CCS B 04

中华人民共和国农业行业标准

NY/T 4350—2023

大米中2-乙酰基-1-吡咯啉的测定
气相色谱-串联质谱法

Determination of 2-acetyl-1-pyrroline in rice by gas chromatography-
tandem mass spectrometry

2023-04-11 发布   2023-08-01 实施

中华人民共和国农业农村部 发布

前　言

本文件按照 GB/T 1.1—2020《标准化工作导则　第 1 部分:标准化文件的结构和起草规则》的规定起草。

请注意本文件的某些内容可能涉及专利。本文件的发布机构不承担识别专利的责任。

本文件由农业农村部农产品质量安全监管司提出。

本文件由农业农村部农产品营养标准专家委员会归口。

本文件起草单位:广东省农业科学院农业质量标准与监测技术研究所、广东农科监测科技有限公司、广州广电计量检测股份有限公司。

本文件主要起草人:王旭、耿安静、高毓文、刘帅、陈光、唐雪妹、蓝梦哲、黄穗华、杨秀丽。

大米中 2-乙酰基-1-吡咯啉的测定　气相色谱-串联质谱法

1　范围

本文件规定了大米中 2-乙酰基-1-吡咯啉的气相色谱-串联质谱测定方法。

本文件适用于大米中 2-乙酰基-1-吡咯啉的测定。

2　规范性引用文件

本文件没有规范性引用文件。

3　术语和定义

本文件没有需要界定的术语和定义。

4　原理

试样经粉碎、无水乙醇超声提取后,经气相色谱-串联质谱仪检测;以保留时间及特征离子的相对丰度定性,外标法定量。

5　试剂和材料

5.1　试剂

无水乙醇(C_2H_6O,CAS 号:64-17-5):色谱纯。

5.2　标准品

2-乙酰基-1-吡咯啉(缩写 2-AP)(C_6H_9NO,CAS 号:85213-22-5):纯度≥95.0%。

5.3　标准溶液配制

5.3.1　2-AP 标准储备溶液(1 000 mg/L):准确称取 2-AP 标准品(5.2)10.0 mg(精确至 0.1 mg)于 10 mL 容量瓶中,立即用无水乙醇(5.1)定容至刻度,放置于−80 ℃冰箱,有效期 6 个月。

5.3.2　2-AP 标准工作溶液(10.0 mg/L):取 2-AP 标准储备溶液(5.3.1)0.5 mL 于 50 mL 容量瓶中,用无水乙醇(5.1)定容,放置于−20 ℃冰箱,有效期 3 个月。

5.3.3　2-AP 基质标准曲线的配制:准确吸取 2-AP 标准工作溶液(5.3.2)0.05 mL、0.25 mL、0.50 mL、0.75 mL、1.00 mL、1.25 mL 于 10 mL 的容量瓶中,加空白基质溶液定容至刻度,配得浓度分别为 0.05 mg/L、0.25 mg/L、0.50 mg/L、0.75 mg/L、1.00 mg/L、1.25 mg/L 的系列标准溶液,现用现配。标准工作溶液的浓度亦可根据实际情况自行调整。

5.4　材料

微孔滤膜(有机相):直径 13 mm、孔径 0.22 μm。

6　仪器和设备

6.1　气相色谱-串联质谱联用仪:配有电子轰击源(EI)。

6.2　分析天平:感量 0.000 1 g 和 0.01 g。

6.3　高速冷冻离心机。

6.4　超声波发生器。

6.5　涡旋振荡器。

6.6　粉碎机。

6.7　标准网筛:0.25 mm。

7 试样制备

取大米样品 250 g,粉碎过标准网筛(6.7)后于样品瓶中,宜用封口膜封口后,4 ℃条件下保存。

8 分析步骤

8.1 样品前处理

称取 1 g 试样(精确至 0.01 g)于 10 mL 离心管中,加入无水乙醇(5.1)1.5 mL,立即拧紧离心管螺帽,涡旋混匀,于 68 ℃水浴超声 2 h 后,10 000 r/min、4 ℃离心 10 min,取上清液,过微孔滤膜(5.4),上机测定。

8.2 测定

8.2.1 仪器参考条件

8.2.1.1 气相色谱参考条件

a) 色谱柱:固定相为 5%苯基-95%二甲基聚硅氧烷石英毛细管柱,30 m×0.25 mm×0.25 μm,或性能相当者;

b) 色谱柱温度:初温 45 ℃保持 1 min,以 8 ℃/min 升温至 100 ℃,再以 50 ℃/min 升温至 250 ℃,保持 1 min;

c) 载气:氦气,纯度≥99.999%,流速 1.2 mL/min;

d) 进样口温度:250 ℃;

e) 进样量:1 μL;

f) 进样方式:不分流进样。

8.2.1.2 质谱参考条件

a) 电子轰击源:70 eV;

b) 离子源温度:250 ℃;

c) 接口温度:250 ℃;

d) 溶剂延迟:5.5 min;

e) 采集方式:多反应监测(MRM);

f) 检测方式:MRM,多反应监测条件见表 1。

表 1 2-AP 的参考质谱条件

化合物	保留时间,min	定量离子对,m/z	定性离子对,m/z	碰撞电压 CE,V
2-AP	6.094	111.0/83.1	111.0/83.1	6
			111.0/69.0	6

8.2.2 标准工作曲线绘制

将系列基质标准液(5.3.3)分别注入气相色谱-串联质谱仪中,以 2-AP 的定量离子的峰面积为纵坐标,以对应的系列基质标准溶液浓度为横坐标,绘制标准工作曲线。

8.2.3 定性分析

在相同实验条件下进行样品测定时,如果检出的色谱峰的保留时间与标准样品相一致,并且在扣除背景后的样品质谱图中,2-AP 的质谱定量和定性离子均出现,而且同一检测批次,样品中 2-AP 的定性离子和定量离子的相对丰度比与质量浓度相当的基质标准溶液相比较,其允许偏差不超过表 2 规定的范围,则可判断样品中存在 2-AP。

表 2 定向测定时相对离子丰度的最大允许偏差

相对离子丰度,%	>50	>20～50	>10～20	≤10
允许的相对偏差,%	±20	±25	±30	±50

8.2.4 定量分析

采用外标法定量,将试样待测液注入气相色谱-质谱联用仪中,得到相应的 2-AP 的峰面积,根据标准曲线得到待测液中 2-AP 的浓度。试样待测液中的被测物的响应值均应在仪器测定的线性范围内,若试样待测液的质量浓度超过曲线上限浓度,使用空白基质提取溶液稀释后测定。上述条件下,2-AP 的多反应监测(MRM)色谱图和定性离子质谱图见附录 A。

8.3 空白试验

采用空白基质,按照 8.1~8.2 的规定的操作。

9 结果计算

试样中 2-AP 的含量以质量分数 ω 计,按公式(1)计算。

$$\omega = \frac{(\rho - \rho_0) \times V \times f}{m} \qquad \cdots\cdots\cdots\cdots\cdots\cdots\cdots\cdots\cdots\cdots\cdots\cdots\cdots \quad (1)$$

式中:

ω ——试样中 2-AP 质量分数的数值,单位为毫克每千克(mg/kg);

ρ ——基质标准工作溶液中被测物的质量浓度的数值,单位为毫克每升(mg/L);

ρ_0 ——通过标准工作曲线计算得空白基质的浓度的数值,单位为毫克每升(mg/L);

V ——试验溶液的提取体积的数值,单位为毫升(mL);

f ——试样稀释倍数;

m ——试样质量的数值,单位为克(g)。

计算结果用重复性条件下获得的 2 次独立测定结果的算术平均值表示。

10 精密度和灵敏度

10.1 精密度

在重复性条件下获得的 2 次独立测试结果的绝对差值不得超过算术平均值的 15%。

10.2 灵敏度

方法检出限为 0.025 mg/kg,方法定量限为 0.075 mg/kg。

附　录　A

（资料性）

2-AP 的多反应监测（MRM）色谱图和定性离子质谱图

2-AP 多反应监测（MRM）色谱图和定性离子质谱图分别见图 A.1 和图 A.2。

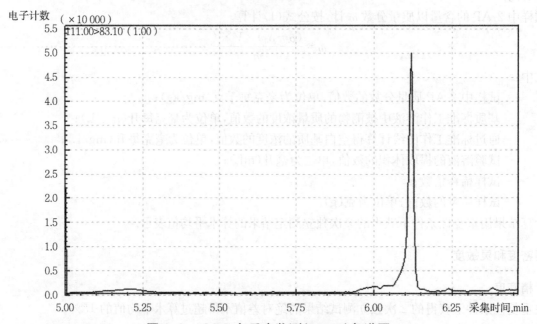

图 A.1　2-AP 多反应监测（MRM）色谱图

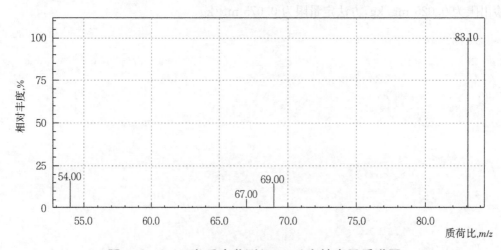

图 A.2　2-AP 多反应监测（MRM）定性离子质谱图

ICS 65.020.01
CCS B 04

中华人民共和国农业行业标准

NY/T 4351—2023

大蒜及其制品中水溶性有机硫化合物
的测定　液相色谱-串联质谱法

Determination of water-soluble organosulfur compounds in garlic and its
products by liquid chromatography-tandem mass spectrometry

2023-04-11 发布

2023-08-01 实施

中华人民共和国农业农村部 发布

前　言

本文件按照 GB/T 1.1—2020《标准化工作导则　第 1 部分:标准化文件的结构和起草规则》的规定起草。

请注意本文件的某些内容可能涉及专利。本文件的发布机构不承担识别专利的责任。

本文件由农业农村部农产品质量安全监管司提出。

本文件由农业农村部农产品营养标准专家委员会归口。

本文件起草单位:中国农业科学院农业质量标准与检测技术研究所、山东省农业科学院农业质量标准与检测技术研究所、江苏徐淮地区徐州农业科学研究所、全国蔬菜感官与营养品质研发中心、山东寿光检测集团有限公司、山东寿光蔬菜种子检测有限公司、江苏福多美生物科技有限公司。

本文件主要起草人:翁瑞、钱永忠、刘平香、杨峰、樊继德、王仁杰、孙明、吴文广、程琳、张黎明、张燕、魏美甜。

大蒜及其制品中水溶性有机硫化合物的测定
液相色谱-串联质谱法

1 范围

本文件规定了大蒜及其制品中水溶性有机硫化合物含量的液相色谱-串联质谱测定方法。

本文件适用于大蒜、蒜片及蒜粉中蒜氨酸、甲基蒜氨酸、γ-L-谷氨酰-S-甲基-L-半胱氨酸（GSMC）、γ-谷氨酰-S-烯丙基半胱氨酸（GSAC）、S-甲基-L-半胱氨酸（SMC）、S-烯丙基-L-半胱氨酸（SAC）、S-(反-1-丙烯基)-L-半胱氨酸（SPC）含量的测定。

2 规范性引用文件

下列文件中的内容通过文中的规范性引用而构成本文件必不可少的条款。其中，注日期的引用文件，仅该日期对应的版本适用于本文件；不注日期的引用文件，其最新版本（包括所有的修改单）适用于本文件。

GB/T 6682 分析实验室用水规格和试验方法

3 术语和定义

本文件没有需要界定的术语和定义。

4 原理

大蒜及其制品中的水溶性有机硫化合物经0.1%甲酸水溶液提取，液相色谱-串联质谱法测定，外标法定量。

5 试剂和材料

5.1 除非另有说明，所用试剂均为分析纯，水为GB/T 6682规定的一级水。

5.2 乙腈（CH_3CH）：色谱纯。

5.3 甲醇（CH_3OH）：色谱纯。

5.4 甲酸（HCOOH）：色谱纯。

5.5 0.1%甲酸水溶液：准确移取1 mL甲酸（5.4）至1 000 mL容量瓶中，用水定容至刻度。

5.6 0.1%甲酸乙腈溶液：准确移取1 mL甲酸（5.4）至1 000 mL容量瓶中，用乙腈（5.2）定容至刻度。

5.7 标准物质

5.7.1 蒜氨酸（Alliin，$C_6H_{11}NO_3S$，CAS号：556-27-4），纯度≥98%或经国家认证并授予标准物质证书的标准物质。

5.7.2 甲基蒜氨酸（Methiin，$C_4H_9NO_3S$，CAS号：32726-14-0），纯度≥98%或经国家认证并授予标准物质证书的标准物质。

5.7.3 γ-L-谷氨酰-S-甲基-L-半胱氨酸（γ-Glutamyl-S-methylcysteine，GSMC，$C_9H_{16}N_2O_5S$，CAS号：19046-22-1），纯度≥98%或经国家认证并授予标准物质证书的标准物质。

5.7.4 γ-谷氨酰-S-烯丙基半胱氨酸（γ-Glutamyl-S-allylcysteine，GSAC，$C_{11}H_{18}N_2O_5S$，CAS号：91216-95-4），纯度≥98%或经国家认证并授予标准物质证书的标准物质。

5.7.5 S-甲基-L-半胱氨酸（S-Methyl-L-cysteine，SMC，$C_4H_9NO_2S$，CAS号：1187-84-4），纯度≥98%或经国家认证并授予标准物质证书的标准物质。

5.7.6 S-烯丙基-L-半胱氨酸（S-Allyl-L-cysteine，SAC，$C_6H_{11}NO_2S$，CAS号：21593-77-1），纯度≥98%或

经国家认证并授予标准物质证书的标准物质。

5.7.7 S-(反-1-丙烯基)-L-半胱氨酸(S-trans-1-Propenyl-L-cysteine,SPC,$C_6H_{11}NO_2S$,CAS 号:52438-09-2),纯度≥98%或经国家认证并授予标准物质证书的标准物质。

5.8 标准储备溶液:分别称取 5 mg(精确至 0.01 mg)水溶性有机硫化合物标准物质(5.7)于 5 mL 容量瓶,用甲醇(5.3)溶解并定容至刻度,配制成浓度为 1 g/L 的标准储备溶液。

5.9 标准工作溶液:移取适量标准储备液(5.8),用 0.1%甲酸水溶液(5.5)稀释成浓度为 20 μg/L、50 μg/L、100 μg/L、200 μg/L、500 μg/L、1 000 μg/L 的混合标准工作溶液,现用现配。

5.10 微孔滤膜:0.22 μm 水相滤膜。

6 仪器设备

6.1 液相色谱-串联质谱仪:配有电喷雾离子源。

6.2 真空冷冻干燥机。

6.3 试验筛:孔径 0.18 mm。

6.4 研磨仪。

6.5 分析天平:感量 0.01 g、0.001 g、0.000 1 g 和 0.01 mg。

6.6 超声波仪。

6.7 离心机:转速不低于 10 000 r/min。

7 分析步骤

7.1 试样的制备

7.1.1 鲜蒜:取无损伤的大蒜可食部分,混匀缩分至约 50 g(精确至 0.001 g),在−70 ℃条件下真空冷冻干燥。称取冻干后试样的质量(精确至 0.001 g)后,用研磨仪将其粉碎,过 0.18 mm 试验筛,−20 ℃下保存待测。

7.1.2 蒜片:用研磨仪粉碎,过 0.18 mm 试验筛,−20 ℃下保存待测。

7.1.3 蒜粉:过 0.18 mm 试验筛,−20 ℃下保存待测。

7.2 试样的提取

称取 0.1 g(精确至 0.000 1 g)试样于 50 mL 塑料离心管中,加入 20 mL 0.1%甲酸水溶液(5.5),涡旋 1 min 后,在室温下超声提取 10 min,10 000 r/min 离心 5 min,取上清液经 0.22 μm 微孔滤膜(5.10)过滤至样品瓶中,进行液相色谱-串联质谱仪(6.1)测定。根据试样中水溶性有机硫化合物含量和液相色谱-串联质谱仪(6.1)灵敏度,必要时可使用 0.1%甲酸水溶液(5.5)适当稀释后进行测定。

7.3 测定

7.3.1 液相色谱参考条件

a) 色谱柱:C_{18}色谱柱,2.1 mm×150 mm,粒径 3.5 μm,或性能相当者;

b) 流动相:A 相为 0.1%甲酸水溶液(5.5),B 相为 0.1%甲酸乙腈溶液(5.6);

c) 流速:0.25 mL/min;

d) 进样量:5 μL;

e) 柱温:40 ℃;

f) 流动相梯度洗脱程序见表 1。

表 1 流动相梯度洗脱程序

时间,min	流动相 A,%	流动相 B,%
0	98	2
2	98	2

表 1（续）

时间,min	流动相 A,%	流动相 B,%
5	50	50
6	0	100
10	0	100
10.1	98	2
15	98	2

7.3.2 质谱参考条件

a) 电离源：电喷雾离子源；

b) 电离源极性：正离子模式；

c) 质谱扫描方式：多离子反应监测（MRM）；

d) 电喷雾电压：3.6 kV；

e) 雾化温度：320 ℃；

f) 离子传输管温度：325 ℃；

g) 水溶性有机硫化合物的质谱分析参考参数见表 2。

表 2　水溶性有机硫化合物的质谱分析参考参数

化合物	保留时间,min	定量离子对,m/z	定性离子对,m/z	聚焦透镜电压,V	碰撞能量,eV
甲基蒜氨酸	1.39	152.0→88.0	152.0→42.5	58	10/17
SMC	1.52	136.0→119.0	136.0→73.3	48	10/13
蒜氨酸	1.60	178.1→88.1	178.1→74.3	65	10/20
GSMC	2.03	265.1→119.0	265.1→77.1	60	23/65
SAC	2.28	162.1→145.0	162.1→73.0	60	10/10
SPC	2.92	162.1→145.1	162.1→115.9	60	10/16
GSAC	7.41	291.1→145.0	291.1→73.0	60	21/35

7.3.3 定性测定

通过试样中各组分的保留时间和特征离子与相应标准物质的保留时间和特征离子对照进行定性。在相同测试条件下，目标化合物在试样中的保留时间与标准物质的保留时间偏差不超过±2.5%，且相对离子丰度与标准物质的离子丰度偏差不超过表 3 的规定范围，可判定试样中存在目标化合物。

表 3　定性测定中相对离子丰度的最大允许偏差

相对离子丰度,%	>50	>20~50	>10~20	≤10
允许相对偏差,%	±20	±25	±30	±50

7.3.4 定量测定

将试样溶液和标准工作溶液在相同的液相色谱-串联质谱条件下进行测定，以标准工作溶液浓度为横坐标，以水溶性有机硫化合物定量离子峰面积为纵坐标作单点或多点校准。试样溶液中水溶性有机硫化合物的响应值应在仪器测定的线性范围内。水溶性有机硫化合物的 MRM 色谱图见附录 A 的图 A.1。

8　结果计算

8.1　鲜蒜

试样中某种水溶性有机硫化合物含量按公式（1）计算。

$$\omega_i = \frac{\rho_i \times V \times F \times m_2}{1000 \times m_1 \times m_3} \quad\cdots\cdots\cdots\cdots\cdots\cdots\cdots\cdots\cdots\cdots\cdots\cdots\cdots\cdots\cdots\cdots\cdots\cdots\cdots\cdots\cdots\cdots\cdots\cdots \text{（1）}$$

式中：

ω_i——试样中水溶性有机硫化合物含量的数值，单位为毫克每千克（mg/kg）；

ρ_i ——从标准工作曲线得到的试样溶液中各目标物质量浓度的数值,单位为微克每升($\mu g/L$);

V ——提取溶剂体积的数值,单位为毫升(mL);

F ——稀释倍数;

m_1 ——鲜蒜质量的数值,单位为克(g);

m_2 ——鲜蒜冻干后质量的数值,单位为克(g);

m_3 ——试样称样质量的数值,单位为克(g)。

计算结果以重复性条件下获得的2次独立测定结果的算术平均值表示,结果保留3位有效数字。

8.2 蒜片和蒜粉

试样中某种水溶性有机硫化合物含量按公式(2)计算。

$$\omega_i = \frac{\rho_i \times V \times F}{1000 \times m} \qquad\qquad (2)$$

式中:

ω_i ——试样中水溶性有机硫化合物含量的数值,单位为毫克每千克(mg/kg);

ρ_i ——从标准工作曲线得到的试样溶液中各目标物质量浓度的数值,单位为微克每升($\mu g/L$);

V ——提取溶剂体积的数值,单位为毫升(mL);

F ——稀释倍数;

m ——试样称样质量的数值,单位为克(g)。

计算结果以重复性条件下获得的2次独立测定结果的算术平均值表示,结果保留3位有效数字。

9 精密度

在重复性条件下获得的2次独立测试结果的绝对差值不得超过算术平均值的10%,在再现性条件下获得的2次独立测试结果的绝对差值不得超过算术平均值的15%。

10 其他

本方法测定 GSAC 和 SMC 的检出限为 0.1 mg/kg(以干重计),定量限为 0.2 mg/kg(以干重计);SAC 的检出限为 0.2 mg/kg(以干重计),定量限为 0.4 mg/kg(以干重计);蒜氨酸、甲基蒜氨酸和 SPC 的检出限为 0.4 mg/kg(以干重计),定量限为 1.0 mg/kg(以干重计);GSMC 的检出限为 1.0 mg/kg(以干重计),定量限为 2.0 mg/kg(以干重计)。

附　录　A

（资料性）

水溶性有机硫化合物标准溶液的 MRM 色谱图

水溶性有机硫化合物标准溶液的 MRM 色谱图见图 A.1。

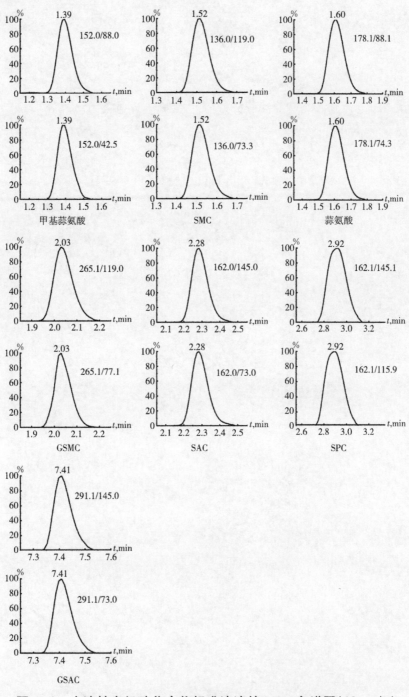

图 A.1　水溶性有机硫化合物标准溶液的 MRM 色谱图（10 μg/L）

ICS 67.080.10
CCS B 31

中华人民共和国农业行业标准

NY/T 4352—2023

浆果类水果中花青苷的测定
高效液相色谱法

Determination of athocyanins in berry fruits by high performance liquid
chromatography

2023-04-11 发布　　　　　　　　　　　　2023-08-01 实施

中华人民共和国农业农村部 发布

前　言

本文件按照 GB/T 1.1—2020《标准化工作导则　第 1 部分：标准化文件的结构和起草规则》的规定起草。

请注意本文件的某些内容可能涉及专利。本文件的发布机构不承担识别专利的责任。

本文件由农业农村部农产品质量安全监管司提出。

本文件由农业农村部农产品营养标准专家委员会归口。

本文件起草单位：青岛农业大学、农业农村部果品质量安全风险评估实验室（青岛）、青岛市农产品质量安全中心、江苏徐淮地区徐州农业科学研究所、山东农业工程学院、青岛市现代农业质量与安全工程重点实验室。

本文件主要起草人：聂继云、万浩亮、韩令喜、张佳、姜鹏、贾东杰、孟杰、原永兵、秦旭、刘晓丽、付红蕾、魏亦山。

浆果类水果中花青苷的测定 高效液相色谱法

1 范围

本文件规定了浆果类水果中花青苷测定的高效液相色谱法。

本文件适用于浆果类水果中 16 种花青苷(附录 A)的测定。

本文件测定的 16 种花青苷中,矮牵牛素-3-O-葡萄糖苷和芍药素-3-O-葡萄糖苷的线性范围为 0.5 mg/L～50 mg/L,其余 14 种花青苷的线性范围为 0.5 mg/L～100 mg/L;以试样称样量为 1 g、定容体积为 50 mL 计,16 种花青苷的检出限和定量限详见附录 A。

2 规范性引用文件

下列文件中的内容通过文中的规范性引用而构成本文件必不可少的条款。其中,注日期的引用文件,仅该日期对应的版本适用于本文件;不注日期的引用文件,其最新版本(包括所有的修改单)适用于本文件。

GB/T 6682 分析实验室用水规格和试验方法

3 术语和定义

本文件没有需要界定的术语和定义。

4 原理

浆果类水果中的花青苷经盐酸甲醇溶液振荡提取,经反相色谱柱分离,紫外-可见光检测器或二极管阵列检测器检测,以保留时间定性,外标法定量。

5 试剂和材料

5.1 除非另有规定,本方法所用试剂均为分析纯,水为 GB/T 6682 规定的一级水。

5.2 甲醇(CH_3OH)。

5.3 甲酸(HCOOH):色谱纯。

5.4 盐酸(HCl):36%～38%。

5.5 乙腈(CH_3CN):色谱纯。

5.6 盐酸甲醇溶液:6 mL 盐酸(5.4)和 194 mL 甲醇(5.2)混匀。

5.7 提取剂:50 mL 盐酸甲醇溶液(5.6)和 450 mL 甲醇(5.2)混匀。

5.8 流动相 A:50 mL 甲酸(5.3),用超纯水定容至 1 000 mL。

5.9 流动相 B:1 000 mL 乙腈(5.5)。

5.10 标准品:纯度≥95%,或经国家认证并授予标准物质证书的标准物质,相关信息见附录 A。

5.11 单标储备溶液:准确称取 5.0 mg,用提取剂(5.7)溶解并定容至 5 mL,即为 1 000 mg/L 的单标储备液,于-18 ℃储存于密闭棕色玻璃瓶中,有效期 6 个月。

5.12 混合标准工作液:将单标储备溶液混合后,用提取剂(5.7)作为溶剂,逐级稀释成 0.5 mg/L、5 mg/L、20 mg/L、50 mg/L、100 mg/L、120 mg/L 的花青苷混合标准溶液,现用现配。根据浆果类水果种类,选择相应的单标储备溶液进行配制。

5.13 微孔滤膜:0.45 μm,有机相。

6 仪器与设备

6.1 高效液相色谱仪:配有紫外-可见光检测器或二极管阵列检测器。

6.2 分析天平:感量为 0.01 g 和 0.000 1 g。

6.3 摇床:温度可控,转速 200 r/min。

6.4 离心机:转速不低于 5 000 r/min。

6.5 冷冻研磨机:转速 25 000 r/min。

7 试样的制备与保存

7.1 试样制备

果实洗净,擦干,取可食部分 200 g,切碎混匀,用冷冻研磨机研成粉末。

7.2 试样保存

试样装入样品瓶中,密封,置−80 ℃条件下冷冻保存。

8 测定步骤

8.1 提取

称取 1.00 g 试样于 50 mL 离心管中,加入 20 mL 提取剂(5.7),混匀,置摇床上 30 ℃ 200 r/min 振荡提取 60 min,5 000 r/min 离心 10 min,将上清液转入 50.0 mL 棕色容量瓶中,残渣再用 20 mL 提取剂(5.7)按上述步骤重复提取一次,合并上清液,用提取剂(5.7)定容至 50.0 mL,混匀,过微孔滤膜(5.13),待测。

8.2 液相色谱参考条件

a) 色谱柱:C_{18}柱,250 mm×4.6 mm(内径),粒径 5 μm,或相当者;

b) 进样量:10 μL;

c) 流速:1.0 mL/min;

d) 柱温:40 ℃;

e) 检测波长:520 nm;

f) 梯度洗脱条件,见表 1。

表 1 流动相梯度洗脱程序

时间,min	流动相 A,%	流动相 B,%
0.0	94.0	6.0
30.0	92.0	8.0
31.0	91.0	9.0
60.0	88.0	12.0
61.0	0.0	100.0
70.0	0.0	100.0
71.0	94.0	6.0
75.0	94.0	6.0

8.3 标准曲线的绘制

将混合标准工作液(5.12)注入高效液相色谱仪中进行测定。以峰面积为纵坐标、标准溶液浓度为横坐标,绘制标准曲线,求回归方程和相关系数。

8.4 测定

将试样溶液(8.1)注入高效液相色谱仪中进行测定。以保留时间定性,按外标法以色谱峰面积定量。若样品溶液花青苷浓度超出了标准曲线的线性范围,应稀释后再行测定。

8.5 空白试验

除不加试样外,均按照 8.1～8.4 测定步骤操作。

9 结果计算

试样中各花青苷的含量按公式(1)计算。

$$\omega = \frac{(\rho - \rho_0) \times V \times f}{m} \quad\cdots\cdots\cdots\cdots\cdots\cdots\cdots\cdots\cdots\cdots\cdots\cdots\cdots \quad (1)$$

式中：

ω ——质量分数的数值，单位为毫克每千克(mg/kg)；

ρ ——从标准曲线上查得的试样提取液中待测组分浓度的数值，单位为毫克每升(mg/L)；

ρ_0 ——从标准曲线上查得的空白试验提取液中待测组分浓度的数值，单位为毫克每升(mg/L)；

V ——试样提取液定容体积的数值，单位为毫升(mL)；

f ——试样提取液稀释倍数；

m ——试样质量的数值，单位为克(g)。

计算结果以 2 次测定结果的算术平均值表示，保留 3 位有效数字。

10 精密度

在重复性条件下获得的 2 次独立测定结果的绝对差值不大于算术平均值的 10%。

在再现性条件下获得的 2 次独立测定结果的绝对差值不大于算术平均值的 15%。

11 色谱图

标准溶液色谱图见附录 B。

附　录　A

（资料性）

16 种花青苷标准物质的基本信息、检出限和定量限

16 种花青苷标准物质的基本信息、检出限和定量限见表 A.1。

表 A.1　16 种花青苷标准物质的基本信息、检出限和定量限

序号	名称	CAS 号	分子式	检出限，mg/kg	定量限，mg/kg
1	飞燕草素-3-O-半乳糖苷	28500-00-7	$C_{21}H_{21}O_{12}$	0.15	0.50
2	飞燕草素-3-O-葡萄糖苷	6906-38-3	$C_{21}H_{21}O_{12}$	0.10	0.30
3	飞燕草素-3-O-芸香糖苷	15674-58-5	$C_{27}H_{31}O_{16}$	0.15	0.50
4	矢车菊素-3-O-葡萄糖苷	7084-24-4	$C_{21}H_{21}O_{11}$	0.05	0.15
5	矢车菊素-3-O-阿拉伯糖苷	27214-72-8	$C_{20}H_{19}O_{10}$	0.15	0.50
6	矮牵牛素-3-O-葡萄糖苷	6988-81-4	$C_{22}H_{23}O_{12}$	0.10	0.30
7	矮牵牛素-3-O-半乳糖苷	28500-02-9	$C_{22}H_{23}O_{12}$	0.20	0.60
8	芍药素-3-O-葡萄糖苷	6906-39-4	$C_{22}H_{23}O_{11}$	0.15	0.50
9	锦葵色素-3-O-半乳糖苷	30113-37-2	$C_{23}H_{25}O_{12}$	0.10	0.30
10	芍药素-3-O-阿拉伯糖苷	27214-74-0	$C_{21}H_{21}O_{10}$	0.15	0.50
11	锦葵色素-3-O-葡萄糖苷	7228-78-6	$C_{23}H_{25}O_{12}$	0.15	0.50
12	锦葵色素-3-O-阿拉伯糖苷	28500-04-1	$C_{22}H_{23}O_{11}$	0.10	0.30
13	飞燕草素-3-O-5-O-二葡萄糖苷	17670-06-3	$C_{27}H_{31}O_{17}$	0.15	0.50
14	矢车菊素-3-O-5-O-二葡萄糖苷	2611-67-8	$C_{27}H_{31}O_{16}$	0.15	0.50
15	矢车菊素-3-O-半乳糖苷	27661-36-5	$C_{21}H_{21}O_{11}$	0.10	0.30
16	天竺葵素-3-O-葡萄糖苷	18466-51-8	$C_{21}H_{21}O_{10}$	0.15	0.50

附 录 B

（资料性）

标准溶液色谱图

见图 B.1，检测波长 520 nm，峰编号为对应的标准品编号，与表 A.1 中的序号一致。其中：（A）适用于蓝莓、葡萄和黑穗醋栗，从左至右各峰的标准溶液浓度依次为 30.0 mg/L、30.0 mg/L、30.0 mg/L、10.0 mg/L、20.0 mg/L、40.0 mg/L、20.0 mg/L、20.0 mg/L、50.0 mg/L、40.0 mg/L、50.0 mg/L 和 40.0 mg/L；（B）适用于石榴和猕猴桃，从左至右各峰的标准溶液浓度依次为 50.0 mg/L、50.0 mg/L、10.0 mg/L、10.0 mg/L、5.0 mg/L 和 8.0 mg/L。

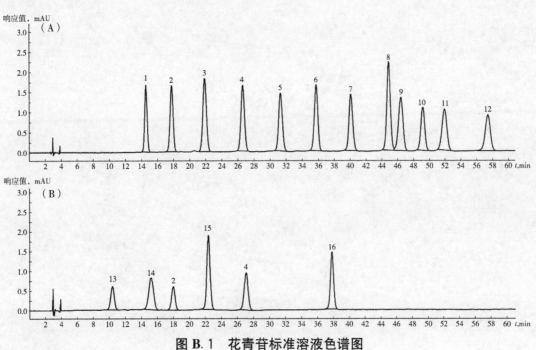

图 B.1 花青苷标准溶液色谱图

ICS 67.080.20
CCS B 31

中华人民共和国农业行业标准

NY/T 4353—2023

蔬菜中甲基硒代半胱氨酸、硒代蛋
氨酸和硒代半胱氨酸的测定
液相色谱-串联质谱法

Determination of methylselenocysteine, selenotmethionine and selenocysteine
in vegetables by liquid chromatography-tandem mass spectrometry

2023-04-11 发布

2023-08-01 实施

中华人民共和国农业农村部 发布

NY/T 4353—2023

前　言

本文件按照 GB/T 1.1—2020《标准化工作导则　第 1 部分：标准化文件的结构和起草规则》的规定起草。

请注意本文件的某些内容可能涉及专利。本文件的发布机构不承担识别专利的责任。

本文件由农业农村部农产品质量安全监管司提出。

本文件由农业农村部农产品营养标准专家委员会归口。

本文件起草单位：江西省农业科学院农产品质量安全与标准研究所、江西省农学会、江西省农业科学院土壤肥料与资源环境研究所。

本文件主要起草人：廖且根、张莉、向建军、万鹏、袁丽娟、沈思言、张大文、魏益华、罗林广、戴廷灿、邱素艳、熊艳。

蔬菜中甲基硒代半胱氨酸、硒代蛋氨酸和硒代半胱氨酸的测定
液相色谱-串联质谱法

1 范围

本文件规定了蔬菜中甲基硒代半胱氨酸、硒代蛋氨酸和硒代半胱氨酸含量的液相色谱-串联质谱测定方法。

本文件适用于蔬菜中甲基硒代半胱氨酸、硒代蛋氨酸和硒代半胱氨酸含量的测定。

2 规范性引用文件

下列文件中的内容通过文中的规范性引用而构成本文件必不可少的条款。其中，注日期的引用文件，仅该日期对应的版本适用于本文件；不注日期的引用文件，其最新版本（包括所有的修改单）适用于本文件。

GB/T 6682 分析实验室用水规格和试验方法

3 术语和定义

本文件没有需要界定的术语和定义。

4 原理

试样中硒代氨基酸用蛋白酶水解提取，经超滤管离心净化，用液相色谱-串联质谱仪检测，基质匹配标准溶液校准，外标法定量。

5 试剂和材料

5.1 除另有规定外，所有试剂均为分析纯，水为符合 GB/T 6682 规定的一级水。

5.2 试剂

5.2.1 甲醇（CH_3OH）：色谱纯。

5.2.2 甲酸（HCOOH）：色谱纯。

5.2.3 蛋白酶（protease XIV，CAS 号：9036-06-0）：酶活力 ≥3.5 U/mg。

5.2.4 抗坏血酸（$C_6H_8O_6$，CAS 号：50-81-7）。

5.2.5 三羟甲基氨基甲烷（$C_4H_{11}NO_3$，CAS 号：77-86-1）。

5.2.6 盐酸（HCl），浓度为 36%～38%。

5.3 试剂配制

5.3.1 蛋白酶溶液（5.0 mg/mL）：称取蛋白酶（5.2.3）250 mg，用水稀释定容至 50 mL，摇匀，备用，现用现配。

5.3.2 抗坏血酸溶液（0.2 mol/L）：称取抗坏血酸（5.2.4）3.52 g，用水稀释定容至 100 mL，摇匀，备用，现用现配。

5.3.3 三羟甲基氨基甲烷-盐酸（Tris-HCl）缓冲溶液（10.0 mmol/L，pH 7.5）：称取 0.606 g 三羟甲基氨基甲烷（5.2.5）溶于 450 mL 水中，用盐酸（5.2.6）调节到 pH 7.5，加水稀释至 500 mL，摇匀，备用。

5.3.4 甲酸溶液（0.1%）：量取甲酸（5.2.2）0.1 mL，用水稀释定容至 100 mL，摇匀，备用。

5.4 标准品

5.4.1 甲基硒代半胱氨酸（$C_4H_9NO_2Se$，CAS 号：26046-90-2）：纯度 ≥98%，或经国家认证并授予标准物

质证书的标准物质。

5.4.2 硒代蛋氨酸($C_5H_{11}NO_2Se$，CAS 号：1464-42-2)：纯度≥98％，或经国家认证并授予标准物质证书的标准物质。

5.4.3 硒代半胱氨酸($C_3H_7NO_2Se$，CAS 号：10236-58-5)：纯度≥95％，或经国家认证并授予标准物质证书的标准物质。

5.5 标准溶液配制

5.5.1 甲基硒代半胱氨酸标准储备溶液(1 000 mg/L，按 Se 计)：取甲基硒代半胱氨酸标准品(5.4.1) 23.1 mg(精确至 0.01 mg)，置于 10 mL 容量瓶中，用水溶解并定容。于 0 ℃～4 ℃冷藏保存，有效期为 1 个月。

5.5.2 硒代蛋氨酸标准储备溶液(1 000 mg/L，按 Se 计)：取硒代蛋氨酸标准品(5.4.2)24.8 mg(精确至 0.01 mg)，置于 10 mL 容量瓶中，用水溶解并定容。于 0 ℃～4 ℃冷藏保存，有效期为 1 个月。

5.5.3 硒代半胱氨酸标准储备溶液(1 000 mg/L，按 Se 计)：取硒代半胱氨酸标准品(5.4.3)21.2 mg(精确至 0.01 mg)，置于 10 mL 容量瓶中，用 0.5 mL 甲酸(5.2.2)溶解后，用水溶解并定容。于 0 ℃～4 ℃冷藏保存，有效期为 1 个月。

5.5.4 混合标准工作溶液(1.0 mg/L，按 Se 计)：分别量取 0.05 mL 标准储备溶液(5.5.1、5.5.2、5.5.3) 于 50 mL 容量瓶中，用水稀释并定容至 50 mL，现用现配。

5.6 材料

5.6.1 微孔滤膜：水相，0.22 μm。

5.6.2 超滤离心管：15 mL/3 ku，或性能相当者。

6 仪器设备

6.1 液相色谱-串联质谱仪：配有电喷雾离子源(ESI)。

6.2 分析天平：感量 0.000 01 g 和 0.01 g。

6.3 pH 计，精度 0.1。

6.4 涡旋混合仪。

6.5 恒温水浴振荡器。

6.6 高速离心机，转速不低于 12 000 r/min。

6.7 组织捣碎机。

7 试验步骤

7.1 试样的制备

将蔬菜样品可食部分经组织捣碎均分成 2 份，装入洁净容器内，作为试样密封并标明标记。

7.2 试样提取与净化

称取试样 2 g(精确至 0.01 g)，置于 50 mL 离心管中，依次加入蛋白酶溶液(5.3.1)2.0 mL、抗坏血酸溶液(5.3.2)0.25 mL 和 Tris-HCl 缓冲溶液(5.3.3)7.75 mL，涡旋混匀，于恒温水浴振荡器上 37 ℃条件下振荡提取 12 h，12 000 r/min 离心 10 min。提取液经 0.22 μm 滤膜过滤转移至 15 mL 离心管中，再将过滤后 5.0 mL 提取液转移至超滤离心管(5.6.2)中，4 000 r/min 离心 10 min，取 0.1 mL 超滤液加入 0.9 mL 甲酸溶液(5.3.4)，混匀待测。

7.3 标准曲线绘制

取空白试样，按 7.2 处理得到超滤溶液，准确量取 0.1 mL，分别准确移取适量混合标准工作溶液(5.5.4)，用甲酸溶液(5.3.4)稀释定容至 1.0 mL，配制成浓度为 0.2 ng/mL、0.5 ng/mL、1.0 ng/mL、2.0 ng/mL、5.0 ng/mL 和 10.0 ng/mL 基质匹配标准系列溶液，液相色谱-串联质谱仪测定。以待测物特征离子质量色谱图峰面积为纵坐标、对应浓度为横坐标绘制标准曲线。

7.4 测定

7.4.1 液相色谱参考条件

a) 色谱柱:C$_{18}$柱,3.0 mm×100 mm,粒径1.8 μm,或性能相当者;
b) 进样量:10.0 μL;
c) 流速:0.2 mL/min;
d) 柱温:35 ℃;
e) 流动相:A为0.1%甲酸水溶液(5.3.4);B为甲醇(5.2.1),梯度洗脱程序见表1。

表 1 梯度洗脱程序

时间,min	A,%	B,%
0.0	100	0
3.5	80	20
4.5	0	100
5.0	0	100
5.1	100	0
6.0	100	0

7.4.2 质谱参考条件

a) 离子源:电喷雾离子源;
b) 扫描方式:正离子扫描;
c) 检测方式:多反应监测;
d) 喷雾电压、离子源温度、脱溶剂温度和氮气流速等参数应优化至最优灵敏度;
e) 定性离子对、定量离子对和碰撞能量见表2。

表 2 定性离子对、定量离子对和碰撞能量

化合物名称	定性离子对,碰撞能量(m/z,eV)	定量离子对,碰撞能量(m/z,eV)
甲基硒代半胱氨酸	166.9/95(25) 166.9/55.2(18)	166.9/95(25)
硒代蛋氨酸	198/180.8(8) 198/56.2(20)	198/56.2(20)
硒代半胱氨酸	168/139.9(8) 168/74.1(15)	168/74.1(15)

7.4.3 定性测定

在同样测试条件下,试样溶液中甲基硒代半胱氨酸、硒代蛋氨酸和硒代半胱氨酸的保留时间与基质匹配标准工作液中甲基硒代半胱氨酸、硒代蛋氨酸和硒代胱氨酸的保留时间相对偏差在±2.5%以内,且检测到的离子的相对丰度,其允许偏差应符合表3的要求。

表 3 定性确证时相对离子丰度的允许相对偏差

相对离子丰度,%	>50	>20~50	>10~20	≤10
允许相对偏差,%	±20	±25	±30	±50

7.4.4 定量测定

取试样溶液和相应的基质匹配标准溶液,作单点或多点校准,按峰面积定量,基质匹配标准溶液及试样溶液中待测物响应值均应在仪器检测的线性范围内,如超出线性范围,应重新试验或将试样溶液和基质匹配标准溶液作相应稀释后重新测定。单点校准定量时,试样溶液中待测物的峰面积与基质匹配标准溶液的峰面积相差不超过30%。在上述色谱-质谱条件下,硒代氨基酸标准溶液特征离子质量色谱图见附录A。

8 结果计算

试样中甲基硒代半胱氨酸、硒代蛋氨酸和硒代半胱氨酸的含量（以 Se 计）以质量分数计，按公式（1）计算。

$$w_i = \frac{\rho_i \times V \times f_i}{m \times 1000} \quad\text{..(1)}$$

式中：

w_i ——试样中被测组分含量的数值，单位为毫克每千克（mg/kg）；

ρ_i ——由标准曲线或单点测得的试样溶液中被测组分质量浓度的数值，单位为纳克每毫升（ng/mL）；

V ——提取液体积的数值，单位为毫升（mL）；

f_i ——提取液的稀释倍数；

m ——试样质量的数值，单位为克（g）。

测定结果以平行测定的算术平均值表示，保留 3 位有效数字。

9 精密度

在重复性条件下获得的 2 次独立测定结果的绝对差值不得超过算术平均值的 20%。

10 其他

方法中甲基硒代半胱氨酸和硒代半胱氨酸检出限均为 0.01 mg/kg，定量限均为 0.05 mg/kg；硒代蛋氨酸检出限为 0.005 mg/kg，定量限为 0.02 mg/kg。

附 录 A

（资料性）

3 种硒代氨基酸标准溶液特征离子质量色谱图

3 种硒代氨基酸标准溶液特征离子质量色谱图见图 A.1

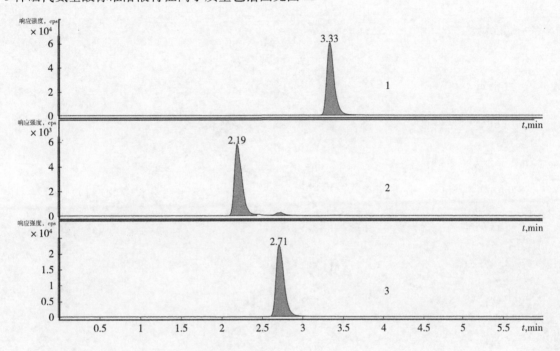

标引序号说明：

1——硒代蛋基酸特征离子质量色谱图(198/56.2)；

2——硒代半胱氨酸特征离子质量色谱图(168/74.1)；

3——甲基硒代半胱氨酸特征离子质量色谱图(166.9/95)。

图 A.1　3 种硒代氨基酸标准溶液(2.0 ng/mL)特征离子质量色谱图

ICS 65.020.01
CCS B 04

中华人民共和国农业行业标准

NY/T 4354—2023

禽蛋中卵磷脂的测定 高效液相色谱法

Determination of phosphatidylcholine in eggs by high performance
liquid chromatography

2023-04-11 发布

2023-08-01 实施

中华人民共和国农业农村部 发布

前　言

本文件按照 GB/T 1.1—2020《标准化工作导则　第 1 部分：标准化文件的结构和起草规则》的规定起草。

请注意本文件的某些内容可能涉及专利。本文件的发布机构不承担识别专利的责任。

本文件由农业农村部农产品质量安全监管司提出。

本文件由农业农村部农产品营养标准专家委员会归口。

本文件起草单位：江苏省家禽科学研究所、农业农村部家禽品质监督检验测试中心（扬州）、谱尼测试集团江苏有限公司。

本文件主要起草人：葛庆联、唐修君、马丽娜、高玉时、刘茵茵、陆俊贤、樊艳凤、贾晓旭、陈大伟、张静、周倩、施祖灏、唐梦君、张小燕、黄胜海、马尹鹏。

禽蛋中卵磷脂的测定　高效液相色谱法

1 范围

本文件规定了禽蛋中卵磷脂[L-α-磷脂酰胆碱(PC)]的高效液相色谱测定方法。

本文件适用于鸡蛋、鸭蛋、鹅蛋、鸽蛋、鹌鹑蛋等禽蛋。

2 规范性引用文件

下列文件中的内容通过文中的规范性引用而构成本文件必不可少的条款。其中,注日期的引用文件,仅该日期对应的版本适用于本文件;不注日期的引用文件,其最新版本(包括所有的修改单)适用于本文件。

GB/T 6682　分析实验室用水规格和试验方法

3 术语和定义

本文件没有需要界定的术语和定义。

4 原理

试样经正相色谱柱分离,蒸发光散射检测器检测,保留时间定性,外标法定量。

5 试剂和材料

5.1 试剂

除非另有规定,仅使用分析纯试剂。

5.1.1 水:GB/T 6682,一级。

5.1.2 乙醚($C_4H_{10}O$)。

5.1.3 无水乙醇(C_2H_6O)。

5.1.4 三氯甲烷($CHCl_3$):色谱纯。

5.1.5 甲醇(CH_4O):色谱纯。

5.1.6 正己烷(C_6H_{14}):色谱纯。

5.1.7 异丙醇(C_3H_8O):色谱纯。

5.1.8 乙酸($C_2H_4O_2$):色谱纯。

5.1.9 三乙胺($C_6H_{15}N$):色谱纯。

5.2 溶液配制

5.2.1 三氯甲烷:甲醇溶液(2:1):分别量取 200 mL 三氯甲烷(5.1.4)和 100 mL 甲醇(5.1.5)置于同一棕色试剂瓶中,混匀。

5.2.2 乙醚:无水乙醇溶液(1:1):分别量取 500 mL 乙醚(5.1.2)和 500 mL 无水乙醇(5.1.3)置于同一棕色试剂瓶中,混匀。

5.3 标准品

L-α-磷脂酰胆碱($C_{42}H_{80}NO_8P$,CAS 号:8002-43-5):含量≥99%,或经国家认证并授予标准物质证书的标准物质。

5.4 标准溶液的制备

5.4.1 L-α-磷脂酰胆碱标准储备液:称取 40 mg(精确至 0.01 mg)L-α-磷脂酰胆碱置于 10 mL 棕色容量

瓶中,用三氯甲烷:甲醇溶液(5.2.1)溶解并定容至刻度,配制成浓度为 4.0 mg/mL 的 L-α-磷脂酰胆碱标准储备液,−18 ℃以下冷冻保存,有效期 6 个月。

5.4.2 L-α-磷脂酰胆碱标准工作溶液:量取标准储备液(5.4.1)25 μL、125 μL、250 μL、375 μL 和500 μL,用三氯甲烷:甲醇溶液(5.2.1)稀释至 1 mL,配制成 0.1 mg/mL、0.5 mg/mL、1.0 mg/mL、1.5 mg/mL、2.0 mg/mL 系列标准工作溶液。

6 仪器和设备

6.1 高效液相色谱仪:配有蒸发光散射检测器。

6.2 天平:感量为 1 mg 和 0.01 mg。

6.3 匀浆机:转速 6 500 r/min ～ 22 000 r/min。

6.4 涡旋混匀器:转速 3 000 r/min。

6.5 离心机:转速 10 000 r/min。

6.6 氮吹仪。

6.7 滤膜:孔径 0.22 μm。

7 试样的制备与保存

7.1 试样的制备

7.1.1 取 6 枚～10 枚供试禽蛋,去壳,并使均质,总质量不少于 200 g,作为全蛋试样。

7.1.2 取 6 枚～10 枚供试禽蛋,去壳和蛋清,用滤纸吸干蛋黄表面的蛋清,并使均质,总质量不少于200 g,作为蛋黄试样。

7.2 试样的保存

−18 ℃以下保存。

8 测定步骤

8.1 提取

称取 1.0 g 全蛋试样(7.1.1)或 0.5 g 蛋黄试样(7.1.2)(精确至 0.001 g),于 50 mL 离心管中,加入15 mL 乙醚:无水乙醇溶液(5.2.2),涡旋振荡 5 min,10 000 r/min 离心 5 min,上清液转入另一 50 mL离心管中,重复提取 1 次,合并 2 次上清液,40 ℃氮气吹干,用三氯甲烷:甲醇溶液(5.2.1)溶解并定容至20 mL,过 0.22 μm 滤膜,供高效液相色谱测定。

8.2 液相色谱参考条件

8.2.1 色谱柱:SiO₂(4.0 mm × 150 mm,4 μm),或相当者。

8.2.2 流动相:A 为甲醇(5.1.5):水:乙酸(5.1.8):三乙胺(5.1.9)= 85:15:0.45:0.05,B 为正己烷(5.1.6):异丙醇(5.1.7):流动相 A = 20:48:32。

8.2.3 流速:1.0 mL/min。

8.2.4 进样量:20 μL。

8.2.5 柱温:30 ℃。

8.2.6 蒸发光散射检测器参数:漂移管温度为 50 ℃,载气流量为 1.8 L/min。

8.2.7 流动相梯度洗脱程序见表 1。

表 1　梯度洗脱程序

时间,min	A,%	B,%
0	0	100
5.0	0	100

表 1（续）

时间，min	A，%	B，%
10.0	30	70
14.0	67	33
14.1	0	100
16.0	0	100

8.3 标准曲线的制作

分别取系列标准工作溶液（5.4.2）上机测定，以 L-α-磷脂酰胆碱标准工作溶液浓度的对数为横坐标、对应的峰面积的对数为纵坐标，绘制标准工作曲线。L-α-磷脂酰胆碱标准溶液高效液相色谱图见附录 A。

8.4 测定

取试样溶液上机测定，并作多点校准。以保留时间定性，色谱峰面积定量，按外标法计算。

9 结果计算

试样中 L-α-磷脂酰胆碱含量以质量分数 X 计，按公式（1）计算。

$$X = \frac{\rho \times V}{m \times 1000} \times 100 \quad \cdots\cdots\cdots\cdots\cdots\cdots\cdots\cdots\cdots\cdots\cdots\cdots\cdots\cdots\cdots（1）$$

式中：

X ——试样中 L-α-磷脂酰胆碱含量的数值，单位为克每百克（g/100 g）；

ρ ——由标准工作曲线得到试样溶液中 L-α-磷脂酰胆碱质量浓度的数值，单位为毫克每毫升（mg/mL）；

V ——试样溶液定容体积的数值，单位为毫升（mL）；

m ——试样质量的数值，单位为克（g）。

计算结果表示到小数点后 2 位。

10 精密度

在重复性条件下获得的 2 次独立测定结果的绝对差值不得超过算术平均值的 10%。

11 其他

本方法蛋黄中检出限为 0.20 g/100 g，定量限为 0.43 g/100 g；全蛋中检出限为 0.10 g/100 g，定量限为 0.22 g/100 g。

<h1>附 录 A</h1>

（资料性）

<h2 style="text-align:center">L-α-磷脂酰胆碱标准溶液高效液相色谱图</h2>

L-α-磷脂酰胆碱标准溶液高效液相色谱图见图 A.1。

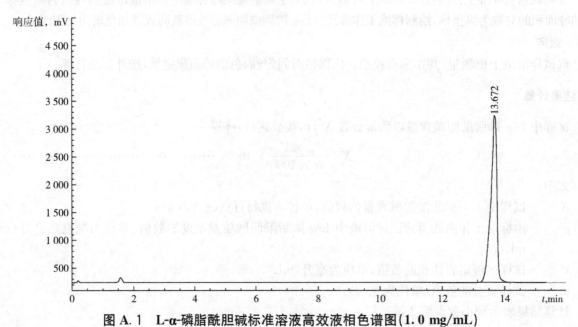

图 A.1　L-α-磷脂酰胆碱标准溶液高效液相色谱图(1.0 mg/mL)

ICS 65.020.01
CCS B 04

中华人民共和国农业行业标准

NY/T 4355—2023

农产品及其制品中嘌呤的测定
高效液相色谱法

Determination of purines in agricultural products and derived products—
High performance liquid chromatography

2023-04-11 发布

2023-08-01 实施

中华人民共和国农业农村部 发布

前　言

本文件按照 GB/T 1.1—2020《标准化工作导则　第 1 部分:标准化文件的结构和起草规则》的规定起草。

请注意本文件的某些内容可能涉及专利。本文件的发布机构不承担识别专利的责任。

本文件由农业农村部农产品质量安全监管司提出。

本文件由农业农村部农产品营养标准专家委员会归口。

本文件起草单位:农业农村部食物与营养发展研究所、北京市营养源研究所有限公司、内蒙古蒙牛乳业(集团)股份有限公司、大连工业大学、北京城市学院、北京工商大学、北京林业大学、中国合格评定国家认可委员会、北京市理化分析测试中心、北京市农林科学院农产品加工与食品营养研究所、北京东方倍力营养科技有限公司、湛江市食品药品检验所、检科测试集团有限公司、安徽国泰众信检测技术有限公司。

本文件主要起草人:朱大洲、崔亚娟、白沙沙、孔凡华、郭倩、罗欣、梁敏慧、马利军、李雪晶、刘伯扬、杜明、田荣荣、李赫、孟冬、杨清、李宏、贾丽、刘光敏、蒋峰、蒋彤、高平、乐粉鹏、何涛。

农产品及其制品中嘌呤的测定 高效液相色谱法

1 范围

本文件规定了农产品及其制品中嘌呤的高效液相色谱测定方法。

本文件适用于农产品及其制品中嘌呤(次黄嘌呤、黄嘌呤、鸟嘌呤和腺嘌呤)含量的测定。

2 规范性引用文件

下列文件中的内容通过文中的规范性引用而构成本文件必不可少的条款。其中,注日期的引用文件,仅该日期对应的版本适用于本文件;不注日期的引用文件,其最新版本(包括所有的修改单)适用于本文件。

GB/T 6682 分析实验室用水规格和试验方法

3 术语和定义

本文件没有需要界定的术语和定义。

4 原理

嘌呤化合物在高温条件下经三氟乙酸甲酸溶液水解形成游离态嘌呤,经反相色谱柱分离,紫外检测器或二极管阵列检测器检测,保留时间定性,外标法定量。

5 试剂和材料

除非另有说明,本方法所用试剂均为分析纯,水为 GB/T 6682 规定的一级水。

5.1 试剂

5.1.1 氢氧化钠($NaOH$)。

5.1.2 三氟乙酸(CF_3COOH)。

5.1.3 甲酸($HCOOH$)。

5.1.4 磷酸(H_3PO_4)。

5.1.5 磷酸二氢钾(KH_2PO_4):优级纯。

5.1.6 甲醇(CH_3OH):色谱纯。

5.2 溶液配制

5.2.1 10 mmol/L 氢氧化钠溶液:称取氢氧化钠(5.1.1)0.04 g,用水溶解并定容至 100 mL,混匀。

5.2.2 试样提取溶液:量取三氟乙酸(5.1.2)45 mL、甲酸(5.1.3)45 mL,加水定容至 100 mL,混匀。

5.2.3 10%磷酸溶液:取磷酸(5.1.4)10 mL,用水稀释定容至 100 mL,混匀。

5.2.4 5 mmol/L 磷酸二氢钾溶液(pH 3.8):称取磷酸二氢钾(5.1.5) 0.952 g,加水 900 mL 溶解,加水定容至 1 L,混匀,用磷酸溶液(5.2.3)调节 pH 至 3.8。

5.3 标准品

5.3.1 次黄嘌呤($C_5H_4N_4O$,CAS 号:68-94-0):纯度≥98%,或经国家认证并授予标准物质证书的标准物质。

5.3.2 黄嘌呤($C_5H_4N_4O_2$,CAS 号:69-89-6):纯度≥98%,或经国家认证并授予标准物质证书的标准物质。

5.3.3 鸟嘌呤($C_5H_5N_5O$,CAS 号:73-40-5):纯度≥98%,或经国家认证并授予标准物质证书的标准物质。

5.3.4 腺嘌呤($C_5H_5N_5$,CAS 号:73-24-5):纯度≥98%,或经国家认证并授予标准物质证书的标准物质。

5.4 标准溶液配制

5.4.1 嘌呤混合标准储备溶液：分别准确称取次黄嘌呤、黄嘌呤、鸟嘌呤、腺嘌呤各 10 mg（精确至 0.01 mg）于烧杯中，用 10 mmol/L 的氢氧化钠溶液（5.2.1）溶解并转移至 100 mL 容量瓶，定容，即为 100 μg/mL 的嘌呤混合标准储备溶液，标准储备溶液于 4 ℃保存，不超过 6 个月。

5.4.2 嘌呤混合标准工作溶液：量取嘌呤混合标准储备溶液 1 mL 用磷酸二氢钾溶液（5.2.4）稀释定容至 10 mL 后，分别量取 0.1 mL、0.2 mL、0.5 mL、1 mL、5 mL、10 mL，用磷酸二氢钾溶液（5.2.4）稀释定容至 10 mL，即得到浓度分别为 0.1 μg/mL、0.2 μg/mL、0.5 μg/mL、1 μg/mL、5 μg/mL、10 μg/mL 的嘌呤混合标准工作液，或根据需要配制其他浓度，现用现配。

5.5 材料

微孔滤膜：水相滤膜或尼龙滤膜，0.45 μm。

6 仪器与设备

6.1 高效液相色谱仪：配有紫外检测器或二极管阵列检测器。

6.2 天平：感量 0.000 1 g 和 0.000 01 g。

6.3 粉碎机。

6.4 匀浆机。

6.5 恒温水浴锅。

6.6 pH 计。

6.7 旋转蒸发仪。

7 试样制备与保存

试样取可食部经匀浆机匀浆或粉碎机粉碎均匀后，储存于样品瓶中备用。所制备试样于−18 ℃条件下保存。

8 分析步骤

8.1 试样提取

称取试样 0.5 g～5 g（精确至 0.000 1 g）于具塞磨口三角瓶中，加入 10 mL 试样提取溶液（5.2.2），涡旋混匀，于 80 ℃水浴 60 min，取出后冷却至室温。转移至 50 mL 容量瓶，定容至刻度，混匀后滤纸过滤。吸取 2 mL 滤液，旋转蒸发至近干，用 2 mL 磷酸二氢钾溶液（5.2.4）溶解，过 0.45 μm 滤膜备用。根据需要可进行稀释。

8.2 试样测定

8.2.1 色谱参考条件

8.2.1.1 色谱柱：AQ 色谱柱（250 mm×4.6 mm，5 μm）或性能相当者。

8.2.1.2 流动相：甲醇（5.1.6）与磷酸二氢钾溶液（5.2.4）比例为 1∶99，等度洗脱。

8.2.1.3 流速：1.0 mL/min。

8.2.1.4 进样量：10 μL。

8.2.1.5 柱温：30 ℃。

8.2.1.6 测定波长：254 nm。

8.2.2 标准曲线的制作

将系列嘌呤混合标准工作溶液分别注入液相色谱仪中，测定相应的峰面积，以各嘌呤标准工作溶液的浓度为横坐标、峰面积为纵坐标，绘制标准曲线。次黄嘌呤、黄嘌呤、鸟嘌呤和腺嘌呤混合标准溶液的高效液相色谱图见附录 A。

8.2.3 试样测定

试样溶液经高效液相色谱仪分析,测得试样溶液中各嘌呤的峰面积,外标法定量。

8.3 结果计算

试样中次黄嘌呤、黄嘌呤、鸟嘌呤和腺嘌呤含量以质量分数表示,分别按公式(1)计算。

$$\omega_i = \frac{\rho_i \times V}{m} \times f \quad\cdots\cdots\cdots\cdots\cdots\cdots\cdots\cdots\cdots\cdots\cdots\cdots\cdots (1)$$

式中:

ω_i——试样中嘌呤含量的数值,单位为毫克每千克(mg/kg);

ρ_i——从标准曲线上得到的试样溶液中各嘌呤质量浓度的数值,单位为微克每毫升(μg/mL);

V——试样溶液定容体积的数值,单位为毫升(mL);

m——试样称样量的数值,单位为克(g);

f——试样溶液稀释倍数。

以2次测定结果的算术平均值表示,结果保留3位有效数字。

试样中嘌呤含量为次黄嘌呤、黄嘌呤、鸟嘌呤和腺嘌呤含量的总和。

以2次测定结果的算术平均值表示,计算结果保留3位有效数字。

9 精密度

9.1 重复性

在重复性条件下获得的2次独立测定结果的绝对差值不超过算术平均值的10%。

9.2 再现性

在再现性条件下获得的2次独立测定结果的绝对差值不超过算术平均值的10%。

10 其他

当称样量为5 g、定容体积为25 mL时,次黄嘌呤、黄嘌呤、鸟嘌呤和腺嘌呤检出限均为0.5 mg/kg,次黄嘌呤、黄嘌呤、鸟嘌呤和腺嘌呤定量限均为1.5 mg/kg。

附　录　A
（资料性）
4种嘌呤标准工作溶液的高效液相色谱图

4种嘌呤标准工作溶液的高效液相色谱图见图A.1。

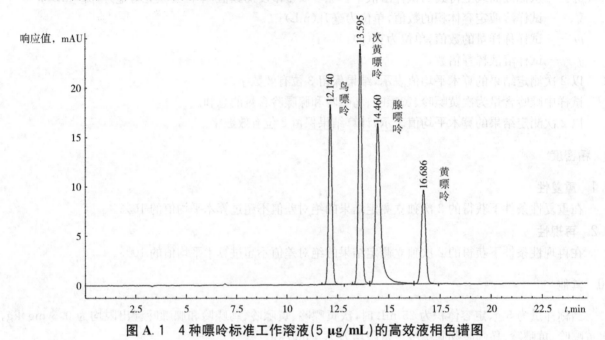

图A.1　4种嘌呤标准工作溶液(5 μg/mL)的高效液相色谱图

ICS 65.020.01
CCS B 04

中华人民共和国农业行业标准

NY/T 4356—2023

植物源性食品中甜菜碱的测定
高效液相色谱法

Determination of betaine in foods of plant origin by high
performance liquid chromatography

2023-04-11 发布

2023-08-01 实施

中华人民共和国农业农村部 发布

前　言

本文件按照 GB/T 1.1—2020《标准化工作导则　第 1 部分：标准化文件的结构和起草规则》的规定起草。

请注意本文件的某些内容可能涉及专利。本文件的发布机构不承担识别专利的责任。

本文件由农业农村部农产品质量安全监管司提出。

本文件由农业农村部农产品营养标准专家委员会归口。

本文件起草单位：农业农村部食物与营养发展研究所、北京市营养源研究所有限公司、内蒙古蒙牛乳业（集团）股份有限公司、中国合格评定国家认可委员会、北京城市学院、北京林业大学、大连工业大学、北京工商大学、北京市农林科学院农产品加工与食品营养研究所、唐山市食品药品综合检验检测中心、北京东方倍力营养科技有限公司。

本文件主要起草人：朱大洲、崔亚娟、杨春雪、孔凡华、徐佳佳、孙婉秋、白沙沙、罗欣、特日格乐、王佳、林立民、马利军、李宏、田荣荣、杨清、孟冬、杜明、李赫、刘光敏、王磊、蒋峰、蒋彤。

植物源性食品中甜菜碱的测定　高效液相色谱法

1　范围

本文件规定了植物源性食品中甜菜碱的高效液相色谱测定方法。

本文件适用于植物源性食品中甜菜碱含量的测定。

2　规范性引用文件

下列文件中的内容通过文中的规范性引用而构成本文件必不可少的条款。其中，注日期的引用文件，仅该日期对应的版本适用于本文件；不注日期的引用文件，其最新版本（包括所有的修改单）适用于本文件。

GB/T 6682　分析实验室用水规格和试验方法

3　术语和定义

本文件没有需要界定的术语和定义。

4　原理

试样中甜菜碱，经甲醇提取后，采用配有紫外检测器或者二极管阵列检测器的高效液相色谱仪在波长196 nm 处测定；根据色谱峰的保留时间定性，外标法定量。

5　试剂与材料

5.1　试剂

除非另有说明，本方法所用试剂为分析纯，水为 GB/T 6682 规定的一级水。

5.1.1　甲醇（CH_3OH）。

5.1.2　乙腈（C_2H_3N）：色谱纯。

5.2　标准品

甜菜碱标准品：$C_5H_{11}NO_2$，CAS 号：107-43-7，纯度≥98.0%，或经国家认证并授予标准物质证书的标准物质。

5.3　标准溶液的配制

5.3.1　标准储备溶液（1.0 mg/mL）：准确称取甜菜碱标准品 100 mg（精确至 0.1 mg），用水溶解转移至100 mL 容量瓶并定容。转移至于棕色玻璃瓶，于 4 ℃下储存。

5.3.2　标准工作溶液：分别吸取标准储备溶液 0.1 mL、0.5 mL、1.0 mL、5.0 mL、10.0 mL 于 10 mL 容量瓶，用甲醇（5.1.1）定容至刻度，得 0.01 mg/mL、0.05 mg/mL、0.1 mg/mL、0.5 mg/mL、1.0 mg/mL的标准工作溶液，现用现配。

5.4　材料

有机相微孔滤膜：孔径为 0.45 μm。

6　仪器设备

6.1　高效液相色谱仪：配紫外检测器或者二极管阵列检测器。

6.2　天平：感量 0.000 01 g，0.000 1 g。

6.3　粉碎机。

6.4　匀浆机。

6.5　恒温振荡水浴锅，30 ℃～100 ℃。

7 分析步骤

7.1 试样制备

试样取可食部分经匀浆机匀浆或者粉碎机粉碎均匀后,储存于样品瓶中。所有制备试样于−18 ℃条件下保存。

7.2 提取

根据试样性状,称取试样 0.1 g~5.0 g(精确至 0.001 g)置于 150 mL 具塞三角瓶中,加入 25 mL 甲醇(5.1.1),置于恒温振荡水浴锅中 45 ℃下振荡提取 10 min,取出后转移至 50 mL 容量瓶中,分别用 5 mL甲醇冲洗具塞三角瓶 2 次后,转入 50 mL 容量瓶中并用甲醇定容至 50 mL,混匀后过滤膜(5.4),测甜菜碱的含量。对照标准工作溶液中甜菜碱的含量进行稀释。

7.3 测定

7.3.1 液相色谱参考条件

    a) 色谱柱:Rx SIL 色谱柱,柱长 150 mm,内径 4.6 mm,颗粒度 5.0 μm,或性能相当者;

    b) 流动相:乙腈＋水−80＋20(体积比);

    c) 进样量:10 μL;

    d) 柱温:30 ℃;

    e) 检测波长:196 nm。

7.3.2 标准工作曲线

标准工作溶液(5.3.2)注入高效液相色谱仪按照 7.3.1 的规定测定,以甜菜碱质量浓度为横坐标,响应的峰面积为纵坐标,绘制标准工作曲线和甜菜碱标准溶液色谱图(见附录 A)。

7.3.3 测定

取试样溶液进行测定,以标准样品色谱峰保留时间定性,以标准样品色谱峰峰面积和试样峰峰面积比较定量。

7.4 结果计算

试样中的甜菜碱含量以质量分数表示,按公式(1)计算。

$$\omega = \rho \times \frac{v}{m} \times f \times 100 \quad\cdots\cdots\cdots\cdots\cdots\cdots\cdots\cdots\cdots\cdots\cdots\cdots\cdots\cdots\cdots\cdots\cdots\cdots\cdots \quad (1)$$

式中:

  ω ——试样中甜菜碱含量的数值,单位为毫克每百克(mg/100g);

  ρ ——从标准曲线上得到的被测组分溶液质量浓度的数值,单位为毫克每毫升(mg/mL);

  f ——试样溶液稀释倍数;

  v ——试样溶液的定容体积的数值,单位为毫升(mL);

  m ——试样质量的数值,单位为克(g);

  100——单位转换系数。

以 2 次测定结果的算术平均值表示,结果保留 3 位有效数字。

8 精密度

8.1 重复性

在重复性条件下获得的 2 次独立测定结果的绝对差值不大于算术平均值的 10%。

8.2 再现性

在再现性条件下获得的 2 次独立测定结果的绝对差值不得超过算术平均值的 10%。

9 其他

9.1 检出限

当样品取样量为 5.0 g,定容体积为 50 mL 时;甜菜碱的检出限为 1.0 mg/100 g。

9.2 定量限

当样品取样量为 5.0 g,定容体积为 50 mL 时;甜菜碱的定量限为 3.0 mg/100 g。

附 录 A

（资料性）

甜菜碱标准工作溶液色谱图

甜菜碱标准工作溶液色谱图见图 A.1。

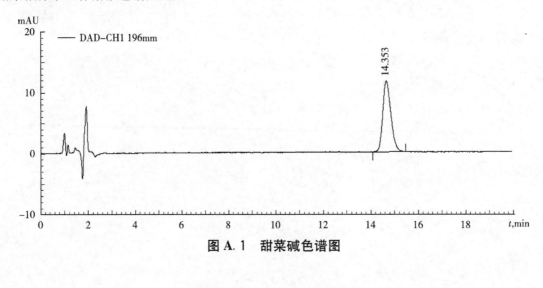

图 A.1 甜菜碱色谱图

ICS 65.020.01
CCS B 04

中华人民共和国农业行业标准

NY/T 4357—2023

植物源性食品中叶绿素的测定
高效液相色谱法

Determination of chlorophyll in foods of plant origin by high
performance liquid chromatography

2023-04-11 发布

2023-08-01 实施

中华人民共和国农业农村部 发布

前　言

本文件按照 GB/T 1.1—2020《标准化工作导则　第 1 部分:标准化文件的结构和起草规则》的规定起草。

请注意本文件的某些内容可能涉及专利。本文件的发布机构不承担识别专利的责任。

本文件由农业农村部农产品质量安全监管司提出。

本文件由农业农村部农产品营养标准专家委员会归口。

本文件起草单位:北京市营养源研究所有限公司、农业农村部食物与营养发展研究所、内蒙古蒙牛乳业(集团)股份有限公司、大连工业大学、北京工商大学、北京林业大学、北京市理化分析测试中心、北京市农林科学院农产品加工与食品营养研究所、北京东方倍力营养科技有限公司、安徽国泰众信检测技术有限公司、中国农业科学院农产品加工研究所。

本文件主要起草人:崔亚娟、朱大洲、孔凡华、张淏惟、赵祯、白沙沙、刘玉峰、许洪高、特日格乐、林立民、王佳、马利军、杜明、李赫、孟冬、杨清、贾丽、刘光敏、蒋峰、蒋彤、何涛、刘璇。

植物源性食品中叶绿素的测定 高效液相色谱法

1 范围

本文件规定了植物源性食品中叶绿素的高效液相色谱测定方法。

本文件适用于植物源性食品中叶绿素的测定。

2 规范性引用文件

下列文件中的内容通过文中的规范性引用而构成本文件必不可少的条款。其中,注日期的引用文件,仅该日期对应的版本适用于本文件;不注日期的引用文件,其最新版本(包括所有的修改单)适用于本文件。

GB/T 6682 分析实验室用水规格和试验方法

3 术语和定义

本文件没有需要界定的术语和定义。

4 原理

试样中的叶绿素经甲醇提取、浓缩后,经反相液相色谱柱分离,用紫外检测器或二极管阵列检测器检测;根据色谱峰的保留时间定性,外标法定量。

5 试剂和材料

除非另有说明,本方法所用试剂均为分析纯,水为 GB/T 6682 规定的一级水。

5.1 试剂

5.1.1 无水硫酸钠(Na_2SO_4)。

5.1.2 2,6-二叔丁基对甲酚($C_{15}H_{24}O$):简称 BHT。

5.1.3 甲醇(CH_3OH)。

5.1.4 甲醇(CH_3OH):色谱纯。

5.2 试剂配制

0.1% BHT 甲醇溶液:称取 0.1 g BHT(5.1.2)于烧杯中,用甲醇(5.1.3)溶解后,转移到 100 mL 容量瓶中,用甲醇(5.1.3)定容,混匀。

5.3 标准品

5.3.1 叶绿素 a($C_{55}H_{72}MgN_4O_5$,CAS 号:479-61-8),纯度≥95.0%,或经国家认证并授予标准物质证书的标准物质。

5.3.2 叶绿素 b($C_{55}H_{70}MgN_4O_6$,CAS 号:519-62-0),纯度≥95.0%,或经国家认证并授予标准物质证书的标准物质。

5.4 标准溶液配制

5.4.1 标准储备溶液(100 μg/mL):称取叶绿素 a 标准品、叶绿素 b 标准品各 5.00 mg(精确至 0.01 mg)分别置于烧杯中,用甲醇(5.1.4)溶解后,分别转移到 50 mL 棕色容量瓶中,用甲醇(5.1.4)定容。标准储备溶液置于棕色样品瓶中,充氮密闭,−18 ℃冰箱储存,有效期 3 个月。

5.4.2 混合标准工作溶液:分别移取叶绿素 a 标准储备溶液和叶绿素 b 标准储备溶液(5.4.1)0.10 mL、0.20 mL、0.50 mL、1.00 mL、2.00 mL、5.00 mL,混合于 10 mL 棕色容量瓶中,用甲醇(5.1.4)定容,得到浓度为 1.00 μg/mL、2.00 μg/mL、5.00 μg/mL、10.00 μg/mL、20.00 μg/mL、50.00 μg/mL 的系列混合

标准工作溶液,现用现配。

5.5 材料

5.5.1 有机系微孔滤膜:孔径为 0.45 μm。

5.5.2 反向液相色谱柱:C$_{18}$柱,5 μm,150 mm×4.6 mm(内径),或等效柱。

6 仪器与设备

6.1 天平:感量 0.000 1 g 和 0.000 01 g。

6.2 高效液相色谱仪:配有二极管阵列检测器或性能相当的检测器。

6.3 匀浆机。

6.4 高速粉碎机。

6.5 冷却水循环装置。

6.6 涡旋振荡器。

6.7 数控超声波清洗器。

6.8 高速离心机,转速≥6 000 r/min。

6.9 旋转蒸发仪。

6.10 氮吹仪。

7 分析步骤

7.1 试样制备

试样取可食部分经匀浆机匀浆或高速粉碎机粉碎均匀后,储存于样品瓶中,样品现用现制备。

7.2 试样处理

7.2.1 提取

若样品为深绿色,则称取 0.5 g～1.0 g(样品精确至 0.000 1 g)置于 50 mL 离心管中;若样品为绿色,称取 1.0 g～2.0 g(样品精确至 0.000 01 g)置于 50 mL 离心管中;若样品为浅绿色,称取 2.0 g～5.0 g(样品精确至 0.000 1 g)置于 50 mL 离心管中;其他样品则称取 5.0 g～10.0 g,置于 50 mL 离心管中。而后,若样品为液体,则加入无水硫酸钠(5.1.1)1 g,固体试样不需要加无水硫酸钠。然后,加入 0.1% BHT 甲醇溶液(5.2)15 mL,涡旋混匀,超声提取 2 min,8 000 r/min 离心 5 min,将上层溶液转移至 150 mL 旋转蒸发瓶内,重复提取 3 次,合并提取液于蒸发瓶内。

7.2.2 浓缩

将蒸发瓶接在旋转蒸发仪上,40 ℃水浴减压蒸馏,待瓶中萃取液剩下约 2 mL 时,取下蒸发瓶,立即用氮气吹至近干。用 0.1% BHT 甲醇溶液(5.2)洗出蒸馏瓶中的组分,转移到 5 mL 容量瓶中,用 0.1% BHT 甲醇溶液(5.2)定容。溶液过 0.45 μm 有机系微孔滤膜后,采用高效液相色谱仪测定叶绿素 a 和叶绿素 b 的含量,根据标准工作溶液中叶绿素 a 和叶绿素 b 的含量进行稀释。

不加试样,按同一操作方法做空白试验。

7.3 测定

7.3.1 仪器参考条件

7.3.1.1 反向液相色谱柱:C$_{18}$柱,5 μm,150 mm×4.6 mm(内径),或等效柱。

7.3.1.2 柱温:30 ℃。

7.3.1.3 流动相:甲醇。

7.3.1.4 流速:1.0 mL/min。

7.3.1.5 检测波长:叶绿素 a 为 665 nm,叶绿素 b 为 468 nm。

7.3.1.6 进样量:10 μL。

7.3.2 标准曲线的制作

将系列标准工作液分别注入液相色谱仪中,测定相应的峰面积;以标准工作液的浓度为横坐标,以峰面积为纵坐标,绘制标准曲线。

7.3.3 样品的测定

试样溶液经高效液相色谱仪分析,测得峰面积;根据标准溶液色谱峰的保留时间,对试样溶液的色谱峰进行定性,外标法定量。叶绿素 a、叶绿素 b 标准溶液液相色谱图见附录 A。

8 结果计算

试样中叶绿素 a、叶绿素 b 的质量分数按公式(1)计算。

$$\omega_i = \frac{\rho_i \times V}{m} \times f \quad\quad\quad\quad\quad\quad\quad (1)$$

式中:

ω_i——试样中叶绿素 a 或叶绿素 b 质量分数的数值,单位为毫克每千克(mg/kg);

ρ_i——根据标准曲线计算得到的叶绿素 a 或叶绿素 b 质量浓度的数值,单位为微克每毫升(μg/mL);

V——试样溶液定容体积的数值,单位为毫升(mL);

m——测试样品质量的数值,单位为克(g);

f——稀释倍数。

试样中总叶绿素的含量按公式(2)计算。

$$\omega = \omega_a + \omega_b \quad\quad\quad\quad\quad\quad\quad (2)$$

ω——试样中总叶绿素含量的数值,单位为毫克每千克(mg/kg);

ω_a——试样中叶绿素 a 含量的数值,单位为毫克每千克(mg/kg);

ω_b——试样中叶绿素 b 含量的数值,单位为毫克每千克(mg/kg);

以 2 次测定结果的算术平均值表示,计算结果保留 3 位有效数字。

9 精密度

9.1 重复性

在重复性条件下获得的 2 次独立测定结果的绝对差值不得超过算术平均值的 10%。

9.2 再现性

在再现性条件下获得的 2 次独立测定结果的绝对差值不得超过算术平均值的 10%。

10 检出限和定量限

当样品取样量为 10.0 g、定容体积为 5 mL 时;叶绿素 a 的检出限为 0.06 mg/kg,叶绿素 b 的检出限为 0.03 mg/kg。

当样品取样量为 10.0 g、定容体积为 5 mL 时;叶绿素 a 的定量限为 0.2 mg/kg,叶绿素 b 的定量限为 0.1 mg/kg。

附 录 A

（资料性）

叶绿素 a 和叶绿素 b 混合标准工作溶液高效液相色谱图

叶绿素 a 和叶绿素 b（浓度均为 10 μg/mL）混合标准工作溶液高效液相色谱图见图 A.1。

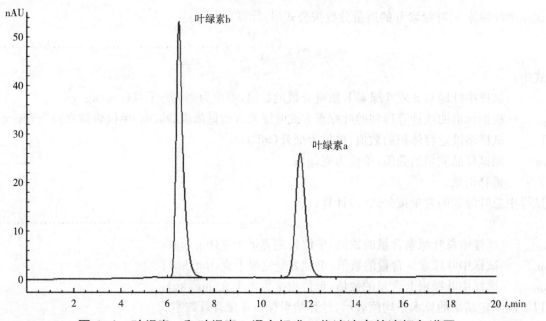

图 A.1 叶绿素 a 和叶绿素 b 混合标准工作溶液高效液相色谱图

ICS 65.020.01
CCS B 04

中华人民共和国农业行业标准

NY/T 4358—2023

植物源性食品中抗性淀粉的测定
分光光度法

Determination of resistant starch in foods of plant origin by
spectrophotometry method

2023-04-11 发布   2023-08-01 实施

中华人民共和国农业农村部 发布

前　言

本文件按照 GB/T 1.1—2020《标准化工作导则　第 1 部分：标准化文件的结构和起草规则》的规定起草。

请注意本文件的某些内容可能涉及专利。本文件的发布机构不承担识别专利的责任。

本文件由农业农村部农产品质量安全监管司提出。

本文件由农业农村部农产品营养标准专家委员会归口。

本文件起草单位：北京市营养源研究所有限公司、农业农村部食物与营养发展研究所、内蒙古蒙牛乳业（集团）股份有限公司、北京东方倍力营养科技有限公司、中国合格评定国家认可委员会、北京工商大学、北京市农林科学院农产品加工与食品营养研究所、大连工业大学、北京林业大学、安徽燕之坊食品有限公司、南京西麦大健康科技有限公司、华南理工大学、荃银祥玉（北京）生物科技有限公司、北京植本乐食品科技有限公司。

本文件主要起草人：崔亚娟、朱大洲、赵笑、孔凡华、杨春雪、白沙沙、刘玉峰、马利军、张慧萍、贺月恩、蒋峰、蒋彤、李宏、李赫、刘光敏、杜明、杨清、孟冬、安琪、刘井山、李璐、司琳媛、刘锐、张斌、李建华、王姝媛。

植物源性食品中抗性淀粉的测定　分光光度法

1　范围

本文件规定了植物源性食品中抗性淀粉的分光光度测定方法。

本文件适用于植物源性食品中抗性淀粉含量(1 g/100 g～70 g/100 g)的测定。

2　规范性引用文件

下列文件中的内容通过文中的规范性引用而构成本文件必不可少的条款。其中,注日期的引用文件,仅该日期对应的版本适用于本文件;不注日期的引用文件,其最新版本(包括所有的修改单)适用于本文件。

GB/T 6682　分析实验室用水规格和试验方法

3　术语和定义

本文件没有需要界定的术语和定义。

4　原理

猪胰腺 α-淀粉酶和淀粉葡萄糖苷酶将试样中非抗性淀粉酶解为葡萄糖,经乙醇洗涤,离心后得到粗抗性淀粉,氢氧化钾溶液将其溶解,加入淀粉葡萄糖苷酶将粗抗性淀粉酶解为葡萄糖,与葡萄糖氧化酶-过氧化物缩合生成红色醌类化合物,在 510 nm 处测其吸光度;吸光度值与抗性淀粉含量成正比。

5　试剂和材料

除非另有说明,本方法所用试剂均为分析纯,水为 GB/T 6682 规定的一级水。

5.1　试剂

5.1.1　氢氧化钠($NaOH$)。

5.1.2　氢氧化钾(KOH)。

5.1.3　二水合氯化钙($CaCl_2 \cdot 2H_2O$)。

5.1.4　磷酸二氢钾(KH_2PO_4)。

5.1.5　盐酸(HCl)。

5.1.6　马来酸($C_4H_4O_4$)。

5.1.7　4-氨基安替比林($C_{11}H_{13}N_3O$)。

5.1.8　对羟基苯甲酸($C_7H_6O_3$)。

5.1.9　无水乙醇(CH_3CH_2OH)。

5.1.10　冰乙酸(CH_3COOH)。

5.1.11　猪胰腺 α-淀粉酶:CAS 9000-90-2,≥5 U/mg,2 ℃～8 ℃冰箱储存。

5.1.12　淀粉葡萄糖苷酶:CAS 9032-08-0,3260 U/mL,4 ℃储存。

5.1.13　葡萄糖氧化酶:CAS 9001-37-0,238 U/mg,−20 ℃储存。

5.1.14　过氧化物酶:CAS 9003-99-0,≥300 U/mg,−20 ℃储存。

5.2　试剂配制

5.2.1　4.0 mol/L 氢氧化钠溶液:称取氢氧化钠(5.1.1)16 g,缓慢加入 60 mL 水,溶解后加水稀释至

100 mL,混匀。

5.2.2 2.0 mol/L 氢氧化钠溶液:称取氢氧化钠(5.1.1)8 g,缓慢加入 60 mL 水,溶解后加水稀释至 100 mL,混匀。

5.2.3 2.0 mol/L 氢氧化钾溶液:称取氢氧化钾(5.1.2)11.22 g,缓慢加入 60 mL 水,溶解后加水稀释至 100 mL,混匀。

5.2.4 2.0 mol/L 盐酸溶液:量取盐酸(5.1.5)18 mL,缓慢加入 60 mL 水中,混合均匀后加水稀释至 100 mL。

5.2.5 100 mmol/L 马来酸钠缓冲液:称取马来酸(5.1.6)23.2 g 溶于 1 600 mL 水中,用 4 mol/L 氢氧化钠溶液(5.2.1)调至 pH=6.0,再加入二水合氯化钙(5.1.3)0.6 g,加水稀释至 2 000 mL。

5.2.6 1.2 mol/L 乙酸钠缓冲液:量取冰乙酸(5.1.10)70 mL 至 800 mL 水中,用 4 mol/L 氢氧化钠溶液(5.2.1)调至 pH=3.8,加入稀释定容至 1 000 mL。

5.2.7 100 mmol/L 乙酸钠缓冲液:吸取冰乙酸(5.1.10)580 uL 至 90 mL 水中,用 4 mol/L 氢氧化钠溶液(5.2.1)调至 pH=4.5,加入稀释定容至 100 mL。

5.2.8 50%乙醇溶液:量取无水乙醇(5.1.9)250 mL,用水稀释并定容至 500 mL,混匀。

5.2.9 300 U/mL 淀粉葡萄糖苷酶储备液:吸取淀粉葡萄糖苷酶(5.1.12)2.0 mL 用马来酸钠缓冲液(5.2.5)稀释至 22 mL,分装于聚丙烯塑料管,放于−20 ℃保存。

5.2.10 混合酶溶液[猪胰腺 α-淀粉酶(30 U/mL)+淀粉葡萄糖苷酶(3 U/mL)]:称取猪胰腺 α-淀粉酶(5.1.11)1.0 g 溶于 100 mL 马来酸钠缓冲液(5.2.5)中,搅拌 5 min。加入淀粉葡萄糖苷酶 1.0 mL 使用液(5.2.9),混匀后,3 000 r/min 离心 10 min,取上清液。现用现配。

5.2.11 GOPOD-氨基安替比林储备液:称取磷酸二氢钾(5.1.4)13.60 g、氢氧化钠(5.1.1)4.2 g 和对羟基苯甲酸 3.0 g(5.1.8)至 90 mL 水中溶解,混匀,用盐酸溶液(5.2.4)或 2 mol/L 氢氧化钠(5.2.2)溶液调节溶液至 pH=7.4,加水稀释定容至 100 mL。

5.2.12 GOPOD-氨基安替比林混合液:量取 GOPOD-氨基安替比林储备液(5.2.11)50 mL,加入 800 mL 水混匀,加入葡萄糖氧化酶(5.1.13)505 mg、过氧化物酶(5.1.14)2.2 mg 和 4-氨基安替比林(5.1.7)81.3 mg,混匀,加水稀释定容至 1 000 mL,−20 ℃避光保存。

5.3 标准品

D-葡萄糖($C_6H_{12}O_6$,CAS 号:50-99-7),纯度≥99.5%(GC)或经国家认证并授予标准物质证书的标准物质。

5.4 标准溶液配制

D-葡萄糖标准工作液(1.0 mg/mL):称取 D-葡萄糖标准品 10.00 mg(精确至 0.01 mg),用水溶解后转移至 10 mL 容量瓶中,定容,现用现配。

6 仪器与设备

6.1 紫外可见分光光度计。

6.2 分析天平:感量 0.000 1 g 和 0.000 01 g。

6.3 离心机,转速 ≥3 000 r/min。

6.4 pH 计。

6.5 匀浆机。

6.6 涡旋振荡器。

6.7 磨粉机。

6.8 水浴锅:控温范围在 30 ℃～100 ℃,温度波动±1 ℃。

6.9 恒温水浴摇床:可设定为 100 次/min 直线运动,控温范围在室温 5 ℃～100 ℃,温度波动±1 ℃。

7 分析步骤

7.1 试样制备

固体试样经粉碎、碾磨,过 1 mm 筛(16 目),混匀后备用;其余试样经匀浆机匀浆混匀后备用。

7.2 试样处理

7.2.1 称样

称取固体试样 100 mg(精确至 0.000 1 g),其余试样称取 500 mg(精确至 0.000 1 g),两份试样质量差≤5 mg。

7.2.2 去除非抗性淀粉

将试样转置离心管(带有螺旋帽)中,加入 4.0 mL 混合酶溶液(5.2.10),旋紧盖子,振荡器混匀。将离心管卧式放入恒温水浴摇床,37 ℃振荡,孵育 16 h。取出,离心管中加入 4.0 mL 无水乙醇(5.1.9),涡旋振荡 1 min,3 000 r/m 离心 5 min。弃上清液,加入 8.0 mL 乙醇溶液(5.2.8),涡旋振荡混匀,3 000 r/m 离心 5 min。弃上清液,重复上述重悬浮和离心步骤 2 次,离心管中沉淀物为粗抗性淀粉。

7.2.3 抗性淀粉的水解

离心管中加入 2.0 mL 氢氧化钾溶液(5.2.3),涡旋混匀,冰水浴 20 min,其间搅拌 4 次。迅速向离心管中加入 8.0 mL 乙酸钠缓冲液(5.2.6),涡旋混匀;加入 0.1 mL 淀粉葡萄糖苷酶(5.1.12),旋紧盖子,涡旋混匀。将离心管放置 50 ℃水浴锅孵育 30 min。取出离心管放置室温。对于抗性淀粉含量＜10％的待测液于 3 000 r/m 离心 5 min。对于抗性淀粉含量≥10％待测液全部转移至 100 mL 容量瓶,定容,定性滤纸过滤到 50 mL 离心管中。

7.2.4 测定

分别吸取 0.10 mL 试样上清液、D-葡萄糖标准工作液和乙酸钠缓冲液(5.2.7)于 10 mL 玻璃试管中,加入 3.0 mL GOPOD-氨基安替比林混合液(5.2.12),混匀,50 ℃孵育 20 min 后取出,以乙酸钠缓冲溶液作为空白溶液进行调零点,在 510 nm 处测定试样和 D-葡萄糖标准比色液相对于空白溶液的吸光度值。在 GOPOD 反应中 100 μg D-葡萄糖的吸光度值是可确定的。

8 结果计算

试样中抗性淀粉含量≥10 g/100 g 按公式(1)计算;试样中抗性淀粉含量＜10 g/100g 按公式(2)计算。

$$\omega = \frac{\Delta E \times F \times 100 \times 100 \times 162}{0.1 \times m \times 1000 \times 180} \quad \cdots\cdots\cdots\cdots\cdots\cdots\cdots\cdots\cdots \quad (1)$$

式中:

ω ——试样中抗性淀粉含量的数值,单位为克每百克(g/100g);

ΔE ——空白溶液的吸光度值;

F ——从吸光度值转换到质量的系数数值,单位为微克(μg);

100 ——样品的定容体积的数值,单位为毫升(mL);

100 ——单位转换系数;

0.1 ——测定的取样体积的数值,单位为毫升(mL);

m ——试样的质量的数值,单位为毫克(mg);

1 000 ——单位转换系数;

162/180 ——游离 D-葡萄糖转换到淀粉中存在的无结晶水-D-葡萄糖的换算系数。

$$\omega = \frac{\Delta E \times F \times 10.3 \times 100 \times 162}{0.1 \times m \times 1000 \times 180} \quad \cdots\cdots\cdots\cdots\cdots\cdots\cdots\cdots\cdots \quad (2)$$

式中:

10.3——样品测定的最终体积的数值,单位为毫升(mL)。

计算结果保留 3 位有效数字。

9 精密度

当样品中抗性淀粉含量≥2.00 g/100 g时,重复性条件下获得的2次独立测定结果的绝对差值不得超过算术平均值的5%。

当样品中抗性淀粉含量<2.00 g/100 g时,重复性条件下获得的2次独立测定结果的绝对差值不得超过算术平均值的10%。

10 检出限和定量限

样品中抗性淀粉的检出限为0.6 g/100 g;样品中抗性淀粉的定量限为1.0 g/100 g。

ICS 67.060
CCS B 22

中华人民共和国农业行业标准

NY/T 4431—2023

薏苡仁中多种酯类物质的测定
高效液相色谱法

Determination of esters in job's tears high-performance liquid
chromatography method

2023-12-22 发布

2024-05-01 实施

中华人民共和国农业农村部 发布

前　言

本文件按 GB/T 1.1—2020《标准化工作导则　第 1 部分:标准化文件的结构和起草规则》的规定起草。

请注意本文件的某些内容可能涉及专利。本文件的发布机构不承担识别专利的责任。

本文件由农业农村部种植业管理司提出并归口。

本文件起草单位:农业农村部稻米及制品质量监督检验测试中心、中国水稻研究所。

本文件主要起草人:孙成效、于永红、方长云、胡贤巧、章林平、朱智伟。

薏苡仁中多种酯类物质的测定 高效液相色谱法

1 范围

本文件确立了薏苡仁中甘油三亚油酸酯、1,2-亚油酰-3-油酰反式甘油、1,2-亚油酸-3-棕榈酸-甘油酯、1,2-油酸-3-亚油酸甘油酯、1-棕榈酸-2-油酸-3-亚油酸甘油酯、甘油三油酸酯和1,2-油酸-3-棕榈酸甘油酯等多种酯类物质含量的高效液相色谱测定方法。

本文件适用于薏苡仁中多种酯类物质含量的测定。

2 规范性引用文件

下列文件中的内容通过文中的规范性引用而构成本文件必不可少的条款。其中,注日期的引用文件,仅该日期对应的版本适用于本文件;不注日期的引用文件,其最新版本(包括所有的修改单)适用于本文件。

GB 5009.3 食品中水分的测定

GB/T 6682 分析实验室用水规格和试验方法

3 术语和定义

本文件中没有需要界定的术语和定义。

4 原理

薏苡仁试样中的酯类物质用异丙醇-乙腈混合溶液振荡提取,采用高效液相色谱-蒸发光散射检测器测定,保留时间定性,外标法定量。

5 试剂和材料

除另有规定外,所用试剂均为分析纯,水为符合 GB/T 6682 中规定的一级水。

5.1 异丙醇(C_3H_8O,CAS 号:67-63-0):色谱纯。

5.2 乙腈(C_2H_3N,CAS 号:75-05-8):色谱纯。

5.3 混合提取液:量取 400 mL 异丙醇(5.1)和 600 mL 乙腈(5.2)混匀,用有机相滤膜过滤。

5.4 标准品(纯度均≥95%)

5.4.1 甘油三亚油酸酯($C_{57}H_{98}O_6$,CAS 号:537-40-6)。

5.4.2 1,2-亚油酰-3-油酰反式甘油($C_{57}H_{100}O_6$,CAS 号:2190-21-8)。

5.4.3 1,2-亚油酸-3-棕榈酸-甘油酯($C_{55}H_{98}O_6$,CAS 号:2190-15-0)。

5.4.4 1,2-油酸-3-亚油酸甘油酯($C_{57}H_{102}O_6$,CAS 号:2190-20-7)。

5.4.5 1-棕榈酸-2-油酸-3-亚油酸甘油酯($C_{55}H_{100}O_6$,CAS 号:1587-93-5)。

5.4.6 甘油三油酸酯($C_{17}H_{33}COOCH_2)_2CHOCOC_{17}H_{33}$,CAS 号:122-32-7)。

5.4.7 1,2-油酸-3-棕榈酸甘油酯($C_{55}H_{102}O_6$,CAS 号:2190-30-9)。

5.5 标准溶液配制

5.5.1 标准储备液:准确称取 50.00 mg(精确至 0.01 mg)的各酯类物质标准品,分别用混合提取液(5.3)定容至 10 mL,配成浓度为 5.00 mg/mL 的标准储备溶液。分别移取 2.00 mL、3.00 mL、2.00 mL、6.00 mL、1.50 mL、2.40 mL、2.00 mL 的甘油三亚油酸酯、1,2-亚油酰-3-油酰反式甘油、1,2-亚油酸-3-棕榈酸-甘油酯、1,2-油酸-3-亚油酸甘油酯、1-棕榈酸-2-油酸-3-亚油酸甘油酯、甘油三油酸酯和1,2-油酸-3-棕榈酸甘油酯单一标准溶液于 20 mL 容量瓶内,用混合提取液(5.3)定容至 20 mL。于 4 ℃下,储存于密闭的棕色玻璃瓶中,保存有效期为 3 个月。

5.5.2 混合标准工作液:分别准确移取 1.00 mL、2.50 mL、5.00 mL、7.50 mL 和 10.00 mL 的标准储备液(5.5.1)于 4 个 10 mL 的容量瓶中,用混合提取液(5.3)定容至刻度,得到混合标准工作溶液,现用现配。

5.6 微孔滤膜:0.45 μm,有机相。

6 仪器和设备

6.1 高效液相色谱仪:带有蒸发光散射检测器(ELSD)。

6.2 分析天平:感量为 0.001 g 和 0.0001 g。

6.3 谷物粉碎机。

6.4 摇床。

7 试样制备

取薏苡仁样品 500 g,去除杂质,磨成粉末,过 250 μm 孔径筛,混合均匀,装入洁净的盛样袋内,备用。待测试样同时按照 GB 5009.3 规定的方法测定水分含量。

8 分析步骤

8.1 提取

称取 2 g(准确至 0.001 g)薏苡仁粉试样于 50 mL 具塞三角瓶中,准确加入 25.0 mL 混合提取液(5.3),置于振荡摇床以 150 r/min 振荡提取 30 min。

8.2 净化

提取液用中性滤纸过滤,滤液过 0.45 μm 的有机相滤膜,待测。

8.3 测定

8.3.1 液相色谱参考条件

a) 色谱柱:反向 C_{18} 色谱柱(250 mm×4.6 mm,5.0 μm),或者性能相当者;

b) 流动相:混合提取液(5.3),采用等度洗脱;

c) 流动相流速:1.0 mL/min;

d) 柱温:30 ℃;

e) 进样量:20 μL。

8.3.2 标准曲线

取混合标准工作液(5.5.2),在 8.3.1 的条件下,按照浓度由低到高依次进样测定,以各酯类物质的面积和浓度按照公式(1)计算并作图,得到标准曲线中七种酯类物质色谱图,见附录 A。

$$Y = b \times X^a \quad \cdots\cdots\cdots\cdots\cdots\cdots\cdots\cdots\cdots\cdots\cdots\cdots\cdots\cdots (1)$$

式中:

Y ——峰面积;

a,b——a,b 为与蒸发室温度、流动相性质等检测条件有关的常数;

X ——标准溶液中各种酯类物质含量的数值,单位为毫克每毫升(mg/mL);

按照仪器数据处理软件的处理方式不同,也可以作对数方程,即 $\lg Y = \lg b + a \cdot \lg X$。

8.3.3 定量测定

取试样溶液进样测定,从标准曲线得到样液中各种酯类物质浓度。试样溶液中各酯类物质的响应值应均在标准曲线线性范围内;如果超出线性范围,应用混合溶液(5.3)进行适当稀释后进样测定。样品溶液分别注入液相色谱仪中按照 8.3.1 所列色谱参考条件进行测定。

9 结果计算

试样中单一酯类物质的含量以质量分数 w 计,数值以毫克每克(mg/g)表示,按公式(2)计算。

$$w_i = \frac{c_i \times V}{m} \times \frac{100}{100-s} \times f \quad \cdots\cdots\cdots\cdots\cdots\cdots\cdots\cdots\cdots\cdots\cdots\cdots\cdots\cdots\cdots\cdots\cdots (2)$$

式中：

w_i ——试液中单一酯类物质质量浓度的数值，单位为毫克每克（mg/g）；

c_i ——根据标准曲线计算出的提取液中酯类物质含量的数值，单位为毫克每毫升（mg/mL）；

V ——提取液定容体积的数值，单位为毫升（mL）；

m ——试样质量的数值，单位为克（g）；

s ——试样水分含量的数值，单位为百分号（%）；

f ——稀释倍数。

计算结果保留 3 位有效数字。

10 精密度

10.1 在重复性条件下，获得的 2 次独立测试结果的绝对差值不大于这 2 个测定值的算术平均值的 10%。

10.2 在再现性条件下，获得的 2 次独立测试结果的绝对差值不大于这 2 个测定值的算术平均值的 20%。

11 检出限和定量限

薏苡仁样品以称样量 2 g 计算，7 种酯类物质的方法检出限和定量限应符合附录 B 的要求。

附　录　A
（资料性）
标准溶液中 7 种酯类物质色谱图

标准溶液中 7 种酯类物质的色谱图见图 A.1。

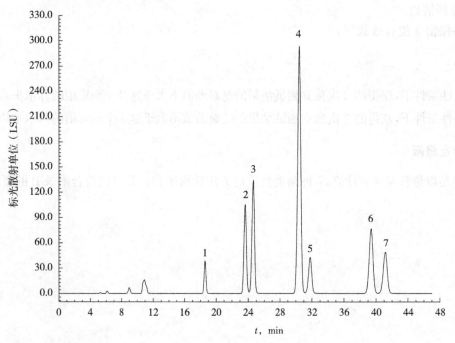

标引序号说明：

1——甘油三亚油酸酯，浓度 0.500 mg/mL；

2——1,2-亚油酰-3-油酰反式甘油，浓度 0.750 mg/mL；

3——1,2-亚油酸-3-棕榈酸-甘油酯，浓度 0.500 mg/mL；

4——1,2-油酸-3-亚油酸甘油酯，浓度 1.50 mg/mL；

5——1-棕榈酸-2-油酸-3-亚油酸甘油酯，浓度 0.375 mg/mL；

6——甘油三油酸酯，浓度 0.600 mg/mL；

7——1,2-油酸-3-棕榈酸甘油酯，浓度 0.500 mg/mL。

图 A.1　标准溶液中 7 种酯类物质的色谱图

附　录　B

（规范性）

薏苡仁样品中 7 种酯类物质测定的检出限和定量限

薏苡仁样品中 7 种酯类物质测定的检出限和定量限见表 B.1。

表 B.1　薏苡仁样品中 7 种酯类物质测定的检出限和定量限

酯类物质名称	检出限,mg/g	定量限,mg/g
甘油三亚油酸酯	0.6	1.9
1,2-亚油酰-3-油酰反式甘油	0.4	1.4
1,2-亚油酸-3-棕榈酸-甘油酯	0.2	0.8
1,2-油酸-3-亚油酸甘油酯	0.4	1.4
1-棕榈酸-2-油酸-3-亚油酸甘油酯	0.4	1.2
甘油三油酸酯	0.4	1.3
1,2-油酸-3-棕榈酸甘油酯	0.4	1.4

ICS 67.120.10
CCS B 45

中华人民共和国农业行业标准

NY/T 4437—2023

畜肉中龙胆紫的测定
液相色谱-串联质谱法

Determination of crystal violet in livestock meat—
Liquid chromatography with tandem-mass spectrometry method

2023-12-22 发布　　　　　　　　　　　　2024-05-01 实施

中华人民共和国农业农村部 发布

NY/T 4437—2023

前　言

本文件按照 GB/T 1.1—2020《标准化工作导则　第 1 部分:标准化文件的结构和起草规则》的规定起草。

请注意本文件的某些内容可能涉及专利。本文件的发布机构不承担识别专利的责任。

本文件由农业农村部畜牧兽医局提出。

本文件由全国屠宰加工标准化技术委员会(SAC/TC 516)归口。

本文件起草单位:中国农业科学院农产品加工研究所、北京市农产品质量安全中心、赤峰市动物疫病预防控制中心、安徽省兽药饲料监察所、食药环检验研究院(山东)集团有限公司、日照高新区河山镇农业综合服务中心、海南省动物疫病预防控制中心、北京市畜牧总站、苏州市动物疫病预防控制中心、山东百脉泉酒业股份有限公司、北京英太格瑞检测技术有限公司、济南市历城区综合检验检测中心。

本文件主要起草人:单吉浩、温雅君、斯琴图雅、吴昊、刘莹莹、刘伟、刘发全、胡明霞、李庆霞、杨信、徐迪、李建勋、李复煌、顾津僮、毕言锋、卢培培、叶丰、何月新、周晓倩、徐宏、汪慧慧、马少红。

畜肉中龙胆紫的测定　液相色谱-串联质谱法

1　范围

本文件描述了畜肉中龙胆紫及其分解物隐性龙胆紫的液相色谱-串联质谱测定方法。

本文件适用于猪肉、牛肉、羊肉、驴肉和马肉中龙胆紫及其分解物隐性龙胆紫的测定。

2　规范性引用文件

下列文件中的内容通过文中的规范性引用而构成本文件必不可少的条款。其中，注日期的引用文件，仅该日期对应的版本适用于本文件；不注日期的引用文件，其最新版本（包括所有的修改单）适用于本文件。

GB/T 6682　分析实验室用水规格和试验方法

3　术语和定义

本文件没有需要界定的术语和定义。

4　原理

试样中的龙胆紫及其分解物隐性龙胆紫用乙腈提取，经混合阳离子固相柱净化，液相色谱-串联质谱仪测定，内标法定量。

5　试剂和材料

除非另有规定，在分析中仅使用分析纯试剂，水为符合 GB/T 6682 规定的一级水。

5.1　试剂

5.1.1　乙腈（CH_3CN）：色谱纯。

5.1.2　甲酸（HCOOH）：色谱纯。

5.1.3　甲醇（CH_3OH）。

5.1.4　乙酸铵（CH_3COONH_4）：色谱纯。

5.1.5　乙酸（CH_3COOH）。

5.2　溶液的配制

5.2.1　2%甲酸溶液：取 2 mL 甲酸（5.1.2），用水稀释至 100 mL。

5.2.2　2%甲酸-乙腈溶液：取 2 mL 甲酸（5.1.2），用乙腈（5.1.1）稀释至 100 mL。

5.2.3　乙酸铵溶液（5 mmol/L，pH 7.0）：取 0.38 g 乙酸铵，用水溶解并稀释至 900 mL，用乙酸（5.1.5）调 pH 至 7.0，用水稀释至 1 000 mL。

5.2.4　5%乙酸铵-甲醇溶液：取 5 mL 乙酸铵溶液（5.2.3），用甲醇（5.1.3）稀释至 100 mL。

5.2.5　乙酸铵-乙腈溶液：取 100 mL 乙酸铵溶液（5.2.3），加 100 mL 乙腈（5.1.1）。

5.2.6　0.1%甲酸-乙酸铵溶液：取 1 mL 甲酸（5.1.2），用乙酸铵溶液（5.2.3）稀释至 1 000 mL。

5.2.7　0.1%甲酸-乙腈溶液：取 1 mL 甲酸（5.1.2），用乙腈溶液（5.1.1）稀释至 1 000 mL。

5.3　标准品

龙胆紫和隐性龙胆紫及 2 种同位素内标物标准品：纯度≥97%，中英文名称、CAS 号、分子式见附录 A。

5.4　标准溶液的制备

5.4.1 混合标准储备溶液(1 mg/mL):分别称取各 10 mg(精确至 0.1 mg)龙胆紫标准品和隐性龙胆紫标准品,用乙腈(5.1.1)溶解并定容至 10 mL 棕色容量瓶中,配制成浓度为 1 mg/mL 的混合标准储备溶液,于−18 ℃以下避光保存,有效期 6 个月。

5.4.2 混合标准中间溶液(10 μg/mL):准确移取 0.1 mL 混合标准储备溶液(5.4.1),用乙腈(5.1.1)稀释并定容至 10 mL 棕色容量瓶中,配制成浓度为 10 μg/mL 的混合标准中间溶液,于−18 ℃以下避光保存,有效期 3 个月。

5.4.3 混合标准工作溶液(100 ng/mL):准确移取 0.1 mL 混合标准中间溶液(5.4.2),用乙腈(5.1.1)稀释并定容至 10 mL 棕色容量瓶中,于 0 ℃~4 ℃避光保存,有效期 1 个月。

5.4.4 混合同位素内标标准储备溶液(1 mg/mL):分别称取各 10 mg(精确至 0.1 mg)龙胆紫-D₈标准品和隐性龙胆紫-D₆标准品(5.3),用乙腈(5.1.1)溶解并定容至 10 mL 棕色容量瓶中,配制成浓度为 1 mg/mL 的混合同位素内标标准储备溶液,于−18 ℃以下避光保存,有效期 6 个月。

5.4.5 混合同位素内标标准中间溶液(10 μg/mL):准确移取 0.1 mL 混合同位素内标标准储备溶液(5.4.4),用乙腈(5.1.1)稀释并定容至 10 mL 棕色容量瓶中,配制成浓度为 10 μg/mL 的混合同位素内标标准中间溶液,于−18 ℃以下避光保存,有效期 3 个月。

5.4.6 混合同位素内标标准工作溶液(100 ng/mL):准确移取 0.1 mL 混合同位素内标标准中间溶液(5.4.5),用乙腈(5.1.1)稀释并定容至 10 mL 棕色容量瓶中,配制成浓度为 100 ng/mL 的混合同位素内标标准工作溶液,于 0 ℃~4 ℃避光保存,有效期 1 个月。

5.5 材料

5.5.1 陶瓷均质子。

5.5.2 混合阳离子固相萃取小柱:60 mg/3 mL,或相当者。

5.5.3 微孔滤膜:0.22 μm,有机系。

6 仪器设备

6.1 液相色谱-串联质谱仪:配电喷雾离子源(ESI)。

6.2 天平:感量 0.01 g 和 0.000 01 g。

6.3 pH 计。

6.4 涡旋振荡器。

6.5 超声波仪。

6.6 离心机:转速≥8 000 r/min,温度可调范围 0 ℃~4 ℃。

6.7 固相萃取装置。

6.8 氮吹仪。

7 试样的制备与保存

7.1 试样制备

取适量新鲜或解冻的空白或供试组织,绞碎,并使均质。
a) 取均质后的供试样品,作为供试试样;
b) 取均质后的空白样品,作为空白试样;
c) 取均质后的空白样品,添加适宜浓度的混合标准工作溶液,作为空白添加试样。

7.2 试样保存

−18 ℃以下保存。

8 测定步骤

8.1 提取

称取 5 g 试样(精确至±0.05 g)于 50 mL 具塞离心管内,加入 2 粒陶瓷均质子,加 10 mL 乙腈 (5.1.1)和 200 μL 混合同位素内标标准工作溶液(5.4.6),加盖涡旋振荡 5 min,用超声波仪超声 10 min, 5 000 r/min 低温(0 ℃~4 ℃)离心 5 min,上清液转移至 25 mL 的比色管中;再向离心管中加入 10 mL 乙 腈(5.1.1),涡旋振荡 5 min,重复上述超声提取和离心,将上清液合并至同一比色管中,用乙腈(5.1.1)定 容至 25.0 mL,摇匀,作为备用液。

8.2 净化

取混合阳离子固相萃取小柱,依次用 3 mL 乙腈(5.1.1)和 3 mL 2%的甲酸溶液(5.2.1)活化。移取 5.00 mL 上述备用液过混合阳离子固相萃取小柱,依次用 2 mL 2%甲酸-乙腈溶液(5.2.2)和 6 mL 乙腈 (5.1.1)淋洗混合阳离子固相萃取小柱,弃去流出液,抽干,用 4 mL 5%乙酸铵-甲醇溶液(5.2.4)洗脱。 过柱流速控制为 1 mL/min,收集洗脱液,45 ℃下氮气吹至干后,加 2.0 mL 乙酸铵-乙腈溶液(5.2.5)溶 解,涡旋混匀,过 0.22 μm 滤膜后供液相色谱-串联质谱仪测定。

8.3 标准曲线的制备

准确移取混合标准工作溶液(5.4.3)和混合同位素内标标准工作溶液(5.4.6)适量,用乙酸铵-乙腈溶 液(5.2.5)稀释,配制成龙胆紫和隐性龙胆紫浓度分别为 0.5 μg/L、1.0 μg/L、2.0 μg/L、10 μg/L 和 50 μg/L(2 种同位素内标物浓度均为 2 μg/L)的系列标准溶液,临用现配,供液相色谱-串联质谱仪测定。 以标准物特征离子色谱峰的峰面积与同位素内标物特征离子色谱峰的峰面积比值为纵坐标、相应的标准 溶液浓度为横坐标、绘制标准工作曲线,求回归方程和相关系数。

8.4 测定

8.4.1 液相色谱参考条件

液相色谱参考条件如下:

a) 色谱柱:C_{18}柱(100 mm×2.1 mm,粒径 2.7 μm),或相当者;
b) 流动相 A 为 0.1%甲酸-乙腈溶液(5.2.7),流动相 B 为 0.1%甲酸-乙酸铵溶液(5.2.6),梯度洗 脱条件见表 1;
c) 流速:0.4 mL/min;
d) 柱温:40 ℃;
e) 进样量:2 μL。

表 1 液相色谱梯度洗脱条件

时间,min	0.1%甲酸-乙腈,%	0.1%甲酸-乙酸铵溶液,%
0	10	90
2.0	80	20
3.0	90	10
5.0	90	10
5.1	10	90
7.0	10	90

8.4.2 质谱参考条件

质谱参考条件如下:

a) 离子源:电喷雾离子源(ESI);
b) 扫描方式:正离子扫描;
c) 毛细管电压:3 500 V;
d) 离子源温度:150 ℃;
e) 雾化器压力:40 psi;
f) 脱溶剂气温度:325 ℃;
g) 脱溶剂气:氮气 15 L/min;
h) 监测方式:多反应监测(MRM);

i) 监测离子对、裂解电压和碰撞能量见表 2。

表 2　龙胆紫和隐性龙胆紫及 2 种同位素内标物的监测离子对、裂解电压和碰撞能量

化合物	定性离子对，m/z	定量离子对，m/z	裂解电压，V	碰撞能量，eV
龙胆紫	372.1＞356.0	372.1＞356.0	380	50
	372.1＞340.0		380	65
龙胆紫-D_6	378.1＞362.3	378.1＞362.3	380	38
隐性龙胆紫	374.2＞358.0	374.2＞358.0	380	35
	374.2＞238.0		380	30
隐性龙胆紫-D_6	380.1＞364.4	380.1＞364.4	380	50

8.4.3　测定法

8.4.3.1　定性测定

在同样测试条件下，试样溶液中龙胆紫和隐性龙胆紫的保留时间与标准溶液中龙胆紫和隐性龙胆紫的保留时间相比，偏差在±2.5%以内。试样溶液中的相对离子丰度应与浓度相当的校正标准溶液相对离子丰度一致，允许偏差应符合表 3 的规定。

表 3　定性确证时相对离子丰度的允许偏差

单位为百分号

相对离子丰度	允许偏差
＞50	±20
＞20～50	±25
＞10～20	±30
≤10	±50

8.4.3.2　定量测定

取试样溶液和相应的标准溶液，作单点或多点校准，按内标法以色谱峰面积定量，定量离子采用丰度最大的二级特征离子碎片。标准溶液及试样溶液中龙胆紫和隐性龙胆紫与其相应同位素内标峰面积比均应在仪器检测的线性范围内。对于残留量超出仪器线性范围的，在提取时根据目标物浓度相应增加同位素内标工作溶液的添加量，使试样溶液稀释后龙胆紫和隐性龙胆紫的浓度在曲线范围之内，对应同位素内标浓度与标准工作溶液一致。标准溶液特征离子质量色谱图见附录 B。

8.5　空白试验

取空白试样，除不添加龙胆紫和隐性龙胆紫外，采用完全相同的测定步骤进行平行操作。

9　结果计算和表述

多点校准按公式（1）计算，单点校准按公式（2）计算。

$$X = \frac{\rho \times V_1 \times V \times 1000}{V_2 \times m \times 1000} \quad\cdots\cdots\cdots\cdots\cdots\cdots\cdots\cdots (1)$$

式中：

X ——试样中龙胆紫或隐性龙胆紫含量的数值，单位为微克每千克（$\mu g/kg$）；

ρ ——从标准曲线查得的试样溶液中龙胆紫或隐性龙胆紫质量浓度的数值，单位为微克每升（$\mu g/L$）；

V_1 ——备用液体积的数值，单位为毫升（mL）；

V ——上机前定容体积的数值，单位为毫升（mL）；

V_2 ——过固相小柱备用液体积的数值，单位为毫升（mL）；

m ——试样质量的数值，单位为克（g）。

$$X = \frac{C_s \times C_{is} \times A_i \times A'_{is} \times V_1 \times V \times 1000}{C'_{is} \times A_s \times A_{is} \times V_2 \times m \times 1000} \quad\cdots\cdots\cdots\cdots (2)$$

式中：

X ——试样中龙胆紫或隐性龙胆紫含量的数值，单位为微克每千克($\mu g/kg$)；

C_s ——标准溶液中龙胆紫或隐性龙胆紫浓度的数值，单位为微克每升($\mu g/L$)；

C_{is} ——试样溶液中龙胆紫或隐性龙胆紫同位素内标浓度的数值，单位为微克每升($\mu g/L$)；

C'_{is} ——标准溶液中龙胆紫或隐性龙胆紫同位素内标浓度的数值，单位为微克每升($\mu g/L$)；

A_i ——试样溶液中龙胆紫或隐性龙胆紫的峰面积；

A_{is} ——试样溶液中龙胆紫或隐性龙胆紫同位素内标的峰面积；

A_s ——标准溶液中龙胆紫或隐性龙胆紫的峰面积；

A'_{is} ——标准溶液中龙胆紫或隐性龙胆紫同位素内标的峰面积；

V_1 ——备用液体积的数值，单位为毫升(mL)；

V ——上机前定容体积的数值，单位为毫升(mL)；

V_2 ——过固相小柱备用液体积的数值，单位为毫升(mL)；

m ——试样质量的数值，单位为克(g)。

计算结果扣除空白值，测定结果用平行测定的算术平均值表示，保留 3 位有效数字。

10 灵敏度、准确度和精密度

10.1 灵敏度

本方法检出限为 0.50 $\mu g/kg$，方法定量限为 1.00 $\mu g/kg$。

10.2 准确度

本方法在 1.00 $\mu g/kg$ ~10.0 $\mu g/kg$ 的添加浓度范围内，回收率为 80%~110%。

10.3 精密度

在重复性条件下获得的 2 次独立的测试结果的绝对差值不大于算术平均值的 15%。

附 录 A

（资料性）

龙胆紫和隐性龙胆紫及 2 种同位素内标物的中英文名称、CAS 号和分子式

龙胆紫和隐性龙胆紫及 2 种同位素内标物的中英文名称、CAS 号和分子式见表 A.1。

表 A.1　龙胆紫和隐性龙胆紫及 2 种同位素内标物的中英文名称、CAS 号和分子式

序号	中文名称	英文名称	CAS 号	分子式
1	龙胆紫	Crystal violet	548-62-9	$C_{25}H_{30}ClN_3$
2	隐性龙胆紫	Leucocrystal violet	603-48-5	$C_{25}H_{31}N_3$
3	龙胆紫-D_6	Crystal violet-D_6	1266676-01-0	$C_{25}H_{24}ClD_6N_3$
4	隐性龙胆紫-D_6	Leucocrystal violet-D_6	1173023-92-1	$C_{25}H_{25}D_6N_3$

附　录　B

（资料性）

龙胆紫和隐性龙胆紫及 2 种同位素内标物标准溶液特征离子质量色谱图

龙胆紫和隐性龙胆紫标准溶液（1.0 μg/L）及 2 种同位素内标物标准溶液（2.0 μg/L）特征离子质量色谱图见图 B.1。

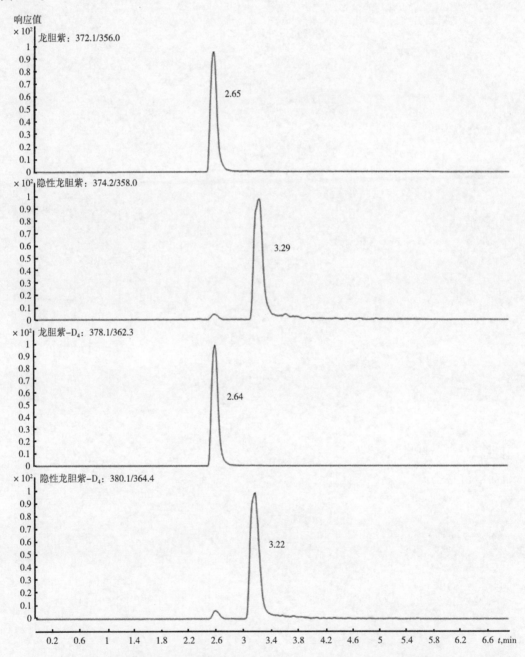

图 B.1　龙胆紫和隐性龙胆紫标准溶液（1.0 μg/L）及 2 种同位素内标物标准溶液
（2.0 μg/L）特征离子质量色谱图

ICS 67.120.10
CCS B 45

中华人民共和国农业行业标准

NY/T 4438—2023

畜禽肉中9种生物胺的测定
液相色谱−串联质谱法

Determination of nine biogenic amines in livestock and poultry meat—
Liquid chromatography with tandem−mass spectrometry method

2023-12-22 发布

2024-05-01 实施

中华人民共和国农业农村部 发布

前　言

本文件按照 GB/T 1.1—2020《标准化工作导则　第 1 部分:标准化文件的结构和起草规则》的规定起草。

请注意本文件的某些内容可能涉及专利。本文件的发布机构不承担识别专利的责任。

本文件由农业农村部畜牧兽医局提出。

本文件由全国屠宰加工标准化技术委员会(SAC/TC 516)归口。

本文件起草单位:中国农业科学院农产品加工研究所、食药环检验研究院(山东)集团有限公司、赤峰市动物疫病预防控制中心、济南护理职业学院、北京市农产品质量安全中心、安徽省兽药饲料监察所、海南省动物疫病预防控制中心、北京市畜牧总站、苏州市动物疫病预防控制中心、烟台市福山区市场监督管理局、北京英太格瑞检测技术有限公司、济南市历城区综合检验检测中心。

本文件主要起草人:单吉浩、徐迪、吴昊、李芳霞、谢军、刘伟、温雅君、李庆霞、斯琴图雅、杨信、刘发全、李复煌、李建勋、顾津僮、毕言锋、郭维、叶丰、何月新、孙越、杨波、程雪荣、谷玉柱。

畜禽肉中9种生物胺的测定　液相色谱-串联质谱法

1　范围

本文件规定了畜禽肉中色胺、β-苯乙胺、腐胺、尸胺、组胺、章鱼胺、酪胺、亚精胺和精胺的液相色谱-串联质谱测定方法。

本文件适用于猪肉、牛肉、羊肉、鸡肉、鸭肉和鹅肉中色胺、β-苯乙胺、腐胺、尸胺、组胺、章鱼胺、酪胺、亚精胺和精胺的测定。

2　规范性引用文件

下列文件中的内容通过文中的规范性引用而构成本文件必不可少的条款。其中,注日期的引用文件,仅该日期对应的版本适用于本文件;不注日期的引用文件,其最新版本(包括所有的修改单)适用于本文件。

GB/T 6682　分析实验室用水规格和试验方法

3　术语和定义

本文件没有需要界定的术语和定义。

4　原理

试样中的生物胺用5％三氯乙酸溶液提取,正己烷除脂,经丹磺酰氯衍生,液相色谱-串联质谱仪测定,内标法定量。

5　试剂或材料

除非另有规定,在分析中仅使用分析纯试剂,水为符合GB/T 6682规定的一级水。

5.1　试剂

5.1.1　乙腈(CH_3CN):色谱纯。

5.1.2　三氯乙酸(CCl_3COOH)。

5.1.3　丙酮(CH_3COCH_3):色谱纯。

5.1.4　正己烷(C_6H_{14}):色谱纯。

5.1.5　浓氨水($NH_3 \cdot H_2O$)。

5.1.6　碳酸氢钠($NaHCO_3$)。

5.1.7　碳酸钠(Na_2CO_3)。

5.1.8　氢氧化钠($NaOH$)。

5.1.9　浓盐酸(HCl):12 mol/L,优级纯。

5.1.10　丹磺酰氯($C_{12}H_{12}ClNO_2S$):纯度＞99％。

5.1.11　乙酸乙酯($CH_3CH_2OOCCH_3$):色谱纯。

5.1.12　甲酸($HCOOH$)。

5.2　溶液的配制

5.2.1　三氯乙酸溶液(5％):称取10 g三氯乙酸于250 mL锥形瓶中,加200 mL水,超声充分溶解。

5.2.2　氢氧化钠溶液(1 mol/L):称取4 g氢氧化钠,加100 mL水溶解。

5.2.3　碳酸钠-碳酸氢钠缓冲溶液:称取18.7 g碳酸钠以及1 g碳酸氢钠于500 mL锥形瓶中,加300 mL

水溶解,用 1 mol/L NaOH 溶液(5.2.2)调节 pH 至 11.5。

5.2.4 丹磺酰氯丙酮溶液(10 mg/mL):准确称取 100 mg 丹磺酰氯于 15 mL 离心管中,加 10 mL 丙酮(5.1.3)溶解,临用现配。

5.2.5 盐酸溶液(0.1 mol/L):在 800 mL 水中加 8.3 mL 浓盐酸(5.1.9),加水至 1 000 mL。

5.2.6 甲酸溶液(0.1%):在 800 mL 水中加 1.0 mL 甲酸(5.1.12),加水至 1 000 mL。

5.3 标准品

9 种生物胺和 2 种同位素内标物标准品:纯度≥97%,中英文名称、CAS 号和分子式见附录 A。

5.4 标准溶液的制备

5.4.1 混合标准储备溶液(10 mg/mL):分别称取各 100 mg(以生物胺的单体计,精确至 0.1 mg)9 种生物胺标准品,用 0.1 mol/L 盐酸溶液(5.2.5)溶解并定容至 10 mL 棕色容量瓶中,配制成质量浓度为 10 mg/mL 的混合标准储备溶液,于-18 ℃以下避光保存,有效期 6 个月。

5.4.2 混合标准工作溶液(1 mg/mL):准确移取混合标准储备溶液(5.4.1)1 mL 于 10 mL 棕色容量瓶中,用 0.1 mol/L 盐酸溶液(5.2.5)定容,配制成浓度为 1 mg/mL 的混合标准工作溶液,于-18 ℃以下避光保存,有效期 3 个月。

5.4.3 混合同位素内标储备溶液(0.1 mg/mL):分别称取 2 种生物胺同位素内标物标准品 1 mg(精确至 0.1 mg),用 0.1 mol/L 盐酸溶液(5.2.5)溶解并定容至 10 mL 棕色容量瓶中,配制成质量浓度为 0.1 mg/mL 的混合同位素内标储备溶液,于-18 ℃以下避光保存,有效期 6 个月。

5.4.4 混合同位素内标工作溶液(1 μg/mL):准确移取混合同位素内标储备溶液(5.4.3)0.1 mL 于 10 mL 棕色容量瓶中,用 0.1 mol/L 盐酸溶液(5.2.5)定容,配制成浓度为 1 μg/mL 的混合同位素内标工作溶液,于-18 ℃以下避光保存,有效期 3 个月。

5.5 材料

5.5.1 陶瓷均质子。

5.5.2 微孔滤膜:0.22 μm,有机系。

6 仪器设备

6.1 液相色谱-串联质谱仪:配有电喷雾离子源(ESI)。

6.2 天平:感量 0.01 g 和 0.000 01 g。

6.3 pH 计。

6.4 涡旋振荡器。

6.5 往复式振荡器。

6.6 离心机:转速≥8 000 r/min。

6.7 恒温水浴振荡器。

6.8 氮吹仪。

7 试样的制备与保存

7.1 试样制备

取适量刚屠宰后新鲜的空白供试样品,绞碎,并使均质。

a) 取均质后的供试样品,作为供试试样;

b) 取均质后的空白样品,作为空白试样;

c) 取均质后的空白样品,添加适宜浓度的混合标准工作溶液,作为空白添加试样。

7.2 试样保存

-18 ℃以下保存。

8 测定步骤

8.1 提取净化

称取 5 g 试样（精确至±0.05 g）于 50 mL 具塞离心管中，加 2 粒陶瓷均质子，加 0.25 mL 混合同位素内标工作溶液（5.4.4）和 15 mL 5％三氯乙酸溶液（5.2.1），加盖涡旋振荡 30 s，用往复式振荡器振荡提取 15 min，于不低于 8 000 r/min 下离心 10 min，上清液转移至 50 mL 容量瓶中。残渣用 15 mL 5％三氯乙酸溶液（5.2.1）重复提取 1 次，合并上清液，混匀，用 5％三氯乙酸溶液（5.2.1）定容至刻度。准确移取上述溶液 10 mL 于 50 mL 具塞离心管中，加 10 mL 正己烷（5.1.4），加盖涡旋振荡 5 min，于不低于 5 000 r/min 离心 5 min。弃去上层有机相，向下层水相中加 10 mL 正己烷（5.1.4）重复提取 1 次，合并下层水相作为待衍生溶液。

8.2 衍生

准确移取 1.0 mL 待衍生溶液，置于 10 mL 具塞离心管中，加 1 mL pH 11.5 的碳酸钠-碳酸氢钠缓冲溶液（5.2.3），涡旋混匀 1 min，加 1 mL 10 mg/mL 的丹磺酰氯丙酮溶液（5.2.4），立即加盖涡旋混匀 1 min 后，置于恒温水浴振荡器上于 60 ℃水浴下避光振荡 15 min。加 0.1 mL 浓氨水（5.1.5），涡旋混匀 30 s，静置 15 min 冷却至室温，加 3 mL 乙酸乙酯（5.1.11）涡旋振荡 1 min，吸取上层有机相于另一 10 mL 具塞离心管中，下层水相用 3 mL 乙酸乙酯（5.1.11）重复提取 1 次，合并 2 次有机相，在 40 ℃水浴下氮气吹干，准确加 1.0 mL 乙腈（5.1.1）溶解残渣，涡旋混匀，过 0.22 μm 滤膜后供液相色谱-串联质谱仪测定。

8.3 标准曲线的制备

准确移取混合标准工作溶液（5.4.2）和混合同位素内标工作溶液（5.4.4）适量，用 15 mL 5％三氯乙酸溶液（5.2.1）稀释，配制成生物胺浓度分别为 1.0 μg/mL、2.0 μg/mL、10 μg/mL、50 μg/mL 和 200 μg/mL（2 种同位素内标浓度均为 5 μg/L）的系列溶液，按照 8.2 步骤进行衍生反应，得到质量浓度为 1.0 μg/mL、2.0 μg/mL、10 μg/mL、50 μg/mL 和 200 μg/mL 的系列标准溶液（2 种同位素内标浓度均为 5 μg/L），供液相色谱-串联质谱仪测定。以标准物特征离子色谱峰的峰面积与同位素内标物特征离子色谱峰的峰面积比值为纵坐标、相应的标准溶液浓度为横坐标，绘制标准工作曲线，求回归方程和相关系数。

8.4 测定步骤

8.4.1 液相色谱参考条件

液相色谱参考条件如下：

a) 色谱柱：C$_{18}$柱（100 mm×2.1 mm，粒径 2.7 μm），或相当者；

b) 流动相：乙腈（5.1.1）和 0.1％甲酸溶液（5.2.6），梯度洗脱条件见表 1；

c) 流速：0.3 mL/min；

d) 柱温：30 ℃；

e) 进样量：2 μL。

表 1 液相色谱梯度洗脱条件

时间，min	乙腈，％	0.1％甲酸溶液，％
0.0	30	70
1.0	30	70
5.0	20	80
6.5	20	80
7.5	100	0
9.0	100	0
9.5	30	70
11.0	30	70

8.4.2 质谱参考条件

质谱参考条件如下：

a) 离子源：电喷雾离子源（ESI）；

b) 扫描方式:正离子扫描;
c) 毛细管电压:4 000 V;
d) 离子源温度:200 ℃;
e) 雾化器压力:40 psi;
f) 脱溶剂气温度:350℃;
g) 脱溶剂气流速:氮气 15 L/min;
h) 监测方式:多反应监测(MRM);
i) 监测离子对、裂解电压和碰撞能量见表2。

表2 9种生物胺和2种同位素内标物的监测离子对、裂解电压和碰撞能量

化合物	定性离子对 m/z	定量离子对 m/z	裂解电压 V	碰撞能量 eV
色胺	394.0＞144.0	394.0＞144.0	380	50
	394.0＞130.1			50
β-苯乙胺	355.0＞156.0	355.0＞156.0	380	50
	355.0＞155.0			50
腐胺	555.0＞321.0	555.0＞321.0	380	50
	555.0＞170.1			20
尸胺	569.0＞186.0	569.0＞186.0	380	50
	569.0＞170.1			50
组胺	578.0＞234.0	578.0＞234.0	380	45
	578.0＞170.1			50
章鱼胺	620.0＞234.0	620.0＞234.0	380	50
	620.0＞170.1			50
酪胺	604.3＞234.0	604.3＞234.0	380	50
	604.3＞170.1			45
亚精胺	845.2＞360.0	845.2＞360.0	380	50
	845.2＞170.1			50
精胺	1 135.0＞360.0	1135.0＞360.0	380	50
	1 135.0＞170.1			55
腐胺-D4	559.0＞325.0	559.0＞325.0	380	45
组胺-D4	582.0＞238.0	582.0＞238.0	380	45

注:内标以市场上购得的实际同位素内标物为准,腐胺、尸胺、亚精胺和精胺以腐胺-D4定量,色胺、苯乙胺、组胺、章鱼胺和酪胺以组胺-D4定量。如果市场上有一一对应的同位素内标物,优先采用。

8.4.3 测定法

8.4.3.1 定性测定

在同样测试条件下,试样溶液中生物胺的保留时间与标准溶液中生物胺的保留时间相比,偏差应在±2.5%以内,试样溶液中的相对离子丰度应与浓度相当的标准溶液中的相对离子丰度一致,允许偏差应符合表3的要求。

表3 定性确证时相对离子丰度的允许偏差

单位为百分号

相对离子丰度	允许偏差
＞50	±20
＞20～50	±25
＞10～20	±30
≤10	±50

8.4.3.2 定量测定

取试样溶液和相应的标准溶液,作单点或多点校准,按内标法以色谱峰面积定量,定量离子采用丰度

最大的二级特征离子碎片。标准溶液及试样溶液中生物胺与其相应同位素内标物的峰面积比,均应在仪器检测的线性范围内。对于数值超出仪器线性范围的,在提取时根据目标物浓度相应增加同位素内标工作溶液的添加量,使试样溶液稀释后生物胺的浓度在曲线范围之内,对应同位素内标浓度与标准溶液一致。标准溶液特征离子质量色谱图见附录B,同位素内标物标准溶液特征离子质量色谱图见附录C。

8.5 空白试验

取空白试样,除不添加9种生物胺外,采用完全相同的测定步骤进行平行操作。

9 结果计算和表述

多点校准按公式(1)计算,单点校准按公式(2)计算。

$$X = \frac{\rho \times V_1 \times V \times 1000}{V_2 \times m \times 1000} \quad \cdots\cdots\cdots\cdots\cdots\cdots\cdots\cdots\cdots\cdots\cdots (1)$$

式中:

X ——试样中生物胺含量的数值,单位为毫克每千克(mg/kg);

ρ ——从标准曲线查得的试样溶液中生物胺质量浓度的数值,单位为微克每毫升(μg/mL);

V_1 ——提取液的体积的数值,单位为毫升(mL);

V ——上机前定容体积的数值,单位为毫升(mL);

V_2 ——衍生化时所用溶液体积的数值,单位为毫升(mL);

m ——试样质量的数值,单位为克(g)。

$$X = \frac{C_s \times C_{is} \times A_i \times A'_{is} \times V_1 \times V \times 1000}{C'_{is} \times A_s \times A_{is} \times V_2 \times m \times 1000} \quad \cdots\cdots\cdots\cdots\cdots\cdots\cdots\cdots (2)$$

式中:

X ——试样中生物胺含量的数值,单位为毫克每千克(mg/kg);

C_s ——标准溶液中生物胺浓度的数值,单位为微克每毫升(μg/mL);

C_{is} ——试样溶液中同位素内标浓度的数值,单位为微克每升(μg/L);

A_i ——试样溶液中生物胺的峰面积;

A'_{is} ——标准溶液中同位素内标的峰面积;

V_1 ——提取液体积的数值,单位为毫升(mL);

V ——上机前定容体积的数值,单位为毫升(mL);

C'_{is} ——标准溶液中同位素内标浓度的数值,单位为微克每升(μg/L);

A_s ——标准溶液中生物胺的峰面积;

A_{is} ——试样溶液中同位素内标的峰面积;

V_2 ——衍生化时所用溶液体积的数值,单位为毫升(mL);

m ——试样质量的数值,单位为克(g)。

计算结果扣除空白值,测定结果用平行测定的算术平均值表示,保留3位有效数字。

10 灵敏度、准确度和精密度

10.1 灵敏度

本方法的检出限为10.0 mg/kg,方法定量限为20.0 mg/kg。

10.2 准确度

本方法在20.0 mg/kg~100 mg/kg的添加浓度范围内,回收率为85%~110%。

10.3 精密度

在重复性条件下获得的2次独立的测试结果的绝对差值不大于算术平均值的15%。

附 录 A

（资料性）

9 种生物胺和 2 种同位素内标物的中英文名称、CAS 号和分子式

9 种生物胺和 2 种同位素内标物的中英文名称、CAS 号和分子式见表 A.1。

表 A.1　9 种生物胺和 2 种同位素内标物的中英文名称、CAS 号和分子式

序号	中文名称	英文名称	CAS 号	分子式
1	色胺	Tryptamine	61-54-1	$C_{10}H_{12}N_2$
2	β-苯乙胺	β-Phenylethylamine	64-04-0	$C_8H_{11}N$
3	腐胺	1,4-Diaminobutane	110-60-1	$C_4H_{12}N_2$
4	尸胺	1,5-Diaminopentane	462-94-2	$C_5H_{14}N_2$
5	组胺	Histamine	51-45-6	$C_5H_9N_3$
6	章鱼胺	Octopamine	104-14-3	$C_8H_{11}NO_2$
7	酪胺	Tyramine	51-67-2	$C_8H_{11}NO$
8	亚精胺	Spermidine	124-20-9	$C_7H_{19}N_3$
9	精胺	Spermine	71-44-3	$C_{10}H_{26}N_4$
10	腐胺-D₄	1,4-Sutane-2,2,3,3-D₄-diamine dihydrochloride	88972-24-1	$C_4H_9ClD_4N_2$
11	组胺-D₄	Histamine-α,α,β,β-D₄ dihydrochloride	344299-48-5	$C_5H_6ClD_4N_3$

附 录 B

（资料性）

色胺、β-苯乙胺、腐胺、尸胺、组胺、章鱼胺、酪胺、亚精胺和精胺标准溶液特征离子质量色谱图

色胺、β-苯乙胺、腐胺、尸胺、组胺、章鱼胺、酪胺、亚精胺和精胺标准溶液（1.0 mg/L）特征离子质量色谱图见图 B.1。

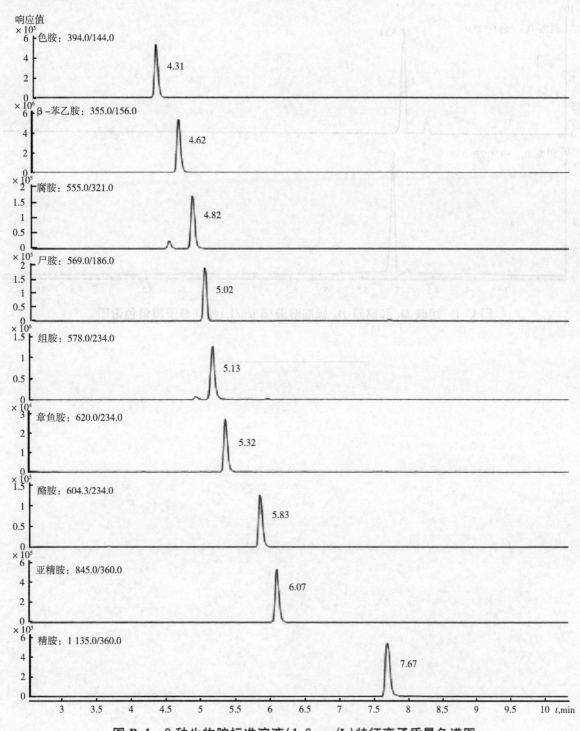

图 B.1　9 种生物胺标准溶液（1.0 mg/L）特征离子质量色谱图

附 录 C

（资料性）

组胺-D₄ 和腐胺-D₄ 标准溶液特征离子质量色谱图

组胺-D₄ 和腐胺-D₄ 标准溶液(5 μg/L)特征离子质量色谱图见图 C.1。

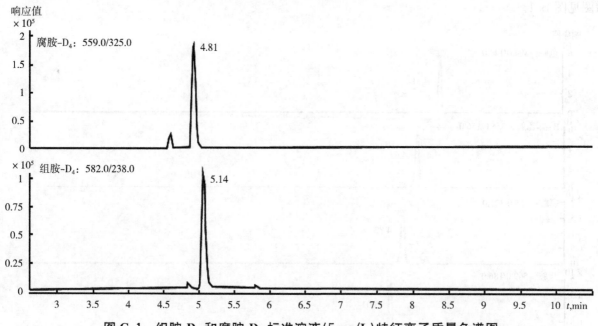

图 C.1　组胺-D₄ 和腐胺-D₄ 标准溶液(5 μg/L)特征离子质量色谱图

ICS 65.120
CCS X 04

中华人民共和国农业行业标准

NY/T 4439—2023

奶及奶制品中乳铁蛋白的测定
高效液相色谱法

Determination of lactoferrin in milk and dairy products—High performance
liquid chromatography

2023-12-22 发布　　　　　　　　　　　　　　2024-05-01 实施

中华人民共和国农业农村部 发布

前　言

本文件按照 GB/T 1.1—2020《标准化工作导则　第 1 部分：标准化文件的结构和起草规则》的规定起草。

请注意本文件的某些内容可能涉及专利。本文件的发布机构不承担识别专利的责任。

本文件由农业农村部畜牧兽医局提出。

本文件由全国畜牧业标准化技术委员会(SAC/TC 274)归口。

本文件起草单位：中国农业科学院北京畜牧兽医研究所、福建长富乳品有限公司、河南花花牛乳业集团股份有限公司、农业农村部奶产品质量安全风险评估实验室(北京)、农业农村部奶及奶制品质量监督检验测试中心(北京)。

本文件主要起草人：郑楠、刘慧敏、叶巧燕、郭梦薇、蔡永康、杨永、何水双、王小鹏、王加启、张养东、张宁、郭洪侠、迟雪露。

奶及奶制品中乳铁蛋白的测定　高效液相色谱法

1　范围

本文件规定了奶及奶制品中乳铁蛋白的高效液相色谱测定方法。

本文件适用于牛的生乳、巴氏杀菌乳、灭菌乳和乳粉中乳铁蛋白的测定。

本文件中牛的生乳、巴氏杀菌乳、灭菌乳的检出限为 2.5 mg/kg,定量限为 5.0 mg/kg;乳粉的检出限为 5.0 mg/kg,定量限为 10.0 mg/kg。

2　规范性引用文件

下列文件中的内容通过文中的规范性引用而构成本文件必不可少的条款。其中,注日期的引用文件,仅该日期对应的版本适用于本文件;不注日期的引用文件,其最新版本(包括所有的修改单)适用于本文件。

GB/T 6682　分析实验室用水规格和试验方法

3　术语和定义

本文件没有需要界定的术语和定义。

4　原理

试样中的乳铁蛋白用磷酸盐缓冲液提取,经肝素亲和柱富集净化,以反相蛋白质分离柱分离,紫外检测器或二极管阵列检测器检测,外标法定量。

5　试剂或材料

除非另有说明,仅使用分析纯试剂。

5.1　水:GB/T 6682,一级。

5.2　氢氧化钠溶液(5 mol/L):称取 200.0 g 氢氧化钠,加 800 mL 水溶解,定容至 1 L,混匀。

5.3　三氟乙酸溶液:量取 1 mL 三氟乙酸(色谱纯),用水定容至 1 L,混匀。

5.4　三氟乙酸乙腈溶液:量取 1 mL 三氟乙酸(色谱纯),用乙腈(色谱纯)定容至 1 L,混匀。

5.5　磷酸盐缓冲溶液:称取无水磷酸氢二钠 23.85 g,无水磷酸二氢钠 4.99 g,加 800 mL 水溶解,用氢氧化钠溶液(5.2)调节 pH 至 7.50±0.05,定容至 1 L,混匀。

5.6　淋洗溶液:称取无水磷酸氢二钠 5.96 g,无水磷酸二氢钠 0.96 g,氯化钠 5.84 g,加 800 mL 水溶解,用氢氧化钠溶液(5.2)调节 pH 至 7.50±0.05,定容至 1 L,混匀。

5.7　洗脱溶液:称取无水磷酸氢二钠 5.96 g,无水磷酸二氢钠 2.50 g,氯化钠 119.30 g,加 800 mL 水溶解,用氢氧化钠溶液(5.2)调节 pH 至 7.50±0.05,定容至 1 L,混匀。

5.8　乳铁蛋白标准储备溶液(10 mg/mL):将乳铁蛋白标准品(CAS 号:146897-68-9,纯度≥95%)[1]按标准品证书提供的纯度换算后称量,用水定容至 10 mL。于−20 ℃保存,有效期 4 个月。

5.9　乳铁蛋白标准中间溶液(200 mg/L):准确移取乳铁蛋白标准储备溶液(5.8)200 μL,用水定容至 10 mL,混匀。现用现配。

5.10　乳铁蛋白标准系列溶液:准确移取一定量的乳铁蛋白标准中间溶液(5.9),用洗脱溶液(5.7)稀释定容,配制成乳铁蛋白浓度分别为 0 mg/L、2.0 mg/L、5.0 mg/L、10.0 mg/L、20.0 mg/L、50.0 mg/L 和

---

[1]　乳铁蛋白标准品是由 Supelco 提供的 CAS 号 146897-68-9,货号 L-047-50MG 的产品。给出这一信息是为了方便本文件使用者,并不表示对该产品的认可,如其他产品具有相同效果,则可使用这些等效产品。

100.0 mg/L 的标准工作溶液,现用现配。

5.11 肝素亲和柱:1 mL。

5.12 微孔滤膜:水系,0.22 μm。

5.13 玻璃纤维滤纸:0.45 μm。

6 仪器设备

6.1 液相色谱仪:配紫外检测器或二极管阵列检测器。

6.2 天平:感量 0.01 g、0.01 mg。

6.3 涡旋混合器。

6.4 离心机:转速不小于 12 000 r/min。

6.5 固相萃取装置。

6.6 pH 计:精度为±0.01。

7 样品

7.1 生乳、巴氏杀菌乳、灭菌乳:取有代表性样品约 200 g,混匀,装入洁净容器作为试样,密封并做好标识,于 0 ℃~4 ℃冰箱内保存。

7.2 乳粉:取有代表性样品约 200 g,混匀,装入洁净容器作为试样,密封并做好标识,于常温下干燥保存。

8 试验步骤

8.1 提取

8.1.1 生乳、巴氏杀菌乳、灭菌乳

平行做 2 份试验。称取试样 10 g(精确至 0.01 g)于 50 mL 烧杯中,加入磷酸盐缓冲溶液(5.5),转移至容量瓶中定容至 50 mL,混匀。转移至离心管中离心 10 min,上清液经玻璃纤维滤纸(5.13)过滤,收集滤液待净化。

8.1.2 乳粉

平行做 2 份试验。称取试样 5 g(精确至 0.01 g)于 50 mL 烧杯中,加入磷酸盐缓冲溶液(5.5)溶解,转移至容量瓶中定容至 50 mL,混匀。转移至离心管中离心 10 min,上清液经玻璃纤维滤纸(5.13)过滤,收集滤液待净化。

8.2 净化

肝素亲和柱(5.11)用 10 mL 淋洗溶液(5.6)活化,准确移取 10 mL 上清液(8.1)过柱,用 10 mL 淋洗溶液(5.6)淋洗,抽干,用 5 mL 洗脱溶液(5.7)洗脱,收集全部流出液,用洗脱溶液(5.7)定容至 5.0 mL,涡旋混匀,过微孔滤膜(5.12)至样品瓶中,供高效液相色谱仪测定。

8.3 测定步骤

8.3.1 液相色谱参考条件

色谱柱:反相 C₄ 柱(孔径 300Å),柱长 250 mm,内径 4.6 mm,粒径 3.5 μm,或性能相当者。

流动相:A 为三氟乙酸溶液(5.3),B 为三氟乙酸乙腈溶液(5.4)。

检测波长:280 nm。

流速:1.5 mL/min。

柱温:60 ℃。

进样量:30 μL。

梯度洗脱条件见表 1。

表 1 流动相梯度洗脱条件

时间,min	A,%	B,%
0	95	5
6.5	62	38
10	62	38
12	40	60
15	40	60
15.5	95	5
20.0	95	5

8.3.2 测定

8.3.2.1 标准系列溶液和试样溶液测定

在仪器的最佳条件下,分别取标准系列溶液(5.10)和试样溶液(8.2)上机测定。乳铁蛋白标准溶液高效液相色谱图见附录 A。

8.3.2.2 定性

以保留时间定性,试样溶液中乳铁蛋白保留时间应与标准系列溶液(浓度相当)中乳铁蛋白的保留时间一致,其相对偏差在±2.5%之内。

8.3.2.3 定量

以乳铁蛋白的浓度为横坐标、色谱峰面积(响应值)为纵坐标,绘制标准曲线,其相关系数应不低于0.99。试样溶液中待测物的浓度应在标准曲线的线性范围内。如超出范围,应将试样溶液用洗脱溶液稀释后,重新测定(或重新试验)。

9 试验数据处理

试样中乳铁蛋白的含量以质量分数 ω 计,单位为毫克每千克(mg/kg),按公式(1)计算。

$$\omega = \frac{\rho \times V_3 \times V_1 \times 1000}{m \times V_2 \times 1000} \times f \quad\cdots\cdots\cdots\cdots\cdots\cdots\cdots\cdots\cdots\cdots\cdots (1)$$

式中:

ρ ——被测组分曲线计算浓度的数值,单位为毫克每升(mg/L);

V_3 ——上机液定容体积的数值,单位为毫升(mL);

V_1 ——试样处理液总体积的数值,单位为毫升(mL);

m ——试样质量的数值,单位为克(g);

V_2 ——样液过柱体积的数值,单位为毫升(mL);

1 000 ——换算系数;

f ——稀释倍数。

测定结果以平行测定的算术平均值表示,计算结果保留 3 位有效数字。

10 精密度

在重复性条件下获得的 2 次独立测试结果的绝对差值不大于算术平均值的 15%。

附 录 A
（资料性）
乳铁蛋白标准溶液高效液相色谱图

乳铁蛋白标准溶液高效液相色谱图见图 A.1。

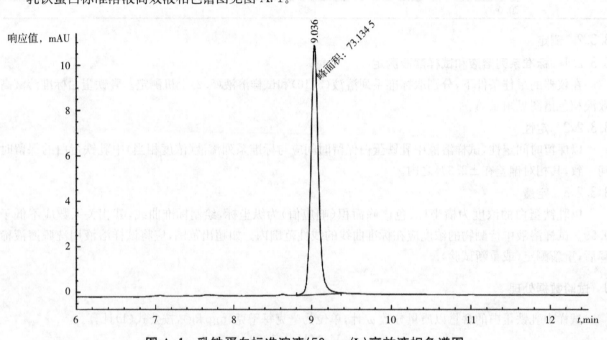

图 A.1 乳铁蛋白标准溶液(50 mg/L)高效液相色谱图

ICS 67.040
CCS B 08

中华人民共和国农业行业标准

NY/T 4446—2023

鲜切农产品包装标识技术要求

Technical requirement for packaging and labelling of fresh-cut
agricultural product

2023-12-22 发布   2024-05-01 实施

中华人民共和国农业农村部 发布

NY/T 4446—2023

前　言

本文件按照 GB/T 1.1—2020《标准化工作导则　第1部分：标准化文件的结构和起草规则》的规定起草。

请注意本文件的某些内容可能涉及专利。本文件的发布机构不承担识别专利的责任。

本文件由农业农村部农产品质量安全监管司提出。

本文件由农业农村部农产品质量安全中心归口。

本文件起草单位：江南大学、浙江省农业科学院、苏州市食品检验检测中心、苏州市产品质量监督检验院、江阴市德惠热收缩包装材料有限公司、江苏权正检验检测有限公司、南阳理工学院、北京工商大学。

本文件主要起草人：姚卫蓉、袁少锋、杜宇航、成玉梁、于航、郭亚辉、李密、胡桂仙、朱加虹、李培、叶湖、代菲、李玉裕、张荣荣、王美英、任再琴、王彦波。

鲜切农产品包装标识技术要求

1 范围

本文件界定了鲜切农产品的定义,规定了包装和标识要求。

本文件适用于蔬菜(包含食用菌)、水果、畜禽肉、水产品和蛋等鲜切农产品的包装标识。

2 规范性引用文件

下列文件中的内容通过文中的规范性引用而构成本文件必不可少的条款。其中,注日期的引用文件,仅该日期对应的版本适用于本文件;不注日期的引用文件,其最新版本(包括所有的修改单)适用于本文件。

GB 4806.1 食品安全国家标准 食品接触材料及制品通用安全要求

GB 7718 预包装食品标签通则

GB 23350 限制商品过度包装要求 食品和化妆品

GB/T 32950 鲜活农产品标签标识

GB 43284 限制商品过度包装要求 生鲜食用农产品

3 术语和定义

下列术语和定义适用于本文件。

3.1

鲜切农产品 fresh cut agricultural products

以蔬菜(包含食用菌)、水果、畜禽肉、水产品和蛋等生鲜食用农产品为原料,采用预处理、清洗、去皮、切分、消毒、漂洗、去除表面水或包装等加工处理,可以改变其物理形状但仍能够保持新鲜状态,经储存、运输、销售的加工农产品。

注:这里涉及的生鲜食用农产品原料类别不作为生鲜食用农产品的分类依据。

4 包装要求

4.1 安全要求

4.1.1 包装材料及容器应选择无毒、无害并符合国家有关标准的材料及容器。

4.1.2 食品接触材料及制品的安全要求应符合 GB 4806.1 的规定。

4.1.3 包装选择应考虑生产、储藏、流通,以及开启、食用及废弃过程的安全性。

4.2 保护性要求

4.2.1 应根据鲜切农产品的种类、形态、性能、质量等要求,选择适宜的包装材料和包装形式。

4.2.2 应根据鲜切农产品的腐败变质特性、温度、湿度等要求,选择强度、阻隔性、耐温性指标符合需求的包装材料及容器。

4.2.3 应根据保质期的需求,选择适当的包装工艺和技术,包括但不限于气调包装、活性包装、冷杀菌技术等。

4.3 环保要求

4.3.1 应符合 GB 43284 和 GB 23350 的要求。

4.3.2 应优先选择可降解、可回收利用等的环境友好型包装材料及容器。

5 标识要求

5.1 基本要求

5.1.1 鲜切农产品的标签内容，带包装的鲜切农产品应标明除了承诺达标合格证规定的标识信息外，还应标明产品的品名、产地、生产者、生产日期、保质期、产品质量等级等内容；使用添加剂的，还应当按照规定标明添加剂的名称。标识形式和格式等应符合 GB 7718 和 GB/T 32950 等的相关规定。

5.1.2 未包装的鲜切农产品，应当采用标签、标识牌、标识带、说明书等形式标识标注。除了承诺达标合格证规定的标识信息外，还应标明生鲜农产品的品名、产地、生产者、生产日期、产品质量等级等内容。标识所用文字应当使用规范的中文。标识标注的文字与图案等内容应当准确、清晰、显著。

5.2 其他要求

5.2.1 获得质量标志使用权的，应按要求使用标志。

5.2.2 宜标明所用包装材料的材质、功能性或环保性。

5.2.3 宜标明溯源、防伪等有关的信息和图示。

第五部分

能源、设施建设、其他类标准

ICS 65.020
CCS B 04

中华人民共和国农业行业标准

NY/T 4314—2023

设施农业用地遥感监测技术规范

Technical specification for monitoring using remote sensing on agricultural land with man-made infrastructures

2023-02-17 发布 2023-06-01 实施

中华人民共和国农业农村部 发布

前　言

本文件按照 GB/T 1.1—2020《标准化工作导则　第 1 部分:标准化文件的结构和起草规则》的规定起草。

请注意本文件的某些内容可能涉及专利。本文件的发布机构不承担识别专利的责任。

本文件由农业农村部发展规划司提出并归口。

本文件起草单位:中国农业科学院农业资源与农业区划研究所。

本文件主要起草人:刘佳、王利民、高建孟、季富华、李丹丹、滕飞、李映祥。

设施农业用地遥感监测技术规范

1 范围

本文件规定了设施农业用地遥感监测的基本要求、监测流程、数据获取与处理、设施农业用地遥感分类、监测结果精度验证、设施农业用地面积量算和统计、监测专题图制作和监测报告编写等内容。

本文件适用于基于高空间分辨率光学遥感影像的设施农业用地遥感监测业务工作。

注:本文件中设施农业用地仅指设施种植占用的土地,设施种植主要包括塑料大棚(包括各种中小拱棚)、日光温室及连栋温室等多种类型。

2 规范性引用文件

下列文件中的内容通过文中的规范性引用而构成本文件必不可少的条款。其中,注日期的引用文件,仅该日期对应的版本适用于本文件;不注日期的引用文件,其最新版本(包括所有的修改单)适用于本文件。

GB/T 13989 国家基本比例尺地形图分幅和编号

GB/T 20257(所有部分) 国家基本比例尺地图图式

CH/T 3003 低空数字航空摄影测量内业规范

CH/T 3004 低空数字航空摄影测量外业规范

CH/T 3005 低空数字航空摄影规范

3 术语和定义

GB/T 14950—2009 和 NY/T 3527—2019 界定的以及下列术语和定义适用于本文件。

3.1

设施农业 agriculture with man-made infrastructures

借助人工设施及其配套设备实现人为调节和控制作物、畜禽及鱼类等生长环境的农业生产方式。

3.2

遥感 remote sensing

不接触物体本身,用传感器收集目标物的电磁波信息,经处理、分析后,识别目标物,揭示其几何、物理特征和相互关系及其变化规律的现代科学技术。

[来源:GB/T 14950—2009,定义 3.1]

3.3

像元 pixel

数字影像的基本单元。

[来源:GB/T 14950—2009,定义 4.67]

3.4

空间分辨率 spatial resolution

遥感影像上一个像元能代表地面单元的大小。

[来源:NY/T 3922—2021,定义 3.7]

3.5

训练样本 training sample

可由实地调查或目视判读方法选取确定的已知地物属性或特征的图像像元集,作为样本用于分类模型或分类判别函数的建立或训练。

[来源:NY/T 3527—2019,定义 3.14,有修改]

3.6

验证样本　validation sample

可由实地调查或目视判读方法选取确定的已知地物属性或特征的图像像元集,作为样本用于验证分类结果的精度。

［来源:NY/T 3527—2019,定义 3.15,有修改］

3.7

监督分类　supervised classification

根据已知训练区提供的样本,通过选择特征参数,建立判别函数以对待分类影像进行的图像分类。

［来源:GB/T 14950—2009,定义 5.240］

3.8

非监督分类　unsupervised classification

以不同地物在遥感影像上的波谱特征差异为依据的一种无先验(已知)类别标准的图像分类。

［来源:GB/T 14950—2009,定义 5.249,有修改］

3.9

面向对象分类　object-oriented classification

基于影像光谱、空间和纹理信息等对影像的分割和分类方法。

［来源:NY/T 3527—2019,定义 3.19,有修改］

3.10

目视判读　visual interpretation

判读者通过直接观察或借助判读仪以研究地物在遥感影像或其他像片上反映的各种影像特征,并通过地物间的相互关系来推理分析,识别所需地物信息的过程。

［来源:GB/T 14950—2009,定义 4.144］

4　缩略语

下列缩略语适用于本文件。

CGCS2000:2000 国家大地坐标系(China Geodetic Coordinate System 2000)

GNSS:全球导航卫星系统(Global Navigation Satellite System)

ISODATA:迭代自组织数据分析(Iterative Self-Organizing DATA Analysis Technique Algorithm)

MLC:最大似然分类(Maximum Likelihood Classification)

RF:随机森林(Random Forest)

SVM:支持向量机(Support Vector Machine)

UTM:通用横轴墨卡托投影(Universal Transverse Mercator Projection)

5　基本要求

5.1　空间基准

大地基准应采用 2000 国家大地坐标系(CGCS2000)。

高程基准应采用 1985 国家高程基准。

投影方式,省级及以上尺度宜采用阿尔伯斯投影;省级以下尺度宜采用高斯-克吕格或 UTM 投影。

注 1:阿尔伯斯投影(Albers projection)是一种正轴等面积圆锥投影。又称双标准纬线等积圆锥投影,由阿尔伯斯于 1805 年创拟。

注 2:高斯-克吕格投影(Gauss-Krüeger projection)是横轴等角切椭圆柱投影。由德国数学家、天文学家高斯 (C. F. Gauss)拟定,德国大地测量学家克吕格(J. Krüger)补充而成。

注 3:通用横轴墨卡托投影(UTM)是横轴等角割椭圆柱分带投影。

5.2　分幅和编号

设施农业用地遥感监测专题图适用比例尺宜为国家基本比例尺 1:(500～100 000)范围,分幅及编号按 GB/T 13989 的规定执行。

5.3 监测时间

由设施作物的栽培管理时间决定,如北方地区为抗寒冷的塑料大棚、日光温室,监测时间一般选择每年的 10 月至翌年 6 月,连栋温室则全年均可监测。

6 监测流程

主要包括数据获取与处理、设施农业用地遥感分类、监测结果精度验证、设施农业用地面积量算和统计、监测专题图制作和监测报告编写等步骤,见图 1。

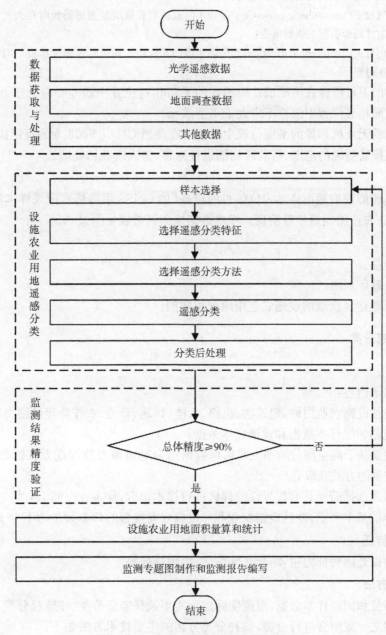

图 1 设施农业用地遥感监测流程

7 数据获取与处理

7.1 光学遥感数据

光学遥感数据的选择要求如下:

a) 应收集监测区域监测时间内覆盖设施农业用地的光学遥感影像;

b) 遥感影像谱段应具有蓝、绿、红和近红外波段；

c) 遥感影像的空间分辨率应优于 5 m；

d) 影像应图面清晰，无数据丢失，无明显条纹、噪声，定位准确，无严重畸变；

e) 高空间分辨率卫星影像的云覆盖像元面积占影像总面积的百分比不应超过 20%；

f) 无人机影像的获取方式可按照 CH/T 3003、CH/T 3004 和 CH/T 3005 的规定执行。

遥感数据预处理如下：

1) 对遥感影像进行辐射定标、大气校正和几何校正，获得定位精确的地表反射率数据；

   注1：辐射定标（radiometric calibration）是根据遥感器定标方程和定标系数，将其记录的量化数字灰度值转换成对应视场表观辐亮度的过程。

   注2：大气校正（atmospheric correction）是指消除或减弱获取卫星遥感影像时在大气传输过程中因吸收或散射作用而引起的辐射畸变。

   注3：几何校正（geometric correction）为消除影像的几何畸变而进行投影变换或不同波段影像间的配准等校正过程。

2) 校正后的卫星影像在平原或丘陵地区的平面相对位置中误差不应大于 0.5 个像元，山地地区的平面相对位置中误差不应大于 1 个像元；

3) 校正后的无人机影像的平面位置中误差精度参照 CH/T 9008.3 的规定执行；

4) 影像应按监测区的范围、行政区划图进行掩膜、镶嵌或裁切处理。

7.2 地面调查数据

地面调查人员携带能获取地面样本定位信息的设备（如 GNSS 手持机），记录样本的坐标信息和类别信息，并同步采集设施农业用地照片等信息。样本数据地面调查表见附录 A。

7.3 其他数据

其他数据可以包括：

a) 监测区域行政区划图；

b) 监测区域其他途径获取的设施农业用地面积数据。

8 设施农业用地遥感分类

8.1 样本选择

样本选择包括以下内容：

a) 样本一般包括设施农业用地、建筑物、道路、水体、林地、草地、农作物等地物类型；

b) 样本数据包括训练样本数据和验证样本数据；

c) 样本数据主要基于高空间分辨率卫星影像数据结合地面调查数据或无人机数据，采用目视判读勾绘地物类别的方式获取；

d) 在监测区域内选择若干具有代表性的样区进行样本选取，样本在空间上宜均匀分布，样本数量应满足统计学的基本要求，并且设施农业和非设施农业类型的样本数量均不少于 30 个。

8.2 选择遥感分类特征

遥感分类特征应以光谱特征为主，结合几何特征、纹理特征等。

8.3 选择遥感分类方法

基于遥感分类特征和训练样本数据，根据实际监测需要选择监督分类、非监督分类、目视判读、面向对象分类 4 种分类方案之一或组合进行分类，每种分类方案的主要技术方法如下：

a) 监督分类方案推荐使用最大似然分类（MLC）、支持向量机（SVM）和随机森林（RF），或者其他特征性增强的决策树分类方法；

b) 非监督分类方案推荐使用迭代自组织数据分析（ISODATA）、K 均值聚类（K-means）等方法；在使用非监督分类方案时，训练样本作为非监督分类结果的重分类样本；

c) 目视判读分类方案是在遥感分类体系建立后，不使用任何机器识别方法，直接采用人工目视判读的方式对设施农业用地进行识别和勾绘；

d) 面向对象分类方案是在卫星影像数据尺度分割的基础上,采用上述3种分类方案之一进行识别。

8.4 遥感分类

根据选择的训练样本、遥感分类特征和分类方法执行分类,得到监测区域内的设施农业用地遥感初步分类结果。

8.5 分类后处理

将初步分类结果分为设施农业用地和非设施农业用地。在此基础上,对错分、漏分结果采用目视判读或其他方式进行标识和修改。对多幅影像的分类结果进行拼接,并消除拼接线两侧分类结果的差异和错误。

9 监测结果精度验证

基于验证样本采用混淆矩阵对设施农业用地遥感分类后处理结果进行精度验证,选择其中的总体精度作为精度验证指标。按照公式(1)计算总体精度,达到90%以上即为满足要求;未满足要求的,宜重新进行遥感分类。在计算总体精度时,应将遥感分类结果转换为与验证样本一致的矢量格式或者相同的空间分辨率。

$$p_c = \frac{\sum_{i=1}^{k} p_{ii}}{p} \quad \cdots\cdots\cdots\cdots\cdots\cdots\cdots\cdots\cdots\cdots\cdots\cdots\cdots\cdots\cdots\cdots \quad (1)$$

式中:

p_c ——总体精度;

k ——类别的数量;

p ——样本数量;

p_{ii} ——遥感分类为 i 类而实测类别也为 i 类的样本数量。

10 设施农业用地面积量算和统计

对监测区域设施农业用地进行面积量算,获取设施农业用地的实际面积,并按照行政单元或其他地理单元进行统计。依据监测要求和条件,如需扣除线状地物(如道路、沟渠等)面积,应采用抽样的方式,通过地面测量或目视判读方法确定线状地物的扣除系数。

11 监测专题图制作和监测报告编写

11.1 监测专题图制作

设施农业用地遥感监测专题图的符号配置、注记和地图整饰等地图要素按GB/T 20257的规定制作完成,制图要素应包括图名、图例、比例尺、指北针、制图单位、制图时间等。

11.2 监测报告编写

主要内容宜包括:

a) 设施农业用地遥感监测的测区概况、采用的遥感数据、影像获取时间、监测时间、监测人员、审核人员等信息;

b) 设施农业用地遥感监测流程;

c) 地面调查点分布、地面调查表等信息;

d) 训练样本和验证样本的数量和分布图;

e) 精度验证结果及设施农业用地遥感监测结果专题图;

f) 根据遥感监测结果获取的各级统计单元设施农业用地面积汇总数据的统计表格。

附 录 A

（资料性）

设施农业用地遥感监测样本数据地面调查表

设施农业用地遥感监测样本数据地面调查表如表 A.1 所示。

表 A.1 设施农业用地遥感监测样本数据地面调查表

调查时间	____年____月____日____时____分		
调查地点	____省____市____县____乡____村		
调查人		联系人	
经度	____度____分____秒	海拔（保留小数点后 2 位）	____米
纬度	____度____分____秒		
样本基本描述 （包括变化原因）			
照片编号（日期＋县名＋编号）		照片说明	
地形			
样本图			

参 考 文 献

[1] GB/T 14950—2009 摄影测量与遥感术语
[2] GB/T 16820—2009 地图学术语
[3] GB/T 21010—2017 土地利用现状分类
[4] GB/T 30115—2013 卫星遥感影像植被指数产品规范
[5] CH/T 9008.3—2010 基础地理信息数字成果 1∶500、1∶1000、1∶2000 数字正射影像图
[6] NY/T 3527—2019 农作物种植面积遥感监测规范
[7] NY/T 3922—2021 中高分辨率卫星主要农作物长势遥感监测技术规范
[8] 《中国大百科全书》总编委会. 中国大百科全书(第 19 卷)[M]. 2 版. 北京:中国大百科全书出版社,
2009

ICS 27.010
CCS F 13

中华人民共和国农业行业标准

NY/T 4315—2023

秸秆捆烧锅炉清洁供暖工程设计规范

Design specification for clean heating engineering of baled
straw combustion boilers

2023-02-17 发布

2023-06-01 实施

中华人民共和国农业农村部 发布

前　言

本文件按照 GB/T 1.1—2020《标准化工作导则　第 1 部分:标准化文件的结构和起草规则》的规则起草。

请注意本文件的某些内容可能涉及专利。本文件的发布机构不承担识别专利的责任。

本文件由农业农村部计划财务司提出并归口。

本文件起草单位:中国农业科学院农业环境与可持续发展研究所、铁岭众缘环保设备制造有限公司、承德市本特生态能源技术有限公司、海伦市利民节能锅炉制造有限公司。

本文件主要起草人:赵立欣、霍丽丽、姚宗路、罗娟、贾吉秀、邓云、赵亚男、张沛祯、杨武英、刘广华、万显君、冯力、谢腾、傅国浩。

秸秆捆烧锅炉清洁供暖工程设计规范

1 范围

本文件规定了秸秆捆烧锅炉清洁供暖工程的选址与布局、工艺与设备、土建、电气、给水排水与暖通、消防、环境保护与节能、劳动安全与职业卫生、运行管理以及技术经济指标等要求。

本文件适用于以秸秆捆为原料并采用大于 0.7 MW 额定功率专用锅炉的新建、改（扩）建清洁供暖工程。

2 规范性引用文件

下列文件中的内容通过文中的规范性引用而构成本文件必不可少的条款。其中，注日期的引用文件，仅该日期对应的版本适用于本文件；不注日期的引用文件，其最新版本（包括所有的修改单）适用于本文件。

GBZ 1 工业企业设计卫生标准

GB/T 1576 工业锅炉水质

GB 2894 安全标志及其使用导则

GB 3096 声环境质量标准

GB 12348 工业企业厂界噪声排放标准

GB/T 12801 生产过程安全卫生要求总则

GB 13271 锅炉大气污染物排放标准

GB 13495 消防安全标志

GB 16297 大气污染物综合排放标准

GB 50007 建筑地基基础设计规范

GB 50016 建筑设计防火规范

GB 50041 锅炉房设计标准

GB/T 50046 工业建筑防腐蚀设计标准

GB 50051 烟囱设计规范

GB 50052 供配电系统设计规范

GB 50068 建筑结构可靠度设计统一标准

GB/T 50087 工业企业噪声控制设计规范

GB 50176 民用建筑热工设计规范

GB 50187 工业企业总平面设计规范

GB 50264 工业设备及管道绝热工程设计规范

GB/T 51074 城市供热规划规范

JGJ 26 严寒和寒冷地区居住建筑节能设计标准

NB/T 34062 生物质锅炉供热成型燃料工程设计规范

NB/T 42030 生物质循环流化床锅炉技术条件

NY/T 2881 生物质成型燃料工程设计规范

NY/T 3614 能源化利用秸秆收储站建设规范

3 术语和定义

上述规范性引用文件界定的以及下列术语和定义适用于本文件。

3.1

秸秆捆 baled straw

采用机械设备将秸秆压制成具有一定形状、大小和密度的捆型秸秆。

3.2

秸秆捆烧锅炉 baled straw combustion boilers

以秸秆捆为燃料的专用生物质锅炉。

3.3

秸秆捆烧 baled straw combustion

以秸秆捆为燃料,整捆在专用生物质锅炉中燃烧的过程。

4 选址与布局

4.1 选址

4.1.1 应符合当地城乡建设规划要求,充分考虑秸秆原料分布及收储运条件。

4.1.2 应根据供暖工程规模、供热范围,合理确定用地面积,并符合 GB/T 51074 的规定。

4.1.3 应选取交通便利、水电等公共设施完备的区域。

4.1.4 应远离易燃易爆炸物品生产厂与仓库、输电线路等。

4.1.5 应位于地质条件较好的地区,避开山洪、滑坡等不良地质地段,有与生产规模相匹配的可利用面积。

4.1.6 应靠近热负荷比较集中的地区,并应使引出热力管道和室外管网的布置在技术、经济上合理。

4.1.7 应处于居民区锅炉供热运行期最大频率风向的下风向或侧风向。

4.2 总平面布置

4.2.1 总平面布置应符合 GB 50187 的规定,建(构)筑物与场区布置应充分利用地形条件,使工艺流程、厂区运输顺畅、经济合理。

4.2.2 厂区布置的一般要求:

　　a) 锅炉房、秸秆捆存储场、灰渣场之间以及与其他建(构)筑的间距应符合 GB 50016 的规定,并应便于安装、运行和检修;

　　b) 厂区交通系统应根据人流、物流线路和全厂运输量计算确定,秸秆捆、灰渣运输及主要人流道路宜采用双向车道,厂区道路应为硬化路面,并应有良好的排水系统;

　　c) 秸秆捆存储场宜位于灰渣场、锅炉房的全年最小频率风向的上风侧。

4.2.3 锅炉房布置的一般要求:

　　a) 应合理规划秸秆、灰渣运输通道,人车分流;

　　b) 采用传送带输送秸秆捆时,应利用地形使提升高度小、运输距离短;

　　c) 宜在便于观察和操作的位置配置集中控制室。

5 工艺与设备

5.1 一般规定

5.1.1 工艺设计应简洁、合理,并应符合环保和节能要求。

5.1.2 工艺布置应确保设备安装、操作运行、维护检修的安全和方便。

5.1.3 工艺设计内容应包括工艺流程、工艺参数选择、设备选型及非标设计等。工艺设计图应包括工艺流程、工艺平面、设备及电气、管路安装图等。

5.1.4 工艺流程应包括秸秆捆质检与存储、秸秆捆进料与燃烧供热等。

5.2 秸秆捆质检与存储

5.2.1 秸秆捆进厂应进行称量、质检、堆垛存储。

5.2.2 质检宜采用抽检方式,抽检指标宜包括秸秆捆密度、含土率、含水率、发热量和灰分等,含水率、含土率应符合 NB/T 42030 的规定。

5.2.3 存储场应确定堆垛方案,应采取防潮、防火等措施,宜采用厂房设施存储。

5.2.4 存储场秸秆存储量应不少于 7 d 的捆烧锅炉最大秸秆消耗量。

5.3 秸秆捆进料

5.3.1 进料系统可根据生产情况、运输量等因素确定,宜选择叉车、机械输送系统等进料方式。

5.3.2 进料采用机械输送系统时,应符合下列要求:
　　a) 根据运输量、设备性能、工作班制、设备维护检修时间等因素确定;
　　b) 设置称重装置;
　　c) 采取防尘除尘措施;
　　d) 留有检修空间并安装起吊装置,寒冷地区应采取防冻措施。

5.4 燃烧供热

5.4.1 燃烧供热宜采用以水或有机热载体为介质的固定式秸秆捆烧锅炉,并符合下列条件之一:
　　a) 额定出水压力<3.8 MPa、额定功率≥0.7 MW 的热水锅炉;
　　b) 额定蒸汽压力在 0.1 MPa～3.8 MPa(含 0.1 MPa),且设计容量≥1 t/h 的蒸汽锅炉;
　　c) 额定热功率≥0.7 MW 的有机热载体锅炉。

5.4.2 锅炉选型应根据工程条件、热负荷性质,秸秆捆燃料的形状、尺寸、种类等因素确定。

5.4.3 秸秆捆烧锅炉台数和容量应根据设计热负荷,经技术经济比较确定,并应符合下列要求:
　　a) 符合所有运行锅炉在额定热功率时锅炉房最大设计热负荷要求;
　　b) 保证锅炉在较高或较低热负荷运行工况下安全运行,锅炉台数、额定热功率、锅炉效率和其他运行性能均适应热负荷变化,且应考虑全年热负荷低峰期锅炉机组运行工况;
　　c) 额定热功率最大的锅炉检修时,其余锅炉满足连续生产用热所需的最低热负荷要求。

5.4.4 秸秆捆烧锅炉额定工况下热效率应≥80%,排烟温度不应高于 170 ℃。

5.4.5 秸秆捆烧锅炉应配套除尘系统,宜选择多级干除尘组合形式,选择湿法除尘时应防止水污染。额定工况下烟气排放限值应符合表 1 的要求。

表 1　秸秆捆烧锅炉大气污染物排放浓度限值

污染物项目	限　　　值	
	重点地区	其他地区
颗粒物,mg/m³	30	50
二氧化硫,mg/m³	50	50
氮氧化物,mg/m³	200	300
汞及其化合物,mg/m³	0.05	0.05
烟气黑度(林格曼黑度),级	≤1	≤1
重点地区、其他地区定义应符合 GB 13271 的要求。		

5.4.6 每台锅炉宜设置独立的定期排污管道;当几台锅炉合用排污干管时,每台锅炉接至排污干管的排污支管上应装设切断阀和止回阀。

5.4.7 热水管道设计应根据热力系统和供暖工程工艺布置确定,并应符合 GB 50041 的有关规定。室外直埋敷设热水管道的保温层厚度应符合 GB 50264 的规定。

5.5 辅助配套

5.5.1 门及附件和其他经常维修的设备与管道宜采用便于拆装的保温结构。

5.5.2 管道、阀门、仪表及附件等应有防雨、防风、防冻、防腐和减少热损失的措施。

5.5.3 控制室、秸秆捆存储场等区域、无人值班的辅助车间以及锅炉房区域内宜设置视频监控系统。

6 土建

6.1 一般规定

6.1.1 地基基础形式应根据工程地质和岩土工程条件、建筑使用要求、地区建筑经验、结构类型、材料供应等因素确定。地基变形和稳定验算应按 GB 50007 的规定执行。

6.1.2 结构设计应根据承载力、稳定、变形和耐久性等生产使用要求确定;结构设计标准应按照 GB 50068 的规定执行。

6.2 锅炉房

6.2.1 地面应硬化、平整、耐磨,强度应符合生产需要。

6.2.2 进料区域应符合叉车、机械输送系统等进料设备的操作场地要求。

6.2.3 锅炉房的防火、抗震、采光等应符合 GB 50041 的规定。

6.3 秸秆捆存储场

6.3.1 露天、半露天存储场单堆容量超过 10 000 t 时,宜分设堆场。

6.3.2 秸秆存储场建设应符合 NY/T 3614 的规定。

6.4 辅助建筑

6.4.1 供暖工程辅助建筑宜包括控制室、修理间、生活建筑、检测室等。

6.4.2 控制室应符合 NY/T 2881 的有关规定。

6.4.3 厂区生活建筑物和人员集中的辅助和附属建筑物热工设计应符合 GB 50176 的规定。严寒地区和寒冷地区还应符合 JGJ 26 的规定。

6.4.4 检测室应符合秸秆捆质检要求,应做防尘、防噪处理,试验台应有洗涤设施,地面和化验台防腐蚀设计应符合 GB/T 50046 的规定。

6.4.5 锅炉房通向室外的门应向室外开启,辅助间或生活间通向锅炉房的门应向锅炉房内开启。

6.4.6 供暖工程出入口设置符合下列要求:
   a) 出入口不应少于 2 个,但对独立供暖工程的锅炉房,当炉前走道总长度小于 12 m,且总建筑面积小于 200 m² 时,出入口可设 1 个;
   b) 锅炉房人员出入口应有 1 个直通室外。

6.4.7 烟囱高度应符合 GB 50051 的规定。

7 电气

7.1 负荷与电源

7.1.1 用电设备负荷等级、供电电源、供配电系统设计、供配电电压选择、电能质量要求以及无功补偿应符合 GB 50052 的规定。

7.1.2 电动机、启动控制设备、灯具和导线型式选择,应与锅炉房不同建(构)筑物的环境相适应。

7.2 动力配电及照明

7.2.1 生产车间应有生产照明、值班照明和应急照明,消防泵房和生产监控区应有备用照明,锅炉水位表、锅炉压力表、仪表屏和其他照度要求较高的部位应设置局部照明。

7.2.2 灯具应选用高效、便于维护的防尘防爆灯具。

7.2.3 烟囱顶端上装设的飞行标志障碍灯应根据航空部门的要求确定;障碍灯应采用红色,且不应少于 2 盏。

7.3 防雷接地

7.3.1 供暖工程应配置防雷装置,设计应符合 NB/T 34062 的规定。

7.3.2 烟气净化环节的进线开关宜装带延时动作的报警和漏电保护装置。

8 给水排水与暖通

8.1 给排水

8.1.1 供暖工程给水应满足生产、生活、消防等用水需求,给水设计容量应符合 GB 50041 的规定。

8.1.2 生产用水的水处理设计应符合锅炉安全和经济运行要求,锅炉水质应符合 GB/T 1576 的规定。

8.2 采暖通风

8.2.1 锅炉房的散热装置应不易积灰、便于清扫,具有较好的防腐性能。

8.2.2 秸秆捆存储间与锅炉房应采用自然通风,通风孔应合理布置,避免气流短路和倒流,并应减少气流死角;生产操作过程中容易产生废气、水蒸气的地方应采取局部通风措施。

9 消防

9.1 消防设计

9.1.1 相邻建(构)筑物防火间距、消防通道、消防水源等应符合 GB 50016 中火灾危险性分类为丙类的工业、仓储建设项目的规定。

9.1.2 在危险性高的场所和关键位置应设置消防安全标志,应按 GB 13495 的规定执行。

9.1.3 消防水泵房、配电室、消防值班室以及发生火灾时仍工作的其他房间,应设置火灾报警电话。

9.1.4 秸秆捆存储场、锅炉房和灰渣场应设置火灾自动报警系统,在火灾自动检测、报警及联动控制系统和燃气浓度检测、报警及自动连锁系统处,应设置备用电源。

9.1.5 秸秆捆存储场、锅炉房和灰渣场应设置机械排烟设施或在厂房中间适当部位设置自然排烟口。建筑内长度大于 20 m 的疏散走道应设排烟设施。

9.2 消防给水

9.2.1 供暖工程应设置消防给水系统,消防给水系统应符合一次消防用水要求。

9.2.2 秸秆捆存储场、锅炉房和灰渣场宜设立独立水源,并应配置消防蓄水池、消防加压装置等设施。消防蓄水池容量应按火灾延续时间室内、室外消防用水量总和,且火灾延续时间不小于 3 h 计算。

9.2.3 消防给水管网应采用环形管网,输水管不应少于 2 条。当其中 1 条发生故障时,其余进水管应符合消防用水总量要求。寒冷地区输水管网应采取防冻措施。

9.3 秸秆捆存储场消防

9.3.1 应设立警卫门岗并安装消防专用电话或报警设备。

9.3.2 应设置自动灭火系统,定时监测秸秆捆温度。当温度上升到 60 ℃时,采取预防措施。

9.3.3 应铺设环形消防车道或沿建筑物的 2 个长边设置消防车道;还应设置供专业消防人员出入火场的专用出入口。

9.3.4 应设置防火警示标识,在便于取用的地点应设置消防水池、消火栓、灭火器等消防设施器材,并由专人保管和维修。

10 环境保护与节能

10.1 烟气与粉尘处理

10.1.1 烟气除尘符合下列要求:
a) 有关设施应具备耐腐蚀、耐磨等性质;
b) 除尘设备密封性应符合设计要求;
c) 除尘设备易于拆卸、便于清灰。

10.1.2 秸秆捆烧锅炉宜采用低氮燃烧技术。

10.1.3 秸秆捆存储场、灰渣场和锅炉出渣口周围应有防止粉尘扩散的封闭措施,且应设置局部通风除尘装置。

10.1.4 供暖工程大气污染物排放应符合 GB 16297 的规定。

10.2 噪声处理

10.2.1 供暖工程的噪声控制应符合 GB 3096 和 GB 12348 的规定。

10.2.2 供暖工程内工作场所噪声设计限值应符合 GB/T 50087 的规定,控制室、水处理间等操作地点的噪声不应大于 85 dB(A),仪表控制室和化验室的噪声不应大于 60 dB(A)。

10.3 废水与灰渣处理

10.3.1 废水排放应符合 GB 50041 的规定。

10.3.2 灰渣场的容量应结合当地运输条件、储存方式、灰渣综合利用等因素确定,灰渣场的储量宜不小于 3 d 供暖工程最大计算排灰渣量。

10.3.3 灰渣场应采用封闭形式,应设置防止灰渣冲走和积水的设施,应设有防止灰渣场水渗漏对地下水、饮用水源污染的措施。

10.3.4 捆烧锅炉燃烧产生的灰渣可用于生产土壤基肥,宜配套建设土壤基肥生产车间。

10.4 绿化

10.4.1 锅炉房区域内的绿化应符合环境规划要求。

10.4.2 秸秆捆存储场、灰渣场周围宜设置绿化隔离带。

10.5 节能

10.5.1 热力设备及管道外表面温度高于 50 ℃或温度低于 50 ℃要回收热能时,均应采取保温措施,保温材料应满足 GB 50264 的规定。

10.5.2 设备管道、水处理系统部件、烟囱、热力设备及管道均应采取防腐措施,并符合 GB 50051 和 GB 13495 的规定。

11 劳动安全与职业卫生

11.1 劳动安全

11.1.1 劳动安全设计应以安全预评价报告为依据。

11.1.2 锅炉房、辅助建筑、附属建筑、生活建筑等场所应设置安全疏散和消防通道。消防通道、疏散通道应有明显标志。

11.1.3 在锅炉房及作业场所对人员有危险、危害的地点、设备和设施之处,均应设置醒目安全标志或安全色,安全标志的设置应符合 GB 2894 的规定。

11.2 职业卫生

11.2.1 供暖工程应有防止粉尘飞扬的设施。灰渣场应设置覆盖整个灰渣堆面积的喷洒设施。供热锅炉房(或锅炉)应设置负压吸尘和除尘装置。

11.2.2 灰尘综合防治符合下列要求:
   a) 工作地点空气中含尘浓度不应大于 10 mg/m³;
   b) 当工作地点空气中含尘浓度大于 3 mg/m³时,应采取个人防护措施。

11.2.3 浴室设施设计应按 GBZ 1 中多尘环境要求和标准确定。

12 运行管理

12.1 一般规定

12.1.1 锅炉正常运行时的司炉工、水暖工宜按下列要求配备:
   a) 锅炉供热量小于 1.4 MW,司炉工、水暖工均不少于 1 名;
   b) 锅炉供热量小于 4.2 MW,大于或等于 1.4 MW 的锅炉,锅炉司炉工不少于 2 名,水暖工不少于

1名。

12.1.2 供暖工程应制定安全运行与维修维护规章制度。

12.1.3 应根据 GB/T 12801 的规定，按生产特点制定安全防护措施、安全操作规程和消防应急预案，并配备防护救生设施用品。

12.1.4 生产厂区及其外围 50 m 内严禁烟火和燃放烟花爆竹。制订火警、易燃及有害气体泄漏、爆炸、自然灾害等意外事件的应急预案，应在醒目位置设立禁火标志，严禁烟火。

12.2 经济运行

12.2.1 设备运行应符合下列要求：
   a) 运行过程产生的辅机冷却水、锅炉排污降温水、锅炉除渣机用水和冲灰渣补充水等废水，处理后回收利用；
   b) 控制合理的过量空气系数，及时关闭检查门、观察孔等易漏风部件；
   c) 合理控制燃料含水率及燃烧时间；
   d) 定期清理炉内结渣，并对锅炉维护。

12.2.2 每台锅炉应按表 2 的规定配备监测经济运行参数仪表。

表 2　锅炉配备监测经济运行参数的仪表

监测项目	额定热功率≤1.4 MW			额定热功率＞1.4 MW		
	指示	积算	记录	指示	积算	记录
燃料量	√	√	√	√	√	√
锅炉循环水流量	√	√	√	√	√	√
循环水温度	√	√	√	√	√	√
排烟温度	√	—	√	√	—	√
对流受热面进、出口烟气温度	—	—	—	√	—	—
炉膛烟气压力	—	—	—	√	—	—
一次风压及风室压力	—	—	—	√	—	—
二次风压	—	—	—	√	—	—
鼓、引风机进口挡板开度或调速风机转速	—	—	—	√	—	√
注："√"为应装设，"—"为可不装设。						

13 技术经济指标

13.1 规模与用地

秸秆捆烧锅炉清洁供暖工程规模与用地宜按表 3 确定。

表 3　规模与用地面积

总规模，MW	工程占地面积，m²	堆料场面积，m²
0.7～＜1.4	150～350	60～120
1.4～＜4.2	300～1 000	120～500
≥4.2	≥800	≥400

13.2 工程投资估算

秸秆捆烧锅炉清洁供暖工程投资估算宜按表 4 确定。

表 4　工程投资估算

总规模，MW	总投资，万元
0.7～＜1.4	80～200
1.4～＜4.2	160～500
≥4.2	≥450

ICS 65.040.30
CCS F 12

中华人民共和国农业行业标准

NY/T 4316—2023

分体式温室太阳能储放热利用设施
设计规范

Design specification for solar heat storage and release facilities
in split greenhouse

2023-02-17 发布

2023-06-01 实施

中华人民共和国农业农村部 发布

前　言

本文件按照 GB/T 1.1—2020《标准化工作导则　第 1 部分:标准化文件的结构和起草规则》的规定起草。

本文件由农业农村部计划财务司提出并归口。

本文件起草单位:农业农村部规划设计研究院、中国农业大学、张家口泰华机械厂。

本文件主要起草人:王海、郭雪霞、刘瑜、冉国伟、王国扣、王鑫磊、赵志清。

分体式温室太阳能储放热利用设施设计规范

1 范围

本文件规定了分体式温室太阳能储放热利用设施设计的术语和定义、基本要求、选址要求、工艺设计、总体设计、集热器设计、储放热装置设计、适用温室要求、辅助加热装置设计、控制系统设计和支架设计。

本文件适用于分体式温室太阳能储放热利用设施设计。

2 规范性引用文件

下列文件中的内容通过文中的规范性引用而构成本文件必不可少的条款。其中，注日期的引用文件，仅该日期对应的版本适用于本文件；不注日期的引用文件，其最新版本（包括所有的修改单）适用于本文件。

GB/T 700 碳素结构钢

GB/T 1202 粗石蜡

GB/T 2518 连续热镀锌和锌合金镀层钢板及钢带

GB/T 3768 声学 声压法测定噪声源声功率级和声能量级 采用反射面上方包络测量面的简易法

GB/T 3880.1 一般工业用铝及铝合金板、带材 第1部分：一般要求

GB/T 4208 外壳防护等级（IP代码）

GB/T 4437.1 铝及铝合金热挤压管 第1部分：无缝圆管

GB/T 5226.1 机械电气安全 机械电气设备 第1部分：通用技术条件

GB/T 6424 平板型太阳能集热器

GB 9448 焊接与切割安全

GB/T 10801.1 绝热用模塑聚苯乙烯泡沫塑料

GB/T 12467.2 金属材料熔化焊质量要求 第2部分：完整质量要求

GB/T 12936 太阳能热利用术语

GB/T 17581 真空管型太阳能集热器

GB/T 23393 设施园艺工程术语

GB 50003 砌体结构设计规范

GB 50009 建筑结构荷载规范

GB 50017 钢结构设计标准

GB 50574 墙体材料应用统一技术规范

GB/T 51183 农业温室结构荷载规范

JB/T 10296 温室电气布线设计规范

JB/T 10297 温室加热系统设计规范

JB/T 10306 温室控制系统设计规范

JB/T 10594 日光温室和塑料大棚结构与性能要求

JB/T 11249 翅片管式换热设备技术规范

NY/T 1145 温室地基基础设计、施工与验收技术规范

NY/T 1451 温室通风设计规范

3 术语和定义

下列术语和定义适用于本文件。

3.1

温室 greenhouse

采用透光覆盖材料作为全部或部分围护结构,具有一定环境调控设备,用于抵御不良天气条件,保证作物能正常生长发育的设施。按透光覆盖材料可分为玻璃温室和塑料温室。

[来源:GB/T 23393—2009,3.8]

3.2

平板型集热器　flat plate collector

吸热体表面基本为平板形状的非聚光型太阳能集热器。

[来源:GB/T 12936—2007,7.5]

3.3

真空管集热器　evacuated tube collector

采用透明管(通常为玻璃管)并在管壁与吸热体之间有真空空间的太阳能集热器。

[来源:GB/T 12936—2007,7.20]

3.4

储放热装置　heat storage and release device

用于太阳能集热能量储存和释放的装置。

4　基本要求

4.1　应符合地面平整、环境条件和日照时长要求。

4.2　应符合温室使用功能、产品质量、生产适用性和经济合理性要求。

4.3　应符合强度、刚度、使用寿命、安全卫生和性能稳定要求。

4.4　应符合抗腐蚀、抗地震、防冻、防过热、防雷电和防火要求。

5　选址要求

5.1　应光照条件好、太阳能辐射强度高、交通便利、水源和电源充足。

5.2　应地势平坦、开阔、远离高大建筑物或其他影响温室采光的设施。

5.3　上风向和周边应无严重粉尘、有害气体、放射性物质及其他污染源。

5.4　应避开洪涝、泥石流以及多冰雹、雷击和风口等地段。

6　工艺设计

6.1　应符合"太阳能集热→热能储存→热能释放→温室供热"流程要求。

6.2　应符合温室生产工艺、规模化和优质高效生产要求。

6.3　应根据温室使用功能和用途,配置工艺条件和设施设备。

6.4　应绘制工艺流程图、设施和设备布置图、管道配置图和基础图等设计图纸。

6.5　应编制产品名称、规格型号、结构尺寸、运行能力、性能指标、配套动力和生产厂家等设施设计说明和设备清单。

7　总体设计

7.1　总体设计应提出设计思路、方案设计、主要技术经济指标及结构设计。

7.2　设计思路应根据项目任务要求提出需要解决的问题和解决问题的方法。

7.3　方案设计应根据项目任务要求提出温室需求方案、设施设备配置方案、太阳能储存和释放方案。

7.4　技术经济指标应根据温室规模确定热能需求指标,提出太阳能集热量、储存量和释放量等技术经济指标。

7.5　结构设计应提出温室、集热器、储放热装置及配套组件等项目任务总体构成,总体构成见图1、图2。

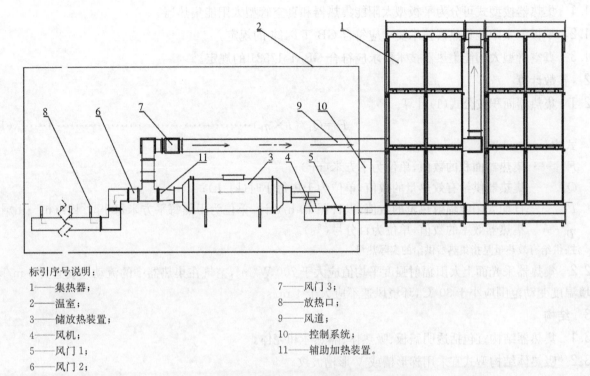

标引序号说明：
1——集热器；
2——温室；
3——储放热装置；
4——风机；
5——风门1；
6——风门2；
7——风门3；
8——放热口；
9——风道；
10——控制系统；
11——辅助加热装置。

图1 太阳能光热转换集热及温室加热系统

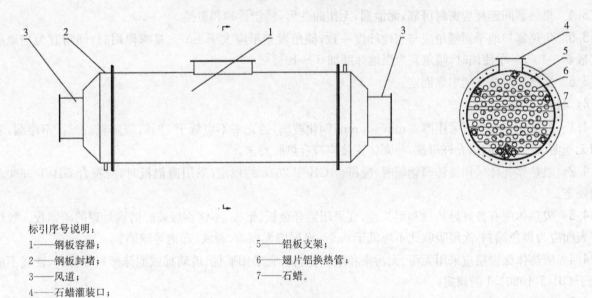

标引序号说明：
1——钢板容器；
2——钢板封堵；
3——风道；
4——石蜡灌装口；
5——铝板支架；
6——翅片铝换热管；
7——石蜡。

图2 储放热装置

7.5.1 温室应适应拟种植、栽培、生产品种和规模，合理配置温度、湿度、土壤墒情和有效成分等传感器，实现数据自动采集、分析和处理。

7.5.2 集热器应根据气候环境选择，寒冷环境宜采用真空管型太阳能集热器，非寒冷环境宜采用平板型太阳能集热器。

7.5.3 储放热装置应根据温室所需热能，合理选择储能材料，有效配置太阳能储存量和释放量。

7.5.4 辅助加热装置应在太阳能储放热供应不足时，继续为温室提供热能。

7.5.5 控制系统应根据温室工艺要求，有效控制温度、湿度、通风和土壤条件等，实现自动化操作。

7.5.6 支架应有效支撑和固定集热器，并应符合稳定性、安全性、抗风载和抗雪载要求。

8 集热器设计

8.1 型式

8.1.1 集热器按型式可分为平板型太阳能集热器和真空管型太阳能集热器。

8.1.2 平板型太阳能集热器技术要求应符合 GB/T 6424 的规定。

8.1.3 真空管型太阳能集热器技术要求应符合 GB/T 17581 的规定。

8.2　参数计算

8.2.1 集热器面积按公式(1)计算。

$$F = Q_1/(I \times \eta_1) \cdots\cdots\cdots\cdots\cdots\cdots\cdots\cdots\cdots\cdots\cdots\cdots\cdots\cdots\cdots\cdots\cdots\cdots\cdots\cdots\cdots\cdots\cdots \quad (1)$$

式中:

F　——集热器面积的数值,单位为平方米(m^2);

Q_1　——集热器供给有效热量的数值,单位为千焦每小时(kJ/h);

I　——日均太阳能辐射热量的数值,以日照 10 h/d 计,单位为千焦每平方米每小时[$kJ/(m^2 \cdot h)$];

η_1　——集热器效率的数值,单位为百分号(%)。

注:供给有效热量是指集热器供给的实际热量。

8.2.2 集热器采光面上太阳辐射强度平均值应大于 700 W/m^2,空气在集热器中的流动速度宜为 3 m/s,环境温度变动范围应小于 30 ℃,环境风速不应大于 4 m/s。

8.3　结构

8.3.1 集热器结构宜包括透明盖板、吸热体、隔热体和壳体。

8.3.2 吸热体结构型式宜采用梯形槽或 V 形槽波纹。

8.3.3 组件连接方式应根据集热效果确定,宜采用串联、并联或串并联连接。

8.3.4 集热器间连接应密封可靠,无泄漏,无扭曲变形,便于拆卸和更换。

8.3.5 集热器与地平面倾角应与当地纬度一致,倾角误差不应大于±3°。夏季使用时,倾角宜为当地纬度减 5°~10°;冬季使用时,倾角宜为当地纬度加 5°~10°。

8.3.6 集热器应与支架牢靠固定。

8.4　材料

8.4.1 透明盖板材料宜采用厚 3 mm~5 mm 钢化玻璃,透光率不应低于 78%,应防雹、密封、不渗漏,表面无翘曲、破裂或穿孔,允许拼接,与壳体连接应符合热胀要求。

8.4.2 吸热体壳体采用镀锌薄钢板时,应符合 GB/T 2518 的规定;采用薄铝板时,应符合 GB/T 3880.1 的规定。

8.4.3 吸热体应有良好导热性和耐久性,宜采用铝合金板、铝板、不锈钢板或经防腐处理的碳钢板。吸热体表面应为黑色涂料,涂层吸收比不应低于 0.92,涂层应无剥落、裂纹、起泡等缺陷。

8.4.4 隔热体保温层应采用无毒、无污染和阻燃材料。宜采用矿棉、玻璃棉或泡沫塑料等材料,性能不应低于 GB/T 10801.1 的规定。

8.4.5 外壳宜采用木材、钢板或玻璃钢。

9　储放热装置设计

9.1　一般要求

9.1.1 应确立温室内经历不同时间点的温度值。

9.1.2 应遵循温室内不同时间与温度之间的关系(见图3)。

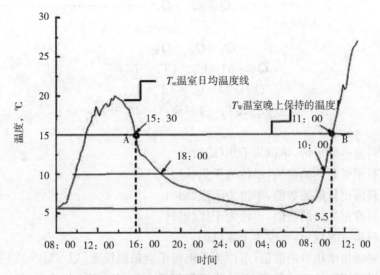

图 3　温室内不同时间与温度关系

9.2　参数计算

9.2.1　储放热装置供给温室的所需热量按公式（2）计算。

$$Q_x = V_w \times \rho_k \times C_k \times \Delta T \quad\cdots\cdots\cdots\cdots\cdots\cdots\cdots (2)$$

其中：

$$\Delta T = \int_{t_A}^{t_B} (T_w - T_m)\,\mathrm{d}t$$

式中：

Q_x——温室晚上维护植物生长保持一定温度所需热量的数值，单位为千焦（kJ）；

V_w——温室体积的数值，单位为立方米（m³）；

ρ_k——空气密度的数值，单位为千克每立方米（kg/m³）；

C_k——空气比热容的数值，单位为千焦每千克每摄氏度[kJ/(kg·℃)]。

ΔT——温室夜晚保持温度与日均温度的差的数值，单位为摄氏度（℃）；

T_w——温室夜晚保持某个时刻的温度的数值，单位为摄氏度（℃）；

T_m——温室日均时间温度变化的数值，单位为摄氏度（℃）；

t——时间的数值，单位为小时（h）；

t_A——T_w 与 T_m 交点为开始补充热量时间起点的数值，单位为小时（h）；

t_B——T_w 与 T_m 交点为终止补充热量时间起点的数值，单位为小时（h）。

9.2.2　储放热装置满足温室需要的实际热量按公式（3）计算。

$$Q_s = B_1 \times Q_x \quad\cdots\cdots\cdots\cdots\cdots\cdots\cdots\cdots\cdots\cdots\cdots\cdots\cdots (3)$$

式中：

Q_s——满足温室需要热量实际热量的数值，单位为千焦（kJ）；

B_1——满足温室需要热量的温室安全系数，取 1.3~1.5。

9.2.3　储放热装置释放热量按公式（4）计算。

$$Q_f = Q_s \quad\cdots\cdots\cdots\cdots\cdots\cdots\cdots\cdots\cdots\cdots\cdots\cdots\cdots\cdots\cdots (4)$$

式中：

Q_f——储放热装置释放热量的数值，单位为千焦（kJ）。

9.2.4　储放热装置储存热量按公式（5）计算。

$$Q_c = B_2 \times Q_f \quad\cdots\cdots\cdots\cdots\cdots\cdots\cdots\cdots\cdots\cdots\cdots\cdots\cdots (5)$$

式中：

B_2——满足温室需要热量的储放热装置安全系数，取 1.2~1.5。

9.2.5　储热材料热量按公式（6）计算。

$$Q_c = Q_S + Q_r \quad\cdots\cdots\cdots\cdots\cdots\cdots\cdots\cdots\cdots\cdots\cdots\cdots\cdots\cdots\cdots\cdots\cdots\cdots\cdots \quad (6)$$

其中：

$$Q_S = Q_{S1} + Q_{S2}$$
$$Q_{S1} = M \times C_g \times (T_r - T_0)$$
$$Q_{S2} = M \times C_y \times (T - T_r)$$
$$M = Q_c / [C_g \times (T_r - T_0) + C_y \times (T - T_r) + r]$$

式中：

Q_S ——储热材料显热的数值,单位为千焦(kJ);

Q_r ——储热材料相变潜热的数值,单位为千焦(kJ);

Q_{S1} ——储热材料固相显热的数值,单位为千焦(kJ);

Q_{S2} ——储热材料液相显热的数值,单位为千焦(kJ);

M ——储热材料质量的数值,单位为千克(kg);

C_g ——储热材料固相比热容的数值,单位为千焦每千克每摄氏度[kJ/(kg·℃)];

C_y ——储热材料液相比热容的数值,单位为千焦每千克每摄氏度[kJ/(kg·℃)];

T_r ——储热材料相变温度的数值,单位为摄氏度(℃);

T_0 ——储热材料环境温度的数值,单位为摄氏度(℃);

T ——储热材料液相温度的数值,单位为摄氏度(℃);

r ——储热材料熔解热的数值,单位为千焦每千克(kJ/kg)。

9.2.6 储放热装置储热容积按公式(7)计算。

$$V_r = V_c + V_g + V_z \quad\cdots\cdots\cdots\cdots\cdots\cdots\cdots\cdots\cdots\cdots\cdots\cdots\cdots\cdots\cdots\cdots \quad (7)$$

其中

$$V_c = M / \rho_c$$
$$V_g = nL\pi d_o^2 / 4$$
$$V_z = nV_p$$

式中：

V_r ——储放热装置储热容积的数值,单位为立方米(m³);

V_c ——储热材料容积的数值,单位为立方米(m³);

ρ_c ——储热材料在常温下密度的数值,单位为千克每立方米(kg/m³);

V_g ——换热管总体积的数值,单位为立方米(m³);

n ——换热管数量的数值,单位为个(个);

L ——换热管长度的数值,单位为米(m);

d_o ——换热管外径的数值,单位为米(m);

V_z ——翅片总体积的数值,单位为立方米(m³);

V_p ——每个换热管翅片体积的数值,单位为立方米(m³)。

9.2.7 集热器有效热量按公式(8)计算。

$$Q_j = B_3 Q_c \quad\cdots\cdots\cdots\cdots\cdots\cdots\cdots\cdots\cdots\cdots\cdots\cdots\cdots\cdots\cdots\cdots\cdots\cdots\cdots\cdots\cdots\cdots \quad (8)$$

式中：

B_3——集热器满足储放热装置储热需要热量的安全系数,取1.1~1.5。

9.3 结构

9.3.1 储放热装置结构应由外壳(含储热钢板容器、钢板封堵、风道和石蜡灌装口)和内芯(含铝板支架、翅片铝换热管和石蜡)组成。

9.3.2 外壳应采用整体结构,连接处应密封可靠,无泄露现象。连接结构应便于内芯安装和检修。

9.3.3 内芯结构应采用圆柱形整体结构,应便于装配和拆卸,应具有太阳能储存和热能释放能力的较高潜热。

9.4 材料

9.4.1 储放热装置材料宜采用钢板、铝板(管)和石蜡。

9.4.2 外壳钢板应具有足够刚度和强度,应符合 GB/T 700 的规定。

9.4.3 铝板支架应具有足够支撑能力和抗腐蚀能力,铝板材料应符合 GB/T 3880.1 的规定。

9.4.4 翅片铝换热管应具有良好换热性能,翅片与管件表面连接应紧密,翅片管用铝管应符合 GB/T 4437.1 的规定,翅片铝换热管应符合 JB/T 11249 的规定。

9.4.5 石蜡应比热容大、导热系数大、相变焓稳定、低温相变性好、腐蚀性小,对人体和环境无危害等。石蜡材料应符合 GB/T 1202 的规定。

10 适用温室要求

10.1 地基基础应符合 NY/T 1145 的规定。

10.2 结构设计应符合 GB 50017、GB 50003 和 JB/T 10594 的规定。

10.3 通风设计应符合 NY/T 1451 的规定,加热系统设计应符合 JB/T 10297 的规定。

10.4 墙体材料应符合 GB 50574 的规定,骨架材料应符合 GB/T 700 的规定。

10.5 结构荷载应符合 GB/T 51183 的规定,温室砌体部分载荷应符合 GB 50009 的规定。

11 辅助加热装置设计

11.1 太阳能无法满足温室供热需求时,应采用辅助加热装置,与温室配套使用。

11.2 宜采用电加热装置、热泵作为辅助加热装置,应根据温室供热需求和实际条件确定。

11.3 应根据小时供热量选择辅助加热装置,按公式(9)计算。

$$Q_h = K_1 \times Q_d / T_1 \quad \cdots\cdots\cdots\cdots\cdots\cdots\cdots\cdots\cdots\cdots\cdots\cdots (9)$$

式中:

Q_h ——辅助加热装置小时供热量的数值,单位为千焦每小时(kJ/h);

Q_d ——最高日耗热量的数值,单位为千焦每日(kJ/d);

T_1 ——辅助加热装置设计工作时间的数值,单位为小时(h),宜选择 12 h~20 h;

K_1 ——安全系数,一般取 1.0~1.5。

11.4 辅助加热装置实际供热量应大于设计供热量,其噪声不应大于 80 dB(A),应符合 GB/T 3768 的规定。

11.5 辅助加热装置进风面距遮挡物宜大于 1.5 m,控制面距墙面宜大于 1.2 m,顶部出风的上部净空间宜大于 4.5 m,进风面相对布置时的间距宜大于 3.0 m。

12 控制系统设计

12.1 应符合温室调控要求,应具有调控温度、湿度、通风、排湿、降温以及土壤水分和养分等功能,应具有过压、过载保护措施。控制系统设计应符合 JB/T 10306 的规定,电气布线设计应符合 JB/T 10296 的规定。

12.2 应使用功率匹配的熔断器、断路器、漏电保护器、继电器及交流接触器等,出现异常状况时应报警并停止运行。发生供电设备短路或漏电时,应及时切断电路,查明故障原因后方可恢复。

12.3 电气安全应符合 GB/T 5226.1 的规定。电路控制应安全可靠、动作准确,电器线路接头应连接牢固并编号,导线不应裸露。操作按钮应可靠,指示灯显示应正常。

12.4 应有可靠接地装置,并有明显接地标志。接地端子与接地金属部件间连接应具有低电阻,电阻值不应超过 0.1 Ω。

12.5 动力电路导线和保护接地电路间施加 500 V d.c. 时测得的绝缘电阻不应小于 1 MΩ。

12.6 试验电压应为 1 000 V,并应施加在动力电路导线和保护联结电路之间至少 1 s 时间,不应出现击穿和放电现象。

12.7 控制系统外壳安全防护应符合 GB/T 4208 的规定,防护等级不应低于 IP 55 的要求。

13 支架设计

13.1 支架设计应具有牢固承载集热器的能力,应符合 GB 50017 的规定。

13.2 支架焊接环境应满足工艺需要,焊接材料特性应与母材特性保持一致,焊接安全应符合 GB 9448 的规定。

13.3 支架焊接部位应牢固、光滑,焊接质量应符合 GB/T 12467.2 的规定。

13.4 支架防锈应采用防锈漆及优质面漆双层保护方法。

ICS 65.040.30
CCS B 90

中华人民共和国农业行业标准

NY/T 4317—2023

温室热气联供系统设计规范

Design specification for heating system with CO_2 enrichment of greenhouse

2023-02-17 发布

2023-06-01 实施

中华人民共和国农业农村部 发布

前　言

本文件按照 GB/T 1.1—2020《标准化工作导则　第 1 部分：标准化文件的结构和起草规则》的规定起草。

请注意本文件的某些内容可能涉及专利。本文件的发布机构不承担识别专利的责任。

本文件由农业农村部计划财务司提出并归口。

本文件起草单位：农业农村部规划设计研究院。

本文件主要起草人：周长吉、富建鲁、张月红、王柳、田婧。

温室热气联供系统设计规范

1 范围

本文件规定了温室热气联供系统室内外设计计算参数、负荷计算、散热器和室内供暖管道、CO_2 输配系统、热源、气源及配套设备、供暖输配管网和监控系统的设计方法和要求。

本文件适用于以天然气为燃料的温室热气联供系统设计,其他温室供暖系统设计可参照执行。

2 规范性引用文件

下列文件中的内容通过文中的规范性引用而构成本文件必不可少的条款。其中,注日期的引用文件,仅该日期对应的版本适用于本文件;不注日期的引用文件,其最新版本(包括所有的修改单)适用于本文件。

GB 150(所有部分) 压力容器

GB/T 8175 设备及管道绝热设计导则

GB 13271 锅炉大气污染物排放标准

GB 16297 大气污染物综合排放标准

GB/T 23393—2009 设施园艺工程术语

GB/T 29044 供暖空调系统水质

GB 50016 建筑设计防火规范

GB 50019 工业建筑供暖通风与空气调节设计规范

GB 50028 城镇燃气设计规范

GB 50041 锅炉房设计标准

GB/T 50109 工业用水软化除盐设计规范

GB/T 50155—2015 供暖通风与空气调节术语标准

GB 50176—2016 民用建筑热工设计规范

GB 50494 城镇燃气技术规范

GB 50736 民用建筑供暖通风与空气调节设计规范

CJJ/T 55—2011 供热术语标准

3 术语和定义

GB/T 23393—2009 界定的以及下列术语和定义适用于本文件。

3.1

温室 greenhouse

采用透光覆盖材料作为全部或部分围护结构,具有一定环境调控设备,保证作物正常生长发育的设施。按透光覆盖材料可分为玻璃温室和塑料温室。

[来源:GB/T 23393—2009,3.8,有修改]

3.2

连栋温室 gutter connected greenhouse

两跨及以上,通过天沟连接的温室。

[来源:GB/T 23393—2009,3.11,有修改]

3.3

热气联供系统 heating system with CO₂ enrichment

利用天然气供暖,同时用锅炉烟气辅以液态CO_2气源经气化调压向温室提供CO_2的系统。

3.4

室内供暖设计温度 inside temperature for heating

根据温室内作物正常生育要求计算温室冬季供暖设计热负荷选用的室内温度。

[来源:GB/T 23393—2009,7.1,有修改]

3.5

室外供暖计算温度 outside temperature for heating

计算温室冬季额定加热负荷的室外温度。

[来源:GB/T 23393—2009,7.2,有修改]

3.6

供暖设计热负荷 designed heat load

在额定设计工况下,平衡温室散热损失的热量需求量。

[来源:GB/T 23393—2009,7.4,有修改]

3.7

CO_2设计负荷 designed CO_2 load

在额定设计工况下,平衡温室作物吸收和温室围护结构散失的CO_2需求量。

3.8

热阻 thermal resistance

表征围护结构本身或其中材料层阻抗传热能力的物理量。

[来源:GB 50176—2016,2.1.7,有修改]

3.9

光管散热器 pipe radiator

用普通钢管焊制的散热器。

[来源:GB/T 50155—2015,3.6.21]

3.10

烟气冷凝回收 heat recovery by flue gas condensation

在锅炉烟道中加装冷凝热回收装置,回收烟气中的显热和汽化潜热。

[来源:CJJ/T 55—2011,4.2.31]

3.11

斜温层 thermocline

蓄热水罐中冷水与热水之间的温度过渡层。

3.12

分布式水泵供热系统 distributed pumps heating system

在热源、管网和温室分别设置循环水泵的供热系统。

3.13

比摩阻 specific frictional resistance

单位长度管道的摩擦阻力。

[来源:GB/T 50155—2015,3.5.11]

3.14

阀权度 valve authority

在实际工作情况下,调节阀全开时,阀门压力损失占包括阀门本身在内的该调节支路总压力损失的比例。

[来源:GB/T 50155—2015,8.3.52]

4 符号

表1所列符号适用于本文件。

表1 计算量符号、含义、单位一览表

符号	含义	单位	符号	含义	单位
A	温室面积	m^2	f_o	配气软管单个孔口面积	m^2
A_{di}	第 i 地带地面面积	m^2	G_r	热源循环泵设计流量	m^3/h
A_s	温室作物种植面积	m^2	h	封头高度	mm
A_{wi}	不同部位围护结构面积	m^2	K	富裕系数	无量纲
a_g	光管散热器单位长度表面积	m^2/m	K_{dc}	管壁当量粗糙度	m
B	并联环路计算压力损失相对差额	%	K_{di}	第 i 地带地面的传热系数	$W/(m^2 \cdot ℃)$
C_i	室内 CO_2 体积分数	m^3/m^3	K_g	光管散热器传热系数	$W/(m^2 \cdot ℃)$
C_o	室外 CO_2 体积分数	m^3/m^3	K_{wi}	不同部位围护结构传热系数	$W/(m^2 \cdot ℃)$
c_p	空气定压比热	$kJ/(kg \cdot ℃)$	K_z	设置有水平保温幕温室屋面综合传热系数	$W/(m^2 \cdot ℃)$
D	水处理设备出力	t/h	K_1	温室屋面结构传热系数	$W/(m^2 \cdot ℃)$
D_{fj}	分集水器筒体直径	mm	L	管道长度	m
D_1	供暖系统补水量	t/h	L_c	CO_2 管道长度	m
D_2	水处理系统自用软化除盐水量	t/h	L_{fj}	分水器、集水器筒体长度	mm
D_3	其他用途的软化除盐水量	t/h	L_i	筒体接管中心距	mm
d	管道内径	m	L_m	配气软管总长度	m
d_c	CO_2 管道内径	mm	L_T	天沟总长度	m
d_j	接管外径	mm	LAI	作物叶面积指数	无量纲
d_p	排污管管径	mm	l_m	单条配气软管长度	m
N	经温室门、窗或围护结构缝隙渗入室内空气的换气次数	次/h	S_m	配气软管每组孔口间距	mm
N_{CD}	配气软管上每组孔口数	个	T_i	室内供暖设计温度	℃
N_{cz}	单条配气软管上孔口总数	个	T_o	室外供暖计算温度	℃
N_r	日间运行锅炉的功率	kW	t_c	温室每天 CO_2 供气时间	h/d
n	降雪强度修正因子	无量纲	t_x	锅炉日间运行时间	h
n_c	液态 CO_2 储罐更换或补充周期	d	V	温室体积	m^3
P_{c1}	管道起点压力	Pa	V_L	液态 CO_2 储罐容积	m^3
P_{c2}	管道终点压力	Pa	V_X	蓄热水罐容积	m^3
P_{gy}	计算并联环路与最不利环路共用管段阻力	Pa	v	热水流速	m/s
P_{max}	最不利环路阻力损失	Pa	v_c	CO_2 流速	m/s
P_s	计算并联环路阻力损失	Pa	v_j	垂直于配气软管壁的静压速度	m/s
Q	供暖设计热负荷	W	v_y	烟气流速	m/s
Q'	燃气低热值	kJ/m^3	W	风速影响因子	无量纲
Q_B	日间运行锅炉最小功率	MW	α_i	围护结构内表面与室内空气对流换热系数	$W/(m^2 \cdot ℃)$
Q_f	加压风机风量	m^3/h	α_o	围护结构外表面与室外空气对流换热系数	$W/(m^2 \cdot ℃)$
Q_{rq}	燃气小时计算流量	m^3/h	γ	热水运动黏滞系数	m^2/s
Q_1	围护结构传热热损失	W	ΔP	供暖管道压力损失	Pa
Q_2	围护结构冷风渗透热损失	W	ΔP_i	第 i 管段的阻力	Pa
Q_3	地面传热热损失	W	ΔP_j	热水管道局部阻力	Pa
Q_4	天沟融雪附加热损失	W	ΔP_m	CO_2 管道沿程压力损失	Pa
q_{am}	设计工况下以质量计算的 CO_2 设计负荷	kg/h	ΔP_n	CO_2 管道局部压力损失	Pa
q_{av}	设计工况下以体积计算的 CO_2 设计负荷	m^3/h	ΔP_y	热水管道沿程阻力	Pa

表 1（续）

符号	含义	单位	符号	含义	单位
q_h	单位面积供暖热负荷	W/m^2	ΔP_z	最不利环路阻力损失与共用管段阻力损失的差值	Pa
q_g	干管设计流量	kg/h	Δp	混水三通阀所在串联支路总压力损失	Pa
q_m	单条配气软管设计流量	m^3/h	Δp_{min}	混水三通阀全开时压力损失	Pa
q_{ng}	单位长度光管散热器的散热量	W/m	ΔT	管内平均水温与室内供暖设计温度差	℃
q_{pr}	作物单位叶面积的净光合速率	$m^3/(m^2 \cdot h)$	ΔT_r	热源供回水温差	℃
q_r	单位长度光管散热器散热量	W/m	ΔT_X	蓄热水罐可利用温差	℃
q_y	烟气流量	m^3/h	δ_w	围护结构各层材料厚度	m
q_z	支管设计流量	m^3/h	η	水平内保温幕节能率	%
R_{cm}	管道单位长度摩擦阻力	Pa/m	η_B	锅炉天然气燃烧的完全度	%
R_k	封闭空气间层热阻	$m^2 \cdot ℃/W$	η_c	液态 CO_2 储罐的充满度	%
Re	雷诺数	无量纲	η_{s1}	自上而下第一层水平内保温幕节能率	%
S	阀权度	无量纲	η_{s2}	自上而下第二层水平内保温幕节能率	%
η_{s3}	自上而下第三层水平内保温幕节能率	%	ρ	热水密度	kg/m^3
η_r	锅炉热效率	%	ρ_c	标准状态下气态二氧化碳密度	kg/m^3
η_1	蓄热水罐保温效率	%	ρ_o	室外供暖计算温度下的空气密度	kg/m^3
η_2	蓄热水罐容积利用系数	%	ρ_y	工作状态下烟气密度	kg/m^3
η_3	系统水膨胀系数	无量纲	ζ_c	CO_2 管道局部阻力系数	无量纲
λ	管道摩擦阻力系数	无量纲	ζ_i	热水管道局部阻力系数	无量纲
λ_w	围护结构各层材料导热系数	无量纲	φ_c	锅炉烟气中 CO_2 的体积分数	%
μ	孔口流量系数	无量纲			

5 室内外设计计算参数

5.1 室外供暖计算温度应按最近至少 20 年的累年最低室外温度平均值确定,部分地区室外供暖计算温度见附录 A。

5.2 室内供暖设计温度应根据种植作物的夜间适宜温度或咨询农艺师确定,不得低于作物生长的最低温度。部分种植作物生长的夜间适宜温度和最低温度可按表 2 采用。

表 2 部分种植作物生长的夜间适宜温度和最低温度

单位为摄氏度

作物	番茄/辣椒	草莓	西甜瓜	黄瓜	茄子	菜豆	生菜
夜间适宜温度	18~22	6~15	22~24	22~24	20~24	20~22	15~20
最低温度	15	5	15	15	15	15	10

5.3 辅助建筑室外供暖计算温度、室内供暖设计温度应根据建筑用途,分别按 GB 50736 和 GB 50019 的规定确定。

5.4 标准状态下,室外 CO_2 计算体积分数可按 4×10^{-4} m^3/m^3 取值。

5.5 标准状态下,室内 CO_2 设计体积分数宜根据供气来源,按下列要求取值:

　　a) 锅炉烟气供气时,取 8×10^{-4} m^3/m^3 ~ 1×10^{-3} m^3/m^3,不应超过 1.5×10^{-3} m^3/m^3;

　　b) 液态 CO_2 罐或其他气源供气时,取 5×10^{-4} m^3/m^3 ~ 6×10^{-4} m^3/m^3。

6 负荷计算

6.1 供暖设计热负荷

6.1.1 供暖设计热负荷应按公式(1)计算。

$$Q = Q_1 + Q_2 + Q_3 + Q_4 \quad\cdots\cdots\cdots\cdots\cdots\cdots\cdots\cdots\cdots\cdots\cdots\cdots \quad (1)$$

式中：

Q ——供暖设计热负荷的数值，单位为瓦（W）；

Q_1 ——围护结构传热损失的数值，单位为瓦（W）；

Q_2 ——围护结构冷风渗透热损失的数值，单位为瓦（W）；

Q_3 ——地面传热损失的数值，单位为瓦（W）；

Q_4 ——天沟融雪附加热损失的数值，单位为瓦（W）。

6.1.2 围护结构传热热损失应按公式（2）计算。

$$Q_1 = \sum K_{wi} A_{wi} (T_i - T_o) \quad\cdots\cdots\cdots\cdots\cdots\cdots\cdots\cdots\cdots\cdots \quad (2)$$

式中：

Q_1 ——围护结构传热损失的数值，单位为瓦（W）；

K_{wi} ——不同部位围护结构传热系数的数值，单位为瓦每平方米每摄氏度［W/（m²·℃）］，按附录 B 计算或选用；

A_{wi} ——不同部位围护结构面积的数值，单位为平方米（m²）；

T_i ——室内供暖设计温度的数值，单位为摄氏度（℃）；

T_o ——室外供暖计算温度的数值，单位为摄氏度（℃）。

6.1.3 围护结构冷风渗透热损失应按公式（3）计算。

$$Q_2 = 0.278 N W V \rho_o c_p (T_i - T_o) \quad\cdots\cdots\cdots\cdots\cdots\cdots\cdots\cdots \quad (3)$$

式中：

Q_2 ——围护结构冷风渗透热损失的数值，单位为瓦（W）；

N ——经门窗或围护结构缝隙渗入室内空气的换气次数，单位为次每小时（次/h），可参照表3；

W ——风速影响因子，可参照表4；

V ——温室体积的数值，单位为立方米（m³）；

ρ_o ——室外供暖计算温度下空气密度的数值，单位为千克每立方米（kg/m³）；

c_p ——空气定压比热的数值，单位为千焦每千克每摄氏度［kJ/（kg·℃）］，可取 1.0 kJ/（kg·℃）；

T_i ——室内供暖设计温度的数值，单位为摄氏度（℃）；

T_o ——室外供暖计算温度的数值，单位为摄氏度（℃）。

表 3 温室换气次数

单位为次每小时

温室形式		换气次数
新温室	单层玻璃，玻璃搭接缝隙不密封	1.25～2.00
	单层玻璃，玻璃搭接缝隙密封	0.60～1.00
	单层玻璃上覆盖塑料膜	0.50～0.90
	塑料薄膜	0.75～1.50
旧温室	维护保养好	1.00～2.00
	维护保养差	2.00～4.00
注： 温室维护保养好坏根据覆盖材料密封性能判断。		

表 4 风速影响因子

风速 m/s	风速影响因子
≤6.71	1.00
6.72～8.94	1.04
8.95～11.18	1.08
11.19～13.41	1.12
13.42～15.65	1.16
注： 风速为供暖季节20年累年最冷月平均风速。	

6.1.4 温室地面传热损失应按公式(4)计算,地带划分方法可参照图1,第一地带重叠区域(图1黑色区)应重复计算,地带传热系数可参照表5。

$$Q_3 = \sum K_{di} A_{di} (T_i - T_o) \quad\cdots\cdots\cdots\cdots\cdots\cdots\cdots\cdots\cdots\cdots\cdots\cdots\cdots\cdots (4)$$

式中:

Q_3——地面传热损失的数值,单位为瓦(W);

K_{di}——第 i 地带地面传热系数的数值,单位为瓦每平方米每摄氏度[W/(m² · ℃)];

A_{di}——第 i 地带地面面积的数值,单位为平方米(m²);

T_i——室内供暖设计温度的数值,单位为摄氏度(℃);

T_o——室外供暖计算温度的数值,单位为摄氏度(℃)。

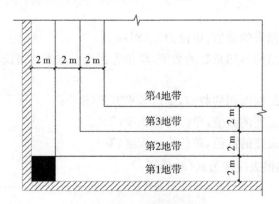

图 1　温室地面地带划分

表 5　温室地面各地带传热系数

单位为瓦每平方米每摄氏度

地带名称	传热系数
第 1 地带	0.47
第 2 地带	0.23
第 3 地带	0.12
第 4 地带	0.07

6.1.5 天沟融雪附加热损失可按公式(5)计算。

$$Q_4 = 80 n L_T \quad\cdots\cdots\cdots\cdots\cdots\cdots\cdots\cdots\cdots\cdots\cdots\cdots\cdots\cdots\cdots\cdots (5)$$

式中:

Q_4——天沟融雪附加热损失的数值,单位为瓦(W);

n——降雪强度修正因子,室外供暖设计温度不大于−10 ℃,$n=2$;室外供暖设计温度−10 ℃～0 ℃,$n=1$;室外供暖设计温度 0 ℃以上时,$n=0$;

L_T——天沟总长度的数值,单位为米(m)。

6.2　CO_2设计负荷

CO_2设计负荷应按公式(6)和公式(7)计算。

$$q_{am} = 1.784 q_{av} \quad\cdots\cdots\cdots\cdots\cdots\cdots\cdots\cdots\cdots\cdots\cdots\cdots\cdots\cdots\cdots (6)$$

$$q_{av} = (C_i - C_o) N W V + L A I A_s q_{pr} \quad\cdots\cdots\cdots\cdots\cdots\cdots\cdots\cdots\cdots (7)$$

式中:

q_{am}——设计工况下以质量计算的 CO_2 设计负荷的数值,单位为千克每小时(kg/h);

q_{av}——设计工况下以体积计算的 CO_2 设计负荷的数值,单位为立方米每小时(m³/h);

C_o——室外 CO_2 体积分数的数值,单位为立方米每立方米(m³/m³),按本文件5.4条要求采用;

C_i——室内 CO_2 体积分数的数值,单位为立方米每立方米(m³/m³),按本文件5.5条要求采用;

N ——经门窗或围护结构缝隙渗入室内空气的换气次数,单位为次每小时(次/h),可参照表3;

W ——风速影响因子,可参照表4;

V ——温室体积的数值,单位为立方米(m^3);

LAI——作物叶面积指数,果菜 $LAI=3\sim5$,叶菜 $LAI=3\sim10$,准确取值应根据具体种植品种咨询农艺师;

A_s ——温室作物种植面积的数值,单位为平方米(m^2);

q_{pr} ——作物单位叶面积净光合速率的数值,单位为立方米每平方米每小时$[m^3/(m^2 \cdot h)]$,咨询农艺师确定。

7 散热器和室内供暖管道

7.1 一般规定

7.1.1 散热器宜选用光管散热器或圆翼散热器。

7.1.2 温室散热器布置方式应根据作物种类、栽培方式和均匀散热要求确定。

7.1.3 供暖系统管道、设备及连接件等的承压能力应与系统工作压力相匹配。

7.1.4 温室散热器供回水温差宜按 10 ℃计算。

7.2 散热器选择及布置

7.2.1 温室供暖散热器应优先选择光管散热器。散热量不足时,可在墙边、柱间选用热浸镀锌钢制圆翼散热器。

7.2.2 单位长度光管散热器的散热量可按公式(8)计算。

$$q_{ng}=K_g a_g \Delta T \qquad\qquad (8)$$

式中:

q_{ng}——单位长度光管散热器的散热量的数值,单位为瓦每米(W/m);

K_g ——光管散热器传热系数的数值,单位为瓦每平方米每摄氏度$[W/(m^2 \cdot ℃)]$,可参照表6,有可靠试验数据可按试验数据采用;

a_g ——光管散热器单位长度表面积的数值,单位为平方米每米(m^2/m),可参照表7;

ΔT——管内平均水温与室内供暖设计温度差的数值,单位为摄氏度(℃)。

注:管内平均水温为管内进出口水温的算术平均值。

表 6 光管散热器传热系数

单位为瓦每平方米每摄氏度

公称直径 mm	管内平均水温与室内供暖设计温度差 ℃			
	40~50	50~60	60~70	70~80
≤32	11	11.5	12.0	12.5
40~100	9.5	10.0	10.5	11.0
125~150	9.5	10.0	10.5	10.5
>150	8.5	8.5	8.5	8.5

表 7 光管散热器单位长度表面积

公称直径 mm	外径×壁厚 mm	单位长度表面积 m^2/m	公称直径 mm	外径×壁厚 mm	单位长度表面积 m^2/m
15	21.3×2.75	0.067	65	75.5×3.75	0.237
20	26.8×2.75	0.084	80	88.5×4.0	0.278
25	33.5×3.25	0.105	100	114×4.0	0.358
32	42.3×3.25	0.133	125	140×4.5	0.440
40	48×3.5	0.151	150	165×4.5	0.518
50	60×3.5	0.188	200	219×6.0	0.688

7.2.3 热浸镀锌钢制圆翼散热器单位长度散热量应按生产厂家提供的数据确定。

7.2.4 温室采暖宜利用行间管理作业车轨道兼做散热器;无限生长型作物宜设置作物株间散热器;温室外墙内侧宜设置散热器。

7.2.5 散热器散热量不满足温室供暖负荷时,可设置空中吊挂散热器。

7.2.6 冬季有降雪的地区,可设置天沟融雪散热器。

7.2.7 行间管理作业车轨道兼做散热器时应符合下列要求:

    a) 管道刚度、承压能力应同时满足轨道车载重要求和供暖系统工作压力要求;

    b) 每组管道与主管连接端均应设置阀门。

7.2.8 作物株间散热器宜采用 DN32~DN40 光管散热器,沿植株栽培行安装在冠层内部,与栽培行同长设置。

7.2.9 株间散热器表面温度不得高于 50 ℃。

7.2.10 株间散热系统应独立控制,每组散热器与主管连接端应设置阀门。

7.2.11 散热器布置宜利用温室地面或栽培槽坡度满足排气和泄水要求。

7.2.12 外墙内侧散热器、空中吊挂散热器设置宜减少遮光。

7.3 供暖管道及水力计算

7.3.1 热水供暖系统环路的压力损失,可按公式(9)~公式(14)计算。

$$\Delta P = \sum \Delta P_i \quad\text{……………………………………} (9)$$

$$\Delta P_i = \Delta P_y + \Delta P_j \quad\text{………………………………} (10)$$

$$\Delta P_y = \frac{\lambda}{d} L \frac{\rho \upsilon^2}{2} \quad\text{…………………………………} (11)$$

$$\Delta P_j = \sum \zeta_i \frac{\rho \upsilon^2}{2} \quad\text{……………………………} (12)$$

$$\lambda = 0.11 \left(\frac{K_{dc}}{d} + \frac{68}{Re} \right)^{0.25} \quad\text{………………………} (13)$$

$$Re = \frac{\upsilon d}{\gamma} \quad\text{………………………………………} (14)$$

式中:

ΔP ——管道压力损失的数值,单位为帕(Pa);

ΔP_i ——第 i 管段阻力的数值,单位为帕(Pa);

ΔP_y ——管道沿程阻力的数值,单位为帕(Pa);

ΔP_j ——管道局部阻力的数值,单位为帕(Pa);

L ——管道长度的数值,单位为米(m);

λ ——管道摩擦阻力系数;

d ——管道内径的数值,单位为米(m);

υ ——热水流速的数值,单位为米每秒(m/s);

ρ ——热水密度的数值,单位为千克每立方米(kg/m³),按管内平均水温取值;

ζ_i ——管道局部阻力系数,阀门、管配件的局部阻力系数可参照表8和表9;

K_{dc} ——管壁当量粗糙度的数值,单位为米(m),取 0.000 2 m;

Re ——雷诺数;

γ ——热水运动黏滞系数的数值,单位为平方米每秒(m²/s),不同温度热水运动黏滞系数可参照表10。

表 8　与管径有关的阀门、管配件局部阻力系数

管配件名称	管道公称直径 mm					
	15	20	25	32	40	≥50
截止阀	16.0	10.0	9.0	9.0	8.0	7.0
旋塞	4.0	2.0	2.0	2.0	—	—
斜杆截止阀	3.0	3.0	3.0	2.5	2.5	2.0
闸阀	1.5	0.5	0.5	0.5	0.5	0.5
弯头	2.0	2.0	1.5	1.5	1.0	1.0
90°煨弯及乙字弯	1.5	1.5	1.0	1.0	0.5	0.5
括弯	3.0	2.0	2.0	2.0	2.0	2.0
急弯双弯头	2.0	2.0	2.0	2.0	2.0	2.0
缓弯双弯头	1.0	1.0	1.0	1.0	1.0	1.0

表 9　与管径无关的阀门、管配件局部阻力系数

局部阻力名称	局部阻力系数	局部阻力名称	局部阻力系数
突然扩大	1.0	分流三通	3.0
突然减小	0.5	直流四通	2.0
直流三通	1.0	分流四通	3.0
旁流三通	1.5	方形补偿器	2.0
合流三通	3.0	套管补偿器	0.5

表 10　不同温度热水运动黏滞系数

水温 ℃	25	30	35	40	45	50	60	70	80	90	100
运动黏滞系数 ×10⁻⁶ m²/s	0.897	0.804	0.727	0.661	0.605	0.556	0.477	0.415	0.367	0.328	0.296

7.3.2　并联环路之间压力损失相对差额计算应按公式(15)和公式(16)计算,且不应大于15%。

$$B = \frac{\Delta P_z - P_s}{\Delta P_z} \times 100 \quad\cdots\cdots\cdots\cdots\cdots\cdots\cdots \text{(15)}$$

$$\Delta P_z = P_{max} - P_{gy} \quad\cdots\cdots\cdots\cdots\cdots\cdots\cdots\cdots\cdots \text{(16)}$$

式中:

B　　——并联环路计算压力损失相对差额的数值,即不平衡率,单位为百分号(%);

ΔP_z　——最不利环路阻力损失与共用管段阻力损失差值的数值,单位为帕(Pa);

P_s　　——计算并联环路阻力损失的数值,单位为帕(Pa);

P_{max}　——最不利环路阻力损失的数值,单位为帕(Pa);

P_{gy}　——计算并联环路与最不利环路共用管段阻力的数值,单位为帕(Pa)。

注:并联环路不包括共用管段。

7.3.3　并联环路之间水力平衡宜采取下列措施:

　　a)　环路布置均匀对称;

　　b)　在保证管道比摩阻为60 Pa/m~120 Pa/m时,首先调整管径,达不到水力平衡要求时通过阀门等调节;

　　c)　供回水主管采用同程布置。

7.3.4　供暖管道中热水流速应根据管道散热量和系统水力平衡确定,管道内最大流速不宜超过表11的规定。

表 11 温室供暖管道中热水最大流速

管道公称直径 mm	15	20	25	32	40	≥50
热水最大流速 m/s	0.80	1.00	1.20	1.40	1.80	2.00

7.3.5 供暖系统水平敷设的主管和支管坡度不宜小于 0.002,坡向应利于排气和泄水;当受条件限制,水平管道无法保证最小坡度时,可局部无坡敷设,但该管道内水流速度不应小于 0.25 m/s。

7.3.6 采暖供回水管道热补偿措施应优先利用自然补偿,当自然补偿不满足要求时,可设置补偿器;光管散热器与供回水主管宜采用软连接吸收热膨胀。

7.3.7 供暖系统供水主管末端和回水主管始端管径不应小于 20 mm。

7.3.8 管道敷设于下列位置时应做保温处理:
   a) 管沟内;
   b) 不供暖区域;
   c) 易冻结的地方;
   d) 要求隔热的地点。

7.3.9 热水管道经济保温层厚度可按 GB/T 8175 的规定计算,也可按附录 C 选用。

7.3.10 除有色金属、不锈钢、镀锌钢管、铝合金管外,其他金属管道和设备防腐宜采取涂漆等防腐措施,涂层类别应耐受温室环境的腐蚀。

8 CO_2 输配系统

8.1 一般规定

8.1.1 CO_2 输配系统可包括输配管道、加压风机及测控设备等。

8.1.2 CO_2 输配系统应按锅炉烟气设计,液态 CO_2 气源经气化调压后可接入该系统,其他能接入系统的气源也可接入。

8.2 管材及附件

8.2.1 干管和支管应选用耐腐蚀管材,可选用硬聚氯乙烯管、聚乙烯管,管材和管件工作压力不得大于产品标准公称压力或标称允许工作压力;配气软管宜选用高压聚乙烯塑料薄膜管,壁厚不得低于 0.20 mm。

8.2.2 干管、支管起始端宜设控制阀。

8.2.3 干管、支管最低点应设排水装置。

8.3 管道布置和敷设

8.3.1 管道分级应依次为末端配气软管、支管和干管;上下级管道宜垂直布置,宜减少折弯点。

8.3.2 配气软管应沿作物栽培行布置,可布置在作物冠层上方、栽培床面或栽培架下方,干管、支管布置宜有利于均匀配气。

8.3.3 支管和干管宜枝状埋地敷设,覆土厚度不宜小于 0.3 m,敷设坡度不应小于 0.001,坡向应有利于冷凝水排放。

8.4 CO_2 输配管道水力计算

8.4.1 单条配气软管设计流量可按公式(17)计算,干管、支管设计流量可按公式(18)和公式(19)计算。

$$q_m = \frac{l_m q_{av}}{L_m \varphi_c} \quad \cdots\cdots\cdots\cdots\cdots\cdots\cdots\cdots\cdots\cdots\cdots\cdots\cdots\cdots (17)$$

$$q_z = \sum q_m \quad \cdots\cdots\cdots\cdots\cdots\cdots\cdots\cdots\cdots\cdots\cdots\cdots\cdots\cdots\cdots\cdots (18)$$

$$q_g = \sum q_z \quad \cdots\cdots\cdots\cdots\cdots\cdots\cdots\cdots\cdots\cdots\cdots\cdots\cdots\cdots\cdots\cdots (19)$$

式中:

q_m ——单条配气软管设计流量的数值，单位为立方米每小时（m^3/h）；

q_{av} ——设计工况下以体积计算温室 CO_2 设计负荷的数值，单位为立方米每小时（m^3/h）；

q_z ——支管设计流量的数值，单位为立方米每小时（m^3/h）；

q_g ——干管设计流量的数值，单位为立方米每小时（m^3/h）；

l_m ——单条配气软管长度的数值，单位为米（m）；

L_m ——配气软管总长度的数值，单位为米（m）；

φ_c ——锅炉烟气中 CO_2 的体积分数，取 8%。

8.4.2 管道烟气流速宜按下列要求选用：

a) 干管宜为 6.0 m/s～12.0 m/s；

b) 支管宜为 4.0 m/s～7.0 m/s；

c) 配气软管宜为 2.0 m/s～3.0 m/s。

8.4.3 干管、支管及配气软管管径可按公式（20）计算。

$$d_c = 18.8\sqrt{\frac{q_y}{v_y}} \quad\cdots\cdots\cdots\cdots\cdots\cdots\cdots\cdots\cdots\cdots\cdots\cdots\cdots\cdots\cdots\cdots\cdots\cdots (20)$$

式中：

d_c —— CO_2 管道内径的数值，单位为毫米（mm）；

q_y ——烟气流量的数值，单位为立方米每小时（m^3/h），干管 $q_y = q_g$，支管 $q_y = q_z$，配气软管 $q_y = q_m$；

v_y ——烟气流速的数值，单位为米每秒（m/s）。

8.4.4 配气软管孔口数目和孔口面积可按公式（21）和公式（22）计算。

$$N_{cz} = \frac{N_{CD}l_m}{S_m} \quad\cdots\cdots\cdots\cdots\cdots\cdots\cdots\cdots\cdots\cdots\cdots\cdots\cdots\cdots\cdots\cdots (21)$$

$$f_0 = \frac{q_m}{3\,600 N_{cz}\mu v_j} \quad\cdots\cdots\cdots\cdots\cdots\cdots\cdots\cdots\cdots\cdots\cdots\cdots\cdots (22)$$

式中：

N_{cz} ——单条配气软管上孔口总数的数值，单位为个；

N_{CD} ——配气软管上每组孔口数的数值，单位为个，可取 2 个～4 个；

l_m ——单条配气软管长度的数值，单位为米（m）；

S_m ——配气软管每组孔口间距的数值，单位为毫米（mm），可取 300 mm～500 mm；

f_0 ——配气软管上单个孔口面积的数值，单位为平方米（m^2）；

q_m ——单条配气软管设计流量的数值，单位为立方米每小时（m^3/h）；

μ ——孔口流量系数，可取 0.60～0.65；

v_j ——垂直于配气软管壁的静压速度的数值，单位为米每秒（m/s），不低于 5 m/s。

8.4.5 干管、支管道沿程压力损失可按公式（23）计算，局部压力损失可按公式（24）计算；缺乏参数时，干管、支管局部压力损失可分别按沿程压力损失的 10%～20% 和 20%～30% 估算。

$$\Delta P_m = 7.875 \times 10^{-3} \left(\frac{d_c}{1000}\right)^{-1.21} v_y^{1.925} \rho_y L_c \quad\cdots\cdots\cdots\cdots\cdots\cdots\cdots (23)$$

$$\Delta P_n = \sum \zeta_c \frac{v_y^2}{2}\rho_y \quad\cdots\cdots\cdots\cdots\cdots\cdots\cdots\cdots\cdots\cdots\cdots\cdots\cdots\cdots (24)$$

式中：

ΔP_m —— CO_2 管道沿程压力损失的数值，单位为帕（Pa）；

d_c —— CO_2 管道内径的数值，单位为毫米（mm）；

v_y ——烟气流速的数值，单位为米每秒（m/s）；

ρ_y ——工作状态下烟气密度的数值，单位为千克每立方米（kg/m^3）；

L_c —— CO_2 管道长度的数值，单位为米（m）；

ΔP_n —— CO_2 管道局部压力损失的数值，单位为帕（Pa）；

ζ_c ——CO_2管道局部阻力系数,无量纲。

8.4.6 并联支路压力损失相对差额不宜超过15%。调整管径无法达到上述要求时,应设置调节装置。

8.5 加压风机选择

8.5.1 加压风机风量可按公式(25)计算。

$$Q_f = \frac{1.10q_{av}}{\varphi_c} \quad\cdots\cdots\cdots\cdots\cdots\cdots\cdots\cdots\cdots\cdots\cdots (25)$$

式中:

Q_f ——加压风机风量的数值,单位为立方米每小时(m^3/h);

q_{av} ——设计工况下以体积计算CO_2设计负荷的数值,单位为立方米每小时(m^3/h);

φ_c ——锅炉烟气中CO_2的体积分数,取8%。

8.5.2 加压风机采用变速时,风机额定压力应采用总计算压力损失;采用定速时,风机压力宜在总计算压力损失基础上附加10%~15%。

8.5.3 加压风机应根据风机性能曲线选择,数量不宜少于2台。设计工况下,风机效率不应低于最高效率的90%。

8.5.4 多台风机集中供气时,风机应分别安装防回流装置和调节阀。

8.6 冷凝水排放设计

8.6.1 冷凝水排入污水系统时,应采取空气隔断措施;冷凝水管不得与室内雨水系统连接。

8.6.2 干管上应设冷凝水排放设施;冷凝水无法重力排出时,应设集水坑和提升泵排至室外。

8.6.3 冷凝水管设计流量宜按管道烟气设计流量的0.01%~0.02%确定。

8.6.4 压力排水管宜采用耐压塑料管或金属管。

8.6.5 冷凝水管宜采用排水塑料管。冷凝水管坡度不宜小于0.005,不应小于0.003,且不允许有积水部位。

8.6.6 冷凝水管管径宜根据冷凝水流量和管道坡度,按非满流管道经水力计算确定;也可根据CO_2输配管段烟气流量和管道坡度,按表12选取。

表 12 冷凝水管管径选择

管道最小坡度	CO₂输配管段烟气流量 m³/h					
0.003	≤480	481~920	921~2 880	2 881~8 000	8 001~11 300	11 301~22 400
0.005	≤620	621~1 200	1 201~3 700	3 701~10 400	10 401~14 700	14 701~29 000
冷凝水管公称直径 mm	40	50	75	100	125	150

8.6.7 冷凝水排水泵选型应符合下列要求:

　　a) 流量应按冷凝水管设计流量选定;

　　b) 扬程应按提升高度、管路系统水头损失,附加2 m~3 m流出水头计算。

8.6.8 集水坑设计应符合下列规定:

　　a) 集水坑有效容积不宜小于排水泵5 min的排水量,且水泵启动次数不宜超过6次/h;

　　b) 集水坑应设检修盖板。

8.6.9 集水坑应设水位指示和控制装置,排水泵启停应根据水位控制。

9 热源、气源及配套设备

9.1 一般规定

9.1.1 锅炉房设计应符合GB 50016、GB 50028和GB 50041的规定及当地主管部门要求。

9.1.2 天然气质量应符合GB 50494的规定。

9.1.3 燃气调压站、调压装置和计量装置设计应符合 GB 50028 的规定。

9.1.4 排放至大气中的烟气应符合 GB 13271 和 GB 16297 的规定。

9.2 锅炉房及锅炉附属设备

9.2.1 锅炉房设计容量应根据供热系统最大热负荷确定。

9.2.2 锅炉按下列规定选型:

    a) 单台锅炉设计容量应按保证具有长时间高运行效率的原则确定,实际运行负荷率不宜低于 50%;

    b) 锅炉台数不宜超过 5 台,锅炉容量宜相等,不相等时不宜超过 2 种规格;

    c) 一台锅炉停止工作时,其余锅炉提供的热量应使温室温度不低于作物生长最低温度;

    d) 燃气锅炉宜选配比例调节控制燃烧器。

9.2.3 日间运行锅炉最小功率应根据 CO_2 设计负荷,按公式(26)计算。

$$Q_B = \frac{0.00917 q_{av}}{\eta_B} \quad\cdots\cdots\cdots\cdots\cdots\cdots\cdots\cdots\cdots (26)$$

式中:

Q_B ——日间运行锅炉最小功率的数值,单位为兆瓦(MW);

q_{av} ——设计工况下以体积计算的 CO_2 设计负荷的数值,单位为立方米每小时(m^3/h);

η_B ——锅炉天然气燃烧完全度的数值,单位为百分号(%)。

9.2.4 燃气锅炉应配套烟气冷凝回收装置,烟气出口温度不宜高于 50 ℃。

9.2.5 烟囱及烟道应采取防腐措施,可采用耐腐蚀材料或耐腐蚀衬里等。

9.3 补水、定压与水处理设备

9.3.1 供暖系统补水水质应符合 GB/T 29044 的规定。

9.3.2 供暖系统补水软化除盐设计应符合 GB/T 50109 的规定,原水水压不符合水处理工艺要求时,应设置加压设施。

9.3.3 软化除盐水处理设备出力可按公式(27)计算。

$$D = K(D_1 + D_2 + D_3) \quad\cdots\cdots\cdots\cdots\cdots\cdots\cdots\cdots\cdots (27)$$

式中:

D ——水处理设备出力的数值,单位为吨每小时(t/h);

D_1 ——供暖系统补水量的数值,单位为吨每小时(t/h),可按系统水容量的 1% 计算;

D_2 ——水处理系统自用软化除盐水量的数值,单位为吨每小时(t/h);

D_3 ——其他用途的软化除盐水量的数值,单位为吨每小时(t/h);

K ——富裕系数,取 $K=1.1\sim1.2$。

9.3.4 软水箱容积宜按 30 min~60 min 补水泵设计流量确定。

9.3.5 供暖系统补水点宜设置在热源循环水泵吸入侧母管上。

9.3.6 当补水压力低于补水点压力时,应设置补水泵,补水泵总设计小时流量宜为系统水容量的 5%~10%,扬程应高于补水点压力 30 kPa~50 kPa;补水泵台数不宜少于 2 台,其中 1 台为备用。

9.3.7 供暖系统可采用蓄热罐定压。

9.4 蓄热设备

9.4.1 蓄热罐可采用开式水罐或闭式水罐,承压闭式水罐应符合 GB 150 的规定。

9.4.2 蓄热罐体应选用钢制罐体,罐体应具有足够的强度和承压能力,整体应防腐蚀、无渗漏、不变形。

9.4.3 蓄热罐体应保温,保温层厚度应符合罐体外表面与周围空气温差不大于 5 ℃ 的要求,计算方法见附录 C,保温材料应为难燃或不燃材料。

9.4.4 蓄热水罐热水不应兼做消防水源。

9.4.5 闭式水罐宜设置氮气膨胀系统,罐体顶部氮气压力宜为(20±5) kPa。

9.4.6 蓄热罐应设置液位显示装置。

9.4.7 蓄热罐宜安装低水位或缺水保护等装置。

9.4.8 蓄热罐与基础之间应采取隔热措施。

9.4.9 蓄热水罐容积可按公式(28)计算。

$$V_x = \frac{3600 N_r t_x}{4.18 \Delta T_x \eta_1 \eta_2 \eta_3 \rho} \quad\cdots\cdots\cdots\cdots\cdots\cdots\cdots\cdots\cdots\cdots\cdots \text{(28)}$$

式中：

V_x ——蓄热水罐容积的数值，单位为立方米(m^3)；

N_r ——日间运行锅炉功率的数值，单位为千瓦(kW)；

t_x ——锅炉日间运行时间的数值，单位为小时(h)，等于烟气供应 CO_2 时间；

ΔT_x ——蓄热水罐可利用温差的数值，单位为摄氏度(℃)，可按 40 ℃取值；

η_1 ——蓄热水罐保温效率，宜取 95%；

η_2 ——蓄热水罐容积利用系数，宜取 0.9；

η_3 ——系统水膨胀系数，宜取 0.97；

ρ ——热水密度，宜取 1 000 kg/m^3。

9.4.10 蓄热水罐水体斜温层厚度不宜大于 1 m。

9.4.11 蓄热水罐内最低水位不应低于供暖系统最高点 1.0 m。

9.4.12 蓄热罐内垂直方向每隔 10%设计水深应等距设置测温装置。

9.5 燃气供应

9.5.1 燃气系统设计应符合 GB 50028 的规定。

9.5.2 燃气流量应根据最大小时用气量，按公式(29)计算。

$$Q_{rq} = \frac{3.5 q_h A}{Q' \eta_r} \quad\cdots\cdots\cdots\cdots\cdots\cdots\cdots\cdots\cdots\cdots \text{(29)}$$

式中：

Q_{rq} ——燃气小时计算流量的数值，单位为立方米每小时(m^3/h)；

q_h ——单位面积供暖热负荷的数值，单位为瓦每平方米(W/m^2)；

A ——温室面积的数值，单位为平方米(m^2)；

Q' ——燃气低热值的数值，单位为千焦每立方米(kJ/m^3)；

η_r ——锅炉热效率，应按设备厂家提供的数据选用。

9.5.3 当温室场区不具备燃气管网供气条件时，可采用液化天然气供气。液化天然气储罐容积可根据燃气来源、运输距离等因素，按温室生产用气量最高月日平均用气量的 3 倍～10 倍确定。

9.5.4 液化天然气气化装置的总气化能力不应小于高峰小时用气量，气化装置不应少于 2 台，其中 1 台备用。

9.6 液态 CO_2 供气设备

9.6.1 非供暖季节 CO_2 采用液态 CO_2 气化调压后供给，液态 CO_2 储罐容积可按公式(30)计算。

$$V_L = \frac{n_c t_c q_{av}}{560 \eta_c} \quad\cdots\cdots\cdots\cdots\cdots\cdots\cdots\cdots\cdots\cdots \text{(30)}$$

式中：

V_L ——液态 CO_2 储罐容积的数值，单位为立方米(m^3)；

η_c ——液态 CO_2 储罐充满度，可取 70%～80%；

n_c ——液态 CO_2 储罐更换或补充周期的数值，单位为天(d)，可取 3 d～7 d；

t_c ——温室每天 CO_2 供气时间的数值，单位为小时每天(h/d)，可取 4 h/d～6 h/d；

q_{av} ——设计工况下以体积计算 CO_2 设计负荷的数值，单位为立方米每小时(m^3/h)。

9.6.2 在环境温度(20±5) ℃下，液态 CO_2 储罐的绝热性能应符合下列规定：

a) 有效容积小于 50 m³时,每 24 h 压力升高值应低于 35 kPa;

b) 有效容积为 50 m³~100 m³时,每 24 h 压力升高值应低于 20 kPa。

9.6.3 液态 CO_2 气化器选型应符合设备使用季节最不利气温条件使用要求,气化量宜按温室 CO_2 供气负荷附加 5%~10%确定,CO_2 气体温度进入输配管网前宜调节至 20 ℃。

9.6.4 供气压力可按公式(31)~公式(33)由输送管道末端开始逐段计算得出。

$$P_{c1} = P_{c2} + \Delta P_m + \Delta P_n \quad\cdots\cdots\cdots\cdots\cdots\cdots\cdots\cdots\cdots\cdots\cdots (31)$$

$$\Delta P_m = L_c R_{cm} \quad\cdots\cdots\cdots\cdots\cdots\cdots\cdots\cdots\cdots\cdots\cdots\cdots\cdots (32)$$

$$\Delta P_n = \sum \zeta_c \frac{\rho_c v_c^2}{2} \quad\cdots\cdots\cdots\cdots\cdots\cdots\cdots\cdots\cdots\cdots (33)$$

式中:

P_{c1} ——管道起点压力的数值,单位为帕(Pa);

P_{c2} ——管道终点压力的数值,单位为帕(Pa),其中输送管道最末端压力可取 20 Pa~30 Pa;

ΔP_m —— CO_2 管道沿程阻力损失的数值,单位为帕(Pa);

ΔP_n —— CO_2 管道局部阻力损失的数值,单位为帕(Pa);

L_c —— CO_2 管道长度的数值,单位为米(m);

R_{cm} ——单位管道长度摩擦阻力的数值,单位为帕每米(Pa/m),见附录 D 中的表 D.1;

ζ_c —— CO_2 管道局部阻力系数,见表 D.2;

ρ_c ——标准状态下气态 CO_2 密度的数值,单位为千克每立方米(kg/m³),可取 1.98 kg/m³;

v_c —— CO_2 流速的数值,单位为米每秒(m/s)。

10 供暖输配管网

10.1 温室供暖热水输配系统宜采用热源循环泵-管网循环泵-温室混水循环泵分布式水泵供热系统。

10.2 热源循环泵设计流量应按公式(34)计算。

$$G_r = \frac{0.86Q}{\Delta T_r} \quad\cdots\cdots\cdots\cdots\cdots\cdots\cdots\cdots\cdots\cdots\cdots\cdots\cdots (34)$$

式中:

G_r ——热源循环泵设计流量的数值,单位为立方米每小时(m³/h);

Q ——供暖设计热负荷的数值,单位为千瓦(kW);

ΔT_r ——热源供回水温差的数值,单位为摄氏度(℃)。

10.3 热源循环泵扬程应为热源内部水循环系统总压力损失,包括锅炉及锅炉至分集水器间管路压力损失。

10.4 管网循环泵流量应为所在分支系统设计流量,扬程应为分集水器至温室热力入口压力损失。

10.5 温室混水循环泵流量应为所在区段设计流量,扬程应为所在循环环路各管段压降之和。

10.6 分布式多级水泵供热系统中热源循环泵供回水温差宜按锅炉额定供回水温度计算,管网循环泵供回水温差宜按蓄热水罐可利用温差计算,温室混水循环泵供回水温差宜按 10 ℃计算。

10.7 水泵承压、耐温能力应与供暖管网设计参数相适应。

10.8 水泵宜采用变速调节控制。

10.9 水泵"流量-扬程"特性曲线在工作点附近应平缓,并联运行水泵特性曲线宜相同。

10.10 3 台及以下水泵并联运行时应设置备用泵;4 台及以上水泵并联运行时可不设置备用泵。

10.11 当从供暖系统总入口分接出 3 个及以上分支环路时应设分水器和集水器。

10.12 分水器、集水器筒体直径可按断面流速 0.1 m/s~1 m/s 计算,也可按接到分水器、集水器上的支管最大直径的 1.5 倍~3 倍估算。

10.13 分水器、集水器筒体长度可参照图 2 根据接管数按公式(35)~公式(39)计算,排污管管径 d_P 可参照表 13。

$$L_{fj}=130+L_1+L_2+L_3+\cdots\cdots+L_i+120+2h \quad\text{(35)}$$
$$L_1=d_1+120 \quad\text{(36)}$$
$$L_2=d_1+d_2+120 \quad\text{(37)}$$
$$L_3=d_2+d_3+120 \quad\text{(38)}$$
$$L_i=d_j+120 \quad\text{(39)}$$

式中：

L_{fj}——分水器、集水器筒体长度的数值，单位为毫米(mm)；

L_i——筒体接管中心距的数值，单位为毫米(mm)；

h——封头高度的数值，单位为毫米(mm)，可参照表13；

d_j——接管外径的数值，单位为毫米(mm)。

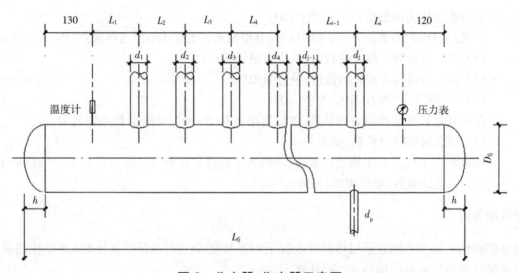

图 2　分水器、集水器示意图

表 13　分水器、集水器封头高度及排污管规格

单位为毫米

D_{fj}	159	219	273	325	377	426	500	600	700	800	900	1 000
h	65	80	93	106	119	132	150	175	200	225	250	275
d_p			50						100			

10.14 混水三通阀选择应符合下列规定：

a) 阀权度应按公式(40)计算。

$$S=\frac{\Delta p_{\min}}{\Delta p} \quad\text{(40)}$$

式中：

S——阀权度，应在0.3~0.7范围；

$\Delta p_{\min}$——混水三通阀全开时压力损失的数值，单位为帕(Pa)；

Δp——混水三通阀所在串联支路总压力损失的数值，单位为帕(Pa)。

b) 混水三通阀的流量特性应根据调节对象特性和阀权度选择，宜采用抛物线特性或线性特性的阀门。

c) 混水三通阀的口径应根据使用对象要求的流通能力确定。

11 监控系统

11.1 一般规定

11.1.1 热气联供温室供暖系统应基于农艺要求设置监测与控制系统。

11.1.2 监控功能可包括参数检测、参数与设备状态显示、自动调节与控制、工况自动转换、设备连锁、自动保护与报警、能量计量及集中监控与管理等。

11.1.3 温度、CO_2 浓度等有代表性参数监测，宜在便于观察的地点设置就地显示仪表。

11.2 传感器与执行器

11.2.1 传感器与执行器应根据环境条件选择防尘型、防潮型、耐腐蚀型、防爆型等。

11.2.2 传感器的安装数量和位置应能反映被测参数整体情况。

11.2.3 温度传感器选配应符合下列规定：
　　a) 测量范围应为测点温度范围的 1.2 倍~1.5 倍；
　　b) 壁挂式空气温度传感器应安装在空气流通，且应反映被测房间空气温度的位置，温室内空气温度传感器应有防辐射装置；烟、气、风道内的温度传感器应保证插入深度，不得在传感器探头与风道外侧形成热桥；插入式水管温度传感器，应保证测头插入深度在主流区内。

11.2.4 湿度传感器应安装在空气流通，且应反映温室内空气湿度的位置，安装位置附近不应有热源及湿源。

11.2.5 压力/压差传感器工作压力/压差应大于测点可能出现的最大压力/压差的 1.5 倍，量程应为测点压力/压差正常变化范围的 1.2 倍~1.3 倍。

11.2.6 同一对压力/压差传感器宜处于同一标高。

11.2.7 流量传感器应选用具有瞬态值输出的产品。

11.2.8 流量传感器量程应为系统最大工作流量的 1.2 倍~1.3 倍。

11.2.9 流量传感器应安装在水平管道或水流自下向上流向的垂直管段，安装位置前后直管段长度不宜小于 10 倍管道内径，应至少具有满足前 5 倍后 3 倍管道内径的直管段长度。

11.3 监测参数

11.3.1 温室供暖系统宜监测下列参数：
　　a) 种植区域空气温度、湿度；
　　b) 温室热力入口处热水温度、流量、压力及过滤器前后压差。

11.3.2 温室 CO_2 施肥系统宜监测下列参数：
　　a) 种植区 CO_2 浓度；
　　b) 烟气出口 CO 浓度。

11.3.3 蓄热水罐宜监测与控制下列参数：
　　a) 进出口及罐内水温；
　　b) 液位；
　　c) 调节阀的阀位；
　　d) 出水流量。

附 录 A

（资料性）

室外供暖计算温度

不同地区温室室外供暖计算温度可按表 A.1 采用。

表 A.1 室外供暖计算温度

单位为摄氏度

地名	温度	地名	温度	地名	温度	地名	温度
北京市	−12	长春	−30	厦门	6	南宁	5
天津市	−12	四平	−29	江西省		桂林	0
上海市	−3	敦化	−30	南昌	−2	柳州	2
重庆市	3	延吉	−24	吉安	−3	百色	5
河北省		长白	−30	山东省		北海	4
石家庄	−10	黑龙江省		济南	−11	梧州	2
邢台	−9	哈尔滨	−31	德州	−13	四川省	
丰宁	−18	漠河	−42	龙口	−9	成都	1
张家口	−18	呼玛	−38	莘县	−12	甘孜	−16
唐山	−14	黑河	−37	长岛	−9	泸州	2
保定	−13	嫩江	−36	沂源	−11	雅安	0
山西省		齐齐哈尔	−32	潍坊	−12	稻城	−14
太原	−16	伊春	−34	青岛	−9	康定	−10
大同	−22	尚志	−33	海阳	−11	宜宾	3
介休	−16	鸡西	−28	兖州	−10	西昌	0
运城	−10	牡丹江	−30	日照	−9	南充	2
内蒙古自治区		绥芬河	−28	河南省		贵州省	
呼和浩特	−23	江苏省		郑州	−6	贵阳	−5
海拉尔	−41	南京	−5	安阳	−10	毕节	−4
额济纳旗	−27	徐州	−8	南阳	−7	遵义	−3
二连浩特	−29	东台	−5	驻马店	−7	云南省	
朱日和	−27	溧阳	−4	信阳	−6	昆明	−1
集宁	−23	浙江省		湖北省		丽江	0
东胜	−22	杭州	−3	武汉	−3	腾冲	5
锡林浩特	−30	丽水	−1	恩施	0	西藏自治区	
通辽	−29	安徽省		荆州	−2	拉萨	−8
多伦	−30	合肥	−6	湖南省		那曲	−23
赤峰	−21	亳州	−8	长沙	−2	日喀则	−10
辽宁省		阜阳	−9	邵阳	−3	帕里	−23
沈阳	−27	蚌埠	−7	广东省		昌都	−9
锦州	−21	霍山	−6	广州	−1	林芝	−4
营口	−23	安庆	−4	汕头	7	陕西省	
大连	−16	福建省		深圳	5	西安	−8
吉林省		福州	3	广西壮族自治区		榆林	−23

表 A.1（续）

地名	温度	地名	温度	地名	温度	地名	温度
延安	−17	平凉	−15	宁夏回族自治区		塔城	−29
宝鸡	−8	青海省		银川	−18	奇台	−31
甘肃省		西宁	−18	中宁	−18	伊宁	−21
兰州	−13	冷湖	−23	盐池	−21	吐鲁番	−15
敦煌	−19	格尔木	−16	新疆维吾尔自治区		库尔勒	−16
酒泉	−26	沱沱河	−31	乌鲁木齐	−25	喀什	−13
张掖	−24	玉树	−21	克拉玛依	−27	和田	−17
民勤	−22	玛多	−29	阿勒泰	−35	哈密	−23

附　录　B

（规范性）

温室围护结构传热系数

B.1　温室围护结构传热系数计算

温室围护结构传热系数应按公式(B.1)计算。

$$K_{wi} = \frac{1}{1/\alpha_i + \sum \delta_w/\lambda_w + R_k + 1/\alpha_o} \quad \cdots\cdots\cdots\cdots\cdots\cdots\cdots\cdots \text{(B.1)}$$

式中：

K_{wi}——不同部位围护结构传热系数的数值，单位为瓦每平方米每摄氏度[W/(m²·℃)]；

α_i　——围护结构内表面与室内空气对流换热系数的数值，单位为瓦每平方米每摄氏度[W/(m²·℃)]，取 α_i=8.7 W/(m²·℃)；

δ_w　——围护结构各层材料厚度的数值，单位为米(m)；

λ_w　——围护结构各层材料导热系数的数值，单位为瓦每米摄氏度[W/(m·℃)]；

R_k　——封闭空气间层热阻的数值，单位为平方米摄氏度每瓦[(m²·℃)/W]；

α_o　——围护结构外表面与室外空气的对流换热系数的数值，单位为瓦每平方米每摄氏度[W/(m²·℃)]，　取 α_o=23 W/(m²·℃)。

B.2　温室常用围护结构传热系数

温室常用围护结构的传热系数可参照表B.1。

表B.1　温室常用围护结构的传热系数

单位为瓦每平方米每摄氏度

材料名称	传热系数
单层玻璃	6.4
双层玻璃	4.0
单层塑料膜	6.8
单层玻璃上覆盖单层塑料膜	4.8
单层玻璃上覆盖双层塑料膜	3.4
240 mm 厚砖墙	2.0
370 mm 厚砖墙	1.5

B.3　综合传热系数计算

设置水平内保温幕温室的屋面传热系数，可按公式(B.2)～(B.4)计算综合传热系数，双层水平内保温幕总节能率可按公式(B.3)计算，三层内保温幕总节能率可按公式(B.4)计算。

$$K_z = K_1(1-\eta) \cdots\cdots\cdots\cdots\cdots\cdots\cdots\cdots\cdots\cdots\cdots\cdots\cdots\cdots \text{(B.2)}$$

$$\eta = \frac{\eta_{s1} + \eta_{s2} - 2\eta_{s1}\eta_{s2}}{1 - \eta_{s1}\eta_{s2}} \cdots\cdots\cdots\cdots\cdots\cdots\cdots\cdots\cdots \text{(B.3)}$$

或

$$\eta = \frac{(\eta_{s1} + \eta_{s2} + \eta_{s3}) - 2(\eta_{s1}\eta_{s2} + \eta_{s1}\eta_{s3} + \eta_{s2}\eta_{s3}) + 3\eta_{s1}\eta_{s2}\eta_{s3}}{1 - (\eta_{s1}\eta_{s2} + \eta_{s1}\eta_{s3} + \eta_{s2}\eta_{s3}) + 2\eta_{s1}\eta_{s2}\eta_{s3}} \cdots\cdots\cdots \text{(B.4)}$$

式中：

K_z——设置有水平保温幕温室屋面综合传热系数的数值，单位为瓦每平方米每摄氏度[W/

（m² · ℃）］；

K_1——温室屋面结构传热系数的数值，单位为瓦每平方米每摄氏度［W/(m² · ℃)］；

η ——水平内保温幕总节能率，当只有一层水平内保温幕时 $\eta = \eta_{s1}$；

η_{s1}——自上而下第一层水平内保温幕节能率；

η_{s2}——自上而下第二层水平内保温幕节能率；

η_{s3}——自上而下第三层水平内保温幕节能率。

NY/T 4317—2023

附　录　C
（资料性）
管道与设备保温层厚度

室内热管道保温层厚度可根据保温材料、介质温度及管径,按表C.1～表C.3选用。热设备保温层厚度可按最大口径管道保温层厚度再增加5 mm选用。

表C.1　闭孔橡塑泡沫保温层经济厚度

管道公称直径 mm			15	20	25	32	40	50	65	80	100	125	150	200	250	300
管道外径 mm			22	27	32	38	45	57	73	89	108	133	159	219	273	325
介质温度 45 ℃	年使用时间 h	2 160	16	19	19	19	19	19	22	22	22	22	22	22	22	25
		3 240	19	22	22	22	22	25	25	25	25	28	28	28	28	28
		4 320	22	22	25	25	28	28	28	32	32	32	32	32	32	32
介质温度 60 ℃		2 160	22	22	22	22	25	25	25	25	28	28	28	28	32	32
		3 240	25	25	25	28	28	28	32	32	32	36	36	36	36	36
		4 320	28	28	32	32	32	32	36	36	36	40	40	40	45	45
介质温度 80 ℃		2 160	25	25	28	28	28	32	32	32	32	36	36	36	36	36
		3 240	32	32	32	32	36	36	36	40	40	40	45	45	45	45
		4 320	32	36	36	36	40	40	45	45	45	45	50	50	50	55

表C.2　硬质聚氨酯泡沫保温层经济厚度

管道公称直径 mm			15	20	25	32	40	50	65	80	100	125	150	200	250	300
管道外径 mm			22	27	32	38	45	57	73	89	108	133	159	219	273	325
介质温度 60 ℃	年使用时间 h	2 160	20	30	30	30	30	30	30	30	30	30	30	30	30	30
		3 240	30	30	30	30	30	30	40	40	40	40	40	40	40	40
		4 320	30	30	30	40	40	40	40	40	40	40	40	50	50	50
介质温度 80 ℃		2 160	30	30	30	30	30	30	40	40	40	40	40	40	40	40
		3 240	30	30	40	40	40	40	40	40	40	50	50	50	50	50
		4 320	40	40	40	40	40	40	50	50	50	50	50	50	60	60
介质温度 100 ℃		2 160	30	30	40	40	40	40	40	40	40	40	50	50	50	50
		3 240	40	40	40	40	40	50	50	50	50	50	60	60	60	60
		4 320	40	40	50	50	50	50	50	50	60	60	60	60	70	70

表C.3　离心玻璃棉保温层经济厚度

管道公称直径 mm			15	20	25	32	40	50	65	80	100	125	150	200	250	300
管道外径 mm			22	27	32	38	45	57	73	89	108	133	159	219	273	325
介质温度 60 ℃	年使用时间 h	2 160	30	30	30	30	40	40	40	40	40	40	40	40	50	50
		3 240	40	40	40	40	40	40	50	50	50	50	50	50	50	60
		4 320	40	40	40	40	50	50	50	50	50	60	60	60	60	60
介质温度 80 ℃		2 160	40	40	40	40	40	40	50	50	50	50	50	50	60	60
		3 240	40	40	50	50	50	50	50	60	60	60	60	60	70	70
		4 320	50	50	50	50	50	60	60	60	60	70	70	70	70	80
介质温度 100 ℃		2 160	40	40	40	50	50	50	50	50	60	60	60	60	60	60
		3 240	50	50	50	50	60	60	60	60	70	70	70	70	80	80
		4 320	50	60	60	60	60	60	70	70	70	80	80	80	90	90

附 录 D

（资料性）

CO₂输送管道阻力

D.1 CO₂管道单位长度摩擦阻力

CO₂管道单位长度摩擦阻力可按表 D.1 选用。

表 D.1 CO₂管道单位长度摩擦阻力

公称直径 mm	流速 m/s	体积流量 m³/min	单位长度摩擦阻力 Pa/m
15	8	0.27	364
	10	0.339	568
	12	0.406	810
20	8	0.487	244
	10	0.555	382
	12	0.721	441
25	8	0.751	182
	10	0.94	284
	12	1.28	410
32	8	1.31	127
	10	1.63	199
	12	2.88	286
40	8	2.03	104.6
	10	2.53	158.3
	12	3.03	227
50	8	3	73.4
	10	3.76	115.1
	12	4.51	165.6
65	8	4.7	55.2
	10	5.86	86.2
	12	7.03	124.6
80	8	6.95	43
	10	8.69	70.6
	12	10.42	96.9
100	8	15.04	47.3
	10	18.04	68.2
	12	29.5	98
125	8	23.4	35.3
	10	28.1	51.4
	12	32.8	68.1
150	8	31.4	20.8
	10	39.4	35.2
	12	54.5	67.5
200	8	58.7	14.0
	10	87.9	29.4
	12	118	61.6
250	8	113.7	16.6
	10	159	20.3
	12	230	29.9

表 D.1（续）

公称直径 mm	流速 m/s	体积流量 m³/min	单位长度摩擦阻力 Pa/m
300	8	166	12.5
	10	227	27.2
	12	260	34.9

D.2 CO_2 输送管道局部阻力系数

CO_2 输送管道局部阻力系数可根据不同管件分别按表 D.2 和表 D.3 选用。

表 D.2 圆形弯头阻力系数

图形	α_c,°	R_c							ζ_c
		D_c	$1.5D_c$	$2.0D_c$	$2.5D_c$	$3D_c$	$6D_c$	$10D_c$	
	7.5	0.028	0.021	0.018	0.016	0.014	0.010	0.008	
	15	0.058	0.044	0.037	0.033	0.029	0.021	0.016	
	30	0.11	0.081	0.069	0.061	0.054	0.038	0.030	$\zeta_c = 0.008 \dfrac{\alpha_c^{0.75}}{n^{0.6}}$
	60	0.18	0.41	0.12	0.10	0.091	0.064	0.051	
	90	0.23	0.18	0.15	0.13	0.12	0.083	0.066	$n = \dfrac{R_c}{D_c}$
	120	0.27	0.20	0.17	0.15	0.13	0.10	0.076	
	150	0.30	0.22	0.19	0.17	0.15	0.11	0.084	
	180	0.33	0.25	0.21	0.18	0.16	0.12	0.092	

表 D.3 直角三通阻力系数

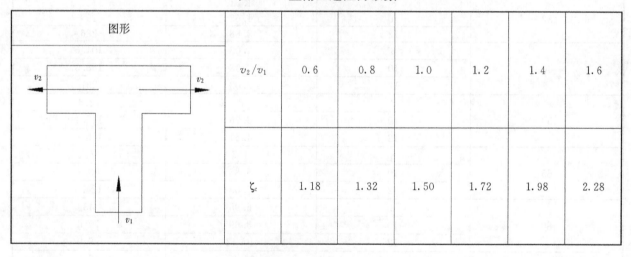

图形	v_2/v_1	0.6	0.8	1.0	1.2	1.4	1.6
	ζ_c	1.18	1.32	1.50	1.72	1.98	2.28

参 考 文 献

[1] GB/T 29148—2012 温室节能技术通则
[2] JG/T 299—2010 供冷供热用蓄能设备技术条件

ICS 65.020.01
CCS B 05

中华人民共和国农业行业标准

NY/T 4320—2023

水产品产地批发市场建设规范

Construction specification for aquatic products wholesale market
in producing regions

2023-02-17 发布

2023-06-01 实施

中华人民共和国农业农村部 发布

前　言

本文件按照 GB/T 1.1—2020《标准化工作导则　第 1 部分：标准化文件的结构和起草规则》和 NY/T 2081《农业工程项目建设标准编制规范》的规定起草。

请注意本文件的某些内容可能涉及专利。本文件的发布机构不承担识别专利的责任。

本文件由农业农村部计划财务司提出并归口。

本文件起草单位：农业农村部规划设计研究院、中国水产科学研究院渔业工程研究所、中国水产流通与加工协会。

本文件主要起草人：陈全、孙静、陈佳庆、崔和、程勤阳、刘帮迪、邹国华、郭雪霞、孙洁、郭淑珍、庞中伟、刘瑜。

水产品产地批发市场建设标准

1 范围

本文件规定了水产品产地批发市场的术语与定义、一般规定、建设规模与项目构成、选址与建设条件、工艺与设备、建设用地与规划布局、建筑工程及配套工程、节能节水与环境保护和主要技术经济指标等内容。

本文件适用于以渔港为依托的水产品产地批发市场新建和改扩建项目,综合市场的水产品(批发)大厅可参考执行。

2 规范性引用文件

下列文件中的内容通过文中的规范性引用而构成本文件必不可少的条款。其中,注日期的引用文件,仅该日期对应的版本适用于本文件;不注日期的引用文件,其最新版本(包括所有的修改单)适用于本文件。

GB 5749 生活饮用水卫生标准

GB 50011 建筑抗震设计规范

GB 50016 建筑设计防火规范

GB/T 50046 工业建筑防腐蚀设计标准

GB 50072 冷库设计规范

GB 50084 自动喷水灭火系统设计规范

GB 50140 建筑灭火器配置设计规范

GB 50189 公共建筑节能设计标准

GB 50222 建筑内部装修设计防火规范

GB 50974 消防给水及消火栓系统技术规范

3 术语和定义

下列术语和定义适用于本文件。

3.1

水产品产地批发市场 aquatic products wholesale markets in producing regions

在水产品主产区建立起来的,具有产品汇集、运输、加工、冷冻、冷藏、批发等功能的水产品交易场所。

3.2

水产品商品化处理 commercialization of aquatic products

为保持水产品质量安全、便于储藏和运输、适应各种交易形式,所采取的分选、分级、包装和加工等措施的总称。

3.3

鱼货卸港量 aquatic products-unloading capacity

渔船在当地渔港的水产品卸货重量。

3.4

理鱼间 aquatic products pretreatment room

水产品冷藏、冻结前,对其进行清洗、分选、装盘等操作的场所。

3.5

海水处理系统 seawater treatment system

对海水进行过滤、脱氧、输送的一系列设施设备的总称。

4 通用要求

4.1 市场建设应符合当地规划要求,遵循因地制宜、节约用地、先进适用、节能减排和安全环保的原则。

4.2 市场建设宜采用一次规划,可根据实际情况,分期建设实施。

4.3 市场建设应提前进行可行性研究,落实土地和工程建设资金,以及交通、水文、地质、供电、给排水和通信等基础设施条件。

4.4 市场建设方案应进行技术经济比较,合理确定。

    a) 市场建设应以现有渔港为基础,市场的规模和选址应根据当地渔业生产规模、市场交易量、地形特点、环境条件和交通条件等因素综合确定;

    b) 市场规划应布局合理、工艺顺畅、安全有序;

    c) 市场各建筑单体建设应选择经济实用、安全可靠、技术先进的建筑结构形式和建筑材料。

5 建设规模与项目构成

5.1 建设规模

水产品产地批发市场建设规模以市场所依托渔港的年鱼货卸港量或最大日鱼货卸港量划分为大型、中型和小型 3 个等级。水产品产地批发市场建设规模见表 1。

表 1 水产品产地批发市场建设规模

建设规模	年鱼货卸港量 A,万 t	最大日鱼货卸港量 B,t
大型	$A \geqslant 8$	$B \geqslant 420$
中型	$4 \leqslant A < 8$	$210 \leqslant B < 420$
小型	$2 \leqslant A < 4$	$110 \leqslant B < 210$

5.2 项目构成

5.2.1 市场构成包括交易及商品化处理设施、仓储物流配送设施、行政管理设施、公用与辅助工程以及相应的仪器设备等。

5.2.2 交易及商品化处理设施包括交易棚(厅)和结算中心,交易棚厅内设置装卸、拍卖、整理、分级等区域,有条件的市场可单独建设拍卖中心、理鱼间和卸鱼场。

5.2.3 仓储物流配送设施包括冷藏库(含冻结间)、冰库、暂养池,有条件的市场可建设供(制)氧间、库房。

5.2.4 行政管理生活和服务设施包括办公用房、检测室、监控室、信息室、机房,以及市场餐厅、旅馆等。

5.2.5 公用与辅助工程包括场区给排水、供电、道路、暖通、海水处理、垃圾处理、污水处理等系统,以及消防设施、停车场和绿化等。

5.2.6 市场配套仪器设备中交易设备包括地中衡、电子秤、电子结算设备等,商品化处理设备包括分选分级、包装设备等,仓储物流配送设备包括推车、叉车、输送机、制氧机、碎冰机和暂养设备等,行政管理设备包括水产品质量检测设备和信息采集发布、安全监控和质量安全追溯系统等。

6 选址与建设条件

6.1 场址应靠近渔港或产地中心,避免重复建设。

6.2 场址宜靠近公路主干网络或铁路货运节点。

6.3 场址应远离有害气体、烟雾、粉尘及其他污染源的地段,宜与集中居住区和工矿企业等保持一定的距离。

7 工艺与设备

7.1 水产品在产地批发市场内流通的流程包括进场、质量安全检测、信息核实/录入、暂养/暂存、交易、结算、商品化处理、入库或运输,具体流程见图1。

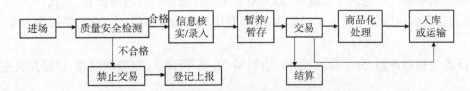

图1 水产品在产地批发市场内工艺流程

7.2 质量安全检测

7.2.1 市场应制定水产品质量安全检测制度和事故处置方案,检验方法和检测标准应按国家相关标准执行。

7.2.2 市场应根据日常检测要求,配备固定、移动检测设备,或抽样送至第三方检测机构。

7.3 交易结算

7.3.1 市场应建立客观、公平的交易制度。可采用对手交易、电子交易、拍卖交易等多种交易方式。市场应建立结算制度,宜采用电子结算。

7.3.2 对手交易应配备电子秤、地中衡等称重设备,规格和数量应根据市场日交易量、车流量和车辆载重量综合确定。

7.3.3 电子交易宜建设电子交易(商务)平台。平台应与农产品行情系统留有数据接口。

7.3.4 拍卖交易宜配备竞拍终端、电子屏、拍卖系统等设备。

7.4 商品化处理

7.4.1 市场应对交易水产品进行分选、分级、包装。水产品可根据外观(包括色泽、鱼体完整性等)、重量、品质等指标进行分级,应遵守不同种类水产品的分级标准。包装应根据水产品种类和市场需求确定。

7.4.2 市场应配备人工分选台,有条件市场宜配备分选机。分选设备数量和型号根据市场交易水产品种类和交易规模综合确定。

7.4.3 市场应配备卡尺、称重器具等人工分级设备,有条件市场宜配备分级生产线。分级设备数量和型号根据市场交易水产品种类和交易规模综合确定。

7.4.4 市场宜配备自动包装设备。

7.5 仓储物流配送

7.5.1 市场内应按需求配备人工手推车、叉车、输送机,以及装卸台、装卸架、托盘等设备和工具,设备应符合卫生和标准化要求。

7.5.2 市场应按需求配备制冰设备,包括制冰池、冰桶、注水器、吊车、融冰池、倒冰架、片冰制冰机和碎冰机等。

7.5.3 市场应按需求配备玻璃钢暂养池或水泥暂养池,暂养池规模应根据水产品种类、交易规模和周转期综合确定。

7.5.4 市场应按需求配备供氧设备,设备数量和类型根据水产品种类和暂养规模综合确定;通常,小型市场宜采用氧气瓶供氧,大型和中型市场宜采用制氧机进行供氧。

7.6 信息系统

7.6.1 市场信息系统应具备管理和信息采集、分析、发布功能,市场的交易、质量安全和冷链物流等相关信息应汇入其中。

7.6.2 市场信息系统应配备计算机、电子屏、网络设备、服务器、水产品市场信息采集手持终端等设备。有条件的市场宜建立水产品质量安全追溯体系,配备大数据分析和信息实时发布系统。

7.7 安全监控系统

7.7.1 市场安全监控系统应对市场出入口、交易区、商品化处理区、称重区、物流区、结算区等重点区域实时视频监控和录像,监控数据保存时间不宜小于 90 d。

7.7.2 市场安全监控系统应与消防系统联动,大型和中型市场还应与当地公安、急救、民政等救援机构整合在一套完整的应急响应体制和信息化指挥体系中,利用和调动多部门、多方面、多层次资源,发挥综合服务功能。

7.7.3 监控设备包括服务器、分屏器、控制台、电视墙、电源、摄像头、报警探测器、报警控制主机等。

8 建设用地与规划布局

8.1 建设用地

市场用地规模宜按表 2 的规定进行控制,大型市场用地规模上限应由当地有关部门具体批复项目时研究决定。

表 2 水产品产地批发市场用地规模

建设规模	占地面积 S,hm²
大型	$S \geqslant 5.0$
中型	$2.6 \leqslant S < 5.0$
小型	$1.3 \leqslant S < 2.6$

8.2 功能布局

8.2.1 市场按功能分为交易及商品化处理区、仓储物流配送区和行政管理区。主要设施建筑面积指标宜按表 3 的规定进行设计,大型市场的主要建筑面积应由当地有关部门具体批复项目时研究决定。

表 3 水产品产地批发市场主要设施建筑面积

单位为平方米

序号	设施类型	大型市场	中型市场	小型市场
	总建筑面积	>51 600	>26 400~51 600	12 250~26 400
1	交易及商品化处理设施	>11 700	>6 100~11 700	3 250~6 100
2	仓储物流配送设施	>9 200	>4 800~9 200	2 400~4 800
3	行政管理与生活服务设施	>3 000	>1 200~3 000	500~1 200
4	公用与辅助工程	>27 700	>14 300~27 700	7 200~14 300

8.2.2 交易区应按照冻品产品、冰鲜产品、活鲜产品等类别进行分区,交易棚(厅)布局宜靠近市场中心位置,且与周边建筑物保持一定距离。

8.2.3 结算区域宜临近交易棚(厅)。

8.2.4 商品化处理设施宜在交易棚(厅)内相对独立设置。当工艺简单时,可将商品化处理设施与其他相关设施合并设置。

8.2.5 大型和中型市场宜设置相对独立的生活服务区。

8.3 道路与出口

8.3.1 市场路网应根据功能区进行设置,做到人流物流分开、客货分流、供货购货分流。路网宜采用循环道路模式,呈网格化布置,同时应满足消防要求。

8.3.2 大型和中型市场主要车行道宽度宜大于 35 m;中型市场宜大于 25 m;小型市场宜大于 9 m。

8.3.3 大型和中型市场交易区、仓储物流配送区、行政管理区均宜设置相应规模的停车场。小型市场的道路和停车场宜混合使用。

8.3.4 市场应设 2 个以上出入口,出口和入口宜分开设置,出入口与场外主干道之间应设置缓冲路段。

8.3.5 市场疏散、消防通道、应急处理等设施,应符合就近疏散、安全能达的要求。

9 建筑工程及配套工程

9.1 交易棚(厅)

9.1.1 交易棚(厅)宜为单层建筑,包括开敞式、半开敞式和封闭式。大中型市场交易棚(厅)净高不应低于 6.0 m,小型市场不应低于 4.0 m。交易棚(厅)内地坪标高应高于室外地坪 0.3 m 以上。大、中型市场交易棚(厅)内地面如设计为月台,月台地坪标高应高于室外地坪 0.9 m~1.2 m。

9.1.2 大跨度交易棚(厅)屋面应设采光带。棚(厅)地面应平整、清洁、防滑,应设置排水槽或明沟并加盖隔栅盖板。

9.1.3 市场交易棚(厅)宜采用钢结构,地面设计应考虑大型车辆荷载。

9.1.4 市场交易棚(厅)设计使用年限为 50 年。

9.2 拍卖厅

除地面设计无需考虑大型车辆荷载、月台设计的以外,同交易棚(厅)要求。

9.3 理鱼间/卸鱼场

理鱼间/卸鱼场的建筑设计应根据品种和主要生产工艺确定,宜设在卸鱼码头附近。理鱼间/卸鱼场面积应包括水产品的堆放、整理、包装、运输通道及辅助面积;建筑设施的高度满足汽车及冷藏运输车要求,跨度不宜小于 12 m;建筑设施内应建设良好排水设施。

9.4 暂养池/暂存池

暂养池宜采用塑料容器,采用防水混凝土结构时,防渗等级不低于 P8,混凝土标号不低于 C25。

9.5 冷藏库/冻结间

9.5.1 冷库应符合 GB 50072 的相关规定,装配式冷库设计应符合基本参数、使用条件、技术要求、试验条件、包装、运输和储存的相关规定。

9.5.2 冷库宜设置封闭月台。

9.6 冰库

9.6.1 冰库为宜为单层建筑,净高不宜低于 3.5 m,室内地坪应高于室外地坪 0.3 m 以上。

9.6.2 冰库地面应平整、清洁、防滑,冰库地面应设置排水槽或明沟并加盖隔栅盖板。

9.6.3 冰库宜采用钢筋混凝土结构,地面活荷载不应低于 $20\ kN/m^2$。

9.6.4 冰库建筑设计使用年限应为 50 年。

9.7 防火设计

9.7.1 有供氧操作的交易棚(厅)火灾危险性为乙类,其他建(构)筑物火灾危险性为丙类。

9.7.2 建筑耐火等级及防火间距应符合 GB 50016 的规定。

9.8 防灾设计

9.8.1 建筑抗震要求应符合 GB 50011 的规定,抗震设计应根据项目所在地区抗震设防烈度、建筑物性质和结构类型等确定。

9.8.2 市场各建构筑物设计应满足建筑对雪灾、风灾、洪水、雷电等自然灾害的防御要求和应急避险措施。

9.9 防潮防腐蚀

9.9.1 在存放、暂养、交易等湿度大的区域,均需设置防潮防水设施。

9.9.2 非临时性建(构)筑物在结构设计和材料选择时应考虑其防腐蚀性,并设有防护层,相应防腐蚀设计应符合 GB/T 50046 的规定。

9.10 给排水

9.10.1 供水水质应符合 GB 5749 的有关规定。

9.10.2 消防系统设计应符合 GB 50016、GB 50084、GB 50140、GB 50222 和 GB 50974 的有关规定。

9.10.3 市场内部排污管道(沟)应单独设置,自成系统,不与连体建筑污水管道共用;水产品污水排放口应设隔离过滤设施。

9.10.4 排水系统设计时集水井、检查井等应满足重型车辆长期行驶荷载要求。污水集水进口加装不锈钢滤网。

9.11 供电

9.11.1 小型市场的用电负荷等级应为三级,大型和中型市场的用电负荷等级应为二级。其中,消防系统、信息系统、电子结算系统、监控系统、冷库等重要的用电负荷等级应为二级,其他用电负荷可为三级。

9.11.2 市场应由当地供电网络引入电源,并建设变配电室或箱式变电站。二级负荷的另一路电源可引自自备电源或其他当地供电电源。

9.11.3 市场中的火灾自动报警系统、电子结算系统、监控系统等重要系统除采用双路电源之外,应配置不间断电源系统,时间不小于 30 min。

9.12 通信与广播

9.12.1 市场应有电话与互联网接入。

9.12.2 市场应设公共广播系统,应与消防应急广播系统合用。

10 节能节水与环境保护

10.1 节能节水

10.1.1 建筑节能设计应符合 GB 50189 的要求。

10.1.2 水产品冷冻、冷藏等耗能较多的环节,应选用能耗指标较低的工艺和设备。有条件的市场可使用太阳能等清洁能源。

10.1.3 采用合理的配电方式,电气设备应选用节能型产品,照明设备应使用绿色照明产品。

10.1.4 市场内应设立水循环利用系统,并采用节水设备,采取电子计量定额累进计费制。

10.2 环境保护

10.2.1 市场应对固体废弃物、液体废物、气体废弃物进行分类收集和妥善处理。

10.2.2 有条件的市场宜配置固体垃圾压缩中转站、垃圾处理压缩设备、垃圾外运车、垃圾桶、垃圾收集车等设施设备,对固体废弃物进行收集和统一处理。冷库应选择环保型制冷剂。

10.2.3 市场应配置污水收集池和过滤设施,污水应分类收集处理,达到相关标准后排放。

11 主要技术经济指标

11.1 投资估算

市场工程投资估算指标宜参考表 4 的规定确定,大型市场的上限投资规模由当地有关部门具体批复项目时研究决定。

表 4 市场工程投资估算指标

单位为万元

序号	内容	大型市场	中型市场	小型市场
	项目总投资	>7 600	>2 960~7 600	1 410~2 960
一	建筑安装工程	>6 100	>2 300~6 100	1 100~2 300
1	交易及商品化设施	>1 700	>900~1 700	400~900
2	仓储物流配送设施	>2 600	>600~2 600	300~600
3	行政管理设施	>1 200	>500~1 200	200~500
4	公用与辅助工程	>600	>300~600	200~300
二	设备购置	>1 500	>660~1 500	310~660
1	交易设备	>200	>60~200	10~60
2	仓储物流配送设备	>400	>200~400	100~200
3	行政管理设备	>500	>200~500	100~200
4	公用与辅助工程设备	>400	>200~400	100~200

11.2 劳动定员

市场劳动定员宜参考表 5 的规定确定。

表 5　市场劳动定员指标

单位为人

建设规模	大型	中型	小型
劳动定员	＞100～300	＞60～100	5～60

11.3　用水用电

市场每月用水用电量宜参考表 6 的规定确定。

表 6　市场用水用电指标

能耗	建设规模		
	大型	中型	小型
水,t	＞600～2 000	＞200～600	50～200
电,kW·h	＞1 500～3 000	＞500～1 500	100～500

ICS 01.040.65
CCS B 05

中华人民共和国农业行业标准

NY/T 4322—2023

县域年度耕地质量等级变更调查评价
技术规程

Technical code of practice for investigation and evaluation of the annual
changes of cultivated land quality grade at county level

2023-02-17 发布

2023-06-01 实施

中华人民共和国农业农村部 发布

前　言

本文件按照 GB/T 1.1—2020《标准化工作导则　第 1 部分：标准化文件的结构和起草规则》的规定起草。

请注意本文件的某些内容可能涉及专利。本文件的发布机构不承担识别专利的责任。

本文件由农业农村部农田建设管理司提出并归口。

本文件起草单位：农业农村部耕地质量监测保护中心、中国农业大学、扬州市耕地质量保护站、江苏省耕地质量与农业环境保护站。

本文件主要起草人：王红叶、张骏达、王新宇、李玉浩、曲潇琳、闫东浩、谢耀如、张青璞、李文西、王绪奎、王慧颖。

县域年度耕地质量等级变更调查评价技术规程

1 范围

本文件规定了耕地质量等级变更调查评价的技术流程与方法。

本文件适用于耕地质量等级变更调查与评价,园地质量等级变更调查与评价可参照执行。

2 规范性引用文件

下列文件中的内容通过文中的规范性引用而构成本文件必不可少的条款。其中,注日期的引用文件,仅该日期对应的版本适用于本文件;不注日期的引用文件,其最新版本(包括所有的修改单)适用于本文件。

GB 15618 土壤环境质量 农用地土壤污染风险管控标准(试行)

GB/T 17138 土壤质量 铜、锌的测定 火焰原子吸收分光光度法

GB/T 17139 土壤质量 镍的测定 火焰原子吸收分光光度法

GB/T 17141 土壤质量 铅、镉的测定 石墨炉原子吸收分光光度法

GB/T 17296 中国土壤分类与代码

GB/T 33469 耕地质量等级

HJ 491 土壤和沉积物 铜、锌、铅、镍、铬的测定 火焰原子吸收分光光度法

NY/T 52 土壤水分测定法

NY/T 86 土壤碳酸盐测定法

NY/T 87 土壤全钾测定法

NY/T 88 土壤全磷测定法

NY/T 295 中性土壤阳离子交换量和交换性盐基的测定

NY/T 395 农田土壤环境质量监测技术规范

NY/T 889 土壤速效钾和缓效钾含量的测定

NY/T 890 土壤有效态锌、锰、铁、铜含量的测定

NY/T 1119 耕地质量监测技术规程

NY/T 1121.1 土壤检测 第1部分:土壤样品的采集、处理和贮存

NY/T 1121.2 土壤检测 第2部分:土壤 pH 的测定

NY/T 1121.3 土壤检测 第3部分:土壤机械组成的测定

NY/T 1121.4 土壤检测 第4部分:土壤容重的测定

NY/T 1121.5 土壤检测 第5部分:石灰性土壤阳离子交换量的测定

NY/T 1121.6 土壤检测 第6部分:土壤有机质的测定

NY/T 1121.7 土壤检测 第7部分:土壤有效磷的测定

NY/T 1121.8 土壤检测 第8部分:土壤有效硼的测定

NY/T 1121.9 土壤检测 第9部分:土壤有效钼的测定

NY/T 1121.10 土壤检测 第10部分:土壤总汞的测定

NY/T 1121.11 土壤检测 第11部分:土壤总砷的测定

NY/T 1121.12 土壤检测 第12部分:土壤总铬的测定

NY/T 1121.13 土壤检测 第13部分:土壤交换性钙和镁的测定

NY/T 1121.14 土壤检测 第14部分:土壤有效硫的测定

NY/T 1121.15 土壤检测 第15部分:土壤有效硅的测定

NY/T 1121.16 土壤检测 第16部分:土壤水溶性盐总量的测定

NY/T 1121.19　土壤检测　第19部分:土壤水稳性大团聚体组成的测定

NY/T 1121.24　土壤检测　第24部分:土壤全氮的测定自动定氮仪法

NY/T 1615　石灰性土壤交换性盐基及盐基总量的测定

NY/T 2626　补充耕地质量评定技术规范

3　术语和定义

GB/T 33469 界定的以及下列术语和定义适用于本文件。

3.1

耕地　cultivated land

用于农作物种植的土地。

[来源:GB/T 33469—2016,3.1]

3.2

耕地质量　quality of cultivated land

由耕地地力、土壤健康状况和田间基础设施构成的满足农产品持续产出和质量安全的能力。

[来源:NY/T 1119—2019,3.2]

3.3

农业生产基本条件符合性　conformity of agricultural condition

耕地满足作物正常生长需要达到的最基本条件,包括立地条件、土壤属性、农田基础设施状况和清洁生产程度等。

[来源:NY/T 2626—2014,3.4]

3.4

耕地质量普查　census of cultivated land quality

以全面摸清耕地质量状况为目的,对耕地实施现状调查、采样测试、等级评价、数据统计、资料汇总、图件编制的全面调查。

3.5

耕地质量年度变更调查　annual dynamic change survey of cultivated land quality

为实现耕地质量年度动态更新,保持调查评价成果时效性,每年度以县域为单位,在常规利用区以及耕地质量建设、占用补充、损毁破坏等引起耕地质量明显变化的区域,开展耕地质量年度更新调查评价。

3.6

常规利用区　conventional farming areas of cultivated land

常规措施正常开展耕作的耕地区域。

3.7

质量建设区　quality construction areas of cultivated land

实施高标准农田建设、耕地土壤培肥改良、退化耕地治理修复等可明显提升耕地质量与产能的耕地质量建设相关措施涵盖的耕地区域。

3.8

耕地占补区　requisition or compensation areas of cultivated land

因建设占用、生态退耕等造成耕地减少的区域,以及通过土地开发、复垦、土地整治等措施增加的耕地区域。

3.9

损毁破坏区　damaged and quality reduced areas of cultivated land

因自然灾害、人为破坏或环境污染事件造成的损毁、破坏或造成耕地质量明显下降的耕地区域。

4　调查评价步骤

4.1　资料准备

4.1.1 图件资料

县级土壤图、土地利用现状图、行政区划图、耕地质量建设区域分布图（高标准农田分布图等）、耕地占用与补充地块分布图、耕地损毁破坏区域分布图、耕地质量调查点位分布图，以及其他相关图件。

4.1.2 数据及文本资料

最新土壤普查和国土调查数据成果资料，近 3 年种植面积、粮食单产、总产统计资料，近 3 年肥料、农药、地膜等投入品使用情况，主要污染源调查资料（地点、污染类型、方式、排污量等），土壤样品分析化验资料，土壤典型剖面照片、耕地质量长期定位监测点数据资料、历年耕地质量等级调查评价资料、当地典型景观照片及地方介绍资料（图片、录像、文字）等。

4.2 技术准备

4.2.1 数据库的建立与更新

按附录 A 规定的方法建立并更新县域耕地质量数据库。

4.2.2 确定评价单元

4.2.2.1 评价单元划分

在常规利用区，利用土地利用现状图、土壤图、行政区划图叠加形成的图斑作为评价单元。

在质量建设区、耕地占补区、损毁破坏区根据实际田块大小、土壤类型、利用方式等合理划分评价单元。

4.2.2.2 评价单元赋值

对数值型点位数据，采用插值的方法将其转换为栅格图，与评价单元图叠加，通过加权统计给评价单元赋值；对文本型点位数据，采用以点代面方法给评价单元赋值。对线型数据（如等高线图），使用数字高程模型，形成栅格图，再与评价单元图叠加，通过加权统计给评价单元赋值。对面状矢量数据（如土壤质地分布图），将其直接与评价单元图叠加，通过加权统计、属性提取，给评价单元赋值。

4.2.3 确定等级评价指标体系

根据全国综合农业区划，结合不同区域耕地特点、土壤类型分布特征（依 GB/T 17296 的规定执行），将全国耕地划分为东北区、内蒙古及长城沿线区、黄淮海区、黄土高原区、长江中下游区、西南区、华南区、甘新区、青藏区九大区域和相应的二级区。各区涵盖的具体县（市、区、旗）名见附录 B。

各二级区评价指标、各指标权重、隶属函数和隶属度及耕地质量等级综合指数划分标准按附录 C 的规定。

4.3 耕地质量调查

将区域内耕地分为常规利用区、质量建设区、耕地占补区和损毁破坏区 4 种类型，按不同调查范围与频次，分别开展耕地质量调查。

4.3.1 调查范围与频次

调查与采样点的多少，取决于调查区域的大小、调查区域内土壤类型及地形的复杂程度等因素。调查点与采样点的位置必须一一对应。

4.3.1.1 常规利用区

以县域为单位开展调查，每年常规开展 1 次，调查样点布设要综合考虑行政区划、地形地貌、土壤类型、土地利用、管理水平、点位已有信息完整性等因素，增强点位的代表性。按照每 10 000 亩耕地不少于 1 个的原则布设调查点，各县可根据农业生产实际情况加密布设点位。

4.3.1.2 质量建设区

耕地质量变更情况在耕地质量建设年度变更调查 1 次，按照每 1 000 亩耕地不少于 1 个的原则布设调查点（少于 1 000 亩地块至少布设一个调查点位）。

4.3.1.3 耕地占补区

耕地质量变更情况在补充耕地实施年度变更调查 1 次，按照每 1 000 亩耕地不少于 1 个的原则布设调查点（少于 1 000 亩项目地块至少布设一个调查点位）。

4.3.1.4 损毁破坏区

按照损毁、破坏、污染耕地面积大小,在评价单元内,确定调查采样密度,开展耕地质量调查评价。按照每 200 亩耕地不少于 1 个的原则布设调查点(少于 200 亩项目地块至少布设一个调查点位)。

4.3.2 调查内容

主要包括成土母质、土壤类型、地形部位、田面坡度、地下水埋深、障碍层类型、障碍层深度、障碍层厚度、灌溉能力及灌溉方式、水源类型、排水能力、农田林网化程度、典型种植制度、产量水平等。具体内容按附录 D 的规定执行。

在质量建设区,如高标准农田建设实施区域,根据质量建设具体内容,补充调查工程建设指标等内容。

在耕地占补区的补充耕地质量区域,依据 NY/T 2626 补充开展农业生产基本条件符合性调查。

在损毁破坏区,根据损毁因素,补充开展专项调查。

4.4 土壤样品采集与制备

按照 NY/T 1121.1 规定的方法执行。

4.5 分析测试

4.5.1 测试内容

主要包括耕层厚度、土壤容重、紧实度、有机质、全氮、有效磷、速效钾、缓效钾、有效铜、有效锌、有效铁、有效锰、有效硼、有效钼、有效硫、有效硅、铬、镉、铅、砷、汞等。具体内容按附录 D 的规定执行。

4.5.2 测试方法

4.5.2.1 土壤 pH 的测定:按 NY/T 1121.2 规定的方法测定。

4.5.2.2 土壤容重的测定:按 NY/T 1121.4 规定的方法测定。

4.5.2.3 土壤水分的测定:按 NY/T 52 规定的方法测定。

4.5.2.4 土壤有机质的测定:按 NY/T 1121.6 规定的方法测定。

4.5.2.5 土壤全氮的测定:按 NY/T 1121.24 规定的方法测定。

4.5.2.6 土壤有效磷的测定:按 NY/T 1121.7 规定的方法测定。

4.5.2.7 土壤速效钾和缓效钾的测定:按 NY/T 889 规定的方法测定。

4.5.2.8 土壤有效硫的测定:按 NY/T 1121.14 规定的方法测定。

4.5.2.9 土壤有效硅:按 NY/T 1121.15 规定的方法测定。

4.5.2.10 土壤有效铜、锌、铁、锰的测定:按 NY/T 890 规定的方法测定。

4.5.2.11 土壤有效硼的测定:按 NY/T 1121.8 规定的方法测定。

4.5.2.12 土壤有效钼的测定:按 NY/T 1121.9 规定的方法测定。

4.5.2.13 土壤总汞的测定:按 NY/T 1121.10 规定的方法测定。

4.5.2.14 土壤总砷的测定:按 NY/T 1121.11 规定的方法测定。

4.5.2.15 土壤总铬的测定:按 NY/T 1121.12 规定的方法测定。

4.5.2.16 土壤质量铜、锌的测定:按 HJ 491 规定的方法测定。

4.5.2.17 土壤质量铅、镉的测定:按 GB/T 17141 规定的方法测定。

4.5.2.18 土壤水溶性盐总量:按 NY/T 1121.16 规定的方法测定。

4.6 耕地质量等级评价

依据 GB/T 33469,以县域为单位开展耕地质量等级评价。

4.7 耕地质量等级变动情况核算

在常规利用区、质量建设区、耕地占补区和损毁破坏区,分别核算耕地质量等级变动情况,以县域为单位对年度内不同质量等级耕地面积增减情况进行统计,并更新县域耕地质量数据库,将等级变动结果、更新数据库逐级上报。县域评价区域耕地面积要与政府发布的耕地面积一致。

4.7.1 常规利用区

每年更新核算一次。通过各评价单元的耕地质量等级变化情况进行核算。

4.7.2 质量建设区

每年更新核算一次。以耕地质量建设措施实施前后耕地质量等级变化情况为基础进行核算。

4.7.3 耕地占补区

每年更新核算一次。对于占用耕地,通过与上一年度耕地质量等级分布图叠加,提取占用耕地质量等级情况,在耕地质量等级变动表和耕地质量评价单元图中进行核减。对于补充耕地,划分耕地质量等级,并在耕地质量等级变动表和耕地质量评价单元图中进行核增。

4.7.4 损毁破坏区

视损毁破坏情况每年更新核算一次。对于损毁耕地,通过与上一年度耕地质量等级分布图叠加,提取损毁耕地质量等级情况,在耕地质量等级变动表和耕地质量评价单元图中进行核减。对耕地质量破坏区域,划分耕地质量等级,对比核算耕地质量等级变化情况。

4.8 耕地质量等级变动情况汇总

4.8.1 各等级耕地质量变动情况汇总

i 等地耕地质量等级面积增加量＝常规利用区 i 等地增加量＋质量建设区 i 等地增加量＋耕地占补区 i 等地增加量＋损毁与破坏区 i 等地增加量。

i 等地耕地质量等级面积减少量＝常规利用区 i 等地减少量＋质量建设区 i 等地减少量＋耕地占补区 i 等地减少量＋损毁与破坏区 i 等地减少量。

i 等地年末存量＝ i 等地年初存量＋ i 等级面积增加量－ i 等地面积减少量。

i 为 1~10。

4.8.2 区域耕地质量平均等级核算

耕地平均质量等级＝ $\sum(i \times i$ 等地面积比重)＝ $\sum(i \times i$ 等级面积/区域耕地总面积)。

i 为 1~10。

附 录 A
（规范性）
数据库的建立与更新

A.1 数据库的内容

A.1.1 空间数据库的内容

包括土壤图、土地利用现状图、行政区划图、永久基本农田地块图（县级）、高标准农田地块图（县级）、耕地质量调查点位图、耕地质量评价单元图等数字化图层。

A.1.2 属性数据库的内容
包括各个图层自动生成的属性数据和调查收集的属性数据及土壤分析化验的有关数据。

A.2 数据库的标准

A.2.1 空间数据库的标准
图形的数字化采用图件扫描矢量化或手扶数字化仪。矢量图形采用 ShapeFiles 格式，栅格图形采用 Gird 格式。

各数字化图层比例尺要求不小于 1∶10 000（县级）；投影方式为高斯-克吕格投影，3 度分带；坐标系大地 2000 坐标系；高程系统采用 1985 年国家高程基准；野外调查 GPS 定位数据，初始数据采用经纬度并在调查表格中记载，装入 GIS 系统与图件匹配时，再投影转换为上述坐标系坐标。

A.2.2 属性数据库的标准
在建立关系数据库平台的地区或单位，数据存放在关系数据库（如 SQL Server）中；在没有建立关系数据库平台的地区或单位，数据存放在 ACCESS 中。

A.3 数据质量控制

A.3.1 空间数据的质量控制
A.3.1.1 输入图件质量控制
扫描影像能够区分图内各要素，若有线条不清晰现象，需重新扫描。扫描影像数据经过角度纠正，纠正后的图幅下方两个内图廓点的连线与水平线的角度误差不超过 0.2°。

公里网格线交叉点为图形纠正控制点，每幅图应选取不少于 20 个控制点，纠正后控制点的点位绝对误差不超过 0.2 mm（图面值）。

矢量化要求图内各要素的采集无错漏现象，图层分类和命名符合统一的规范，各要素的采集与扫描数据相吻合，线划（点位）整体或部分偏移的距离不超过 0.3 mm（图面值）。

所有数据层具有严格的拓扑结构。面状图形数据中没有碎片多边形且均为相互独立的图斑。图形数据及对应的属性数据输入正确。

A.3.1.2 输出图件质量控制
图件必须覆盖整个辖区，不得丢漏。图内要素必有项目包括评价单元图斑、各评价要素图斑和调查点位数据、线状地物、注记。图外要素必有项目包括图名、图例、坐标系及高程系说明、比例尺、制图单位全称、制图时间、指北针等。

A.3.2 属性数据的质量控制
属性数据应由专人录入，可采用两次录入的方式互相验证，确保数据准确无误。耕地面积数应统一校正到等于当地政府公布的耕地面积。

附 录 B

（资料性）

耕地质量变更调查评价等级划分区域范围

耕地质量变更调查评价等级划分区域范围见表B.1。

表B.1 耕地质量变更调查评价等级划分区域范围

一级农业区	二级农业区	县、市、旗、区
（一）东北区	兴安岭林区	根河、额尔古纳、牙克石、鄂伦春、莫力达瓦、阿荣旗、扎兰屯、呼玛、爱辉、孙吴、逊克、伊春、嘉荫、铁力
	松嫩-三江平原农业区	嫩江、五大连池、北安、讷河、甘南、龙江、富裕、依安、克山、克东、拜泉、林甸、杜尔伯特、泰来、海伦、绥棱、庆安、绥化、望奎、青冈、明水、安达、兰西、肇东、肇州、肇源、呼兰、巴彦、木兰、通河、方正、延寿、尚志、宾县、阿城、双城、五常、依兰、汤原、桦川、桦南、勃利、七台河、集贤、宝清、富锦、同江、抚远、饶河、绥滨、萝北、虎林、密山、鸡东、扎赉特、白城、镇赉、洮南、通榆、大安、乾安、扶余、前郭、长岭、农安、德惠、九台、榆树、双阳、舒兰、永吉、吉林市郊区、双辽、公主岭、梨树、伊通、辽源、东丰
	长白山地林农区	林口、穆棱、海林、宁安、东安、绥芬河、鸡西、敦化、安图、和龙、延吉、图们、汪清、珲春、辉南、梅河口、柳河、通化、集安、浑江、靖宇、抚松、长白、蛟河、桦甸、磐石
	辽宁平原丘陵农林区	西丰、昌图、开原、铁岭、康平、法库、抚顺、清原、新宾、新民、辽中、本溪、桓仁、辽阳、灯塔、岫岩、东港、凤城、宽甸、瓦房店、普兰店、金州、庄河、长海、盖州、营口、大洼、盘山、台安、海城、阜新、彰武、绥中、北票、朝阳、凌源、喀左、建昌、兴城、凌海、义县、北镇、黑山
（二）内蒙古及长城沿线区	内蒙古北部牧农区	陈巴尔虎、鄂温克、新巴尔虎左、新巴尔虎右、海拉尔、满洲里、东乌珠穆沁、西乌珠穆沁、锡林浩特、阿巴嘎、苏尼特左、正蓝、正镶白、镶黄、苏尼特右、二连浩特、四子王、达尔罕茂明安
	内蒙古中南部牧农区	科尔沁右前、突泉、乌兰浩特、科尔沁右中、科尔沁左中、扎鲁特、科尔沁区、开鲁、奈曼、阿鲁科尔沁、敖汉、巴林左、巴林右、翁牛特、林西、克什克腾、多伦、太仆寺、察右后、察右中、化德、商都、围场、丰宁、沽源、康保、张北、尚义
	长城沿线农牧区	集宁、兴和、察右前、丰镇、凉城、卓资、武川、和林格尔、清水河、元宝山、红山、松山、喀喇沁、宁城、土默特左、托克托、固阳、土默特右、达拉特、准格尔、东胜、伊金霍洛、隆化、滦平、兴隆、平泉、宽城、青龙、承德、万全、怀安、阳原、蔚县、宣化、涿鹿、怀来、赤城、崇礼、涞源、大同、右玉、左云、平鲁、朔州、山阴、怀仁、应县、浑源、灵丘、阳高、天镇、广灵、繁峙、宁武、神池、偏关、五寨、岢岚、静乐、岚县、方山、娄烦、古交、赛罕、回民、玉泉、新城、九原
（三）黄淮海区	燕山太行山山麓平原农业区	门头沟、海淀、丰台、朝阳、房山、大兴、通州、昌平、平谷、怀柔、密云、顺义、延庆、抚宁、卢龙、昌黎、迁安、迁西、遵化、丰润、玉田、滦州、大厂、三河、香河、涞水、涿州、高碑店、易县、定兴、容城、徐水、顺平、清苑、满城、望都、曲阳、唐县、博野、安国、蠡县、赞皇、高邑、赵县、辛集、晋州、元氏、藁城、鹿泉、正定、灵寿、行唐、新乐、无极、深泽、临城、柏乡、隆尧、内丘、邢台、任县、沙河、南和、宁晋、邯郸、武安、永年、肥乡、成安、磁县、临漳、安阳、淇滨、林州、淇县、汤阴、浚县、辉县、卫辉、新乡、修武、获嘉、武陟、博爱、温县、沁阳、孟州、济源、栾城、定州
	冀鲁豫低洼平原农业区	静海、宁河、武清、蓟州、宝坻、乐亭、滦南、丰南、安次、固安、永清、霸州、文安、大城、雄县、安新、高阳、广阳、曹妃甸、任丘、河间、沧县、青县、黄骅、海兴、盐山、孟村、南皮、东光、泊头、吴桥、德城、献县、肃宁、安平、饶阳、深州、武强、阜城、景县、武邑、桃城区、冀州、枣强、故城、新河、巨鹿、平乡、广宗、南宫、威县、清河、临西、鸡泽、曲周、馆陶、广平、大名、魏县、邱县、莘县、阳谷、东昌府、冠县、临清、茌平、东阿、高唐、夏津、武城、平原、禹城、齐河、济阳、陵城、临邑、商河、宁津、乐陵、庆云、惠民、阳信、滨城、无棣、沾化、利津、垦利、东营、河口、广饶、博兴、高青、邹平、内黄、南乐、清丰、范县、台前、濮阳、滑县、长垣、原阳、延津、封丘

表 B.1（续）

一级农业区	二级农业区	县、市、旗、区
（三）黄淮海区	黄淮平原农业区	梁园、睢阳区、民权、睢县、宁陵、柘城、虞城、夏邑、永城、荥阳、兰考、杞县、祥符、通许、尉氏、中牟、新郑、扶沟、太康、西华、商水、淮阳、鹿邑、郸城、沈丘、项城、西平、遂平、上蔡、平舆、汝南、新蔡、正阳、确山、泌阳、许昌、长葛、鄢陵、临颍、郾城、舞阳、襄城、叶县、禹州、郏县、宝丰、鲁山、息县、淮滨、嘉祥、金乡、鱼台、微山、梁山、郓城、鄄城、巨野、东明、牡丹、定陶、成武、曹县、单县、临泉、界首、太和、颍泉、颍东、颍州、阜南、颍上、亳州、涡阳、利辛、蒙城、毛集、潘集、砀山、萧县、濉溪、宿州、埇桥、灵璧、固镇、泗县、五河、怀远、蚌埠、淮上
	山东丘陵农林区	荣成、文登、牟平、乳山、海阳、福山、栖霞、蓬莱、龙口、招远、莱州、莱阳、莱西、即墨、昌邑、寒亭、昌乐、平度、高密、胶州、黄岛、诸城、五莲、安丘、寿光、青州、临朐、历城、崂山、桓台、沂源、沂水、蒙阴、平邑、费县、沂南、兰陵、郯城、临沭、莒南、莒县、长清、平阴、肥城、宁阳、新泰、章丘、淄川、博山、临淄、周村、薛城、峄城、台儿庄、山亭、市中、潍城、寒亭、坊子、岱岳、环翠、东港、莱城、钢城、河东、罗庄、兰山、张店、东平、兖州、曲阜、泗水、邹城、滕州、汶上
（四）黄土高原区	晋东豫西丘陵山地农林牧区	五台、孟县、寿阳、昔阳、和顺、左权、平定、榆社、沁源、沁县、武乡、襄垣、黎城、潞城、屯留、长治、长子、平顺、壶关、高平、陵川、阳城、沁水、泽州、安泽、垣曲、平陆、芮城、阜平、平山、井陉、涉县、巩义、登封、新密、偃师、孟津、伊川、汝州、汝阳、新安、渑池、宜阳、陕州、灵宝、洛宁、栾川、卢氏
	汾渭谷地农业区	代县、原平、定襄、忻府、阳曲、清徐、晋源、小店、杏花岭、迎泽、尖草坪、万柏林、榆次、太谷、祁县、平遥、介休、灵石、交城、文水、汾阳、孝义、霍州、洪洞、尧都、古县、浮山、翼城、襄汾、曲沃、侯马、新绛、稷山、河津、绛县、闻喜、万荣、夏县、盐湖、临猗、永济、韩城、澄城、白水、蒲城、大荔、耀州、渭滨、临潼、蓝田、华州、华阴、潼关、长安、三原、泾阳、高陵、淳化、旬邑、彬州、长武、永寿、乾县、礼泉、兴平、武功、周至、鄠邑、陈仓、麟游、陇县、千阳、凤翔、岐山、扶风、眉县、合阳、富平、临渭、渭城、秦都、金台、印台
	晋陕甘黄土丘陵沟壑牧林农区	河曲、保德、兴县、临县、离石、柳林、中阳、石楼、交口、汾西、隰县、永和、大宁、蒲县、吉县、乡宁、佳县、吴堡、米脂、绥德、子洲、清涧、延川、子长、安塞、吴起、宝塔、延长、甘泉、富县、宜川、黄龙、洛川、黄陵、宜君、西峰、庆城、环县、华池、合水、正宁、宁县、镇原、灵台、泾川、崆峒、崇信、华亭、原州、海原、西吉、泾源、隆德、同心、府谷、神木、榆林、横山、靖边、定边、盐池、红寺堡、彭阳、志丹
	陇中青东丘陵农牧区	静宁、庄浪、张家川、清水、秦安、秦州、麦积、天水、甘谷、武山、漳县、靖远、平川、白银、会宁、安定、通渭、陇西、渭源、临洮、榆中、皋兰、永登、临夏、和政、东乡、广河、康乐、永靖、积石山、民和、乐都、互助、化隆、循化、湟中、湟源、大通、尖扎、同仁、贵德、西宁市郊区
（五）长江中下游区	长江下游平原丘陵农畜水产区	崇明、宝山、浦东、奉贤、松江、金山、嘉定、青浦、吴中、相城、吴江、江阴、张家港、常熟、太仓、昆山、丹徒、武进、扬中、金坛、宜兴、溧阳、高淳、溧水、句容、启东、海门、如东、南通、如皋、海安、东台、大丰、建湖、射阳、阜宁、邗江、江都、靖江、泰兴、仪征、高邮、宝应、兴化、盱眙、洪泽、金湖、淮安、江宁、浦口、六合、丰县、沛县、铜山、邳州、睢宁、新沂、东海、赣榆、清浦、淮阴、涟水、灌云、灌南、沭阳、泗阳、宿迁、泗洪、响水、滨海、嘉善、南湖、秀洲、海盐、海宁、桐乡、吴兴、南浔、德清、上城、下城、江干、拱墅、西湖、滨江、萧山、余杭、越城、柯桥、上虞、慈溪、余姚、海曙、江东、江北、北仑、镇海、鄞州、定海、岱山、普陀、平湖、嵊泗、当涂、芜湖、繁昌、南陵、铜陵、庐江、无为、肥东、巢湖、含山、和县、枞阳、桐城、怀宁、望江、宿松、滁州市辖区、全椒、定远、凤阳、明光、来安、天长、长丰、霍邱、寿县、肥西、安庆、合肥、马鞍山
	鄂豫皖平原山地农林区	襄州、襄城、樊城、枣阳、老河口、曾都、随县、广水、大悟、红安、麻城、罗田、英山、平桥、浉河、罗山、光山、新县、固始、商城、潢川、西峡、淅川、内乡、镇平、邓州、新野、南召、方城、社旗、唐河、六安、金寨、霍山、舒城、岳西、潜山、太湖、宛城区、卧龙、桐柏、淅川
	长江中游平原农业水产区	九江、彭泽、湖口、都昌、星子、德安、永修、瑞昌、鄱阳、乐平、万年、余干、余江、东乡、进贤、临川、南昌、丰城、清浦、高安、新余、安义、蔡甸、东西湖、汉南、黄陂、新洲、武汉市近郊区、黄州、团风、浠水、蕲春、武穴、黄梅、龙感湖、安陆、云梦、应城、孝南、孝昌、汉川、嘉鱼、掇刀、东宝、屈家岭、沙洋、钟祥、京山、宜城、天门、仙桃、潜江、洪湖、监利、石首、公安、松滋、荆州、沙市、江陵、当阳、枝江、临湘、岳阳、汨罗、湘阴、南县、沅江、益阳、安乡、澧县、临澧、常德、汉寿、桃源、津市

表 B.1（续）

一级农业区	二级农业区	县、市、旗、区
（五）长江中下游区	江南丘陵山地农林区	东至、贵池、泾县、青阳、宣城、郎溪、广德、石台、黄山、宁国、旌德、绩溪、歙县、休宁、黟县、祁门、安吉、诸暨、临安、富阳、桐庐、建德、淳安、浦江、兰溪、金东、婺城、衢江、柯城、龙游、磐安、长兴、江山、常山、开化、义乌、东阳、永康、武义、婺源、德兴、玉山、广丰、上饶、铅山、横峰、弋阳、贵溪、金溪、资溪、南城、黎川、南丰、宜黄、崇仁、乐安、广昌、石城、宁都、兴国、瑞金、会昌、安远、于都、信丰、赣县、南康、新干、峡江、永丰、吉水、吉安、安福、莲花、永新、宁冈、泰和、万安、遂川、铜鼓、靖安、奉新、宜丰、上高、分宜、万载、宜春、修水、武宁、黄石市郊区、阳新、大冶、江夏、梁子湖、鄂城、咸安、赤壁、崇阳、通山、通城、平江、浏阳、醴陵、攸县、茶陵、湘潭、湘乡、株洲、桃江、安化、宁乡、新化、冷水江、涟源、双峰、邵东、新邵、邵阳、隆回、洞口、武冈、新宁、衡山、衡东、衡阳、祁东、祁阳、常宁、衡南、东安、永州、安仁、耒阳、永兴、长沙、望城、韶山、华容
	浙闽丘陵山地林农区	嵊州、新昌、奉化、宁海、象山、天台、三门、临海、仙居、椒江、黄岩、路桥、温岭、玉环、永嘉、乐清、洞头、瑞安、平阳、文成、泰顺、缙云、丽水、莲都、青田、云和、遂昌、龙泉、庆元、浦城、松溪、政和、崇安、建阳、建瓯、光泽、邵武、顺昌、福鼎、柘荣、寿宁、福安、周宁、屏南、古田、霞浦、罗源、闽侯、闽清、永泰、建宁、泰宁、将乐、宁化、明溪、沙县、清流、永定、尤溪、大田、德化、永春、漳平、长汀、连城、上杭、武平、龙湾、鹿城、瓯海、苍南、景宁
	南岭丘陵山地林农区	大余、全南、龙南、定南、寻乌、上犹、崇义、桂东、资兴、汝城、郴州、桂阳、嘉禾、临武、宜章、新田、宁远、道县、蓝山、江华、江永、双牌、炎陵、平远、蕉岭、梅县、兴宁、大埔、龙川、和平、连平、翁源、始兴、南雄、仁化、乐昌、乳源、连州、连南、连山、阳山、曲江、怀集、广宁、封开、富川、钟山、八步、昭平、蒙山、资源、全州、兴安、灌阳、灵川、龙胜、临桂、永福、阳朔、荔浦、平乐、恭城、金秀、象州、武宣、忻城、柳江、柳城、鹿寨、融水、融安、三江、罗城、宜州、上林、平桂管理区、兴宾、合山、城中、柳北、鱼峰、柳南、象山、秀峰、叠彩、七星、雁山
（六）西南区	秦岭大巴山林农区	洛南、商州、汉滨、汉台、丹凤、商南、山阳、柞水、镇安、宁陕、石泉、汉阴、紫阳、旬阳、白河、平利、岚皋、镇坪、佛坪、洋县、西乡、镇巴、城固、南郑、勉县、宁强、略阳、留坝、太白、凤县、两当、徽县、西和、礼县、岷县、宕昌、武都、文县、成县、康县、舟曲、北川、平武、青川、旺苍、南江、通江、万源、白沙、城口、巫溪、十堰市郊区、郧阳、郧西、竹溪、竹山、房县、丹江口、谷城、保康、南漳、神农架
	四川盆地农林区	巴州、平昌、宣汉、开江、大竹、渠县、邻水、通川、梁平、忠县、万州、开州、垫江、丰都、涪陵、南川、巴南、綦江、江北、长寿、合川、铜梁、璧山、大足、荣昌、永川、江津、潼南、苍溪、阆中、仪陇、南部、营山、蓬安、岳池、广安、武胜、西充、安州、绵竹、德阳、中江、绵阳、江油、剑阁、梓潼、盐亭、三台、射洪、蓬溪、遂宁、什邡、广汉、彭州、新都、都江堰、郫都、温江、崇州、新津、大邑、邛崃、蒲江、彭山、眉山、青神、仁寿、井研、犍为、沐川、峨眉、夹江、洪雅、丹棱、宝兴、芦山、名山、天全、荥经、隆昌、乐至、安岳、简阳、资中、威远、富顺、泸县、合江、纳溪、江安、南溪、叙州、高县、长宁、双流、金堂、荣县、渝北、北碚、沙坪坝、九龙坡、大渡口
	渝鄂湘黔边境山地林农牧区	云阳、奉节、巫山、武隆、彭水、黔江、酉阳、秀山、石柱、远安、兴山、秭归、宜都、长阳、五峰、夷陵、宜昌市郊区、恩施、巴东、建始、利川、宣恩、鹤峰、咸丰、来凤、石门、慈利、龙山、桑植、张家界、永顺、保靖、古丈、花垣、吉首、泸溪、凤凰、沅陵、辰溪、溆浦、麻阳、芷江、新晃、洪江、会同、靖州、通道、绥宁、城步、沿河、德江、思南、印江、石阡、江口、松桃、万山、玉屏、道真、务川、正安、岑巩、镇远、施秉、三穗、台江、剑河、雷山、丹寨、天柱、锦屏、黎平、榕江、从江、凯里、三都、怀化
	黔桂高原山地林农牧区	绥阳、桐梓、习水、赤水、仁怀、遵义、湄潭、凤冈、余庆、瓮安、福泉、贵定、龙里、都匀、独山、平塘、惠水、长顺、罗甸、荔波、黄平、麻江、开阳、息烽、修文、清镇、平坝、普定、镇宁、关岭、紫云、金沙、黔西、大方、织金、纳雍、六枝、盘州、水城、晴隆、普安、兴仁、贞丰、兴义、安龙、册亨、望谟、古蔺、叙永、兴文、珙县、筠连、环江、南丹、天峨、凤山、东兰、巴马、都安、马山、乐业、凌云、田林、隆林、西林、大化、金城江

表 B.1（续）

一级农业区	二级农业区	县、市、旗、区
（六）西南区	川滇高原山地农林牧区	米易、盐边、泸定、汉源、石棉、屏山、甘洛、越西、喜德、美姑、昭觉、雷波、金阳、布拖、普格、峨边、马边、金口河、冕宁、西昌、德昌、宁南、会东、会理、盐源、赫章、威宁、绥江、盐津、永善、大关、彝良、威信、镇雄、鲁甸、巧家、东川、会泽、宣威、沾益、富源、马龙、寻甸、嵩明、宜良、石林、陆良、师宗、罗平、富民、安宁、晋宁、呈贡、易门、峨山、江川、通海、华宁、澄江、弥勒、泸西、丘北、文山、砚山、永仁、大姚、姚安、南华、牟定、楚雄、双柏、禄丰、武定、禄劝、元谋、景东、鹤庆、剑川、洱源、云龙、永平、漾濞、大理、巍山、宾川、祥云、弥渡、南涧、保山、腾冲、宁蒗、永胜、华坪、泸水、兰坪、西山、五华、盘龙、官渡、古城、玉龙、昭阳、麒麟、红塔
（七）华南区	闽南粤中农林水产区	长乐、平潭、福清、仙游、安溪、南安、惠安、晋江、同安、华安、长泰、龙海、南靖、平和、漳浦、云霄、东山、诏安、饶平、南澳、潮安、澄海、潮阳、丰顺、五华、普宁、惠来、揭西、陆丰、海丰、紫金、惠东、惠阳、博罗、番禺、花都、增城、从化、龙门、新丰、南海、三水、顺德、斗门、新会、鹤山、开平、台山、恩平、四会、高要、德庆、新兴、罗定、郁南、英德、佛冈
	粤西桂南农林区	阳春、信宜、高州、电白、化州、廉江、吴川、苍梧、藤县、岑溪、桂平、贵港、玉州、北流、容县、陆川、博白、平南、宾阳、横州、邕宁、武鸣、隆安、天等、大新、扶绥、龙州、宁明、凭祥、灵山、浦北、合浦、防城、上思、平果、田东、田阳、德保、靖西、那坡、兴宁、江南、青秀、西乡塘、良庆、万秀、长洲、龙圩、海城、银海、铁山港、东兴、港口、钦南、钦北、港南、港北、覃塘、兴业、福绵管理区、玉东新区、右江、江州
	滇南农林区	广南、富宁、西畴、麻栗坡、马关、石屏、建水、开远、蒙自、个旧、屏边、河口、金平、元阳、红河、绿春、元江、新平、镇沅、景谷、墨江、江城、澜沧、西盟、孟连、景洪、勐海、勐腊、凤庆、云县、双江、耿马、沧源、永德、镇康、昌宁、施甸、龙陵、盈江、梁河、芒市、陇川、瑞丽、思茅、临翔、隆阳
	琼雷及南海诸岛农林区	遂溪、雷州、徐闻、琼山、文昌、定安、澄迈、临高、琼海、屯昌、儋州、万宁、琼中、保亭、陵水、白沙、昌江、东方、乐东、崖州
（八）甘新区	蒙宁甘农牧区	乌达、海勃湾、五原、临河、杭锦后、磴口、乌拉特前、乌拉特中、乌拉特后、阿拉善左、阿拉善右、额济纳、杭锦、乌审、鄂托克、永宁、贺兰、平罗、灵武、青铜峡、中宁、沙坡头、凉州、古浪、景泰、民勤、永昌、金川、甘州、山丹、民乐、高台、临泽、嘉峪关、肃州、玉门、金塔、瓜州、敦煌、肃北、阿克塞、惠农、大武口、利通、兴庆、金凤、西夏
	北疆农牧林区	阿勒泰、布尔津、吉木乃、哈巴河、福海、富蕴、青河、塔城、额敏、裕民、托里、和布克赛尔、乌苏、沙湾、伊宁、霍城、察布查尔、尼勒克、巩留、新源、特克斯、昭苏、奎屯、精河、博乐、温泉、木垒、奇台、吉木萨尔、阜康、米东、昌吉、呼图壁、玛纳斯、乌鲁木齐市郊区、克拉玛依、巴里坤、伊吾
	南疆农牧林区	鄯善、哈密、高昌、托克逊、和静、和硕、焉耆、博湖、库尔勒、尉犁、轮台、且末、若羌、库车、沙雅、拜城、新和、温宿、阿克苏、阿瓦提、乌什、柯坪、喀什、疏附、疏勒、伽师、岳普湖、巴楚、麦盖提、莎车、英吉沙、泽普、叶城、塔什库尔干、阿合奇、阿图什、乌恰、阿克陶、皮山、墨玉、和田、洛浦、策勒、于田、民丰
（九）青藏区	藏南农牧区	吉隆、聂拉木、昂仁、定日、谢通门、拉孜、萨迦、定结、岗巴、白朗、江孜、南木林、仁布、康马、亚东、尼木、堆龙德庆、曲水、林周、达孜、墨竹工卡、浪卡子、贡嘎、扎囊、洛扎、乃东、琼结、桑日、曲松、措美、隆子、错那
	川藏林农牧区	加查、朗县、工布江达、米林、墨脱、索县、边坝、洛隆、丁青、类乌齐、江达、波密、察隅、八宿、左贡、察雅、芒康、贡觉、贡山、福贡、维西、香格里拉、德钦、木里、白玉、巴塘、理塘、得荣、乡城、稻城、新龙、炉霍、道孚、丹巴、雅江、康定、九龙、金川、小金、马尔康、理县、汶川、黑水、茂县、松潘、九寨沟、巴宜、卡若
	青甘牧农区	合作、夏河、临潭、卓尼、迭部、碌曲、天祝、肃南、泽库、共和、贵南、兴海、同德、祁连、刚察、海晏、门源、天峻、乌兰、都兰、格尔木、河南、德令哈
	青藏高寒地区	仲巴、萨嘎、普兰、札达、噶尔、日土、革吉、改则、措勤、那曲、嘉黎、比如、聂荣、安多、班戈、申扎、巴青、双湖、当雄、玉树、称多、杂多、治多、曲麻莱、玛多、玛沁、甘德、达日、班玛、久治、石渠、德格、色达、甘孜、壤塘、阿坝、若尔盖、红原、玛曲、尼玛

附 录 C
（规范性）
耕地质量等级变更调查评价指标体系

C.1 东北区

C.1.1 指标权重

指标权重见表 C.1。

表 C.1 指标权重

兴安岭林区		松嫩-三江平原农业区		长白山地林农区		辽宁平原丘陵农林区	
指标名称	指标权重	指标名称	指标权重	指标名称	指标权重	指标名称	指标权重
地形部位	0.180 0	灌溉能力	0.109 9	地形部位	0.136 0	地形部位	0.143 3
灌溉能力	0.115 3	地形部位	0.106 2	灌溉能力	0.108 8	灌溉能力	0.106 3
耕层质地	0.086 3	有效土层厚度	0.082 3	有效土层厚度	0.077 3	有效土层厚度	0.079 4
有效土层厚度	0.067 3	耕层质地	0.076 2	耕层质地	0.075 6	耕层质地	0.076 3
有机质	0.066 5	有机质	0.068 3	有机质	0.071 8	有机质	0.067 4
排水能力	0.064 8	农田林网化	0.065 7	农田林网化	0.058 3	pH	0.063 6
障碍因素	0.045 3	pH	0.064 1	障碍因素	0.054 9	农田林网化	0.057 3
耕层厚度	0.045 3	质地构型	0.059 1	土壤容重	0.052 9	有效磷	0.055 6
有效磷	0.045 2	障碍因素	0.055 2	有效磷	0.050 7	排水能力	0.051 8
质地构型	0.043 9	有效磷	0.053 8	质地构型	0.049 8	质地构型	0.049 3
速效钾	0.043 5	耕层厚度	0.050 3	pH	0.049 7	速效钾	0.047 2
pH	0.043 1	排水能力	0.049 5	耕层厚度	0.048 8	障碍因素	0.045 9
土壤容重	0.041 4	土壤容重	0.044 1	速效钾	0.047 5	耕层厚度	0.044 3
农田林网化	0.040 5	速效钾	0.043 5	排水能力	0.045 1	土壤容重	0.042 4
生物多样性	0.039 4	生物多样性	0.036 5	生物多样性	0.039 9	生物多样性	0.036 4
清洁程度	0.032 0	清洁程度	0.035 3	清洁程度	0.033 0	清洁程度	0.033 5

C.1.2 指标隶属函数

C.1.2.1 概念型指标隶属度

概念型指标隶属度见表 C.2。

表 C.2 概念型指标隶属度

地形部位	山间盆地	宽谷盆地	平原低阶	平原中阶	平原高阶	丘陵上部	丘陵中部	丘陵下部	山地坡上	山地坡中	山地坡下
隶属度	0.74	0.96	0.75	1	0.89	0.59	0.77	0.78	0.43	0.54	0.64
耕层质地	沙土	沙壤	轻壤	中壤	重壤	黏土					
隶属度	0.48	0.71	0.88	1	0.84	0.6					
质地构型	薄层型	松散型	紧实型	夹层型	上紧下松型	上松下紧型	海绵型				
隶属度	0.52	0.38	0.59	0.63	0.53	1	0.94				
生物多样性	丰富	一般	不丰富								
隶属度	1	0.69	0.41								
清洁程度	清洁	尚清洁									
隶属度	1	0.72									
障碍因素	盐碱	瘠薄	酸化	渍潜	障碍层次	无					
隶属度	0.4	0.56	0.55	0.65	0.71	1					
灌溉能力	充分满足	满足	基本满足	不满足							
隶属度	1	0.85	0.61	0.4							

表 C. 2（续）

排水能力	充分满足	满足	基本满足	不满足							
隶属度	1	0.83	0.59	0.3							
农田林网化	高	中	低								
隶属度	1	0.79	0.53								

C.1.2.2 数值型指标隶属函数

数值型指标隶属函数见表 C.3。

表 C.3 数值型指标隶属函数

指标名称	函数类型	函数公式	a 值	c 值	u 的下限值	u 的上限值
速效钾	戒上型	$y=1/[1+a(u-c)^2]$	0.000 014	300.084 871	0	300.08
有效磷	戒上型	$y=1/[1+a(u-c)^2]$	0.000 396	60.009 908	0	60.0
有机质	戒上型	$y=1/[1+a(u-c)^2]$	0.000 446	60.000 048	0	60.0
pH	峰型	$y=1/[1+a(u-c)^2]$	0.209 72	6.776 05	0.2	13.32
土壤容重	峰型	$y=1/[1+a(u-c)^2]$	8.696 016	1.242 811	0.22	2.26
耕层厚度	戒上型	$y=1/[1+a(u-c)^2]$	0.002 322	30.006 247	0	30.0
有效土层厚度	戒上型	$y=1/[1+a(u-c)^2]$	0.000 213	100.002 147	0	100

注：y 为隶属度；a 为系数；u 为实测值；c 为标准指标。当函数类型为戒上型，u 小于等于下限值时，y 为 0；u 大于等于上限值时，y 为 1；当函数类型为峰型，u 小于等于下限值或 u 大于等于上限值时，y 为 0。

C.1.3 等级划分指数

等级划分指数见表 C.4。

表 C.4 等级划分指数

耕地质量等级	综合指数范围	耕地质量等级	综合指数范围
一等	≥0.804 5	六等	0.685 3~0.709 1
二等	0.780 7~0.804 5	七等	0.661 4~0.685 3
三等	0.756 8~0.780 7	八等	0.637 6~0.661 4
四等	0.733 0~0.756 8	九等	0.613 7~0.637 6
五等	0.709 1~0.733 0	十等	<0.613 7

C.2 内蒙古及长城沿线区

C.2.1 指标权重

指标权重见表 C.5。

表 C.5 指标权重

内蒙古北部牧农区		内蒙古中南部牧农区		长城沿线农牧区	
指标名称	指标权重	指标名称	指标权重	指标名称	指标权重
有效土层厚度	0.108 7	灌溉能力	0.141 4	排水能力	0.113 5
灌溉能力	0.103 5	坡度	0.095 9	灌溉能力	0.113 5
有机质	0.089 4	地形部位	0.091 7	有效土层厚度	0.098 7
障碍因素	0.079 2	有机质	0.073 0	有机质	0.086 7
耕层质地	0.074 8	有效土层厚度	0.071 5	障碍因素	0.074 9
质地构型	0.073 3	排水能力	0.062 0	耕层质地	0.072 1
地形部位	0.060 2	质地构型	0.059 7	地形部位	0.066 8
有效磷	0.058 4	耕层质地	0.056 9	pH	0.060 8
pH	0.055 4	有效磷	0.052 7	有效磷	0.060 8
土壤容重	0.054 5	障碍因素	0.050 4	速效钾	0.048 9
速效钾	0.050 2	农田林网化	0.047 3	质地构型	0.048 3
排水能力	0.049 5	土壤容重	0.046 5	生物多样性	0.037 5
生物多样性	0.043 1	速效钾	0.041 4	坡度	0.033 9
坡度	0.041 7	pH	0.039 5	土壤容重	0.030 4
农田林网化	0.030 1	生物多样性	0.036 7	农田林网化	0.026 9
清洁程度	0.028 1	清洁程度	0.033 5	清洁程度	0.026 3

C.2.2 指标隶属函数

C.2.2.1 概念型指标隶属度

概念型指标隶属度见表 C.6。

表 C.6 概念型指标隶属度

地形部位	山间盆地	宽谷盆地	平原低阶	平原中阶	平原高阶	丘陵上部	丘陵中部	丘陵下部	山地坡上	山地坡中	山地坡下
隶属度	0.79	0.86	1	0.88	0.74	0.39	0.5	0.61	0.16	0.3	0.42
有效土层厚度	<30	30~60	≥60								
隶属度	0.44	0.8	1								
耕层质地	沙土	沙壤	轻壤	中壤	重壤	黏土					
隶属度	0.38	0.75	0.86	1	0.77	0.49					
质地构型	薄层型	松散型	紧实型	夹层型	上紧下松型	上松下紧型	海绵型				
隶属度	0.32	0.44	0.68	0.62	0.53	1	0.91				
生物多样性	丰富	一般	不丰富								
隶属度	1	0.68	0.38								
清洁程度	清洁	尚清洁									
隶属度	1	0.6									
障碍因素	瘠薄	障碍层次	沙化	盐渍化	无						
隶属度	0.51	0.67	0.56	0.62	1						
灌溉能力	充分满足	满足	基本满足	不满足							
隶属度	1	0.85	0.65	0.38							
排水能力	充分满足	满足	基本满足	不满足							
隶属度	1	0.83	0.62	0.43							
农田林网化	高	中	低								
隶属度	1	0.74	0.39								
坡度	≤2	>2~6	6~10	10~15	>15						
隶属度	1	0.84	0.67	0.52	0.29						

C.2.2.2 数值型指标隶属函数

数值型指标隶属函数见表 C.7。

表 C.7 数值型指标隶属函数

指标名称	函数类型	函数公式	a 值	c 值	u 的下限值	u 的上限值	备注
pH	峰型	$y=1/[1+a(u-c)^2]$	0.474 732	7.122 609	2.8	11.5	
土壤容重	峰型	$y=1/[1+a(u-c)^2]$	10.388 61	1.283 822	0.35	2.21	
有机质	戒上型	$y=1/[1+a(u-c)^2]$	0.003 437	29.467 952	0	29.5	
有效磷	戒上型	$y=1/[1+a(u-c)^2]$	0.003 443	29.160 987	0	29.2	内蒙古北部牧农区
有效磷	戒上型	$y=1/[1+a(u-c)^2]$	0.003 437	29.467 952	0	29.5	内蒙古中南部牧农区
有效磷	戒上型	$y=1/[1+a(u-c)^2]$	0.007	25.24	0	25.2	长城沿线农牧区
速效钾	戒上型	$y=1/[1+a(u-c)^2]$	0.000 032	273.613 884	0	274	

注：y 为隶属度；a 为系数；u 为实测值；c 为标准指标。当函数类型为戒上型，u 小于等于下限值时，y 为 0；u 大于等于上限值时，y 为 1；当函数类型为峰型，u 小于等于下限值或 u 大于等于上限值时，y 为 0。

C.2.3 等级划分指数

等级划分指数见表 C.8。

表 C.8 等级划分指数

耕地质量等级	综合指数范围	耕地质量等级	综合指数范围
一等	≥0.856 6	六等	0.714 0~0.742 1
二等	0.832 3~0.856 6	七等	0.688 9~0.714 0
三等	0.803 4~0.832 3	八等	0.663 8~0.688 9
四等	0.772 6~0.803 4	九等	0.628 5~0.663 8
五等	0.742 1~0.772 6	十等	<0.628 5

C.3 黄淮海区

C.3.1 指标权重

指标权重见表 C.9。

表 C.9 指标权重

燕山太行山山麓平原农业区		冀鲁豫低洼平原农业区		黄淮平原农业区		山东丘陵农林区	
指标名称	指标权重	指标名称	指标权重	指标名称	指标权重	指标名称	指标权重
灌溉能力	0.172 0	灌溉能力	0.155 0	灌溉能力	0.155 0	灌溉能力	0.167 0
耕层质地	0.128 0	耕层质地	0.130 0	耕层质地	0.130 0	有效土层厚度	0.156 0
地形部位	0.120 0	质地构型	0.111 0	质地构型	0.111 0	地形部位	0.123 0
有效土层厚度	0.105 0	有机质	0.104 0	有机质	0.104 0	耕层质地	0.103 0
质地构型	0.081 0	地形部位	0.077 0	地形部位	0.077 0	有机质	0.086 0
有机质	0.080 0	盐渍化程度	0.076 0	盐渍化程度	0.076 0	质地构型	0.070 0
有效磷	0.056 0	排水能力	0.057 0	排水能力	0.057 0	有效磷	0.053 0
速效钾	0.048 0	有效磷	0.056 0	有效磷	0.056 0	速效钾	0.042 0
排水能力	0.040 0	速效钾	0.048 0	速效钾	0.048 0	pH	0.040 0
pH	0.030 0	pH	0.036 0	pH	0.036 0	排水能力	0.040 0
土壤容重	0.030 0	有效土层厚度	0.030 0	有效土层厚度	0.030 0	土壤容重	0.030 0
盐渍化程度	0.020 0	土壤容重	0.030 0	土壤容重	0.030 0	障碍因素	0.020 0
地下水埋深	0.020 0	地下水埋深	0.020 0	地下水埋深	0.020 0	耕层厚度	0.020 0
障碍因素	0.020 0	障碍因素	0.020 0	障碍因素	0.020 0	地下水埋深	0.010 0
耕层厚度	0.020 0	耕层厚度	0.020 0	耕层厚度	0.020 0	农田林网化	0.010 0
农田林网化	0.010 0	农田林网化	0.010 0	农田林网化	0.010 0	盐渍化程度	0.010 0
生物多样性	0.010 0	生物多样性	0.010 0	生物多样性	0.010 0	生物多样性	0.010 0
清洁程度	0.010 0	清洁程度	0.010 0	清洁程度	0.010 0	清洁程度	0.010 0

C.3.2 指标隶属函数

C.3.2.1 概念型指标隶属度

概念型指标隶属度见表 C.10。

表 C.10 概念型指标隶属度

地形部位	低海拔湖积平原	低海拔湖积冲积平原	低海拔冲积湖积平原	低海拔冲积湖积三角洲平原	低海拔湖积冲积三角洲平原
隶属度	1	1	1	1	1
地形部位	低海拔冲积平原	低海拔洪积平原	低海拔冲洪积平原	低海拔冲积扇平原	低海拔洪积扇平原
隶属度	1	1	1	1	1
地形部位	低海拔冲积洪积扇平原	低海拔河谷平原	低海拔侵蚀冲积黄土河谷平原	低海拔侵蚀剥蚀平原	低海拔潟湖洼地
隶属度	1	1	0.95	0.95	0.9
地形部位	低海拔冲积洼地	低海拔冲洪积洼地	低海拔侵蚀剥蚀低台地	低海拔喀斯特侵蚀低台地	低海拔冲积洪积低地
隶属度	0.9	0.9	0.85	0.85	0.85
地形部位	低海拔洪积低台地	低海拔海蚀低台地	低海拔半固定缓起伏沙地	低海拔固定缓起伏沙地	低海拔冲积高地
隶属度	0.85	0.85	0.85	0.85	0.85
地形部位	低海拔冲积决口扇	低海拔河流低阶地	低海拔冲积河漫滩	低海拔湖积低阶地	低海拔湖积冲积洼地
隶属度	0.85	0.85	0.85	0.85	0.85
地形部位	低海拔湖滩	低海拔湖积微高地	低海拔熔岩平原	低海拔冲积海积平原	低海拔冲积海积洼地
隶属度	0.85	0.85	0.85	0.85	0.8

表 C.10（续）

地形部位	低海拔海积冲积平原	低海拔海积冲积三角洲平原	中海拔干燥剥蚀高平原	中海拔干燥洪积平原	中海拔侵蚀冲积黄土河谷平原
隶属度	0.8	0.8	0.8	0.8	0.8
地形部位	中海拔河谷平原	中海拔冲积平原	中海拔洪积平原	中海拔冲积洪积平原	中海拔洪积扇平原
隶属度	0.8	0.8	0.8	0.8	0.8
地形部位	中海拔湖积平原	中海拔冲积湖积平原	中海拔湖积冲积平原	低海拔熔岩低台地	低海拔海蚀低阶地
隶属度	0.8	0.8	0.8	0.8	0.75
地形部位	低海拔海滩	低海拔冲积海积微高地	低海拔海积冲积微高地	低海拔冲积海积三角洲平原	中海拔干燥剥蚀低台地
隶属度	0.75	0.75	0.75	0.75	0.7
地形部位	中海拔侵蚀剥蚀低台地	中海拔半固定缓起伏沙地	中海拔固定缓起伏沙地	中海拔冲积洪积低台地	中海拔洪积低台地
隶属度	0.7	0.7	0.7	0.7	0.7
地形部位	中海拔河流低阶地	中海拔冲积河漫滩	中海拔湖滩	中海拔湖积低阶地	低海拔侵蚀剥蚀高台地
隶属度	0.7	0.7	0.7	0.7	0.7
地形部位	低海拔喀斯特侵蚀高台地	低海拔侵蚀堆积黄土峁梁	低海拔侵蚀堆积黄土斜梁	低海拔侵蚀堆积黄土梁塬	低海拔侵蚀冲积黄土台塬
隶属度	0.7	0.7	0.7	0.7	0.7
地形部位	低海拔侵蚀堆积黄土岗地	低海拔侵蚀堆积黄土塬	低海拔洪积高台地	低海拔冲积洪积高台地	低海拔侵蚀冲积黄土河流高阶地
隶属度	0.7	0.7	0.7	0.7	0.7
地形部位	低海拔河流高阶地	低海拔海蚀高台地	低海拔海积洼地	低海拔海积平原	侵蚀剥蚀低海拔低丘陵
隶属度	0.7	0.7	0.7	0.7	0.65
地形部位	喀斯特侵蚀低海拔低丘陵	侵蚀剥蚀低海拔熔岩低丘陵	中海拔侵蚀堆积黄土塬	中海拔侵蚀堆积黄土梁塬	中海拔侵蚀堆积黄土残塬
隶属度	0.65	0.65	0.65	0.65	0.65
地形部位	中海拔干燥洪积高台地	中海拔洪积高台地	中海拔侵蚀冲积黄土台塬	黄土覆盖中起伏低山	侵蚀剥蚀中海拔低丘陵
隶属度	0.65	0.65	0.65	0.65	0.65
地形部位	侵蚀剥蚀小起伏低山	喀斯特侵蚀小起伏低山	喀斯特小起伏低山	侵蚀剥蚀小起伏熔岩低山	黄土覆盖小起伏低山
隶属度	0.5	0.5	0.5	0.5	0.5
地形部位	中海拔侵蚀剥蚀高台地	中海拔熔岩高台地	中海拔干燥剥蚀高台地	低海拔陡深河谷	侵蚀剥蚀低海拔高丘陵
隶属度	0.5	0.5	0.5	0.5	0.5
地形部位	喀斯特侵蚀低海拔高丘陵	侵蚀剥蚀低海拔熔岩高丘陵	喀斯特低海拔高丘陵	黄土覆盖小起伏中山	侵蚀剥蚀中海拔高丘陵
隶属度	0.5	0.5	0.5	0.4	0.4
地形部位	侵蚀剥蚀中起伏低山	喀斯特侵蚀中起伏低山	侵蚀剥蚀中起伏熔岩低山	侵蚀剥蚀中起伏中山	喀斯特侵蚀中起伏中山
隶属度	0.4	0.4	0.4	0.35	0.35
地形部位	黄土覆盖中起伏中山	侵蚀剥蚀小起伏中山	喀斯特侵蚀小起伏中山	侵蚀剥蚀大起伏中山	喀斯特侵蚀大起伏中山
隶属度	0.35	0.35	0.35	0.2	0.2

有效土层厚度	≥100	60～100	30～60	<30					
隶属度	1	0.8	0.6	0.4					
耕层质地	中壤	轻壤	重壤	黏土	沙壤	砾质壤土	沙土	砾质沙土	壤质砾石土 沙质砾石土

表 C.10（续）

隶属度	1	0.94	0.92	0.88	0.8	0.55	0.5	0.45	0.45	0.4	
土壤容重	适中	偏轻	偏重								
隶属度	1	0.8	0.8								
质地构型	夹黏型	上松下紧型	通体壤	紧实型	夹层型	海绵型	上紧下松型	松散型	通体沙	薄层型	裸露岩石
隶属度	0.95	0.93	0.9	0.85	0.8	0.75	0.75	0.65	0.6	0.4	0.2
生物多样性	丰富	一般	不丰富								
隶属度	1	0.8	0.6								
清洁程度	清洁	尚清洁									
隶属度	1	0.8									
障碍因素	无	夹沙层	砂姜层	砾质层							
隶属度	1	0.8	0.7	0.5							
灌溉能力	充分满足	满足	基本满足	不满足							
隶属度	1	0.85	0.7	0.5							
排水能力	充分满足	满足	基本满足	不满足							
隶属度	1	0.85	0.7	0.5							
农田林网化	高	中	低								
隶属度	1	0.8	0.6								
pH	≥8.5	8~8.5	7.5~8	6.5~7.5	6~6.5	5.5~6	4.5~5.5	<4.5			
隶属度	0.5	0.8	0.9	1	0.9	0.85	0.75	0.5			
耕层厚度	≥20	15~20	<15								
隶属度	1	0.8	0.6								
盐渍化程度	无	轻度	中度	重度							
隶属度	1	0.8	0.6	0.35							
地下水埋深	≥3	2~3	<2								
隶属度	1	0.8	0.6								

C.3.2.2 数值型指标隶属函数

数值型指标隶属函数见表 C.11。

表 C.11 数值型指标隶属函数

指标名称	函数类型	函数公式	a 值	c 值	u 的下限值	u 的上限值	备注
有机质	戒上型	$y=1/[1+a(u-c)^2]$	0.005 431	18.219 012	0	18.2	
速效钾	戒上型	$y=1/[1+a(u-c)^2]$	0.000 01	277.304 96	0	277	
有效磷	戒上型	$y=1/[1+a(u-c)^2]$	0.000 102	79.043 468	0	79.0	有效磷 <110
有效磷	戒下型	$y=1/[1+a(u-c)^2]$	0.000 007	148.611 679	148.6	500.0	有效磷 ≥110

注：y 为隶属度；a 为系数；u 为实测值；c 为标准指标。当函数类型为戒上型，u 小于等于下限值时，y 为 0；u 大于等于上限值时，y 为 1；当函数类型为戒下型，u 小于等于下限值时，y 为 1，u 大于等于上限值时，y 为 0。

C.3.3 等级划分指数

等级划分指数见表 C.12。

表 C.12 等级划分指数

耕地质量等级	综合指数范围	耕地质量等级	综合指数范围
一等	≥0.964 0	六等	0.809 0~0.840 0
二等	0.933 0~0.964 0	七等	0.778 0~0.809 0
三等	0.902 0~0.933 0	八等	0.747 0~0.778 0
四等	0.871 0~0.902 0	九等	0.716 0~0.747 0
五等	0.840 0~0.871 0	十等	<0.716 0

C.4 黄土高原区

C.4.1 指标权重

指标权重见表 C.13。

表 C.13 指标权重

晋东豫西丘陵山地农林牧区		汾渭谷地农业区		晋陕甘黄土丘陵沟壑牧林农区		陇中青东丘陵农牧区	
指标名称	指标权重	指标名称	指标权重	指标名称	指标权重	指标名称	指标权重
地形部位	0.130 3	地形部位	0.135 5	灌溉能力	0.147 9	灌溉能力	0.126 1
灌溉能力	0.116 5	灌溉能力	0.134 9	地形部位	0.137 5	海拔	0.098 0
有机质	0.089 4	有机质	0.085 6	有机质	0.099 6	地形部位	0.109 6
耕层质地	0.079 0	质地构型	0.072 7	有效磷	0.071 8	有机质	0.074 5
海拔	0.071 2	耕层质地	0.069 6	耕层质地	0.070 7	耕层质地	0.069 8
质地构型	0.069 4	有效磷	0.066 5	海拔	0.066 7	质地构型	0.066 8
有效磷	0.062 6	排水能力	0.064 4	质地构型	0.063 9	pH	0.049 8
有效土层厚度	0.061 0	海拔	0.063 6	速效钾	0.059 4	有效土层厚度	0.056 9
速效钾	0.055 6	有效土层厚度	0.055 0	有效土层厚度	0.055 8	有效磷	0.053 5
排水能力	0.045 0	速效钾	0.054 4	障碍因素	0.040 7	土壤容重	0.052 7
土壤容重	0.044 0	土壤容重	0.045 2	土壤容重	0.038 9	排水能力	0.048 7
障碍因素	0.042 6	障碍因素	0.041 2	pH	0.035 0	障碍因素	0.047 0
pH	0.039 6	农田林网化	0.031 8	排水能力	0.034 4	速效钾	0.048 9
农田林网化	0.038 4	pH	0.031 0	生物多样性	0.028 0	生物多样性	0.036 1
生物多样性	0.030 3	生物多样性	0.027 0	农田林网化	0.026 7	农田林网化	0.035 3
清洁程度	0.025 1	清洁程度	0.021 6	清洁程度	0.023	清洁程度	0.026 3

C.4.2 指标隶属函数

C.4.2.1 概念型指标隶属度

概念型指标隶属度见表 C.14。

表 C.14 概念型指标隶属度

地形部位	冲积平原	河谷平原	河谷阶地	洪积平原	黄土土塬	黄土台塬	河漫滩	低台地	黄土残塬	低丘陵	黄土坪	高台地
隶属度	1	1	0.9	0.85	0.8	0.7	0.7	0.7	0.65	0.65	0.65	0.65
地形部位	黄土墹	黄土梁	高丘陵	低山	黄土峁	固定沙地	风蚀地	中山	半固定沙地	流动沙地	高山	极高山
隶属度	0.65	0.6	0.6	0.5	0.5	0.4	0.4	0.4	0.3	0.2	0.2	0.2
耕层质地	沙土	沙壤	轻壤	中壤	重壤	黏土						
隶属度	0.4	0.6	0.85	1	0.8	0.6						
质地构型	薄层型	松散型	紧实型	夹层型	夹层型	上紧下松型	上松下紧型	海绵型				
隶属度	0.4	0.4	0.6	0.5	0.5	0.7	1	0.9				
生物多样性	丰富	一般	不丰富									
隶属度	1	0.7	0.4									
清洁程度	清洁	尚清洁	轻度污染	中度污染	重度污染							
隶属度	1	0.7	0.5	0.3	0							
障碍因素	盐碱	瘠薄	酸化	渍潜	障碍层次	无						
隶属度	0.4	0.6	0.7	0.5	0.5	1						
灌溉能力	充分满足	满足	基本满足	不满足								
隶属度	1	0.7	0.5	0.3								
排水能力	充分满足	满足	基本满足	不满足								
隶属度	1	0.7	0.5	0.3								
农田林网化	高	中	低									
隶属度	1	0.7	0.4									

C.4.2.2 数值型指标隶属函数

数值型指标隶属函数见表 C.15。

表 C.15 数值型指标隶属函数

指标名称	函数类型	函数公式	a 值	c 值	u 的下限值	u 的上限值
pH	峰型	$y=1/[1+a(u-c)^2]$	0.225 097	6.685 037	0.4	13.0

表 C.15（续）

指标名称	函数类型	函数公式	a 值	c 值	u 的下限值	u 的上限值
有机质	戒上型	$y=1/[1+a(u-c)^2]$	0.006 107	27.680 348	0	27.7
速效钾	戒上型	$y=1/[1+a(u-c)^2]$	0.000 026	293.758 384	0	294
有效磷	戒上型	$y=1/[1+a(u-c)^2]$	0.001 821	38.076 968	0	38.1
土壤容重	峰型	$y=1/[1+a(u-c)^2]$	13.854 674	1.250 789	0.44	2.05
有效土厚度	戒上型	$y=1/[1+a(u-c)^2]$	0.000 232	131.349 274	0	131
海拔	戒下型	$y=1/[1+a(u-c)^2]$	0.000 001	649.407 006	649.4	3649.4
注：y 为隶属度；a 为系数；u 为实测值；c 为标准指标。当函数类型为戒上型，u 小于等于下限值时，y 为 0；u 大于等于上限值时，y 为 1；当函数类型为戒下型，u 小于等于下限值时，y 为 1；u 大于等于上限值时，y 为 0；当函数类型为峰型，u 小于等于下限值或 u 大于等于上限值时，y 为 0。						

C.4.3 等级划分指数

等级划分指数见表 C.16。

表 C.16 等级划分指数

耕地质量等级	综合指数范围	耕地质量等级	综合指数范围
一等	≥0.904 0	六等	0.714 0～0.752 0
二等	0.866 0～0.904 0	七等	0.676 0～0.714 0
三等	0.828 0～0.866 0	八等	0.638 0～0.676 0
四等	0.790 0～0.828 0	九等	0.600 0～0.638 0
五等	0.752 0～0.790 0	十等	＜0.600 0

C.5 长江中下游区

C.5.1 指标权重

指标权重见表 C.17。

表 C.17 指标权重

长江下游平原丘陵农畜水产区		鄂豫皖平原山地农林区		长江中游平原农业水产区		江南丘陵山地农林区		浙闽丘陵山地林农区		南岭丘陵山地林农区	
指标名称	指标权重	指标名称	指标权重	指标名称	指标权重	指标名称	指标权重	指标名称	指标权重	指标名称	指标权重
有机质	0.122 0	地形部位	0.137 5	排水能力	0.131 9	地形部位	0.140 4	地形部位	0.129 7	地形部位	0.1358
排水能力	0.114 5	灌溉能力	0.126 6	灌溉能力	0.109 0	灌溉能力	0.137 6	灌溉能力	0.112 5	灌溉能力	0.128 6
灌溉能力	0.108 8	有机质	0.093 0	地形部位	0.107 8	有机质	0.108 2	有机质	0.099 9	排水能力	0.100 5
地形部位	0.098 8	排水能力	0.091 8	有机质	0.092 4	耕层质地	0.075 4	速效钾	0.069 9	有机质	0.091 7
耕层质地	0.079 7	耕层质地	0.070 3	耕层质地	0.072 1	pH	0.066 0	有效磷	0.069 9	耕层质地	0.078 6
速效钾	0.059 3	质地构型	0.058 9	土壤容重	0.057 2	排水能力	0.064 6	排水能力	0.065 0	pH	0.064 4
有效磷	0.056 5	土壤容重	0.056 1	质地构型	0.056 9	有效磷	0.057 3	质地构型	0.060 8	有效土层厚度	0.057 4
土壤容重	0.055 8	有效土层厚度	0.055 4	障碍因素	0.055 9	速效钾	0.056 8	pH	0.060 5	质地构型	0.054 6
障碍因素	0.053 6	障碍因素	0.054 2	pH	0.055 5	质地构型	0.053 9	有效土层厚度	0.059 0	速效钾	0.050 3
质地构型	0.051 8	有效磷	0.052 0	有效磷	0.055 4	有效土层厚度	0.052 3	耕层质地	0.057 6	有效磷	0.048 8
pH	0.049 1	速效钾	0.052 0	速效钾	0.054 9	土壤容重	0.043 7	土壤容重	0.056 0	土壤容重	0.042 9
有效土层厚度	0.041 3	pH	0.045 1	有效土层厚度	0.047 8	障碍因素	0.042 8	障碍因素	0.043 1	障碍因素	0.041 9
农田林网化	0.040 8	农田林网化	0.038 4	生物多样性	0.038 7	生物多样性	0.040 7	农田林网化	0.042 8	农田林网化	0.038 3
生物多样性	0.034 5	生物多样性	0.037 2	农田林网化	0.035 3	农田林网化	0.032 4	生物多样性	0.042 4	生物多样性	0.037 8
清洁程度	0.033 5	清洁程度	0.031 5	清洁程度	0.029 1	清洁程度	0.027 9	清洁程度	0.030 8	清洁程度	0.028 5

C.5.2 指标隶属函数

C.5.2.1 概念型指标隶属度

概念型指标隶属度见表 C.18。

表 C.18 概念型指标隶属度

地形部位	山间盆地	宽谷盆地	平原低阶	平原中阶	平原高阶	丘陵上部	丘陵中部	丘陵下部	山地坡上	山地坡中	山地坡下
隶属度	0.8	0.95	1	0.95	0.9	0.6	0.7	0.8	0.3	0.45	0.68
耕层质地	沙土	沙壤	轻壤	中壤	重壤	黏土					
隶属度	0.6	0.85	0.9	1	0.95	0.7					
质地构型	薄层型	松散型	紧实型	夹层型	上紧下松型	上松下紧型	海绵型				
隶属度	0.55	0.3	0.75	0.85	0.4	1	0.95				
生物多样性	丰富	一般	不丰富								
隶属度	1	0.8	0.6								
清洁程度	清洁	尚清洁									
隶属度	1	0.8									
障碍因素	盐碱	瘠薄	酸化	渍潜	障碍层次	无					
隶属度	0.5	0.65	0.7	0.55	0.6	1					
灌溉能力	充分满足	满足	基本满足	不满足							
隶属度	1	0.8	0.6	0.3							
排水能力	充分满足	满足	基本满足	不满足							
隶属度	1	0.8	0.6	0.3							
农田林网化	高	中	低								
隶属度	1	0.85	0.7								

C.5.2.2 数值型指标隶属函数

数值型指标隶属函数见表 C.19。

表 C.19 数值型指标隶属函数

指标名称	函数类型	函数公式	a 值	c 值	u 的下限值	u 的上限值
pH	峰型	$y=1/[1+a(u-c)^2]$	0.221 129	6.811 204	3.0	10.0
有机质	戒上型	$y=1/[1+a(u-c)^2]$	0.001 842	33.656 446	0	33.7
有效磷	戒上型	$y=1/[1+a(u-c)^2]$	0.002 025	33.346 824	0	33.3
速效钾	戒上型	$y=1/[1+a(u-c)^2]$	0.000 081	181.622 535	0	182
有效土层厚度	戒上型	$y=1/[1+a(u-c)^2]$	0.000 205	99.092 342	10	99
土壤容重	峰型	$y=1/[1+a(u-c)^2]$	2.236 726	1.211 674	0.50	3.21

注:y 为隶属度;a 为系数;u 为实测值;c 为标准指标。当函数类型为戒上型,u 小于等于下限值时,y 为 0;u 大于等于上限值时,y 为 1;当函数类型为峰型,u 小于等于下限值或 u 大于等于上限值时,y 为 0。

C.5.3 等级划分指数

等级划分指数见表 C.20。

表 C.20 等级划分指数

耕地质量等级	综合指数范围	耕地质量等级	综合指数范围
一等	≥0.917 0	六等	0.793 9~0.818 5
二等	0.892 4~0.917 0	七等	0.769 3~0.793 9
三等	0.867 8~0.892 4	八等	0.744 6~0.769 3
四等	0.843 1~0.867 8	九等	0.720 0~0.744 6
五等	0.818 5~0.843 1	十等	<0.720 0

C.6 西南区

C.6.1 指标权重

指标权重见表 C.21。

表 C.21 指标权重

秦岭大巴山林农区		四川盆地农林区		渝鄂湘黔边境山地林农牧区		黔桂高原山地林农牧区		川滇高原山地农林牧区	
指标名称	指标权重	指标名称	指标权重	指标名称	指标权重	指标名称	指标权重	指标名称	指标权重
地形部位	0.113 4	地形部位	0.122 7	地形部位	0.118 8	地形部位	0.100 0	地形部位	0.094 2
灌溉能力	0.086 5	灌溉能力	0.101 4	灌溉能力	0.105 7	灌溉能力	0.099 5	海拔	0.089 2
耕层质地	0.084 0	有机质	0.094 2	有效土层厚度	0.087 2	有效土层厚度	0.091 1	有机质	0.084 4
海拔	0.082 5	有效土层厚度	0.086 1	pH	0.080 2	有机质	0.089 4	耕层质地	0.084 3
有机质	0.073 2	耕层质地	0.074 1	海拔	0.071 1	耕层质地	0.085 9	灌溉能力	0.079 2
有效土层厚度	0.073 1	排水能力	0.062 9	有机质	0.065 7	速效钾	0.074 3	速效钾	0.069 9
土壤容重	0.073 0	海拔	0.058 5	耕层质地	0.065 5	pH	0.061 4	有效土层厚度	0.069 4
速效钾	0.067 5	有效磷	0.056 6	质地构型	0.056 1	土壤容重	0.060 0	质地构型	0.068 3
有效磷	0.051 9	速效钾	0.052 8	速效钾	0.054 8	障碍因素	0.055 0	pH	0.062 3
排水能力	0.050 8	pH	0.052 5	土壤容重	0.050 5	排水能力	0.054 2	障碍因素	0.052 5
障碍因素	0.049 1	质地构型	0.050 3	排水能力	0.050 3	质地构型	0.048 4	有效磷	0.051 9
质地构型	0.047 2	障碍因素	0.047 1	障碍因素	0.047 2	海拔	0.047 1	土壤容重	0.049 3
pH	0.045 7	土壤容重	0.038 8	有效磷	0.041 0	有效磷	0.045 4	排水能力	0.046 9
生物多样性	0.041 9	生物多样性	0.037 5	农田林网化	0.038 8	生物多样性	0.033 1	生物多样性	0.036 1
农田林网化	0.032 1	农田林网化	0.036 8	生物多样性	0.038 3	农田林网化	0.028 2	清洁程度	0.035 5
清洁程度	0.028 1	清洁程度	0.027 6	清洁程度	0.028 7	清洁程度	0.027 2	农田林网化	0.026 6

C.6.2 指标隶属函数

C.6.2.1 概念型指标隶属度

概念型指标隶属度见表 C.22。

表 C.22 概念型指标隶属度

地形部位	山间盆地	宽谷盆地	平原低阶	平原中阶	平原高阶	丘陵上部	丘陵中部	丘陵下部	山地坡上	山地坡中	山地坡下
隶属度	0.85	0.9	1	0.9	0.8	0.6	0.75	0.85	0.45	0.65	0.75
耕层质地	沙土	沙壤	轻壤	中壤	重壤	黏土					
隶属度	0.5	0.85	0.9	1	0.95	0.65					
质地构型	薄层型	松散型	紧实型	夹层型	上紧下松型	上松下紧型	海绵型				
隶属度	0.3	0.35	0.75	0.65	0.45	1	0.9				
生物多样性	丰富	一般	不丰富								
隶属度	1	0.85	0.7								
清洁程度	清洁	尚清洁									
隶属度	1	0.9									
障碍因素	瘠薄	酸化	渍潜	障碍层次	无						
隶属度	0.3	0.5	0.75	0.65	1						
灌溉能力	充分满足	满足	基本满足	不满足							
隶属度	1	0.9	0.7	0.35							
排水能力	充分满足	满足	基本满足	不满足							
隶属度	1	0.9	0.7	0.5							
农田林网化	高	中	低								
隶属度	1	0.85	0.7								

C.6.2.2 数值型指标隶属函数

数值型指标隶属函数见表 C.23。

表C.23 数值型指标隶属函数

指标名称	函数类型	函数公式	a 值	b 值	c 值	u 的下限值	u 的上限值	备注
海拔	负直线型	$y=b-au$	0.000 295	1.026 724		300.0	3 475.4	秦岭大巴山林农区
海拔	负直线型	$y=b-au$	0.000 618	1.083 636		135.3	1 752.9	渝鄂湘黔边境山地林农牧区
海拔	负直线型	$y=b-au$	0.000 302	1.042 457		300.0	3 446.5	黔桂高原山地林农牧区、川滇高原山地农林牧区、四川盆地农林区
有效土层厚度	戒上型	$y=1/[1+a(u-c)^2]$	0.000 155		112.542 55	5	113	
土壤容重	峰型	$y=1/[1+a(u-c)^2]$	7.766 045		1.294 252	0.50	2.37	
pH	峰型	$y=1/[1+a(u-c)^2]$	0.192 480		6.854 550	3.0	9.5	
有机质	戒上型	$y=1/[1+a(u-c)^2]$	0.001 725		37.52	1	37.5	
速效钾	戒上型	$y=1/[1+a(u-c)^2]$	0.000 049		205.253 9	5	205	
有效磷	峰型	$y=1/[1+a(u-c)^2]$	0.000 253		63.712 849	0.1	252.3	

注:公式中 y 为隶属度;a 为系数;b 为截距;c 为标准指标;u 为实测值。当函数类型为负直线型,u 小于等于下限值时,y 为 1;u 大于等于上限值时,y 为 0;当函数类型为戒上型,u 小于等于下限值时,y 为 0;u 大于等于上限值时,y 为 1;当函数类型为峰型,u 小于等于下限值或 u 大于等于上限值时,y 为 0。

C.6.3 等级划分指数

等级划分指数见表C.24。

表C.24 等级划分指数

耕地质量等级	综合指数范围	耕地质量等级	综合指数范围
一等	≥0.855 0	六等	0.736 0~0.759 8
二等	0.831 2~0.855 0	七等	0.712 2~0.736 0
三等	0.807 4~0.831 2	八等	0.688 4~0.712 2
四等	0.783 6~0.807 4	九等	0.664 6~0.688 4
五等	0.759 8~0.783 6	十等	<0.664 6

C.7 华南区

C.7.1 指标权重

指标权重见表C.25。

表C.25 指标权重

闽南粤中农林水产区		粤西桂南农林区		滇南农林区		琼雷及南海诸岛农林区	
指标名称	指标权重	指标名称	指标权重	指标名称	指标权重	指标名称	指标权重
灌溉能力	0.110 6	灌溉能力	0.109 4	地形部位	0.115 4	灌溉能力	0.110 9
地形部位	0.109 5	地形部位	0.108 0	排水能力	0.105 3	排水能力	0.101 1
排水能力	0.093 3	有机质	0.087 6	有机质	0.096 2	有机质	0.091 0
有机质	0.084 6	排水能力	0.078 8	灌溉能力	0.094 7	地形部位	0.089 8
耕层质地	0.073 0	pH	0.072 0	pH	0.083 3	质地构型	0.071 3
质地构型	0.069 8	耕层质地	0.071 4	速效钾	0.076 9	耕层质地	0.070 1
速效钾	0.065 0	速效钾	0.069 3	有效磷	0.076 9	pH	0.068 9
有效土层厚度	0.063 2	质地构型	0.064 6	质地构型	0.068 2	速效钾	0.067 9
pH	0.059 0	有效磷	0.059 8	耕层质地	0.066 7	土壤容重	0.055 3
土壤容重	0.052 6	有效土层厚度	0.052 9	土壤容重	0.050 0	有效磷	0.053 2
障碍因素	0.051 7	障碍因素	0.051 7	有效土层厚度	0.040 9	有效土层厚度	0.052 9
有效磷	0.050 7	土壤容重	0.050 5	障碍因素	0.040 9	农田林网化	0.049 7
农田林网化	0.045 5	生物多样性	0.044 1	农田林网化	0.034 6	障碍因素	0.043 7
生物多样性	0.038 3	农田林网化	0.044 1	生物多样性	0.027 8	生物多样性	0.040 9
清洁程度	0.033 2	清洁程度	0.035 8	清洁程度	0.022 2	清洁程度	0.033 3

C.7.2 指标隶属函数

C.7.2.1 概念型指标隶属度

概念型指标隶属度见表 C.26。

表 C.26 概念型指标隶属度

地形部位	山间盆地	宽谷盆地	平原低阶	平原中阶	平原高阶	丘陵上部	丘陵中部	丘陵下部	山地坡上	山地坡中	山地坡下
隶属度	0.7	0.9	1	0.9	0.8	0.4	0.5	0.6	0.2	0.3	0.5
耕层质地	沙土	沙壤	轻壤	中壤	重壤	黏土					
隶属度	0.4	0.7	0.9	1	0.8	0.6					
质地构型	薄层型	松散型	紧实型	夹层型	上紧下松型	上松下紧型	海绵型				
隶属度	0.3	0.2	0.5	0.7	0.4	1	0.8				
生物多样性	丰富	一般	不丰富								
隶属度	1	0.85	0.75								
清洁程度	清洁										
隶属度	1										
障碍因素	盐碱	瘠薄	酸化	渍潜	障碍层次	无					
隶属度	0.5	0.5	0.5	0.4	0.6	1					
灌溉能力	充分满足	满足	基本满足	不满足							
隶属度	1	0.8	0.6	0.3							
排水能力	充分满足	满足	基本满足	不满足							
隶属度	1	0.8	0.6	0.3							
农田林网化	高	中	低								
隶属度	1	0.85	0.75								

C.7.2.2 数值型指标隶属函数

数值型指标隶属函数见表 C.27。

表 C.27 数值型指标隶属函数

指标名称	函数类型	函数公式	a 值	c 值	u 的下限值	u 的上限值
pH	峰型	$y=1/[1+a(u-c)^2]$	0.256 941	6.7	4.0	9.5
有机质	戒上型	$y=1/[1+a(u-c)^2]$	0.002 163	38.0	6.0	38.0
速效钾	戒上型	$y=1/[1+a(u-c)^2]$	0.000 068	205	30	205
有效磷	戒上型	$y=1/[1+a(u-c)^2]$	0.003 8	40.0	5.0	40.0
土壤容重	峰型	$y=1/[1+a(u-c)^2]$	2.786 523	1.35	0.90	2.10
有效土层厚度	戒上型	$y=1/[1+a(u-c)^2]$	0.000 230	100	10	100

注: y 为隶属度;a 为系数;u 为实测值;c 为标准指标。当函数类型为戒上型,u 小于等于下限值时,y 为 0;u 大于等于上限值时,y 为 1;当函数类型为峰型,u 小于等于下限值或 u 大于等于上限值时,y 为 0。

C.7.3 等级划分指数

等级划分指数见表 C.28。

表 C.28 等级划分指数

耕地质量等级	综合指数范围	耕地质量等级	综合指数范围
一等	≥0.885 0	六等	0.769 5~0.792 6
二等	0.861 9~0.885 0	七等	0.746 4~0.769 5
三等	0.838 8~0.861 9	八等	0.723 3~0.746 4
四等	0.815 7~0.838 8	九等	0.700 2~0.723 3
五等	0.792 6~0.815 7	十等	<0.700 2

C.8 甘新区

C.8.1 指标权重

指标权重见表 C.29。

表 C.29 指标权重

蒙宁甘农牧区		北疆农牧林区		南疆农牧林区	
指标名称	指标权重	指标名称	指标权重	指标名称	指标权重
地形部位	0.149 3	灌溉能力	0.140 4	灌溉能力	0.147 1
灌溉能力	0.120 7	地形部位	0.128 6	地形部位	0.118 4
盐渍化程度	0.075 0	排水能力	0.084 2	盐渍化程度	0.078 8
耕层质地	0.072 8	盐渍化程度	0.082 8	排水能力	0.076 4
有机质	0.071 5	有机质	0.071 6	耕层质地	0.064 6
排水能力	0.067 0	耕层质地	0.067 6	有机质	0.063 5
有效磷	0.062 5	农田林网化	0.066 0	有效磷	0.063 5
质地构型	0.057 1	有效磷	0.059 5	农田林网化	0.063 2
障碍因素	0.053 5	质地构型	0.052 2	有效土层厚度	0.053 5
农田林网化	0.052 8	速效钾	0.048 4	速效钾	0.049 0
有效土层厚度	0.046 2	有效土层厚度	0.047 8	质地构型	0.046 8
速效钾	0.039 3	障碍因素	0.039 7	清洁程度	0.038 8
地下水埋深	0.038 1	生物多样性	0.032 6	障碍因素	0.036 8
土壤容重	0.036 4	地下水埋深	0.027 9	土壤容重	0.035 4
生物多样性	0.030 5	清洁程度	0.027 2	地下水埋深	0.033 4
清洁程度	0.027 2	土壤容重	0.023 3	生物多样性	0.031 0

C.8.2 指标隶属函数

C.8.2.1 概念型指标隶属度

概念型指标隶属度见表 C.30。

表 C.30 概念型指标隶属度

地形部位	山间盆地	宽谷盆地	平原低阶	平原中阶	平原高阶	丘陵上部	丘陵中部	丘陵下部	山地坡上	山地坡中	山地坡下
隶属度	0.8	0.85	1	0.9	0.75	0.5	0.7	0.85	0.4	0.6	0.75
耕层质地	沙土	沙壤	轻壤	中壤	重壤	黏土					
隶属度	0.4	0.7	0.9	1	0.8	0.5					
质地构型	薄层型	松散型	紧实型	夹层型	上紧下松型	上松下紧型	海绵型				
隶属度	0.4	0.4	0.7	0.6	0.5	1	0.9				
生物多样性	丰富	一般	不丰富								
隶属度	1	0.85	0.6								
清洁程度	清洁	尚清洁									
隶属度	1	0.85									
障碍因素	盐碱	瘠薄	渍潜	障碍层次	沙化	无					
隶属度	0.6	0.7	0.65	0.65	0.5	1					
灌溉能力	充分满足	满足	基本满足	不满足							
隶属度	1	0.8	0.6	0.4							
排水能力	充分满足	满足	基本满足	不满足							
隶属度	1	0.8	0.6	0.4							
农田林网化	高	中	低								
隶属度	1	0.85	0.7								
盐渍化程度	轻度	中度	重度	盐土	无						
隶属度	0.9	0.75	0.4	0.3	1						

C.8.2.2 数值型指标隶属函数

数值型指标隶属函数见表 C.31。

表 C.31 数值型指标隶属函数

指标名称	函数类型	函数公式	a 值	c 值	u 的下限值	u 的上限值
有机质	戒上型	$y=1/[1+a(u-c)^2]$	0.001 245	39.976 682	2.0	39.0
有效磷	戒上型	$y=1/[1+a(u-c)^2]$	0.001 293	41.023 703	2.0	40.0
速效钾	戒上型	$y=1/[1+a(u-c)^2]$	0.000 021	315.812 898	20	315

表 C.31（续）

指标名称	函数类型	函数公式	a 值	c 值	u 的下限值	u 的上限值
土壤容重	峰型	$y=1/[1+a(u-c)^2]$	6.390 020	1.310 488	0.50	2.00
有效土层厚度	戒上型	$y=1/[1+a(u-c)^2]$	0.000 089	149.661 697	10	145
地下水埋深	戒上型	$y=1/[1+a(u-c)^2]$	0.000 293	56.275 087	0.1	50.0

注：y 为隶属度；a 为系数；u 为实测值；c 为标准指标。当函数类型为戒上型，u 小于等于下限值时，y 为 0；u 大于等于上限值时，y 为 1；当函数类型为峰型，u 小于等于下限值或 u 大于等于上限值时，y 为 0。

C.8.3 等级划分指数

等级划分指数见表 C.32。

表 C.32 等级划分指数

耕地质量等级	综合指数范围	耕地质量等级	综合指数范围
一等	≥0.840 1	六等	0.722 1～0.746 1
二等	0.818 1～0.840 1	七等	0.698 1～0.722 1
三等	0.794 1～0.818 1	八等	0.674 1～0.698 1
四等	0.770 1～0.794 1	九等	0.650 0～0.674 1
五等	0.746 1～0.770 1	十等	<0.650 0

C.9 青藏区

C.9.1 指标权重

指标权重见表 C.33。

表 C.33 指标权重

藏南农牧区 指标名称	指标权重	川藏林农牧区 指标名称	指标权重	青甘牧农区 指标名称	指标权重	青藏高寒地区 指标名称	指标权重
海拔	0.143 3	地形部位	0.135 0	海拔	0.130 0	海拔	0.128 8
灌溉能力	0.136 8	海拔	0.131 8	灌溉能力	0.115 9	地形部位	0.099 5
地形部位	0.117 0	灌溉能力	0.123 1	地形部位	0.111 6	质地构型	0.090 0
质地构型	0.084 4	有效土层厚度	0.088 8	质地构型	0.080 6	耕层质地	0.085 9
有效土层厚度	0.068 3	耕层质地	0.070 0	有机质	0.065 5	障碍因素	0.075 9
耕层质地	0.064 5	障碍因素	0.068 4	耕层质地	0.065 1	灌溉能力	0.072 1
有机质	0.058 6	土壤容重	0.055 8	有效土层厚度	0.063 3	土壤容重	0.061 8
障碍因素	0.050 3	有机质	0.055 6	盐渍化程度	0.055 6	有机质	0.060 4
土壤容重	0.047 1	质地构型	0.047 0	有效磷	0.052 4	有效土层厚度	0.054 2
有效磷	0.042 4	有效磷	0.040 7	障碍因素	0.048 0	有效磷	0.053 9
排水能力	0.042 3	排水能力	0.035 4	土壤容重	0.042 8	排水能力	0.049 9
盐渍化程度	0.037 7	速效钾	0.033 9	排水能力	0.041 4	盐渍化程度	0.039 8
农田林网化	0.029 2	农田林网化	0.032 5	速效钾	0.039 3	速效钾	0.037 5
生物多样性	0.028 3	盐渍化程度	0.031 9	农田林网化	0.038 2	农田林网化	0.036 6
速效钾	0.027 4	生物多样性	0.027 5	生物多样性	0.028 4	生物多样性	0.030 4
清洁程度	0.022 4	清洁程度	0.021 8	清洁程度	0.022 0	清洁程度	0.023 2

C.9.2 指标隶属函数

C.9.2.1 概念型指标隶属度

概念型指标隶属度见表 C.34。

表 C.34 概念型指标隶属度

地形部位	河流宽谷阶地	河流低谷地	洪积扇前缘	坡积裙	台地	湖盆阶地	山地坡下	洪积扇中后部	山地坡中	起伏侵蚀高台地	山地坡上
隶属度	0.95	0.85	0.84	0.79	0.64	0.58	0.56	0.53	0.46	0.37	0.27

表 C.34（续）

耕层质地	沙土	沙壤	轻壤	中壤	重壤	黏土			
隶属度	0.4	0.7	0.9	1	0.8	0.6			
质地构型	薄层型	松散型	紧实型	夹层型	上紧下松型	上松下紧型	海绵型		
隶属度	0.3	0.35	0.7	0.6	0.5	1	0.9		
生物多样性	丰富	一般	不丰富						
隶属度	1	0.85	0.75						
清洁程度	清洁	尚清洁							
隶属度	1	0.75							
障碍因素	盐碱	瘠薄	酸化	渍潜	障碍层次	沙化	无		
隶属度	0.4	0.6	0.6	0.5	0.5	0.5	1		
灌溉能力	充分满足	满足	基本满足	不满足					
隶属度	1	0.8	0.6	0.3					
排水能力	充分满足	满足	基本满足	不满足					
隶属度	1	0.8	0.6	0.4					
农田林网化	高	中	低						
隶属度	1	0.85	0.75						
盐渍化程度	轻度	中度	重度	无					
隶属度	0.85	0.75	0.4	1					

C.9.2.2 数值型指标隶属函数

数值型指标隶属函数见表 C.35。

表 C.35 数值型指标隶属函数

指标名称	函数类型	函数公式	a 值	b 值	c 值	u 的下限值	u 的上限值	备注
有机质	戒上型	$y=1/[1+a(u-c)^2]$	0.000 92		45.690 316	5.0	45.0	
有效磷	戒上型	$y=1/[1+a(u-c)^2]$	0.001 324		40.438 873	3.0	40.0	
速效钾	戒上型	$y=1/[1+a(u-c)^2]$	0.000 013		322.935 272	10	322	
海拔	负直线型	$y=b-au$	0.000 161	0.918 331		80.0	4 800.0	藏南农牧区
海拔	负直线型	$y=b-au$	0.000 216	1.116 926		550.0	4 600.0	川藏林农牧区
海拔	负直线型	$y=b-au$	0.000 278	1.467 91		1 690.0	3 800.0	青甘牧农区
海拔	负直线型	$y=b-au$	0.000 205	1.117 359		600.0	4 600.0	青藏高寒地区
土壤容重	峰型	$y=1/[1+a(u-c)^2]$	6.347 613		1.309 506	0.50	2.00	
有效土层厚	戒上型	$y=1/[1+a(u-c)^2]$	0.000 462		86.018 551	10	85	

注:公式中 y 为隶属度;a 为系数;b 为截距;c 为标准指标;u 为实测值。当函数类型为负直线型,u 小于等于下限值时,y 为 1;u 大于等于上限值时,y 为 0;当函数类型为戒上型,u 小于等于下限值时,y 为 0;u 大于等于上限值时,y 为 1;当函数类型为峰型,u 小于等于下限值或 u 大于等于上限值时,y 为 0。

C.9.3 等级划分指数

等级划分指数见表 C.36。

表 C.36 等级划分指数

耕地质量等级	综合指数范围	耕地质量等级	综合指数范围
一等	≥0.857 3	六等	0.722 0～0.751 1
二等	0.838 4～0.857 3	七等	0.692 9～0.722 0
三等	0.809 3～0.838 4	八等	0.663 8～0.692 9
四等	0.780 2～0.809 3	九等	0.635 0～0.663 8
五等	0.751 1～0.780 2	十等	<0.635 0

附 录 D

（规范性）

耕地质量变更调查评价内容

耕地质量变更调查评价内容见表 D.1。

表 D.1 耕地质量变更调查评价内容

统一编号		地形部位		盐化类型*		有效铜,mg/kg	
省(市)名		海拔*		地下水埋深,m*		有效锌,mg/kg	
地(市)名		田面坡度*		障碍因素		有效铁,mg/kg	
县(区、市、农场)名		有效土层厚度,cm		障碍层类型		有效锰,mg/kg	
乡镇名		耕层厚度,cm		障碍层深度,cm		有效硼,mg/kg	
村名		耕层质地		障碍层厚度,cm		有效钼,mg/kg	
采样年份		耕层土壤容重,g/cm³		灌溉能力		有效硫,mg/kg	
经度,°		质地构型		灌溉方式		有效硅,mg/kg	
纬度,°		常年耕作制度		水源类型		铬,mg/kg	
土类		熟制		排水能力		镉,mg/kg	
亚类		生物多样性		有机质,g/kg		铅,mg/kg	
土属		农田林网化程度		全氮,g/kg		砷,mg/kg	
土种		土壤 pH		有效磷,mg/kg		汞,mg/kg	
成土母质		耕层土壤含盐量,%*		速效钾,mg/kg		主栽作物名称	
地貌类型		盐渍化程度*		缓效钾,mg/kg		年产量,kg/亩	

填表说明：

1. 本表格仅列出调查数据项,填报时按 Excel 过录格式录入。带 * 号数据项为区域补充性指标,依据 GB/T 33469—2016 的附录 B,由各区根据相应耕地质量等级划分指标进行补充填写。中微量元素及重金属元素每 5 年调查 1 次。

2. 统一编号:填写测土配方施肥项目统一规定的 19 位采样点编码,具体为采样点的邮政编码(6 位数字)＋采样目的标识(1 位,字母,G:一般农化样,E:试验田基础样,D:示范田基础样,F:农户调查,T:其他样品,C:耕地质量调查样)＋采样时间 yyyy-mm-dd(8 位数字,年 4 位,月 2 位,日 2 位,小于 10 的月日前面补"0")＋采样组(1 位,字母)＋顺序号(3 位数字,不足 3 位在前面加"0")。

3. 经纬度:根据 GPS 定位填写,保留小数点后 5 位,填报时统一转换为大地 2000 坐标系。

4. 土类、亚类、土属、土种:土壤分类命名采用 GB 17296 中的规定,表格上记载的土壤名称应与土壤图一致。

5. 地貌类型:填写大地貌类型,山地、盆地、丘陵、平原、高原。

6. 地形部位:指中小地貌单元,填写山间盆地、宽谷盆地、平原低阶、平原中阶、平原高阶、丘陵上部、丘陵中部、丘陵下部、山地坡上、山地坡中、山地坡下。

7. 海拔:采用 GPS 定位仪现场测定填写,单位为米,精确到小数点后一位。

8. 田面坡度:实际测定田块内田面坡面与水平面的夹角度数。

9. 耕层质地:填沙土、沙壤、轻壤、中壤、重壤、黏土。

10. 质地构型:按 1 m 土体内不同质地土层排列组合形式填写,分为薄层型、松散型、紧实型、夹层型、上紧下松型、上松下紧型、海绵型。

11. 生物多样性:通过现场调查土壤动物或检测土壤微生物状况综合判断,分为丰富、一般、不丰富。

12. 农田林网化程度:填高、中、低。

13. 盐渍化程度:根据耕层含盐量与盐化类型统一测算,填轻度、中度、重度、无。

14. 盐化类型:填氯化物盐、硫酸盐、碳酸盐、硫酸盐氯化物盐、氯化物盐硫酸盐、氯化物盐碳酸盐、碳酸盐氯化物盐。

15. 障碍因素:填盐碱、瘠薄、酸化、渍潜、障碍层次、无等。

16. 障碍层类型:1 m 土体内出现的障碍层类型。

17. 障碍层深度:按障碍层最上层到地表的垂直距离来填。

18. 障碍层厚度:按障碍层的最上层到最下层的垂直距离来填。

19. 灌溉能力:填充分满足、满足、基本满足、不满足。

20. 灌溉方式:填漫灌、沟灌、畦灌、喷灌、滴灌、无灌溉条件。

21. 水源类型:填地表水、地下水、地表水+地下水、无。

22. 排水能力:填充分满足、满足、基本满足、不满足。

ICS 13.080
CCS P 85

中华人民共和国农业行业标准

NY/T 4323—2023

闲置宅基地复垦技术规范

Technical specification for reclamation of idle homestead

2023-02-17 发布

2023-06-01 实施

中华人民共和国农业农村部 发布

前　言

本文件按照 GB/T 1.1—2020《标准化工作导则　第 1 部分:标准化文件的结构和起草规则》的规定起草。

请注意本文件的某些内容可能涉及专利。本文件的发布机构不承担识别专利的责任。

本文件由农业农村部农村合作经济指导司提出并归口。

本文件起草单位:农业农村部耕地质量监测保护中心、安徽理工大学、中国农业大学。

本文件主要起草人:杨帆、张世文、黄元仿、杨宁、沈重阳、马晔、胡炎、贾伟、夏沙沙、于茹月、孔晨晨、勾宇轩、刘俊、姜博森。

闲置宅基地复垦技术规范

1 范围

本文件规定了闲置宅基地复垦技术总则、质量控制标准、实施技术要求。

本文件适用于指导闲置宅基地复垦为耕地的活动。复垦方向为其他土地利用类型的，亦可参照本文件执行。

2 规范性引用文件

下列文件中的内容通过文中的规范性引用而构成本文件必不可少的条款。其中，注日期的引用文件，仅该日期对应的版本适用于本文件；不注日期的引用文件，其最新版本（包括所有的修改单）适用于本文件。

GB 2715 食品安全国家标准 粮食

GB 2762 食品安全国家标准 食品中污染物限量

GB 5084 农田灌溉水质标准

GB 15618 土壤环境质量 农用地土壤污染风险管控标准（试行）

GB/T 28407 农用地质量分等规程

GB/T 30600 高标准农田建设通则

GB/T 33469 耕地质量等级

NY/T 1634 耕地地力调查与质量评价技术规程

NY/T 2148 高标准农田建设标准

NY/T 3443 石灰质改良酸化土壤技术规范

TD/T 1007 耕地后备资源调查与评价技术规程

TD/T 1033 高标准基本农田建设标准

3 术语和定义

下列术语和定义适用于本文件。

3.1

宅基地 homestead

农村村民用于建造住宅及其附属设施的集体建设用地，包括住房、附属用房和庭院等用地。

3.2

闲置宅基地 idle homestead

废弃、空闲、空置的宅基地。

3.3

闲置宅基地复垦 reclamation of idle homestead

对闲置宅基地，采取整治措施，使其达到可供农业利用状态的活动。

3.4

耕地 cultivated land

用于农作物种植的土地。

4 总则

4.1 依法依规原则。应符合相关法律法规的要求，并与国土空间规划和农村发展规划相衔接。

4.2 保护农民利益原则。应充分吸收利益攸关方对调查选址、规划设计、实施、利用管护等各阶段的意见，尊重群众意愿，切实维护群众利益。

4.3 因地制宜原则。应根据待复垦闲置宅基地自身特征，结合地形地貌、气候植被、地质水文等自然条件，全面考虑生产、建设和科学技术发展的要求，在经济可行的基础上，合理确定工程措施，提出施工技术和质量控制要求。

4.4 可持续利用原则。应以实现土地资源的可持续利用为前提，复垦后耕地应进行持续管护，将新增耕地纳入辖区内耕地质量提升工作范畴。应将闲置宅基地复垦工程措施与土壤污染防控措施结合，与周边山水林田湖草生态保护修复工程相结合。

5 质量控制标准

5.1 地形条件。水田田面高差控制在±3 cm之内，水浇地田面高差控制在±5 cm之内。地面坡度处于5°～25°的，宜修筑梯田，山地丘陵区梯田化率不低于90%。

5.2 土壤质量。考虑到闲置宅基地单宗用地面积较小、分散等特征，复垦耕地质量应与周边或当地耕地质量平均水平保持一致。土体厚度与土壤疏松程度应满足作物生长及施肥、蓄水保墒等需求，有效土层厚度宜大于40 cm；土壤容重适中；砾石含量宜不大于5%；复垦为水田、水浇地的土壤有机质含量宜大于15 g/kg，复垦为旱地的土壤有机质含量宜大于10 g/kg；应保持与周围土壤一样的酸碱度，耕作层土壤酸碱度北方宜保持在6～8，南方宜控制在5.5以上；复垦土壤污染应不高于GB 15618规定的风险筛选值。

5.3 配套工程。灌排、道路、防护林带、农业输配电等配套设施复垦标准应满足正常农业生产需求，且与周边相关设施保持一致并相互衔接。灌溉能力和排水能力应该达到基本满足以上，道路通达度不低于90%，农田林网化程度中等以上。

5.4 生产力水平。复垦3年后单位面积产量应达到或接近当地耕地的平均水平，粮食及作物中污染物含量应符合GB 2715、GB 2762的要求。

6 实施技术要求

6.1 调查选址

6.1.1 由县（市、区、旗）农业农村或相关主管部门牵头组织，开展待复垦闲置宅基地调查。调查内容包括但不限于：空间位置、面积、权属、闲置原因、时间、闲置状态等闲置宅基地现状，以及土壤理化性质、土壤污染状况、社会经济和已复垦案例等。

6.1.2 应充分利用遥感、实地调查、取样测试和年度变更调查等方法和数据开展待复垦闲置宅基地调查。应结合宅基地闲置原因和现状等，合理确定采样点布置方案，每块待复垦宅基地采样点不少于3个。社会经济、已复垦案例等调查可采用资料收集、问卷调查和实地调查等方法；土壤有机质、土壤机械组成、土壤容重、土壤pH等检测按照GB/T 33469的规定执行；土壤污染指标检测方法按照GB 15618的规定执行。应提供具有相关检测资质单位出具的检测报告。

6.1.3 基于闲置宅基地调查成果，分析复垦技术水平、水土资源条件、成本投入与效益，采用定性定量相结合方式，开展待复垦闲置宅基地复垦潜力评价，明确闲置宅基地复垦新增耕地系数。

6.1.4 根据复垦潜力评价结果，结合国土空间规划、农村发展规划、美丽乡村建设、易地扶贫搬迁、移民避险解困等要求，按规模适中、群众满意、易于实施、有利于区域用地结构优化布局等原则，合理确定待复垦宅基地的位置、范围与面积。

6.2 规划设计

6.2.1 应结合调查成果，开展闲置宅基地复垦适宜性评价。选取限制闲置宅基地复垦的因素，参考GB/T 33469、GB/T 28407、NY/T 1634和TD/T 1007等确定各指标的分级标准。采用极限条件法或综合指数法等进行评价，评定闲置宅基地复垦适宜性等级，明确主导障碍因素。轻度及以上污染的待复垦土地不宜复垦为耕地。

6.2.2 规划设计应包括但不限于以下内容：

a) 综合说明。明确规划设计依据、内容以及项目区的位置和范围。

b) 项目分析。明确项目的合法性；明确项目区气候、土壤、植被等基本概况，土地损毁现状情况、复垦适宜性与限制因素、复垦工程设计、复垦前后土地利用结构变化、闲置宅基地利用现状、水土资源平衡分析和新增耕地潜力等。

c) 目标与主要任务。明确复垦目标、质量控制标准、工程布局和复垦措施等。明确工程类型、工程内容、设计要求、工程量及工程进度安排等。

d) 投资预算。明确投资预算依据、投资量及来源等。

e) 复垦权属调整方案。明确权属调整原则、方法、内容与程序。

f) 复垦效益分析。明确项目开展产生的社会、经济和生态效益。

g) 与复垦项目相关的附件(表、图)。

项目规划设计应通过农业农村、自然资源、水利和生态环境等方面专家的评估论证，形成评审意见。编制单位应根据评审意见，修改完善复垦规划设计方案。

6.3 工程实施

6.3.1 总体要求。项目所在地县级或乡镇人民政府牵头组织或负责实施闲置宅基地复垦工作，以招标方式确定项目施工单位，落实项目法人制、招投标制、监理制等，明确权责。鼓励项目所在集体经济组织或原宅基地使用人参与工程施工。对于零星分散且工程简单的宅基地复垦项目，乡镇人民政府可委托所在集体经济组织或原宅基地使用人进行工程施工。复垦工程应编制施工进度、资金、质量和安全等控制计划，落实控制措施，对可能偏离施工计划的影响因素提出应对方案。应依据规划设计的要求，严格控制工程施工过程中的规划设计变更，对于不可预见因素引起的变更应进行论证。

6.3.1.1 土体重构工程包括清理工程、土壤剥覆与客土回填工程、土地平整工程等。

a) 清理工程。复垦前应清除地面建筑物、构筑物及其他相关设施，清除硬化地面并挖除地基部分设施；严禁将地面建筑物、构筑物及其他相关设施拆除后的建筑废弃物直接用于填埋复垦，对已经实施拆迁的闲置宅基地进行地表废弃物清理，清理厚度原则上不低于 30 cm。

b) 土壤剥覆与客土回填工程。已经有种植活动的闲置宅基地，应开展表土剥离，表土剥离厚度根据土质情况和回填需求确定；剥离施工技术包括放线、清障、剥离与临时堆放；存储施工技术包括清基、平整、堆放和坡面平整；土壤回填施工技术包括放线、清障、卸土、摊撒、平整和翻耕等；对于需要客土回填的，应根据清理厚度与复垦质量控制标准合理确定客土土源质量和回填覆土厚度，客土回填施工技术包括放线、卸土、摊散等。

c) 土地平整工程。应用测量放线方法在现场放出每个地块的开挖零线、开挖边线、填方边线和设计高程，采用铲车、推土机和运输车辆配合，分区进行土地平整，按标桩指示高度挖高填低。坡度较大的复垦区田面，应结合梯田整地后，再进行田面平整。复垦为水稻种植地块应以格田为平整单元，其横向地表坡降和纵向地表坡降应尽可能小。复垦为喷灌、微(滴)灌田块可适当放大坡降。

6.3.1.2 土壤改良培肥工程。根据(土源)土壤肥力和障碍状况，采取改良培肥措施快速提升复垦耕地地力。

a) 土壤改良。土壤改良工程包括沙(黏)质土壤治理、酸化和盐碱土壤治理、污染土壤修复等。过沙或过黏的土壤应通过掺黏或掺沙等措施，改良土壤质地，掺沙、掺黏一般应就地取材；酸化土壤应通过施用石灰质物质或土壤调理剂等措施改良，石灰质物质质量要求和使用量具体可参照 NY/T 3443 执行；盐碱土壤应通过排盐工程和土壤调理剂等措施改良。污染土壤应通过物理、生物、化学等方法进行修复，修复后土壤环境质量应符合 GB 15618 的规定。

b) 土壤培肥。通过有机肥、有机肥＋配方肥施用等方式快速培肥复垦耕地地力。有机肥包括自制农家肥和商品有机肥等。农家肥使用量应不低于 22 500 kg/hm²；商品有机肥需进行安全性检测，施用量应不低于 3 000 kg/hm²；混合使用两种有机肥的按照上述标准推算施用量。

6.3.1.3 农田配套工程。应严格参照复垦地块周边情况，合理确定道路和灌排密度，农田配套工程建设标准和材质应尽量与周边防护工程衔接,并符合同行业工程建设标准的相关规定。农田防护工程应与田、路、渠、沟等有机结合。

a) 田间道路工程。田间道(机耕路)的路面宽度宜为 3 m~6 m,生产路的路面宽度不宜超过 3 m,在大型机械化作业区可适当放宽。田间道路路面宜采用混凝土、沥青、碎石等材质,可设置路肩,路肩宽宜为 30 cm~50 cm。在暴雨冲刷严重的区域,田间道路面应采用硬化措施。生产路路面宜采用碎石、素土等材质。在南方暴雨集中地区,生产路路面宜采用泥结石、混凝土等材质。

b) 灌排工程。根据旱、涝、渍和盐碱综合治理的要求,结合田、路、林、电、村进行统一规划和综合布置。水源利用应以地表水为主、地下水为辅,严格控制开采深层地下水。灌溉水质应符合 GB 5084。水源配置应考虑地形条件、水源特点等因素,宜采用蓄、引、提相结合的方式。排水沟布置应与田间渠、路、林相协调,平原区可灌排分离,山区丘陵可灌排兼用。

c) 农田防护工程。应选择表现良好的乡土树种和适合当地条件的配置方式。一般宽林带可采用不同树种混交配置,窄林带可为纯林。农田防护工程建设标准应达到 GB/T 30600、NY/T 2148、TD/T 1033 的要求。

d) 其他。除田间道路工程、灌排工程和农田防护工程外,岸坡防护工程、沟道治理工程等其他工程技术要求参照有关规定执行。

6.4 验收

复垦竣工后实施验收,按照 GB/T 33469,评定复垦新增耕地质量。

6.5 利用管护

6.5.1 复垦工程验收后应开展利用管护,管护期不低于 3 年。

6.5.2 应将闲置宅基地复垦土地信息及时、全面、真实、准确上图入库,实行复垦耕地质量与利用水平的跟踪和动态监测。建立质量等级定期更新和动态监管制度,确保有效利用,防止撂荒抛荒。

6.5.3 通过持续开展土壤培肥改良等措施,从耕地质量等级提升、环境质量提升和耕地长效管护 3 个方面开展复垦后耕地的长效管护与质量提升工作,实现"复垦-管护-提升"的良性互动与有效衔接,提高耕地综合生产力。

6.5.4 通过有机肥施用、秸秆还田和绿肥种植等措施,实现复垦土壤肥力保持或持续提高,使复垦土壤有机质含量 3 年后达到当地中等以上水平。

ICS 35.240.68
CCS B 01

中华人民共和国农业行业标准

NY/T 4325—2023

农业农村地理信息服务接口要求

Interface requirements for agricultural and rural geographic
information service

2023-02-17 发布

2023-06-01 实施

中华人民共和国农业农村部 发布

前　言

本文件按照 GB/T 1.1—2020《标准化工作导则　第 1 部分:标准化文件的结构和起草规则》的规定起草。

请注意本文件的某些内容可能涉及专利。本文件的发布机构不承担识别专利的责任。

本文件由农业农村部市场与信息化司提出。

本文件由农业农村部农业信息化标准化技术委员会归口。

本文件起草单位:农业农村部信息中心、北京佳格天地科技有限公司、北京超图软件股份有限公司。

本文件主要起草人:董春岩、丛小蔓、饶晓燕、李晓鹏、任艳婷、王泓霏、张振琦。

农业农村地理信息服务接口要求

1 范围

本文件规定了农业农村地理信息服务分类、服务接口基本规定和服务接口要求。

本文件适用于农业农村地理信息服务接口的设计、建设、管理与应用等。

2 规范性引用文件

下列文件中的内容通过文中的规范性引用而构成本文件必不可少的条款。其中,注日期的引用文件,仅该日期对应的版本适用于本文件;不注日期的引用文件,其最新版本(包括所有的修改单)适用于本文件。

GB/T 30169 地理信息 基于网络的要素服务

GB/T 35652 瓦片地图服务

NY/T 3987 农业信息资源分类与编码

NY/T 3989—2021 农业农村地理信息数据管理规范

OGC 04—094 网络要素服务实现规范

OGC 06—042 网络地图服务实现规范

OGC 07—057r7 开放的地理数据互操作规范网络地图瓦片服务实施标准

3 术语和定义

下列术语和定义适用于本文件。

3.1

基础地理信息 fundamental geographic information

作为统一的空间定位框架和空间分析基础的地理信息。

[来源:GB/T 13923—2006,2.1]

3.2

农业农村专题地理信息 agricultural and rural geographic information

与农业基础信息、农业生产、农产品加工、农业市场与流通、农村综合、农业科技与教育、农业法规与标准、农业政务和农业农村信息化等相关且具有地理空间属性的信息。

3.3

农业农村地理信息服务 agricultural and rural geographic information service

农业农村领域涉及基础地理信息与农业农村专题地理信息的数据,按照一定规则构建的农业农村地图、数据和分析计算服务。

3.4

栅格瓦片 raster tile

将地图数据根据一定规则切分形成的若干栅格数据单元。

3.5

矢量瓦片 vector tile

以 x,y 坐标或坐标串表示的空间点、线、面等图形数据及与其相联系的有关属性数据根据一定规则切分形成的若干矢量单元。

注:每个矢量单元对应有固定编码,可依据矢量瓦片编码将矢量瓦片重新拼接成地图以进行显示。

3.6

空间分析 spatial analysis

在对地理空间中的目标进行形态结构定义与分类的基础上,对目标的空间关系和空间行为进行描述,为目标的相关分析提供参考,进一步为空间决策支持提供服务。

3.7

缓冲区分析　buffer analysis

对选中一组或一类地图要素(点、线或面)按设定的距离条件,围绕其要素而形成具有一定范围的多边形实体,从而实现数据在二维空间扩展的信息分析方法。

3.8

叠加分析　overlay analysis

将两层或多层地图要素进行叠加产生一个新要素层的操作,其结果将原来要素分割生成新的要素,新要素综合了原来两层或多层要素所具有的属性,并形成新的空间关系和新的属性关系。

3.9

网络数据集　network dataset

由边线、交汇点、转弯要素和一系列属性表组成的数据集合。

3.10

最佳路径分析　optimal path analysis

基于网络数据集,在指定的网络上查找一条路径,其结果为网络中两点之间阻力最小的路径。

3.11

物流路径分析　logistics path analysis

基于网络数据集,给定 M 个配送中心和 N 个配送目的地(M、N 为大于零的整数),查找最经济高效的配送路径,其结果为相应的运输路线。

4　缩略语

下列缩略语适用于本文件。

API:应用程序编程接口(Application Programming Interface)

B3DM:批量化三维模型(Batched 3D Model)

HTTP:超文本传输协议(Hyper Text Transfer Protocol)

HTTPS:安全的超文本传输协议(Hyper Text Transfer Protocol over Secure Socket Layer)

JSON:JavaScript 对象简谱(JavaScript Object Notation)

OGC:开放式地理空间协会(Open Geospatial Consortium)

PBF:协议缓冲区二进制格式(Protocolbuffer Binary Format)

PNG:便携式网络图形(Portable Network Graphic Format)

REST:表述性状态转移(Representational State Transfer)

S3M:空间三维模型(Spatial 3D Model)

URL:统一资源定位符(Uniform Resource Locator)

UUID:通用唯一标识码(Universally Unique Identifier)

WFS:网络要素服务(Web Feature Service)

WMS:网络地图服务(Web Map Service)

WMTS:网络地图切片服务(Web Map Tile Service)

XML:可扩展标记语言(eXtensible Markup Language)

5　服务分类

按照业务性质将农业农村地理信息服务划分为基础地理信息服务和农业农村专题地理信息服务。两类服务应分别提供相应的API。API按照服务的性质和实现的技术划分为数据服务 API、功能服务 API。农业农村地理信息服务分类见表1。

表 1 农业农村地理信息服务分类

一级类目	二级类目	三级类目	服务项
基础地理信息服务	数据服务	地图服务	地图服务
		栅格瓦片服务	栅格瓦片服务
		矢量瓦片服务	矢量瓦片服务
		要素服务	要素服务
		三维服务	三维服务
	功能服务	空间分析服务	缓冲区分析服务
			叠加分析服务
			最佳路径分析服务
农业农村专题地理信息服务	数据服务	专题数据服务	专题数据服务
	功能服务	地名地址服务	地名地址服务
		场景图层服务	场景图层服务
		信息查询服务	信息查询服务
		物流路径分析服务	物流路径分析服务

6 接口基本规定

6.1 请求协议

采用 HTTP 或 HTTPS 协议。请求方式为 GET、POST、PUT 或 DELETE 请求。

6.2 数据格式

数据格式见表 2。

表 2 数据格式

名称	说明
JSON	空间分析接口采用此格式
XML	WMS、WMTS、WFS、REST 等服务的元数据访问接口返回此格式
PNG	WMS、WMTS、REST 等服务的栅格地图瓦片访问接口返回此格式
S3M	三维数据服务(S3M)访问接口返回此格式
B3DM	三维数据服务(3D Tiles)访问接口返回此格式

6.3 接口类型

农业农村地理信息服务接口类型包括 OGC 服务接口、三维模型服务接口、REST 风格接口。农业农村地理信息服务接口框架依附录 A 的规定执行。

7 服务接口要求

7.1 基础地理信息服务接口

7.1.1 数据服务接口

7.1.1.1 地图服务接口

地图服务接口应支持对地图的图层访问与操作,包括获取地图图片与地图信息、对地图进行查询并获取结果。该接口应符合 REST 风格接口要求或 OGC 的 WMS 标准要求。

7.1.1.2 栅格瓦片服务接口

栅格瓦片服务接口应支持获取瓦片地图服务的元数据访问和栅格数据访问,包括获取瓦片数据格式、大小、坐标系、栅格瓦片地图数据。该接口应符合 REST 风格接口要求或 OGC 的 WMTS 标准要求。

7.1.1.3 矢量瓦片服务接口

矢量瓦片服务接口应支持对矢量瓦片数据的获取。该接口应符合 REST 风格接口要求。该接口通过 GET 方法发送服务请求,返回结果中包含矢量瓦片地图元数据、矢量数据描述、矢量数据、样式数据、字体资源以及图标资源。

7.1.1.4 要素服务接口

要素服务接口应支持对基础地理数据的访问与操作,包括获取数据描述、坐标单位。该接口应符合REST风格接口要求或OGC的WFS标准要求。

7.1.1.5 三维服务接口

三维服务接口应支持三维场景和三维数据的访问与操作,包括获取三维场景信息、图层列表,获取三维场景中某一个三维图层的名称、类型、三维数据路径等表述,获取三维数据,获取三维瓦片数据的索引文件。该接口应符合REST风格接口要求。该接口包括三维元数据服务接口和三维瓦片数据服务接口,具体如下:

a) 三维元数据服务接口,用于获取三维服务的数据资源信息,根据三维场景名称、图层名称、数据类型查询图层元数据和配置等信息。该接口通过GET方法请求场景名称、图层名称、数据类型,服务返回接口访问状态、访问说明和数据URL地址。

b) 三维瓦片数据服务接口,根据三维场景名称、图层名称、服务类型、路径得到三维瓦片数据文件信息,返回客户端对应的服务文件。该接口通过GET方法发送请求,请求场景名称、图层名称、服务类型和文件路径,返回对应的文件(B3DM、S3M等)。

7.1.2 功能服务接口

7.1.2.1 缓冲区分析服务接口

缓冲区分析服务接口应提供根据指定的距离,在点、线、面几何对象周围自动建立一定宽度范围的分析功能。该接口应符合REST风格接口要求。该接口通过POST方法发送请求分析几何对象坐标串、缓冲距离、距离单位等,服务接口返回接口访问状态、访问说明和结果集,结果集中包含缓冲区分析结果。

7.1.2.2 叠加分析服务接口

叠加分析服务接口应提供对点、线、面类型数据集之间进行空间关系判断的功能,如裁剪、合并、擦除、求交、同一、对称差、更新等。该接口应符合REST风格接口要求。该接口通过POST方法发送请求叠加的几何对象和叠加分析类型等,服务接口返回接口访问状态、访问说明和结果集,结果集包含叠加分析结果。

7.1.2.3 最佳路径分析服务接口

最佳路径分析服务接口应提供交通网络中两点之间阻抗最小的路径分析功能(如时间最短、费用最低、路径最佳、收费最少、经过乡村最多等)。该接口应符合REST风格接口要求。该接口通过POST方法请求途经站点等交通网络分析参数,服务接口返回接口访问状态、访问说明和结果集,结果集包含最佳路径分析结果。

7.2 农业农村专题地理信息服务接口

7.2.1 专题数据服务接口

农业农村专题地理信息数据包括农业基础信息、农业生产、农产品加工、农业市场与流通、农村综合、农业科技与教育、农业法规与标准、农业政务和农业农村信息化等内容,按照NY/T 3987中的资源分类标准及NY/T 3989中的数据管理规范执行。农业农村专题数据网络要素API按照OGC 04—094和GB/T 30169执行。专题数据API参数规定应符合附录B中B.2的规定。

7.2.2 专题功能服务接口

7.2.2.1 地名地址服务接口

7.2.2.1.1 地址正向匹配服务接口

地址正向匹配服务接口支持结构化地址(省/市/县/乡/村/地块中心)解析为对应位置坐标的操作,同时也支持模糊的查询方式。该接口通过POST方式请求待匹配的地址和返回记录条数,服务接口返回接口访问状态、访问说明、状态码和结果集,结果集中包含匹配坐标、地址空间面信息以及匹配层级信息。

7.2.2.1.2 地址逆向匹配服务接口

地址逆向匹配服务接口支持位置坐标解析成对应地址信息的操作。该接口通过POST方式请求待匹配的坐标,服务接口返回接口访问状态、访问说明和结果集,结果集中包含匹配地址。

7.2.2.2 场景图层服务接口

场景图层服务接口支持通过图层的分组和场景类型过滤出应用场景所需要的图层目录树。该接口通过 GET 或 POST 方式请求,返回接口访问状态、访问说明、状态码、图层树的名称、父编码,以及对应的子结果集。结果集包含服务名称、服务地址、空间坐标参考以及类型信息。

7.2.2.3 信息查询服务接口

信息查询服务接口支持通过唯一编码或属性来进行查询。该接口通过 GET 或 POST 方式请求,返回接口访问状态、访问说明、状态码和结果集。

7.2.2.4 物流路径分析服务接口

物流路径分析服务接口应提供在指定网络数据集中,给定 M 个配送中心点和 N 个配送目的地(M、N 为大于 0 的整数),查找经济有效的物流路径,并给出相应的行走路线。该接口应符合 REST 风格接口要求。该接口通过 POST 方法请求网络分析参数、配送中心点集合、配送目标点集合、配送模式等物流分析参数,服务接口返回接口访问状态、访问说明和结果集,结果集包含由配送中心依次向各个配送目的地配送货物的最佳路径。

<h1 align="center">附　录　A</h1>
（规范性）
<h2 align="center">服务接口框架</h2>

A.1　农业农村地理信息服务接口框架要求

农业农村地理信息服务接口用于获取地理信息服务器发布的地理信息服务内容,应对各地理信息服务器提供的服务访问接口统一规定,以便涉地理信息业务应用系统进行服务访问。农业农村地理信息服务接口框架见图 A.1。

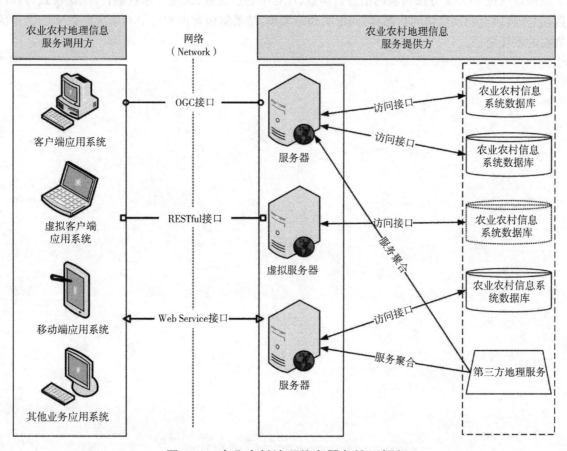

图 A.1　农业农村地理信息服务接口框架

农业农村地理信息服务调用方通过不同类型的服务接口访问地理信息服务器提供的服务。服务提供方基于农业农村信息系统数据库、第三方地理信息服务以访问接口、服务聚合等方式对外提供标准的服务接口。

附 录 B
（规范性）
服务接口 API 参数

B.1 基础地理信息服务 API 参数

B.1.1 地图服务 API 参数
应符合 OGC 06—042、OGC 07—057r7 和 GB/T 35652 的要求。

B.1.2 栅格瓦片服务 API 参数
应符合 OGC 07—057r7 和 GB/T 35652 的要求。

B.1.3 矢量瓦片服务 API 参数

B.1.3.1 元数据获取
请求参数见表 B.1。

表 B.1 元数据获取 API 请求参数

请求参数	必填	类型	说明
serviceType	是	字符串	服务类型 vtservice\styleservice

返回结果参数见表 B.2。

表 B.2 元数据获取 API 返回结果参数

返回结果参数	类型	说明
serviceMetadata	JSON 对象	a) 如果是 vtservice,则返回前文所定义全部矢量数据源简要列表的 JSON 文本； b) 如果是 styleservice,则返回样式简要列表的 JSON 文本

元数据 JSON 对象主要包含但不限于以下字段,见表 B.3。

表 B.3 元数据 JSON 对象参数样例

字段名	中文名	字段类型	说明
org_name	服务发布组织名称	字符串	无
version	服务版本号码	字符串	无
datasources	矢量数据源简要列表	数组	包含矢量数据源的 ID、Name、描述等信息
styles	样式简要列表	数组	无

B.1.3.2 矢量数据描述获取
请求参数见表 B.4。

表 B.4 矢量数据描述获取 API 请求参数

请求参数	必填	类型	说明
sourceID	是	字符串	数据源编号

返回结果参数见表 B.5。

表 B.5 矢量数据描述获取 API 返回结果参数

返回结果参数	类型	说明
vtDesc	JSON 对象	矢量瓦片描述,描述上述指定矢量数据的 JSON 文本

元数据 JSON 对象主要包含但不限于以下字段，见表 B.6。

表 B.6 元数据 JSON 对象参数样例

字段名	中文名	字段类型	说明
id	编号	字符串	矢量数据 ID
name	名称	字符串	矢量数据名称
version	版本号	字符串	数据版本信息
coverage	范围	字符串	数据覆盖范围
type	类型	字符串	矢量数据类型
schema	规格	字符串	矢量数据结构规格，包含矢量数据服务的 Layer 信息（Layer 的 ID、Name、描述）以及每一个 Layer 的字段信息（name、type、could_label、value_range 等）

B.1.3.3 矢量数据获取

请求参数见表 B.7。

表 B.7 矢量数据获取 API 请求参数

请求参数	必填	类型	说明
name	是	字符串	数据源唯一 ID，UUID
version	是	字符串	数据源版本号
z	是	整型	瓦片坐标系中的 z
x	是	整型	瓦片坐标系中的 x
y	是	整型	瓦片坐标系中的 y

返回结果参数见表 B.8。

表 B.8 矢量数据获取 API 返回结果参数

返回结果参数	类型	说明
responseData	x-protobuf	返回数据，指定瓦片的 Protobuf 编码数据

B.1.3.4 样式数据获取

请求参数见表 B.9。

表 B.9 样式数据获取 API 请求参数

请求参数	必填	类型	说明
styleID	是	字符串	地图样式 ID

返回结果参数见表 B.10。

表 B.10 样式数据获取 API 返回结果参数

返回结果参数	类型	说明
responseStyle	JSON 对象	描述地图样式的 JSON 文本

元数据 JSON 对象主要包含但不限于以下字段，见表 B.11。

表 B.11 元数据 JSON 对象参数样例

字段名	中文名	字段类型	说明
font	字体库	字符串	定义字体库 URL
sprite	雪碧图	字符串	地图图标雪碧图 URL，雪碧图文件由 PNG 格式的图片文件和用于描述图标位置和大小的 JSON 格式的文件组成
sources	数据源	JSON 对象	定义底图所用的数据源信息
layers	图层	JSON 数组	定义底图所用的图层样式信息
version	版本号	字符串	定义底图样式规格版本号

B.1.3.5 字体资源获取

请求参数见表 B.12。

表 B.12 字体资源获取 API 请求参数

请求参数	必填	类型	说明
fontName	是	字符串	请求内容：style\fonts\sprite

返回结果参数见表 B.13。

表 B.13 字体资源获取 API 返回结果参数

返回结果参数	类型	说明
responseFont	x-protobuf	所请求字体的 PBF 文件

B.1.3.6 图标资源获取

请求参数见表 B.14。

表 B.14 图标资源获取 API 请求参数

请求参数	必填	类型	说明
spname	是	字符串	请求的雪碧图名称（包含 JSON 或 PNG 的后缀）

返回结果参数见表 B.15。

表 B.15 图标资源获取 API 返回结果参数

返回结果参数	类型	说明
responseSprite	雪碧图	请求的图标资源

元数据 JSON 对象主要包含但不限于以下字段，见表 B.16。

表 B.16 元数据 JSON 对象 API 参数样例

字段名	中文名	字段类型	说明
iconName	图标名称	字符串	每个图标的名称，如 Entrance
x	无	字符串	在 PNG 图片中的像素坐标 x
y	无	字符串	在 PNG 图片中的像素坐标 y
width	图标宽度	字符串	图标宽度
height	图标高度	字符串	图标高度

B.1.4 要素服务 API 参数

符合 OGC 04—094 和 GB/T 30169 的要求。

B.1.5 三维元数据 API 参数

请求参数见表 B.17。

表 B.17 三维元数据 API 请求参数

请求参数	必填	类型	说明
sceneName	是	字符串	场景名称
layerName	是	字符串	图层名称
serviceType	是	字符串	服务类型（S3M、3D Tiles 等）

返回结果参数见表 B.18。

表 B.18 三维元数据 API 返回结果参数

返回结果参数	类型	说明
msg	字符串	请求结果描述

表 B.18（续）

返回参数	类型	说明
code	整型	请求结果编码,0 表示成功,其他数字为错误编码
success	布尔型	请求是否成功
srs	字符串	坐标参考系统
dataUrl	字符串	服务地址

B.1.6 三维瓦片数据 API 参数

请求参数见表 B.19。

表 B.19 三维瓦片数据 API 请求参数

请求参数	必填	类型	说明
sceneName	是	字符串	场景名称
layerName	是	字符串	图层名称
serviceType	是	字符串	服务类型(S3M、3D Tiles 等)

返回结果为三维瓦片数据路径。

B.1.7 缓冲区分析 API 参数

请求参数见表 B.20。

表 B.20 缓冲区分析 API 请求参数

请求参数	必填	类型	说明
geometry	是	字符串	点、线、面实体对象的几何信息
geometryType	是	枚举型	点、线、面实体对象
distance	是	双精度	若启用 distance 参数,将使用每个对象中该字段对应的值作为缓冲距离,此时设置的缓冲距离无效
distanceUnit	是	枚举型	如:Meter、Kilometer、Yard、Foot、Mile
type	否	枚举型	单缓冲区分析,多环缓冲区分析

返回结果参数见表 B.21。

表 B.21 缓冲区分析 API 返回结果参数

返回结果参数	类型	说明
resultGeometry	GeoJson	缓冲区分析结果保存的几何对象,该参数值为几何对象的名称。用于存储缓冲区分析结果的面对象
code	整型	请求结果编码,0 表示成功,其他数字为错误编码
success	布尔型	请求是否成功

B.1.8 叠加分析 API 参数

请求参数见表 B.22。

表 B.22 叠加分析 API 请求参数

请求参数	必填	类型	说明
sourceGeo	是	字符串	进行叠加分析的源几何对象
sourceType	是	枚举型	点、线、面
overlayGeo	是	字符串	用于分析的几何对象
overlayType	是	枚举型	点、线、面
mode	是	枚举型	包含裁剪(clip)、相交(intersect)、擦除(erase)、更新(update)、合并(union)等模式。其中:裁剪、相交、擦除:源数据集的类型为点、线、面均可。更新、合并:源数据集类型必须为面

返回结果参数见表 B.23。

表B.23 叠加分析API返回结果参数

返回结果参数	类型	说明
resultGeometry	GeoJson	叠加分析的结果几何对象
code	整型	请求结果编码,0表示成功,其他数字为错误编码
success	布尔型	请求是否成功

B.1.9 最佳路径分析API参数

请求参数见表B.24。

表B.24 最佳路径分析API请求参数

请求参数	必填	类型	说明
nodes	是	数组	进行最佳路径分析的点集合
hasLeastEdgeCount	是	布尔	是否按弧段数最少的模式查询
parameter	是	对象	交通网络分析通用参数

返回结果参数见表B.25。

表B.25 最佳路径分析API返回结果参数

返回结果参数	类型	说明
pathList	数组	最佳路径分析结果集合
code	整型	请求结果编码,0表示成功,其他数字为错误编码
success	布尔型	请求是否成功

B.2 农业农村专题地理信息服务API参数

B.2.1 农业农村专题数据API参数

应符合OGC 06—042、OGC 07—057r7和GB/T 35652—2017的要求。

B.2.2 地名地址服务API参数

B.2.2.1 地址正向匹配API参数

请求参数见表B.26。

表B.26 地址正向匹配API请求参数

请求参数	必填	类型	说明
addr	是	字符串	待搜索的地址
page	否	整型	结果分页参数,分布页码,默认1
limit	否	整型	结果分页参数,每页结果数,默认10
fuzzy	否	布尔型	是否模糊匹配,false精确匹配,要求待匹配地址每个字都出现在结果中,true模糊匹配,不要求待匹配地址每个字都出现在结果中,和参数equal不可同时使用
equal	否	布尔型	是否完全匹配,false不要求完全匹配,true要求完全匹配,如果为true,只会返回地址完全一致的结果,和参数fuzzy不可同时使用
where	否	数组	自定义查询条件参数

返回结果参数见表B.27。

表B.27 地址正向匹配API返回结果参数

返回结果参数	类型	说明
msg	字符串	请求结果描述
code	整型	请求结果编码,0表示成功,其他数字为错误编码
success	布尔型	请求是否成功
data	JSON	返回的结果数据

表 B.27 （续）

返回参数	类型	说明
count	整型	搜索结果总数
addrList	数组	结果列表
addrCode	字符串	结果地址对应的标准地址编码
Addr	字符串	结果地址
level	整型	地址层级（1. 省　2. 市　3. 县　4. 乡镇　5. 村　6. 地块中心）
srs	字符串	坐标参考系统
loc	GeoJson	匹配坐标
shape	GeoJson	地址空间面信息
province	字符串	省
city	字符串	市
county	字符串	县
town	字符串	乡镇
village	字符串	村
block	字符串	地块中心

B.2.2.2　地址逆向匹配 API 参数

请求参数见表 B.28。

表 B.28　地址逆向匹配 API 请求参数

请求参数	必填	类型	说明
lat	是	双精度	纬度值
lng	否	双精度	经度值

返回结果参数见表 B.29。

表 B.29　地址逆向匹配 API 返回结果参数

返回结果参数	类型	说明
msg	字符串	请求结果描述
code	整型	请求结果编码,0 表示成功,其他数字为错误编码
success	布尔型	请求是否成功
shape	GeoJson	地址空间面信息
addrCode	字符串	结果地址对应的标准地址编码
Addr	字符串	结果地址
level	整型	地址层级（1. 省　2. 市　3. 县　4. 乡镇　5. 村　6. 地块）
srs	字符串	坐标参考系统
province	字符串	省
city	字符串	市
county	字符串	县
town	字符串	乡镇
village	字符串	村
block	字符串	地块

B.2.3　场景图层 API 参数

请求参数见表 B.30。

表 B.30　场景图层 API 请求参数

请求参数	必填	类型	说明
sceneType	是	字符串	场景类型（农业生产、农产品加工等）

返回结果参数见表 B.31。

表 B.31　场景图层 API 返回结果参数

返回结果参数	类型	说明
msg	字符串	请求结果描述
code	整型	请求结果编码,0 表示成功,其他数字为错误编码
success	布尔型	请求是否成功
data	数组	返回的结果数据

B.2.4　信息查询 API 参数

请求参数见表 B.32。

表 B.32　信息查询 API 请求参数

请求参数	必填	类型	说明
featureId	是	整型	要素 ID

返回结果参数见表 B.33。

表 B.33　信息查询 API 返回参数

返回参数	类型	说明
featureName	字符串	要素名称
spaceCode	字符串	行政区划编码
indexType	字符串	指标类型
data	数组	返回的结果数据

B.2.5　物流路径分析 API 参数

请求参数见表 B.34。

表 B.34　物流路径分析 API 请求参数

请求参数	必填	类型	说明
centers	是	数组	配送中心集合
nodes	是	数组	配送目标集合
hasLeastTotalCost	是	布尔型	配送模式是否为总花费最小方案
parameter	是	对象	交通网络分析通用参数

返回结果参数见表 B.35。

表 B.35　物流路径分析 API 返回结果参数

返回结果参数	类型	说明
pathList	数组	配送中心的配送路线集合
code	整型	请求结果编码,0 表示成功,其他数字为错误编码
success	布尔型	请求是否成功

参 考 文 献

[1]　GB/T 13923—2006　基础地理信息要素分类与代码

[2]　GB/T 17798—2007　地理空间数据交换格式

[3]　GB/T 33187.2—2016　地理信息　简单要素访问　第 2 部分:SQL 选项

[4]　OGC 18—053r2 3D　Tiles Specification 1.0

[5]　T/CAGIS 1—2019　空间三维模型数据格式

———————————

附录

中华人民共和国农业农村部公告
第 651 号

　　《农作物种质资源库操作技术规程　种质圃》等 96 项标准业经专家审定通过,现批准发布为中华人民共和国农业行业标准,自 2023 年 6 月 1 日起实施。标准编号和名称见附件。该批标准文本由中国农业出版社出版,可于发布之日起 2 个月后在中国农产品质量安全网(http://www.aqsc.org)查阅。

　　特此公告。

　　附件:《农作物种质资源库操作技术规程　种质圃》等 96 项农业行业标准目录

农业农村部

2023 年 2 月 17 日

附件

《农作物种质资源库操作技术规程 种质圃》等 96 项农业行业标准目录

序号	标准号	标准名称	代替标准号
1	NY/T 4263—2023	农作物种质资源库操作技术规程 种质圃	
2	NY/T 4264—2023	香露兜 种苗	
3	NY/T 1991—2023	食用植物油料与产品 名词术语	NY/T 1991—2011
4	NY/T 4265—2023	樱桃番茄	
5	NY/T 4266—2023	草果	
6	NY/T 706—2023	加工用芥菜	NY/T 706—2003
7	NY/T 4267—2023	刺梨汁	
8	NY/T 873—2023	菠萝汁	NY/T 873—2004
9	NY/T 705—2023	葡萄干	NY/T 705—2003
10	NY/T 1049—2023	绿色食品 薯芋类蔬菜	NY/T 1049—2015
11	NY/T 1324—2023	绿色食品 芥菜类蔬菜	NY/T 1324—2015
12	NY/T 1325—2023	绿色食品 芽苗类蔬菜	NY/T 1325—2015
13	NY/T 1326—2023	绿色食品 多年生蔬菜	NY/T 1326—2015
14	NY/T 1405—2023	绿色食品 水生蔬菜	NY/T 1405—2015
15	NY/T 2984—2023	绿色食品 淀粉类蔬菜粉	NY/T 2984—2016
16	NY/T 418—2023	绿色食品 玉米及其制品	NY/T 418—2014
17	NY/T 895—2023	绿色食品 高粱及高粱米	NY/T 895—2015
18	NY/T 749—2023	绿色食品 食用菌	NY/T 749—2018
19	NY/T 437—2023	绿色食品 酱腌菜	NY/T 437—2012
20	NY/T 2799—2023	绿色食品 畜肉	NY/T 2799—2015
21	NY/T 274—2023	绿色食品 葡萄酒	NY/T 274—2014
22	NY/T 2109—2023	绿色食品 鱼类休闲食品	NY/T 2109—2011
23	NY/T 4268—2023	绿色食品 冲调类方便食品	
24	NY/T 392—2023	绿色食品 食品添加剂使用准则	NY/T 392—2013
25	NY/T 471—2023	绿色食品 饲料及饲料添加剂使用准则	NY/T 471—2018
26	NY/T 116—2023	饲料原料 稻谷	NY/T 116—1989
27	NY/T 130—2023	饲料原料 大豆饼	NY/T 130—1989
28	NY/T 211—2023	饲料原料 小麦次粉	NY/T 211—1992
29	NY/T 216—2023	饲料原料 亚麻籽饼	NY/T 216—1992
30	NY/T 4269—2023	饲料原料 膨化大豆	
31	NY/T 4270—2023	畜禽肉分割技术规程 鹅肉	
32	NY/T 4271—2023	畜禽屠宰操作规程 鹿	
33	NY/T 4272—2023	畜禽屠宰良好操作规范 兔	
34	NY/T 4273—2023	肉类热收缩包装技术规范	
35	NY/T 3357—2023	畜禽屠宰加工设备 猪悬挂输送设备	NY/T 3357—2018
36	NY/T 3376—2023	畜禽屠宰加工设备 牛悬挂输送设备	NY/T 3376—2018
37	NY/T 4274—2023	畜禽屠宰加工设备 羊悬挂输送设备	
38	NY/T 4275—2023	糌粑生产技术规范	
39	NY/T 4276—2023	留胚米加工技术规范	

（续）

序号	标准号	标准名称	代替标准号
40	NY/T 4277—2023	剁椒加工技术规程	
41	NY/T 4278—2023	马铃薯馒头加工技术规范	
42	NY/T 4279—2023	洁蛋生产技术规程	
43	NY/T 4280—2023	食用蛋粉生产加工技术规程	
44	NY/T 4281—2023	畜禽骨肽加工技术规程	
45	NY/T 4282—2023	腊肠加工技术规范	
46	NY/T 4283—2023	花生加工适宜性评价技术规范	
47	NY/T 4284—2023	香菇采后储运技术规范	
48	NY/T 4285—2023	生鲜果品冷链物流技术规范	
49	NY/T 4286—2023	散粮集装箱保质运输技术规范	
50	NY/T 4287—2023	稻谷低温储存与保鲜流通技术规范	
51	NY/T 4288—2023	苹果生产全程质量控制技术规范	
52	NY/T 4289—2023	芒果良好农业规范	
53	NY/T 4290—2023	生牛乳中 β-内酰胺类兽药残留控制技术规范	
54	NY/T 4291—2023	生乳中铅的控制技术规范	
55	NY/T 4292—2023	生牛乳中体细胞数控制技术规范	
56	NY/T 4293—2023	奶牛养殖场生乳中病原微生物风险评估技术规范	
57	NY/T 4294—2023	挤压膨化固态宠物（犬、猫）饲料生产质量控制技术规范	
58	NY/T 4295—2023	退化草地改良技术规范　高寒草地	
59	NY/T 4296—2023	特种胶园生产技术规范	
60	NY/T 4297—2023	沼肥施用技术规范　设施蔬菜	
61	NY/T 4298—2023	气候智慧型农业　小麦-水稻生产技术规范	
62	NY/T 4299—2023	气候智慧型农业　小麦-玉米生产技术规范	
63	NY/T 4300—2023	气候智慧型农业　作物生产固碳减排监测与核算规范	
64	NY/T 4301—2023	热带作物病虫害监测技术规程　橡胶树六点始叶螨	
65	NY/T 4302—2023	动物疫病诊断实验室档案管理规范	
66	NY/T 537—2023	猪传染性胸膜肺炎诊断技术	NY/T 537—2002
67	NY/T 540—2023	鸡病毒性关节炎诊断技术	NY/T 540—2002
68	NY/T 545—2023	猪痢疾诊断技术	NY/T 545—2002
69	NY/T 554—2023	鸭甲型病毒性肝炎 1 型和 3 型诊断技术	NY/T 554—2002
70	NY/T 4303—2023	动物盖塔病毒感染诊断技术	
71	NY/T 4304—2023	牦牛常见寄生虫病防治技术规范	
72	NY/T 4305—2023	植物油中 2,6-二甲氧基-4-乙烯基苯酚的测定　高效液相色谱法	
73	NY/T 4306—2023	木瓜、菠萝蛋白酶活性的测定　紫外分光光度法	
74	NY/T 4307—2023	葛根中黄酮类化合物的测定　高效液相色谱-串联质谱法	
75	NY/T 4308—2023	肉用青年种公牛后裔测定技术规范	
76	NY/T 4309—2023	羊毛纤维卷曲性能试验方法	
77	NY/T 4310—2023	饲料中吡啶甲酸铬的测定　高效液相色谱法	
78	SC/T 9441—2023	水产养殖环境（水体、底泥）中孔雀石绿、结晶紫及其代谢物残留量的测定　液相色谱-串联质谱法	
79	NY/T 4311—2023	动物骨中多糖含量的测定　液相色谱法	
80	NY/T 1121.9—2023	土壤检测　第 9 部分：土壤有效钼的测定	NY/T 1121.9—2012

附录

（续）

序号	标准号	标准名称	代替标准号
81	NY/T 1121.14—2023	土壤检测 第14部分：土壤有效硫的测定	NY/T 1121.14—2006
82	NY/T 4312—2023	保护地连作障碍土壤治理 强还原处理法	
83	NY/T 4313—2023	沼液中砷、镉、铅、铬、铜、锌元素含量的测定 微波消解-电感耦合等离子体质谱法	
84	NY/T 4314—2023	设施农业用地遥感监测技术规范	
85	NY/T 4315—2023	秸秆捆烧锅炉清洁供暖工程设计规范	
86	NY/T 4316—2023	分体式温室太阳能储放热利用设施设计规范	
87	NY/T 4317—2023	温室热气联供系统设计规范	
88	NY/T 682—2023	畜禽场场区设计技术规范	NY/T 682—2003
89	NY/T 4318—2023	兔屠宰与分割车间设计规范	
90	NY/T 4319—2023	洗消中心建设规范	
91	NY/T 4320—2023	水产品产地批发市场建设规范	
92	NY/T 4321—2023	多层立体规模化猪场建设规范	
93	NY/T 4322—2023	县域年度耕地质量等级变更调查评价技术规程	
94	NY/T 4323—2023	闲置宅基地复垦技术规范	
95	NY/T 4324—2023	渔业信息资源分类与编码	
96	NY/T 4325—2023	农业农村地理信息服务接口要求	

中华人民共和国农业农村部公告
第 664 号

《畜禽品种(配套系) 澳洲白羊种羊》等 74 项标准业经专家审定通过,现批准发布为中华人民共和国农业行业标准,自 2023 年 8 月 1 日起实施。标准编号和名称见附件。该批标准文本由中国农业出版社出版,可于发布之日起 2 个月后在中国农产品质量安全网(http://www.aqsc.org)查阅。

特此公告。

附件:《畜禽品种(配套系) 澳洲白羊种羊》等 74 项农业行业标准目录

农业农村部
2023 年 4 月 11 日

附录

附件

《畜禽品种(配套系) 澳洲白羊种羊》等 74 项农业行业标准目录

序号	标准号	标准名称	代替标准号
1	NY/T 4326—2023	畜禽品种(配套系) 澳洲白羊种羊	
2	SC/T 1168—2023	鳊	
3	SC/T 1169—2023	西太公鱼	
4	SC/T 1170—2023	梭鲈	
5	SC/T 1171—2023	斑鳜	
6	SC/T 1172—2023	黑脊倒刺鲃	
7	NY/T 4327—2023	茭白生产全程质量控制技术规范	
8	NY/T 4328—2023	牛蛙生产全程质量控制技术规范	
9	NY/T 4329—2023	叶酸生物营养强化鸡蛋生产技术规程	
10	SC/T 1135.8—2023	稻渔综合种养技术规范 第8部分:稻鲤(平原型)	
11	SC/T 1174—2023	乌鳢人工繁育技术规范	
12	SC/T 4018—2023	海水养殖围栏术语、分类与标记	
13	SC/T 6106—2023	鱼类养殖精准投饲系统通用技术要求	
14	SC/T 9443—2023	放流鱼类物理标记技术规程	
15	NY/T 4330—2023	辣椒制品分类及术语	
16	NY/T 4331—2023	加工用辣椒原料通用要求	
17	NY/T 4332—2023	木薯粉加工技术规范	
18	NY/T 4333—2023	脱水黄花菜加工技术规范	
19	NY/T 4334—2023	速冻西蓝花加工技术规程	
20	NY/T 4335—2023	根茎类蔬菜加工预处理技术规范	
21	NY/T 4336—2023	脱水双孢蘑菇产品分级与检验规程	
22	NY/T 4337—2023	果蔬汁(浆)及其饮料超高压加工技术规范	
23	NY/T 4338—2023	苜蓿干草调制技术规范	
24	SC/T 3058—2023	金枪鱼冷藏、冻藏操作规程	
25	SC/T 3059—2023	海捕虾船上冷藏、冻藏操作规程	
26	SC/T 3061—2023	冻虾加工技术规程	
27	NY/T 4339—2023	铁生物营养强化小麦	
28	NY/T 4340—2023	锌生物营养强化小麦	
29	NY/T 4341—2023	叶酸生物营养强化玉米	
30	NY/T 4342—2023	叶酸生物营养强化鸡蛋	
31	NY/T 4343—2023	黑果枸杞等级规格	
32	NY/T 4344—2023	羊肚菌等级规格	
33	NY/T 4345—2023	猴头菇干品等级规格	
34	NY/T 4346—2023	榆黄蘑等级规格	
35	NY/T 2316—2023	苹果品质评价技术规范	NY/T 2316—2013
36	NY/T 129—2023	饲料原料 棉籽饼	NY/T 129—1989
37	NY/T 4347—2023	饲料添加剂 丁酸梭菌	
38	NY/T 4348—2023	混合型饲料添加剂 抗氧化剂通用要求	
39	SC/T 2001—2023	卤虫卵	SC/T 2001—2006

（续）

序号	标准号	标准名称	代替标准号
40	NY/T 4349—2023	耕地投入品安全性监测评价通则	
41	NY/T 4350—2023	大米中 2-乙酰基-1-吡咯啉的测定　气相色谱-串联质谱法	
42	NY/T 4351—2023	大蒜及其制品中水溶性有机硫化合物的测定　液相色谱-串联质谱法	
43	NY/T 4352—2023	浆果类水果中花青苷的测定　高效液相色谱法	
44	NY/T 4353—2023	蔬菜中甲基硒代半胱氨酸、硒代蛋氨酸和硒代半胱氨酸的测定　液相色谱-串联质谱法	
45	NY/T1676—2023	食用菌中粗多糖的测定　分光光度法	NY/T 1676—2008
46	NY/T 4354—2023	禽蛋中卵磷脂的测定　高效液相色谱法	
47	NY/T 4355—2023	农产品及其制品中嘌呤的测定　高效液相色谱法	
48	NY/T 4356—2023	植物源性食品中甜菜碱的测定　高效液相色谱法	
49	NY/T 4357—2023	植物源性食品中叶绿素的测定　高效液相色谱法	
50	NY/T 4358—2023	植物源性食品中抗性淀粉的测定　分光光度法	
51	NY/T 4359—2023	饲料中 16 种多环芳烃的测定　气相色谱-质谱法	
52	NY/T 4360—2023	饲料中链霉素、双氢链霉素和卡那霉素的测定　液相色谱-串联质谱法	
53	NY/T 4361—2023	饲料添加剂　α-半乳糖苷酶活力的测定　分光光度法	
54	NY/T 4362—2023	饲料添加剂　角蛋白酶活力的测定　分光光度法	
55	NY/T 4363—2023	畜禽固体粪污中铜、锌、砷、铬、镉、铅、汞的测定　电感耦合等离子体质谱法	
56	NY/T 4364—2023	畜禽固体粪污中 139 种药物残留的测定　液相色谱-高分辨质谱法	
57	SC/T 3060—2023	鳕鱼品种的鉴定　实时荧光 PCR 法	
58	SC/T 9444—2023	水产养殖水体中氨氮的测定　气相分子吸收光谱法	
59	NY/T 4365—2023	蓖麻收获机　作业质量	
60	NY/T 4366—2023	撒肥机　作业质量	
61	NY/T 4367—2023	自走式植保机械　封闭驾驶室　质量评价技术规范	
62	NY/T 4368—2023	设施种植园区　水肥一体化灌溉系统设计规范	
63	NY/T 4369—2023	水肥一体机性能测试方法	
64	NY/T 4370—2023	农业遥感术语　种植业	
65	NY/T 4371—2023	大豆供需平衡表编制规范	
66	NY/T 4372—2023	食用油籽和食用植物油供需平衡表编制规范	
67	NY/T 4373—2023	面向主粮作物农情遥感监测田间植株样品采集与测量	
68	NY/T 4374—2023	农业机械远程服务与管理平台技术要求	
69	NY/T 4375—2023	一体化土壤水分自动监测仪技术要求	
70	NY/T 4376—2023	农业农村遥感监测数据库规范	
71	NY/T 4377—2023	农业遥感调查通用技术　农作物雹灾监测技术规范	
72	NY/T 4378—2023	农业遥感调查通用技术　农作物干旱监测技术规范	
73	NY/T 4379—2023	农业遥感调查通用技术　农作物倒伏监测技术规范	
74	NY/T 4380.1—2023	农业遥感调查通用技术　农作物估产监测技术规范　第 1 部分：马铃薯	

中华人民共和国农业农村部公告

第 738 号

　　农业农村部批准《羊草干草》等 85 项中华人民共和国农业行业标准,自 2024 年 5 月 1 日起实施。标准编号和名称见附件。该批标准文本由中国农业出版社出版,可于发布之日起 2 个月后在农业农村部农产品质量安全中心网(http://www.aqsc.agri.cn)查阅。

　　现予公告。

　　附件:《羊草干草》等 85 项农业行业标准目录

农业农村部

2023 年 12 月 22 日

附件

《羊草干草》等85项农业行业标准目录

序号	标准号	标准名称	代替标准号
1	NY/T 4381—2023	羊草干草	
2	NY/T 4382—2023	加工用红枣	
3	NY/T 4383—2023	氨氯吡啶酸原药	
4	NY/T 4384—2023	氨氯吡啶酸可溶液剂	
5	NY/T 4385—2023	苯醚甲环唑原药	HG/T 4460—2012
6	NY/T 4386—2023	苯醚甲环唑乳油	HG/T 4461—2012
7	NY/T 4387—2023	苯醚甲环唑微乳剂	HG/T 4462—2012
8	NY/T 4388—2023	苯醚甲环唑水分散粒剂	HG/T 4463—2012
9	NY/T 4389—2023	丙炔氟草胺原药	
10	NY/T 4390—2023	丙炔氟草胺可湿性粉剂	
11	NY/T 4391—2023	代森联原药	
12	NY/T 4392—2023	代森联水分散粒剂	
13	NY/T 4393—2023	代森联可湿性粉剂	
14	NY/T 4394—2023	代森锰锌·霜脲氰可湿性粉剂	HG/T 3884—2006
15	NY/T 4395—2023	氟虫腈原药	
16	NY/T 4396—2023	氟虫腈悬浮剂	
17	NY/T 4397—2023	氟虫腈种子处理悬浮剂	
18	NY/T 4398—2023	氟啶虫酰胺原药	
19	NY/T 4399—2023	氟啶虫酰胺悬浮剂	
20	NY/T 4400—2023	氟啶虫酰胺水分散粒剂	
21	NY/T 4401—2023	甲哌鎓原药	HG/T 2856—1997
22	NY/T 4402—2023	甲哌鎓可溶液剂	HG/T 2857—1997
23	NY/T 4403—2023	抗倒酯原药	
24	NY/T 4404—2023	抗倒酯微乳剂	
25	NY/T 4405—2023	萘乙酸(萘乙酸钠)原药	
26	NY/T 4406—2023	萘乙酸钠可溶液剂	
27	NY/T 4407—2023	苏云金杆菌母药	HG/T 3616—1999
28	NY/T 4408—2023	苏云金杆菌悬浮剂	HG/T 3618—1999
29	NY/T 4409—2023	苏云金杆菌可湿性粉剂	HG/T 3617—1999
30	NY/T 4410—2023	抑霉唑原药	
31	NY/T 4411—2023	抑霉唑乳油	
32	NY/T 4412—2023	抑霉唑水乳剂	
33	NY/T 4413—2023	噁唑菌酮原药	
34	NY/T 4414—2023	右旋反式氯丙炔菊酯原药	
35	NY/T 4415—2023	单氰胺可溶液剂	
36	SC/T 2123—2023	冷冻卤虫	
37	SC/T 4033—2023	超高分子量聚乙烯钓线通用技术规范	
38	SC/T 5005—2023	渔用聚乙烯单丝及超高分子量聚乙烯纤维	SC/T 5005—2014
39	NY/T 394—2023	绿色食品 肥料使用准则	NY/T 394—2021

(续)

序号	标准号	标准名称	代替标准号
40	NY/T 4416—2023	芒果品质评价技术规范	
41	NY/T 4417—2023	大蒜营养品质评价技术规范	
42	NY/T 4418—2023	农药桶混助剂沉积性能评价方法	
43	NY/T 4419—2023	农药桶混助剂的润湿性评价方法及推荐用量	
44	NY/T 4420—2023	农作物生产水足迹评价技术规范	
45	NY/T 4421—2023	秸秆还田联合整地机 作业质量	
46	NY/T 3213—2023	植保无人驾驶航空器 质量评价技术规范	NY/T 3213—2018
47	SC/T 9446—2023	海水鱼类增殖放流效果评估技术规范	
48	NY/T 572—2023	兔出血症诊断技术	NY/T 572—2016、NY/T 2960—2016
49	NY/T 574—2023	地方流行性牛白血病诊断技术	NY/T 574—2002
50	NY/T 4422—2023	牛蜘蛛腿综合征检测 PCR 法	
51	NY/T 4423—2023	饲料原料 酸价的测定	
52	NY/T 4424—2023	饲料原料 过氧化值的测定	
53	NY/T 4425—2023	饲料中米诺地尔的测定	
54	NY/T 4426—2023	饲料中二硝托胺的测定	农业部 783 号公告—5—2006
55	NY/T 4427—2023	饲料近红外光谱测定应用指南	
56	NY/T 4428—2023	肥料增效剂 氢醌(HQ)含量的测定	
57	NY/T 4429—2023	肥料增效剂 苯基磷酰二胺(PPD)含量的测定	
58	NY/T 4430—2023	香石竹斑驳病毒的检测 荧光定量 PCR 法	
59	NY/T 4431—2023	薏苡仁中多种酯类物质的测定 高效液相色谱法	
60	NY/T 4432—2023	农药产品中有效成分含量测定通用分析方法 气相色谱法	
61	NY/T 4433—2023	农田土壤中镉的测定 固体进样电热蒸发原子吸收光谱法	
62	NY/T 4434—2023	土壤调理剂中汞的测定 催化热解-金汞齐富集原子吸收光谱法	
63	NY/T 4435—2023	土壤中铜、锌、铅、铬和砷含量的测定 能量色散 X 射线荧光光谱法	
64	NY/T 1236—2023	种羊生产性能测定技术规范	NY/T 1236—2006
65	NY/T 4436—2023	动物冠状病毒通用 RT-PCR 检测方法	
66	NY/T 4437—2023	畜肉中龙胆紫的测定 液相色谱-串联质谱法	
67	NY/T 4438—2023	畜禽肉中 9 种生物胺的测定 液相色谱-串联质谱法	
68	NY/T 4439—2023	奶及奶制品中乳铁蛋白的测定 高效液相色谱法	
69	NY/T 4440—2023	畜禽液体粪污中四环素类、磺胺类和喹诺酮类药物残留量的测定 液相色谱-串联质谱法	
70	SC/T 9112—2023	海洋牧场监测技术规范	
71	SC/T 9447—2023	水产养殖环境(水体、底泥)中丁香酚的测定 气相色谱-串联质谱法	
72	SC/T 7002.7—2023	渔船用电子设备环境试验条件和方法 第7部分:交变盐雾(Kb)	SC/T 7002.7—1992
73	SC/T 7002.11—2023	渔船用电子设备环境试验条件和方法 第11部分:倾斜 摇摆	SC/T 7002.11—1992
74	NY/T 4441—2023	农业生产水足迹 术语	
75	NY/T 4442—2023	肥料和土壤调理剂 分类与编码	
76	NY/T 4443—2023	种牛术语	
77	NY/T 4444—2023	畜禽屠宰加工设备 术语	
78	NY/T 4445—2023	畜禽屠宰用印色用品要求	

（续）

序号	标准号	标准名称	代替标准号
79	NY/T 4446—2023	鲜切农产品包装标识技术要求	
80	NY/T 4447—2023	肉类气调包装技术规范	
81	NY/T 4448—2023	马匹道路运输管理规范	
82	NY/T 1668—2023	农业野生植物原生境保护点建设技术规范	NY/T 1668—2008
83	NY/T 4449—2023	蔬菜地防虫网应用技术规程	
84	NY/T 4450—2023	动物饲养场选址生物安全风险评估技术	
85	NY/T 4451—2023	纳米农药产品质量标准编写规范	

图书在版编目（CIP）数据

综合性行业标准汇编.2025 / 中国农业出版社编.
北京：中国农业出版社，2025. 1. -- ISBN 978-7-109-
32635-4

Ⅰ. S-65

中国国家版本馆 CIP 数据核字第 2024S3G650 号

综合性行业标准汇编（2025）

ZONGHEXING HANGYE BIAOZHUN HUIBIAN（2025）

中国农业出版社出版

地址：北京市朝阳区麦子店街 18 号楼
邮编：100125
责任编辑：刘　伟　冯英华
版式设计：王　晨　责任校对：周丽芳
印刷：北京印刷集团有限责任公司
版次：2025 年 1 月第 1 版
印次：2025 年 1 月北京第 1 次印刷
发行：新华书店北京发行所
开本：880mm×1230mm　1/16
印张：42.75
字数：1380 千字
定价：428.00 元